国家出版基金项目

"十三五"国家重点出版物出版规划项目

国家出版基金项目
NATIONAL PUBLICATION FOUNDATION

先进复合材料丛书

陶瓷基复合材料

中国复合材料学会组织编写

丛书主编　杜善义

丛书副主编　俞建勇　方岱宁　叶金蕊

编　　著　张立同　成来飞　梅　辉　等

中国铁道出版社有限公司
CHINA RAILWAY PUBLISHING HOUSE CO., LTD.

内 容 简 介

"先进复合材料丛书"由中国复合材料学会组织编写，并入选国家出版基金项目。丛书共 12 册，围绕我国培育和发展战略性新兴产业的总体规划和目标，为促进我国复合材料研发和应用的发展与相互转化，按最新研究进展评述、国内外研究及应用对比分析、未来研究及产业发展方向预测的思路，论述各种先进复合材料。

本书为《陶瓷基复合材料》分册，全书共 15 章，主要论述陶瓷基复合材料基础理论和工艺、关键原材料，论述高温长寿命和超高温陶瓷基复合材料，论述轻质结构与热防护陶瓷基复合材料、结构型电磁功能陶瓷基复合材料、高性能摩擦陶瓷基复合材料、先进核用陶瓷基复合材料、陶瓷基复合材料环境屏障涂层、光伏电子用热场陶瓷基复合材料、3D 打印陶瓷基复合材料、陶瓷基复合材料计算和基因组、陶瓷基复合材料性能表征和测试、陶瓷基复合材料加工技术、陶瓷基复合材料连接技术。

本书内容先进，适合从事陶瓷基复合材料工作的研究人员参考学习，也可供新材料研究所、高等院校、新材料产业界、政府相关部门、新材料中介咨询机构等领域的人员参考。

图书在版编目(CIP)数据

陶瓷基复合材料 / 中国复合材料学会组织编写；张立同等编著. ——北京：中国铁道出版社有限公司，2020.10

（先进复合材料丛书）

ISBN 978-7-113-27373-6

Ⅰ.①陶… Ⅱ.①中… ②张… Ⅲ.①陶瓷复合材料 Ⅳ.①TQ174.75

中国版本图书馆 CIP 数据核字(2020)第 209970 号

书　　名：陶瓷基复合材料
作　　者：张立同　成来飞　梅　辉　等

策　　划：初　祎　李小军　　　编辑部电话：(010) 51873205　　邮箱：312705696@qq.com
责任编辑：吕继函
封面设计：高博越
责任校对：孙　玫
责任印制：樊启鹏

出版发行：中国铁道出版社有限公司（100054，北京市西城区右安门西街 8 号）
网　　址：http：//www.tdpress.com/51eds/
印　　刷：中煤（北京）印务有限公司
版　　次：2020 年 10 月第 1 版　　2020 年 10 月第 1 次印刷
开　　本：787 mm×1 092 mm　1/16　印张：29.5　字数：774 千
书　　号：ISBN 978-7-113-27373-6
定　　价：188.00 元

序

新材料作为工业发展的基石，引领了人类社会各个时代的发展。先进复合材料具有高比性能、可根据需求进行设计等一系列优点，是新材料的重要成员。当今，对复合材料的需求越来越迫切，复合材料的作用越来越强，应用越来越广，用量越来越大。先进复合材料从主要在航空航天中应用的"贵族性材料"，发展到交通、海洋工程与船舰、能源、建筑及生命健康等领域广泛应用的"平民性材料"，是我国战略性新兴产业——新材料的重要组成部分。

为深入贯彻习近平总书记系列重要讲话精神，落实"十三五"国家重点出版物出版规划项目，不断提升我国复合材料行业总体实力和核心竞争力，增强我国科技实力，中国复合材料学会组织专家编写了"先进复合材料丛书"。丛书共 12 册，包括：《高性能纤维与织物》《高性能热固性树脂》《先进复合材料结构制造工艺与装备技术》《复合材料结构设计》《复合材料回收再利用》《聚合物基复合材料》《金属基复合材料》《陶瓷基复合材料》《土木工程纤维增强复合材料》《生物医用复合材料》《功能纳米复合材料》《智能复合材料》。本套丛书入选"十三五"国家重点出版物出版规划项目，并入选 2020 年度国家出版基金项目。

复合材料在需求中不断发展。新的需求对复合材料的新型原材料、新工艺、新设计、新结构带来发展机遇。复合材料作为承载结构应用的先进基础材料、极端环境应用的关键材料和多功能及智能化的前沿材料，更高比性能、更强综合优势以及结构/功能及智能化是其发展方向。"先进复合材料丛书"主要从当代国内外复合材料研发应用发展态势，论述复合材料在提高国家科研水平和创新力中的作用，论述复合材料科学与技术、国内外发展趋势，预测复合材料在"产学研"协同创新中的发展前景，力争在基础研究与应用需求之间建立技术发展路径，抢占科技发展制高点。丛书突出"新"字和"方向预测"等特色，对广大企业和科研、教育等复合材料研发与应用者有重要的参考与指导作用。

本丛书不当之处，恳请批评指正。

杜善义

2020 年 10 月

前　言

"先进复合材料丛书"由中国复合材料学会组织编写,并入选国家出版基金项目和"十三五"国家重点出版物出版规划项目。丛书共12册,围绕我国培育和发展战略性新兴产业的总体规划和目标,为促进我国复合材料研发和应用的发展与相互转化,按最新研究进展评述、国内外研究及应用对比分析、未来研究及产业发展方向预测的思路,论述各种先进复合材料。本丛书力图传播我国"产学研"最新成果,在先进复合材料的基础研究与应用需求之间建立技术发展路径,对复合材料研究和应用发展方向做出指导。丛书体现了技术前沿性、应用性、战略指导性。

陶瓷基复合材料是以陶瓷为基体与各种纤维复合的一类复合材料。先进陶瓷具有耐高温、强度和刚度高、密度较小、抗腐蚀等优异性能,而其致命的弱点是具有脆性,处于应力状态时,会产生裂纹甚至断裂,导致材料失效。采用高强度、高弹性的纤维与基体复合,是提高陶瓷韧性和可靠性的一种有效方法。纤维能阻止裂纹的扩展,从而得到有优良韧性的纤维增强陶瓷基复合材料。陶瓷基复合材料已用作液体火箭发动机喷管、导弹天线罩、航天飞机鼻锥、飞机刹车盘和高档汽车刹车盘等,成为高技术新材料的一个重要分支。

本书详细论述了各种陶瓷基复合材料的理论基础、核心技术、最新研究进展及国内外研究对比分析、产业应用与工程应用、发展前景,充分体现了技术前沿性、应用性和战略指导性。全书共有15章,分别为:陶瓷基复合材料基础理论和工艺、陶瓷基复合材料关键原材料、高温长寿命陶瓷基复合材料、超高温陶瓷基复合材料、轻质结构热防护复合材料、结构型电磁功能陶瓷基复合材料、高性能摩擦陶瓷基复合材料、先进核用陶瓷基复合材料、陶瓷复合材料环境屏障涂层、光伏电子用热场陶瓷基复合材料、3D打印陶瓷基复合材料、陶瓷基复合材料计算和基因组、陶瓷基复合材料性能表征和测试、陶瓷基复合材料的加工技术和陶瓷基复合材料的连接技术。

　　本书由西北工业大学张立同院士、成来飞教授、梅辉教授等人编著。各章编著分工为：第 1 章（梅辉、刘永胜）；第 2 章（张青）；第 3 章（刘永胜、叶昉），第 4 章（曹晔洁、范晓孟）；第 5 章（刘持栋）；第 6 章（范晓孟、叶昉）；第 7 章（范尚武）；第 8 章（李晓强、陈博）；第 9 章（李建章）；第 10 章（李建章）；第 11 章（梅辉、曾庆丰）；第 12 章（曾庆丰）；第 13 章（栾新刚）；第 14 章（王晶）；第 15 章（张毅）。最后，由张立同院士、成来飞教授、梅辉教授统稿定稿。

　　本书的主要内容来源于编著者所在实验室的研究成果及在工业中的实验和工业化生产代表性的数据，在此谨向对本书编著做出贡献的科研工作者、教师、学生及合作的企业表示衷心的感谢！

　　由于编著者水平有限，书中难免存在疏漏和不足之处，恳请读者批评指正！

编著者

2020 年 5 月

目　　录

第1章 陶瓷基复合材料基础理论和工艺

单一陶瓷材料脆性大、柔韧性差、强度低，通常不能直接用作工程应用。一般来讲，将颗粒、晶须和纤维等增强体加入陶瓷材料中组成复合材料可以提高其韧性和强度等性能，如此组成的以陶瓷为基体的复合材料统称为陶瓷基复合材料，在航空航天、生物医学、工程制造和光电信息等领域有重要应用。

陶瓷基复合材料的性能是由基体、增强体和界面共同决定的，熟知其结构、性质和作用原理可以更好地为陶瓷基复合材料的设计、加工和测试打下基础。本章将从陶瓷基复合材料成分、界面、结构、尺寸和设计原理五个方面论述陶瓷基复合材料基础理论。

1.1 陶瓷基复合材料混合原理及组分性质

1.1.1 混合动力学理论

陶瓷基复合材料在制备时可利用的方法有固相法、液相法和气相法。固相制备过程中主要依靠高温烧结引起的扩散效应提供反应动力；液相制备过程中主要依靠液体表面张力引起的浸润现象提供动力；气相制备过程中各个阶段的驱动力都不同，主要包括扩散和渗透作用。本节将依次从沉积动力学、润湿动力学和烧结动力学三个方面论述混合动力学理论。

1. 沉积动力学

气相沉积是使原料在气相中发生物理、化学变化过程，从而在工件表面形成功能性或装饰性的金属、非金属或化合物涂层，是一种涂层技术，主要包括物理、化学气相沉积。

化学气相沉积(chemical vapor deposition,CVD)法是以烷烃类气体或挥发性金属卤化物、氢化物或金属有机化合物等蒸气为原料，进行气相化学反应，生成所需材料的方法。CVD方法主要应用于制备涂层。在复合材料制备中，又将其改进为化学气相渗透(chemical vapor infiltration,CVI)法。两种方法的基本原理相同，在此仅以CVI为例。

CVI基本过程为：反应气体向基体内部扩散，此时的反应驱动力为浓度差；气相反应物吸附于纤维或已生成的基体表面；在纤维或基体表面上产生的气相副产物脱离表面；剩余反应产物在原纤维或基体表面形成新涂层。CVI反应速率由气相反应物扩散速率和化学反应速率共同决定，在不同阶段主导因素不同。

气相反应物扩散阶段驱动力为浓度差。气体分子在多孔体中的扩散可根据分子运动的平均自由程与孔径大小的差别分为分子扩散(菲克扩散,Fick diffusion)和努森扩散(Knudsen diffusion)两种。

分子扩散是通过气体分子之间的碰撞进行的,二元组分的分子扩散系数为

$$D_{F}=C \cdot \frac{T^{1.5}}{p\sigma^{2}\Omega} \cdot \sqrt{(M_{A}+M_{B})/(M_{A} \cdot M_{B})} \tag{1.1}$$

式中,D_{F} 为分子扩散系数(组分 A 在组分 B 中的扩散系数,一般记为 D_{AB},由于 $D_{AB}=D_{BA}$,这里统称为分子扩散系数);C 为常数;T 为温度,p 为压强;M_{A}、M_{B} 分别为 A、B 的相对分子质量;σ 为分子截面积;Ω 为分子体积。

努森扩散是通过气体分子和孔壁的碰撞,以及在固体表面的迁移进行的,因此,努森扩散 D_{K} 与压强无关,但与孔径直径 d 成正比,即

$$D_{K}=\frac{d}{3} \cdot \sqrt{\frac{8RT}{\pi M}} \tag{1.2}$$

式中,d 为孔径直径;R 为气体常数;M 为气体相对分子质量。

气体分子在多孔预制体中的扩散总是同时以上述两种方式进行的,因而总的扩散系数应为包括分子扩散和努森扩散的有效扩散系数 D_{eff}:

$$\frac{1}{D_{eff}}=\frac{1}{D_{F}}+\frac{1}{D_{K}} \tag{1.3}$$

由式(1.3)可知,相对分子质量小的烃类分子在孔径大于 10 μm 的多孔体扩散时,即在 CVI 初始阶段,努森扩散系数较低,所以此阶段以分子扩散为主。

引入有效系数 η 和西勒模数(Thiele 模数)ϕ 的概念,表征扩散过程对基体生成速率的影响。其中,有效系数为存在内扩散和消除内扩散的两个沉积速率的比值;西勒模数为化学反应速率和扩散速率的比值。在一级化学反应中,把孔径看作均匀的圆柱体,则西勒模数和有效系数的关系为

$$\eta=\frac{\tanh\phi}{\phi} \tag{1.4}$$

$$\phi=L\sqrt{\frac{k_{s}}{D_{eff}}} \tag{1.5}$$

式中,L、k_{s} 分别为扩散路径长度和反应速率常数。

西勒模数和有效系数在不同孔径模型中变化趋势相同,在化学气相渗透中二者的关系如图 1.1 所示。减小西勒模数可以增大使基体在孔径内部的生成速率,因此,西勒模数不仅可反映化学反应速率和气体扩散速率的比值,还可以反映气体扩散路径的长度,是等温、等压化学气相渗透工艺的一个重要参数。

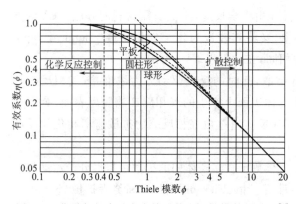

图 1.1　化学气相渗透中有效系数和西勒模数的关系[1]

扩散机制受孔径大小的影响,所以在 CVI 不同阶段,控制沉积速率的因素不同。在沉积开始时,预制体内孔径大多数在数百微米,相对而言比较大,由式(1.3)可知此时主要为分子扩散。由于扩散系数和压强成反比,反应器内部总压升高时,扩散系数降低,西勒模数增大,有效系数降低,基体在预制体内部的生成速率会降低,这种变化不利于沉积的继续进行。在 CVI 后期,由于孔内基体增多,孔的平均直径都降到 10 μm 以下,由式(1.3)可知努森扩散成为主要扩散方式。因为努森扩散系数都远小于分子扩散系数,等温等压 CVI 后期沉积速率会非常缓慢,所以在一级反应中,可适当提高气源分压以提高沉积速率。这是因为努森扩散和压力无关,提高气源分压不会改变西勒模数,但会加快反应速率。

2. 润湿动力学

浸润是液体与固体接触时所发生的一种表面现象,属于发生在大自然中的一种常见现象,表现了固体与液体的亲和程度。通常如果一滴液滴在固体表面上,会出现浸润和不浸润两种情况,如图 1.2 所示。其中 θ 是液气表面张力 σ_{g-l} 和液固张力 σ_{l-s} 间的夹角,称为接触角。σ_{g-s} 为固气张力。通常将 θ 作为浸润与否的依据。当 $\theta=0°$ 时,称为完全浸润;当 $\theta<90°$ 时,称为浸润;当 $\theta>90°$ 时,称为不浸润;当 $\theta=180°$ 时,则称为完全不浸润,液体在固体表面呈球状。

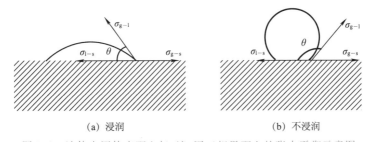

(a) 浸润	(b) 不浸润

图 1.2 液体在固体表面上气、液、固三相界面上的张力平衡示意图

陶瓷基复合材料制备时主要由固液润湿和毛细现象提供反应动力。固液润湿过程有三种情况,分别如图 1.3(a)、图 1.3(b)和图 1.3(c)所示。设气固、气液和液固的界面张力分别为 σ_{g-s}、σ_{g-l} 和 σ_{l-s}。分别对三种情况讨论。

图 1.3(a)是将气液界面和气固界面转变为液固界面的过程。当界面均为一个单位面积时,在恒温、恒压下,这个过程中系统的吉布斯自由能变化为

$$\Delta G_a = \sigma_{g-s} - \sigma_{g-l} - \sigma_{l-s} \tag{1.6}$$

图 1.3(b)是将气固界面转变为液固界面的过程,而液体表面在这个过程并没有变化。同理,当界面均为一个单位面积时,在恒温、恒压下,这个过程中系统的吉布斯自由能变化为

$$\Delta G_b = \sigma_{l-s} - \sigma_{g-s} \tag{1.7}$$

图 1.3(c)中,液固界面取代了气固界面的同时,气液界面也扩大了同样的面积。该润湿过程又称为铺展。在恒温、恒压下,当铺展面积为一个单位面积时,系统的吉布斯自由能变化为

$$\Delta G_c = \sigma_{l-s} + \sigma_{g-l} - \sigma_{g-s} \tag{1.8}$$

此时,ΔG_c 又称为铺展系数,记为 S。当 $S \geqslant 0$ 时,液体可以在固体表面自动铺展,这是陶瓷基复合材料制备时的理想状态。碳纤维表面处理的目的就是提高 σ_{g-s},以达到聚合物在纤维表面自动铺展的目的。

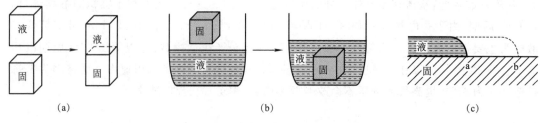

图 1.3　固液润湿的三种过程示意图

以上只是通过热力学角度对浸润情况进行分析,但在实际应用中,σ_{l-s} 和 σ_{g-s} 无法直接测定,所以引入了接触角的概念。根据图 1.3,平衡时力的矢量和为零,可得界面张力和接触角的关系:

$$\sigma_{g-s} = \sigma_{l-s} + \sigma_{g-l} \cdot \cos \theta \tag{1.9}$$

这便是著名的杨氏方程(Young 方程),又称为润湿(浸润)方程。在用液态法进行陶瓷复合材料制备时,可以先测定陶瓷基体和纤维的接触角。若接触角太大,需改善纤维表面或陶瓷基体特性,以提高两者浸润性。

而在实际工业生产中,通常不会有足够的时间给予有关体系达到热力学平衡。因此,在复合材料制备时还需考虑到润湿(浸润)的动力学问题。假设任意时刻液体界面张力 σ_{g-l} 与液固界面张力 σ_{l-s} 的夹角为 φ,液体黏度为 $\eta_{黏}$,单位流体宽度为 δ,则 φ 随时间变化的关系式为

$$\frac{\mathrm{d}\cos \varphi}{\mathrm{d}t} = \frac{\sigma_{g-l}}{\eta_{黏} \delta}(\cos \theta - \cos \varphi) \tag{1.10}$$

式(1.10)表明,液体的黏度越大,其趋向平衡的速率越小;液体越趋近平衡状态,其流动速率越小,甚至趋于零,这与实验结果一致,因此,在复合材料制备时,常常采用其他辅助措施,以得到最佳的润湿速率。

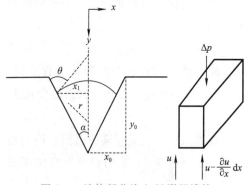

图 1.4　液体部分渗入 V 形凹槽的
截面形态和附加压力图解

实际上,纤维表面是比较粗糙的,带有很多沟壑。此时,会出现毛细现象。Bikerman 假设一个 V 形凹槽缝隙组成的固体表面模型,如图 1.4 所示。图中,θ 为液体切线与凹槽边缘夹角;x_1 为液体与凹槽接触点到中心轴的距离;r 为曲率半径;α 为凹槽夹角的一半;y_0 为凹槽的高;x_0 为凹槽长度的一半;u 为长方体的高度。当 V 形凹槽有一部分被液体润湿填充时,其跨越曲面所施加的压力可由 Laplace 毛细公式

给出，即

$$\Delta p = \frac{\sigma_{g-1}}{r} \tag{1.11}$$

由 $x_1 = r\cos(\theta - \alpha)$ 可得

$$\Delta p = \sigma_{g-1}\cos(\theta - \alpha)/x_1 \tag{1.12}$$

进一步推导可得

$$\frac{\mathrm{d}y}{\mathrm{d}t} = -\frac{x_0\cos(\theta - \alpha)\sigma_{g-1}}{3\eta}\left(\frac{1}{y} - \frac{1}{y_0}\right) \tag{1.13}$$

由式(1.13)可得，当 y 与 y_0 越接近时，润湿速率越慢。表明固体表面的缝隙永远不能被完全充满，且随着液体黏度增大，填充缝隙所需时间越长。而从式(1.12)可以看出，只需加相当小的压力就能加速润湿，因此，很多复合材料制备工艺中都有加压辅助工艺。

因为多孔体中孔隙的直径一般都小于 1 mm，所以在浸渗过程中会出现毛细现象。毛细现象表现在毛细管插入浸润液体中，管内液面上升，高于管外，毛细管插入不浸润液体中，管内液体下降，低于管外。

毛细管直径较小，所以可以忽略重力的作用。在没有其他外力作用的情况下，浸渗过程中液体主要受到三种作用力：毛细管力 p_1；液体在流动过程中的阻力 p_2；孔隙中气体受压后产生的阻力 p_3。浸渗模型及受力分析如图 1.5 所示。

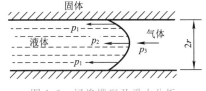

图 1.5　浸渗模型及受力分析

毛细管力 p_1：根据 Young 方程，毛细管作用力可表示为

$$p_1 = -\frac{2\sigma_L\cos\theta}{r} \tag{1.14}$$

式中，σ_L 为液体的表面张力（对于金属硅溶体，$\sigma_L = 1\ \mathrm{N/m}$）；$r$ 为毛细管半径。

当液固界面接触角 $\theta < 90°$ 时，p_1 为负压，即毛细管力指向孔隙内部，而当 $\theta > 90°$ 时，p_1 为正压，阻碍液体浸渗到孔隙中。在毛细管力的作用下，对于孔隙半径为 r 平行排列的毛细管阵列，液体渗透的深度 h 为

$$h = \frac{2\sigma_L\cos\theta}{\rho g r} \tag{1.15}$$

式中，ρ 为液体的密度（对于金属硅溶体，$\rho = 2.0\ \mathrm{g/cm^3}$）；$g$ 为重力加速度（$9.8\ \mathrm{m/s^2}$）。

当毛细管半径为 1 μm、液固界面接触角 $\theta = 0°$ 时，熔融硅的最大渗入深度高达 100 m。由此可见，毛细管力足以保证渗透驱动力的要求。

黏性流动阻力 p_2：流动阻力随毛细管直径的减少而急剧增加；毛细管长度越大，则流动阻力越大。

气体的阻力 p_3：当液体进入孔隙时，孔隙内的气体受到压缩，体积逐渐减小，对液体的阻力不断增大。

从上面分析可以看出，流动阻力是由液体的性质和多孔体中孔隙的性质决定的。为了减少浸渗过程的阻力，可以减小孔隙内气体的压力，在液相法的工艺中一般采用真空辅助工艺。

3. 烧结动力学

很多陶瓷基复合材料在成型后都需要经过烧结强韧化的过程,在烧结过程中,陶瓷基体与增强体逐渐靠近使得陶瓷复合材料致密化。陶瓷粉体和增强体烧结过程中的主要驱动力有三个,分别是:粉体表面能与多晶烧结体的晶界能之差,即能量差;颗粒弯曲表面的压力差,简称压力差;颗粒表面的空位浓度和内部空位浓度差,即空位差。烧结过程中,由于扩散作用陶瓷基体和增强体之间会发生质量传递,这也是烧结过程的本质。根据烧结过程中是否存在液体,可以将烧结过程分为液相烧结和固相烧结。

液相烧结主要是通过流动传质和溶解-沉淀传质。在高温下依靠黏性液体流动而致密化是大多数硅酸盐材料烧结的主要传质过程,其在烧结全过程中的烧结速率公式为

$$\frac{\mathrm{d}\theta}{\mathrm{d}t} = \frac{3}{2}\frac{\gamma}{r_0\eta}(1-d) \tag{1.16}$$

式中,d 为相对密度,即体积密度/理论密度;γ 为液体表面张力;r_0 为气孔尺寸;$\eta_{黏}$ 为黏度系数;t 为烧结时间。

此式表明,黏度越小,颗粒半径越小,烧结就越快。因此,颗粒半径一定时,黏度和黏度随温度的迅速变化是需要控制的最重要的因素。另外,当烧结时液相含量很少时,高温下液体流动传质不能看成是黏性流动,而应属于塑性流动。式(1.16)不再适合,但液体表面张力、粒径大小和黏度对烧结速率的影响是一致的。

当固相在液相中有可溶性时,液相烧结的传质过程变为部分固相溶解而在另一部分固相上沉淀,即为溶解-沉淀传质过程。发生溶解-沉淀传质的条件为:有显著数量的液相;固相在液相中有显著的可溶性;液相和液相有良好的润湿性。当烧结温度和起始粒径固定后,溶解-沉淀传质过程的收缩速率为

$$\frac{\Delta L}{L} = K\gamma^{-4/3} \cdot t^{1/3} \tag{1.17}$$

式中,ΔL 为中心距收缩的距离;K 为与温度、溶解物质在液相中的扩散系数、颗粒间的液膜厚度、液相体积、颗粒直径及固相在液相中的溶解度等有关的系数。

可以看出,溶解-沉淀传质过程影响因素较多,因而其研究也比较复杂。

固相烧结主要是蒸发-凝聚传质,蒸发-凝聚传质主要在高温下蒸气压较大的系统内进行,如图 1.6 所示。可以看出,在球形颗粒表面有正的曲率半径,而在两个颗粒连接处有一个小的负曲率半径。固体颗粒表面曲率不同导致其蒸气压不同,其压差可用式(1.18)表示。

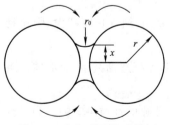

图 1.6 蒸发-凝聚传质模型

$$\ln\frac{p_{r_0}}{p_r} = \frac{\gamma M}{\rho RT}\left(\frac{1}{r_0} + \frac{1}{x}\right) \tag{1.18}$$

式中,p_{r_0}、p_r 分别为曲率半径为 r_0 和 r 的蒸气压;M 为相对分子质量;ρ 为密度;T 为热力学温度;x 为曲率半径。

从上述模型和压差公式中可以看出,物质将从蒸气压高的凸形颗粒表面蒸发,通过气相传递而凝聚到蒸气压低的凹形颈部,从而实现质量传递。由于该传质方式和颗粒曲

率半径有关,因而烧结时初始粒度至少为 10 μm。研究表明,原料起始粒度和烧结温度是烧结工艺的重要参数:粉末的起始粒径越小,烧结速率越快;由于蒸气压随温度而成指数增加,因而提高温度也可以提高烧结速率。此外,接触颈部生长随时间 $t^{\frac{1}{3}}$ 变化。这在烧结初期可以观察到此规律。随着烧结的进行,颈部增长很快停止,因此,对于此类传质过程,延长烧结时间不能达到促进烧结的效果。

从蒸发-传质模型中可以看出,在传质机理下,烧结过程中球与球之间的中心距不变。因而,在这种传质过程中,仅改变气孔形状,坯体不发生收缩,也不影响坯体的密度。若要进一步烧结,还须依靠扩散传质。对于碳化物、氮化物等陶瓷基复合材料,由于高温下蒸气压低,传质更易通过固态内质点的扩散来进行。

根据扩散路径的不同,扩散可分为表面扩散、晶界扩散和体积扩散。表面扩散是指质点沿颗粒表面进行的扩散;晶界扩散是指质点沿颗粒之间的界面迁移;体积扩散主要是指晶粒内部的扩散。根据扩散传质烧结进行的程度,可将扩散过程分为烧结初期、中期和后期。不同阶段起主导作用的扩散方式有所不同。其中,表面扩散起始温度低,远低于体积扩散,在烧结初期作用较为显著。而晶界扩散和体积扩散则在烧结中期和后期起主导作用。

从烧结动力学来看,在烧结初期,扩散传质为主的烧结过程中,每种烧结机制的烧结速率有所不同。库津斯基综合了各种烧结机制,给出了烧结初期的典型方程,即

$$\left(\frac{x}{r}\right)^n = \frac{F_T}{r^m}t \tag{1.19}$$

式中,F_T 为温度的函数。在不同的烧结机制中,包含有不同的物理常数,如扩散系数、饱和蒸气压和表面张力等。这些参数都是温度的函数。各种烧结机制的区别反映在指数 m、n 的不同。显然,蒸发-凝聚过程也适用于该公式。不同传质方式的指数见表 1.1。

表 1.1　不同传质机制下的指数

指数	蒸发-凝聚	表面扩散	晶界扩散	体积扩散
m	1	3	2	3
n	3	7	6	5

可以看出,不管哪种方式,在烧结初期,致密化速率都会随时间延长而稳定下降,并产生一个明显的终点密度。因此,以上述几种传质为主要传质手段的烧结,用延长烧结时间来达到坯体致密化的目的是不恰当的。

在烧结中期,Coble 根据十四面体模型确定出坯体的密度与烧结时间呈线性关系,因而烧结中期致密化速率较快。而烧结后期和中期并无显著差异,当温度和晶粒尺寸不变时,气孔率随时间延长而线性减少。

总而言之,烧结是一个很复杂的过程。实际制备复合材料时,可能是几种机理在相互作用,在不同的阶段也可能存在不同的传质机理,还可能存在化学反应,尤其是增强体和界面的界面反应,因此,需要考虑烧结过程的各个方面,如原料粒径、粒径分布、杂质、烧结助剂、烧结气氛和温度等,才能真正掌握和控制整个烧结过程。

1.1.2 组分模量匹配与强韧化

陶瓷基复合材料的性能还与其组分之间的模量匹配有关,因此,为设计出高性能陶瓷基复合材料,就需要了解增强体与基体模量匹配对复合材料力学性能的影响。

陶瓷基复合材料的韧性主要由纤维来承担。陶瓷基复合材料的综合性能主要受增强体与陶瓷基体界面情况和有效载荷传递情况共同影响,其中增强体与陶瓷基体模量匹配与否是影响陶瓷基复合材料力学性能的关键。

由混合法则可知复合材料的拉伸强度 σ_c 可表示为

$$\sigma_c = \sigma_f \varphi_f + \sigma_m \varphi_m \tag{1.20}$$

式中,φ_m、φ_f 分别为基体和纤维的体积分数;σ_m、σ_f 分别为基体和纤维的拉伸强度;下标 m 和 f 分别表示基体和纤维。

对于陶瓷基复合材料,纤维比基体的断裂延伸率高,则拉伸强度为

$$\sigma_c = E_f \varepsilon_m \varphi_f + \sigma_m \varphi_m = \sigma_m \varphi_m + E_f \frac{\sigma_m}{E_m} \varphi_f = \left(\varphi_m + \frac{E_f}{E_m} \varphi_f \right) \sigma_m \tag{1.21}$$

式中,E 为弹性模量;ε_m 为纤维的断裂延伸率;下标 m、f 分别表示基体和纤维。

可见,对于纤维的断裂延伸率比基体高的复合材料,在其他条件不变的情况下,降低基体和纤维的模量比有利于提高复合材料的拉伸强度。

纤维和基体的模量匹配影响着复合材料的强度。不仅如此,两者的模量匹配还决定着临界纤维长径比(l/d)和临界纤维长度 l:

$$\left(\frac{l}{d} \right)_c = \frac{\sigma_{fu}}{2\tau_y} = \frac{\varepsilon_f E_f}{2\gamma G_m} \tag{1.22}$$

式中,σ_{fu} 为纤维的断裂强度;τ_y 为基体剪切强度;γ 和 G_m 分别为基体的剪切应变和剪切模量。当界面不发生滑移时有复合材料的断裂应变 $\varepsilon_c = \varepsilon_m = \varepsilon_f$,再由剪切应变和轴向应变的关系 $\gamma = \varepsilon(1+\mu)$ 及剪切模量弹性模量的关系 $G = E/[2(1+\mu)]$,μ 为泊松比,可得

$$\left(\frac{l}{d} \right)_c = \frac{E_f}{E_m} \tag{1.23}$$

由此可见,纤维和基体的模量比越大,复合材料的临界纤维长度就越长,越有利于提高复合材料的韧性。不同复合材料纤维和基体的模量比及其失效模式见表 1.2。

表 1.2 不同复合材料纤维和基体模量比及其失效模式

复合材料体系	纤维基体模量比/GPa	失效模式	纤维拔出程度
玻璃纤维/环氧	$70/4 = 17.5$	混合型断裂	长拔出
Kevlar 纤维/环氧	$100/4 = 25$	混合型断裂	长拔出
T300 碳纤维/环氧	$230/4 = 57.5$	积聚型断裂	长拔出
T300 碳纤维/Ti	$230/100 = 2.3$	混合型断裂	中拔出
Al_2O_3 纤维/Al	$360/70 = 5.1$	混合型断裂	中拔出

续表

复合材料体系	纤维基体模量比/GPa	失效模式	纤维拔出程度
SiC 纤维/SiC	200/450＝0.4	非积聚型断裂	短拔出或无拔出
T300 碳纤维/SiC	230/450＝0.5	非积聚型断裂	短拔出或无拔出

对于陶瓷基复合材料,纤维的模量和基体的模量相当,临界纤维长度最短,界面应力集中也最弱。但由于陶瓷基体的断裂延伸率很低,基体会先于纤维断裂,其产生的裂纹也会直接穿过纤维,导致纤维拔出长度很短,甚至没有拔出,表现为非积聚性断裂。因此,对于陶瓷基复合材料,主要目标是提高其韧性,主要通过界面控制的方式使界面结合强度适中,以使复合材料强度和韧性匹配。增韧方式主要包括颗粒和纤维两种。

陶瓷得到增韧的主要根源是增韧颗粒和陶瓷基体的热膨胀系数不匹配而导致颗粒及周围基体内部产生的残余应力场。颗粒增韧陶瓷基复合材料的增韧机制主要包括微裂纹增韧、裂纹偏转和裂纹桥联增韧、相变增韧及纳米颗粒增强增韧。下面分别予以简单介绍。

1. 微裂纹增韧

陶瓷基复合材料中的残余应力可诱发微裂纹,而增韧颗粒和陶瓷基体的热膨胀系数不匹配是产生残余应力的主要因素。由于陶瓷材料一般在高温下制备,当冷却至室温时,便会产生残余热应力。若颗粒的热膨胀系数 α_p 大于基体的热膨胀系数 α_m 时,颗粒处于拉应力状态,而基体径向处于拉伸状态、切向处于压缩状态时,可能产生具有收敛性的环向微裂。此时,裂纹倾向于绕过颗粒在基体中发展,增加了裂纹扩展路径,因而增加了裂纹扩展的阻力,提高了陶瓷的韧性。

若 $\alpha_p < \alpha_m$,则颗粒处于压应力状态,而基体径向受压应力,切向处于拉应力状态,可能产生具有发散性的径向微裂。若颗粒在某一裂纹面内,则裂纹向颗粒扩展时将首先直接达到颗粒与基体的界面。此时,如果外力不再增加,则裂纹就在此钉扎。若外加应力进一步增大,裂纹继续扩展或穿过颗粒发生穿晶断裂或绕过颗粒沿颗粒与基体的界面扩展,裂纹发生偏转,但因偏转程度较小,界面断裂能低于基体断裂能,这种情况下增韧的幅度也较小。

2. 裂纹桥联增韧

裂纹桥联增韧是指当基体出现裂纹后,第二相颗粒像"桥梁"一样牵拉两裂纹面并提供一个使裂纹面相互靠近的应力,即闭合应力,阻止裂纹进一步扩展,从而提高材料的韧性和强度。这是一种裂纹尾部效应,一般发生在裂纹尖端。裂纹在该机制下的发展过程中,可能直接穿过第二相颗粒,出现穿晶破坏,也有可能绕过第二相颗粒,出现裂纹偏转,并形成摩擦桥。

当第二相增韧颗粒为金属等延性颗粒时,其增韧机制主要为裂纹桥联增韧。由于金属具有较高的韧性和延展性,当陶瓷基体中的裂纹扩展遇到金属颗粒时,金属颗粒则会发生塑性变形,形成韧带并桥联裂纹,耗散陶瓷基体的断裂能,而当金属韧带最终断裂时,也可通过弹性振动来耗散能量,最终提高陶瓷基体的韧性。当第二相增韧颗粒为脆性材料时,则在存在残余应力或弱界面结合条件下,桥接机制才会起作用。而当第二相颗粒与基体材料的断裂韧性相近时,则需同时满足上面两个条件,颗粒才能阻碍裂纹扩展。

3. 相变增韧

相变增韧是依靠第二相颗粒的相变来提高陶瓷基体的韧性,这主要是针对 ZrO_2 陶瓷的相变。ZrO_2 陶瓷在温度变化时会产生如下相变:

$$ZrO_2（单斜相） \xleftrightarrow{\text{1 000~1 200 ℃}} ZrO_2（四方相） \xleftrightarrow{\text{2 370 ℃}} ZrO_2（立方相）$$

由于 ZrO_2 的单斜相（$t\text{-}ZrO_2$）和四方相（$m\text{-}ZrO_2$）的密度不同,其转变过程中会有 3.25% 的体积变化。当由单斜相向四方相转变时,体积收缩,反之膨胀。除温度变化外,应力也可诱导亚稳态的四方相向单斜相转变。在高温制备时,ZrO_2 颗粒以四方相存在,而冷却至室温时,四方相的 ZrO_2 趋于转变为单斜相。但由于此时 ZrO_2 颗粒周围陶瓷基体的束缚,这种相变受到抑制,因此,在室温时,ZrO_2 颗粒仍以四方相存在,但处于亚稳态,有膨胀变成单斜相的自发倾向。这种倾向使 ZrO_2 颗粒处在压应力状态,同样使基体沿颗粒连线的方向受到压应力。当陶瓷受到外力作用时,其内应力可使四方相的 ZrO_2 约束解除,ZrO_2 颗粒逐渐向单斜相转变。由于这个相变会产生体积膨胀,该效应使基体产生压应变,使裂纹停止延伸,提高了裂纹扩展所需的能量,从而提高了复合材料的断裂韧性。

ZrO_2 相变在 1 100 ℃ 左右,故对于高温下（大于 1 000 ℃）工作的结构陶瓷,ZrO_2 不能起到增韧效果。考虑到 Hf 与 Zr 同属ⅣB族,有学者研究了 HfO_2 陶瓷的增韧过程,但由于其在中低温下的四方相难以稳定且 HfO_2 在晶型转变时的体积变化仅为 ZrO_2 体积变化的 1/3,故其增韧效果不如 ZrO_2,还有待进一步研究。

4. 纳米颗粒增韧

当向陶瓷基体添加第二相纳米颗粒时,可以起到明显的增韧效果。例如,向 Al_2O_3 陶瓷中添加质量分数为 5% 的 SiC 陶瓷颗粒时,可以明显提高 Al_2O_3 陶瓷的断裂韧性。但当前纳米颗粒增强或增韧机制尚没有共识,提出的机制主要有以下几种:

(1)细化理论。该理论认为纳米颗粒的引入可以有效抑制陶瓷基体晶粒的异常长大,减小基体的微缺陷,使基体结构均匀细化,从而提高陶瓷基体的断裂韧性。

(2)穿晶理论。该理论认为由于纳米颗粒和基体颗粒粒径有着数量级的差异,纳米颗粒的表面能高,烧结活性大,在复合材料烧结时,可形成将纳米颗粒包裹在基体晶粒内部的"晶内型"结构。该结构可降低主晶界作用,进而造成裂纹扩展时穿过晶粒而形成穿晶断裂,从而提高材料的断裂韧性。

(3)钉扎理论。氧化物陶瓷高温强度下降的主要原因是由于晶界的滑移、孔穴的形成和扩散蠕变等。钉扎理论认为纳米颗粒可阻碍晶界滑移、孔穴形成和蠕变,产生钉扎效应,从而改善氧化物陶瓷的高温强度。

实际中的颗粒增韧陶瓷基复合材料的增韧机制往往不只是一种,而是几种机制的共同作用。而针对不同的复合材料,各个增韧的主导机制会有所不同。

纤维增韧是陶瓷材料实现增韧的主要途径,其增韧机制和颗粒增韧有较大不同。纤维增韧的主要机制有裂纹偏转、界面脱黏、纤维拔出及纤维桥联等。下面以图 1.7 来对纤维增韧机制进行介绍。

当裂纹在纤维增韧陶瓷基复合材料中扩展时,会在界面处发生偏转,裂纹偏转增加了裂纹扩展所需要的能量,可提高复合材料韧性。这在晶须、短纤维增韧的陶瓷基复合材料中起主要作用。该机制的增韧效果和增韧相的长径比有关,增韧相的长径比越大,裂纹偏转的增韧效果就越好。这种增韧机制对于层状结构的陶瓷材料或具有层状结构界面的陶瓷材料更为重要,图 1.8 给出了裂纹在(PyC-SiC)$_n$界面层中扩展的路径图。

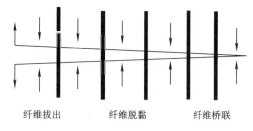

图 1.7　纤维增韧机制示意图

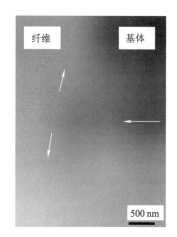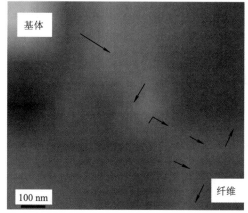

图 1.8　裂纹在(PyC-SiC)$_n$界面层中扩展的路径

由于陶瓷基复合材料一般选用弱界面,因而当裂纹扩展至增韧相和基体结合处时,会发生纤维脱黏。纤维脱黏后产生了新的表面,从而吸收裂纹扩展的能量。虽然纤维或界面单位面积的表面能很小,但当脱黏纤维较多时,总的脱黏纤维的表面能可达到很大的值。复合材料界面结合较弱时,单根纤维的脱黏能较大。考虑到纤维的体积分数,则当纤维体积分数较大时,纤维总的脱黏能较大。

若裂纹继续扩展,纤维便发生断裂。纤维断裂会消耗一部分能量,也会使裂纹尖端应力松弛,从而减缓了裂纹的扩展。纤维拔出则是指靠近裂纹尖端的纤维在外应力作用下沿着它和基体的界面滑出的现象。纤维拔出发生在脱黏之后,拔出过程需克服阻力做功,从而消耗能量,提高陶瓷基体的韧性。单根纤维拔出需做的功等于拔出纤维时克服的阻力乘以纤维拔出的距离,纤维拔出能总大于纤维脱黏能,纤维拔出的增韧效果要比纤维脱黏更强,是纤维增韧陶瓷基复合材料中更重要的增韧机理。

此外,在裂纹尖端,还存在纤维的桥联作用。这和颗粒增韧中的桥联机制类似。尤其是对于特定位向和分布的纤维,裂纹很难偏转,只能沿着原来的扩展方向继续扩展,这种增韧机制更为重要。

1.1.3　组分复合原理

陶瓷基复合材料在力学性能上遵循一定的复合规律。在推导该复合规律之前先做三个假设：

(1)复合材料宏观上是均质的，不存在内应力；

(2)各组分材料是均质的各向同性(或正交异性)及线弹性材料；

(3)各组分之间黏结牢靠，无空隙，不产生相对滑移。

以连续纤维增强陶瓷基复合材料为例，根据上述假设，则当一拉伸载荷沿平行于纤维方向作用在单向板时，有

$$\varepsilon_c = \varepsilon_m = \varepsilon_f \tag{1.24}$$

$$\sigma_c = E_c \varepsilon_c, \quad \sigma_m = E_m \varepsilon_m, \quad \sigma_f = E_f \varepsilon_f \tag{1.25}$$

式中，ε、σ 和 E 分别为应变、应力和弹性模量；下标 c、m 和 f 分别表示复合材料、基体和纤维，如 ε_m 为纤维的应变。

假设复合材料截面积为 A，受力为 F，则有

$$F_c = F_m + F_f \tag{1.26}$$

$$\sigma_c A_c = \sigma_m A_m + \sigma_f A_f \tag{1.27}$$

设基体和纤维的含量(体积分数)分别为 φ_m 和 φ_f，复合材料长度为 l，则有

$$\varphi_m = \frac{A_m \cdot l}{A_c \cdot l}, \quad \varphi_f = \frac{A_f \cdot l}{A_c \cdot l}, \quad \varphi_f + \varphi_m = 1 \tag{1.28}$$

结合式(1.27)、式(1.28)和式(1.25)可得

$$\sigma_c = \sigma_m \varphi_m + \sigma_f \varphi_f \tag{1.29}$$

$$E_c = E_m \varphi_m + E_f \varphi_f \tag{1.30}$$

从式(1.29)和式(1.30)中，可以看出复合材料的强度等于各组元的体积分数与其强度乘积之和，弹性模量也满足该规律。这便是复合材料中著名的混合定律或混合法则。

除上述性能外，复合材料的密度、各项同性材料的泊松比也满足该规律，将上述规律统一描述如下：

$$X_c = X_f \varphi_f + X_m \varphi_m \tag{1.31}$$

式中，X 为材料的某种性能。从推导过程中可以看出，混合定量中的纤维或基体的体积分数是指某个方向上的体积分数，而不是整体的体积分数。

1.2　陶瓷基复合材料界面性质及设计原理

1.2.1　界面结合理论

了解复合材料的界面结合机理是研究界面性质的基础。不同类型的复合材料，其界面结合机理有所不同，进而造成界面性能存在较大区别。但不论哪种界面结合，都可根据界面是否发生化学反应而分为物理结合和化学结合，下面分别予以介绍。

界面上不发生化学反应的结合称为物理结合,陶瓷基复合材料的物理结合作用主要有润湿、机械作用和静电作用等。

1. 润湿作用

Zsiman 还提出基体与增强体产生良好结合的两个条件:

(1)液体黏度要尽量低。这是因为当液体较为黏稠时,不能充分流入增强体表面小的孔穴,造成界面的机械结合强度降低,从而导致复合材料性能下降;

(2)液态聚合物的表面张力必须低于增强体的表面张力,以利于提高基体与增强体的润湿吸附,提高界面结合强度,进而提高复合材料的性能。

润湿理论解释了增强体表面粗化、表面积增加有利于提高与基体聚合物界面结合力的现象,但单纯以基体和增强体的润湿性好坏来判定两者之间的黏结强度是不全面的。一方面,这仅从热力学角度判断能否润湿,没有考虑动力学因素。前者说明了两个表面结合的内在因素,表示了结合的可能性,但没有时间的概念。后者则能说明实际应用中产生界面结合的外部因素,如温度、压力等的影响。这也是影响界面结合强度的因素。另一方面,润湿理论不能解释在增强体表面加入偶联剂后降低了聚合物纤维的浸润能力,但使复合材料界面黏结强度提高的现象。因此,偶联剂在复合材料界面上的偶联效果还存在更为本质的原因。

2. 机械作用

大部分材料表面是粗糙不平的,具有一定的粗糙度。当增强体和基体接触后发生相对运动或具有运动趋势时,两者会产生摩擦力,从而实现界面力学传递的作用。该理论解释了部分复合材料中增强体表面越粗糙界面结合强度越高的现象,但对于聚合物基复合材料,增强体表面粗糙度较大时,其表面就会存在较多小孔穴,而黏稠的聚合物是无法浸润这些小孔穴的。这不仅可能会造成界面脱黏的缺陷,也可能会造成应力集中,不利于复合材料强度的提高。对于复合材料的机械结合界面,在增强体和基体不润湿时,同样可以实现界面结合,但结合效果会有所降低。

3. 静电作用

机械作用虽然能很好地解释部分复合材料中增强体表面越粗糙界面结合强度越高的现象,但却不能解释当两个表面特别光滑时,界面结合强度却增大的现象。因此,又有学者提出静电作用理论,即当复合材料不同组分带有不同电荷时,将发生静电吸引,但这只在原子尺度量级内才有效。

界面上不发生化学反应的结合称为物理结合,陶瓷基复合材料的化学结合作用主要有化学键理论和反应结合等。

(1)化学键理论

化学键理论是提出最早,也是应用最广泛的界面结合理论。该理论主要针对聚合物基复合材料,即基体聚合物表面的活性官能团与增强体表面的官能团能起化学反应,形成牢固的化学键的结合,界面的结合力是主价键力的作用。偶联剂正是实现这种化学键合的桥梁。在偶联剂分子机构中,带有两部分性质不同的官能团。一部分官能团能和基体反应形成化学键,而另一部分则与增强体反应形成化学键。基体和增强体通过偶联剂两端形成的化学键牢固结合。

化学键理论很好地解释了偶联剂在复合材料中的作用,同时对偶联剂的选择有指导意义,但该理论不能解释有的处理剂官能团不能与聚合物或增强体反应却仍有良好的处理效果。如当碳纤维经过某些柔性聚合物涂层处理后,复合材料力学性能得到改善,但这些柔性聚合物涂层,既不具有与碳纤维反应的官能团,也不具有与聚合物反应的官能团。

(2)反应结合

对于基体和增强体可以发生化学反应的复合材料,增强体和基体会反应生成新的化合物。此类界面为反应结合,这类结合在金属基复合材料中较为常见。界面层为基体和增强体的反应层,厚度一般是亚微米级。界面反应层往往不是单一的化合物,而是由多种化合物组成,这是由于基体与增强相在不同温度下会有不同的生成物。在金属基复合材料制备和冷却过程中,由于温度变化就会生成不同的生成物,例如对于 B/Al 复合材料,增强体和基体的生成物就有 AlB_2、AlB_{10}、AlB_{12} 三种;对于 SiC/Ti 复合材料,Ti 与 SiC 反应则会生成 TiC、Ti_5Si_3、$TiSi_2$ 及更复杂的化合物。

物理和化学结合的界面并没有明显的界限,同种物质在不同条件下可以构成不同类型的界面。在实际应用中,界面的结合方式也往往不会是单纯的一种。例如,对于硼纤维增强铝基复合材料(B/Al),用固态扩散黏结法复合,控制工艺参数,形成物理结合界面后在 500 ℃下热处理,则原来物理结合的界面上可检测到有 AlB_2 生成,说明界面结合类型发生了转变。此外,基体成分也是影响界面结合类型的因素之一。金属基体采用不用的合金成分,则可能会有不同的界面类型。如 W/Cu 复合材料体系,若基体是纯 Cu 或 Cu-Cr 合金,则形成物理结合界面;若基体是 Cu-Ti 合金,则合金中的 Ti 将和 W 发生反应形成反应结合界面。

除上述理论外,还有学者针对不同复合材料提出其他一些理论(如变形层理论、物理吸附等),或者是几种理论的某种结合,但都不能完全解释所有的界面现象。由此看来,界面作用是一个复杂的过程。对于不同的复合材料体系,界面作用不尽相同,影响因素也较为复杂,因此,对于不同复合材料中的界面作用,不能单纯以一种物理或化学过程来解释,必须针对不同的复合材料体系综合分析,才能得到比较符合实验结果的理论。

1.2.2　界面结合效应

界面效应是复合材料的特征,是单一材料没有的特性,对复合材料的性能有着重要的影响。界面效应和界面两侧组分材料的浸润性、相容性及扩散性等因素相关,也和界面的物理化学性质、形态和结合状态有关。总的来讲,复合材料的界面效应主要有传递效应、阻断效应、不连续效应、散射和吸收效应,以及诱导效应。

1. 传递效应

复合材料所受外力一般直接作用到基体上。界面的传递效应主要是指其将复合材料所受外力由基体传递到增强体上,起到基体和增强体的桥梁作用。

2. 阻断效应

适当结合强度的界面可以阻止裂纹扩展,或改变裂纹扩散路径,减缓应力集中,以此增大裂纹扩展所需能量,提高材料强度。图 1.9 给出了颗粒增强和纤维增强复合材料中,界面对裂纹的阻断效应。

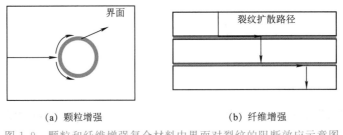

(a) 颗粒增强　　　　　　　　　(b) 纤维增强

图 1.9　颗粒和纤维增强复合材料中界面对裂纹的阻断效应示意图

3. 不连续效应

在界面上产生物理性能的不连续性和界面摩擦出现的现象,如抗电性、电感应性、磁性、耐热性和磁场尺寸稳定性等,称为不连续效应。

4. 散射和吸收效应

波动(光波、声波、热弹性波和冲击波等)在界面上产生散射和吸收,从而使材料拥有透光性、隔热性、隔音性、耐机械波冲击和耐热冲击等性能。具有 BN 界面相的 Nicalon/SiC 复合材料在氧化环境下,BN 界面可在大于 450 ℃的温度下氧化生成液态的 B_2O_3。液态 B_2O_3 可阻止内部的界面相合纤维进一步氧化,从而使 Nicalon/SiC 复合材料高温强度可以保持到 1 100 ℃。以 PyC 作为界面相的陶瓷基复合材料,因为碳在氧化性环境下具有较高的化学活性,500 ℃时就很容易氧化生成气体氧化物,严重影响了纤维/基体之间的结合,进而影响了复合材料的力学性能,所以该类复合材料具有力学性能对中等温度(500~1 000 ℃)和对连续外力下氧化环境较为敏感的弱点。

5. 诱导效应

一种物质(通常是聚合物基体)在另一种物质(通常是增强体)表面结构的诱导作用下发生改变,由此产生的一些现象,如强弹性、低膨胀性、耐热性和冲击性等。

1.2.3　界面物理性质

一般而言,复合材料的制备温度和服役温度都有所差别,而基体和增强体的热膨胀系数也会有所不同,因此,复合材料在服役时便会产生热应力,这将对复合材料性能产生一定的影响。

无论复合材料界面是以何种方式结合的,复合材料总是在一定温度下制备的,而在该温度下,复合材料各组元是热膨胀匹配的。然而,复合材料一般在高于或低于制备温度下服役。纤维和基体便会因热膨胀系数的不同而产生热失配,进而产生界面热应力。界面热应力又分为径向热应力、轴向热应力和环向热应力。其中,径向热应力是由纤维径向与基体热失配引起的;轴向热应力是由纤维轴向与基体热失配引起的;环向热应力则是由纤维环向与基体热失配产生的。轴向热应力较大时可能造成基体屈服或开裂,径向热应力和环向热应力则可能使界面脱黏。

一般而言,高模量、高强度纤维的热膨胀系数小于基体的热膨胀系数。图 1.10 简单说明了纤维径向热应力产生的过程。图 1.10(a)表示制备温度下,基体和纤维的热匹配状态。当复合材料服役温度低于其制备温度时,基体收缩程度大于纤维轴向收缩程度,如图 1.10(b)所示。此时,纤维受压应力,基体受拉应力。而当复合材料服役温度高于其制备温度时,基体扩张程度则会小于纤维轴向伸长程度,如图 1.10(c)所示。此时,纤维受拉应力,基体受压应力。

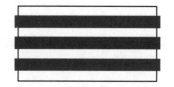
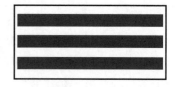

(a) 制备温度下的复合材料示意图　　(b) 服役温度低于制备温度时　　(c) 服役温度高于制备温度时
　　　　　　　　　　　　　　　　　　　　复合材料示意图　　　　　　　　复合材料示意图

图 1.10　复合材料界面轴向热应力产生的过程示意图

复合材料中的残余热应力与温度差呈线性关系,也与基体和增强体的热膨胀系数呈线性关系。需要说明的是,材料制备结束后一般需要冷却至室温,因此,计算复合材料界面热应力不仅需要考虑制备温度和服役温度的差异,还需考虑制备温度和室温的差异。有时,室温下复合材料的热失配可能比服役时还要严重,这将对复合材料的性能产生不利影响。

对于陶瓷基复合材料,理想的状况也是承载之前增强体受拉应力、基体受压应力,以提高基体的开裂应力,但纤维的热膨胀系数可能比基体的小或与基体接近,并且陶瓷基复合材料使用温度一般较高,从而造成在某一区间内热物理相容而另一温度区间热物理不相容。而基体的断裂韧性又较低,因而增强体轴向的热失配可能导致基体产生裂纹并损伤增强体。这可能导致陶瓷基复合材料的某些性能在高温下反而优于在低温下的性能。例如,对于 C/SiC 复合材料,碳纤维的轴向热膨胀系数为 $(-0.14 \sim 1.7) \times 10^{-6} \text{K}^{-1}$,而 SiC 的热膨胀系数为 $(3.5 \sim 6.9) \times 10^{-6} \text{K}^{-1}$,大于碳纤维的热膨胀系数。该复合材料的制备温度约为 1 000 ℃,在低温下热失配更严重,甚至基体产生裂纹。由于环境中的氧可通过该裂纹进入复合材料内部,氧化复合材料内部的碳相,造成 C/SiC 复合材料在低温下的抗氧化性能较差。图 1.11 给出了温度对 C/SiC 复合材料在空气中失重的影响。可以看出,该材料在 600 ℃时失重最为严重,抗氧化性最差。

复合材料组元的热膨胀系数差、温度差及增强体体积分数等对残余热应力都有较大影响。此外,基体屈服强度和韧性、增强体形状及分布也会对复合材料残余热应力产生影响。

不同增强体和基体的热膨胀系数相差较大,如 SiC 纤维增强 Al 基复合材料中,Al 基

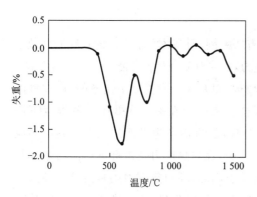

图 1.11　温度对 C/SiC 复合材料在
空气中失重的影响

体的热膨胀系数($21.6\times10^{-6}\mathrm{K}^{-1}$)是 SiC 纤维($2.3\times10^{-6}\mathrm{K}^{-1}$)的 9 倍多。较小的温度变化就会导致在复合材料中产生大的残余热应力。因此,在进行复合材料设计时,增强体和基体的热膨胀系数是需要考虑的重要问题,最好选用热膨胀系数接近的材料。温度变化是残余热应力产生的外部因素,即使较小的温度变化也能产生较大的残余热应力。对于金属基复合材料,可以在适当的温度进行热处理来减小残余热应力。

在其他条件相同的情况下,增强体体积分数是影响复合材料残余热应力的主要因素。增强体体积分数越高,则复合材料残余热应力越大。如果纤维体积含量过高,复合材料在制备过程中界面残余热应力就会过大,这将导致复合材料内部出现损伤。即使没出现损伤,大的残余热应力也会显著影响复合材料的力学性能。对于金属基复合材料,随着纤维体积分数的增加,基体内的残余热应力会使复合材料拉伸和压缩时屈服强度的差值增加。对于陶瓷材料,则可能会使基体产生裂纹,产生更为不利的影响。

基体的屈服强度影响残余热应力主要与应力松弛有关。复合材料基体应力超过其屈服强度后,基体即可发生塑性变形以松弛残余热应力。显然,基体屈服强度越高,应力越难松弛,残余热应力就越大;基体屈服强度越低,应力就越容易松弛,残余热应力就较小。增强体尺寸和长径比影响残余热应力也是与基体应力松弛有关。当增强体长径比较大时,位错运动容易受到阻碍,导致基体应力松弛程度减小,复合材料的残余热应力增大。

对于连续纤维增强的复合材料,残余热应力还与纤维的取向有关。不同方向的复合材料残余热应力有所不同,甚至可能出现较大差别。这主要和纤维轴向和径向热膨胀系数不同有关。例如,碳纤维的轴向热膨胀系数为($-0.14\sim1.7$)$\times10^{-6}\mathrm{K}^{-1}$,而径向热膨胀系数可达 $8.85\times10^{-6}\mathrm{K}^{-1}$。对于晶须或短纤维增强的复合材料,残余热应力还和增强体排列规则程度有关。从平均残余热应力来看,增强体混乱分布时的残余热应力略低于增强体规则分布材料的残余热应力。

由于残余热应力对材料性能有较大影响,因而在材料使用前有时候需要对其残余热应力的大小进行测试。残余热应力的测量方法主要分为有损测量和无损测量两大类。有损测量主要是切槽法,钻孔法;无损测量主要有 X 射线衍射法、中子衍射法、磁性法、超声法及压痕应变法等。随着对材料研究的深入,不断有学者提出新的测量方法,如西北工业大学超高温结构复合材料重点实验室提出通过加载卸载曲线来测量陶瓷基复合材料的残余热应力,如图 1.12 所示,将每个加载卸载迟滞回环的割线反向延长后的交点称为"无残余热应力原点"。通过两个相似三角形($\triangle O'RG \backsim \triangle FHG$)可以最终计算出材料的残余热应力。

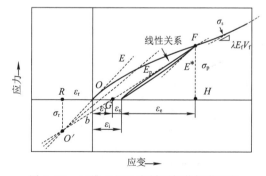

图 1.12　二维 C/SiC 在循环加载卸载下的应力-应变曲线

1.2.4 界面化学性质

复合材料的化学相容性主要是指基体和增强体之间的化学反应,即界面反应。复合材料都是由两种或两种以上物理、化学不同的物质组成的。不同的物质之间往往会发生反应,这将对界面造成重要的影响,严重时还可能损伤增强体,导致复合材料性能下降。此时就需要降低界面反应。另一种情况是两种物质之间不反应或反应强度太低,而又要求界面有较高的结合强度,此时就需要采取适当的办法增强界面反应,因此,了解复合材料的界面反应及其控制方法也是复合材料设计的基础。

界面反应主要取决于两个方面,热力学相容和动力学相容。热力学决定界面反应能否发生,而动力学则决定界面反应速率,这也是决定界面反应的主要因素。界面反应需要同时满足以上两个条件,缺一不可。如对于硼纤维增强铝基复合材料,动力学上 B 可以和 Al 反应,但在最佳工艺条件下,铝表面形成氧化铝保护膜,对界面反应造成动力学障碍,使得该复合材料基本没有界面反应。

对于陶瓷基复合材料,$SiC\text{-}SiO_2$ 是最常见和最典型的气相反应界面,界面反应存在气相产物 CO,而 CO 压力会对界面反应产生影响,其相图也和金属基复合材料的相图有所不同,下面对其进行简要介绍。

Si-C-O 三元系统在 2 000 K 有 SiC、SiO_2、Si、C、SiO、CO、CO_2 等 7 个物种,它们存在如下的平衡关系式:

$$C(s) \Longleftrightarrow C(g) \tag{1.32}$$

$$Si(l) + C(g) \Longleftrightarrow SiC(s) \tag{1.33}$$

$$Si(l) + O_2(g) \Longleftrightarrow SiO_2(l) \tag{1.34}$$

$$SiC(s) + O_2(g) \Longleftrightarrow SiO_2(l) + C(g) \tag{1.35}$$

$$C(g) + \frac{1}{2}O_2(g) \Longleftrightarrow CO(g) \tag{1.36}$$

$$SiC(s) + \frac{1}{2}O_2(g) \Longleftrightarrow SiO(g) + C(g) \tag{1.37}$$

$$C(g) + O_2(g) \Longleftrightarrow CO_2(g) \tag{1.38}$$

对于以上反应,其独立反应数为:物种数 (n) 一元素数 $(m) = 7 - 3 = 4$,因此,只有 4 个反应是独立的,其余反应都可由所选择的 4 个独立反应的线性组合求得。由热力学计算可绘制出 Si-C-O 三元系统在 2 000 K 的热化学相图如图 1.13 所示。图中的纵坐标为 C 的蒸气压的对数,横坐标表示氧气压力的对数。图中有四个区域,五个界面。下面分别对其进行说明。

图 1.13 中四个区域分别为 C、SiC、Si 和 SiO_2。水平线 I 表示 C(s) 的蒸气压,对应于反应

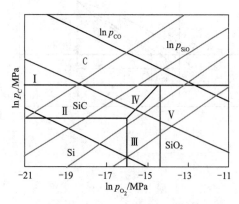

图 1.13 Si-C-O 在 2 000 K 下的热化学相图

式(1.32),其界面有 C-SiC 和 C-SiO₂ 界面;水平线 Ⅱ 表示 Si-SiC 界面上 C 的蒸气压,对应于反应式(1.33);垂直线 Ⅲ 表示 Si-SiO₂ 界面上氧平衡压力,对应于反应式(1.34);短斜线 Ⅳ 表示 SiC-SiO₂ 界面上 C 和 O₂ 压力的平衡关系,对应于反应式(1.35);垂直线 Ⅴ 表示 Si-SiO₂ 界面上氧平衡压力,对应于反应式(1.34)。负斜率长斜线表示 CO 蒸气压的对数。由反应式(1.36)可知,CO 蒸气压和 C 及 O₂ 的蒸气压存在约束关系,CO 蒸气压的大小随后两者蒸气压大小的变化而变化。正斜率长斜线表示 SiO 蒸气压的对数。由反应式(1.37)可知,SiO 蒸气压和 C 及 O₂ 的蒸气压也存在约束关系,其变化也不是独立的。由式(1.38)反应可知,CO₂ 蒸气压也不是独立的,其值通过 C 及 O₂ 的蒸气压便可求出,只是斜率与 CO 不同,图 1.17 中并未列出。

需要说明的是,上述相图是在 2 000 K 下得出的,如果温度变化,图 1.13 中的数值就会发生变化,但其相关关系保持不变。

与反应动力学相关的主要问题是扩散。复合材料发生化学反应主要有两种情况:生成固溶体和生成化合物。无论是哪种情况,反应生成物都会将反应物隔开,阻碍反应的进一步进行。若要进一步反应,必须通过扩散进行。下面对这两种情况分开讨论。

1. 基体和增强体不生成化合物,只生成固溶体

这种情况主要针对金属基复合材料,一般不会导致复合材料性能的急剧下降,主要的危险是增强体的溶解和消耗。若假设增强体向基体扩散,并将增强体和基体都看作相对于界面无限大物体,则增强体向基体扩散的扩散系数保持不变,并且和浓度无关。根据菲克第二定律,有

$$c = c_0 \left(1 - e^{\frac{x}{2\sqrt{D_t}}} \right) \tag{1.39}$$

式中,c 为时间 t 时,距基体和增强体接触面 x 处扩散物的浓度;c_0 为基体和增强体接触面上扩散物浓度,即扩散物在基体中的极限浓度;D 为扩散系数。扩散系数的大小和温度有关,其关系可用阿累尼乌斯公式(Arrhenius equation)表示,即

$$D = A e^{-\frac{Q}{RT}} \tag{1.40}$$

式中,A 为常数;Q 为扩散激活能;R 为气体常数;T 为扩散温度。根据式(1.39)和式(1.40)可以计算出在一定温度下和一定时间后复合材料界面反应层厚度。

2. 基体和增强体之间生成化合物

基体和增强体反应生成化合物后,进一步的反应就需要增强体或基体在化合物中的扩散来进行。假设化合物层均匀,并且增强体和基体化学反应的速率大于其在反应生成化合物中扩散的速率,则化学反应速率由速率较低的扩散过程控制。此时,化合物层厚度 X 和时间 t 有抛物线关系式,即

$$X^n = Kt \tag{1.41}$$

式中,n 为抛物线指数;K 为反应速率常数。反应速率常数和温度的关系仍遵循阿累尼乌斯公式。根据式(1.41)也可以计算出在一定温度下和一定时间后复合材料界面反应层的厚度。

1.2.5　界面力学性质

复合材料界面可根据基体模量的不同分为以下两类。

1. 弹性界面

该类界面是指弹性纤维和弹性基体组成的复合材料界面。该类复合材料的应力应变曲线特征是其变形和断裂过程,可分为两个阶段:首先是纤维和基体出现弹性变形;第二阶段是基体出现非弹性变形,纤维断裂,进而复合材料断裂。属于这类界面的复合材料主要有碳纤维或陶瓷纤维增强陶瓷基体及玻璃纤维增强热固性聚合物等。

2. 屈服界面(滑移界面)

该类界面是指弹性纤维和塑性基体组成的复合材料界面。对于该类复合材料,在承载失效时,纤维的断裂应变小于基体的断裂应变;纤维表现为脆性破坏,基体表现为塑性破坏,因此,该类复合材料的应力应变曲线的特征是其变形和断裂过程,可分为三个阶段:首先纤维和基体均发生弹性变形;第二阶段随着应力的增大,基体开始发生非弹性变形,但该阶段纤维的变形仍是弹性的;最后一阶段,基体发生破坏,纤维断裂,进而复合材料断裂。属于这类界面的复合材料主要有硼纤维、碳纤维或陶瓷纤维增强的金属基复合材料及纤维增强的热塑性聚合物复合材料。

剪滞理论是由 Rosen 于 1965 年提出的,推导时假设界面结合良好,界面无滑移;复合材料基体和纤维泊松比相同,即无横向截面应力产生,或加载过程中不产生垂直于纤维轴向上的应力。取复合材料中一个单元,其载荷传递模型如图 1.14 所示,讨论加载时载荷如何传递到纤维上,以及纤维中应力的分布情况。单元中,纤维直径为 d,半径为 r_f,纤维长度为 l,纤维拉应力为 σ,界面剪切应力为 τ,传递到纤维上的载荷为 P_f。纤维之间的距离为 $2R$,纤维轴向坐标为 x,即从纤维一端开始沿纤维任一点的位置。

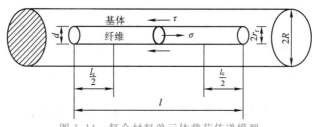

图 1.14　复合材料单元体载荷传递模型

设纤维不存在时 x 点的位移为 v(无约束时);纤维存在时 x 点的位移为 u(有约束时),则有

$$\frac{\mathrm{d}P_f}{\mathrm{d}x} = B(u-v) \tag{1.42}$$

式中,B 为常数,其值取决于纤维的几何排列、基体的类型及纤维和基体的弹性模量。将上式再微分一次可得

$$\frac{\mathrm{d}^2 P_f}{\mathrm{d}x^2} = B\left(\frac{\mathrm{d}u}{\mathrm{d}x} - \frac{\mathrm{d}v}{\mathrm{d}x}\right) \tag{1.43}$$

由 $P_f = \sigma_f A_f = E_f A_f (\mathrm{d}u/\mathrm{d}x)$ 及 $\dfrac{\mathrm{d}v}{\mathrm{d}x} =$ 远离纤维的基体应变 $=$ e,可得

$$\frac{\mathrm{d}^2 P_f}{\mathrm{d}x^2} = B\left(\frac{P_f}{E_f A_f} - \mathrm{e}\right) \tag{1.44}$$

式中,E_f 为纤维模量;A_f 为纤维的截面积。

求解上述微分方程,可得

$$P_f = E_f A_f e + S \cdot \sinh \beta x + T \cosh \beta x \tag{1.45}$$

式中,S、T 为常数;$\beta = \left(\dfrac{B}{A_f E_f}\right)^{1/2}$。

根据边界条件 $x=0$ 和 $x=l$ 处,$P_f=0$,可求得纤维所受拉力分布为

$$P_0 = E_f A_f \exp\left[1 - \frac{\cosh \beta\left(\dfrac{l}{2} - x\right)}{\cosh \beta \dfrac{l}{2}}\right] \quad \left(0 < x < \frac{l}{2}\right) \tag{1.46}$$

由 $P_f = \sigma_f A_f$ 可进一步求得纤维所受的拉应力分布为

$$\sigma_f = E_f \exp\left[1 - \frac{\cosh \beta\left(\dfrac{l}{2} - x\right)}{\cosh \beta \dfrac{l}{2}}\right] \quad \left(0 < x < \frac{l}{2}\right) \tag{1.47}$$

这便是纤维沿 x 方向所受拉应力的表达式。式(1.47)表明,只有无限长的纤维才能变形至复合材料的应变。

推导纤维表面所受剪应力的表达式。复合材料界面上,剪应力应与张力保持平衡,如图 1.15 所示,则可得

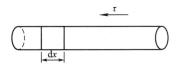

图 1.15 剪应力与张应力平衡示意图

$$\frac{dP_f}{dx} = -2\pi r_f \tau \tag{1.48}$$

则

$$dP_f = -2\pi r_f \cdot dx \cdot \tau \tag{1.49}$$

假设纤维为规则的圆形,则有 $A_f = \pi r_f^2$,于是有

$$P_f = \pi r_f^2 \sigma_f \tag{1.50}$$

将式(1.50)代入式(1.49)得

$$\tau = -\frac{1}{2\pi r_f}\frac{dP_f}{dx} = -\frac{r_f}{2} \cdot \frac{d\sigma_f}{dx} \tag{1.51}$$

将式(1.47)代入式(1.51),即可得到纤维表面剪应力的表达式为

$$\tau = \frac{E_f r_f e \beta}{2} \cdot \frac{\sinh \beta\left(\dfrac{l}{2} - x\right)}{\cosh \beta \dfrac{l}{2}} \tag{1.52}$$

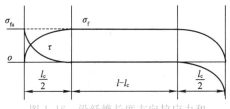

图 1.16 沿纤维长度方向拉应力和界面剪应力的变化

根据式(1.47)和式(1.52),将沿纤维长度方向拉应力和界面剪应力的变化示于图 1.16 中。

此外,基体的屈服剪切强度与纤维的拉伸应力存在平衡关系:

$$\tau_y \cdot \pi d \frac{l}{2} = \sigma_f \cdot \frac{\pi d^2}{4} \tag{1.53}$$

于是
$$\frac{l}{d}=\frac{\sigma_f}{2\tau_y} \tag{1.54}$$

若纤维足够长,则纤维所受拉应力能达到纤维的断裂强度 σ_{fu},有

$$\left(\frac{l}{d}\right)_c=\frac{\sigma_{fu}}{2\tau_y} \tag{1.55}$$

此时的 $\left(\frac{l}{d}\right)_c$ 称为纤维的临界长径比。若纤维直径保持不变,则称 l_c 为临界纤维长度。当 $l>l_c$ 时,纤维能够承受最大载荷,纤维首先发生断裂,然后发生拔出,复合材料断口上纤维的拔出长度约为 $l_c/2$;如果 $l<l_c$,无论复合材料受多大应力,纤维承受的载荷都达不到纤维的断裂强度,这时复合材料的破坏主要是纤维拔出,纤维断裂很少。进一步推导计算表明,如果 $l/l_c=30$,不连续单向纤维复合材料的强度是连续单向纤维复合材料强度的 98%,与连续纤维增强复合材料的力学性能很接近,因此,一般称 $l>30l_c$ 为连续纤维;$l_c<l<30l_c$ 为短切纤维;$l<l_c$ 为超短纤维。

以上推导是基于复合材料的弹性界面。对于屈服界面,可假设纤维周围的基体材料是理想塑性材料,则界面剪切应力沿界面长度为一常数,其值等于基体的剪切屈服应力 τ_s。对于滑移界面,界面剪切应力沿纤维长度的分布不是一个常数,剪应力最大值也不在纤维末端,而是距离末端一段距离的某个地方。纤维中应力在末端也不等于零,说明纤维末端也传递了应力。但总体上看,其结果和弹性界面分析结果差别不大。现将不同界面特性复合材料沿纤维长度方向的应力分布示于图 1.17 中。

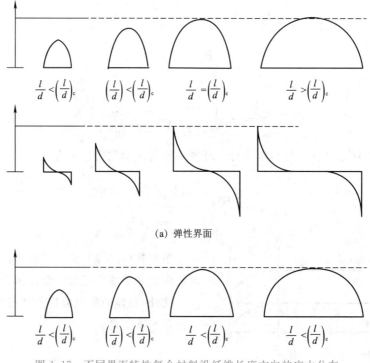

图 1.17　不同界面特性复合材料沿纤维长度方向的应力分布

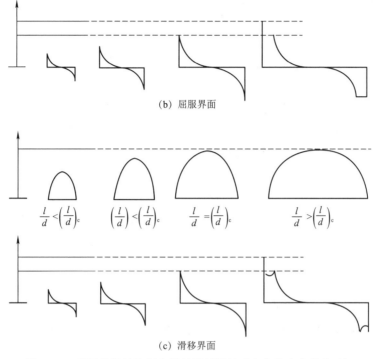

(b) 屈服界面

(c) 滑移界面

图 1.17　不同界面特性复合材料沿纤维长度方向的应力分布(续)

复合材料的界面结合强度决定着其失效模式。复合材料的断裂可根据断口形貌和失效机理分为三种类型:积聚型断裂;非积聚型断裂;混合型断裂。

积聚型断裂:界面结合强度较弱,当外加载荷增加时,基体不能将载荷有效传递给纤维,整个复合材料内部出现不均匀的积聚损伤。此处损伤主要指界面脱黏、纤维断裂和拔出,若纤维损伤积聚过多,剩余截面不能承载而断裂。此时,复合材料的强度主要取决于纤维的强度。

非积聚型断裂:界面结合较强,复合材料破坏时主要集中在一个截面内,不存在纤维拔出或纤维拔出很少,该断裂一般为脆性断裂。

混合型断裂:界面结合强度适中,大多数纤维可同时有效承担载荷,复合材料破坏时大多数纤维的拔出长度适中。

若将复合材料界面结合强度简化,仅分为界面结合强、界面结合弱和界面结合适中等三种类型。引入无量纲参数 θ 来表示界面结合强度的大小,其取值范围为 $0\sim1$。当 $\theta=0$ 时,表示界面完全弱结合;$\theta=1$ 时,表示界面完全强结合;θ 介于 0 和 1 之间时,表示界面结合强度介于强弱之间,则复合材料强度与 θ 的关系如图 1.18 所示。

(1)当 $0<\theta<\theta_1$ 时,界面结合强度较弱,基体不能

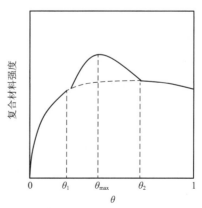

图 1.18　复合材料强度和
界面结合强度的关系

将载荷有效地传递给纤维,整个复合材料内部出现不均匀的积聚损伤,出现积聚型断裂。此时纤维临界长度 l_c 太大,纤维拔出长度长、强度低而韧性高。

(2)当 $\theta_2 < \theta < 1$ 时,界面结合强度较高,复合材料断裂主要集中在一个截面上,在断裂过程中不存在或很少有纤维的拔出,出现非积聚型断裂。此时纤维临界长度 l_c 太小,纤维拔出长度短,强度高而韧性低。

(3)当 $\theta_1 < \theta < \theta_2$ 时,界面结合强度适中,纤维临界长度 l_c 在一定范围内分布,纤维拔出长度适中,强度和韧性匹配性较好。当界面结合适中时,复合材料具有最大的断裂强度。复合材料断裂强度最大时对应的界面结合强度称为 θ_{max}。

从理论上讲,由式(1.55)可知,当纤维直径不变时,对于界面弱结合的复合材料,其界面剪切强度 τ_y 较低,则临界纤维长度 l_c 较长,在断裂过程中表现为非积累型破坏,强度低而韧性高;而对于界面强结合的复合材料,其界面剪切强度 τ_y 较高,则临界纤维长度 l_c 较短,在断裂过程中表现为积聚型破坏,强度高而韧性低;对于界面适中结合的复合材料,临界纤维长度 l_c 在一定范围内,复合材料在断裂过程中表现为混合型破坏,强度和韧性匹配。

由于界面强度对复合材料性能有较大影响,在复合材料设计时有必要测定界面结合强度。界面结合强度的测试也因此成为复合材料领域里非常重要的问题。

1.2.6 界面设计原理

陶瓷基复合材料一般要求界面结合强度较弱,以提高其韧性。增强体与基体之间的反应层一般比较均匀,对纤维和基体都能很好地结合,但若发生严重的界面反应时,将不利于陶瓷基复合材料的增韧。此时需要进行控制界面反应,主要方法是通过合适的工艺来降低反应温度,抑制界面反应。例如碳纤维增强氮化硅复合材料,采用无压烧结时,由于温度较高,纤维和基体会发生反应 $Si_3N_4 + 3C \Longrightarrow 3SiC + 2N_2$,导致复合材料性能下降;若采用等静压烧结工艺,则由于温度较低和压力较高,上述反应明显得到抑制,材料性能也明显提高。

对于部分陶瓷基复合材料,需单独制备出界面相。不管是单层界面相还是多层界面相,其设计参数主要包括两类:一是界面相材料的种类,即组分和微结构;二是界面相材料的物理尺度,即厚度和层数(仅对多层界面相而言)。由于陶瓷基复合材料的应用背景主要是高温甚至超高温的非惰性、非常压的复杂恶劣环境,因而界面的优化设计既要包括以强韧化为目标的力学性能优化,还要实现材料在服役过程中的环境性能优化,最终实现力学性能与环境性能的协同优化。

图 1.19 给出了 C/SiC 复合材料热解碳界面层的厚度对其应力应变的影响。可以看出,界面层较薄时的 C/SiC 复合材料呈脆性破坏;界面层厚度合适时,C/SiC 不仅强度高,而且呈韧性断裂;界面太厚时,由于剪切破坏,C/SiC 的强度和韧性都有所下降。实验表明,C/SiC 复合材料热解碳界面层的最佳厚度范围是 $140 \sim 220$ nm。该厚度范围可使碳纤维与基体之间形成适当弱的结合强度,既能有效缓解两者的热膨胀失配应力,又可以充分发挥热

解碳界面相的裂纹偏转和载荷传递功能,从而使复合材料的弯曲强度稳定在相对较高的水平。

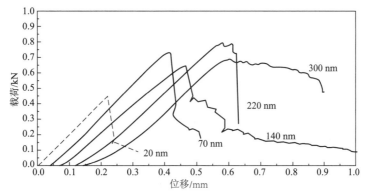

图 1.19　热解碳界面层厚度对 C/SiC 复合材料应力应变关系的影响

界面层厚度对 C/SiC 复合材料的环境性能有重要影响。不同温度和不同环境下界面层的最优厚度有所差异。西北工业大学超高温结构复合材料重点实验室对此进行了系统的研究,并给出了 3D C/SiC 复合材料不同环境下的界面层最优厚度。纯氧环境条件下:700 ℃/70 nm;1 300 ℃/220 nm;纯水环境条件下:1 200～1 300 ℃/140～220 nm;融盐腐蚀介质环境条件下:1 300～1 500 ℃:220 nm。

除界面层厚度外,界面的热处理也可以对复合材料性能产生显著影响。对于不同纤维的复合材料,界面热处理对复合材料的结构和性能有着不同的影响。这需根据复合材料的特征来选择热处理工艺。

1.3　陶瓷基复合材料结构性质及其设计原理

1.3.1　结构类型

陶瓷基复合材料的性能取决于各组元特性、含量和分布情况。不同维度的陶瓷基体与不同维度的增强体可任意组合形成新结构,故由陶瓷基体和增强体两种组元组成的陶瓷基复合材料的结构类型分为 0-3 型、1-3 型、2-2 型、2-3 型和 3-3 型。前一数字表示增强体或功能体的维度,后一数字表示基体维度。零维(0)表示材料在宏观上是弥散或孤立的,在三个维度上都是不连续的,如颗粒;一维(1)表示材料只在单一维度上是连续的,如纤维和晶须;二维(2)表示材料在两个维度上是连续的,在第三个维度上是不连续的,如片状材料;三维(3)表示材料在三个维度上都是连续的,如具有网络体状的聚合物。现将其详细介绍如下:

0-3 型结构:基体在三维方向上均为连续相,增强体以颗粒状弥散在基体相内。这种复合材料结构较为常见,如氧化铝颗粒增强铝基复合材料、$PbTiO_3$ 型压电复合材料等。

1-3 型结构:基体仍为三维连续相,增强体则只在一个维度上连续。这样的复合材料有晶须或短纤维增强复合材料、连续纤维增强材料等。

2-2 型结构:这类结构中,基体和增强体均为二维连续相,在三维方向上交替叠加。如 $ZrO_2\text{-}Al_2O_3$ 层状陶瓷由 ZrO_2 和 Al_2O_3 陶瓷交替叠加而成,以提高陶瓷材料的强度和断裂韧性。SiC-BN 层状陶瓷也可以看作 2-2 型结构,但 BN 陶瓷在这里为界面相。

2-3 型结构:基体为三维连续相,增强体为二维连续结构。增强体可以以片层状随机分布或有一定取向的分布于基体中,也可以在两个维度上贯穿于整个基体。如由云母和聚合物构成的复合材料为前者类型,而二维叠层的碳纤维增韧碳化硅(C/SiC)复合材料则属于后者类型。

3-3 型结构:基体和增强体均为三维连续结构,增强体以三维网状或块状分布于基体中。以纤维的三维编织结构为增强体的复合材料是典型的 3-3 型结构。两种聚合物分子链相互贯穿时形成的网络结构从微观上也属于该型结构。

以上是两相结构(不考虑界面相)的复合材料的结构类型。当有两种相时,结构则可以有 10 种类型(0-0、0-1、0-2、0-3、1-1、1-2、1-3、2-2、2-3、3-3)。实际应用中的复合材料还可能有三种或三种以上的相组成。随着组成相的增加,复合材料的结构类型也会随之增加。假设复合材料有 n 种相,则其结构类型总数 C_n 可用下式描述:

$$C_n = \frac{(n+3)!}{n!\,3!} \tag{1.56}$$

1.3.2 结构性质与效应

对于 1-3、2-3、2-2 和 3-3 等类型的陶瓷基复合材料,增强体的几何取向对陶瓷基复合材料性能产生显著影响。对于 1-3 型(单向连续纤维增强)结构的陶瓷基复合材料,在增强体轴向和径向,陶瓷基复合材料的性能如力学、导热等有着明显的差异。对于 2-2 或 2-3 型结构的陶瓷基复合材料,在增强体的平面方向和垂直平面的方向性能截然不同。

对于 0-3(颗粒增强或增韧)等类型的陶瓷基复合材料,颗粒形状不同可能造成材料的性能差异,但由于此时基体仍为连续相,故若不考虑界面的影响,复合材料的性质仍取决于基体的性质。对于 1-3 或 2-3 型结构的陶瓷基复合材料,由于增强体为一维或二维连续相,若其性质和基体有较大差异,则增强体可能会对复合材料的性能起支配作用。

对于多孔陶瓷基复合材料,气孔率、孔径大小及分布也会对复合材料性能产生较大影响。这是因为块体材料的强度和模量会随气孔率的升高而降低,而陶瓷基复合材料强度又主要取决于基体和增强体的模量匹配,其最终结果是基体气孔率影响整个复合材料强度。

1.3.3 预制体结构特征及设计

陶瓷基复合材料制备过程可分为两种,一种是增强体和陶瓷基体复合成型同时进行,另一种是复合材料需要先成型再复合。这类先成型后复合的复合材料成型后的结构称为预制体。掌握预制体结构特征是进行复合材料结构设计的基础。

预制体按其纤维构造可分为线性(一维,1D)、平面(二维,2D)和立体(三维,3D)等三大类。

一维复合材料,有时也称单向结构复合材料,是指复合材料中所有纤维均处于同一个方向,这个方向一般也是复合材料承载方向,纤维束或纤维丝复合材料属于此类。纤维束和纤维丝与单根纤维的力学特征有所不同。Coleman 和 Daniles 等人的研究,纤维束与纤维丝强度直接的关系可通过下式表示:

$$\sigma_N = \sigma_\infty + 0.996BN^{-\frac{2}{3}} \tag{1.57}$$

式中,σ_N 为纤维束强度;N 为纤维束内纤维根数;σ_∞ 为纤维根数趋于无穷大时纤维束渐近平均强度;B 为纤维强度系数。当纤维种类、纤维直径、试样长度确定时,B 是一个定值。

由此可以看出,纤维根数会影响纤维束强度。纤维根数越多,纤维束平均强度越低,但并不会趋于 0,而是存在着一个极限值。此外,纤维单丝强度虽然高于纤维束强度,但其离散性较大,而合并成束后强度虽然降低,但变得相对集中,这对提高复合材料性能的可靠性具有积极意义。

二维(2D)结构复合材料的增强相是按照一定铺设角度堆积的各单层或二维织物,如 2D 机织(平纹、斜纹和缎纹)、针织(径向和纬向)和编织布(双向和三向)等。现在应用的复合材料大部分都是这种结构形式,其特点是无论含有几个方向的纤维束,都位于平面内,其特性以相邻纤维束的间距、纤维束直径、每个方向上纤维束的百分含量、纤维束的填充效率和交织的复杂程度来表征。目前,比较常见的 2D 叠层结构是由平纹层叠而成。该类复合材料具有较高的面内力学性能,适用于制备面内力学性能要求较高的薄壁构件,其主要缺点是层间剪切强度差,尤其是截面较厚时表现更为明显,产品形状受限;由于没有 Z 向纤维,较易分层和产生裂纹。

2.5D 编织结构复合材料是三维编织复合材料领域中的一个重要分支,其预制体是采用机织或编织加工而成。该预制体通过纬纱和经纱之间缠绕形成互锁,纤维束在厚度方向上以一定角度进行交织,使材料的整体性较好,因而具有良好的剪切性能和很强的可设计性。2.5D 编织结构复合材料避免了 2D 复合材料层间性能差和三维编织复合材料工艺复杂的缺点,降低了制造成本、缩短了生产周期,并且易于制备回转构件,如头锥、壳体等复杂结构件。2.5D 编织结构复合材料本身又包括多种多样的结构,如浅交直联、弯交浅联等,再配合不同的纤维原料、粗细、织物密度、织造张力及复合用料,可满足不同的力学性能要求。

2.5D 针刺预制体是另一种应用较广的三维结构复合材料。针刺技术主要是先将纤维布、胎网层(无序结构的纤维层)交替层叠,再通过刺针将其进行接力针刺,依靠倒向钩刺把胎网层中的部分水平纤维携带至 Z 向,产生垂直的纤维簇,使纤维布和胎网层相互缠结,相互约束,形成平面和 Z 向均有一定强度的准三维独特网络结构预制体。2.5D 针刺结构结合了 2D 和多维编织结构的优点:在面内具有较好的力学性能,同时大大提高了复合材料的层间力学性能;而且针刺纤维束和胎网层的孔隙相互贯穿,为后续基体的填充提供了有利条件。2.5D 针刺结构有时也称三维针刺结构。

航天工业的发展要求其部件和结构具有承受多向载荷应力和热应力的能力,故 3D 结构复合材料应运而生。该结构预制体在 X、Y 和 Z 三个方向上都有纤维,并且每个方向上纤维体积分数差别不大。3D 复合材料在各个方向上具有相同优异的性能,缺点主要是制备成本较高。

1.4 陶瓷基复合材料尺寸效应及其性能

1.4.1 尺寸理论

尺寸效应的主流解释有三大理论,分别是:以 Weibull 为代表的统计尺寸效应理论;以 Bažant 为代表的能量释放引起的尺寸效应理论;以 Carpinteri 为代表的分形尺寸效应理论。下面分别予以简要介绍。

Weibull 为代表的统计尺寸效应理论,是强度尺寸效应的经典解释。该理论以最弱链模型为基础,认为材料的强度取决于其最弱链的强度,即当某点的应力超过该点的缺陷强度时,材料就会发生破坏。材料尺寸越大,遇到某个低强度材料单元的概率越大,故其破坏的概率就越大,最终导致其破坏时强度会降低。

$$P_f(\sigma, V) = 1 - \exp\left[-\frac{V}{V_0}\left(\frac{\sigma}{\sigma_0}\right)^m\right] \tag{1.58}$$

式中,$P_f(\sigma, V)$ 为体积为 V 的材料,在应力 σ 作用下破坏的概率;V_0 为样本体积;σ_0 为样本强度;m 为材料的均质度,其值越大,表明材料就越均匀。

$$\bar{\sigma} = \bar{\sigma_0}\left(\frac{V_0}{V}\right)^{1/m} \tag{1.59}$$

式中,$\bar{\sigma}$ 为体积为 V 的材料的平均强度;$\bar{\sigma_0}$ 为体积为 V_0 的材料的平均强度;m 为材料的均质度。一般而言,材料脆性越大,其 m 值越小。

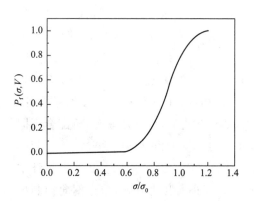

图 1.20 $m = 10$、$V/V_0 = 2$ 时的 Weibull 分布破坏概率分布情况[2]

根据式(1.58),在 $m = 10$、$V/V_0 = 2$ 时,破坏概率 $P_f(\sigma, V)$ 随应力变化情况如图 1.20 所示。从图 1.20 中可以看出,破坏概率会随着应力的增大而增大,当 $\sigma \to \infty$ 时,$P_f \to 1$。这种趋势与实际情况相符。此外,还可以根据概率统计理论,由式(1.59)预测出材料破坏时的平均应力值。

从式(1.58)、式(1.59)和图 1.20 可以看出,材料的尺寸会影响其强度。在极限情况下,当 $V \to 0$ 时,$\bar{\sigma} \to \infty$。此处的无穷大可以理解为材料的理论强度,即当材料尺寸越小时,其强度与理论值越接近。

Weibull 统计尺寸效应理论形式简单,同时有一定精度,在脆性材料中得到了广泛的应用,但有时还需进行部分修正才能达到想要的精度。Bažant 强度尺寸效应理论则从断裂力学的角度对尺寸效应进行了解释,其认为在达到最大载荷前,材料内部的一个大裂纹或一个包含有微裂纹的断裂过程区发生稳定的增长,产生了应力重分布和存储能量的释放,从而导致了尺寸效应。Carpinteri 则认为尺寸效应产生的根本原因是在不同尺度下,裂纹在分形特性上的差异。这三种理论是对尺寸效应的定量描述,都有自己的局限性,并且主要针对脆性材料或准脆性材料,但现有理论比较统一的定性描述为,材料内部存在热力学缺陷是材料实际强度低于理论强度的主要原因,而材料尺寸的减小则会导致其内部热力学缺陷减少,进而提高组元的强度,因此,材料尺寸越小,实际强度与理论强度越接近。不同尺寸效应理论仅是定量描述过程不同。此外,尺寸效应在陶瓷材料中表现最为明显,在聚合物中表现最不明显。这是因为聚合物分子链较长,热力学缺陷相对较小,因而尺寸效应表现不明显。而对于陶瓷材料,其热力学缺陷相对分子尺寸较大,材料强度对热力学缺陷更为敏感。陶瓷材料尺寸越小,其强度越高,但可靠性也会降低(即强度分散性较大)。

1.4.2　尺寸效应与性能

不同材料有不同的尺寸效应。对于块体材料,表现在晶粒尺寸对材料性能的影响,降低晶粒尺寸有利于材料力学性能的提高。对于复合材料而言,从前面介绍的纤维、晶须、纳米管等增强体也可以看出,增强体尺寸的减小,其强度逐渐增大。以石墨为例,块体、纤维、晶须和纳米管的性能见表1.3。

表 1.3　不同尺寸石墨的力学性能对比

石墨	块体	纤维(T300)	晶须	纳米管
尺寸	cm	μm	亚微米	nm
拉伸强度/GPa	0.015	3.5	21	30～50
弹性模量/GPa	8～15	230	1 000	1 800

由表1.3可以看出,石墨具有显著的尺寸效应,从厘米级到纳米级,材料力学性能有很大提高。除上述两种力学性能外,材料的韧性和抗疲劳性能也可随材料尺寸的减小而提高。例如,碳纤维的断裂延伸率一般不高于2.2%,而碳纳米管在承受约18%应变时才会断裂。可见,尽管碳纳米管的拉伸强度极高,但其脆性却远比碳纤维低。又如,当尺寸减小到晶须时,材料便没有显著的疲劳效应,对其进行任何操作,如研磨、切割等都不会降低其强度。

此外,材料尺寸的变化也会影响其表面物理化学性能,如表面积、表面能等。该变化能导致界面应力的改变,进而影响复合材料的性能。

在纤维增强复合材料中,在纤维体积分数相同的条件下,纤维直径越小,其比表面积越大,使其与基体的接触面积也就越大,从而提高复合材料强度。对于颗粒增强复合材料,以氧化铝颗粒增强铝基复合材料为例,当氧化铝粒径不同时,复合材料的强度会发生改变。图1.21为研究学者给出的质量分数为10%氧化铝增强铝基复合材料的应力—应变曲线。可以看出,在微米级时,当氧化铝粒径减小时,复合材料的强度和韧性都有所提高。

但若氧化铝粒径进一步减小到纳米级时,复合材料的强度和韧性则会发生新的变化。这表现为相对纯铝,复合材料的强度提升不大,但韧性有较大提高。这是由于纳米级别的颗粒会出现一些新的特征,影响材料的增强机制,进而影响复合材料的强度和韧性。

1.4.3　尺度效应

尺度效应一直以来都吸引着众多科学家不断探索,不同空间尺度存在不同的规律,它们之间又存在一定的联系。空间尺度可以简单地分为微观尺度和宏观尺度。材料微观上的相互作用规律一定程度上决定了材料宏观上的行为。若要进一步研究尺度效应，还需进一步划分空间尺度。在材料学科中，空间尺度可以划分为以下四个特征尺度：

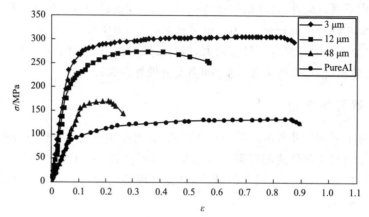

图 1.21　氧化铝粒径对复合材料应力—应变曲线的影响[3]

（1）原子尺度（10^{-9} m）。在这个尺度范围内，电子是材料性质的主导者，电子间的相互作用由薛定谔方程，量子力学是该尺度下的主要研究方法。

（2）微观尺度（10^{-6} m）。在这个尺度范围内，原子是材料性质的主导者，它们之间的相互作用由经典原子势描述，包括它们之间键的效应。

（3）介观尺度（10^{-4} m）。在这个尺度范围内，晶格缺陷是材料性质的主导者，如位错、晶界及其他的微结构元。该尺度下的材料特征往往可以决定材料的宏观行为。相场方法是该尺度下的重要研究方法。

（4）宏观尺度（10^{-2} m）。在这个尺度范围内，材料被看成是连续介质，连续场如密度、速度、温度、位移及应力场等起主要作用。材料在这个尺度下的性能往往是人们实际生活中最关注的性能。

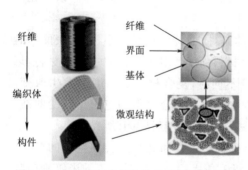

图 1.22　C/SiC 复合材料的多尺度微结构模型

陶瓷基复合材料的尺度效应不同于其尺寸效应，是指不同尺度的材料复合产生不同尺度效应的叠加，又称多尺度效应。陶瓷基复合材料的性能取决于其微结构的多尺度效应。复合材料的多尺度效应的实质是不同尺度材料及其形成界面的相互作用、相互依存和相互补充的结果。图 1.22 是 C/SiC 复合材料的多尺度微结构模型，纤维、基体和界面承担不同的作用，使得材料能够有效服役。

建筑中常见的钢筋混凝土可以充分体现复合材料多尺度效应。钢筋混凝土中，钢筋、石块、沙子、水泥和水分别代表了不同尺度的组元，改变各组元比例，可获得不同性能的钢筋混凝土，满足不同工程的要求。例如，选用连续级配的石块和沙子有利于提高混凝土强度；钢筋的比例和性能对复合材料的拉伸强度有较大影响;水和水泥的比例(水灰比)则影响混凝土的流变性能、水泥浆凝聚结构及其硬化后的密实度,进而决定混凝土强度、耐久性和其他一系列物理力学性能参数。

参考文献

[1] 张伟刚.化学气相沉积:从烃类气体到固体碳[M].北京:科学出版社,2007.

[2] 卢裕杰.准脆性材料强度尺寸效应的统计途径及其数值模拟[D].北京:清华大学,2010.

[3] RAHIMIAN M,PARVIN N,EHSANI N. Investigation of particle size and amount of alumina on microstructure and mechanical properties of Al matrix composite made by powder metallurgy[J]. Materials Science & Engineering A,2010,527(4/5):1031-1038.

第2章 陶瓷基复合材料关键原材料

2.1 纤 维

在连续纤维增韧陶瓷基复合材料制备过程中,连续纤维是其重要原材料,纤维的性能极大影响着复合材料的整体性能,因此,国内外在高性能纤维制备方面开展了大量的研究。本节从纤维的结构、性能、制备工艺、国内外研发生产情况等方面着重概述了连续碳纤维和陶瓷纤维的研究进展。

2.1.1 碳 纤 维

碳纤维是以含碳的有机物(如丙烯腈、煤或石油沥青、天然的麻、棉等)作原料,经纺丝成为纤维原丝,然后置于惰性气体的环境中,在一定张力、温度和压强下,经过一定时间的预氧化、碳化和石墨化处理等工艺过程而制成的纤维状碳素材料。根据原丝类型可分为聚丙烯腈(PAN)基碳纤维、沥青基碳纤维和黏胶基碳纤维。

1. PAN 基碳纤维

PAN 基碳纤维是以聚丙烯腈为原料制备得到的碳纤维,其与树脂、金属、陶瓷等基体复合,可以制备出高性能承载结构材料、抗烧蚀防氧化高温材料、摩擦材料、导电和导热功能材料等。

(1)PAN 基碳纤维的结构与性能

PAN 基碳纤维的微观组织结构主要包括表面结构、石墨微晶结构、孔隙结构和取向结构等。提高纤维中碳元素的含量和纤维结晶度、减少皮芯结构和孔洞、提高石墨层取向和堆叠程度是获得高性能碳纤维的必要条件[1,2]。

PAN 基碳纤维最为突出的特点是强度高、模量高、密度低。除此之外,还具有耐高温、耐腐蚀、导热、导电性能良好等优点。

(2)PAN 基碳纤维的制备工艺

PAN 基碳纤维的制备工艺可概括为:PAN 原丝制备、预氧化、碳化、石墨化。

①原丝制备

原丝生产在整个碳纤维生产过程中至关重要,PAN 原丝制备过程可分为两步:一是将丙烯腈单体聚合成纺丝原液;二是对纺丝原液进行纺丝成形。纺丝原液的合成遵从自由基聚合机理,通常生产中采用溶液聚合工艺来制备纺丝原液[3]。

纺丝是原丝制备的重要步骤,目前生产 PAN 基碳纤维原丝常用的方法有干法、湿法和干喷湿纺等。生产中应用较为广泛的是湿法纺丝工艺。干喷湿纺是近些年来新发展的先进纺丝工艺,与干法和湿法工艺相比,干喷湿纺法制备的原丝结构均匀致密,不易产生大的孔洞,原丝的截面呈较为规则的圆形,经碳化后制得的碳纤维力学性能也较高。

②预氧化

对聚丙烯腈原丝进行预氧化处理的目的是使聚丙烯腈的线性分子链转化为耐热的梯形结构,以保证其在高温下既不熔化也不燃烧,碳化时能够保持纤维的原始形态[4]。合理的预氧化工艺参数,如预氧化温度、升温速率、预氧化时间、牵伸和氧化气氛等[5],是制备出高性能碳纤维的前提条件。目前,工业化生产普遍采用的是梯度升温预氧化法,氧化时长 60～120 min。

③碳化

经过低温碳化(300～800 ℃)和高温碳化(1 000～1 600 ℃)两步碳化过程,PAN 纤维便转化为具有乱层石墨结构的碳纤维。低温碳化使 PAN 纤维发生环化、交联、裂解和缩合等一系列复杂反应,同时释放出大量小分子气体。高温碳化使纤维中的非碳元素大量脱除,纤维逐渐转变为碳元素相对含量达 90% 以上,显微结构呈乱层石墨结构的碳质材料[6,7]。

④石墨化

经碳化后的碳纤维存在皮芯结构,皮层微晶较大,微晶排列较为整齐有序。然而,在纤维的径向,由皮层到芯部,微晶尺寸减小且排列有序度逐渐下降,结构不均匀性越来越显著。石墨化处理能够使碳纤维芯部的石墨微晶重新排列,并提高沿纤维轴向的取向,从而提高碳纤维本体的强度和模量。

(3)PAN 基碳纤维的国内外发展现状

1961 年,日本大阪工业研究所的进藤昭男博士成功研究开发出 PAN 基碳纤维。1964 年英国皇家航空研究所的 Watt 等人,在预氧化过程中对纤维施加张力,为制取高强度、高模量的碳纤维开辟了新的途径。1969 年日本东丽公司结合美国 Union Carbide 公司的碳化技术,生产出了高强度、高模量的 PAN 基碳纤维。此外,东邦人造丝和三菱人造丝等公司也发展自己的技术,进行了碳纤维的工业化生产。

世界碳纤维的生产主要集中在日本、英国、美国等少数发达国家和我国的台湾地区。PAN 基碳纤维从首次开发至今,经过近半个世纪的发展,其产量、质量和性能稳步提升,种类日益丰富。如今的碳纤维已分化为以美国为代表的大丝束碳纤维(>20 K)和以日本为代表的小丝束碳纤维(≤24 K)两大类,并且日本和美国所产的碳纤维约占全球总供应量的80%[8]。

根据力学性能,碳纤维可分为三大系列,即高强 T 系列、高模 M 系列及高强高模的 MJ 系列。日本东丽公司的碳纤维种类和性能见表 2.1。

美国赫克塞尔(HEXEL)公司生产的碳纤维根据模量分为低模量 AS 系列、中模量 IM 系列和高模量 UHM 系列。AS 系列碳纤维的抗拉强度在 3 860～4 207 MPa,与东丽公司的 T300J 或 T600S 相近。IM 系列碳纤维的抗拉强度在 4 138～6 343 MPa,与东丽公司的 T600S、T700S、T800H、T1000G 相当。美国 HEXEL 公司的碳纤维种类和性能见表 2.2。

表 2.1　东丽公司的碳纤维种类和性能[9]

牌号	丝束大小	上浆类型	抗拉强度/ MPa	抗拉模量/ GPa	断裂伸长率/ %	线密度/ (g·km⁻¹)	体密度/ (g·cm⁻³)
T300	1K、3K、 6K、12K	4、5	3 530	230	1.5	66、198、 396、800	1.76
T300J	3K、6K、12K	4 5	4 210	230	1.8	198、396、800	1.78
T400H	3K、6K	4	4 410	250	1.8	198、396	1.80
T600S	24K	5、6	4 140	230	1.8	1 700	1.79
T700S	12K、24K	5、6、F	4 900	230	2.1	800、1 650	1.80
T700G	12K、24K	3	4 900	240	2.0	800、1 650	1.80
T800H	6K、12K	4、5	5 490	294	1.9	223、445	1.81
T1000G	12K	4	6 370	294	2.2	485	1.80
M35J	6K、12K	5	4 700	343	1.4	225、450	1.75
M40J	3K、6K、12K	5	4 410	377	1.2	113、225、450	1.77
M46J	6K、12K	5	4 210	436	1.0	223、445	1.84
M50J	3K、6K	5	4 120	475	0.8	109、218	1.88
M55J	6K	5	4 020	540	0.8	218	1.91
M60J	3K、6K	5	3 920	588	0.7	103、206	1.93
M30S	18K	5	5 490	294	1.9	760	1.73
M30G	18K	1	5 100	294	1.7	760	1.73
M40	1K、3K、 6K、12K	5、4 5	2 740	392	0.7	61、182、 364、728	1.81

表 2.2　美国 HEXEL 公司的碳纤维种类和性能[10]

牌号	丝束大小	抗拉强度/ MPa	抗拉模量/ GPa	断裂伸长率/ %	线密度/ (g·km⁻¹)	体密度/ (g·cm⁻³)
AS4C	3K、6K、12K	3 860	226	1.6	200、400、800	1.77
AS4	3K、6K、12K	3 930	221	1.6	211、425、857	1.79
AS4D	12K	4 207	241	1.7	760	1.78
IM4	12K	4 138	276	1.5	735	1.73
IM6	12K	5 240	276	1.7	448	1.76
IM7	6K、12K	5 379	276	1.8	223、446	1.77
IM8	12K	5 447	303	1.7	448	1.80
IM9	12K	6 343	290	2.0	331	1.79
UHM	3K、6K、12K	3447	441	0.8	86、171、341	1.87

在亚洲地区,除日本外,我国台湾地区是碳纤维生产及应用的重要地区,台湾台塑工业集团生产的台丽品牌碳纤维主要为高强系列,具体牌号和性能参数见表2.3。

表 2.3　我国台湾地区台塑台丽碳纤维种类和性能[11]

牌号	丝束大小	抗拉强度/ MPa	抗拉模量/ GPa	延伸率/%	线密度/ (g·km⁻¹)	体密度/ (g·cm⁻³)	单丝直径/ μm
TC-33	1.5K、3K、6K	3 450	230	1.5	100、200、400	1.80	7
TC-35	3K、6K、12K、 24K、48K	4 000	240	1.6	200、400、800、 1 600、3 200	1.80	7
TC-36S	12K、24K	4 900	250	2.0	800、1 600	1.81	7
TC-42S	12V、24K	5 690	290	2.0	430、860	1.81	5.1

我国大陆地区在碳纤维方面的研究起始于20世纪60年代,但是发展较为缓慢。进入21世纪以后,我国 PAN 基碳纤维发展速度加快,T300、T700、T800、M40、M50J、M55J、M60J 等牌号碳纤维制备技术相继突破,T300级碳纤维已形成产业化,M40、T700级碳纤维实现了工程化。目前我国大陆地区生产碳纤维的企业多达20多家[12],如吉林炭素、吉林碳谷、河南永煤、威海拓展、中复神鹰、江苏恒神、常州中简、上海石化等碳纤维公司。江苏恒神和中复神鹰生产的碳纤维种类和性能参数见表 2.4 和表 2.5。

表 2.4　江苏恒神碳纤维种类和性能[13]

牌号	丝束大小	抗拉强度/ MPa	抗拉模量/ GPa	断裂伸长率/ %	线密度/ (g·km⁻¹)	体密度/ (g·cm⁻³)
HF10	3K、12K	≥3 530	221～242	1.50～1.95	198、800	1.78
HF20	3K、12K	≥4 000	221～242	1.60～2.10	198、800	1.78
HF30	3K、12K	≥4 900	245～270	1.70～2.20	198、800	1.80
HF30S	6K、12K	≥4 900	245～270	1.70～2.20	400、800	1.80
HF40	6K、12K	≥5 490	284～304	1.70～2.10	223、445	1.81
HF40S	6K、12K	≥5880	245～270	1.70～2.10	223、445	1.81

表 2.5　中复神鹰碳纤维种类和性能[13]

牌号	丝束大小	抗拉强度/ GPa	抗拉模量/ GPa	延伸率/ %	线密度/ (g·km⁻¹)	体密度/ (g·cm⁻³)	单丝直径/ μm
SYT45	3K	4.0	230	1.9	198	1.79	7
	12K、24K	4.5			800、1 600		
SYT49	12K、24K	4.9	230	2.1	800、1 600	1.79	7

续表

牌号	丝束大小	抗拉强度/GPa	抗拉模量/GPa	延伸率/%	线密度/(g·km⁻¹)	体密度/(g·cm⁻³)	单丝直径/μm
SYM30	12K	4.9	290	1.5	740	1.77	7
SYM35	12K	5.0	335	1.5	405	1.76	5
SYT55	12K	5.5	295	1.9	450	1.79	5
SYT55S	12K	5.9	295	2.0	450	1.79	5

2. 沥青基碳纤维

沥青基碳纤维是一种以石油沥青或煤沥青为原料制备得到的含碳量大于 92% 的特种纤维。最早于 20 世纪 60 年代初期由日本群马大学大谷杉郎教授研制成功,并于 20 世纪 60 年代末在日本吴羽化学公司实现工业化生产。随后,沥青基碳纤维进入快速发展阶段,成为继 PAN 基碳纤维之后的第二大类碳纤维。按沥青来源,沥青基碳纤维可分为石油沥青基和煤沥青基;按碳纤维的性能差异,可分为通用级和高性能级,前者由各向同性的沥青制备得到,后者由中间相沥青制备得到。

(1)沥青基碳纤维的结构

沥青基碳纤维的微观结构主要包括碳的乱层结构、微晶尺寸、择优取向、微小孔隙的直径、形态、空间分布及表面结构等方面。研究碳纤维的结构主要是探究石墨微晶在纤维轴向的取向和乱层结构在纤维径向的排列[14]。

①纤维的轴向结构

沥青熔体在纺丝过程中,受到剪切力和牵引力的作用而使沥青聚合物分子沿纤维轴向发生取向,在经过随后的氧化处理后,这种择优取向被固定下来。碳化时,高分子的缩聚反应在取向的分子间进行,最终得到沿纤维轴向取向的微晶结构[15]。石墨微晶的择优取向程度越高,微晶结构则越规整,碳纤维的力学性能越优良。

②纤维的径向结构

纤维的径向结构一般呈多种类型,如无规则结构、辐射状结构、褶皱结构和洋葱形结构,除此之外,还有表层为辐射状、内部为褶皱或洋葱形的混合结构等[16]。断面呈辐射状结构的碳纤维原丝在热处理过程中更易产生裂纹,导致纤维的力学性能大幅降低,而断面呈无规则结构、褶皱结构和洋葱形结构能赋予碳纤维高的力学性能。

(2)沥青基碳纤维的性能

沥青基碳纤维具有的性能特点有:①高抗拉模量。对于由中间相沥青制备的高性能沥青基碳纤维,其抗拉模量高达 930 GPa;②高热导率。高性能中间相沥青基碳纤维的热导率在 600~800 W/(m·K),超高热导率沥青基碳纤维甚至可达 1 100 W/(m·K);③抗冲击性好。各向同性沥青基碳纤维的断裂伸长率可达 2.9%,具有较高的抗冲击性能;④碳化回收率更高。沥青基纤维原丝经热处理制得的碳纤维的碳化回收率高达 80%~90%;⑤原料主要为石油沥青或煤沥青,来源丰富,价格低廉,生产成本低[17]。

（3）沥青基碳纤维的制备工艺

沥青基碳纤维的制备工艺一般包括原料的调制、缩聚反应、纺丝、不熔化处理、碳化和石墨化处理等流程。

①沥青原料的调制

通过沥青的热缩聚、加氢预处理及有机溶剂萃取的方法对沥青原料进行调制，从而制得具有良好纺织性能的沥青。调制沥青原料的目的包括：除去沥青中的易挥发、易分解组分，避免在纺丝过程中产生气泡，造成原丝的断裂；提高沥青的软化点，并使沥青组分的相对分子质量均匀分布。

②纤维原丝的不熔化处理

在工业生产上，通常采用气相氧化法对沥青基纤维进行不熔化处理，氧气分子与沥青分子发生热氧化反应而生成的碳氧基团将沥青分子交联成三维网络结构，大大提高了沥青基纤维的耐热性能和力学性能，同时提高了纤维的增重率，为后续的碳化过程提供了结构条件。

（3）纤维的碳化和石墨化处理

沥青基纤维经过碳化处理能够大量除去纤维中的非碳杂原子，并形成网层结构，同时产生达 80% 的体积收缩，显著增加碳纤维的密度。随后的石墨化处理能够进一步完善网层结构而使碳纤维具有优异的性能。

（4）沥青基碳纤维的生产现状

当前，生产通用级沥青基碳纤维的单位是日本吴羽化工公司，能批量生产高性能沥青基碳纤维的单位有日本的三菱化学公司、石墨纤维公司和美国的 BP 公司。

日本三菱化学公司生产的 DIALEAD 沥青基碳纤维具有非常高的抗拉模量和热导率，其生产的宇航级沥青基碳纤维包括 K1352U、K1392U、K13B2U、K13C2U、K13D2U、K13A1L 等型号，抗拉强度为 3 600～3 800 MPa，抗拉模量为 620～930 GPa，热导率为 140～800 W/(m · K)[18]。

日本石墨纤维公司生产的沥青基碳纤维包括：低模量、低强度的 Granoc XN 系列沥青基碳纤维，Granoc CN 系列沥青基碳纤维，Granoc YSH-50A-10H 宇航级沥青基碳纤维和 Granoc YS-A 系列超高模、高热导率沥青基碳纤维[19]。

美国 BP 公司在 20 世纪 80 年代研制开发出两个牌号系列沥青基石墨纤维，即 P 系列（P-25、P-30X、P-55S、P-75S、P-100S 与 P-120S）和 K 系列（K-800X 和 K-1000X）。美国 BP 公司生产的沥青基石墨纤维的种类和性能见表 2.6。

表 2.6　美国 BP 公司沥青基石墨纤维的种类和性能[20]

性　　能	P-25	P-30X	P-55S	P-75S	P-100S	P-120S	K-800X	K-1100X
抗拉强度/GPa	1.38	2.07	1.90	2.10	2.41	2.41	2.34	3.10
抗拉模量/GPa	159	207	379	517	759	827	896	968

性　　能	P-25	P-30X	P-55S	P-75S	P-100S	P-120S	K-800X	K-1100X
延伸率/%	0.9		0.5	0.4	0.3	0.3		
体密度/(g·cm⁻³)	1.90	2.00	2.00	2.00	2.16	2.17	2.20	2.20
单丝直径/μm	11	10	10	10	10	10	10	10
碳含量/%	97	98	99	99	99	99	99	99
表面积/(m²·g⁻¹)	0.7	0.7	0.35	0.35	0.40	0.40	0.40	0.40
电阻率/(Ω·m)	13	11	8.5	7.0	2.5	2.2	1.2~1.5	1.1~1.3
热导率/[W/(m·K)]	22	50	120	185	520	640	800~900	900~1 000
膨胀系数/(10⁻⁶K⁻¹)	−0.60		−1.3	−1.4	−1.45	−1.45	−1.45	−1.45

　　高性能沥青基碳纤维是航天航空、尖端技术等领域必不可少的新材料,属于高科技产品,为突破国外对我国实行的严格技术封锁,我国从 20 世纪 70 年代便开始研发沥青基碳纤维。20 世纪 70 年代末期,中国科学院山西煤炭化学研究所开始研究沥青基碳纤维,经过十几年的摸索,于 20 世纪 80 年代中期通过小试。随后,中华人民共和国冶金工业部在烟台筹建了新材料研究所,并开始生产通用级沥青基碳纤维,规模 70~100 t/a,主要用作飞机的刹车片,到 20 世纪 90 年代初扩大到了 150 t/a 的规模。20 世纪 90 年代初期,辽宁省鞍山东亚碳纤维有限公司引进了一条 200 t/a 的熔喷法沥青基碳纤维生产线,生产能力达 400 t/a。

3. 黏胶基碳纤维

　　黏胶基碳纤维是以黏胶纤维为原料,经低温热处理后,在惰性气氛下再经 800 ℃ 以上的高温热处理而制得的以碳为主要成分的纤维材料。黏胶纤维的主要成分为纤维素。纤维素是自然界存在量最大的一种有机物,是麻、棉、树木等植物的主要成分。

　　(1)黏胶基碳纤维的结构与性能

　　黏胶纤维经碳化后得到的黏胶基碳纤维,含有大量类似玻璃碳的难石墨化碳,纤维中石墨微晶含量较少,并且排列紊乱、取向度低,呈乱层石墨结构,其力学性能表现为抗拉强度低、抗拉模量低,断裂伸长率较大。由于断裂伸长率大,黏胶基碳纤维韧性较其他种类的碳纤维要好;黏胶基碳纤维由天然纤维素转化而来,具有良好的生物相容性;纤维中碱金属和碱土金属含量较低,碳纤维具有优异的抗氧化性、热稳定性和耐高温烧蚀性能[21]。

　　(2)黏胶基碳纤维的制备工艺

　　黏胶基碳纤维的生产工艺可以概括为:黏胶纤维原丝制备、纤维的预处理、纤维的催化处理和纤维的热处理过程。

　　制取高性能黏胶基碳纤维的前提条件是制得具有优良性能的黏胶纤维原丝。要求制备得到的纤维原丝直径不均匀率尽可能小、纤维截面形状趋于圆形,纤度和强度尽量小。黏胶纤维原丝的技术指标见表 2.7。

表 2.7　黏胶纤维原丝技术指标[22]

纤　度	纤度 不均匀率	绝对 断裂强力	强力 不均匀率	绝对断裂 伸长率	伸长 不均匀率	硫残留量	锌残留量
(184±30) dtex	1.5%	≥84 N	≤4%	≥8%	≤5%	250 mg/100 g 纤维	70 mg/100 g 纤维

① 黏胶纤维的预处理

纤维的预处理过程包括：用 40～60 ℃去离子水去除黏胶纤维表面的油剂，用一定浓度的酸性溶液去除黏胶纤维中的杂质离子。

② 黏胶纤维的催化处理

黏胶纤维碳含量在 44% 左右，经碳化后的碳回收率较低。对黏胶纤维进行浸渍催化处理能够促进纤维素分子的羟基脱水，烯链烃的热缩聚，有利于乱层石墨的形成，并提高碳纤维的性能和碳化回收率。

③ 黏胶纤维的热处理

黏胶纤维的热解是一个包括脱水、热裂解、缩合交联和原子重排等复杂反应的化学变化过程。在低温下，黏胶纤维受热发生脱水、热分解、纤维素环破坏转变为含双键的碳四残链，碳四残链是转化为碳纤维结构的基础；在较高温度下，碳四残链进行轴向和径向的缩聚交联，进行芳构化生成碳的六元环；在高温下，碳的六元环发生碳原子重排形成无定型碳或类石墨结构；温度再升高，纤维中的类石墨结构微晶化，温度升高到石墨化温度（2 200～3 000 ℃）并外在牵引力作用下，纤维表面的乱层石墨层片沿轴向取向和重排，纤维的力学性能得到大幅提升[21]。

（3）黏胶基碳纤维的生产现状

1950 年美国帕斯空军基地开始研究黏胶基碳纤维，1959 年出现间歇法生产黏胶基碳纤维织物，1961 年美国联合碳化公司生产的牌号为 Thornel-25 商品化黏胶基碳纤维上市，但随着 PAN 基碳纤维和沥青基碳纤维的问世，黏胶基碳纤维产量逐渐下降，其原因是：生产黏胶基碳纤维的工艺条件苛刻，生产成本高，制备出的黏胶基碳纤维力学性能较 PAN 基和沥青基碳纤维差。然而黏胶基碳纤维具有的独特性质，如良好的耐烧蚀性、抗氧化性和高韧性，使其在某些领域成为不可替代的关键材料。当前，俄罗斯在黏胶基碳纤维的研究、开发和应用等方面的整体水平居世界之冠，其次是美国，美国生产黏胶基碳纤维的公司主要是联合碳化（UCC）公司和希特柯（HITC）公司[22]。这两家公司生产的黏胶基碳纤维种类和性能分别见表 2.8。

表 2.8　美国生产的黏胶基碳纤维种类和性能[22]

厂　商	牌号	抗拉强度/MPa	抗拉模量/GPa	体密度/(g·cm⁻³)
联合碳化公司 UCC	Thornel-25	1 260	175	1.4～1.45
	Thornel-40	1 750	280	1.56
	Thornel-50	1 995	350	1.60
	Thornel-100	3 500	700	1.79

续表

厂　商	牌号	抗拉强度/MPa	抗拉模量/GPa	体密度/(g·cm⁻³)
希特柯公司 HITC	HMG-20	1 120~1 210	154~210	1.5
	HMG-40	1 400~1 645	245~350	1.7
	HMG-50	2 100~2 205	350~427	1.8

2.1.2　非氧化物陶瓷纤维

1. SiC 纤维

连续 SiC 纤维是一种以硅和碳为主要组成元素,具有较高抗拉强度、抗蠕变、耐高温、抗氧化、与陶瓷基体有良好相容性及电磁吸波特性的陶瓷纤维,可用作高温结构材料的增强体,在航天、航空、兵器、船舶和核工业等高技术领域具有广阔应用前景。

（1）SiC 纤维的制备方法

当前制备连续 SiC 纤维主要有四种方法[23]:化学气相沉积法（CVD）、前驱体转化法（precursor infiltration and pyrolysis,PIP）、超微细粉烧结法（powder sintering）和碳纤维转化法（chemical vapor reaction）。当前,CVD 法和 PIP 法为主流方法。CVD 法是以连续的钨丝或碳纤维细丝为芯材,以甲基硅烷类化合物为原料,在一定温度下与氢气发生反应生成 β-SiC 微晶,并沉积在芯材表面上,经过热处理后获得含有钨芯或者碳芯的包覆型 SiC 纤维。由 CVD 法制备得到的 SiC 纤维直径达 100 μm 以上,韧性较差,编织困难,常用作金属基复合材料的增强体。PIP 法是目前制备细直径连续 SiC 纤维的最主要方法,并已实现工业化生产,其工艺路线可以概括为:前驱体的合成、熔融纺丝、纤维原丝不熔化处理及高温烧成。

（2）SiC 纤维的分类

当前 SiC 纤维主要有 Nicalon、Tyranno 及 Salramic 三个主要商品系列,根据化学组成、微观结构与耐温性能,可将现有的连续 SiC 纤维分为三代[24]。第一代以 Nicalon 系列纤维为代表,主要为非晶态,氧与自由碳含量高,高温稳定性差;第二代以 Hi-Nicalon 系列纤维为代表,氧元素含量低、高温稳定性好、结晶度与弹性模量大幅提高,但仍含少量自由碳;第三代以 Hi-Nicalon S 系列纤维为代表,纤维接近化学计量比,不含氧元素与自由碳,纤维力学性能、高温稳定性、抗氧化性能大幅提高,各项指标接近块体 SiC 材料。

（3）SiC 纤维的发展历程及生产现状

①国外生产情况

1975 年,日本东北大学 Yajima 小组以聚碳硅烷为前驱体首次制备出直径为 10 μm 左右的连续碳化硅纤维[25]。1982 年,日本碳公司（Nippon Carbon）生产出第一批工业化 SiC 纤维（Nicalon 100 系列）[26],之后又推出了 Nicalon 200 系列[27]。1987 年日本宇部兴产公司（Ube industries）以聚钛碳硅烷为前驱体,采用空气不熔化技术制备出了含钛 SiC 纤维（Tyranno Lox-M）[28]。该时期内生产的均为第一代 SiC 纤维。

为降低纤维中氧含量并提高使用温度,20 世纪 90 年代初,日本碳公司和宇部兴产公司开始研发第二代 SiC 纤维。1995 年日本碳公司采用电子束辐照交联技术成功制备出了含氧量低于 1.2% 的 Hi-Nicalon SiC 纤维。宇部兴产公司采用电子束辐照交联工艺生产出了氧含量在 5% 左右的 Tyranno Lox-E SiC 纤维。随后,宇部兴产公司采用氧含量更低的聚锆碳硅烷为前驱体,制备出了 Tyranno ZMI 和 Tyranno ZE 两种纤维[29]。

为进一步改善 SiC 纤维的高温氧化性能,日本和美国研制了第三代高性能 SiC 纤维。日本碳公司通过在 H_2 气氛中无机化去除纤维中多余的碳,制备了碳硅比为 1.05:1 的 Hi-Nicalon S SiC 纤维[30]。日本宇部兴产公司以聚铝碳硅烷为前驱体制备出了近化学计量比且结晶尺寸较大的 Tyranno SA SiC 纤维[31]。美国 Dow Corning 公司以硼作为烧结助剂制备出了多晶 Sylramic 纤维,其抗拉强度达 3.2 GPa。

国外典型连续 SiC 纤维的种类和性能见表 2.9。

表 2.9　国外典型连续 SiC 纤维的种类和性能[26]

纤维品牌	Nicalon	Hi-Nicalon	Hi-Nicalon S	Sylramic	Sylramic-iBN	Tyranno Lox-M	Tyranno ZMI	Tyranno SA
产品供应商	Nippon Carbon	Nippon Carbon	Nippon Carbon	Dow Corning		Ube	Ube	Ube
直径/μm	14	14	12	10	10	11	11	8.10
体积密度/ (g·cm^{-3})	2.55	2.74	3.05	>2.95	3.05	2.48	2.48	3.1
抗拉强度/GPa	3.0	2.8	2.5	>2.76	3.5	3.3	3.4	2.8
抗拉模量/GPa	200	270	400	>310	400	285	200	380
断裂伸长率/%	1.4	1.3	0.6	0.8		1.8	1.7	0.7
热膨胀系数 (K^{-1})	3.2 1 000 ℃	3.5 1 000 ℃		5.4	5.4	3.1 1 000 ℃	4.0 1 000 ℃	4.5 1 000 ℃
热导率/ [W/(m·K)]	3.0	10.1 500 ℃	18	40~45	>46	1.5	2.52	64.6

②国内生产情况

20 世纪 80 年代,国防科技大学成立了首个 SiC 纤维课题组,并逐步建立了 SiC 纤维制备技术体系,先后突破了聚碳硅烷的合成、连续熔融纺丝、不熔化处理、高温烧成等关键技术,成功制备出了第一代(KD-Ⅰ型)连续 SiC 纤维,并建成我国第一条 SiC 纤维试验线。

针对第一代 SiC 纤维氧含量高使用温度低的情况,国防科技大学开展了第二代(KD-Ⅱ型) SiC 纤维关键技术的攻关,并掌握了具有自主知识产权的第二代连续 SiC 纤维工程化制备技术;设计制造了年产吨级的试验线,制定了相关生产工艺规范和产品质量标准。2016 年 5 月,国防科技大学与九江中船仪表有限责任公司合作建设年产十吨级第二代连续 SiC 纤维生产线。与此同时,厦门大学也开展了第二代 SiC 纤维的工程化技术研究。

为进一步提升第二代连续 SiC 纤维的高温使用性能,"十二五"期间,国内开展了第三代连续 SiC 纤维的关键技术研究。国防科技大学采用两条技术路线制备了两种类型的第三代 SiC 纤维:一种是在 KD-Ⅱ型 SiC 纤维研制基础上,烧成工艺中采用 H_2 气氛控制纤维中的 C、Si 元素比例,研制出了具有近化学计量比和适当晶粒尺寸的 KD-S 型 SiC 纤维;另一种是以含铝的聚碳硅烷为前驱体,采用空气交联工艺研制出了具有近化学计量比和高结晶度的 KD-SA 型 SiC 纤维。KD-S 型 SiC 纤维性能全面达到 Hi-Nicalon S 纤维水平,形成了年产百公斤级的小批量试制能力,目前正在开展吨级工程化技术研究。此外,厦门大学也在第二代 SiC 纤维的基础上制备了具有与 Hi-Nicalon S 组成和性能相似的 SiC 纤维[32],目前已经通过中试生产,形成了年产 200 kg 纤维的制备能力。

此外,国防科技大学通过对前驱体设计与合成、纤维成型与控氧不熔化、高温烧成等关键技术的攻关,研制出了具有大范围、系列化电阻率 KD-X 型吸波连续 SiC 纤维,年产能力达 500 kg。

国防科技大学研制的连续 SiC 纤维的种类和性能见表 2.10。

表 2.10 国防科技大学研制的连续 SiC 纤维的种类和性能[33]

纤维类型	KD-Ⅰ(一代)	KD-Ⅱ(二代)	KD-S(三代)	KD-SA(三代)	KD-X(吸波)
纤维直径/μm	11.5±1	11.5±1	11.0±1	10.5±1	11.5±1
抗拉强度/GPa	>2.00	>2.30	>2.30	>2.00	>2.00
抗拉模量/GPa	>170	>250	>310	>350	>170
C/Si 比	1.35~1.40	1.35~1.40	1.00~1.10	1.00~1.10	可调整
氧的质量分数/%	<9	<1	<1	<0.5	<9
生产能力	1 t/a	1 t/a	100 kg/a	100 kg/a	1 t/a

2. Si_3N_4 纤维

连续 Si_3N_4 纤维是由有机前驱体转化法制备得到的以 Si、N 为主元素,同时含有 C、O 等杂质元素的高性能连续陶瓷纤维。该纤维一般呈非晶态结构,它保留了 Si_3N_4 陶瓷高强度、耐高温、抗氧化、耐化学腐蚀等特性,是高温结构复合材料的理想增强体[34]。

(1)Si_3N_4 纤维的制备工艺及研究现状

连续 Si_3N_4 纤维主要采用有机前驱体转化法制备,具体过程包括聚合物(聚硅氮烷等)合成、纺丝、不熔化处理和高温烧成四步工序。

1974 年,德国 Bayer 公司的 Verbeek[35] 采用三氯硅烷($HSiCl_3$)与一甲胺(CH_3NH_2)作为原料合成了聚碳硅氮烷(PCSZ),并以此为前驱体制备出含有 Si_3N_4 和 SiC 两相结构的陶瓷纤维。

20 世纪 80 年代,美国 Dow Corning 公司以六甲基二硅氮烷($Me_3SiNHSiMe_3$)和三氯硅烷($HSiCl_3$)为原料合成了可熔融纺丝的氢化聚硅氮烷(HPZ)前驱体[36]。该前驱体经熔融纺丝,再经过化学气相交联及高温烧成制备出了连续 Si_3N_4 纤维。

法国 Domaine 大学[37]以等摩的二甲基二氯硅烷(Me_2SiCl_2)与 1,3-二氯-1,3-二甲基二硅氮烷[$(MeSiHCl)_2NH$]为原料,在较低的温度下合成了低聚物聚硅杂硅氮烷(PSSZ),经热处理和纺丝后,通过空气气氛氧化交联或在 γ 射线中辐照交联制备出了连续 Si_3N_4 纤维。

日本东亚燃料公司[38]采用二氯硅烷(H_2SiCl_2)作为原料,经过氨解与聚合反应制备出在组成上只含有硅、氮元素,结构中存在较多 Si—H 键和 N—H 键的全氢聚硅氮烷(PHPS)前驱体。以此前驱体制备出了纯度较高的连续 Si_3N_4 纤维。

日本原子能研究所和日立电线公司[39,40]以聚碳硅烷为前驱体,纺丝后,经电子束辐射交联实现不熔化并在 NH_3 气氛中热解和氮化,制备出了性能稳定的连续 Si_3N_4 纤维。

各国制备的连续 Si_3N_4 纤维的化学组成和性能见表 2.11。

表 2.11　连续 Si_3N_4 纤维的化学组成和性能

纤维制造商	质量分数/%				抗拉强度/ GPa	抗拉模量/ GPa	体积密度/ (g·cm^{-3})	纤维直径/ μm
	Si	N	C	O				
Dow Corning	59.0	28.0	10.0	3.0	2.5	230	2.5	12
Domaine University	59.0	14.0	24.0	3.0	2.4	210	2.5	16
Tonen Coporation	62.5	34.3	0.4	3.1	2.2	299	N. A.	10~30
AERI、Japan	58.0	35.0	4.0	3.0	2.0	120	2.3	15

国内研制连续 Si_3N_4 纤维的主要单位是厦门大学和国防科技大学。厦门大学采用 PCS 纤维脱碳的技术路线,与日本原子能研究所/日立电线公司的制备方法类似。国防科技大学在 20 世纪 90 年代尝试了以聚硅氮烷为前驱体的技术路线,但随后也转入 PCS 纤维脱碳技术路线。

(2)Si_3N_4 纤维的微结构

Lipowitz[41]利用透射电子显微镜、小角 X 射线散射等技术研究了美国 Dow Corning 公司连续 Si_3N_4 纤维的微观结构。结果表明,利用 HPZ 制备出的连续 Si_3N_4 纤维呈非晶态,并且均匀分散着大量的闭合微孔。

Gilkes[42]利用中子散射和核磁共振技术研究了 Dow Corning 公司非晶 Si_3N_4 纤维的微观结构,发现该纤维非晶结构中局部富硅,并以纳米颗粒的形式存在;而一部分碳也以自由碳的形式析出。在 1 400 ℃保温 100 h 之后,纤维中的非晶氮化硅结晶为 α-Si_3N_4,并析出少量方石英。

日本东亚燃料公司的 Matsuo[43]等人研究了该公司生产的非晶态 Si_3N_4 纤维在 1 400~1 500 ℃高温氮气气氛下的结晶行为。结果表明,纤维表层被氧化后释放出的 SiO 与 N_2 在纤维表面发生了气相反应,使纤维表面发生结晶。如果在热处理过程中用 BN 粉末将纤维包埋,则能够显著抑制结晶行为的发生。

(3)Si_3N_4 纤维的性能及应用

连续 Si_3N_4 纤维具有优异的高温力学性能、抗高温氧化性能和透波性能,适用做高温透波陶瓷基复合材料的增强体及金属基复合材料的增强体。此外,它还具有高温电阻率高、热导率低的特点,在高温电绝缘、高温隔热等领域中也具有广泛的应用前景。而就目前来讲,

连续 Si_3N_4 纤维主要的应用目标是高温隔热和高温绝缘,而其在导弹天线罩等军事方面的用途尚未见公开文献报道。

3. BN 纤维

BN 纤维是一种由 N、B 两种主要元素构成的重要无机纤维材料,具有类似于石墨的层状晶体结构。它具有耐高温、耐化学腐蚀、良好的热稳定性、抗氧化性好、介电性能优异、吸收中子优异等综合性能。

(1)BN 纤维的制备方法

BN 纤维的常用制备方法主要有无机前驱体法、有机前驱体法两种[44]。

①无机前驱体转化法

该方法是以硼酸(H_3BO_3)为原料,首先制备出 B_2O_3 前驱体纤维,然后在 1 100 ℃左右的氨气气氛下进行热处理,最后在 2 000 ℃左右的氮气气氛下进行二次热处理,即可制备得到 BN 纤维。该方法的特点是工艺简单、成本低廉。不足之处表现为:a. 纤维由涡轮层状 BN 晶体组成,择优取向较差;b. B_2O_3 极易吸潮,易导致 BN 纤维表面形成大量缺陷,甚至使纤维粉化;c. 前驱体纤维中心的 B_2O_3 不易氮化,在氮化过程中易形成"皮芯结构"。

②有机前驱体转化法

该方法是以有机聚合物为前驱体,经高温热分解实现有机聚合物向无机陶瓷转化的方法。具体工艺可概述为:含硼、氮元素的有机前驱体单体,经聚合反应和纺丝工艺得到聚合物前驱体纤维,不熔化处理后,在 NH_3 或 N_2 气氛中热处理制得 BN 陶瓷纤维。该方法特点包括:a. 热解温度低,杂质含量低,可制备高纯陶瓷;b. 利用有机前驱体可熔、可溶特性,可制备粉体、薄膜、泡沫、纤维等各种形态的陶瓷材料;c. 通过对前驱体分子的结构设计,可实现对最终产物结构和功能的调控;d. 通过控制前驱体聚合物中组分的均匀分布,减少材料结构和功能缺陷。

(2)BN 纤维的研究进展

①无机前驱体法制备 BN 纤维研究进展

20 世纪 60 年代,美国金刚砂公司最先采用无机前驱体法开展 BN 纤维的研制工作,以 B_2O_3 纤维作为前驱体制备了 BN 纤维。Economy[45,46]等人于 1967 年报道了以 H_3BO_3 为原料制备 B_2O_3 前驱体纤维,经 NH_3 及 N_2 气氛中高温(200~800 ℃)氮化反应得到 BN 纤维。针对无机前驱体法制备 BN 纤维的不足,20 世纪 90 年代,美国 Owens Coming 公司[47]研制了细晶、结构稳定的 BN 纤维,并实现了工业化生产。

1976 年,我国山东工业陶瓷研究设计院采用该法制备出了定长 BN 纤维和连续 BN 纤维,获得了具有较高性能指标的产品。近年来,山东工业陶瓷研究设计院制备出了性能更为优异的 BN 纤维(直径在 4~6 μm,拉伸强度在 800~1 000 MPa),并建立了年产百公斤级 BN 纤维生产线[48]。

②有机前驱体法制备 BN 纤维研究进展

1976 年,日本学者[49]公布以环硼氮烷衍生物为前驱体,制备具有较高拉伸强度的 BN 纤维的工艺。随后,美国、日本、法国等国家对有机前驱体法制备 BN 纤维进行了大量研究工作。Sneddon 小组[50]采用全氢环硼氮烷与二(戊基)胺的共聚物为前驱体,制得纺织性能良好的 BN 纤维。Kimura 小组[51]以 B-三(甲胺基)环硼氮烷与十二烷基胺为前驱体原料制得单丝直径为 10 μm、拉伸强度为 0.98 GPa、弹性模量为 78 GPa 的 BN 纤维。Toury 等人[52]采用 2-(二甲胺基)-4,6-二(甲胺基)环硼氮烷为单体聚合得到前驱体,后经熔融纺丝及 1 600~1 800 ℃热处理制得拉伸强度为 0.85~1.37 GPa、弹性模量为 149~209 GPa 的 BN 纤维。

20 世纪 90 年代,雷永鹏[53]采用 BTC 和 MA、i-PA 和 TCB 作为基础原料制备得到密度为 1.92 g/cm³、拉伸强度为 0.85 GPa 的 BN 纤维。陈明伟[54]等人利用 TCB 聚合 MAB,经 NH₃ 下高温处理得到直径为 13~15 μm、拉伸强度为 0.5~1 GPa 的 BN 纤维。最近,中国科学院过程工程研究所采用 B-甲胺基环硼氮烷与烷胺基硼烷共聚产物为前驱体制得了性能优异、不含碳的 BN 纤维。该 BN 纤维直径在 8~12 μm,拉伸强度在 0.6~1.2 GPa,弹性模量在 50~120 GPa。

表 2.12 列出了一些典型 BN 纤维的基本性能指标。

表 2.12 典型 BN 纤维的基本性能指标[55]

研究团队	制备方法	纤维直径/μm	抗拉强度/MPa	抗拉模量/GPa
Paciorek(美国)		10~30	250	5.5
Wickman(美国)		30	180	14
Kimura(日本)	B—N 前驱体	—	300~1 300	35~67
Okana(日本)		20	1 400	—
Bermard(法国)		8~15	1 000	100~250
Miele(法国)		7.5	1 460	400
Venkatasubramanian(美国)	B—O 前驱体	—	340~860	23~83
Economy(美国)	无机前驱体	4~6	830	210

(3)BN 纤维的结构与性能

对于 BN 纤维结构的研究方面,Wang[56]采用 X 射线衍射技术对采用三种不同氮化温度(700 ℃、1 100 ℃、2 200 ℃)分别制备的 BN 纤维晶体结构进行了研究,发现随着氮化温度的升高,纤维的结构经历了非晶态→乱层结构→六方结构的变化。Bernard 等人[57]采用高分辨透射电镜对具有不同弹性模量的几种 BN 纤维微观结构进行了表征,分析发现,纤维的弹性模量由晶粒取向决定,低模量纤维的无序微观结构包含一些非晶区域及纳米尺寸排列的晶粒,而高模量纤维在沿纤维轴方向存在较大的晶粒取向。

BN 纤维特殊的微观结构决定了其具有优良的物理特性和化学特性,如耐高温、抗氧化、耐化学腐蚀、自润滑、高介电性能、良好的导热性及良好的透波特性等。抗氧化性能好使得 BN 纤维能作为陶瓷基复合材料的高温增强相。在惰性条件下,BN 纤维在 2 500 ℃以上仍可保持稳定,具有优异的高温力学性能,因此,BN 纤维可作为防热/隔热材料、抗烧蚀防护材料、高温过滤材料、电器绝缘材料,抗中子、电子和 γ 射线绝缘介质材料及纤维增强复合材料应用于航空、航天、核能工业及新能源行业。

2.1.3　氧化物陶瓷纤维

与非氧化物陶瓷纤维相比,氧化物陶瓷纤维最大的优势是拥有非常优良的抗氧化性能,可以应用到 1 400 ℃ 以上的高温场合。除此之外,氧化物陶瓷纤维还具有较高的抗拉强度、低的热传导率、好的抗腐蚀性、原料来源广泛、生产工艺简单等特点,具有较高的性价比和很大的商业价值[58]。

1. Al_2O_3 纤维

Al_2O_3 纤维是近年来发展起来的一种新型无机氧化物陶瓷纤维,具有优良综合性能,在工业及航空、航天领域中有着重要的作用。Al_2O_3 陶瓷纤维的拉伸强度与 Nicalon 纤维相当,用作陶瓷基复合材料的增强体可使复合材料减重 10%～30%,断裂韧性提高 2～3 倍。Al_2O_3 陶瓷纤维的高熔点,使其在大气中 1 650 ℃ 的高温下仍保持完整的纤维形态。Al_2O_3 陶瓷纤维具有的抗冲击性、可绕性、极低的热传导率等特点,使其在用于耐烧蚀隔热功能复合材料方面有非常大的优势。

(1)Al_2O_3 纤维的制备方法

Al_2O_3 连续纤维的制备方法有很多,包括熔融法、淤浆法、预聚合法和溶胶—凝胶法等[59,60]。

①熔融法

熔融法是通过高温加热含有氧化铝、氧化硅及助剂的粉状物料得到熔体,并进行拉丝得到连续纤维的方法。熔融法具有设备相对简单、成本低、易操作等优点,不足之处是纤维品质相对较低,使用温度一般在 1 200 ℃ 以下。

②淤浆法

淤浆法又称为杜邦法,由美国杜邦公司发明,用于制备 FP 系列和 PRD166 系列 Al_2O_3 纤维。该方法是将氧化铝粉末、流变助剂、分散助剂、烧结助剂共同分散于水中制成浆料,经过挤出成纤、干燥、烧结制得 Al_2O_3 纤维。淤浆法采用的原料粉体粒径较大,浆料含水量较高,在干燥、烧结中易产生裂纹,纤维性能偏低,使用价值不高。

③预聚合法

预聚合法又称为住友法,最早由日本住友化学公司发明,用来制备 Al_2O_3 连续纤维。该方法是将烷基铝与水聚合成聚铝氧烷聚合物[—O—Al(R)—O—Al(R)—]$_n$,并溶解在有机溶剂中,加入硅酸酯或有机硅化合物浓缩成黏稠液,采用干法纺丝制成前驱体纤维,后经高温烧结制得多晶连续 Al_2O_3 纤维。预聚合法容易制备得到小直径(10 μm)的连续纤维,但不足是原料成本偏高、稳定性差、合成过程不易控制。

④溶胶—凝胶法

溶胶—凝胶法制备金属氧化物纤维的步骤主要是:将金属无机盐、金属醇盐、溶剂、催化剂等原料混合均匀;水解制备溶胶;浓缩溶胶得到纺丝液;纺丝制得凝胶纤维;干燥、煅烧得到成品纤维。该方法制备的 Al_2O_3 纤维,具有纤维纯度高、纤维均匀性好、工艺温度低等诸多优点,目前已成为制备 Al_2O_3 陶瓷纤维的主要方法[61]。

(2)Al_2O_3 纤维的研究与生产现状

①国外研究现状

20 世纪 60 年代,美国 3M 公司采用水溶性胶体法制造出世界上第一种 Al_2O_3 基陶瓷纤维 AB312[62]。该纤维成分为硼硅酸铝,成分点位于 Al_2O_3-SiO_2-B_2O_3 三元相图中的莫来石-硼酸铝区,纤维结构主要为微晶多晶态,纤维直径 11 μm,室温抗拉强度 1.7 GPa,氧化气氛下最高使用温度 1 360 ℃。经过多年的深入研究,3M 公司现已形成 Nextel 系列产品,其中较具代表性的品种是 Nextel-312、Nextel-440、Nextel-550、Nextel-610 和 Nextel-720,极大提高了氧化物陶瓷纤维的性能。

20 世纪 70 年代,杜邦公司(DuPont)报道了 FP 及其改进型 PRD166 高强 Al_2O_3 纤维。PRD166 纤维由质量分数为 80％的 Al_2O_3 和质量分数为 20％的 t-ZrO_2 组成,t-ZrO_2 的加入抑制了 Al_2O_3 晶粒长大,并提高了纤维的韧性,使纤维具有较好的力学性能,抗拉强度达 2.1 GPa[63]。

1982 年,日本住友公司采用预聚合法生产出牌号为 Altex 的 Al_2O_3 基陶瓷连续纤维;1984 年,日本电气化学公司开发了莫来石质陶瓷纤维;20 世纪 90 年代初,日本三菱采矿公司研制出直径 10~20 μm 的 Al_2O_3 基陶瓷纤维束;日本 Nitivy 公司推出了组成质量分数为 72％的 Al_2O_3 和质量分数为 28％的 SiO_2,晶型为 γ-Al_2O_3,直径为 7 μm 的 Al_2O_3 连续纤维[64]。

2009 年,荷兰 HILTEX 公司推出了 Al_2O_3 质量分数分别为 60％、70％和 80％的氧化铝基陶瓷连续纤维,并加工成了纤维器件。随后,德国的化学纤维及织物研究所推出了 CeraFib75 氧化铝连续纤维。该纤维组成质量分数为 75％的 Al_2O_3 和质量分数为 25％的 SiO_2,晶型为莫来石和 γ-Al_2O_3,室温强度达到 1.46 GPa[65]。

②国内研究现状

目前,国内进行 Al_2O_3 连续纤维研究的主要机构有中科院山西煤炭化学研究所、厦门大学、陕西理工大学、山东大学等。其中,中科院山西煤炭化学研究所主要从事对 Al_2O_3 长、短纤维制备及性能的研究。厦门大学以铝金属盐为原料,采用干纺工艺得到 Al_2O_3 凝胶纤维,经热处理后获得 Al_2O_3 纤维[66]。陕西理工大学以无机铝盐和铝粉为铝源,分别与不同的有机酸和纺丝助剂为原料,制备了 Al_2O_3 基陶瓷连续纤维。山东大学采用溶胶—凝胶法制备了长度达到 1 000 m 的 Al_2O_3 连续纤维。

(3)Al_2O_3 纤维的应用前景

①高温隔热材料

Al_2O_3 纤维具有质量轻、耐高温、热膨胀系数小、抗热震性能好,低的热导率等特点,可制成轻质隔热材料应用于机械、冶金、化工等高温工业的窑炉等热工设备中。Al_2O_3 连续纤维具有良好的热稳定性和化学稳定性,可在高温过滤领域广泛应用。

②结构增强材料

与碳纤维和金属纤维相比,Al_2O_3 纤维表面活性高,并且可通过缠绕、编织制成无纺布、编织带、绳索等多种形式的纤维预制体,在陶瓷、树脂、金属基等复合材料中作为增强体使用,在起到提高材料机械强度与柔韧性的同时,不降低材料耐热性的作用。

2. ZrO_2 陶瓷纤维

ZrO_2 纤维是一种新型二氧化锆基多晶无机耐火纤维材料,并且是超高温条件下的理想绝热保温材料,广泛应用于高温设备的绝热保温、航空、航天等领域。

(1)ZrO_2 纤维的分类

ZrO_2 纤维根据长度可分为连续纤维(长度大于 1 m)和短纤维(长度为厘米级或毫米级)。ZrO_2 连续纤维可有序缠绕或进行二维、三维编织,构成复合材料增强体,主要用于航空、航天及国防等尖端领域,如航天飞行器的某些结构部件[67]。短纤维常用来做纤维纸、纤维毡、纤维布、纤维筒、刚性 ZrO_2 纤维异型件等,用作超高温隔热或密封材料。

(2)ZrO_2 纤维的制备方法

ZrO_2 纤维常用的制备方法为浸渍法、共混纺丝法、溶胶—凝胶法、聚锆前驱体法等[68-72]。

①浸渍法。该方法是将黏胶纤维织物浸渍在锆盐溶液中,对浸渍后的前驱体纤维进行干燥和热处理,得到具有一定拉伸强度的 ZrO_2 纤维。浸渍法的优点是制备工艺简便,易规模化生产。不足之处是前驱体纤维中 ZrO_2 含量较低而有机成分较多,热处理过程中体积收缩大,纤维性能较差。

②共混纺丝法。该方法是将有机聚合物与无机锆盐或纳米级氧化锆微粉溶解或分散于溶剂中,加入稳定剂,经共混和浓缩后得到纺丝液,经过纺丝和热处理制得 ZrO_2 纤维。共混纺丝法的工艺原理相对简单,但亚微米级的氧化锆或锆盐粉末制备复杂,制得的 ZrO_2 纤维的强度和连续性都相对较差。

③溶胶—凝胶法。该方法采用无机或有机锆盐经过部分水解缩合得到具有—Zr—O—Zr—的长链大分子溶胶,然后经过纺丝工艺和一定的热处理制度得到 ZrO_2 纤维。该方法制备的前驱体中锆含量高,纺丝性能好,热处理缺陷较少,纤维强度高,可以实现高强度 ZrO_2 连续纤维的制备,但是该方法得到的溶胶不稳定,常会自发转变为凝胶而无法进行纺丝。

④聚锆前驱体法。该方法采用锆盐与有机配体进行配位缩合形成具有长链大分子的有机锆聚合物,然后溶解在有机溶剂中得到纺丝性能极好的溶胶,经过纺丝工艺和一定的热处理制度得到 ZrO_2 纤维。聚锆前驱体法制备的 ZrO_2 纤维除具有溶胶—凝胶法所具备的优点外,其前驱体质量稳定、可以重复利用、适合工业化生产。

(3)ZrO_2 纤维的研究与生产情况

20 世纪 60 年代末,美国联合碳化物公司率先成功制备出 ZrO_2 纤维。1974 年美国成立了 Zircar 公司,主要进行 ZrO_2 纤维及其他各种氧化物纤维制品的研制与生产。英国的帝国化学公司于 20 世纪 70 年代初研制出了 ZrO_2 纤维,并将其命名为 Saffil,但并未实现工业化生产。日本的品川耐火材料公司研制出了 ZrO_2 陶瓷短纤维。此外,国外的其他一些研究机构也陆续展开了 ZrO_2 纤维的研究工作。

与国外相比,我国对 ZrO_2 纤维的研究工作开始较晚。20 世纪 70 年代末,洛阳耐火材料研究院和山东工业陶瓷研究设计院开始研究 ZrO_2 纤维,直到 2000 年后才取得突破性进展。2001 年,山东大学陈代荣等人[73]通过电解氧氯化锆、硝酸钇和硫酸水溶液制备出可纺性溶胶,经干法纺丝获得前驱体纤维,后经热处理和煅烧制得 ZrO_2 连续纤维。2002 年,山东大学[74]率先采用溶胶—凝胶法和聚锆前驱体法制备出了 ZrO_2 连续纤维和短纤维,其中连续纤维的抗拉强度达 2.8 GPa,而短纤维和其相应制品已实现产业化。2010 年以后,科研人员[75-78]采用不同的前驱体纺丝液通过静电纺丝技术制备了 ZrO_2 纳米纤维。2013 年,刘和义等人[79]采用氧氯化锆和过氧化氢为原料,氯化钇为稳定剂,通过离心甩丝法成功制备直径为 5~10 μm 的 ZrO_2 纤维。

自 2007 年起,国内的绍兴市圣诺超高温晶体纤维材料有限公司、山东德艾普节能材料有限公司、南京理工宇龙新材料科技股份有限公司、山东红阳耐火保温材料股份有限公司、中钢集团洛阳耐火材料研究院等企业已经开始生产销售 ZrO_2 纤维及其制品。

(4)ZrO_2 纤维的应用

ZrO_2 纤维以其质轻、强度高、耐高温、抗氧化、热导率低等优势在军事和民用方面都发挥着重要的作用。在军事方面,ZrO_2 纤维主要作为通信卫星高能电池的隔膜材料和超高温隔热材料,如火箭发动机喷管等。在民用方面,ZrO_2 纤维材料兼具高温稳定性能及特殊功能性,使其可作为高温窑炉内衬材料、高温复合材料及过滤材料。

3. 莫来石陶瓷纤维

莫来石是一种由 Al_2O_3 和 SiO_2 组成的铝硅酸盐矿物,是 Al_2O_3-SiO_2 二元相图中唯一稳定存在的晶态化合物。

(1)莫来石纤维的特点

在外形上,莫来石纤维直径通常在 30 μm 以下,长度为 30~250 mm,截面一般呈圆柱形,纤维表面光滑且缺陷较少。在组成上,莫来石纤维由莫来石微晶构成,莫来石晶相是铝硅系唯一稳定相,活性低、再结晶能力差、晶粒尺寸较小。与一般氧化铝基纤维相比较,连续莫来石纤维具有更好的耐高温性和化学稳定性,其耐火度一般可达 1 500 ℃,长期使用温度可达 1 300~1 400 ℃,在 1 000 ℃氧化条件下,能抵抗 Na_2SO_4 熔盐的侵蚀。莫来石纤维又是一种低热导率材料,具有的优良的绝热性能,在高温下持续工作,仍具有优良耐热性能,同时保持较低的热膨胀系数。此外,莫来石纤维还具有良好的电气绝缘性能[80]。

(2)莫来石纤维的制备方法

莫来石连续纤维的制备方法主要有熔融法、基体纤维浸渍法、静电纺丝法、溶胶—凝胶法等[81-84]。

①熔融法。该方法是将符合莫来石组成的原料经混合后,在高温下熔化,将熔融的原料经机械牵引成连续纤维。由于莫来石熔融温度较高,在制备过程中需要加入 B_2O_3、FeO、Na_2O、MgO 等助熔剂。助熔剂的加入使莫来石纤维在高温条件下使用时,纤维中会生成玻璃相,使得纤维的性能下降。

②基体纤维浸渍法。该方法是将亲水性良好的黏胶纤维浸渍在水溶性无机盐溶液中,然后经过煅烧除掉基体纤维,从而得到莫来石纤维。该方法的优点是工艺简单,容易推广,基体纤维可以先进行编织预处理,然后经浸渍、烧结,即可得到不同形状的莫来石纤维产品;

不足是生产成本较高且所得到的纤维质量较差。

③静电纺丝法。该方法是利用高压电场力来克服溶胶表面张力,从而使得溶胶流延成型的一种新方法。这种方法的出现促进了高熔点氧化物纤维的制备。静电纺丝法可以得到直径较小的纤维产物,具有改善纤维强度的潜在优势,但由于纤维纺丝是在电场力作用下进行的,所得到的产品形貌为无纺布形态,难以实现丝束的连续卷集,限制了该方法的推广应用。

④溶胶—凝胶法。该方法是以金属无机盐或醇盐作为反应的前驱体,经水解、聚合、浓缩等化学反应过程形成稳定的溶胶体系,纺丝后得到凝胶纤维,然后经干燥、煅烧处理得到成品莫来石纤维。与其他制备方法相比,溶胶—凝胶法具有操作温度低、易于控制整个制备过程、杂质少、纯度高、材料的均匀性好等优点。

(3)莫来石纤维的研究与生产情况

国外在莫来石纤维的开发和应用方面起始较早,并开展了大量研究工作。20世纪70年代,英国卜内门公司已经制备得到了 Al_2O_3-SiO_2 纤维,并命名为 Saffil。随后美国的 3M 公司和日本住友化学公司也相继研发制造出了莫来石纤维,分别为 Nextel 系列(美国 3M 公司)和 Altex 系列(日本住友化学),并且达到工业化生产的水平。

与国外相比,我国在莫来石纤维方面的研究起步较晚,研究状况还处于比较初级的水平,与国际水平有很大的差距,目前达到工业化生产的纤维大多为短纤维。

(4)莫来石纤维的应用

莫来石纤维具有高的弹性模量和高温强度、高温抗蠕变和抗热冲击性能,在高温氧化条件下具有良好的稳定性和力学性能,还具有较低的热导率和优良的电绝缘性,使其在复合材料、高温材料、过滤催化材料等领域中得到广泛应用[85]。

①在复合材料领域应用

莫来石纤维有良好的表面活性,与金属基体有很好地浸润性,容易和金属、树脂及陶瓷的基体相复合。当莫来石纤维与金属复合形成复合材料时,可显著提高金属材料的力学性能、耐磨性和硬度,降低金属的热膨胀系数。当在氧化铝陶瓷中加入质量分数为15%的莫来石纤维时,该复合材料的弯曲强度达到504 MPa,断裂韧性达到4.46 MPa·$m^{1/2}$。

②在高温材料领域应用

莫来石陶瓷纤维具有突出的耐高温性能,同时兼有热膨胀率低、抗热震性和蠕变性好等优点,在航空、航天、冶金、陶瓷工业等领域作为隔热材料而得到重要应用。在冶金和陶瓷领域,用莫来石陶瓷纤维作隔热材料不仅可以减轻炉体质量,还可提高窑炉的节能效果。研究表明,当高温炉中以莫来石纤维作为衬里的隔热材料,并且贴面的莫来石纤维衬里的厚度达到50 mm以上时,节能效果可以达到的50%左右。

③在过滤催化载体材料领域应用

莫来石陶瓷纤维具有较高的高温强度、抗热冲击性好、耐化学腐蚀等优点,可作为催化剂的载体,应用于化工领域。

2.2　界面原材料

　　复合材料的基体—纤维界面层是处于复合材料纤维和基体之间的一个局部微小区域，虽然其在复合材料中所占的体积分数不足10%，但却是影响陶瓷基复合材料力学性能、抗环境侵蚀能力等的关键因素。界面层作为载荷从基体到纤维传递的一个过渡区，其主要功能是捕获和偏折基体裂纹，减缓应力集中，提高材料的强度和韧性。此外，界面相可以保护增强体免受环境的腐蚀，防止基体与增强体之间的化学反应，起到保护增强体的作用。

　　作为高温结构陶瓷基复合材料的界面层材料，一般需满足3个条件[86]，即：低模量、低剪切强度和高化学稳定性。该类材料通常由层状晶体材料组成，层间结合力较弱，并且层片方向与纤维表面平行，常用的有热解碳界面层与氮化硼界面层。

2.2.1　热解碳界面

　　热解碳是较为传统且应用相对成熟的陶瓷基复合材料界面层。采用热解碳作为界面层能够使复合材料常温性能或高温惰性气氛下性能得到显著提升。目前，热解碳界面的制备方法有化学气相沉积法与浸渍裂解法两种。

1. 化学气相沉积法

　　化学气相沉积法是指采用含有碳、氢元素的烷烃、烯烃或炔烃等气体在高温下发生脱氢反应生成自由碳，并在纤维表面沉积形成热解碳界面的方法。该方法得到的界面层较为致密。根据制备工艺条件的不同，热解碳依据微观结构的不同可以被分为各向同性热解碳与各向异性热解碳两类[87]。化学气相渗透法采用的前驱体类型有甲烷、乙炔、丙烷、丙烯、天然气和液化石油气等气体，其中，甲烷的最佳沉积温度为1 100 ℃左右，丙烯的沉积温度在850 ℃左右。乙炔沉积温度为700~900 ℃，但是由于乙炔非常活泼，致使沉积产物较为复杂，沉积参数难以控制。天然气与液化石油气等气体通常为降低成本而在制备碳/碳复合材料时使用。

2. 浸渍裂解法

　　采用浸渍裂解法制备热解碳界面层时，通常是将纤维或纤维预制体浸入到高分子树脂溶液中，如酚醛树脂、环氧树脂、呋喃树脂等，经干燥除去有机溶剂后于惰性气氛中裂解。酚醛树脂、环氧树脂和呋喃树脂的裂解残炭率在50%~60%。通过控制树脂溶液的浓度及浸渍次数能够实现对界面层厚度的控制[88]。

2.2.2　氮化硼界面

　　氮化硼通常有立方和六方两种晶型，作为复合材料界面的一般为具有类似石墨层状结构的六方氮化硼。与热解碳界面层不同，六方氮化硼氧化生成的氧化硼能够阻止氧气对于纤维的进一步氧化，从而提高了复合材料的高温性能。目前，氮化硼界面层的制备方法主要为化学气相沉积法和液相浸渍法[89,90]。

1. 化学气相沉积法

化学气相沉积法制备氮化硼界面层是在一定温度和压力条件下,硼源和氮源经过一系列的气相和固相反应在纤维预制体上沉积得到氮化硼的过程。根据前驱体的种类,通常化学气相沉积法制备氮化硼界面层可以分为双组元前驱体和单组元前驱体两类。其中,双组元前驱体是指硼源和氮源分别由不同的两种物质提供,其气体组成可表示为硼源＋氮源＋载气/稀释性气体,一般氮气作为氮源,硼源为三卤化硼,如三氯化硼和三氟化硼。单组元前驱体为同时含有硼和氮源的一种物质,这种前驱体一般为含碳有机物、硼源与氨或烷基胺的络合物、硼吖嗪及其衍生物。

2. 液相浸渍法

液相浸渍法是将硼源和氮源按照一定比例配制成浸渍溶液,然后用所配制的溶液浸渍纤维样品,干燥后在惰性气体或氨气气氛下高温氮化,进而形成氮化硼界面层。该方法制备氮化硼界面相最常用的硼源和氮源是硼酸和尿素。该方法的优点是操作简单,所用原料廉价,无毒易得,适合生产应用。其不足之处是不同条件下得到的氮化硼界面层的质量参差不齐,浸渍液浓度、浸渍次数、氮化温度等都可能影响所得氮化硼界面层的厚度、均匀性及结晶性能。

与液相浸渍法相比,化学气相沉积法制备的界面层致密均匀、沉积速率快、结合牢固且质量稳定,是目前制备高质量氮化硼界面层的首选方法。

2.3 基体原材料

2.3.1 非氧化物陶瓷基体原材料

1. 碳化硅

碳化硅材料由于其较高的弹性模量、适中的密度、较小的热膨胀系数、较高的热导系数、耐热冲击性、高度的尺寸稳定性及热性能与机械性能的各向同性等一系列优良的物理性质,受到越来越多的重视,普遍用于陶瓷球轴承、半导体材料、测量仪、航空、航天等领域,已经成为一种在很多工业领域不可替代的材料。

碳化硅作为复合材料的基体,其制备工艺可以分为三类:化学气相渗透法(CVI)、前驱体浸渍裂解法(PIP)和反应熔体渗透法(reactive melt infiltration, RMI)。根据不同的制备工艺,采用不同的原材料。

(1)化学气相渗透法(CVI)

CVI工艺制备连续纤维增强SiC基复合材料的基本流程如图2.1所示。将纤维预制件置于CVI反应室中,进入反应室内的气态前驱体通过扩散作用渗入纤维预制体的孔隙中,在纤维表面发生化学反应并原位沉积SiC基体。沉积的气源应满足的条件有:在室温下具有较高的蒸气压,分解温度低,易于得到化学剂量的SiC及操作方便、安全等特点。

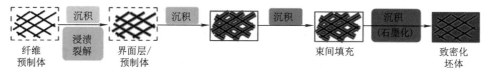

图 2.1　CVI 工艺制备连续纤维增强 SiC 基复合材料的基本流程

采用 CVI 法制备 SiC 最常用的前驱体是三氯甲基硅烷（CH_3SiCl_3，简称 MTS）。MTS 是易潮解、易燃、无色透明的刺激恶臭性液体，其相对分子质量 149.46，熔点 -90 ℃，沸点 66.5 ℃，闪点 -9 ℃，不稳定，能与苯、醚等有机溶剂互溶。MTS 遇高热、明火或氧化剂有引起燃烧爆炸的危险，若遇高热、容器内压增大，有开裂或爆炸的危险。MTS 能腐蚀绝大多数金属及某些塑料、橡胶和涂料，容易受潮，与水或者空气反应，放出腐蚀性刺激的 HCl 烟气。其贮藏温度不宜超过 40 ℃，应防止阳光直射，密封存放，不可与空气、氧化剂、酸类、碱类接触，多采用铁桶或者塑料桶装运。MTS 在常温下为液态，它的蒸气压较高。

MTS 中 Si∶C 的量之比为 1∶1，可分解成化学计量比的 SiC，因而可制备出高纯 SiC；而且，MTS 沉积的温区特别宽，在 1 000～1 600 ℃ 之间均可发生沉积。

MTS 的分子结构如图 2.2 所示。

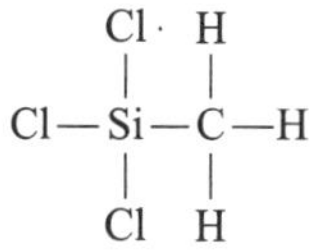

由 MTS 制备 SiC 的沉积过程总的沉积反应一般认为是

$$CH_3SiCl_3 \longrightarrow SiC + 3HCl \tag{2.1}$$

但整个反应过程被认为是经过 3 个步骤的[91,92]：第 1 步，MTS 分解成含 Si、含 C 和含 Cl 的基团，也可能是含 Cl 的副产物 HCl，即

$$CH_3SiCl_3 \longrightarrow SiCl_2 + CH_3 + HCl \tag{2.2}$$

图 2.2　MTS 的分子结构

第 2 步，由 MTS 分解成的几种基团吸附到基体上；第 3 步，基体吸附的基团间的相互反应，最终生成 SiC。在生成 SiC 固体产物的同时放出气体副产物，从壁面上解附并借助于传质过程进入主气流，随后排出沉积炉，从而完成整个沉积过程。

当前，采用 MTS 作为 CVI 法制备 SiC 基体的原材料已经广泛应用到 SiC 陶瓷基复合材料的制备中，我国西北工业大学超高温复合材料实验室经过多年的努力，自行研制成功拥有自主知识产权的 CVI 法制备 CMC-SiC 的工艺及其设备体系，建立了 CVI-CMC-SiC 制造技术平台，并形成批量制备复杂构件的能力，CVI-CMC-SiC 的整体研究水平已跻身国际先进行列。

（2）前驱体浸渍裂解法（PIP）

PIP 法工艺流程如图 2.3 所示，将液态陶瓷前驱体浸渍到真空、密封的纤维编织体内，液态前驱体经过干燥或交联固化，在惰性气体保护下或真空环境下高温裂解，原位转化成陶瓷基体[93]。由于前驱体裂解过程中气态副产物逸出及裂解后基体收缩，单次裂解过程的陶瓷收缩率较低，制备过程需重复多次浸渍裂解过程才能实现材料的致密化。

采用 PIP 法制备 SiC 基体最常用的前驱体是聚碳硅烷（poly carbo silane，PCS），是利用前驱体转化法最早成功地制备出陶瓷材料使用的前驱体，聚碳硅烷前驱体是以 Si—C 为主链的有机高分子聚合物，结构复杂，具有线性、环状及笼状结构，是由硅、碳、氢等元素形成的高摩尔质量、多支链的有机硅聚合物，主要结构单元如图 2.4 所示。

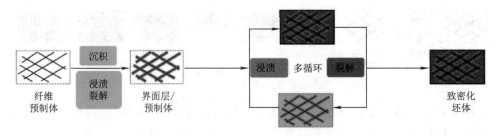

图 2.3 PIP 法工艺流程图

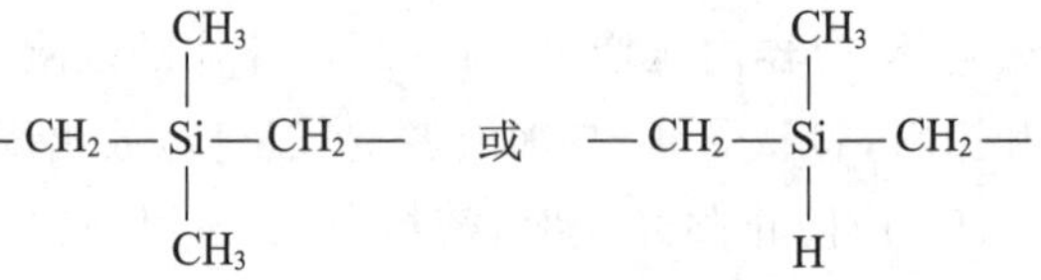

图 2.4 聚碳硅烷的主要结构单元

它具有流变性和热稳定性好,可溶于甲苯、二甲苯等有机溶剂,分子中含有一定的化学反应活性基团,聚合物中杂质少,合成成本低及陶瓷产率高等优点,是一种优良的陶瓷前驱体,广泛应用于陶瓷纤维、纳米复相陶瓷、陶瓷基复合材料、陶瓷涂层等的研制工作中[94-103]。

20 世纪 70 年代日本科学家 S. Yajima[104]发明了一条合成聚碳硅烷的技术路线,并用产物成功制得 SiC 纤维,经过几十年的发展,采用各种不同合成原料、不同反应路径来制备聚碳硅烷的技术路线出现了很多,归纳起来主要有以下 6 种途径:

①脱氯缩合和热解重排;

②开环聚合;

③脱氯缩聚直接合成;

④硅氢化反应加成;

⑤脱氢耦合;

⑥氯硅烷与炔化物缩聚。

下面简要介绍最为常见的合成方法:脱氯缩合和热解重排。

脱氯缩合和热解重排法是发现最早、研究最广泛的一种 PCS 合成方法。该方法以二氯二甲基硅烷为原料,在甲苯溶液中经碱金属脱氯后缩合而得到聚甲基硅烷(polydimethylsilanes,PDMS),PDMS 在高温、高压条件下发生热解重排反应最终得到 PCS。这一路线包括了脱氯缩合和热解重排两个步骤,因此又称为"两步法"。

二氯二甲基硅烷脱氯缩合的反应式为式(2.3):

$$n\,Cl-\underset{\underset{CH_3}{|}}{\overset{\overset{CH_3}{|}}{Si}}-Cl + 2n\,M \longrightarrow \left[\underset{\underset{CH_3}{|}}{\overset{\overset{CH_3}{|}}{Si}}\right]_n + 2n\,MCl \quad (M=Li,Na) \tag{2.3}$$

这一反应的产物收率很高,一般能达到 90% 以上,产物 PDMS 是一种白色固体粉末,溶解性较差,不溶于一般的有机溶剂。

PDMS 经过不同条件的处理可以得到不同类型的 PCS[104-106]：①PDMS 直接在高压釜内发生高温裂解重排反应（温度 400 ℃以上，压力 6 MPa 上），可制得 Mark Ⅰ型 PCS；②二氯二甲基硅烷与二氯二苯基硅烷在碱金属作用下发生共聚合反应得到相应聚硅烷，再经过高温、高压处理可制得 Mark Ⅱ型 PCS；③在 PDMS 中添加由二苯基二硅烷与硼酸反应生成的聚硼硅氧烷（PBDPSO）作为催化剂，常压下 450 ℃ 裂解重排可制得 Mark Ⅲ型 PCS。

Mark Ⅰ型 PCS 合成方法相对简单，原料廉价，用于工业生产成本较低，但是其分子结构为非线性且相对分子质量较低，所以纺丝性能较差。Mark Ⅱ型 PCS 是为了改善纺纤性而对 Mark Ⅰ进行的改进产品。Mark Ⅲ型 PCS 的制备过程在常压下进行，但是催化剂 PB-DPSO 的合成过程太过复杂，而且最终产物中氧含量偏高。

S. Yakima 的"两步法"路线的创新之处在于将一种不可溶的聚合物固体通过热力学重排反应转化成了可溶、可熔的有机树脂，这对于 PCS 应用于制备纤维和陶瓷基复合材料有着至关重要的作用。

陶瓷前驱体的热解是一个包含大量固态或气态化学反应的复杂过程，受限于这些反应难以被原位检测到，热解的具体机理至今还未能准确得出。然而，前驱体热解过程是直接影响最终所得陶瓷材料组成与微结构的重要过程，深入了解前驱体热解过程对控制和设计陶瓷材料的组分和性能有很大帮助，因此对陶瓷前驱体热解过程的研究非常有意义。

前驱体中的活性基团在热解过程中起着至关重要的作用，这些活性基团通过交联反应将分子链连接起来形成网状结构，阻止了前驱体中小分子组分在热解过程中气化逸出，同时还能防止前驱体分子主链的断裂。作为 SiC 陶瓷最常用的前驱体，PCS 的热解过程也是被研究最多的前驱体热解过程之一[94,107-109]。PCS 中活性基团 Si—H 键的存在使其在 1 000 ℃时具有 60%以上的陶瓷收率，具体热解过程分成四个阶段，简述如下：

第一阶段——从室温到 350 ℃，未发生大量的断键，主要是以 Si—H 为核心发生分子之间的热交联反应，及未能交联的小分子成分的挥发，有少量失重；

第二阶段——350～550 ℃，PCS 真正开始无机化，大量 Si—H 键、C—H 键断裂，生成氢气、甲烷、甲基硅烷等气体小分子，是失重量和失重速率最大的阶段；

第三阶段——550～800 ℃，裂解反应在此阶段基本完成，前驱体从有机物彻底转变为无机物，并形成均一的无定形 SiC（晶粒尺寸小于 3 nm）；

第四阶段——高于 800 ℃，无定形 SiC 进一步结晶化，晶粒开始长大。

另外，在热解过程中，前驱体的体积和密度的变化非常明显[110]。常规的前驱体的密度一般均小于 2 g/cm³，而其所对应的多孔陶瓷的密度则是 2.3～2.8 g/cm³，再加上热解过程中存在大量失重，因此，前驱体在热解过程中体积会发生大幅收缩，这一直限制着前驱体制陶瓷技术在小维度（薄膜、纤维等）的应用。

聚碳硅烷（PCS）的应用始于 20 世纪 70 年代，首先被用于制备名为 Nicalon 的 SiC 纤维，随着科学技术的迅猛发展及对高温热结构复合材料的迫切需求，许多学者对聚碳硅烷的合成及改性做了大量的研究,改性聚硅碳烷被广泛用于制备 SiC 纤维、SiC 基陶瓷复合材料和 SiC 表面/界面抗氧化涂层。

(3)反应熔体渗透法(RMI)

RMI 法的工艺过程主要分为 4 个步骤,如图 2.5 所示,具体为:①在预制体中的纤维表面沉积形成界面相,以降低后续融渗过程对纤维的损伤;②在预制体内形成一定量的多孔热解碳(PyC)基体;③在高温真空环境中,将液态熔融硅渗入预制体内;④熔融硅与 PyC 发生反应,最终生成连续致密的 SiC 基体[111]。

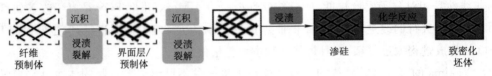

图 2.5 RMI 法的工艺流程图

采用 RMI 法制备 SiC 基体的关键原材料是硅粉。一般采用粒径在 50 μm 以下的纯度较高的硅颗粒作为渗硅的原材料,液态硅单质在高温下与裂解得到的碳发生化学反应,生成碳化硅。反应方程式为

$$Si + C \longrightarrow SiC \tag{2.4}$$

2. 氮化硅

氮化硅由于具有优异的高温热稳定性、良好的抗腐蚀性和耐腐蚀性能,以及较低的介电常数和介电损耗,被视为国内外最具发展前途的材料之一,广泛应用于航空、航天的轴承、涡壳、活塞顶、缸盖板、涡轮增压器转子、气门、高温轴承、火箭喷嘴及导弹天线罩材料等。

氮化硅作为复合材料的基体,其制备工艺可以分为三类:化学气相渗透法(CVI)、前驱体浸渍裂解法(PIP)和烧结法。根据不同的制备工艺,采用不同的原材料。

(1)化学气相渗透法(CVI)

采用 CVI 法制备 Si_3N_4 时,一般采用氨气(NH_3)作为氮源,四氯化硅($SiCl_4$)作为硅源。NH_3 在室温和大气压下为具有强烈刺激性的弱碱性无色气体。$SiCl_4$ 在室温和常压下为无色透明液体,有腐蚀性、不可燃、有刺激性臭味。常温下易挥发,遇水分解,故在湿空气中有发烟现象。

由 Si_iCl_4 制备 Si_3N_4 的过程,根据温度变化可以由以下几个反应方程式来描述:

$$SiCl_4 + 6NH_3 \longrightarrow \frac{1}{n}[Si(NH)_2]_n(s) + 4NH_4Cl(s) \tag{2.5}$$

$$[Si(NH)_2]_n \xrightarrow{400\ ℃} 2[Si_3(NH)_3N_2]_n(s) + 2n\ NH_3(g) \tag{2.6}$$

$$[Si_3(NH)_3N_2]_n \xrightarrow{650\ ℃} 3[Si_2(NH)N_2]_n(s) + n\ NH_3(g) \tag{2.7}$$

$$[Si_2(NH)N_2]_n \xrightarrow{>1\ 100\ ℃} 2n\ Si_3N_4(s)(非晶相) + n\ NH_3(g) \tag{2.8}$$

$$Si_3N_4(s)(非晶相) \xrightarrow{>1\ 250\ ℃} Si_3N_4(s)(结晶相) \tag{2.9}$$

（2）前驱体浸渍裂解法（PIP）

采用 PIP 法制备氮化硅基体最常用的前驱体是聚硅氮烷（polysilazane）。聚硅氮烷是一类分子主链由硅、氮原子交替排列组成的聚合物。它的主要结构单元如图 2.6 所示。

聚硅氮烷在室温下呈液态，密度为 0.7 g/cm^3，黏度低（14.5×10^{-3} Pa·s），流动性好；含有 Si—H 键、N—H 键、乙烯基等多种活性基团，易于交联固化，聚硅氮烷主要用于高温热解制备氮化硅（Si_3N_4）和氮化碳硅（Si—C—N）等陶瓷涂层、陶瓷纤维、纳米材料、磁性陶瓷等。前驱体的合成主要有氯硅烷氨（胺）解（或进一步催化聚合）、催化脱氢偶合、开环聚合等几种方法。下面简要介绍氯硅烷氨（胺）解法。

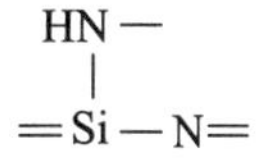

$$\begin{array}{c} HN- \\ | \\ =Si-N= \end{array}$$

图 2.6　聚硅氮烷
主要结构单元

低相对分子质量聚硅氮烷主要合成方法为胺解、氨解缩聚反应[112]，主要步骤如下：氨气通入二甲基二氯硅烷（Me_2SiCl_2）、甲基氢二氯硅烷（Me_2SiHCl_2）和甲苯配置而成的氯硅烷苯溶液，机械搅拌持续反应，静置沉淀，干燥过滤，苯溶剂洗涤、分馏。研究表明，氯硅烷苯溶液中 Me_2SiCl_2 含量比例越高，氨解反应所需时间越少，反应产物相对分子质量越大。通过此方法制备的低相对分子质量聚硅氮烷，平均相对分子质量 1 300，但化学性质较不稳定，本体能迅速交联，反应产物通过高温裂解可制备出高产率、混有纯硅的氮化硅陶瓷[113]。

为更好地控制陶瓷的组成及微观结构，人们对前驱体裂解转化为硅基陶瓷的机理进行了研究。Funayama 等[114]研究了全氢聚硅氮烷在氨气氛围中的裂解，通过对裂解过程中逸出气体及不同温度时产物的分析，提出其裂解包括三个阶段：

第一阶段——室温～400 ℃，聚合物的结构不发生显著变化，其失重主要是由于残存溶剂的挥发引起；

第二阶段——400～600 ℃，NH_3 与 Si—H 键反应，形成 Si—N 三维网状结构，聚合物发生结构转变；

第三阶段——600～1 000 ℃，聚合物结构转变完成，得到仍含有部分 Si—H 键的产物。

（3）烧结法

烧结法是制备陶瓷和复相陶瓷的传统工艺，在制备氮化硅基复合材料的时候，其关键原材料即为氮化硅颗粒。Si_3N_4 常见的晶型为 α-Si_3N_4 和 β-Si_3N_4，两者均为六方晶体。α-Si_3N_4 呈白色或浅白色，为针状形态晶体，β-Si_3N_4 颜色较暗，呈现为棱柱状的多面体形态，二者均以 $[SiN_4]_4$—四面体为基本单元构成三维空间网络结构。

现阶段合成氮化硅粉的主要方法有：①硅粉直接氮化法；②碳热还原—氮化法；③自蔓延合成法；④氮化硅铁粉酸洗除铁制备氮化硅粉法；⑤气相法生产氮化硅粉；⑥亚氨基硅或氨基硅的热分解法。下面简要介绍一下工业上最常见的两种方法。

①硅粉直接氮化法

将一定细度和纯度的硅粉放入氮气气氛的还原氮化炉内，先抽真空加热到 900 ℃以后，再通入氮气，控制氮气流量，控制反应热不使硅粉熔化，控制温度，可以制得 α 相大于 90%的氮化硅块体，经破碎研磨后得到氮化硅粉。反应方程式如下：

$$3Si + 2N_2 \longrightarrow Si_3N_4 \tag{2.10}$$

②碳热还原—氮化法

碳热还原—氮化法以石英石、石墨和氮气为主要原料,通过气—固相反应制得氮化硅。该反应利用自然界中十分丰富的二氧化硅为原料,具有价格低廉、工艺简单、反应速率较快、生产规模大等优点,并且此法制备的 Si_3N_4 粉末纯度高、颗粒细、α-Si_3N_4 含量高,是适合于工业化生产的极具潜力的一种方法[115]。

碳热还原法以 SiO_2 和 C 为原料,在氮气的气氛下进行反应,其总反应式为

$$3SiO_2 + 6C + 2N_2 \longrightarrow Si_3N_4 + 6CO \tag{2.11}$$

一般认为 Si_3N_4 是由气相的 SiO 被还原氮化而形成,因此,Si_3N_4 的生成速率主要由 SiO_2 反应生成 SiO 的速率决定,主要反应方程式为

$$SiO_2(s) + C(s) \longrightarrow SiO(g) + CO(g) \tag{2.12}$$
$$SiO_2(s) + CO(g) \longrightarrow SiO(g) + CO_2(g) \tag{2.13}$$

因为固—固反应式(2.12)速率快于气—固反应(2.13)[116],并且由于固—固反应仅发生在 SiO_2 和 C 有接触的地方,一旦接触处的 SiO_2 和 C 消耗完毕,反应(2.13)就是生成 SiO 的主要步骤,会影响整个的反应速度。

随着反应的进行,SiO 气体在 C 和 N_2 的作用下反应生成了 Si_3N_4,反应方程式为

$$3SiO(g) + 3C(s) + 2N_2(g) \longrightarrow Si_3N_4(s) + 3CO(g) \tag{2.14}$$

生成的 Si_3N_4 会因为晶核作用在 SiO_2/C 表面形成一层薄膜层。这时,气相 SiO、CO、N_2 的薄膜扩散速度就会成为影响反应速度的因素[117],反应式(2.14)是异质核化生成 Si_3N_4 的过程。

随着反应的进一步进行,C 逐渐被氧化为 CO,与被还原的 SiO 在氮气气氛下继续反应生成氮化硅,反应方程式为

$$3SiO(g) + 3CO(g) + 2N_2(g) \longrightarrow Si_3N_4(s) + 3CO_2(g) \tag{2.15}$$

该被认为是 Si_3N_4 晶体生长过程。

3. 氮化硼

在氮化物陶瓷中,有"白色石墨"之称的六方氮化硼(h-BN)具有类似石墨的层状结构,性能优异,在机械、冶金、电子、催化、储能和空间科学等高科技领域具有十分广泛的应用前景[118-120]。氮化硼(BN)基复合材料是材料研究的热点之一[121]。将 BN 作为基体相引入复合材料中,不仅可以充分发挥 BN 的性能优势,同时可以弥补单相 BN 材料机械性能偏低等不足之处,使得 BN 基复合材料在热防护、高性能摩擦和高温透波材料等领域拥有广泛的应用前景[122]。

氮化硼作为复合材料的基体,其制备工艺主要有:化学气相渗透法(CVI)、前驱体浸渍裂解法(PIP)。根据不同的制备工艺,采用不同的原材料。

(1)化学气相渗透法(CVI)

所采用的制备六方氮化硼的先驱气体主要为 B_2H_6-NH_3、三甲基硼烷(TMOB)-NH_3、$H_3B_3N_3H_3$(硼氮环)、BX_3-NH_3 体系。其中 BX_3 主要为 BF_3 或者 BCl_3 气体。所采用的稀释气体为 H_2、N_2 或者 Ar 气体。目前,较为常用的是 BCl_3-NH_3 体系。

三氯化硼(BCl_3)作为硼源,其在室温和常压下为无色、不可燃,有刺激性、酸性气味的气体。遇水分解生成氯化氢和硼酸,并放出大量热量,在湿空气中因水解而生成烟雾,在醇中分解为盐酸和硼酸酯。相对分子质量为117.169,气体相对密度(空气=1.0)为4.046,熔点 $-107.3\ ℃$,沸点12.5 ℃。三氯化硼反应能力较强,能形成多种配位化合物,具有较高的热力学稳定性,但在放电作用下,会分解形成低价的氯化硼。在大气中,三氯化硼加热能和玻璃、陶瓷起反应,也能和许多有机物反应形成各种有机硼化合物。在其自身蒸气压为30.3 kPa,常温时呈液态,以钢瓶装运。

(2)前驱体浸渍裂解法(PIP)

采用 PIP 法制备氮化硼基复合材料,一般采用聚硼氮烷作为前驱体。聚硼氮烷是指在分子主链上含有硼和氮元素、支链上含有有机基团的系列聚合物,其分子活泼性高,遇氧或水易分解。其合成方法主要有:硼吖嗪合成聚硼氮烷、BCl_3 胺解合成聚硼氮烷、TCB 胺解合成聚硼氮烷、TCB 和氨基硼烷共聚合成聚硼氮烷等。下面简要介绍最常见的硼吖嗪合成聚硼氮烷法。

硼吖嗪俗称全氢环硼氮烷,具有与 h-BN 相同的骨架,在真空下于 70 ℃聚合得到类似石墨层状结构的聚硼吖嗪,合成路线如式(2.16)。其数均相对分子质量 $M_n = 500 \sim 900$,重均相对分子质量 $M_w = 3\ 000 \sim 8\ 000$,陶瓷收率可达 93.2%[123,124]。

$$\text{(2.16)}$$

硼吖嗪的 B-H 键反应活性很高,室温下易分解,聚合时易交联形成网状结构,不能熔融纺丝,但可以溶液挑丝。对硼吖嗪改性,通过引入支链可以减少交联以改善其纺丝性能。Taniguchi 等[125]使用苯胺和硼吖嗪反应得到聚苯胺基硼吖嗪,可以熔融挑丝。Sneddon 等[126]分别以二乙胺(DEA)、二戊胺(DPA)和 $HN[Si(CH_3)_3]_2$(HMDZ)等与硼吖嗪反应合成了一系列聚硼氮烷反应方程式:

$R=CH_2CH_2H,CH_2CH_2CH_3$ $R'=CH_2CH_3,(CH_2)CH_3$

$$\text{(2.17)}$$

聚硼氮烷在 N_2 中的 1 000 ℃以下热分解过程大致可以划分为如下 3 个阶段:

室温~400 ℃,PBN 此时主要发生脱甲胺缩合反应,在产物中生成 B—N 键,逐渐形成 B、N 六元环网络结构的交联产物,同时主要产生甲胺、甲烷等气体逸出,在 400 ℃时 PBN 中甲胺基已基本全部反应。

400～800 ℃,在这一阶段开始发生脱正丙胺反应,通过脱去正丙胺、甲烷,分子间环化、交联成三维无机网络,结构从有机物转变为无定型态无机物,至 800 ℃时无机化过程基本完成。剩余的少量碳元素也由有机碳转变为无机游离碳,以芳环碳结构形式存在热解产物中。

800～1 000 ℃,主要为无定型态的无机物逐步向晶体结构转化,在这一过程中有少量残余碳脱除和部分 H_2 逸出,最终热解产物中还含有富余氮、碳。

4. 硼化锆

ZrB_2 由于其极强的化学键,使其同时具有金属和陶瓷的双重特性,即高熔点(3 245 ℃)、高硬度(莫氏硬度为 9,显微硬度为 22.1 GPa)、高热导率[23～25 W/(m·K)]、导电性能优良、低饱和蒸气压和低高温热膨胀系数等综合优良特性[127],成为超高温陶瓷最具潜力的候选材料,有望用于航天火箭的发动机,太空往返飞行器和高超音速运载工具的防热系统和推进系统,以及金属高温熔炼和连铸用的电极、坩埚和相关部件、发热元件等。采用硼化锆作为复合材料基体的制备方法主要有化学气相渗透法(CVI)、浆料—前驱体转化法和烧结法。

(1)化学气相渗透法

采用化学气相渗透法来制备硼化锆一般采用 $ZrCl_4$-BCl_3-H_2-Ar 体系。其中,三氯化硼(BCl_3)为硼源,四氯化锆($ZrCl_4$)为锆源,其相对分子质量为 233.2,密度为 2.803 g/cm³,熔点为 437 ℃,升华点为 331 ℃。常温下为白色有光泽的结晶或者粉末,受热或遇水分解发热,放出有毒的腐蚀性烟气,需密封存。$ZrCl_4$ 能溶于乙醇、冷水和乙醚,不溶于苯、二硫化碳等。采用 $ZrCl_4$-BCl_3-H_2-Ar 体系制备 ZrB_2,该体系总的反应方程式为

$$ZrCl_4 + BCl_3 + H_2 \longrightarrow ZrB_2 + HCl \qquad (2.18)$$

(2)浆料—前驱体转化法

目前尚无可用于复合材料制备的 ZrB_2 陶瓷前驱体的文献报道。在前驱体转化法制备纤维连续增强 ZrB_2 基超高温陶瓷基复合材料过程中,一般采用 ZrB_2 微粉浆料浸渍的方式引入 ZrB_2,即采用浆料—前驱体转化法制备纤维增强 ZrB_2 基超高温陶瓷基复合材料。

(3)烧结法

烧结法包括热压、无压烧结、反应烧结、放电等离子烧结,是目前制备 ZrB_2 基陶瓷的主要方法,其关键原材料即为 ZrB_2 粉体。

2.3.2 氧化物陶瓷基体原材料

1. 氧化铝

α-Al_2O_3 以其良好的力学性能、耐高温、耐磨损等一系列优异特性,在各种新型高性能陶瓷材料的生产中得到广泛的应用,氧化铝基复合材料一般直接采用氧化铝粉末作为原材料,氧化铝有多种结晶态,主要有 α-Al_2O_3、α-Al_2O_3 和 β-Al_2O_3 三种。结构不同,性质也有差异,其中以 α-Al_2O_3 最为稳定,1 300 ℃以上的高温条件下,绝大部分转变成 α-Al_2O_3,所以一般采用 α-Al_2O_3 粉末作为原材料,其密度为 3.96 g/cm³。

2. 莫来石

莫来石(mullite)又称红柱石,其化学组成介于 $3Al_2O_3 \cdot 2SiO_2$ ～ $2Al_2O_3 \cdot SiO_2$ 之间。

在陶瓷材料中,莫来石陶瓷具有许多优异的性能,例如高温有氧环境下优异的力学性能、化学稳定性、电绝缘性、抗蠕变性、抗热震稳定性、低的热导率和热膨胀系数等,因而成为制备连续纤维增强陶瓷基复合材料重要的基体材料之一。连续纤维/莫来石复合材料的制备工艺主要参考的是连续纤维增强陶瓷基复合材料,包括溶胶—凝胶工艺、无机盐浸渍—固化工艺、热压烧结法、电泳沉积法、反应熔体浸渗法、化学气相沉积法、前驱体浸渗热解法等工艺。一般采用氯化铝和硅溶胶分别作为铝源和硅源来制备莫来石基体。

参考文献

[1]　王茂章,贺福.碳纤维的制造、性质及其应用[M].北京:科学出版社,1984.

[2]　陈娟,王成国,丁海燕,等.PAN基碳纤维的微观结构研究[J].化工科技,2006,14(4):9-12.

[3]　余红伟,袁慧五,王源升,等.聚丙烯腈基碳纤维制备工艺研究进展[J].材料开发与应用,2012,27(1):101-106.

[4]　于美杰.聚丙烯腈纤维预氧化过程中的热行为与结构演变[D].济南:山东大学,2007.

[5]　刘焕章,王成国,王延相.聚丙烯腈纤维预氧化工艺条件对其结构和性能的影响[J].高科技纤维与应用,2006,31(1):31-35.

[6]　TSEHAO K. Influence of continuous stabilization on the physical properties and microstructure of PAN-based carbon fibers[J]. Journal of Applied Polymer Science,1991,42(7):1949-1957.

[7]　EDIE D D. The effect of processing on the structure and properties of carbon fibers[J]. Carbon,1998,36(4):345-362.

[8]　贺福.碳纤维及其应用技术[M].北京:化学工业出版社,2004.

[9]　赵稼祥.东丽公司碳纤维及其复合材料的进展[J].宇航材料工艺,2000,30(6):53-56.

[10]　赵稼祥.美国HEXEL公司的碳纤维及其复合材料——国外碳纤维进展之三[J].高科技纤维与应用,2000(6)23-29.

[11]　孔令美,郑威,齐燕燕,等.3种高性能纤维材料的研究进展[J].合成纤维,2013,42(5):27-31.

[12]　蔡金刚.碳纤维及复合材料发展情况[J].玻璃钢/复合材料,2012(2):89-93.

[13]　戎光道.我国碳纤维产业发展现状及建议[J].合成纤维工业,2013,36(2):41-45.

[14]　PARIS O,LOIDL D,PETERLIK H. Texture of PAN-and pitch-based carbon fibers[J]. Carbon,2002,40(4):551-555.

[15]　张和,郭崇涛.中间相沥青纤维氧化稳定化过程的研究[J].天津化工,1998(1):6-9.

[16]　WATANABE F,KORAI Y,MOCHIDA I,et al. Structure of melt-blown mesophase pitch-based carbon fiber[J]. Carbon,2000,38(5):741-747.

[17]　王成忠,杨小平,于运花,等.XPS、AFM研究沥青基碳纤维电化学表面处理过程的机制[J].复合材料学报,2002,19(5):28-32.

[18]　赵稼祥.日本三菱化学公司沥青基碳纤维的进展——国外碳纤维进展之六[J].高科技纤维与应用,2001,26(3).

[19]　赵稼祥.日本石墨纤维公司的沥青基碳纤维——国外碳纤维进展之七[J].高科技纤维与应用,2001,26(4):17-20.

[20]　赵稼祥.BP AMOCO公司的碳纤维事业——国外碳纤维进展之二[J].高科技纤维与应用,2000(5):12-17.

[21] 王依民,杨序纲,陈惠芳.黏胶基碳纤维原丝结构对碳丝性质的影响——原丝形态结构的影响[J].东华大学学报(自然科学版),1996(6)32-37.

[22] 顾伟,潘鼎.粘胶基碳纤维[J].新型炭材料,1996(3):9-12.

[23] 徐婷.CVD法SiC连续纤维制备技术[D].北京:西北工业大学,2006.

[24] 赵大方,王海哲,李效东.先驱体转化法制备SiC纤维的研究进展[J].无机材料学报,2009,24(6):1097-1104.

[25] YAJIMA S,HAYASHI J,OMORI M. Continuous silicon carbide fiber of high tensile strength[J]. Chemistry Letters,1975,4(9):931-934.

[26] BUNSELL A,PIANT A. A review of the development of three generations of small diameter silicon carbide fibres[J]. Journal of Materials Science,2006,41(3):823-839.

[27] ISHIKAWA T. Recent developments of the SiC fiber Nicalon and its composites,including properties of the SiC fiber Hi-Nicalon for ultra-high temperature[J]. Composites Science and Technology,1994,51(2):135-144.

[28] YAMAMURA T,ISHIKAWA T,SHIBUYA M,et al. Development of a new continuous Si-Ti-C-O fibre using an organometallic polymer precursor[J]. Journal of Materials Science,1988,23(7):2589-2594.

[29] YAMAOKA H,ISHIKAWA T,KUMAGAWA K. Excellent heat resistance of Si-Zr-C-O fibre[J]. Journal of Materials Science,1999,34(6):1333-1339.

[30] ICHIKAWA H. Recent advances in Nicalon ceramic fibres including Hi-Nicalon type S[J]. Annales de Chimie Science des Matiaux,2000,25(7):523-528.

[31] MORISHITAW K,OCHIAI S,OKUDA H,et al. Fracture toughness of a crystalline silicon carbide fiber(Tyranno-SA3)[J]. Journal of American Ceramic Society,2006,89(8):2571-2576.

[32] TANG X,ZHANG L,TU H,et al. Decarbonization mechanisms of polycarbosilane during pyrolysis in hydrogen for preparation of silicon carbide fibers[J]. Journal of Materials Science,2010,45(21):5749-5755.

[33] 陈代荣,韩伟健,李思维,等.连续陶瓷纤维的制备、结构、性能和应用:研究现状及发展方向[J].现代技术陶瓷,2018,39(3):151-222.

[34] 宋永才,冯春祥,薛金根.氮化硅纤维研究进展[J].高科技纤维与应用,2002,27(2):6-11.

[35] VERBEEK W. Production of shaped articles of homogeneous mixtures of silicon carbide and nitride:US3853567[P]. 1974-12-10.

[36] CANNADY JP. Silicon nitride-containing ceramic material prepared by pyrolysis of hydrosilazane polymers from $(R_3Si)_2NH$ and $HSiCl_3$:US4543344[P]. 1985-09-24.

[37] MOCAER D,CHOLLON G,PAILLER R,et al. Si-C-N ceramics with a high microstructural stability elaborated from the pyrolysis of new polycarbosilazane precursors[J]. Journal of Materials Science,1993,28(11):3059-3068.

[38] ARAI M,NISHII H,FUNAYAMA O,et al. High-purity silicon nitride fibers and process for producing same:EP0227283[P]. 1991-01-23.

[39] OKAMURA K,SATO M,HASEGAWA Y. Silicon nitride fibers and silicon oxynitride fibers obtained by the nitridation of polycarbosilane[J]. Ceramics International,1987,13(1):55-61.

[40] KAMIMURA S,SEGUCHI T,OKAMURA K. Development of silicon nitride fiber from Si-containing

polymer by radiation curing and its application[J]. Radiation Physics & Chemistry, 1999, 54(6): 575-581.

[41] LIPOWITZ J. Structure and properties of ceramic fibers prepared from organosilicon polymers[J]. Journal of Inorganic & Organometallic Polymers, 1991, 1(3): 277-297.

[42] GILKES KWR. Automic structure of amorphous silicon nitride fibers[J]. Aiche Journal, 2010, 43 (S11): 2870-2873.

[43] MATSUO H, FUNAYAMA O, KATO T, et al. Crystallization behavior of high purity amorphous silicon nitride fiber[J]. Journal of the Ceramic Society of Japan, 1994, 102(1185): 409-413.

[44] 王开宇. 两种 BN 纤维的结构表征及 BN_f/Si_3N_4 复相陶瓷的 PAS 制备与性能[D]. 武汉理工大学, 2013.

[45] ECONOMY J, ANDERSON RV. Properties and uses of boron nitride fibers[J]. Textile Research Journal, 1966, 36(11): 994-1003.

[46] ECONOMY J, LIN R. Boron Nitride Fibers[M]//Matkovich V. I. Boron and Refractory Borides. Btrhin: Springer, 1977, 552-564.

[47] ECONOMY J. High performance fibers: final report: AD-A274693/1/XAB[R]. USA, New York: Carborundun Co., 1994.

[48] 张铭霞, 程之强, 任卫, 等. 前驱体法制备氮化硼纤维的研究进展[J]. 现代技术陶瓷, 2004, (1): 21-25.

[49] PACIOREK K J L, HARRIS D H, KRATZER R H. Boron-nitride polymers: Ⅰ, mechanistic studies of borazine pyrolyses[J]. Journal of Polymer Science A, 1986, 24(1): 173-185.

[50] WIDEMAN T, REMSEN E E, CORTEZ E, et al. Amine-modified polyborazylenes: second-generation precursors to boron nitride[J]. Chemistry of Materials, 1998, 10(1): 412-421.

[51] Kimura Y, Kubo Y, Hayashi N. High-performance boron-nitride fibers from poly(borazine) preceramics[J]. Composite Science & Technology, 1994, 51(2): 173-179.

[52] TOURY B, BERNARD S, CORNU D, et al. High-performance boron nitride fibers obtained from asymmetric alkylaminoborazine[J]. Journal of Materials Chemistry, 2003, 13(2): 274-279.

[53] 雷永鹏. 前驱体转化法制备氮化硼前驱体的研究[D]. 长沙: 国防科技大学, 2011.

[54] 陈明伟, 戈敏, 张伟刚. 有机前驱体法 BN 纤维的制备与表征[J]. 无机材料学报, 2012, 27(11): 1216-1222.

[55] 李端. 氮化硼纤维增强陶瓷基透波复合材料的制备与性能研究[D]. 长沙: 国防科技大学, 2011.

[56] WANG Z. Boron nitride fibers: preparation, properties and applications[D]. Canada, Toronto: the University of Toronto, 1992.

[57] BERNAED S, CHASSAGNEUX F, BERTHET M P, et al. Crystallinity, crystalline quality, and microstructural ordering in boron nitride fibers[J]. Journal of the American Ceramic Society, 2005, 88 (6): 1607-1614.

[58] 王涛平, 沈湘黔, 刘涛. 氧化物陶瓷纤维的制备及应用[J]. 矿冶工程, 2004(01): 72-76.

[59] 王健. 溶胶—凝胶法制备氧化铝纤维的研究[D]. 沈阳: 东北大学, 2006.

[60] 汪家铭, 孔亚琴. 氧化铝纤维发展现状及应用前景[J]. 高科技纤维与应用, 2010, 35(04): 49-54.

[61] 李萌. 溶胶—凝胶法制备连续氧化铝纤维的基础研究[D]. 长沙: 国防科学技术大学, 2011.

[62] 李泉, 宋慎泰. 连续耐火陶瓷纤维的研究和应用[R]. 2004 年全国耐火材料综合学术年会. 鞍山: 中国金属学会耐火材料分会, 2004.

[63]　NOURBAKSHI S,LIANG F L,MARGOLIN H. Characterisation of zirconia toughed alumina fibre, PRD-166[J]. Journal of Materials Science,1989(8):1252-1254.

[64]　张平平. 纳米结构氧化铝纤维的静电纺制备及性能研究[D]. 济南:山东大学,2012.

[65]　ALMEIDA R S M,BERGMULLER E D L. Thermal exposure effects on the long-term behavior of a mullite fiber at high temperature[J]. Journal of the American Ceramic Society,2017,100(9):4101-4109.

[66]　吕超,梁小平,高永扬,等. 氧化铝功能纤维的制备及其应用[R]. 第六届功能性纺织品及纳米技术应用研讨会. 北京:中国纺织工程学会,2006.

[67]　高家诚,周敬恩. 纤维增强陶瓷基复合材料的发展[J]. 材料导报,1989(2):2-6.

[68]　孙国勋. 溶胶纺丝法制备氧化锆纤维[D]. 济南:济南大学,2014.

[69]　何顺爱. 氧化锆纤维和制品的制备及烧结研究[D]. 北京:中国建筑材料科学研究总院,2008.

[70]　刘久荣,潘梅,许东,等. Sol-gel 法制备 ZrO₂ 连续纤维的烧结过程的研究[J]. 山东工业大学学报, 2001,31(2):140-146.

[71]　黄金昌. 利用溶胶—凝胶法制备稀土掺杂的氧化锆纤维[J]. 稀土金属快报,1999(6):2-5.

[72]　刘本学. 氧化物晶体纤维制备的几个基础问题研究[D]. 济南:山东大学,2016.

[73]　TAO H,JIAO X L,CHEN D R,et al. Synthesis of zirconium sols and fibers by electrolysis of zirconium oxychloride[J]. Journal of Non-Crystalline Solids,2001,283(1-3):56-62.

[74]　LIU H Y,HOU X Q,WANG X Q,et al. Fabrication of high-strength continuous zirconia fibers and their formation mechanism study[J]. Journal of the American Ceramic Society,2004,87(12):2237-2241.

[75]　LI L P,ZHANG P G,LIANG J D,et al. Phase transformation and morphological evolution of electrospun zirconia nanofibers during thermal annealing[J]. Ceramics International,2010,36(2):589-594.

[76]　YIN L F,NIU J P,SHEN ZY,et al. Preparation and photocatalytic activity of nanoporous zirconia electrospun fiber mats[J]. Materials Letters,2011,65(19-20):3131-3133.

[77]　CHEN Y C,MAO X,SHAN H R,et al. Free-standing zirconia nanofibrous membranes with robust flexibility for corrosive liquid filtration[J]. RSC Advance,2014,4(6):2756-2763.

[78]　CAIZ B,JING,CUIX F,et al. Fabrication of nanofibres via polyvinylpyrrolidone by sol-gel method and electro-spinning technique[J]. Micro & Nano Letters,2015,10(3):179-182.

[79]　LIU H Y,CHEN Y,LIU G S,et al. Preparation of high-quality zirconia fibers by super-high rotational centrifugal spinning of inorganic sol[J]. Materials and Manufacturing Processes,2013,28(2):133-138.

[80]　SCHNEIDER H,SCHREUER J,HILDMANN B. Structure and properties of mullite-A review[J]. Eur Ceram Soc. ,2008,28(2):329-344.

[81]　王利明. 溶胶—凝胶法制备连续莫来石纤维的研究[D]. 上海:东华大学,2005.

[82]　王淑峰. 溶胶—凝胶法制备连续单相多晶莫来石纤维的研究[D]. 青岛:山东科技大学,2005.

[83]　姚树玉. 莫来石连续纤维制备工艺的研究[D]. 北京:机械科学研究总院,2006.

[84]　褚志芳. 添加剂对莫来石纤维制备过程影响研究[D]. 上海:华东理工大学,2014.

[85]　冯春祥,范小林,宋永才. 21 世纪高性能纤维的发展应用前景及其挑战(Ⅱ)含铝氧化物陶瓷纤维[J]. 高科技纤维与应用,1999(6):17-21.

[86]　张立同. 纤维增韧碳化硅陶瓷复合材料[M]. 北京:化学工业出版社,2009.

[87]　尹洪峰,徐永东,张立同. 纤维增韧陶瓷基复合材料界面相的作用及其设计[J]. 硅酸盐通报,1999(3):23-28.

［88］ 杨金华,吕晓旭,焦健.碳化硅陶瓷基复合材料界面层技术研究进展［J］.航空制造技术,2018,61(11):79-87.

［89］ 李琳琳.氮化硼涂层的 CVD 制备工艺研究［D］.上海:上海大学,2016.

［90］ 龙国宁,黄小忠,陈金.碳纤维表面 h-BN 耐高温涂层的制备及表征［J］.表面技术,2015(9):84-88.

［91］ TSAI C Y,DESU S B,CHIU C C. Kinetic study of silicon carbide deposited from methyltrichlorosilane precursor［J］. Journal of Materials Research,1994,9(1):104-111.

［92］ BESMANN T M,SHELDON B W,MOSS III T S,et al. Depletion effects of silicon carbide deposition from methyltrichlorosilane［J］. Journal of the American Ceramic Society,1992,75(10):2899-2903.

［93］ 周新贵.PIP 工艺制备陶瓷基复合材料的研究现状［J］.航空制造技术,2014,450(6):30-34.

［94］ HEMIDA A T,PAILLER R,NASLAIN R. Continuous SiC-based model monofilaments with a low free carbon content:Part Ⅰ:From the pyrolysis of a polycarbosilane precursor under an atmosphere of hydrogen［J］. Journal of Materials Science,1997,32(9):2359-2366.

［95］ CHOLLON G,ALDACOURROU B,CAPES L,et al. Thermal behaviour of a polytitanocarbosilane-derived fibre with a low oxygen content:the Tyranno Lox-E fibre［J］. Journal of Materials Science,1998,33(4):901-911.

［96］ CHU Z Y,SONG Y C,XU Y S,et al. Enhanced irradiation cross-linking of polycarbosilane［J］. J Mater Sci Lett,1999,18(21):1793-1795.

［97］ TAKEDA M,IMAI Y,ICHIKAWA H,et al. Thermal stability of SiC fiber prepared by an irradiation-curing process［J］. Composites Science & Technology,1999,59(6):793-799.

［98］ 王军,陈革,宋永才,等.含镍碳化硅纤维的制备及其电磁性能 Ⅱ.含镍碳化硅纤维的电磁性能［J］.功能材料,2001,32(1):37-39.

［99］ LEWINSOHN C A,JONES R H,COLOMBO P,et al. Silicon carbide-based materials for joining silicon carbide composites for fusion energy applications［J］. J Nucl Mater,2002,307(2):1232-1236.

［100］ 丁硕,温广武,雷廷权,等.由聚碳硅烷生成纳米 SiC 颗粒增强 B_4C 基复相陶瓷的结构与性能［J］.无机材料学报,2002,17(5):1013-1018.

［101］ PAWELEC A,STROJEK B,WEISBROD G,et al. Preparation of silicon nitride powder from silica and ammonia［J］. Ceramics International,2002,28(5):495-501.

［102］ SCHIAVON M A,YOSHIDA I V P. Ceramic matrix composites derived from $CrSi_2$-filled silicone polycyclic network［J］. Journal of Materials Science,2004,39(14):4507-4514.

［103］ 周春华,尹衍升,张书香,等.原位转化法制备 TiO_2/SiC 纳米功能陶瓷膜的研究［J］.中国科学:技术科学,2005,35(1):1-8.

［104］ YAJIMA S,HAYASHI J,OMORI M,et al. Development of a silicon carbide fibre with high tensile strength［J］. Nature,1976,261(5562):683-685.

［105］ YAJIMA S,HASEGAWA Y,HAYASHI J,et al. Synthesis of continuous silicon carbide fibre with high tensile strength and high Young's modulus［J］. Journal of Materials Science,1978,13(12):2569-2576.

［106］ HASEGAWA Y,IIMURA M,YAJIMA S. Synthesis of continuous silicon carbide fibre［J］. Journal of Materials Science,1980,15(3):720-728.

［107］ LY H Q,TAYLOR R,DAY R,et al. Conversion of polycarbosilane(PCS)to SiC-based ceramic Part Ⅱ Pyrolysis and characterisation［J］. Journal of Materials Science,2001,36(16):4045-4057.

[108] BOUILLON E,LANGLAIS F,PAILLER R,et al. Conversion mechanisms of a polycarbosilane precursor into an SiC-based ceramic material[J]. Journal of Materials Science,1991,26(5):1333-1345.

[109] HAI P Q,MING W C,JIAN J,et al. Studies on the Pyrolysis Kinetic Behaviours of Polycarbosilan [J]. Key Engineering Materials,2014,602-603.

[110] SCHWARTZ K B,ROWCLIFFE D J. Modeling Density Contributions in Preceramic Polymer/Ceramic Powder Systems[J]. Journal of the American Ceramic Society,1986,69(5):106-108.

[111] 董绍明,胡建宝,张翔宇. SiC/SiC 复合材料 MI 工艺制备技术[J]. 航空制造技术,2014,450(6): 35-40.

[112] 幸松民,王一璐. 有机硅合成工艺及产品应用[M]. 北京:化学工业出版社,2000.

[113] 滕雅娣,孙驰宇,盛永刚,等. 环硅氮烷的合成与应用研究进展(1)——环二硅氮烷[J]. 有机化学, 2011,31(6):932-945.

[114] FUNAYAMA O,TASHIRO Y,KAMO A,et al. Conversion mechanism of perhydropolysilazane into silicon nitride-based ceramics[J]. Journal of Materials Science,1994,29(18):4883-4888.

[115] 胡易成,李三妹,陕绍云,等. 碳热还原法制备氮化硅的研究进展[J]. 硅酸盐通报,2012,31(5): 1165-1169.

[116] WEIMER A W,SUSNITZKY D W,BEAMAN D R,et al. Mechanism and Kinetics of the Carbothermal Nitridation Synthesis of α-Silicon Nitride[J]. J. Am. Ceram. Soc. ,1997,80(11):2853-2863.

[117] ORTEGA A,ALCALA M D,REAL C. Carbothermal synthesis of silicon nitride(Si_3N_4):Kinetics and diffusion mechanism[J]. J Mater Process Tech,2008,195(1-3):224-231.

[118] 顾立德. 氮化硼陶瓷:新型无机非金属材料[M]. 北京:中国建筑工业出版社,1982.

[119] 邓橙. 氮化硼纤维先驱体—聚硼氮烷的合成及热解特性研究[D]. 长沙:国防科学技术大学,2009.

[120] 李俊生,张长瑞,李斌. 氮化硼陶瓷先驱体研究进展[J]. 硅酸盐通报,2011,30(3):567-571.

[121] LI D,ZHANG C,LI B,et al. Preparation and properties of unidirectional boron nitride fibre reinforced boron nitride matrix composites via precursor infiltration and pyrolysis route[J]. Mat Sci Eng A-Struct,2011,528(28):8169-8173.

[122] LI B,ZHANG C R,CAO F,et al. Preparation and ablation behavior of carbon fiber reinforced nitride composites[J]. New Carbon Mater,2010,25(1):71-74.

[123] 曹峰. 耐超高温碳化硅纤维新型先驱体研究及纤维制备[D]. 长沙:国防科技大学,2002.

[124] FAZEN P J,REMSEN E E,BECK J S,et al. Synthesis,properties,and ceramic conversion reactions of polyborazylene. A high-yield polymeric precursor to boron nitride[J]. Chem Mater,1995,7(10): 1942-1956.

[125] TANIGUCHI I,KIMURA Y,YAMAMOTO K. Process of preparing organoboron nitride polymer: US4731437[P]. 1988-03-15.

[126] WIDEMAN T,REMSEN E E,CORTEZ E,et al. Amine-modified polyborazylenes:Second-generation precursors to boron nitride[J]. Chem Mater,1998,10(1):412-421.

[127] 闫永杰,张辉,黄政仁,等. 无机盐溶胶—凝胶法制备超细 ZrB_2-ZrC 复合粉体[J]. 无机材料学报, 2008,23(4):815-818.

第3章 高温长寿命陶瓷基复合材料

3.1 理论基础

高性能航空发动机是发展先进军用和民用飞机的基础。航空发动机的工作温度可达 1 200~1 650 ℃,寿命要求在 1 000 h 以上,这就要求材料的寿命至少在 500 h 以上,材料在役期内具有良好的性能稳定性,并具有类似金属的断裂行为,对裂纹不敏感,没有灾难性损毁,因此迫切需要发展新一代耐高温、低密度、高比强、高比模、抗氧化和可靠性好的长寿命热结构材料。20 世纪 90 年代初,投入先进航空发动机上使用的一种新兴的连续纤维增韧补强的陶瓷基复合材料(CFCC),克服了金属材料密度高和耐温低、结构陶瓷脆性大和可靠性差、碳/碳复合材料抗氧化差和强度低,以及氧化物陶瓷基复合材料抗蠕变性差等缺点,成为推重比 10 以上航空发动机必备的热结构材料,具有能够大幅减重、提高使用温度和综合性能的潜力。

CFCC 具有结构单元多、非均质、非致密和各向异性等特点。孔隙和裂纹对于 CFCC 不可避免。为了满足在航空发动机上的长寿命使用需求,涂层和基体存在的孔洞和裂纹成氧扩放的通道,必须进行封填,同时要求界面和纤维也具有自愈合能力。发展自愈合陶瓷基复合材料(self-healing ceramic matrix composites,SHCMC),就是通过对 CFCC 的纤维、界面、基体和涂层材料进行改性,使其能长时抵抗高温氧化应力环境。当氧化介质侵入时,复合材料的各微结构单元都能迅速与入侵介质反应生成玻璃封填相,就地消耗氧化介质,形成对环境介质的层层防线,实现长寿命自愈合。

本章重点以连续纤维增韧碳化硅陶瓷基复合材料(silicon carbide ceramic matix composite,CMC-SiC)为基础,首先围绕 B_xC、BN 和 SiB_4 等二元,SiBC、SiBN 三元和 SiBCN 四元自愈合组元改性 CMC-SiC 展开论述,讨论复合材料的失效机制,然后对比分析现有 SHCMC 制备工艺的优势与不足,最后在现阶段国内外研究基础之上,对高温长寿命复合材料未来发展趋势进行了展望。

3.2 核心技术

3.2.1 高温长寿命复合材料体系

1. 二元自愈合组元改性 SHCMC

对自愈合组元存在一定要求:具有一定高温稳定性;与氧化环境介质的反应速度较快;

氧化生成玻璃过程有一定体积膨胀;玻璃具有适当流动性。含硼材料在不与环境氧化介质反应时,具有优异的高温稳定性,一旦反应,在较低温度能迅速氧化生成 B_2O_3 玻璃并伴随体积膨胀。通过 B_2O_3 玻璃黏性流动而封填复合材料内部孔隙和裂纹,愈合复合材料,从而阻止氧化介质(H_2O 和 O_2)渗入复合材料内部,损伤纤维和界面。常用的二元含 B 自愈合组元有 B_4C、SiB_4 等。

西北工业大学超高温结构复合材料重点实验室运用 CVD/CVI 法制备单质 B 与 B-C 陶瓷[1,2],实现了多种含硼物质制备的精确控制,为自愈合改性 C/SiC 复合材料的研制打下基础,探索了具有简单三明治结构的 CVD SiC/B/SiC 的涂层的氧化行为[3]。实验表明 CVD SiC/B/SiC 自愈合涂层样在 $700\sim1\,000$ ℃ 空气氧化 10 h 后试样表面覆盖着一层 B_2O_3 或 B_2O_3-SiO_2 玻璃相封填涂层裂纹。在 700 ℃ 以下,SiC/B/SiC 自愈合改性涂层与普通三层 SiC 涂层相比,能为复合材料提供良好的抗氧化保护,但在 $1\,000$ ℃ 以上,由于 B_2O_3 和 B_2O_3-SiO_2 的挥发加快,降低封填效果,因而 SiC/B/SiC 涂层的抗氧化效果在 $1\,000$ ℃ 以上,逊于三层 SiC 涂层。吴守军等[1]制备了同样三明治结构的硼掺碳 SiC/B-C/SiC 涂层。研究发现,硼掺碳中间层可显著减少表层 SiC 的裂纹,同时还能形成有效的玻璃相封填,在 $1\,100$ ℃ 以下,SiC/B-C/SiC 涂层比多层 SiC 涂层更具优异的抗氧化性能。

以 CVD SiC 基片为基底,沉积两次 B-C 陶瓷层,获得两层结构的 B-C 陶瓷层[4],B-C 陶瓷制备原理图如图 3.1 所示,其工艺参数见表 3.1。

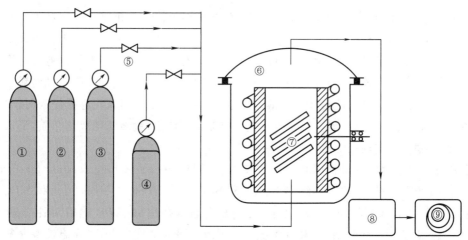

图 3.1 CVD/CVI B-C 陶瓷的设备原理图

①—氩气;②—氢气;③—甲烷;④—三氯化硼;
⑤—流量计;⑥—沉积炉;⑦—试样;⑧—尾气处理器;⑨—机械泵

表 3.1 B-C 陶瓷制备工艺参数

温度/℃	BCl_3/(mL·min^{-1})	H_2/(mL·min^{-1})	CH_4/(mL·min^{-1})	Ar/(mL·min^{-1})	时间/h
900~1 100	100~500	350~750	100	500	40

B-C 陶瓷层的总厚度约为 30 μm,制备过程中发生的主要反应为

$$BCl_3(g) + CH_4(g) + H_2(g) \xrightarrow{\quad 900 \sim 1\,100\ ℃\quad} B{-}C(s) + HCl(g) \qquad (3.1)$$

C/SiC 和 C/SiC-SiBC 复合材料的制备工艺如图 3.2 所示。首先在碳预制体上沉积热解碳，沉积厚度约为 180 nm，然后在高温真空炉 1 800 ℃下热处理 2 h，接着在碳预制体上沉积 SiC 基体，沉积时间为 320 h，得到多孔 C/SiC 预制体。通过浆料渗透在多孔 C/SiC 预制体中引入 B_4C 颗粒，再通过液硅渗透引入 Si，使 Si 与 B_4C 颗粒反应，制备 C/SiC-SiBC 复合材料。作为对比，采用 CVI 方法对多孔 C/SiC 预制体继续沉积 SiC 基体直到致密，制备 C/SiC 复合材料。

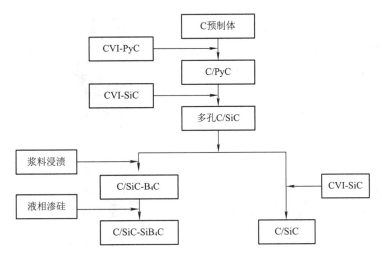

图 3.2　C/SiC 和 C/SiC-SiBC 复合材料的制备工艺流程

将 C/SiC-B_4C 预制体放入真空渗硅炉中，进行液硅渗透，渗透工艺为：将试样用硅粉包埋，再用石墨纸包裹，防止高温下熔体 Si 外流；放入真空渗硅炉，在真空条件下升温至 1 600 ℃，保温 20～30 min，使熔融硅与 B_4C 浆料充分反应；最后缓慢降至室温，得到基体改性的 C/SiC。将试样加工成小试样用于测试力学性能和热物理性能。最后，采用 CVD 方法在小试样表面沉积 SiC 涂层，共沉积 2 炉。

S. Jacques 等[5] 通过 LPCVD 用前驱体 C_3H_8-BCl_3-H_2 在 Nicalon 纤维上沉积了多层 C(B)界面层复合材料，如图 3.3 所示，Ⅰ、Ⅱ、Ⅲ、Ⅳ、Ⅴ 分别代表 B 不同含量的 C(B)界面层，每层厚度 0.1 μm，B 含量如图 3.3(b)所示，分别为 0、8%、15%、20% 和 33%。

图 3.4 是沉积在 SiC 基片上 B-C 陶瓷的表面形貌。B-C 陶瓷表面呈典型菜花状结构，表明 B-C 陶瓷沉积是一个液相形核的过程。B-C 陶瓷有多级团簇结构。从图 3.4(a)可以看出，最大团簇尺寸约为 40 μm，这些大团簇由尺寸为 10 μm 左右的中团簇构成。图 3.4(b) 为团簇的放大图片，显示其中又是由尺寸小于 500 nm 的小团簇构成。

图 3.5 是沉积在 SiC 基片上 B-C 陶瓷的断面形貌。B-C 陶瓷层厚度约为 20 μm，断口平整，B-C 陶瓷与 SiC 界面清晰，结合紧密。这是由于 B-C 陶瓷沉积过程与 SiC 的相同，也是液相形核，小液滴吸附、分解和堆积而形成的沉积层。制备的 CVD B_xC 陶瓷为非晶态，表面为典型的菜花状形貌，断口呈平整的玻璃态，有贝壳状光滑凹痕。

图 3.6 是 1 000 ℃下不同涂层 C/SiC 氧化 100 h 的重量变化曲线。可以看出,$3B_xC$-C/SiC 在氧化前期呈抛物线型快速增重,最大增重为 4.08%。氧化 30 h 后重量开始下降,100 h 后增重为 2.39%。3SiC-C/SiC 则在整个氧化过程中都呈抛物线失重,氧化 100 h 后失重为 1.2%。$SiC/2B_xC$-C/SiC 在氧化的前 10 h 呈抛物线失重,失重率达 0.45%,之后重量基本恒定,100 h 的失重率达 0.46%。与 3SiC-C/SiC 相比,$SiC/2B_xC$-C/SiC 仅在氧化的前 10 h 为抛物线失重,之后的 90 h 中重量基本恒定。由图 3.6(a)可以看出,$SiC/2B_xC$-C/SiC 快速失重仅发生在前 3 h,表明 $SiC/2B_xC$ 涂层的自愈合功能可在短时间内发挥作用。

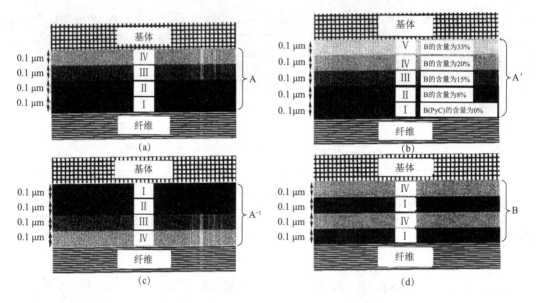

图 3.3　多层 C(B)界面层复合材料示意图

A—纤维表面 C(B)涂层 B 元素含量从 0%增加到 20%;A′—纤维表面 C(B)涂层 B 元素含量从 0%增加到 33%;

A^{-1}—纤维表面 C(B)涂层 B 元素含量从 20%减少到 0%;B—纤维表面 C(B)涂层 B 元素含量从 0%与 20%交替

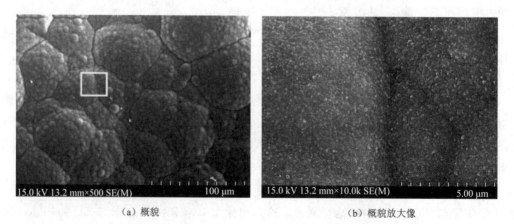

（a）概貌　　　　　　　　　　　　（b）概貌放大像

图 3.4　CVD SiC 基底沉积 B-C 陶瓷层表面形貌的 SEM 照片

图 3.7 是 3SiC 涂层和 SiC/2B$_x$C 涂层经抛光后的表面 SEM 照片。可以看出两种涂层表面大约等间距分布着平行的裂纹，裂纹方向垂直于纤维编织方向。区别在于 3SiC 涂层的裂纹密度约为 SiC/2B$_x$C 涂层的 2 倍，而且 3SiC 涂层的裂纹都呈现出受 3D C/SiC 基底纤维编织结构影响，呈规则弯曲状，而 SiC/2B$_x$C 涂层的裂纹较直。这表明，3SiC 涂层裂纹受复合

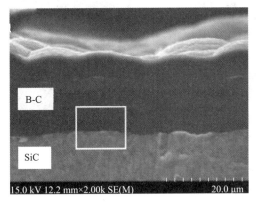

（a）概貌

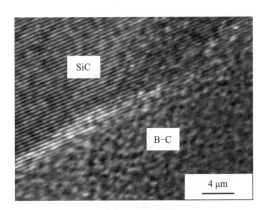

（b）概貌的放大像

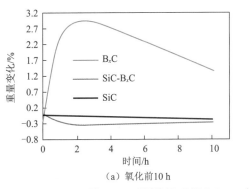

（c）HRTEM 照片

图 3.5　CVD SiC 基底沉积 B-C 陶瓷层断口貌的 SEM 照片和 TEM 照片

（a）氧化前 10 h

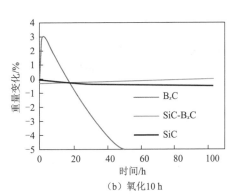

（b）氧化 10 h

图 3.6　不同涂层 C/SiC 1 000 ℃氧化 100 h 的重量变化曲线

材料基底热应力的影响较大,而 $SiC/2B_xC$ 涂层密度较小,裂纹呈规则直线状,表明 $SiC/2B_xC$ 涂层受到 3D C/SiC 基底热应力的影响相对较小。

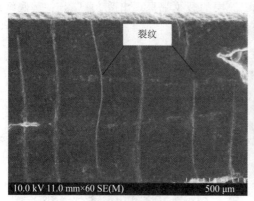 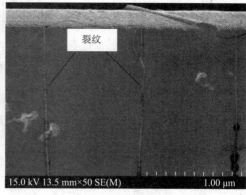

（a）3SiC涂层 　　　　　　　　　　　　　（b）$SiC/2B_xC$涂层

图 3.7　SiC 涂层和 $SiC/2B_xC$ 涂层经抛光后的表面 SEM 照片

图 3.8 是 $SiC/2B_xC$-C/SiC 在 700 ℃恒温氧化 100 h 后的表面 SEM 照片与 EDS 图谱。可以看出表层 CVD SiC 形貌无明显变化,裂纹处未发现玻璃相封填,能谱显示氧化后表面仍为 Si 和 C 元素的信号。尽管涂层表面未发生形貌与成分变化,但图 3.9 给出的弯断面照片则表明 $SiC/2B_xC$ 涂层在氧化过程中产生了自愈合行为。图 3.9(a) 的 EDS 线扫描表明 B_xC 层已被氧化生成 B_2O_3,而 B_xC 层的氧化并不均匀,部分 B_xC 层仅有轻微氧化,部分 B_xC 层氧化较剧烈,已被消耗形成凹坑。这些区域外侧的 SiC 层断面有较明显的液相痕迹,B_xC 层腐蚀凹坑越深,附近液相痕迹面积越大,EDS 分析表明这些痕迹亦有 B 和 O 元素信号。

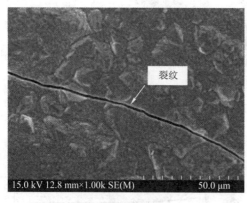 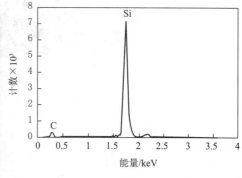

（a）SEM图片 　　　　　　　　　　　　　（b）EDS图谱

图 3.8　$SiC/2B_xC$-C/SiC 700 ℃氧化 100 h 的表面 SEM 照片与 EDS 图谱

图 3.10 给出 $3B_xC$-C/SiC 在 1 200 ℃氧化 50 h 后的表面形貌。可以看出,试样表面大部分覆盖着致密玻璃层,EDS 分析未发现有 B 元素,玻璃层上分布有垂直于纤维编织方向的裂纹。图 3.10(b) 给出的放大照片显示,裂纹呈撕裂状,是冷却过程中玻璃层与试样间残余热应力所致。试样表面在部分纤维束编织角处形成了孔洞,局部 C/SiC 基底裸露,裸露的

碳纤维束已被消耗,留下被玻璃覆盖的 SiC 骨架。以上微结构分析结果表明 B_xC 涂层在该条件下消耗速度太快,难以给 C/SiC 提供有效防氧化保护。

图 3.11 是 $SiC/2B_xC$-C/SiC 在 1 200 ℃氧化 100 h 后的表面形貌。可见试样整个表面覆盖着一层氧化膜,该氧化膜厚度不大,因此下方 SiC 的典型形貌清晰可见。氧化膜上裂纹

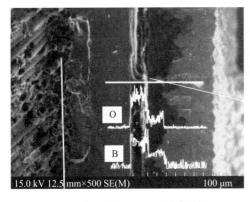

(a) 弯曲断口概况和EDS线扫描结果

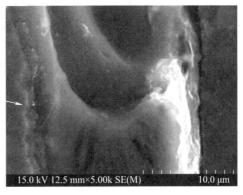

(b) 右侧箭头放大图

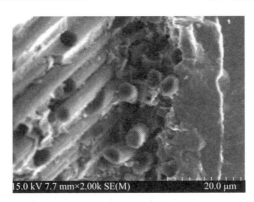

(c) 左侧箭头放大图

图 3.9　$SiC/2B_xC$-C/SiC 700 ℃氧化 100 h 后弯曲断口 SEM 照片与 EDS 线扫描

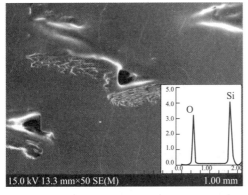

(a) 表面形貌概况

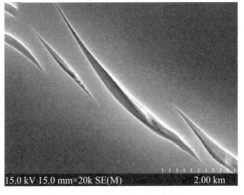

(b) 垂直于纤维编织方向的裂纹细节图

图 3.10　$3B_xC$-C/SiC 1 200 ℃氧化 50 h 的 SEM 照片与 EDS 图谱

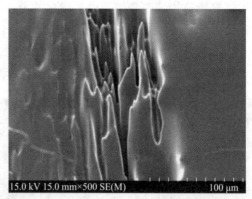

(c) 部分纤维束编织角处细节图

图 3.10　3B$_x$C-C/SiC 1 200 ℃氧化 50 h 的 SEM 照片与 EDS 图谱(续)

有两种类型：一种是龟裂小裂纹，这些裂纹宽度较小，方向不定，彼此连接成网状分布，是由氧化膜凝固收缩造成的；另一种裂纹宽度较大，方向一致性好。图 3.11(b)可以看出裂纹呈典型的撕裂状形貌，并且裂纹两边的玻璃膜咬合规则，说明撕开裂纹是在玻璃膜凝固过程中复合材料基体裂纹重新张开所致。

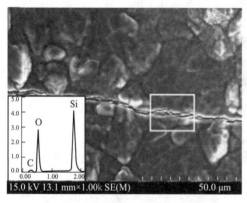

(a) 表面概况与EDS图谱　　　　　　　　(b) 中方框区域的放大照片

图 3.11　SiC/2B$_x$C-C/SiC 1 200 ℃氧化 100 h 后表面 SEM 照片与 EDS 图谱

　　图 3.12 是 SiC/2B$_x$C-C/SiC 在 1 000 ℃恒温氧化 100 h 后弯曲断面 SEM 照片。可以看出，玻璃相是以泡沫状填充在裂纹缝隙中。在氧化过程中，O_2 和 H_2O 通过表层 SiC 的缺陷与 B$_x$C 发生反应，产物 B_2O_3 具有高氧扩散系数，难以有效阻挡 B$_x$C 及 C/SiC 中 C 相氧化。生成的 CO 和 CO_2 等气体推动 B_2O_3 液膜向外移动，此过程的不断重复进行最终形成玻璃相的泡沫状封填。1 000 ℃恰是形成这种结构的最佳温度，B_2O_3 的黏度和表面张力适中，能形成大量泡沫而不破裂；裂纹宽度较小，便于泡沫形成且向涂层表面扩展。图 3.12(c)显示，尽管 O_2 和 H_2O 已将 B$_x$C 层氧化生成大量玻璃相，但靠近试样表面的碳纤维依然完好无损。

　　图 3.13 是不同涂层 C/SiC 在 1 200 ℃氧化 100 h 的重量变化曲线。可以看出，3B$_x$C-C/SiC 在氧化第 1 个小时快速增重，之后增重逐渐变缓并在第 3 个小时开始迅速直线失重，50 h 后

失重超过 5%；3SiC-C/SiC 以小速率直线失重，100 h 失重 0.48%。SiC/2B$_x$C-C/SiC 则在前 3 个小时失重 0.3%，之后缓慢稳定增重，100 h 增重 0.06%。3SiC-C/SiC 在 1 200 ℃ 的失重不足 1 000 ℃ 的一半，这是因为随着温度升高，SiO$_2$ 膜生长速率增加，提高了对裂纹的封填能力；更重要的是，1 200 ℃ 超过 C/SiC 复合材料的制备温度，SiC 基体受压应力，涂层和基体裂纹能够一定程度闭合。SiC/2B$_x$C-C/SiC 在前 3 个小时失重，随即重量开始缓慢稳定增加，表明 SiC/2B$_x$C 涂层的自愈合功能在 1 200 ℃ 3 h 即可有效发挥。

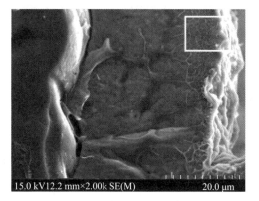

（a）裂纹中的泡沫状玻璃

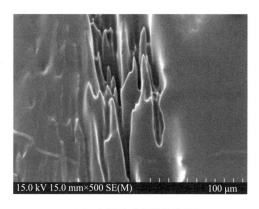

（b）方框区域的局部放大

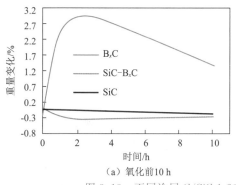

（c）玻璃相与未氧化的碳纤维

图 3.12 SiC/2B$_x$C-C/SiC 1 000 ℃氧化 100 h 后弯曲断口的 SEM 照片

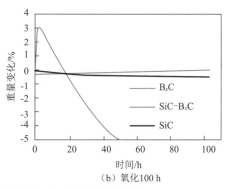

（a）氧化前10 h

（b）氧化100 h

图 3.13 不同涂层 C/SiC 1 200 ℃氧化 100 h 的重量变化曲线

图 3.14 是不同涂层 C/SiC 在 1 200 ℃氧化后的剩余抗弯强度。其中,3SiC-C/SiC 和 SiC/2B$_x$C-C/SiC 分别氧化 100 h,3B$_x$C-C/SiC 由于重量损失超过 5%,只氧化 50 h。由图 3.14 可以看出,3SiC-C/SiC 氧化后的剩余强度略高于 SiC/2B$_x$C-C/SiC,两者分别为 87% 和 84%,但后者的分散性更小。3B$_x$C-C/SiC 虽然只氧化了 50 h,但其剩余强度最低,仅为 66%,因此,SiC/2B$_x$C 涂层在 1 200 ℃时保护效果虽逊于 3SiC 涂层,但仍能为 C/SiC 提供有效保护。

图 3.15 是温度对 SiC/2B$_x$C-C/SiC 和 3SiC-C/SiC 氧化 100 h 后剩余弯曲强度的影响。可以看出,在 700~1 200 ℃,两种试样剩余强度都随温度先升高后降低,而且最大的强度损失都出现在 700 ℃。这是由于 700 ℃时涂层和基体裂纹都保持张开造成的。随着温度升高,造成裂纹的热应力被释放,裂纹宽度减小甚至闭合,但随着温度继续升高,H$_2$O 的作用逐渐显著,H$_2$O 可消耗玻璃相,显著增加玻璃相的氧扩散系数,同时还能快速消耗碳相,因此,1 000 ℃的剩余强度最高,而 1 200 ℃下,两种试样剩余弯曲强度又有所下降。尽管两种试样剩余弯曲强度随温度的变化趋势相同,但涂层的防护效果又有差异。700 ℃ SiC/2B$_x$C-C/SiC 的弯曲强度损失为 12%,而 3SiC-C/SiC 为 40%,前者的强度损失不足后者一半。1 000 ℃时,SiC/2B$_x$C-C/SiC 的强度损失亦小于 3SiC-C/SiC,两者分别为 7% 和 14%。1 200 ℃时,SiC/2B$_x$C-C/SiC 强度损失率有所增加,约为 16%,3SiC-C/SiC 为 13%,但 SiC/2B$_x$C-C/SiC 的强度分散性更小。由此可知,SiC/2B$_x$C 涂层的抗氧化效果与 SiC 涂层相比在 700 ℃时优势最大,到 1 000 ℃优势减少,1 200 ℃时 SiC/2B$_x$C 涂层的抗氧化效果略逊于 3SiC 涂层,但其氧化行为稳定,仍能为 C/SiC 提供有效保护。

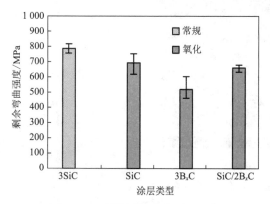

图 3.14　不同涂层 C/SiC 1 200 ℃
氧化 100 h 的剩余弯曲强度

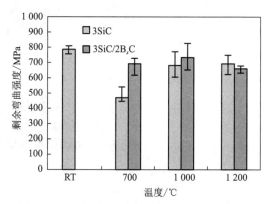

图 3.15　温度对 SiC/2B$_x$C-C/SiC 和 3SiC-C/SiC
氧化 100 h 后剩余弯曲强度的影响

图 3.16 是 SiC/2B$_x$C-C/SiC 在两种水氧介质中不同温度氧化 100 h 的重量变化。可见,与低水氧介质相比,高水氧介质中 SiC/2B$_x$C-C/SiC 氧化后的重量变化更大,但两者间差值随温度升高而减小。700 ℃时,低水氧介质中氧化后 SiC/2B$_x$C-C/SiC 重量保持率为 98.9%,高水氧介质中为 99.6%,两者相差 0.7%;1 000 ℃时差值减小到 0.4%,1 200 ℃时差值减小到 0.1%,而且变为增重。注意到水分压越高,试样氧化后的重量反而越大。

图 3.17 是 SiC/2B$_x$C-C/SiC 在两种水氧耦合介质中不同温度氧化 100 h 后的剩余弯曲强度。可见在两种水分压下,剩余强度都随温度升高先增加后减小,剩余强度最大值出现在

1 000 ℃。在 700 ℃、1 000 ℃和 1 200℃下，高水氧介质的剩余强度分别为 91%、102% 和 88%，比低水氧介质分别提高 3%、9% 和 4%。

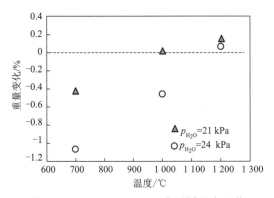
图 3.16　SiC/2B$_x$C-C/SiC 在不同温度两种水氧气氛中氧化 100 h 后重量变化

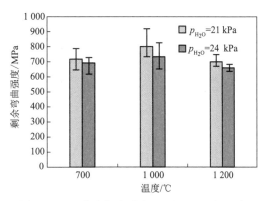
图 3.17　两种水氧介质中 SiC/2B$_x$C-C/SiC 在不同温度下氧化 100 h 后的剩余弯曲强度

图 3.18 是 SiC/2B$_x$C-C/SiC 在 700 ℃高水氧介质中氧化 100 h 后的 SEM 照片与 EDS 图谱。与低水氧介质中的情况相同，试样表面无显著变化，裂纹处无玻璃相封填，EDS 分析表明表面 SiC 层未发生氧化。由于表层 SiC 的保护，在断口未发现明显的纤维损伤和 B$_x$C 层氧化。

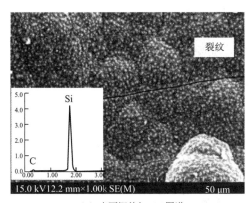
（a）表面概貌与EDS图谱

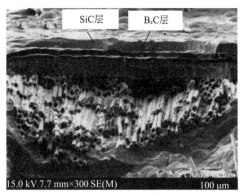
（b）断面形貌

图 3.18　SiC/2B$_x$C-C/SiC 700 ℃高水氧介质中氧化 100 h 的 SEM 照片与 EDS 图谱

氧化生成的 B$_2$O$_3$ 在高温下易挥发，并且在有水蒸气存在的条件下 B$_2$O$_3$ 会和水发生反应生成更易于挥发的亚硼酸，这两种情况都导致 B$_2$O$_3$ 的快速消耗而丧失封填能力。高温下 B$_2$O$_3$ 在减小 SiO$_2$ 黏度的同时还可极大促进 SiC 的氧化。在一定温度下 B$_2$O$_3$ 和 SiO$_2$ 会形成硼硅酸盐玻璃，即形成 Si-O-B 键，这可显著减少硼元素在高温、水氧耦合介质环境下的挥发损失，因此，SiC/B-C 体系在高温、水氧耦合环境下的氧化与自愈合过程受以下几个相互关联的过程影响：

（1）B$_2$O$_3$ 的挥发随水分压和温度的升高而加剧；

（2）B$_2$O$_3$ 极大促进 SiC 的氧化并降低 SiO$_2$ 的黏度；

(3)SiO_2提高B_2O_3的黏度,并降低其挥发速率。

图 3.19 为B_2O_3与水蒸气反应的热力学相图。从图 3.19 中可以看出,在水蒸气存在的条件下,B_2O_3挥发过程发生的主要反应有:

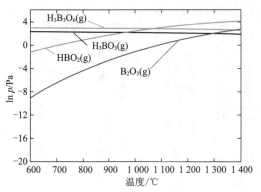

图 3.19 B_2O_3 与水蒸气反应的热力学相图

$$\frac{3}{2}B_2O_3(s)+\frac{3}{2}H_2O(g)\longrightarrow H_3B_3O_6(g)$$
$$\tag{3.2}$$

$$\frac{3}{2}B_2O_3(s)+\frac{1}{2}H_2O(g)\longrightarrow H_3BO_3(g)$$
$$\tag{3.3}$$

$$\frac{3}{2}B_2O_3(s)+\frac{1}{2}H_2O(g)\longrightarrow HBO_2(g)$$
$$\tag{3.4}$$

$$B_2O_3(s)\longrightarrow B_2O_3(g) \tag{3.5}$$

结合B_2O_3与水蒸气反应的热力学计算和反应方程式可以看出,在低温阶段(700~1 100 ℃),B_2O_3与H_2O主要发生的反应为式(3.2)和式(3.3),气相产物以$H_3B_3O_6$、H_3BO_3及HBO_2为主。随着温度升高,B_2O_3直接挥发开始变得显著。在高温阶段(1 100~1 200 ℃),B_2O_3挥发过程既存在B_2O_3与水蒸气之间的反应,式(3.2)和式(3.4),也存在B_2O_3直接挥发,挥发产物主要有$H_3B_3O_6$、H_3BO_3、HBO_2和B_2O_3。由于温度对各反应的影响程度不同,挥发产物中各物质的相对含量随温度变化而改变。

B_4C-SiC 自愈合组元的抗氧化作用,主要靠B_2O_3与SiO_2对裂纹等缺陷的封填。在 600~1 100 ℃有水情况下,B_2O_3与SiO_2都会挥发。挥发造成的玻璃相损失及结构疏松化会降低封填效果,最终影响材料的抗氧化效果。因此,自愈合材料抗氧化能力取决于玻璃相的生成与挥发之间的竞争。

在干氧中,B_4C氧化与B_2O_3挥发可分别用式(3.6)与式(3.7)来表示:

$$B_4C(s)+4O_2(g)\longrightarrow 2B_2O_3(l)+CO_2(g) \tag{3.6}$$

$$B_2O_3(l)\longrightarrow B_2O_3(g) \tag{3.7}$$

而在有H_2O存在的环境中,虽然B_4C可与水发生反应,但更显著的是B_2O_3与H_2O在 600 ℃ 就可反应生成易挥发的氢氧化物,反应方程式如下:

$$B_4C(s)+8H_2O(g)\longrightarrow 2B_2O_3(l)+CO_2(g)+8H_2 \tag{3.8}$$

$$2B_2O_3(l)+3H_2O(g)\longrightarrow 2H_3B_3O_6(g) \tag{3.9}$$

$$3B_2O_3(l)+H_2O(g)\longrightarrow 2H_3BO_3(g) \tag{3.10}$$

$$B_2O_3(l)+H_2O(g)\longrightarrow 2HBO_2(g) \tag{3.11}$$

式(3.6)与式(3.8)的氧化与式(3.7)、式(3.9)、式(3.10)与式(3.11)的挥发之间的竞争会引起B_4C损耗。H_2O不仅可促进B_2O_3的挥发,加快B_4C损耗,而且可以增加 SiC 的氧化速率[6-11]:

(1)SiC 与H_2O作用生成SiO_2[式(3.12)],SiO_2会进一步与H_2O作用生成挥发性的$Si(OH)_4$[式(3.13)],氧化行为服从由上述两个方面共同决定的抛物线—线性规律;

$$SiC(s) + 3H_2O(g) \longrightarrow SiO_2(g) + CO(g) + 3H_2(g) \qquad (3.12)$$

$$SiO_2(s) + 2H_2O(g) \longrightarrow Si(OH)_4(g) \qquad (3.13)$$

(2) H_2O 会破坏 SiO_2 网络结构,导致 SiO_2 疏松多孔;

(3) H_2O 促进 SiO_2 由无定型向方石英转变,伴随氧化膜体积收缩与氧扩散系数升高。

B_4C-SiC 在水氧耦合介质氧化中,SiC 不仅受到 H_2O 的作用,同时还会受到 B_2O_3 的作用。据文献报道[12,13],含硼物质氧化生成的液相 B_2O_3 在低温下(>410 ℃)能够溶解 SiC 并生成硼硅酸盐玻璃,硼硅酸盐玻璃的低共熔温度为 372 ℃。H. Hatta[14] 和 Fergus[15] 等研究表明,B_2O_3 的存在能够极大加速 SiC 的氧化,即 SiC 氧化后表面形成 SiO_2 膜,在 SiO_2 膜中氧的扩散系数极低,SiC 的氧化受氧在 SiO_2 膜中扩散控制,因而通常情况下 SiC 具有优异的抗氧化性能,但是在有 B_2O_3 的情况下,如果 B_2O_3 含量低,则溶入 SiO_2 膜中,破坏 SiO_2 的致密硅氧四面体结构,使氧扩散系数升高;如果 B_2O_3 含量高,则可溶解 SiC 表面的 SiO_2 膜,O_2 只需通过扩散系数较高的 B_2O_3 就可与 SiC 反应,新生成的 SiO_2 又会被很快溶解,从而 SiC 缺少致密 SiO_2 膜的保护,SiC 的氧化由 SiC 与 O_2 的反应动力学控制,因而氧化速度急剧升高。在 Ar 气保护 1 200 ℃ 时,B_2O_3 更能与 SiC 直接反应:

$$7SiC(s) + 6B_2O_3(l) \longrightarrow 7SiO_2(s) + 3B_4C(s) + 4CO(g) \qquad (3.14)$$

B_2O_3 不仅促进 SiC 的氧化,还可显著降低 SiO_2 的熔点与黏度。从图 3.20 B_2O_3-SiO_2 系统相图可以看出,对于 B_2O_3-SiO_2 二元系统,随着 B_2O_3 含量增加,B_2O_3-SiO_2 熔点逐渐降低,当 B/Si 较大时,B_2O_3 和 SiO_2 的低共熔点可在 B_2O_3 的熔点(450 ℃)以下。

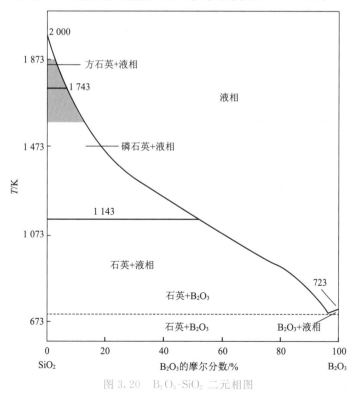

图 3.20　B_2O_3-SiO_2 二元相图

图 3.21 是 SiC/2B$_x$C-C/SiC 在 1 200 ℃高水氧介质中氧化 100 h 后的 SEM 照片与 EDS 图谱。随着水分压升高,SiC/2B$_x$C-C/SiC 表面形貌有以下变化:一是表面氧化层的网状裂纹宽度增加;二是未发现垂直于纤维编织方向的大裂纹;三是局部氧化层出现脱落;四是表面出现一些尺寸在 10 μm 左右的气泡;五是氧化层出现树枝状花纹。以上前三点可能是由于氧化层厚度增加所致。

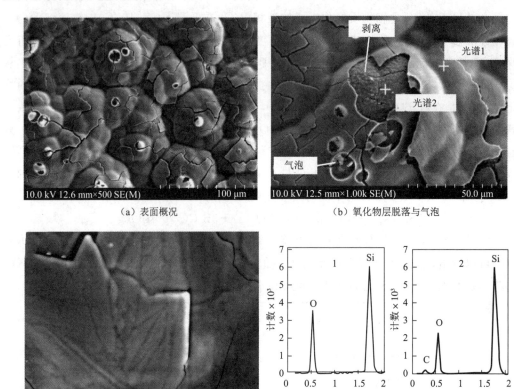

（a）表面概况　　　　　　　　　　　（b）氧化物层脱落与气泡

（c）局部放大　　　　　　　　　　　（d）EDS点扫描

图 3.21　SiC/2B$_x$C-C/SiC 1 200 ℃高水氧介质中氧化 100 h 的 SEM 与 EDS 图谱

S. Labruquere 等[16-19]系统研究了 B-C 陶瓷,Si-B-C 陶瓷和 SiC 陶瓷作为碳纤维和 C/C 复合材料涂层和部分基体,表明 B-C 陶瓷和富硼的 Si-B-C 陶瓷层比 SiC 和富硅的 Si-B-C 陶瓷层氧化迅速,可有效形成玻璃;作为界面的 B-C 陶瓷氧化较为迅速,氧化后形成空洞,不能有效保护 C/C 复合材料,富 B 的 Si-B-C 陶瓷层可以有效保护 C/C 复合材料。比较了 B-C 陶瓷、B 离子注入和 B-P 对 C/C 复合材料的保护效果,表明 B 含量高的 B-C 陶瓷能够有效保护 C/C 复合材料。

刘永胜[20]等通过 LPCVD 工艺利用 BCl$_3$-CH$_4$-H$_2$-Ar 体系在 C/SiC 复合材料上制备了 SiC/a-BC/SiC 的多层结构涂层,如图 3.22 所示。

将 B$_4$C 与 Si 粉混合,在 100 MPa 压力冷压制得预制体。将预制体包埋在 BN 粉中,在 Ar 保护下的管式炉中进行烧结[21]。在温度高于 1 400 ℃且 Si 足量的情况下,即固溶体中溶解的 Si 达到饱和,Si 开始取代固溶体中的 C 原子,形成 SiB_4。而且,随着温度升高,SiB_4 生成的量在不断提高。

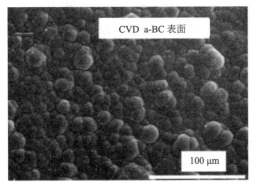

（a）CVD a-BC表面

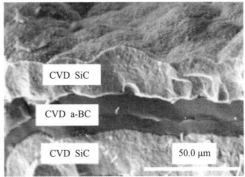

（b）混合涂层的横截面

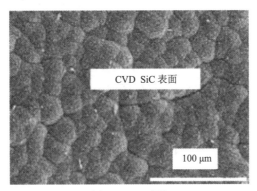

（c）CVD SiC表面

图 3.22　CVD SiC/a-BC/SiC 涂层的表面与截面

将 CVI 制得的 C/SiC 复合材料沿平行于经纱方向加工成尺寸为 40 mm×5 mm×3 mm 的试样,将此原始的多孔 C/SiC 试样标记为试样 A。采用化学气相沉积(CVD)工艺,在部分加工后的试样表面沉积两次 SiC 涂层,标记为试样 B。粒度为 1.5 μm 的 B_4C 浆料,将 2D C/SiC 预制体连同浆料一起放入密闭容器中浸渗。将制得的 C/SiC-B_4C 复合材料标记为试样 C。将浆料浸渗后并经过热解处理的预制体放入真空渗硅炉中进行液硅渗透,制备基体改性的 C/SiC 复合材料。液硅渗透工艺过程为:先将试样用硅粉包埋,然后放入真空渗硅炉中,在真空条件下升温到 1 450～1 500 ℃保温 5～10 min,使熔融 Si 与引入的 B_4C 充分反应后缓慢降温到室温,得到基体改性的 C/SiC 复合材料,将制备的改性的 C/SiC 复合材料标记为试样 D。采用化学气相沉积(CVD)工艺,在改性的 C/SiC 复合材料试样的表面沉积两次 SiC 涂层,沉积温度为 1 000 ℃,每次的沉积时间为 80 h,其余条件与沉积 SiC 基体的条件相同,得到的带有 SiC 涂层的改性 C/SiC 复合材料标记为试样 E。试样 A～试样 E 的制备示意如图 3.23 所示。

采用 CVI、CVI/SI 及 CVI/LSI/(liquid silicon infiltration,LSI)工艺制备的试样 A、C 和 D 的抛光截面微观形貌如图 3.24 所示。从图 3.24(a)可以看出,对于 CVI 制备的 C/SiC 复合材料,C 纤维由热解碳界面层和 SiC 基体层保护。尽管如此,由于 CVI 过程容易产生"瓶颈效应",在纤维束间仍然有很多的孔隙。在纤维束内部还可以发现有孔隙,这些就是纤维束内部的孔。也就是说,在 CVI 2D C/SiC 复合材料中有两种孔隙:纤维束间孔和束内孔。正是

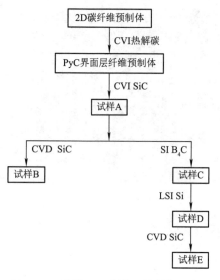

图 3.23　试样 A～试样 E 的制备示意图

由于这些孔隙的存在,试样 A 有 20% 的孔隙率且密度只有 1.63 g/cm³。B₄C 浆料通过多次的真空结合压力渗透渗入到试样 A 中,B₄C 的体积分数达到 8%。如图 3.24(b)所示,几乎所有的纤维束间的孔隙都被 B₄C 微粉填充,材料的气孔率下降到 12%,密度提高到 1.85 g/cm³。图 3.24(c)显示的是试样 D 的抛光截面的背散射显微照片,纤维束间的孔隙被致密的基体所填充。可以看到纤维束间有两种颜色的区域,深色区域和灰色区域,分别代表两种不同的相。参照原始的 C/SiC 复合材料的抛光截面背散照片[见图 3.24(a)],在纤维束外的 SiC 基体层是深色的,因此深色区域是 SiC 基体。从图 3.24 中可以看出,灰色区域是连续相,SiC 基体均匀分布在连续的灰色区域中。通过微区 XRD 分析,确定了灰色区域

的相组成。原位合成的 SiB₄-SiC 相均匀填充在 C/SiC 复合材料纤维束间的孔隙中,并且将 C/SiC 复合材料致密化。在图 3.24(d)中,可以看到 SiB₄-SiC 基体与 CVD 得到的 SiC 涂层间结合较好,也反映出 SiC 相与 SiB₄ 相间的融合较好,可能的解释是由于这二者热膨胀系数差异较小,冷却过程中产生的热应力并没有减弱基体与涂层的结合力。

C/SiC-SiB₄ 复合材料在氧化实验中的主要反应有:

$$C(s) + O_2(g) \xrightarrow{400\ ℃} CO_2(g) \tag{3.15}$$

$$SiB_4(s) + 4O_2(g) \xrightarrow{500\ ℃} 2B_2O_3(l) + SiO_2(l) \tag{3.16}$$

$$B_2O_3(l) \xrightarrow{900\ ℃} B_2O_3(g) \tag{3.17}$$

$$2SiC(s) + 3O_2(g) \xrightarrow{800\ ℃} 2SiO_2(s) + 2CO(g) \tag{3.18}$$

综上所述,2D C/SiC-SiB₄ 在氧化热震中的氧化过程主要有:

(1)在氧化初期,由于 SiB₄ 氧化需要一定时间,它仅能消耗部分的氧,减缓氧的扩散,而无法阻止氧通过上述两条途径扩散到碳相,导致碳相不断氧化。

(2)氧化一定时间后,纤维束间的 SiB₄-SiC 氧化生成 SiO₂·xB₂O₃,而硅硼玻璃一定的流动性使纤维束间基体进一步致密,阻止氧向内扩散。在近涂层处存在两种不同的情况:当涂层下方没有 SiB₄-SiC 基体时,气体依然可以通过涂层裂纹→基体裂纹→碳界面层,使碳相不断氧化;当涂层下方存在 SiB₄-SiC 基体时,生成的 SiO₂·xB₂O₃ 将阻止氧气向内扩散,阻止纤维进一步氧化。

(3)在 900 ℃以上,由于 B₂O₃ 存在部分挥发,随着氧化时间的延长,SiO₂·xB₂O₃ 对近表面层纤维束的保护作用逐渐减弱,材料失重率继续缓慢增加。

以上分析说明,仅用 SiB_4 进行弥散自愈合改性只能减缓氧对 C/SiC 复合材料内部纤维的氧化作用,必须与自愈合涂层相结合才能有效地提高 C/SiC 复合材料的抗氧化性能。

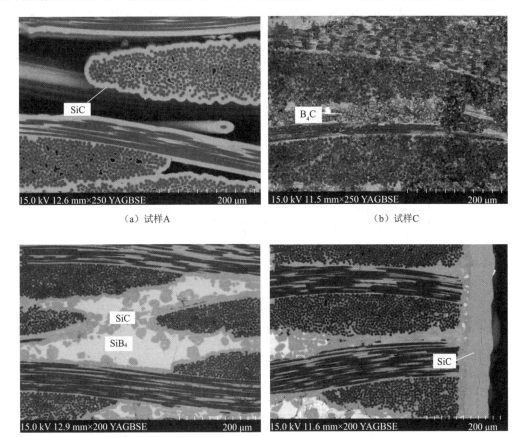

（a）试样A   （b）试样C

（c）试样D   （d）试样E

图 3.24　复合材料的背散射微观形貌

2. 三元自愈合组元改性 SHCMC

采用热壁炉沉积 Si-B-C 陶瓷,其原理如图 3.25 所示。该系统包括:(1)真空系统。实现负压环境,排出多余的反应气体和副产物气体,通过真空压力表测试炉内压力。(2)气体供给与控制系统。可对反应物体系中各组分气体流量进行严格控制。对于无腐蚀性气体(如 H_2 和 Ar 等),能够直接通过流量计实现供给。对于腐蚀性气源(如 BCl_3 和 MTS),则需要载气(H_2 或 Ar)通过鼓泡方式实现气体的供给与控制。(3)反应器系统。反应器是 CVI/CVD 系统中的关键。反应器的设计主要是从气体的流场和温度场出发来进行。在大多数 CVI/CVD 系统中,气流是层流的,某些局部区域存在湍流。气体在反应室的流动相当复杂,不仅与反应室的几何形状有关,而且与反应室内部构件的几何形状和数量有关。与此同时,气体的流场和温度场之间存在强烈的耦合作用,并影响到 CVI/CVD 过程。反应器的设计不仅应该保证流场和温度场的均匀性,而且应避免回流和涡流的出现,避免同质气相形核,才能得到均匀致密的沉积物。CVI/CVD Si-B-C 陶瓷的反应器系统因为需要同时使用多种前驱体气源,其内在结构比 CVI/CVD 二元化合物或 PyC 的反应系统的结构更为复杂。(4)尾气处理系统。CVI/CVD Si-B-C 陶瓷需要使用 BCl_3 和 MTS 气体,同时 BCl_3 和 MTS 在高温经过化学反应后生成大量 HCl 气体。这些气体具有很强的腐蚀性,能够对设备环境造成严重污染。采用碱阱处理尾气,即用 NaOH 中和 HCl 及多余 BCl_3、MTS 等酸性气体。

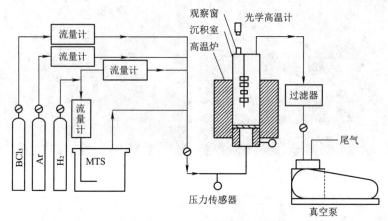

图 3.25　CVI/CVD Si-B-C 陶瓷的设备原理图

采用 CVI/CVD 系统进行 Si-B-C 陶瓷的沉积实验,对于 $MTS-BCl_3-H_2$ 体系来说,其工艺参数范围见表 3.2,主要研究沉积温度、反应气体比例、气体流量对 Si-B-C 陶瓷沉积速度、形貌、成分和物相的影响规律。表内,$\alpha = [H_2]/[MTS]$;$\beta = [MTS]/[BCl_3]$;$[X]$ 表示反应物 X 的起始摩尔量。

表 3.2　$BCl_3/MTS/H_2$ 体系 CVI/CVD Si-B-C 陶瓷的工艺参数

工艺参数	沉积温度/℃	沉积时间/h	α	β	Q_{H_2}/sccm	Q_{MTS}/sccm	Q_{BCl_3}/sccm	Q_{Ar}/sccm
范围	900~1 100	15~30	7~20	1~24	140~280	7~24	0.5~7	40~50

沉积温度是控制 CVI/CVD Si-B-C 陶瓷沉积动力学的最关键因素,不仅决定沉积产物的沉积速度,同时影响产物的形貌、成分和物相。在此实验条件范围内,各个温度下都出现了 SiC 和 B_4C 晶相;随着温度升高,沉积速度加快,沉积产物表面变得粗糙,断面出现分层,并且产物中 B 元素含量随温度升高而降低,而 Si 含量随温度升高而增加。

前驱体比例的变化对沉积速度、产物形貌和元素含量有一定影响。在此实验条件下,α 的变化对沉积速度和沉积层厚度及沉积产物的元素分布有很大影响。α 较小时可以获得富 B 沉积产物,随 α 增加,B 含量降低,Si 含量先增加后减少,C 含量呈增加趋势;α 的变化对沉积产物断口形貌和沉积物相没有明显影响;β 的变化对沉积速度和沉积产物的元素含量有很大影响:当 β 较大时,沉积速度较慢,B 含量较低,C 含量增加;当 β 较小时,刚好相反,但对 Si 含量变化影响不大;β 的变化对于沉积物相无明显影响。

气体总流量对沉积速度、沉积形貌、元素含量有影响。在此实验条件下,随着气体总流量增加,沉积速度增加,B 含量减小,而 Si 含量无明显变化。

对 C/SiC 复合材料进行 Si-B-C 涂层自愈合改性,工艺过程为:先在 C/SiC 复合材料表面沉积一层 SiC 涂层,再沉积外层 Si-B-C 涂层,涂层结构为厚度为 30 μm 的 SiC 涂层叠加厚度为 40 μm 的 Si-B-C 涂层(SSB)。

SBS-SiC/SiC 在空气和水氧环境的抗氧化性能显著提高,氧化 50 h 后的重量变化率极低,1 300 ℃以下空气氧化的强度保持率为 95% 以上,1 300 ℃以下水氧环境的强度保持率为 89% 以上,两种环境 1 400 ℃性能均严重衰减。在 1 000 ℃以下的氧化损伤受 Si-B-C 涂层与氧化介质氧化形成硼硅玻璃的速率控制;1 000~1 300 ℃的损伤受氧化介质在玻璃层的扩散速率控制;1 400 ℃,SiC 纤维微晶长大和无定形碳相氧化导致 SBS-SiC/SiC 残余强度严重衰减。SiC/SiC 经 Si-B-C 涂层改性后可显著提高复合材料的抗氧化性能,尤其对于在 1 300 ℃以下具有优异抗氧化性能,氧化 50 h 残余强度保持在 95% 以上。而 1 400 ℃时,材料的抗氧化性能有所衰减,强度保持率为 71%。

Si-B-C 陶瓷可显著提高 CMC-SiC 在水氧环境的抗氧化性能。涂层改性 SBS-C/SiC 在 14H$_2$O/O$_2$ 环境 1 200 ℃以下氧化 50 h 的强度保持率在 97% 以上,1 300~1 400 ℃的强度保持率为 87% 左右,在整个考核温度区间内,试样质量分数的变化仅为 −0.068%~+0.015%。环境中水分压提高,对试样质量变化影响不明显,但加剧强度衰减,21 H$_2$O/O$_2$ 环境下材料强度保持率均低于 14H$_2$O/O$_2$ 的强度保持率。

图 3.26(a)、图 3.26(b)、图 3.26(c)分别为 SSB 型涂层复合材料在 700 ℃、1 000 ℃和 1 200 ℃氧化 10 h 后的表面形貌。可以看出,在 700 ℃氧化后,涂层表面出现少量硼硅玻璃相,能够部分封填裂纹,温度升至 1 200 ℃时,硼硅玻璃含量增加,可有效封填涂层裂纹。

图 3.27 为 SSB 型涂层 C/SiC 复合材料的断口形貌。从图 3.27 中可以看出,SiC 断口粗糙,呈晶态形貌,而 Si-B-C 涂层断口细腻,呈非晶态形貌,Si-B-C 涂层与 SiC 涂层结合紧密。在不同温度氧化 10 h 后,靠近涂层处的纤维保持完好,无明显氧化痕迹。

图 3.28 为 C/SiC 表面沉积的 Si-B-C 陶瓷在不同温度氧化前后的表面形貌。氧化前 Si-B-C 陶瓷呈典型 CVD 菜花状形貌,如图 3.28(a)所示,菜花最大直径约 40 μm。在 700 ℃氧化 50 h 后,表面出现两种不同形貌区域,如图 3.28(b)所示。区域Ⅰ内菜花边界开始消失,大颗粒相互融合,同时菜花表面被氧化形成粒径约 5 μm 的微小颗粒;当表面小颗粒足够多时融合成一体,最终形成区域Ⅱ所示形貌。当氧化温度升至 1 000 ℃[见图 3.28(c)],原始菜花状形貌完全消失,表面完全被玻璃相覆盖,并且局部出现气泡爆裂后的形貌。该形貌一直保持到氧化温度升至 1 200 ℃,只是 1 200 ℃氧化后的表面[见图 3.28(d)]较 1 000 ℃的更平滑,说明随氧化温度提高,硼硅玻璃开始熔融,并且玻璃中低熔点相更易以鼓泡形式挥发,最终形成整体平滑,局部有泡沫的形貌;当温度升到 1 300 ℃时[见图 3.28(e)],表面又呈现大量菜花状形貌,玻璃相所占面积减少,再无气泡形貌出现。

根据上述分析和参考相关文献认为,在整个氧化温度区间,Si-B-C 陶瓷的氧化可能发生以下化学反应[22-24]:

$$B_4C(s) + O_2(g) \longrightarrow B_2O_3(l) + CO_2(g) + CO(g) \qquad (3.19)$$

$$SiC(s) + O_2(g) \longrightarrow Si-O(SiC)(l) + CO(g) \qquad (3.20)$$

$$SiC(s) + O_2(g) \longrightarrow SiO_2(l) + CO(g) \qquad (3.21)$$

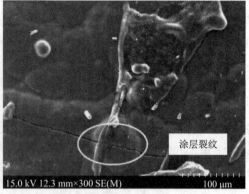

（a）700 ℃ （b）1 000 ℃

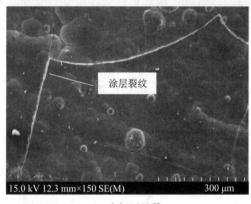

（c）1 200 ℃

图 3.26　SSB 型涂层的 C/SiC 氧化 10 h 后的表面形貌

$$SiO_2(l) \longrightarrow SiO_2(s,h) \tag{3.22}$$

$$SiO_2(l) \longrightarrow SiO_2(s,c) \tag{3.23}$$

$$B_2O_3(l) + x\,SiO_2(l) \longrightarrow B_2O_3 \cdot x\,SiO_2(l) \tag{3.24}$$

$$B_2O_3 \cdot x\,SiO_2(l) \longrightarrow B_2O_3(g) + x\,SiO_2(l) \tag{3.25}$$

$$B_2O_3(l) \longrightarrow B_2O_3(g) \tag{3.26}$$

在 700 ℃，Si-B-C 陶瓷中的纳米碳化硼首先与氧气发生反应，可在陶瓷表面快速氧化形成氧化硼玻璃[145]，如反应式（3.19）。随着反应的进行，一方面一小部分氧化硼会发生挥发，另一方面，大量存留的氧化硼会直接诱发和促进 Si-B-C 陶瓷中纳米 SiC 相发生氧化反应[142,143][反应式（3.20）和式（3.21）]，并与氧化硅玻璃快速形成硼硅玻璃相[反应式（3.24）]。同时氧化硼的存在降低了 Si-B-C 陶瓷中纳米 SiC 的初始氧化温度。依据 XPS 的分析结果，发生反应的 SiC 相小部分会氧化形成以 Si—O（SiC）键存在的中间相[反应式（3.20）]；同时，大部分 SiC 相发生式（3.21）的反应，直接氧化形成氧化硅玻璃，并部分转变为 α 鳞石英，如反应式（3.22）。当氧化温度升至 1 000 ℃，氧化反应速率迅速增加，如反应式（3.19）～式（3.21）。一方面，温度升高导致纳米 Si-B-C 陶瓷的消耗加快，从断口形貌可知，Si-B-C 陶瓷的厚度开始下降；另一方面，温度升高也形成更多硅硼玻璃相，如反应

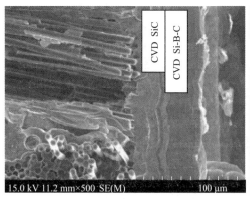

（a）700 ℃涂层氧化断口形貌　　　　　　　　　（b）1 000 ℃涂层氧化断口形貌

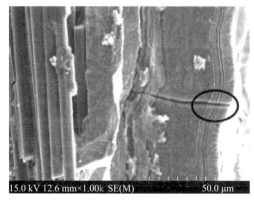
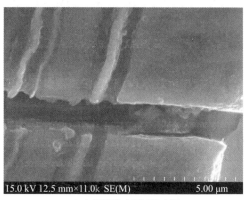

（c）1 200 ℃涂层氧化断口形貌　　　　　　　　（d）圆圈选定区域放大图

图 3.27　SSB 型涂层的 C/SiC 氧化 10 h 后的断口形貌

式（3.24）所示。根据 XPS 图 O 的峰可知，B_2O_3 量明显高于氧化硅量，说明在该温度下 Si-B-C 陶瓷中碳化硼氧化速率比碳化硅的快，故在硅硼玻璃中氧化硼为主要相；同时，根据表面气泡形貌可知，硼硅玻璃会发生分解反应，如反应式（3.25）形成氧化硼气相，当玻璃的气相压力达到其饱和蒸气压时，会冲破气泡从硅硼玻璃中挥发，最终在表面形成气泡破裂形貌；此外，根据 XRD 结果，部分氧化硅玻璃在该温度氧化冷却后进一步向六方 α 鳞石英转变，同时，根据 Si—O（SiO_2）和 Si—O（SiC）的含量变化，表明伴随着非晶向 α 鳞石英转变的转变过程，Si—O（SiO_2）键向 Si—O（SiC）键转变，该转变一直持续到 1 200 ℃。当温度超过 1 200 ℃，Si-B-C 陶瓷的氧化速率进一步加快，50 h 氧化后的陶瓷涂层几乎消耗殆尽，同时形成一定厚度的硅硼玻璃涂层。随温度升高，玻璃黏度下降，玻璃表面变得平整。另外，温度升高会加快式（3.25）和式（3.26）的反应，促进氧化硼和氧化硅玻璃挥发。同时，伴随硅硼玻璃分解挥发，氧化硅的晶型也会发生转变，1 200 ℃氧化冷却后，α 鳞石英逐渐消失，而在 1 300 ℃氧化后，氧化硅转变形成立方 α 方石英，如反应式（3.23）所示。在此转变过程中，根据各键的含量变化情况可知，Si—O（SiC）键在该温度下会向 Si—O（SiO_2）键转变。说明 Si—O（SiC）在硼硅玻璃的形成和分解过程及 SiO_2 晶型转变过程中，起到中间过渡作用。同时在 1 300 ℃，反应式（3.25）和式（3.26）快速发生，致使玻璃相中 B_2O_3 快速挥发，氧化 50 h 后，玻璃相主

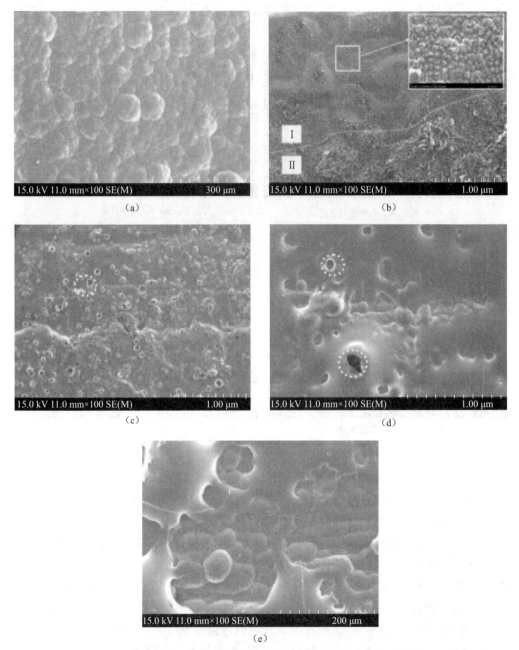

图 3.28　Si-B-C 陶瓷在不同温度空气氧化 50 h 前后的表面形貌

要包括 SiO$_2$ 和 Si—O(SiC)，并且以 SiO$_2$ 为主，而 B$_2$O$_3$ 几乎挥发殆尽。结合表面形貌和断口形貌，经 50 h 氧化最终在 Si-B-C 陶瓷表面形成一层较薄玻璃涂层，该玻璃相主要由 B$_2$O$_3$、Si—O(SiC) 和 SiO$_2$ 构成。同时，Si-B-C 陶瓷的氧化仅在近表面，反应模型如图 3.29 所示。

通过裂纹扩散到材料内部的氧，优先与 Si-B-C 陶瓷层氧化形成硼硅玻璃，但根据 Si-B-C

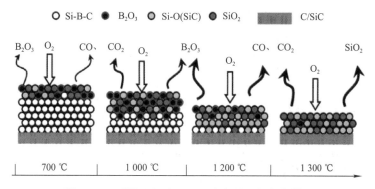

○ Si-B-C　● B₂O₃　◔ Si-O(SiC)　● SiO₂　▨ C/SiC

图 3.29　不同温度下 Si-B-C 陶瓷的空气氧化模型

陶瓷在空气环境 700 ℃ 的本征氧化行为可知，由于氧化速率较慢，氧化过程中形成的玻璃量较少，如图 3.30(a) 区域 A 所示，氧化 50 h 后仅在 Si-B-C 层与 SiC 层的结合处有少量硼硅玻璃，只能部分封填内层的裂纹，如图 3.30(a) 区域 B 所示，无法封填表层的裂纹。同时，最外层 SiC 层在 700 ℃ 无明显氧化，对裂纹愈合不起作用，如图 3.30(b) 所示。因此，对于涂层改性的 SBS-C/SiC，试样内部只有单层 Si-B-C 陶瓷涂层保护，氧化过程中形成较少的玻璃无法有效封填裂纹，导致靠近试样外层部分被严重氧化，纤维束整体被彻底氧化，形成蜂窝状 SiC 空壳，如图 3.31 所示，故 SBS-C/SiC 在 700 ℃ 空气环境氧化 50 h 后残余强度严重衰减，失重率较大。当氧化温度为 1 000 ℃ 时，Si-B-C 陶瓷的氧化反应速率较 7 00 ℃ 有所增加，从裂纹扩散到材料内部的氧与 Si-B-C 陶瓷氧化反应形成硼硅玻璃，一方面直接消耗扩散到材料内部的氧，另一方面氧化生成的硼硅玻璃填充氧扩散通道，从而阻止氧向材料内部的扩散，如图 3.32(a) 所示。涂层改性 SBS-C/SiC 的试样内部，硼硅玻璃较多的区域裂纹被有效封填，裂纹附近的纤维保护完好，未发生明显氧化损伤，SBS-C/SiC 试样的抗氧化性能得到提高，但在硼硅玻璃较少的区域，裂纹未被有效封填，尤其在 SBS-C/SiC 近表层区域，部分纤维束被彻底氧化，如图 3.32(b) 所示，导致 SBS-C/SiC 氧化失重增加和残余强度衰减。1 000 ℃ 空气环境下，Si-B-C 陶瓷在材料内部氧化形成硼硅玻璃的量有限，无论是涂层

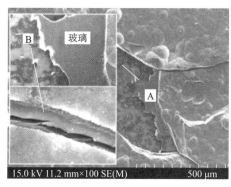

(a) 硼硅玻璃　　　　　　　　　(b) 未被封填的表面裂纹

图 3.30　SBS-C/SiC 空气 700 ℃ 氧化的表面形貌

图 3.31　SBS-C/SiC 700 ℃空气
氧化 50 h 的断口形貌

改性或基体改性试样,硼硅玻璃均无法溢出封填表面裂纹,但试样在 1 000 ℃氧化时裂纹宽度会有所改变,如式(3.27)所示。裂纹宽度 $e(T)$ 与测试温度和制备温度之间的温度差成线性关系:

$$e(T) = e_0 \left(1 - \frac{T}{T_0} \right) \qquad (3.27)$$

根据式(3.27)可知,当氧化温度升至试样制备温度(1 000 ℃)以上时,碳纤维与基体间热膨胀失配使基体受压应力,从而减少基体裂纹宽度,使之变窄甚至闭合,有利于减缓氧化介质向材料内部的扩散,从而降低材料内部碳相(包括碳纤维和

热解碳 PyC)的氧化损伤。在 1 000 ℃空气氧化材料中,Si-B-C 陶瓷的氧化速率及形成玻璃相的量直接影响材料的抗氧化性能,与 700 ℃不同的是,1 000 ℃ Si-B-C 陶瓷氧化形成的硼硅玻璃能更有效封填裂纹,使改性后试样的抗氧化性能优于 700 ℃的。

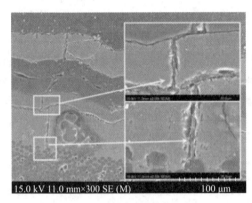

(a)　自愈合形貌

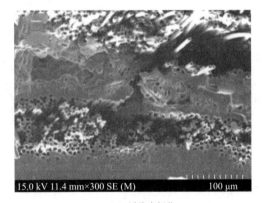

(b)　纤维束氧化

图 3.32　SBS-C/SiC 1 000 ℃空气氧化 50 h 的断口形貌

当温度升至 1 200 ℃以上,Si-B-C 陶瓷与扩散入基体的氧反应形成硼硅玻璃的速率加快,可迅速填充层间孔隙并封填基体裂纹,微结构与图 3.32(a)类似,可显著降低扩散到材料内部的氧含量,从而提高其抗氧化性能。对于涂层改性 SBS-C/SiC 试样,Si-B-C 陶瓷靠近外层,更易氧化形成硼硅玻璃,在封填材料内部裂纹的同时,还部分溢出封填表层的裂纹。

3. 四元自愈合组元改性 SHCMC

Si-B-C-N 陶瓷通常为非晶态结构或纳米晶结构,具有高温稳定性好(非晶态结构能够保持到 1 700～1 800 ℃[25,26],可长期稳定使用到 2 000 ℃[25],甚至 2 200 ℃[27],明显优于 SiC、Si_3N_4 等陶瓷的高温稳定性)、抗蠕变能力强[28]、密度小(约 1.8 g/cm³)[26]、热膨胀系数低($3 \times 10^{-6} K^{-1}$)[26]、热导率低[约 3 W/(m·K)][26]等优异性能,在航空发动机和工业燃气轮机等高温长寿命领域具有重大的应用潜力。迄今为止,发展的 Si-B-C-N 陶瓷制备方法主要有:聚合物转化(precursor derived ceramic,PDC)法[25,26,28]、反应性磁控溅射(reactive magnetron sputtered，RMS)法[29]、机械化合金结合热压烧结(mechanical alloying combined with hot pressed sintering，MA)法[30]和化学气相沉积法(CVD)。聚合物转化法是研究最早、最多和最深入的方法，制备的 Si-B-C-N 陶瓷通常为非晶态结构，具有组分可设计性强、纯度高、制备温度较低等优点，已用于制备 Si-B-C-N 非晶纤维[26,31]、复合材料基体[32]、涂层[33]、单相/复相陶瓷[34,35]等，但存在原材料昂贵有毒、裂解收缩大、孔隙裂纹较多等不足。反应性磁控溅射法的优点为成分可控、污染较小、制备温度较低，但仅适合于制备涂层或薄膜，不适于制备块体陶瓷、纤维或纤维增强复合材料。机械化合金结合热压烧结法制备的 Si-B-C-N 陶瓷为纳米晶结构，具有价格低廉、污染小、工艺简单等优点，能够制备尺寸较大的块体陶瓷或纤维增强陶瓷基复合材料，但烧结温度较高导致材料的结构稳定性降低[36]，并且受烧结工艺影响，不适于制备复杂形状构件。与 PDC 法、RMS 法等制备方法相比，CVD 法具有下述优势：(1)制备温度低(≈1 000 ℃)，远低于 SiC、Si_3N_4、Si-C-N、Si-B-C 等陶瓷的烧结温度；(2)气相渗透能力强，便于在大型、薄壁、复杂构件的纤维预制体内进行沉积；(3)可对陶瓷材料进行微观尺度的化学成分和结构设计，实现沉积产物的元素组成和物相的调控；(4)通过多种气源共沉积，能够实现多组分陶瓷的共同沉积制备。CVD 方法已广泛用于 Si-B-C-N 体系内的 SiC[37,38]、Si_3N_4[39]、B_4C[40]、BN[41]、Si-B-C[42]、Si-C-N[43]、Si-B-N[44]、Si-B-C-N[45]等陶瓷基复合材料的界面、基体和涂层的制备。西北工业大学超高温结构复合材料重点实验室已经通过 CVI 技术成功制备出 SiBCN 陶瓷，并通过调节沉积参数调控其成分与微结构，关于其自愈合性能目前正在研究。

　　通过机械合金化法及热压烧结工艺制备的晶态 MA SiBCN 陶瓷氧化层在 1 100～1 500 ℃均与基体结合良好，氧化层成分主要是方石英与非晶的 SiO_2，界面处没有出现孔洞，如图 3.33 所示。在 1 300 ℃氧化 20 h 或 1 500 ℃氧化 10 h 后表面开始观察到起泡现象[46]。而非晶态 MA SiBCN 陶瓷在 1 500～1 800 ℃均表现出优异的抗氧化性，氧化产物由表面致密的 SiO_2 玻璃层和下层方石英层组成，1 600 ℃氧化后氧化层起泡，变得疏松多孔。致密的含 N 元素的 SiO_2 玻璃层、三元化学键及由 BN(C) 和 SiC 形成的胶囊结构使 SiBCN 陶瓷具有优异的抗氧化性能，如图 3.34 所示[47]。Li Daxin 等人[48]研究了 B 元素和 C 元素含量对 MA SiBCN 陶瓷抗氧化性能的影响，结果表明，B 元素会促进 B_xC 相的形成和 SiC 晶粒的长大，B_xC 相和 BN(C) 优先氧化形成 B_2O_3，B_2O_3 相促进 SiC 氧化成 SiO_2 玻璃，B_2O_3 和 SiO_2 结合生成硼硅玻璃同时伴随着硼硅玻璃的分解和 B_2O_3 挥发，此时 SiBCN 基体会进一步氧化，而 C 元素的增加会降低 SiBCN 陶瓷的抗氧化性能[49]。

　　PDC SiBCN 陶瓷通常为非晶态且伴随大量的裂纹和孔隙，如图 3.35(a)所示，随着 B 元素含量的提高，氧化过程中生成的 B_2O_3、SiO_2 和 $B_2O_3·SiO_2$ 能够有效填充裂纹和孔隙，陶瓷的抗氧化性能提高，如图 3.35(b)所示。随着氧化温度的提高，B_2O_3 的挥发加剧，试样表面产生较多气泡而变得粗糙，如图 3.35(c)所示。氧化过程中可能发生的反应有[50]：

$$B-C+O_2(g)\longrightarrow B_2O_3(l)+CO(g) \tag{3.28}$$

$$B-C+O_2(g)\longrightarrow B_2O(g)+CO(g) \tag{3.29}$$

$$B-N+O_2(g)\longrightarrow B_2O_3(l)+N_2(g) \tag{3.30}$$

$$Si-C+O_2(g) \longrightarrow SiO_2(l)+CO(g) \tag{3.31}$$

$$Si-N+O_2(g) \longrightarrow SiO_2(l)+N_2(g) \tag{3.32}$$

(a) 1 100 ℃

(b) 1 300 ℃

(c) 1 500 ℃氧20 h后截面形貌

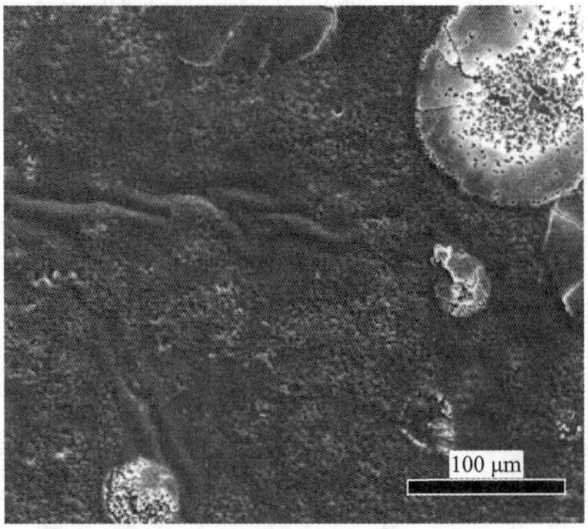

(d) 1 300 ℃氧化20 h

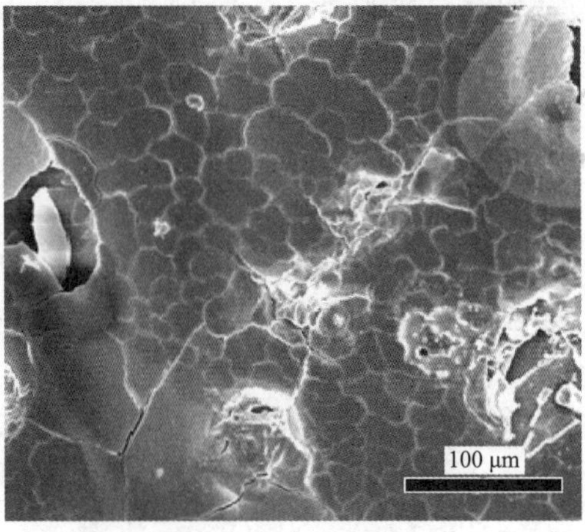

(e) 1 500 ℃氧10 h后表面形貌[43]

图 3.33　MA SiBCN 陶瓷

$$B_2O_3(l) \longrightarrow B_2O_3(g) \tag{3.33}$$

$$B_2O_3(l) + xSiO_2(l) \longrightarrow B_2O_3 \cdot xSiO_2(l) \tag{3.34}$$

$$B_2O_3 \cdot xSiO_2(l) \longrightarrow B_2O_3(g) + SiO_2(l) \tag{3.35}$$

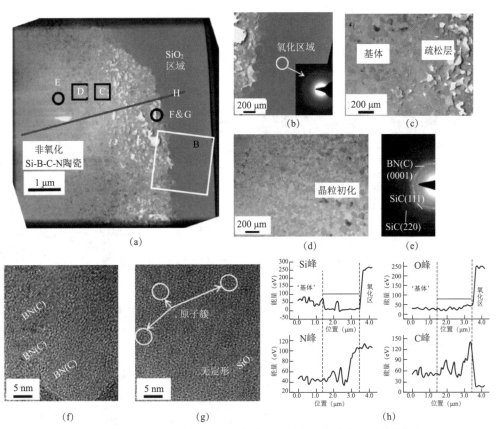

图 3.34 Si-B-C-N 陶瓷 1 700 ℃氧化 8 h 后截面的形貌和微结构[44]

（a）裂解后　　　　　（b）1 000 ℃氧化 8 h　　　　（c）1 100 ℃氧化 8 h 表面形貌[47]

图 3.35 $Si_1B_{0.3}C_{5.2}N_{0.4}$ 陶瓷

采用 PIP 法制备的二维 C_f/SiBCN 复合材料在未经抗氧化防护处理的情况下，800 ℃静态空气中氧化 3 h 后强度保持率为 60%[51]。采用 RTM(resin transfer molding)＋PIP 法制备连续 SiC 纤维增强的 SiBCN 陶瓷复合材料（2D-SiC$_f$/BN/SiBCN），其室温弯曲强度为 388 MPa，1 350 ℃氧化 10 h 后剩余弯曲强度为 208 MPa，强度保持率为 54%[31]。氧化后截面形貌如图 3.36 所示。1 500 ℃氧化 1 h 后试样表面生成一层致密的氧化膜[见图 3.36(b)]，随氧化时间增加，SiO、CO、N$_2$、B$_2$O$_3$ 等气体挥发，氧化层中留下大量气孔[见图 3.36(c)]。氧化层中开气孔的存在为氧气提供了扩散通道，氧化时间延长，试样继续氧化生成较厚的氧化膜，同时可以观察到氧化膜中存在大量尺寸较大的孔洞[见图 3.36(d)～图 3.36(e)]。1 650 ℃氧化 20 h 后，氧化膜仍与复合材料结合状况良好，没有发生脱落[见图 3.36(f)]。氧化过程

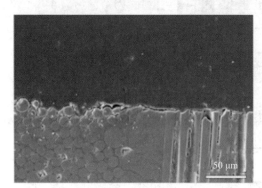

（a）原始试样

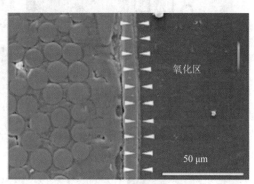

（b）1 500 ℃氧化 1 h

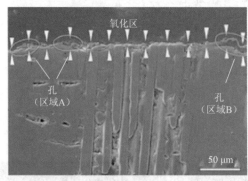

（c）1 500 ℃氧化 2 h

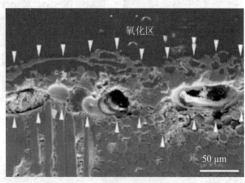

（d）1 500 ℃氧化 20 h

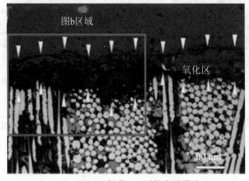

（e）1 500 ℃氧化 20 h 后的光学照片

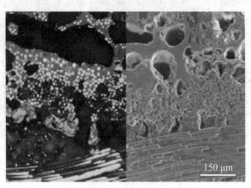

（f）1 650 ℃氧化 20 h 截面形貌[49]

图 3.36　SiC$_f$/BN/SiBCN 复合材料

中仅发现氧化层中的方石英相,没有新相的生成,说明 SiBCN 具有优良的高温稳定性,其氧化过程中的物相组成如图 3.37 所示,θ 为扫描的角度。由图 3.38 可知,复合材料不同温度下氧化均可分为三个阶段:(Ⅰ)质量增加;(Ⅱ)质量减小;(Ⅲ)质量变化率约为 0。在第Ⅲ阶段复合材料的氧化遵循抛物线规律:

$$y = k\ln t + c \tag{3.36}$$

式中,y 为质量变化;k 为氧化速率常数;t 为氧化时间;c 为常数。

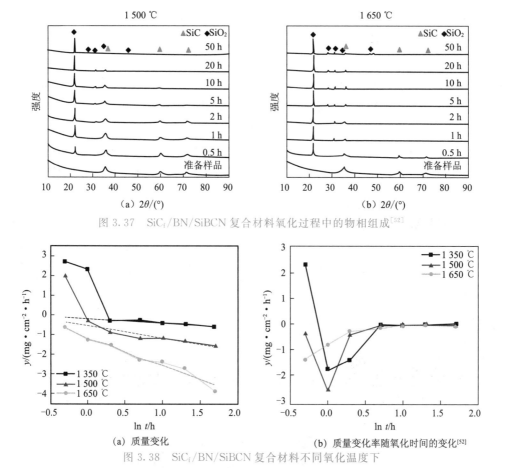

图 3.37　$SiC_f/BN/SiBCN$ 复合材料氧化过程中的物相组成[52]

(a) 质量变化　　　　　　　　(b) 质量变化率随氧化时间的变化[52]

图 3.38　$SiC_f/BN/SiBCN$ 复合材料不同氧化温度下

通过计算可知,$SiC_f/BN/SiBCN$ 复合材料在 1 350 ℃、1 500 ℃和 1 650 ℃的氧化速率常数分别为 $-2.145\ \mathrm{g \cdot m^{-2} \cdot h^{-1}}$、$-6.527\ \mathrm{g \cdot m^{-2} \cdot h^{-1}}$ 和 $-14.606\ \mathrm{g \cdot m^{-2} \cdot h^{-1}}$。

SiO_2 玻璃和 B_2O_3 反应生成的硼硅玻璃能够很好地填充裂纹和孔隙,阻止氧气进一步向材料内部扩散,从而赋予复合材料较好的抗氧化自愈合性能。

采用 CVI 结合聚合物浸渍—在线裂解(polymer infiltration and online pyrolrsis, PI-OP)工艺将聚合物转化 SiBCN 陶瓷(PDC)自愈合相引入 CMC-SiCs 的基体中,制备自愈合 CMC-SiCs,并采用传统 CVI+PIP 工艺和单一 CVI 工艺分别制备了 C/SiC-SiBCN 和 C/SiC 复合材料作为对比试样[53]。将三种试样分别在 1 200 ℃、1 300 ℃和 1 400 ℃空气环境中氧化 10 h,测得了其失重曲线和氧化前后的抗弯强度。

　　图3.39(a)和图3.39(b)为传统CVI＋PIP工艺制得试样微结构的背散射电镜照片。由图3.39(a)可知,C/SiC-SiBCN复合材料内部的纤维束间大孔洞中存在大量深灰色的、由PSNB前驱体转化而来的SiBCN陶瓷,并且陶瓷中存在大量较大尺寸的裂纹。这些纤维束间大孔洞是由于CVI工艺的"瓶颈效应"形成的;PSNB前驱体能够深入材料内部,说明前驱体溶液的润湿性较好,但其并未将孔洞完全封填,说明前驱体裂解后体积收缩较大且留在孔洞内的前驱体的量不足;SiBCN陶瓷中的裂纹形成的原因一方面是前驱体裂解时体积收缩,另一方面是SiBCN陶瓷与SiC基体的热膨胀系数不匹配。由图3.39(b)可知,近表面位置的纤维束间大孔洞完全被深灰色SiBCN陶瓷填满,而SiBCN陶瓷内的裂纹也完全被亮灰色的CVI SiC填满,形成了比较致密的基体,说明SiBCN陶瓷中的裂纹是相互连通的,便于CVI过程中气相反应物的渗透,有利于CVI SiC对多孔复合材料的致密化。图3.39(c)为CVI结合PI-OP工艺所得试样近表面微结构的背散射电镜照片。由图3.39(c)可知,深灰色SiBCN陶瓷中存在较多小孔洞,孔洞中只有少量亮灰色的CVI SiC基体;而且SiBCN陶瓷甚至封堵了材料表面的孔洞。这是由于该工艺中聚合物裂解时间短,导致SiBCN陶瓷中的裂纹较少且未形成网络,阻碍了CVI SiC向试样内部的渗透,造成了复合材料表面致密、

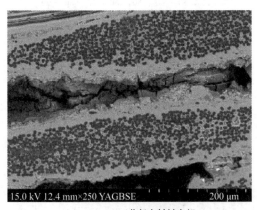 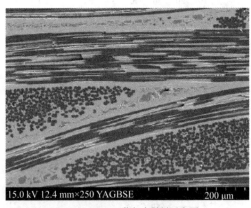

(a) CVI+PIP工艺复合材料内部　　　　　　　(b) CVI+PIP工艺复合材料近表面

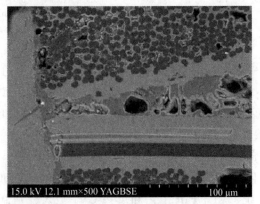

(c) CVI结合PI-OP工艺制备的C/SiC-SiBCN复合材料背散照片[50]

图3.39　不同工艺制得试样微结构的背散射电镜照片

内部多孔的结构。这与 CVI 结合 PI-OP 工艺所得试样密度最低,但开气孔率同样较低的结果是一致的。

图 3.40 为三种工艺制备的 C/SiC-SiBCN 和 C/SiC 复合材料在不同温度下空气中的氧化失重曲线。如图 3.40(a)所示,在 1 200 ℃和 1 300 ℃氧化 10 h 后,PI-OP 工艺所得试样的失重曲线近似线性变化,并且其重量损失较小,分别为 0.91%和 0.64%;当氧化温度升高至 1 400 ℃后,试样的失重曲线变为抛物线型,重量损失大幅升高,总失重率为 2.53%。其原因可能是:在 1 400 ℃的高温下,化学反应式(3.37)~式(3.44)的反应速率大幅提高,生成大量气相产物,使得试样表面"鼓泡"并破裂,为 O_2 的向内扩散提供了通道;同时 B_2O_3 玻璃相的大量挥发,破坏了硼硅玻璃氧化层的完整性,降低了其阻碍 O_2 扩散的能力,导致试样内部的 C 纤维和 PyC 界面氧化严重,故 B_2O_3 的挥发和 C 相的氧化使得试样重量明显下降。如图 3.40(b)所示,CVI+PIP 工艺所得试样的失重曲线变化规律与 PI-OP 工艺的相似,但其总失重率比 PI-OP 工艺的低,在 1 200 ℃、1 300 ℃和 1 400 ℃空气中氧化 10 h 后的总失重率分别为 0.25%、0.54%和 2.36%。由于 CVI+PIP 工艺所得试样的开气孔率小于 PI-OP 工艺得到的试样,其内外表面与空气接触的面积相对较小,因此在 1 200 ℃和 1 300 ℃氧化 10 h 后,CVI+PIP 工艺得到的试样的重量损失均小于 PI-OP 工艺得到的试样,分别为 0.25%和 0.54%。其失重率较低的原因可能是该工艺的致密化效果较好,O_2 较难向试样内部扩散,因而其抗氧化性能更好。如图 3.40(c)所示,在氧化温度为 1 200 ℃和 1 300 ℃时,单一 CVI 工艺制备的 C/SiC 复合材料的失重率随氧化时间的延长近似线性变化,总失重率分别为 0.94%和 0.81%。当氧化温度升高至 1 400 ℃时,其失重率随氧化时间的增加而呈抛物线型增加。其中,在氧化初期,由于 SiC 在高温下与 O_2 快速反应,生成大量的无定形态 SiO_2,增加试样重量的同时形成了一层致密的氧化膜,减少了试样内部 C 相的氧化失重,使得此时试样的重量略有增加;氧化 3 h 后,由于温度太高,无定形态的 SiO_2 中析出晶体颗粒,破坏了氧化膜的完整性,导致试样内部的 PyC 界面和 C 纤维开始快速氧化,试样的重量损失迅速增大,最后总失重率约为 2%。

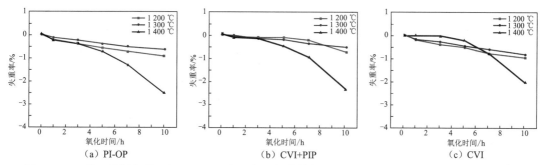

图 3.40 三种工艺制备的 C/SiC-SiBCN 和 C/SiC 复合材料在不同温度下空气中氧化的质量变化[50]

三种工艺得到的试样在 1 300 ℃时总失重率均比 1 200 ℃时略小,其原因可能是:在 1 200 ℃时,试样表层氧化后生成的氧化层还不够致密,不能完全保护试样内部的 C 相不被氧化,而当温度升到 1 300 ℃时,氧化反应速率提高,试样表层氧化生成的氧化膜更加致

密,使得试样内部 C 相氧化的更少,因而其失重率略小。氧化过程中可能发生的化学反应有:

$$2C + O_2 \Longrightarrow 2CO(g) \tag{3.37}$$

$$C + O_2 \Longrightarrow CO_2(g) \tag{3.38}$$

$$4BN + 3O_2 \Longrightarrow 2B_2O_3(l) + N_2(g) \tag{3.39}$$

$$B_2O_3(l) \Longrightarrow B_2O_3(g) \tag{3.40}$$

$$2B_2O_3 + O_2 \Longrightarrow 4BO_2(g) \tag{3.41}$$

$$Si_3N_4 + 3O_2 \Longrightarrow 3SiO_2(s) + 2N_2(g) \tag{3.42}$$

$$2SiC + 3O_2 \Longrightarrow 2SiO_2(s) + 2CO(g)(被动氧化) \tag{3.43}$$

$$SiC + O_2 \Longrightarrow SiO(s) + CO(g)(主动氧化) \tag{3.44}$$

图 3.41 为 PI-OP 工艺制备的 C/SiC-SiBCN 复合材料在不同温度空气中氧化后的表面形貌。从图 3.41(a)可以看出,制备态的复合材料表面存在少量裂纹,这可能是 SiBCN 陶瓷与沉积的 SiC 热膨胀系数不匹配引起的。这些裂纹成为氧化介质进入复合材料内部的通道,对复合材料的抗氧化性能不利。从图 3.41(b)可以看出,在 1 200 ℃空气中氧化 10 h后,试样表面出现不完整的氧化层,并且在降温过程中部分脱落。试样的氧化层中可以看到颗粒状物质,由 XRD 结果可知,其为 SiO_2 晶体相。从图 3.41(c)可以看出,1 300 ℃氧化后,试样表面形成了较为致密的氧化层,并观察到其对裂纹的愈合现象,如图中红色椭圆区域所示。其原因可能是温度的升高,使得试样内部的 SiBCN 陶瓷氧化生成的 B_2O_3 挥发到表面时,与表层的 SiO_2 形成了 $B_2O_3 \cdot SiO_2$ 玻璃相,在原来 SiO_2 氧化层的基础上进一步封填了基体中的裂纹,增强了试样的抗氧化性能。从图 3.41(d)可以看出,试样表面氧化层的厚度明显增大,除了凸起的菜花状 SiC 表面氧化生成的 SiO_2 氧化层脱落外,其他部位仍保持了氧化层的完整性,但高温下 B_2O_3 的挥发降低了其抗氧化性能。

图 3.42 为三种工艺制备的 C/SiC-SiBCN 和 C/SiC 复合材料在 1 400 ℃空气中氧化后的表面形貌。从图 3.42(a)可以看出,试样表面的氧化层中存在少量"气泡"破裂后的痕迹,这是因为在氧化过程中,首先氧化试样的表层,而 CVI 结合 PI-OP 工艺制备的试样中 SiBCN 陶瓷在其表层分布较多,SiBCN 陶瓷氧化后生成较多的气相产物,如 CO、N_2 及高温下挥发的 $B_2O_3(g)$。这些气相物质在氧化层的扩散速率较慢而不断聚集,形成"气泡",最终因内部压力过大而撑破氧化层释放出来。从图 3.42(b)可以看出,其表面形貌与图 3.42(a)相似,但没有"鼓泡"现象,这可能是因为传统 CVI+PIP 工艺制备的试样中 SiBCN 陶瓷主要分布于内部的纤维束间孔洞中,而表层含量较小,表层氧化时反应产生的气相物质较少,不足以通过"鼓泡"破裂而出。从图 3.42(c)可以看出,单一 CVI 工艺所得试样表面的氧化层大量脱落,其原因可能是:氧化层中只有 SiO_2,而没有 B_2O_3,无法缓解 SiO_2 与 SiC 基体之间因热膨胀系数不匹配而产生的内应力,最终导致降温时 SiO_2 氧化层的开裂和剥落。

图 3.43 为 PI-OP 工艺制备的 C/SiC-SiBCN 复合材料在不同温度空气中氧化后室温三点弯曲的载荷—位移曲线。由图 3.43 可知,随着氧化温度的升高,试样的断裂载荷及载荷—位移曲线线性段的斜率减小,相应的断裂应力、弯曲模量下降(由于三点弯曲测试试样尺寸比较

接近,可以近似认为对应的二者之间成正比)。其原因可能是:氧化温度升高后,复合材料中 PyC 界面被氧化,导致界面结合强度减小,界面传递载荷的能力下降,同时,C 纤维的氧化越来越严重,使得复合材料的性能下降。最后,试样的力学性能随氧化温度的升高而逐渐下降。

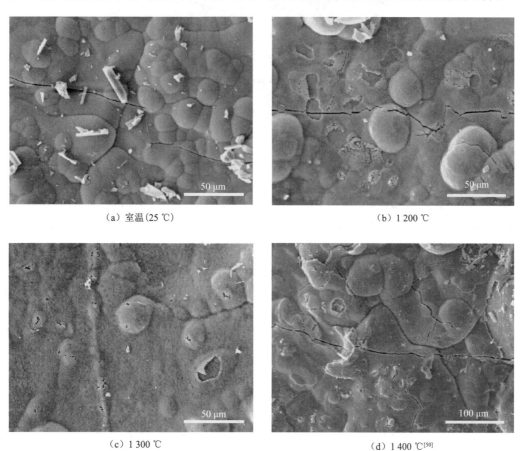

(a) 室温(25 ℃)

(b) 1 200 ℃

(c) 1 300 ℃

(d) 1 400 ℃[50]

图 3.41　PI-OP 工艺制备的 C/SiC-SiBCN 复合材料空气中氧化前后的表面形貌

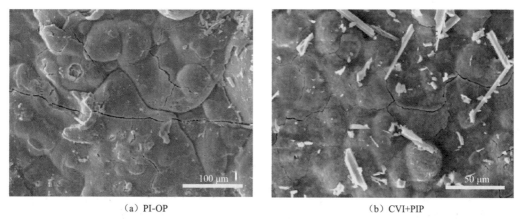

(a) PI-OP

(b) CVI+PIP

图 3.42　三种工艺制备的 C/SiC-SiBCN 和 C/SiC 复合材料在 1 400 ℃下空气中氧化后的表面形貌

（c）CVI[50]

图 3.42 三种工艺制备的 C/SiC-SiBCN 和 C/SiC 复合材料在 1 400 ℃下空气中氧化后的表面形貌（续）

图 3.44 为不同工艺制备的试样在 1 400 ℃空气氧化后三点弯曲的载荷—位移曲线。由图 3.44 可知,在 1 400 ℃空气中氧化 10 h 后,三种试样的载荷—位移曲线均呈典型的"假塑性"断裂模式,其中 CVI 结合 PI-OP 工艺制备的试样断裂强度和弯曲模量最高,传统 CVI＋PIP工艺的次之,单一 CVI 工艺的最低。其原因可能是:在 1 400 ℃空气中,单一 CVI 工艺制备的试样中 C 纤维的氧化最严重,性能下降最多,而 CVI 结合 PI-OP 工艺制备的试样中,由于引入了 SiBCN 自愈合相,抗氧化性能较好,因而内部 C 纤维氧化较轻,其性能高于传统 CVI＋PIP工艺试样的原因可能是:其中 SiBCN 自愈合相主要分布于试样的表层,使得试样表层比较致密,因而其抗氧化性能比传统 CVI＋PIP 工艺的更好。

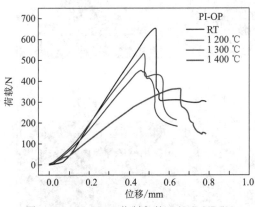

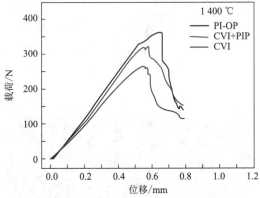

图 3.43 PI-OP 工艺制备的 C/SiC-SiBCN
复合材料在不同温度空气氧化后的
三点弯曲载荷—位移曲线[50]

图 3.44 不同工艺制备的 C/SiC-SiBCN 复合
材料在 1 400 ℃空气氧化后三点弯曲的
载荷—位移曲线[50]

图 3.45 为不同工艺制备的试样在 1 400 ℃空气中氧化 10 h 后的断口形貌。由图 3.45 可以看出,1 400 ℃氧化后三种试样的断口均有大量纤维拔出,并且拔出长度较长,说明此时三种试样内部 PyC 界面均存在一定程度的氧化,界面结合强度下降,有利于纤维拔出。其中,传统CVI＋PIP 工艺试样中纤维拔出数量较多,拔出长度较长,说明其界面损伤严重,必然导致其强

度较低；而 CVI 结合 PI-OP 工艺试样的纤维拔出数量较少，拔出长度较短，说明其界面损伤较轻，氧化后的强度较高，其结果与图 3.44 中两种试样的载荷—位移曲线特征相符。

（a）PI-OP

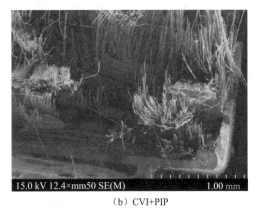

（b）CVI+PIP

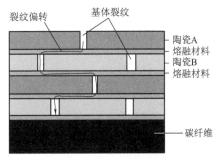

（c）CVI[50]

图 3.45　不同工艺制备的 C/SiC-SiBCN 复合材料在 1 400 ℃空气中氧化 10 h 后的断口形貌

4. 多层基体 SHCMC

多元多层自愈合陶瓷基复合材料（见图 3.46）通常由自愈合组元（B_xC 或 $SiBC$[54]）和 SiC 组元交替叠层构成多元多层基体，自愈合基体在高温有氧环境中快速氧化生成液态玻璃相填充基体中的裂纹和孔隙，阻碍氧气进一步向界面和纤维扩散。多元基体间可以加入薄层材料（掺硼热解碳或 BN），主要起力学熔断的作用，控制陶瓷基体中的裂纹偏转，增加氧气扩散的路径且提高愈合速率[55,56]。多元

图 3.46　多层多层陶瓷基复合材料中氧气扩散和损伤传播示意图

多层基体中的力学熔断层能够有效调整纤维和基体间热膨胀系数不匹配的问题，优化陶瓷基体中的载荷传递和载荷分布，从而使裂纹在基体中逐步扩展。在这种情况下，陶瓷层的损伤就与其他层损伤无关。如果载荷传递过程能够被较好地优化，外部陶瓷层会比内部陶瓷层先损坏，从而保证较好的密封过程。通过调整多元多层基体中的陶瓷密封胶，可以扩大材料的使用温度范围[57,58]。

采用 CVI 法制备的 $SiC_f/BN_i/[SiC-B_4C]_m$ 自愈合复合材料微结构如图 3.47 所示[59]。SiC 被 500 nm BN 界面包裹[见图 3.47(c)],CVI 4 炉次 SiC 基体后沉积 500 nm B_4C[见图 3.47(c)],循环一次之后,采用浆料浸渗的方法用 SiC 颗粒将剩余孔隙填充,并且 CVI SiC 涂层[见图 3.47(b)]。同时,复合材料中存在大量束间孔和束内孔。复合材料 1 300 ℃不同气氛下氧化和热处理过程中质量变化如图 3.48 所示。湿氧环境(12% H_2O:8% O_2:80%Ar)下氧化时质量变化曲线呈线性,说明氧化主要由反应控制。湿氧下氧化 300 h 后质量增加 (3.60 ± 0.25)%,并且可以分为两个阶段:第一阶段,B_2O_3 迅速生成且促进 SiC 生成 SiO_2,从而导致质量迅速增加;第二阶段,随着反应式(3.45)~式(3.47)的发生,B_2O_3 逐渐挥发,从而使质量增加速率降低。低氧环境(0.01% O_2:99.99%Ar)下氧化时质量变化曲线呈抛物线型,说明氧化主要由扩散控制。在这种气氛下,B_4C 优先氧化生成 B_2O_3,同时由于氧气含量较低,B_2O_3 的挥发速率大于其生成速率,导致没有充足的 B_2O_3 填充材料中的裂纹和孔隙,之后 SiC 在低氧环境中发生主动氧化,质量持续下降。而惰性气氛(99.999%He)下热处理后材料的质量仅有轻微的变化。具体的化学反应方程式如下:

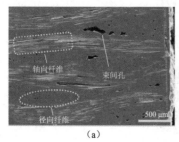 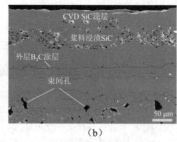 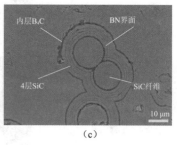

(a)　　　　　　　　　　(b)　　　　　　　　　　(c)

图 3.47　$SiC_f/BN_i/[SiC-B4C]_m$ 复合材料的截面形貌[56]

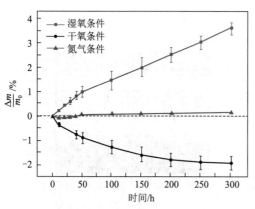

图 3.48　$SiC_f/BN_i/[SiC-B_4C]_m$ 复合
材料 1 300 ℃不同气氛下氧化质量变化[56]

$$B_2O_3(s,l) \Longrightarrow B_2O_3(g) \qquad (3.45)$$

$$B_2O_3(s,l) + \frac{1}{2}O_2(g) \Longrightarrow 2BO_2(g) \qquad (3.46)$$

$$B_2O_3(s,l) + H_2O(g) \Longrightarrow 2HBO_2(g) \qquad (3.47)$$

$$SiC + O_2(g) \Longrightarrow SiO(g) + CO(g) \qquad (3.48)$$

复合材料断口形貌如图 3.49 所示。原始复合材料和经热处理的复合材料端口中纤维拔出长度较短,主要是因为界面结构完整,界面剪切强度较高,载荷能够较好地由基体传递到纤维,复合材料强度高。而在干氧和湿氧环境中氧化后纤维拔出较长,主要是由于氧化过程中界面受损,界面结合强度低,载荷很难从基体传递到纤维,强度随之降低。氧化及热处理前后纤维表面形貌如图 3.50 所示,氧化前、热处理及湿氧环境中氧化后纤维表面光滑、完整,说明热处理和湿氧环境氧化没有造成纤维退化。复合材料在干氧环境中氧化 300 h 后纤维表面疏松多孔,BN 界面被完全消耗掉,并且 SiC 纤维发生主动氧化,纤维表面生成约 300 nm 厚的疏松层,材料质量下降且力学性能退化。氧化及热处理前后界面微结构如图 3.51 所示,$SiC_f/BN_i/[SiC\text{-}B_4C]_m$ 复合材料中 SiC 纤维外包裹着致密的 BN 界面,厚度约为 500 nm。热处理和湿氧中氧化后界面形貌没有明显变化,而在湿氧环境中氧化后,随着 BN 的氧化和 B_2O_3 的挥发,BN 界面不再完整。EDS 结果显示纤维表面粗糙物质为冷却过程中 SiC 纤维被动氧化形成。湿氧环境中生成氧化层的微观形貌如图 3.52 所示,表现为三层结构,氧化层中元素分布如图 3.52(b)所示。氧化过程中 B_4C 首先氧化生成 B_2O_3,B_2O_3 能够溶解 SiC 并促进其氧化,同时 B_2O_3 与 SiC 无氧环境中可能发生如下反应:

$$7SiC(s)+6B_2O_3(l)\Longrightarrow 7SiO_2(s)+3B_4C(s)+4CO(g) \tag{3.49}$$

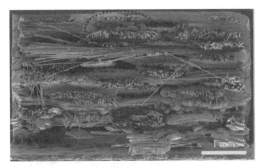
（a）原始

（b）热处理

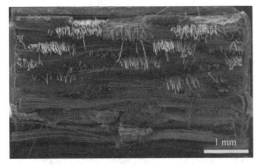
（c）干氧环境中

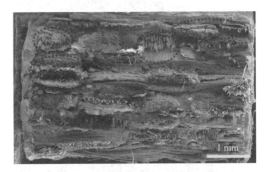
（d）湿氧环境中断口形貌[56]

图 3.49　$SiC_f/BN_i/[SiC\text{-}B_4C]_m$ 复合材料

因此,氧化层中的致密层为硼硅玻璃,由于 B_2O_3 的挥发性,硼硅玻璃中富含 SiO_2 相,并且可以发现硼硅玻璃中析出一些晶相,根据 B_2O_3-SiO_2 平衡相图,推测该晶体为鳞石英。随着致密的硼硅玻璃的形成,内部区域暂时形成无氧环境,反应式(3.49)可以发生,但是随着 CO 气体的生成,材料中形成大量纳米级孔隙。结合元素分布,可以判断疏松层为 SiO_2 和 B_4C。随氧化时间的延长,反应式(3.49)中 B_2O_3 逐渐被消耗完全,氧气会继续向材料内部扩散,B_4C 又开始逐渐被氧化:

$$B_4C + \frac{7}{2}O_2(g) = 2B_2O_3 + CO(g) \tag{3.50}$$

$$B_4C + 7H_2O(g) = 2B_2O_3 + CO(g) + 7H_2(g) \tag{3.51}$$

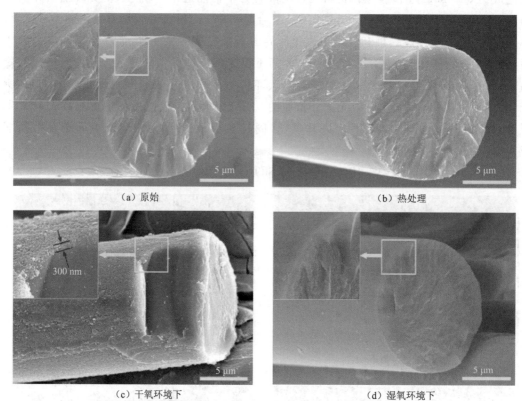

（a）原始　　　　　　　　　　　　　　（b）热处理

（c）干氧环境下　　　　　　　　　　（d）湿氧环境下

图 3.50　$SiC_f/BN_i/[SiC-B_4C]_m$ 复合材料中纤维表面形貌[56]

因此，初始 CVI B_4C 层反应生成 B_2O_3 作为催化剂促进碳化硅的氧化，直到被 B_4C 层包围的碳化硅基体完全氧化成 SiO_2。同时，随着氧化时间的延长，多孔层转变为致密层。如图 3.52(c)所示，由于自愈基质和硼硅酸盐阻挡层的保护，BN 相间层在氧化过程中保持完整。

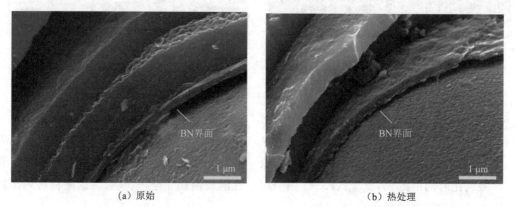

（a）原始　　　　　　　　　　　　　　（b）热处理

图 3.51　$SiC_f/BN_i/[SiC-B_4C]_m$ 复合材料中界面形貌[56]

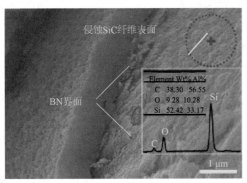

（c）干氧环境下

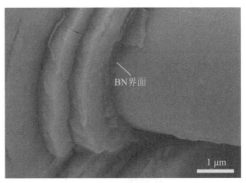

（d）湿氧环境下

图 3.51　SiC$_f$/BN$_i$/[SiC-B$_4$C]$_m$ 复合材料中界面形貌[56]（续）

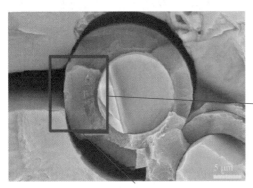

（a）纤维束周围氧化物的形貌

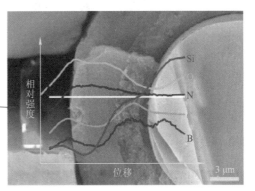

（b）氧化层的元素分布

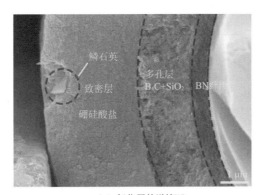

（c）氧化层的详情[56]

图 3.52　SiC$_f$/BN$_i$/[SiC-B$_4$C]$_m$ 复合材料在 1 300 ℃ 湿氧环境中（12%H$_2$O：8%O$_2$：80%Ar）
暴露 300 h 后的背散射电子图像

　　采用 CVI 法制备多元多层 C/(SiC-SiBC)$_m$ 复合材料[42]，图 3.53 为 2D C/(SiC-SiBC)$_m$ 的断口 SEM 形貌及线扫能谱分析（energy dispersive spectrum analysis，EDS）结果。EDS 线扫结果显示：在复合材料内部 Si-B-C 与 SiC 陶瓷交替呈均匀层状分布，两相结合紧密。形貌照片显示 Si-B-C 外层厚度大于内层 Si-B-C 层厚度，随 CVI 路径向内延伸，渗入量也随之减少。经 Si-B-C 基体改性的复合材料，依旧保留其特有结构特征：存在孔隙（纤维束间大孔和束内小孔)和贯穿基体的裂纹,其热膨胀系数低于 C/SiC 复合材料。本文 Si-B-C 陶瓷为 SiC 和 B₄C 的纳米弥散结构,其中的 B₄C 将降低 Si-B-C 陶瓷的热膨胀系数,有利于改善C/SiC 复合材料中碳纤维与 SiC 基体的热膨胀失配,从而减少基体裂纹数量。此外,由于Si-B-C 基体与 SiC 呈交替层状结构,贯穿基体的裂纹会优先沿层间结合处扩,第一类孔隙为多束纵向纤维并列排布结构形成的孔隙(如 pore1),其孔径最大,但数量一般较少;第二类孔隙为两束纵向纤维交错排布再紧贴横向纤维束所形成的孔隙(如 pore2),一般数量最多,孔径大小次之;第三类为纤维束本身紧密接触,由于 CVI 制备工艺特性造成的孔隙(如 pore3),孔径最小。由于 C/SiC 复合材料组元中 SiC 基体和碳纤维的热膨胀系数相差较大,由制备温度冷却至室温必然形成裂纹。由于碳化硼的热膨胀系数低于 SiC[60],故经碳化硼改性的 C/SiC 复合材料,对其力学性能产生影响。

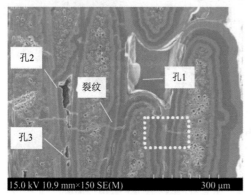

(a) SEM 照片

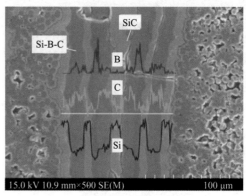

(b) 局部放大及EDS 线扫

图 3.53　2D C/(SiC-SiBC)ₘ 复合材的断口形貌和 EDS 线扫

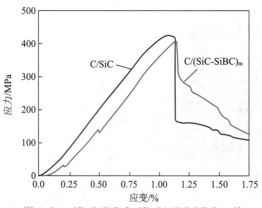

图 3.54　2D C/SiC 和 2D C/(SiC-SiBC)ₘ 的
弯曲应力—应变曲线

2D C/SiC 和 C/(SiC-SiBC)ₘ 的三点弯曲应力—应变曲线如图 3.54 所示 C/(SiC-SiBC)ₘ 与 C/SiC 的弯曲强度相近,而 C/(SiC-SiBC)ₘ的应力—应变曲线斜率低,表明 C/(SiC-SiBC)ₘ 的模量有所降低而断裂应变提高。C/(SiC-SiBC)ₘ 的断裂韧性和断裂功分别为(21.7 ± 1) MPa・m$^{1/2}$和(8.96 ± 0.2) kJ・m^{-2},而 C/SiC 的为 19 MPa・m$^{1/2}$和 7.98 kJ・m^{-2},提高幅度分别为 14.2% 和 12.2%。2D C/(SiC-SiBC)ₘ 弯曲断裂断口的 SEM 照片如图 3.55 所示。图 3.55

(a)表示基体微裂纹在层间的扩展、偏转与增值,说明层状结构对提高韧性断裂的微细观本质。图 3.55(b)和图 3.55(c)表示纤维和纤维束拔出,表现出 C/(SiC-SiBC)ₘ 的典型韧性断裂特征。图 3.56 进一步展示 C/(SiC-SiBC)ₘ 的断裂韧性试样表面裂纹扩展形貌。可见,主裂纹首先从切口处沿 45°方向内远离切口方向扩展,切口处还有次裂纹几乎沿垂直于主裂纹的方向扩展,如区域 A 所示,该过程可显著消耗裂纹扩展能;随主裂纹进一步扩展,裂纹的扩展路径增加,裂纹在 0°和 90°纤维的交叉处再次偏转而消耗能量;伴随主裂纹的每次扩展和偏转,裂纹宽度不断减小,如图 3.56 区域 B 和 C 所示。主裂纹宽度减小说明损伤能量不断被消耗,抵抗裂纹扩展能力得以提高,从而提高了材料的断裂韧性。

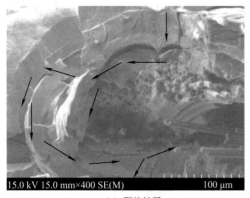

(a) 裂纹扩展　　　　　　　　　　(b) 纤维拔出

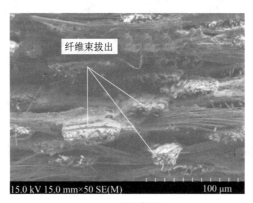

(c) 纤维束拔出

图 3.55　2D C/(SiC-SiBC)$_m$ 复合材料断口的 SEM 形貌照片

图 3.57 为 C/SiC 复合材料和 2D C/(SiC-SiBC)$_m$ 在不同温度空气氧化的重量变化曲线。从图 3.57(a)可见,C/SiC 在不同温度氧化的失重情况与氧化时间呈线性关系,C/SiC 700 ℃经 50 h 氧化后失重质量分数高达 29.6%,材料内部的碳纤维几乎被彻底氧化。除 1 300 ℃以外,在其他温度下,C/(SiC-SiBC)$_m$ 氧化重量变化随时间增加均平稳变化。700 ℃氧化约 5 h,重量先快速减少后保持相对稳定;氧化 40 h 重量略有减少,50 h 的质量分数降低仅为 0.089%,明显低于涂层改性质量分数的 2.55%;C/(SiC-SiBC)$_m$ 1 000 ℃氧化前 0.5 h,出现明显减重,氧化时间增至 10 h 后重量保持相对稳定,直至氧化实验结束。C/(SiC-SiBC)$_m$ 的最终失重率为 0.03%,略优于涂层改性质量分数的 0.29%。当氧化温度升到 1 200 ℃以上,氧化前 0.5 h 均为失重状态,然后迅速转为增重,随氧化时间增加,1 200 ℃的重量变化相对稳定,直至氧化实验结束。而对于 1 300 ℃氧化,前期增重后转为减重,最终失重率仅为 0.19%,该结果与涂层改性失重(质量分数 0.13%)结果接近。在 1 400 ℃氧化时,试样前

20 h 氧化增重到最大值后,重量开始有所下降,但氧化 30 h 后开始保持相对稳定,氧化结束后试样增重为 0.02%。

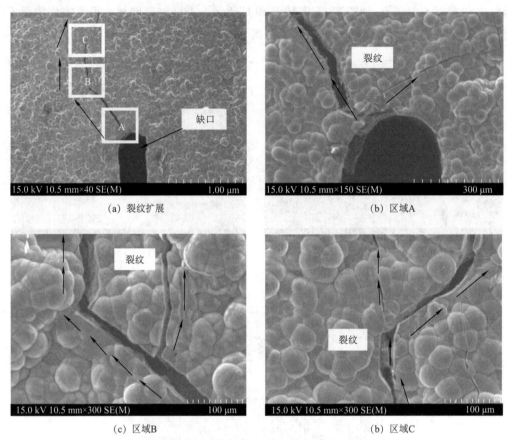

(a) 裂纹扩展　　　　　　　　　　　　　(b) 区域A

(c) 区域B　　　　　　　　　　　　　(b) 区域C

图 3.56　2D C/(SiC-SiBC)$_m$ 的断裂韧性试样裂纹扩展形貌的 SEM 照片

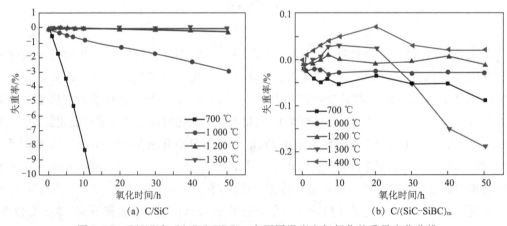

(a) C/SiC　　　　　　　　　　　　　(b) C/(SiC-SiBC)$_m$

图 3.57　C/SiC 和 C/(SiC-SiBC)$_m$ 在不同温度空气氧化的重量变化曲线

图 3.58 为 C/SiC 和 CMC-SiC 在不同温度氧化 50 h 后的残余强度,C/SiC 在 700 ℃ 氧化后的性能衰减严重,氧化 50 h 后残余强度仅剩 1.4%,说明 50 h 氧化后裂纹未被封填,材

料内部纤维几乎彻底被氧化。图 3.58 为 C/SiC 和 2D C/(SiC-SiBC)$_m$ 在不同温度空气氧化 50 h 后的残余强度。试样的原始强度为 400 MPa,分别在 700 ℃、1 000 ℃、1 200 ℃、1 300 ℃和 1 400 ℃氧化 50 h 后,对应的残余强度分别为 392 MPa、450 MPa、390 MPa、340 MPa 和 343 MPa。通过数据分析,可将残余强度分为两类:(1)1 200 ℃以下氧化后的弯曲强度与原始试样相比,没有明显衰减,强度保持率高于 98%;(2)在 1 300 ℃和 1 400 ℃氧化后残余强度有所衰减,但衰减幅度仅为 15%,强度保持率分别为 85%和 85.7%。1 000 ℃氧化后试样强度没降反升 12%,这是由于试样氧化后,内部碳相未被氧化损伤,并据相关文献[57]报道,基体内部形成的玻璃相提高了 C/SiC 的残余弯曲强度。

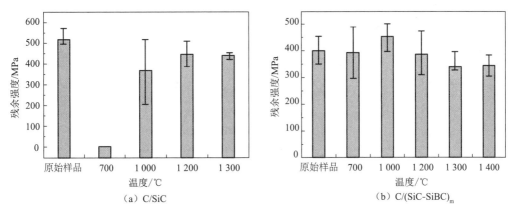

图 3.58 C/SiC 和 C/(SiC-SiBC)$_m$ 在不同温度空气氧化 50 h 后的残余强度

图 3.59 为 C/SiC 和 C/(SiC-SiBC)$_m$ 在不同温度水氧环境氧化的重量变化曲线。未改性 C/SiC 的氧化重量变化如图 3.59(a)所示,700 ℃氧化 20 h,试样失重相对缓慢,失重率仅为 2.97%,随氧化进行,试样呈现快速失重,50 h 后失重质量分数高达 26.74%;1 000 ℃以上,试样失重随氧化时间呈线性变化,在 1 000 ℃、1 200 ℃、1 300 ℃和 1 400 ℃氧化 50 h 的失重率分别为 1.79%、5.79%、7.76%和 2.29%。对于 Si-B-C 基体改性的 C/(SiC-SiBC)$_m$ 在 14H$_2$O/O$_2$ 环境氧化失重曲线如图 3.59(b)所示。700 ℃时,前 6 h 持续快速失重,最大失重质量分数达 0.118%,随后失重开始减少,20 h 后重量变化基本稳定,直至氧化 50 h 结束失重质量分数为 0.056%。1 000 ℃以上,氧化前期(大约 0.5 h)轻微失重,随后氧化失重开始减少,氧化 6 h 左右开始至结束试样持续增重。1 400 ℃时,除前 10 h 失重不同外,后续重量变化与 1 000 ℃的类似,试样最终增重质量分数为 0.194%。由于经过 50 h 的氧化,C/(SiC-SiBC)$_m$ 试样重量仅出现轻微增重,为了能够更好地考核 Si-B-C 基体改性后试样的抗氧化性能,特意将 C/(SiC-SiBC)$_m$ 试样放入更为苛刻的水氧环境下考核 200 h(考核环境:1 250 ℃,体积分数为 50%的 H$_2$O 和体积分数为 50%的 O$_2$),试样仅增重质量分数 0.59%。结果表明,Si-B-C 陶瓷基体改性后的试样具有优异的抗氧化性能,具备在苛刻环境下长时间服役的潜能。

图 3.59(a)为 C/SiC 复合材料在 14H$_2$O/O$_2$ 环境下的氧化结果:700 ℃氧化 50 h 后,C/SiC 的残余强度严重衰减为 64.2 MPa,强度保持率仅 12.4%;1 000 ℃和 1 200 ℃时,

C/SiC 的强度有所上升,保持率分别为 92% 和 88%。图 3.60(b)为 C/(SiC-SiBC)$_m$ 在 14H$_2$O/O$_2$ 环境氧化 50 h 的残余强度。该试样在 700 ℃ 和 1 000 ℃ 氧化后残余强度分别为 488 MPa 和 469 MPa,与原始强度(482 MPa)相比无明显衰减,强度保持率分别为 101.2% 和 97.3%。随着氧化温度升高,试样的残余强度呈明显下降趋势,1 200 ℃ 的强度为 409 MPa,强度保持率为 84.8%;而 1 300 ℃ 的强度降到最低点为 354 MPa,强度保持率为 73.4%;1 400 ℃ 的残余强度略升为 377 MPa,强度保持率为 78.2%。与 C/SiC 相比,基体改性试样在 1 000 ℃ 以下具有更优的抗氧化性能。

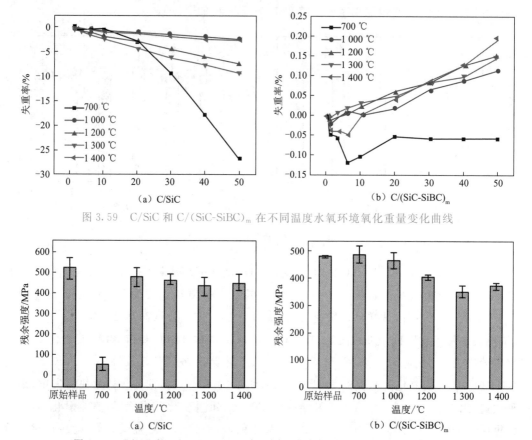

图 3.59　C/SiC 和 C/(SiC-SiBC)$_m$ 在不同温度水氧环境氧化重量变化曲线

图 3.60　C/SiC 和 C/(SiC-SiBC)$_m$ 在不同温度水氧环境氧化 50 h 的残余强度

　　基体改性 C/(SiC-SiBC)$_m$ 在 700 ℃ 氧化过程中,通过裂纹扩散到材料内部的氧,优先与 Si-B-C 陶瓷层氧化形成硼硅玻璃,自愈合速率受 Si-B-C 陶瓷氧化形成硼硅玻璃的速率控制。但由于 Si-B-C 基体改性可形成多层防护体系起到"层层设防与逐层消耗氧"的效果,如图 3.61(a)所示,从而消耗扩散到材料内部氧含量,减缓 PyC 和碳纤维的氧化损伤,因而基体改性 C/(SiC-SiBC)$_m$ 表现出优异的抗氧化性能。当氧化温度为 1 000 ℃ 时,Si-B-C 陶瓷的氧化反应速率较 700 ℃ 有所增加,从裂纹扩散到材料内部的氧与 Si-B-C 陶瓷氧化反应形成硼硅玻璃,一方面直接消耗扩散到材料内部的氧,另一方面氧化生成的硼硅玻璃填充氧扩散通道,从而阻止氧向材料内部的扩散。基体改性 C/(SiC-SiBC)$_m$ 中多层 Si-B-C 陶瓷在氧化过程中形成多层防护体系,同时生成硼硅玻璃量较 700 ℃的多,使基体裂纹和缺陷在氧化过程中有效愈合,从而显著提高其抗氧化性能,氧化 50 h 后内部未见损伤迹象,但是 1 000 ℃空气环境下,Si-B-C 陶瓷在材料内部氧化形成硼硅玻璃的量有限,无论是涂层改性或基体改性试样,硼硅玻璃均无法溢出封填表面裂纹。当温度升至 1 200 ℃以上,Si-B-C 陶瓷与扩散入基体的氧反应形成硼硅玻璃的速率加快,可迅速填充层孔隙并封填基体裂纹,可显著降低扩散到材料内部的氧含量,从而提高其抗氧化性能。而当温度升到 1 300 ℃以上时,温度对硼硅玻璃黏度影响较大,直接导致黏度降低。玻璃黏度降低,一方面有利于硼硅玻璃的快速流动而封填材料中的裂纹和孔隙,但另一方面,严重降低硼硅玻璃阻挡氧扩散的能力,从而降低封填裂纹的效果。此外,温度升高加快硼硅玻璃的挥发,尤其对于熔点较低的氧化硼玻璃挥发更为严重,从而影响硼硅玻璃的自愈合效果。C/(SiC-SiBC)$_m$ 复合材料在 1 200 ℃以上氧化时,内部的裂纹和孔隙可被硼硅玻璃完全封填,材料损伤程度主要受氧在硼硅玻璃中的扩散控制。1 200 ℃硼硅玻璃可有效阻挡和减缓氧的扩散,氧化 50 h 后,材料残余强度未明显衰减;而当温度升到 1 300 ℃以上,硼硅玻璃阻挡氧扩散的能力降低,氧化 50 h 后靠近表面涂层附近的纤维束较为疏松。图 3.62(a)为基体改性 C/(SiC-SiBC)$_m$ 在 1 300 ℃氧化后的形貌。通过形貌放大发现,纤维束内部疏松,但纤维未被彻底氧化,如图 3.62(b)所示,氧化 50 h 后,残余强度衰减到 90%以下。

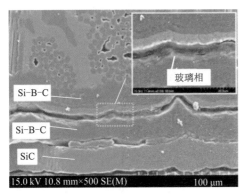
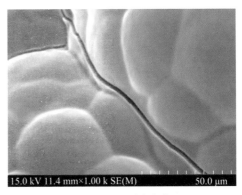

（a）700 ℃空气氧化50 h　　　　　　　（b）1 300 ℃空气氧化50 h

图 3.61　C/(SiC-SiBC)$_m$ 700 ℃空气氧化 50 h 和 1 300 ℃空气氧化 50 h 的断口形貌

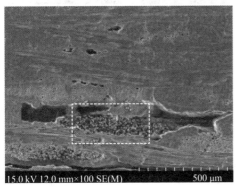
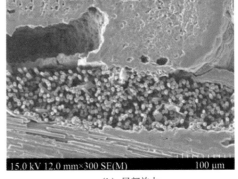

（a）纤维氧化　　　　　　　　　　（b）局部放大

图 3.62　C/(SiC-SiBC)$_m$ 1 300 ℃空气氧化 50 h 的断口抛面形貌

与空气环境相比,环境中水的存在一方面促进表层的 SiC 反应,另一方面加速内部 Si-B-C 陶瓷的氧化,最终影响 Si-B-C 陶瓷改性的 CMC-SiC 在不同温度的自愈合效果和抗氧化性能。1 000 ℃ 以下,氧化介质(H₂O 和 O₂)与表层 SiC 氧化程度较弱,与空气环境的类似,表层裂纹未被封填,但水的存在加速试样内部 Si-B-C 氧化。氧化介质向材料内部扩散过程中,容易在 Si-B-C 层与 SiC 层间形成玻璃层而封填内部裂纹 C/(SiC-SiBC)ₘ,1 000 ℃ 以下水氧环境氧化时,自愈合形成与演变损伤机理与空气环境的相同,均受 Si-B-C 陶瓷氧化形成硼硅玻璃的速率控制,与空气环境不同的是,1 000 ℃ 以下水的存在加快硼硅玻璃的形成,有利于封填材料缺陷,从而显著提高材料的抗氧化性能,如图 3.63 所示。当氧化温度达 1 200 ℃ 以上,与空气环境相比,一方面水氧与试样表层 SiC 迅速氧化成龟裂形貌的氧化硅,如图 3.64 所示的 C/(SiC-SiBC)ₘ 在 1 200 ℃ 14H₂O/O₂ 环境氧化后表面形貌。这是由于水氧环境下,水蒸气促进非晶态氧化硅析晶成方石英,而方石英的高低温相变导致其表面龟裂而破坏氧化层的完整性;同时,与水形成的 Si-OH 键破坏 SiO₂ 膜的致密性,加速氧化介质向内部扩散[61-63],导致表层 SiC 氧化加快,该氧化过程对基体改性 C/(SiC-SiBC)ₘ 的影响较为明显;另一方面,随温度升高,扩散到材料内部的氧化介质与 Si-B-C 陶瓷的反应加快,Si-B-C 陶瓷氧化生成的硼硅玻璃可及时封填材料内部裂纹和孔隙,但由于硼硅玻璃在水氧环境下更易被消耗,并且在高温下玻璃黏度迅速降低,从而降低其阻挡氧化介质扩散的能力,导致材料残余强度衰减。

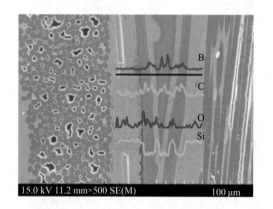
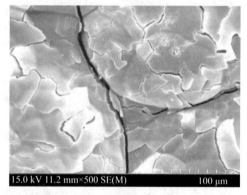

图 3.63 C/(SiC-SiBC)ₘ 在 14H₂O/O₂ 环境 1 000 ℃ 氧化 50 h 后抛光断口形貌

图 3.64 C/(SiC-SiBC)ₘ 在 14H₂O/O₂ 环境 1 200 ℃ 氧化 50 h 后的表面形貌

图 3.65 展示出 C/(SiC-SiBC)ₘ 在 1 000 ℃ 和 1 400 ℃ 弯曲断裂时纤维拔出形貌。1 000 ℃ 以下氧化时,多以整束纤维形式拔出且拔出较长;当氧化温度升至 1 200 ℃ 以上,同样未见纤维明显氧化的断口形貌,但以疏松状纤维簇拔出,尤其在试样外表层处纤维更加疏松且拔出长度明显增加,说明复合材料界面结合变弱,即氧化过程中少量氧化性气氛通过未有效封填的裂纹扩散到材料内部,使界面相 PyC 氧化受损,导致纤维与基体结合变弱,导致改性后的复合材料残余强度衰减。

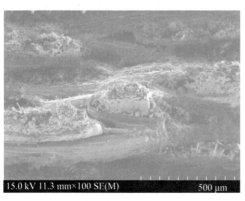
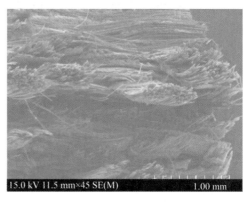

（a）1 000 ℃　　　　　　　　　　　　　　　（b）1 400 ℃

图 3.65　C/(SiC-SiBC)$_m$ 在 14H$_2$O/O$_2$ 环境 1 000 ℃和 1 400 ℃氧化 50 h 的断口形貌

3.2.2　高温长寿命复合材料制备工艺

目前，高温长寿命复合材料制备工艺主要有料浆浸渗热压烧结法（slurry infiltration and hot press，SI-HP）、化学气相浸渗法（CVI）、前驱体转化法又称聚合物浸渍裂解法（PIP）、反应性熔体渗透法（RMI）及溶胶—凝胶法（Sol-Gel）。

1. 料浆浸渗热压烧结法

SI-HP 法是一种传统的陶瓷基复合材料的制备方法，该方法的工艺过程是：先将纤维束高温处理除胶，然后通过装有料浆的槽中，使陶瓷料浆均匀涂挂在每根单丝纤维的表面，再将浸过料浆的纤维缠绕在轮毂上制成无纬布，无纬布经过干燥后切割成预制片，最后叠层至所需的结构和厚度，放在石墨模具中进行热压烧结，制成陶瓷基复合材料。热压烧结的目的是使陶瓷粉末颗粒在高温下重排，通过烧结或玻璃相黏性流动充填于纤维之间的孔隙中。

在该方法中，料浆的组成和性能至关重要，料浆通常由溶剂（水、乙醇等作为载体）、陶瓷粉体和有机结合剂三个部分组成。为了改善溶剂与陶瓷粉体及纤维之间的润湿性能，通常需要加入表面活性剂。陶瓷粉体的形状最好为球形且尺寸尽可能细小，当粉体的直径与纤维直径之比值大于 0.15 时，粉体很难浸渗到纤维束内部的单丝纤维之间。为了保证粉体充分向纤维束内部浸渗，粉体与纤维的直径之比通常以小于 0.05 为宜。在混合浆料中各粉体组元应保持散凝状，即在浆料中呈弥散分布，这可通过调整水溶液的 pH 值来实现，对浆料进行超声波震动搅拌则可进一步改善弥散性。加入少量烧结助剂，能显著降低材料的烧结温度，避免纤维和基体之间发生化学反应，如在 C/S$_3$N$_4$ 体系中，加入少量 Li$_2$O、MgO 和 SiO$_2$ 可使烧结温度从 1 700 ℃降低到 1 450 ℃；加入 ZrO$_2$ 可以有效减小纤维和基体之间热应力失配情况，避免基体上出现热裂纹。

SI-HP 法最突出优点如下：

（1）烧结时间短，制造成本低，由于采用热压方法进行烧结，复合材料的致密化时间仅约为 1 h；

(2)基体软化温度较低，可使热压温度接近或低于陶瓷软化温度，利用某些陶瓷(如玻璃)的黏性流动来获得致密的复合材料，如 C/SiO$_2$、SiC/LAS、SC/BAS 和 SC/CAS 等；

(3)复合材料的致密度和性能高，在高温烧结过程中通常都存在有一定数量的液相，在机械压力的作用下能实现复合材料的充分烧结，显著降低了复合材料内部残留孔隙对材料力学性能的影响。

SI-HP 法主要不足之处如下：

(1)对于以难熔化合物为基体的复合材料体系，因为基体缺乏流动性而很难有效；

(2)在高温、高压下会使纤维受到严重损伤，从而影响最终复合材料的性能；

(3)难以制备一些形状复杂的制件；

(4)在热压烧结过程中，作用在固体粒子的机械载荷作用也会对纤维造成严重损伤。

2. 化学气相渗透法

CVI 是一个极为复杂的过程，涉及反应化学、热力学、动力学和晶体生长等多方面的内容。在 CVI 过程中，反应物是以气体的形式存在的，能渗入纤维预制体的内部发生化学反应，并原位进行气相沉积在纤维表面形成 SiC 基体。Fitzer[64]等提出了 CVI 过程模型步骤：(1)反应气体扩散到纤维预制体孔隙表面；(2)反应气体扩散进入纤维预制体内部；(3)反应气体吸附在孔隙的内表面；(4)在纤维表面发生化学反应并形成涂层；(5)反应副产物脱离纤维表面而挥发；(6)反应副产物向外扩散；(7)反应副产物进入到混合气体中。

与液相法和固相法相比，CVI 的突出优点如下：

(1)能在较低温度进行耐高温材料的制备。SiC 陶瓷材料的烧结温度通常高达 2 000 ℃以上，而采用 CVI 法则能在 900～1 100 ℃的温度下制备出高纯度和高致密度的 SiC 陶瓷，纤维损伤较小。

(2)能制备出硅化物、碳化物、硼化物、氮化物和氧化物等多种陶瓷材料。制备的陶瓷基体纯度高，晶型完整，并能实现微观尺度上化学成分的设计与制造。

(3)能制备出形状复杂、近净尺寸(near-net-shape)结构的复合材料部件。

(4)制备过程中由于没有机械载荷的作用，纤维的性能损伤程度小，复合材料的力学性能较高。

CVI 法的主要缺点是：生产周期长；制备的复合材料孔隙率高(通常都存在 10%～15%的孔隙率)；制造周期长；成本高。

在连续纤维增韧碳化硅陶瓷基复合材料领域，CVI 法是最早实现商业化生产的方法。早期开展这领域研究工作的单位主要有：法国 Bordeaux 大学、法国 SEP 公司、德国 Karlsruhe 大学和美国 Oak Ridge 国家实验室等。在我国，西北工业大学等单位从 20 世纪 90 年代开始进行了系统深入的研究工作，取得了显著进展。

典型的 CVI 工艺方法根据在制备过程中主要控制参数的不同，可将 CVI 技术分为 5 大类[65]：等温等压 CVI(ICVI)、热梯度等压 CVI(TG-CVI)、强制对流 CVI(F-CVI)、液相渗入 CVI(LICVI)和脉冲 CVI(P-CVI)等。其中，最典型的有等温等压 CVI(ICVI)、强制对流 CVI(FCVI)和脉冲 CVI(PCVI)三种，此外，还有利用等离子、微波、催化等方法改进的 CVI 工艺技术[66]。

ICVI 法又称静态法,将纤维预制体放在温度和气氛压力均匀的空间,反应物气体通过扩散渗入到纤维预制体内发生化学反应并进行沉积,而副产物气体再通过扩散向外逸散。ICVI 法的最大优点是能在同一炉中制造出大量的复合材料构件,并且构件的尺寸和几何形状不受限制。其缺点是致密化过程较慢,但却能通过扩大规模弥补这一不足,非常适合于工业化大批量生产。

目前,工业上应用的大尺寸 I-CVI 设备(直径>2 500 mm)已用来制备 C/C、C/SiC、SiC/SiC 或其他难熔复合材料[66]。影响 CVI 渗透速率、渗透效率的主要因素是温度和压强。在 ICVI 中,渗透速率和温度成指数关系,压强增大,渗透速率也增加[68-70],但实际情况是:在 ICVI 中,温度和压强都必须足够的低,即不能采用高温和常压。

美国橡树岭国家实验室(oak ridge national laboratory,ORNL)为了解决致密化速率慢的问题,提出了 FCVI 方法。这种方法是动态 CVI 法中最典型的方法,在 FCVI 过程中,在纤维预制体内形成一个温度梯度,同时还形成一个反向的气体压力梯度,迫使反应气体强行通过多孔体,在温度较高处发生沉积。在此过程中,沉积界面不断由高温区向低温区推移,或在适当的温度梯度沿厚度方向均匀沉积。

FCVI 的最大优点是能够实现快速致密化,对于厚度为 10 mm 的板材,只需要 36 h 致密度就能达到 80%。FCVI 的主要不足之处是工装复杂,只适合于单件生产。

Sugiyama 等[71,72]于 1987 年提出了脉冲 P-CVI 方法,其目的也是提高沉积效率,减少密度梯度,确保前驱体气体组成的均匀性。以沉积 SiC 为例,其工艺分 三步:(1)氢气与氩气通过鼓泡法与 MTS 混合进入一个混气罐,为 P-CVI 提供气体;(2)通过电磁阀控制进气(1~10 kPa),然后关闭进气阀,让反应气体在炉内反应,沉积一定时间(0.2~120 s);(3)排气阀打开,让反应过的气体排出;如此循环。该方法存在的问题主要是第三步排气阶段的排气问题。为保证沉积温度和真空度(0.05~0.1 kPa),排气阶段需要的时间可能会较长,因此,其反应腔体较小时,有利于缩短排气时间。由于气体种类和反应时间是可控的,通过混合不同的前驱体,该方法常用来制备多层界面或基体复合材料。例如:多层 PyC-SiC 就是采用 (C_xH_y) 和 $(MTS-H_2)$ 交替沉积得到的,并且每一层厚度均可通过沉积温度、时间或脉冲次数控制[73,74]。

对 CVI 过程的研究,首先需要进行反应热力学分析,即采用化学平衡计算,估算系统处于平衡状态时的固态物质类型和产率,预测 CVD 产物类型与产量,以及各种反应参数对 CVD 固相产物的影响。对于非动力学控制的过程,热力学分析可以定量描述沉积产物组成和沉积速率,有助于优化沉积条件和了解沉积机制。通过计算,绘制不同工艺条件下的产物相图可为动力学研究提供参考和依据。在热力学可能的范围内进行实验,可缩短实验周期、减少实验量和成本,还可预测反应参数对沉积过程的影响,从而帮助理解沉积机制[75,76]。

西北工业大学的刘永胜[77]通过计算得到了 BCl_3-CH_4-H_2 和 BCl_3-C_3H_6-H_2 体系的热力学相图,分别如图 3.66 和图 3.67 所示,探讨了反应气体分压及其比例、系统总压及沉积温度对相图中固相产物种类、分布及其面积的影响规律。经过动力学验证发现,对于 BCl_3-C_3H_6-H_2 体系,最佳的 CVI 前驱体 B/C 比例为 $1:1\sim1:2$。对于 BCl_3-CH_4-H_2 体系,CVI 的最佳温度范围为 $900\sim950$ ℃。

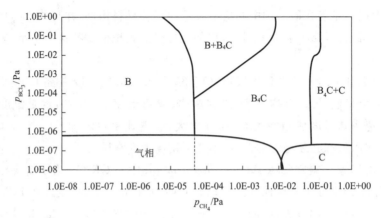

图 3.66　BCl_3-CH_4-H_2 体系的热力学相图(总压:101 325 Pa;温度:900 ℃)

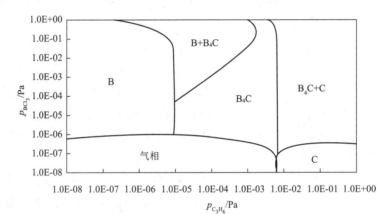

图 3.67　BCl_3-C_3H_6-H_2 体系的热力学相图(总压:101 325 Pa;温度:900 ℃)

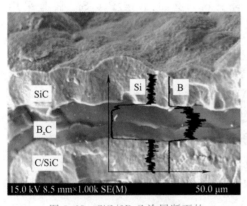

图 3.68　$SiC/2B_xC$ 涂层断面的
SEM 照片与 EDS 线扫描

杨文彬[78]采用 B_xC 对 C/SiC 进行自愈合涂层和基体改性,图 3.68 给出了 $SiC/2B_xC$ 涂层断面的 SEM 照片与 EDS 线扫描分析结果。可以看出,外层 SiC 厚度约为 20 μm,B_xC 改性层由两层单次沉积厚度约 10 μm 的 B_xC 陶瓷构成,两层 B_xC 之间有较清晰的界面。图 3.69(a)为 2D C/SiC-B_xC 抛光横截面基体能谱线扫描图谱。如图 3.69(a)所示,SiC 与 B_xC 基体呈规则的层状分布,能谱分析表明深色基体为 B_xC,浅色基体为 SiC。值得注意的是,B 元素线扫描表明第一层 B_xC 基体表层富碳。图 3.69(b)为 SiC 沉积在 B_xC 上形成界面的高倍 SEM 照片,可以看出富碳 B_xC 层厚度约为 400 nm。

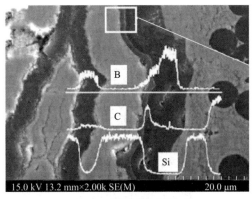

(a) SEM照片与EDS线扫描　　　　　　(b) 方框区域的放大像

图 3.69　2D C/SiC-B$_4$C 横截面的 SEM 照片与 EDS 线扫描

左新章[79]计算了 MTS-BCl$_3$-H$_2$ 体系的沉积热力学规律,发现沉积温度升高会促进 B$_4$C 的生成,总压升高会抑制 B$_4$C 的生成。随后,在沉积温度 1 000 ℃,气体比例 $\alpha=20,\beta=2$ (Q_{H_2} = 280 sccm, Q_{MTS} = 14 sccm, Q_{BCl_3} = 7 sccm, $\alpha=[H_2]/[MTS]$, $\beta=[MTS]/[BCl_3]$) 的条件下沉积了 Si-B-C 陶瓷的断面结构,如图 3.70 所示。

在已有的报道中,W Cermignani[80]以 BCl$_3$、C$_6$H$_6$ 和 He 为气源,合成了 B-C 陶瓷薄膜,采用 XPS 分析结果表明,B-C 陶瓷薄膜的 B 元素

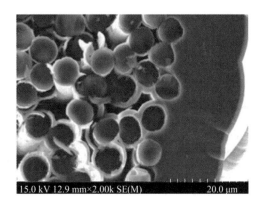

图 3.70　1 100 ℃沉积 Si-B-C 陶瓷的断面形貌 SEM 照片

含量为 15.0%,薄膜内含有微量的 O 元素;S Jacques 等[81]采用 BCl$_3$-C$_3$H$_8$-H$_2$ 为反应体系,在 750~950 ℃范围内合成 B-C 陶瓷;L. Vandenbulcke[82-84] 及其合作者研究了以 BCl$_3$-CH$_4$-H$_2$ 为反应气体,在滞止流状态下沉积 B-C 陶瓷的过程。Tomas S. Moss[85,86]等以 BCl$_3$-CH$_4$-H$_2$ 为反应体系,采用射流—喷射反应器沉积 B-C 陶瓷。S. Noyan Deilek[83]等对双射流—喷射反应器沉积 B-C 陶瓷的动力学进行了研究。H. Hannache[84]等系统地研究了 BCl$_3$-CH$_4$-H$_2$ 体系在热壁沉积炉内沉积 B-C 陶瓷的动力学过程。

R. Nsalain 和 F. Lamouroux 等人[22,23,87-90]采用脉冲化学气相沉积法(P-CVD)制备了碳纤维增强以 B$_{13}$C$_2$-BC$_x$-SiC 序列层叠基体的多层自愈合复合材料,分别如图 3.71 和图 3.72 所示。其中,B$_{13}$C$_2$ 为自愈合层,可在中低温(<1 200 ℃)氧化生成玻璃相封填裂纹。BC$_x$ 表示硼掺碳材料,是指少量硼元素掺入碳(石墨、PyC 或玻璃碳等)后形成的混合物。BC$_x$ 具有优于 PyC 的片层状结构,可充当机械熔断层,使裂纹在扩展过程中发生偏转与增值。

H. T. Tsou[91]等采用等离子辅助沉积法在 C/C 复合材料表面制备 B$_4$C/BN 多层涂层,热重氧化结果表明多层涂层在 900 ℃以下对 C/C 复合材料具有很好的保护作用。2006 年 L. Quemarda 等人[92]也采用 CVI/CVD 法制备了 Hi-Nicalon 纤维增强的 B$_4$C、SiC 和 SiBC

三元层叠的自愈合基体复合材料,并在空气、空气/水环境中对其进行考核。研究表明:该材料在氧化过程中形成大量玻璃相,在 1 200 ℃一个大气压下,在空气/水比例分别为 90∶10与 80∶20,氧化 600 h 后,复合材料的拉伸强度与拉伸应变并未出现明显下降,但当空气与水比为 50∶50 时,拉伸强度与拉伸应变分别损失 40% 与 70%。表明水蒸气可显著降低自愈合基体的保护效果。同时观察微结构发现,玻璃相对 Hi-Nicalon 纤维产生较大腐蚀作用。

3. 聚合物浸渍裂解法

PIP 法是一种近年来迅速发展的连续纤维增强陶瓷基复合材料的制备工艺。前驱体转化法是利用有机前驱体在高温下裂解转化成无机陶瓷基体的一种方法,主要用于非氧化物陶瓷,如 SiC、Si_3N_4、SiOC、SiCN 和 SiBCN。

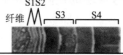

图 3.71　在单丝纤维上沉积的多层
自愈合改性基体的 SEM 照片

PIP 过程分为真空或压力浸渍、交联固化和裂解。将前驱体溶解或熔化后,采用真空或压力浸渍的方法将其引入纤维预制体中,将浸渍了前驱体的预制体放入刚玉坩埚中,之后将坩埚放入高温管式炉中进行固化和裂解,重复这一过程直至致密。前驱体在 450 ℃以下,相对分子质量在 41～45 的单体或低聚物碎片首先蒸发,随着温度升高,孔隙内表面上悬挂的一些活性官能团($—CH_3$、$—NH_2$、$—H$ 和 $—CH=CH_2$)形成化学键,并且促进有机前驱体的黏滞流动,以此实现原位致密化。对于纳米级孔隙,官能团之间的距离越短,孔隙相对壁面之间的反应热解越容易发生,在 450～600 ℃ 的狭窄温度范围内,纳米孔很容易被消除[见图 3.73(a)]。在较大的孔隙中,由于表面反应距离较短,

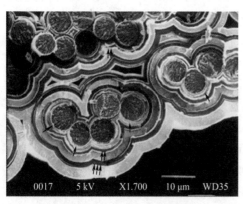

图 3.72　多层自愈合基体改性的
碳纤维束复合材料的 SEM 照片

使得反应不可能发生在孔隙的相对壁面之间。然而,官能团的反应和表面热解仍然可以发生在孔隙内壁的邻近区域,最好是曲率半径较小的位置,因此,渐进致密化也可以发生在较大的孔隙中,尽管没有纳米孔隙中那么剧烈[见图 3.73(b)]。只有当活性官能团被耗尽或基体材料的黏度过大,致密化才会停止[93]。图 3.74 为 PIP 制备的 SiC/SiCN 复合材料截面形貌,SiC 外包裹着 BN 界面,厚度为 250～450 nm,界面与纤维结合紧密。SiCN 基体有效地填充在纤维之间,部分区域由于前驱体

裂解过程中的体积收缩而存在孔隙[94]。值得注意的是,SiC 纤维外存在大量 Si—O—C 活性基团,在高温裂解过程中极易与有机前驱体反应,使纤维受损,同时在纤维与基体的界面处造成强结合,严重影响材料的力学性能,因此必须制备一定厚度的界面保护纤维不受损伤[95]。

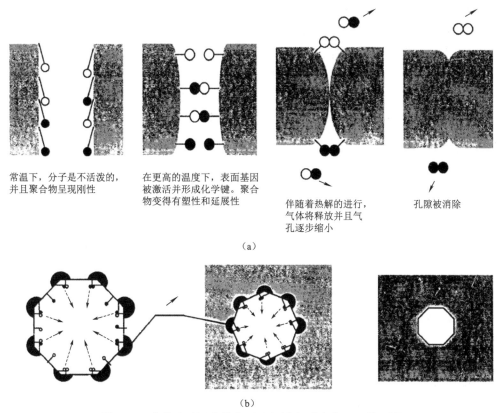

常温下,分子是不活泼的,并且聚合物呈现刚性

在更高的温度下,表面基因被激活并形成化学键。聚合物变得有塑性和延展性

伴随着热解的进行,气体将释放并且气孔逐步缩小

孔隙被消除

(a)

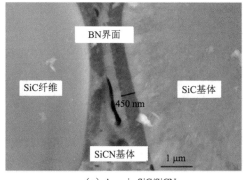

(b)

图 3.73 黏性流动调节的表面反应/热解致密化机理模型[93]

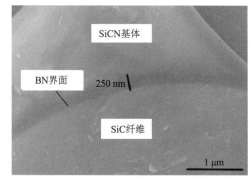

(a) Amosic-SiC/SiCN

(b) ZMI-SiC/SiCN

图 3.74 PIP 制备的 SiC/SiCN 复合材料截面形貌[94]

前驱转化法的优点在于:

(1)前驱有机聚合物具有可设计性。能够对前驱有机聚合物的组成、结构进行设计与优

化,从而实现对陶瓷及陶瓷基复合材料的可设计性。

(2)可对复合材料的增强体与基体实现理想的复合。在先驱有机聚合物陶瓷化的过程中,其结构经历了从有机线型结构到三维有机网络结构,从三维有机网络结构到三维无机网络结构,进而到陶瓷纳米微晶结构的转变,因而通过改变条件对不同的转化阶段实施检测与控制,有可能获得陶瓷基体与增强体间的良好复合。

(3)良好的工艺性。先驱有机聚合物具有树脂材料的一般共性,如可溶、可熔、可交联、固化等,利用这些特性,可以在陶瓷及陶瓷基复合材料制备的初始工序中借鉴与引用某些塑料和树脂基复合材样的成型工艺技术,再通过烧结制成陶瓷和陶瓷基复合材料的各种构件。它便于制备增强体单向、二维或三维配置与分布的纤维增强复合材料,浸渍先驱有机聚合物的增强体预制件,在未烧结之前具有可加工性,通过车、削、磨、钻孔等机械加工技术能够方便地修整其形状。

(4)制备温度较低,有机前驱体在 1 000 ℃左右就能实现向无机陶瓷的转化,避免了纤维在制备过程中因温度过高而受损。

前驱体转化法也存在一些缺点:前驱体在干燥(或交联固化)和热解过程中,由于溶剂和低分子组分的挥发,导致基体的收缩率很大,微结构不致密并有伴生裂纹出现;受前驱体转化率的限制,为了获得密度较高的陶瓷基复合材料,必须经过反复浸渍热解,工艺成本较高;很难获得高纯度和化学计量的陶瓷基体。

用作陶瓷前驱体的有机聚合物必须具备下列条件[96]:

(1)可操作性。在常温下应为液态,或在常温下虽为固态,但可溶、可熔,在将其作为前驱体使用的工艺过程中(如浸渍、纺丝、作陶瓷胶黏剂、作涂层等)具有适当的流动性。

(2)室温下性质稳定。长期放置不发生交联变性,最好能在潮湿和氧化环境下保存。

(3)陶瓷转化率高。陶瓷转化率指的是从参加裂解的有机聚合物中获得陶瓷的比例,以大于 80% 为好,应不低于 50%。

(4)容易获得且价格低廉,聚合物的合成工艺简单、产率高。

(5)裂解产物和副产物均无毒,也不致有其他危险性。

4. 反应性熔体渗透法

首先,通过 PIP 或者浆料渗透法(slurry infiltration,SI)在多孔预制体中引入 C 或陶瓷颗粒,然后通过液硅渗透法(LSI)或其他合金熔体渗透,使 Si 和 C 或陶瓷颗粒发生原位反应并生成新相,从而制备出基体改性的 CMC-SiC 复合材料。这种工艺方法成为熔体反应渗透法(RMI)。

传统的 PIP 工艺是将多孔纤维预制体浸泡在液态聚合物前驱体(如 PCS、聚硅氮烷等)一段时间后取出,在一定条件下固化一段时间,然后在一定温度和气氛保护下裂解,使前驱体转化为无机陶瓷基体。重复浸渍裂解几个循环,直到试样增重不明显为止。RMI 工艺是在真空条件下,在 1 400~1 600 ℃进行真空渗 Si,采用液态 Si 或 Si 合金浸渗多孔纤维预制体来制备致密的 CMC-SiC 复合材料。

采用 SI-RMI 组合工艺制备 CMC-SiC 复合材料的一般思路是:通过 SI 引入含有自愈合

成分的水基浆料,控制 SI 过程的负压值和浆料的性能,使浆料均匀分布在纤维束间,并与 RMI 引入的熔体反应,在集体中原位生成自愈合相。SI-RMI 组合工艺克服了单一 RMI 工艺残余熔体的问题,有以下几个优点:(1)成本低,周期短,在几天内即可完成;(2)复合材料的残余孔隙率低(<5%);(3)可实现近尺寸成型,制备形状复杂的构件。其缺点为:(1)较难控制陶瓷浆料的稳定性能;(2)RMI 熔体在反应过程中伴有挥发,并且反应一般为体积膨胀反应,会影响熔体的进一步渗透和反应,因此,RMI 工艺参数需要精确控制。

(1)化学气相渗透法—反应熔体渗透法组合工艺

由于 CVI 制备的 CMC-SiCs 复合材料存在 10%～15% 的开气孔率,而 RMI 制备的 CMC-SiCs 复合材料的残余孔隙率低(<5%),因此,这种组合工艺充分利用了两种工艺的优点,既能降低复合材料的残余气孔率,又能有效防止高温下熔体对纤维的损伤[97]。文献[98]采用这种组合工艺制备了 C/SiC(480 MPa)并表现出比 CVI 制备的 C/SiC 更优异的热稳定性。CVI-RMI 组合工艺的优点是:所制备的复合材料残余孔隙率低于 5%;能够实现近净尺寸成型、制备形状复杂的构件。其缺点是:基体中存在的残余 Si 会导致复合材料的高温力学性能和抗蠕变性能的降低。

RMI 缺点:RMI 工艺温度一般都在 1 600 ℃以上。通常来说,高的制备温度会增大纤维和基体因热膨胀失配,引起的复合材料内部的高热应力。残余热应力在材料内部以基体微裂纹的形式释放。RMI 方法制备的复合材料一般会存在大量贯穿在相邻纤维束间的基体微裂纹,严重影响了复合材料的力学性能和抗氧化性能,因此,如何降低材料热应力是提高致密 CMC-SiC 复合材料的强度和韧性的关键因素。

RMI 起源于多孔体的封填和金属基复合材料的制备。在采用 RMI 法制备 SiC 陶瓷基复合材料的过程中,将金属硅熔化后,在毛细管力的作用下,硅熔体深入到多孔 C 材料内部,并同时与基体碳发生化学反应生成 SiC 陶瓷基体。RMI 法的优点主要体现在:①制备周期很短,是一种典型的低成本制造技术;②能够制备出几乎完全致密的复合材料;③在制备过程中不存在体积变化。

从 RMI 的工艺过程可以看出,金属硅熔体渗入到多孔 C/C 复合材料中,在与基体 C 反应的过程中,也不可避免地与 C 纤维反应,从而造成对纤维的损伤,复合材料的力学性能较低;由于复合材料内部一定量游离 Si 的存在,会降低材料的高温力学性能。

(2)浸渗过程中液体的受力情况分析

对浸渗过程的分析一般以 Washburn 模型为基础,将多孔体中的空隙看成是由一系列相互平行的圆柱状毛细管组成,如图 3.75 所示。由于多孔体中的空隙直径一般都小于 1 mm,因此可以忽略重力的作用,在没有外力作用的情况下,浸渗过程中液体受到的作用力主要有三种:毛细管力 p_1;液体在流动过程中的阻力 p_2;空隙中气体受压后产生的阻力 p_3,如图 3.76 所示。

毛细管力 p_1:根据 Young 方程,毛细管作用力可表示为

$$p_1 = \frac{2\sigma_L \cos \theta}{r} \tag{3.52}$$

式中,σ_L 为液体表面的张力,对于金属硅熔体,$\sigma_L = \frac{1}{m}$;r 为毛细管半径。

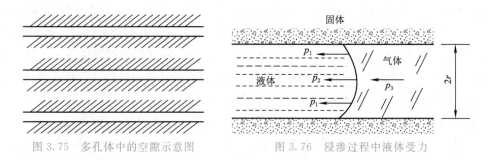

图 3.75　多孔体中的空隙示意图　　　　图 3.76　浸渗过程中液体受力

当液固界面润湿角 $\theta < 90°$ 时，p_1 为负压，即毛细管力指向孔隙内部；而当 $\theta > 90°$ 时，p_1 为正压，阻碍液体浸渗到孔隙中。在毛细管力的作用下，对于孔隙半径为 r 的平行排列的毛细管阵列，液体渗透的深度 h 为

$$h = \frac{2\sigma_L \cos\theta}{\rho g r} \tag{3.53}$$

式中，ρ 为液体密度，金属硅熔体 $\rho = 2.0$ g/cm³；g 为重力加速度，9.8 m/s²。当毛细管半径为 1 μm，液固界面润湿角 $\theta = 90°$ 时，融入硅的最大渗透深度高达 100 m。由此可见，毛细管力足以保证渗透驱动力的要求。

黏性流动阻力 p_2：液体在毛细管中流动状态通常认为是层流，液体的黏性流动阻力为

$$p_2 = \frac{8ul\eta}{r^2} \tag{3.54}$$

式中，u 为液体的流速；η 为熔体的黏度（1 450 ℃时，金属硅熔体的黏度为 0.45 Pa·s）；l 和 r 分别为毛细管的长度和半径。显然，流动阻力随毛细管直径的减少而急剧增加，毛细管长度愈大，则流动阻力亦愈大。

气体的阻力 p_3：当液体进入孔隙时，孔隙内的气体受到压缩，体积逐渐减小，对液体的阻力不断增大，气体的阻力可由真实气体的状态方程描述为

$$pV = RT\left(1 + \frac{B}{V}\right) \tag{3.55}$$

式中，p 和 V 分别为气体的压力和体积；R 为气体常数；T 为热力学温度；B 为第二维里数。

从上面分析可以看出，流动阻力是由液体的性质和多孔体中孔隙的性质所决定，为了减少浸渗过程的阻力，在工艺上采用真空浸渗是一种有效的方法。

（3）RMI 过程的动力学分析

与一般熔体浸渗过程不同，熔融 Si 在浸渗到纤维预制体内的同时，还伴随着 Si(s) + C(s) ⟶ SiC(s) 的化学反应。由于 SiC 的摩尔体积（12.47 cm³/mol）大于 C 的摩尔体积（5.71 cm³/mol），因此，为了避免在 RMI 过程中，材料表面孔隙过早封闭，必须保证多孔材料具有足够的孔隙率。随着 RMI 过程的进行，毛细管直径不断减小，渗透率 K 也随之下降。这样渗透率 K 不仅是位置的函数，而且也是时间的函数，即 $K = K(1,t)$。在 RMI 过程中，熔融 Si 渗透规律可用 Hagen-Poiseuille 定律描述为

$$l^2 = \frac{2K}{\eta}\Delta p t \tag{3.56}$$

式中，Δp 为作用在熔体前沿液面上的压力差，对毛细管浸渗，$\Delta p = \dfrac{2\sigma_L \cos\theta}{r}$，对真空浸渗 $\Delta p = \dfrac{2\sigma_L \cos\theta}{r} + \Delta p'$，$\Delta p'$ 为真空度。

从式(3.56)中可以看出，反应性熔体浸渗过程服从抛物线规律。研究结果表明：当渗透时间为 1 h 时，渗入深度为 50 mm；当渗透时间为 36 h 时，渗入深度为 300 mm。

由于 Si-C 反应的复杂性，目前对其反应机理还没有统一的认识，并且也很难对速率常数 k 和 K 进行量化，但是上述分析结果对实际过程仍具有一些指导意义。

①渗透深度随压力差 Δp 的增加呈抛物线规律变化，对于熔融 Si 浸渗 C 多孔系统，$\sigma_1 = 1/m$，$\theta = 0°$。当毛细管半径 $r = 1\ \mu m$ 时，毛细管力为 2 MPa。当有外力 p 存在时，$\Delta p = p + 2$ MPa，即外力对提高浸渗深度的影响是有限的，但在实际过程中，为了保护纤维预制体不受氧化，减少孔隙内部的气体压缩造成的阻力，一般采用真空浸渍的方法。

②浸渗深度随化学反应速率的增加而明显降低，对于给定的反应体系，化学反应常数是温度的函数，服从 Arrchenius 关系，因此提高浸渗深度必然会使毛细管孔隙过早封闭，降低浸渗深度，造成不完全浸渗，但是这种不完全浸渗则可用于碳素材料的防氧化涂层的制备。如利用 Si-Mo 合金熔体在 1 650 ℃对多孔石墨进行浸渗时，可获得厚度为 150 μm 的 $MoSi_2$-SiC 系防氧化涂层。

③为了提高浸渗深度，可采用的方法主要有两种：加入添加剂以降低化学反应速率，如在 Si 中加入适量的 Al 后，能显著降低 Si-C 反应速率，防止孔隙的过早封闭；加入添加剂以降低共晶点的温度，如在 Si 中加入 Mo 和 B 后，能将共晶点降低到 1 400 ℃以下。

（4）液硅渗透法制备自愈合 CMC-SiC 及其性能优化

将 $C/SiC-B_4C$ 预制体放入真空渗硅炉中，进行液硅渗透，渗透工艺为：将试样用硅粉包埋，再用石墨纸包裹，防止高温下熔体 Si 外流；放入真空渗硅炉，在真空条件下升温至 1 600 ℃保温 20～30 min，使熔融硅与 B_4C 浆料充分反应；最后缓慢降至室温，得到基体改性的 C/SiC。将试样加工成小试样用于测试力学性能和热物理性能。最后采用 CVD 方法在小试样表面沉积 SiC 涂层，共沉积 2 炉。表 3.3 是 C/SiC-SiBC 在不同制备工艺阶段的密度和气孔率。

表 3.3　C/SiC-SiBC 在不同制备工艺阶段的密度和气孔率

不同制备工艺阶段	密度/(g·cm^{-3})	气孔率/%
多孔 C/SiC	1.5	25
C/SiC-B$_4$C	1.7	—
C/SiC-SiBC	2.2	4
C/SiC	2.0	11

C/SiC 和 C/SiC-SiBC 经抛光后的 BSE 形貌和相成分分析如图 3.77 所示。从图 3.77(a)可以看到，CVI 过程引入的 SiC 基体填充在纤维束间和纤维束内。由于 CVI 工艺存在"瓶颈效应"，纤维束内和束间仍有一些孔洞存在。从图 3.77(b)可见，LSI 引入的 Si-B-C 基体均匀地填充在纤维束间，基体的致密度大大提高。两种复合材料纤维束内的结构一致，而纤

维束间的结构则不同。CVI 制备的 C/SiC 纤维束间是包含孔隙的 SiC 基体,孔隙长度在数十个微米左右。LSI 制备的 C/SiC-SiBC 纤维束间是致密的 Si-B-C 基体,基本没有基体孔隙存在,但是可以看到明显的贯穿纤维束的基体微裂纹。

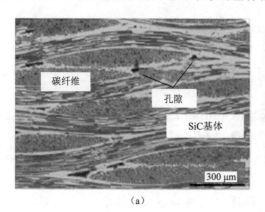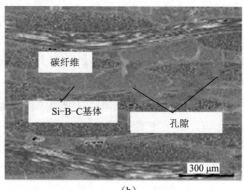

图 3.77　C/SiC 和 C/SiC-SiBC 经抛光后的 BSE 形貌

对于 C/SiC-SiBC 来说,除了 C 纤维与 PyC 界面之间的界面结合外(见图 3.78),CVI 沉积的 SiC 与 LSI 制备的 Si-B-C 基体之间也存在结合(见图 3.78),称之为基体结合。基体间的结合方式同样会影响材料的性能。对于当前两种复合材料来讲,纤维束内微结构相同,决定了 C 纤维与 PyC 界面结合强度相同,而不同的制备方法决定了两者基体的结合强度不同。由于 CVI 制备时间长,通常 SiC 基体的沉积需要好几炉次才能完成,从图 3.78(b)中,可以看到不同炉次 SiC 之间存在缝隙,因此推测,不同炉次沉积的 SiC 基体之间只是物理结合。LSI 过程中由于融 Si 与 CVI 沉积的 SiC 基体之间有好的润湿性和互扩散性,二者之间的结合为化学结合。由此可知,LSI 生成的 Si-B-C 基体和 CVI 生成的 SiC 基体之间的结合强度高于 CVI 生成的 SiC 之间的结合强度,即 C/SiC-SiBC 的基体结合强度更高。两种复合材料的基体分布及基体结合情况会对其力学性能有较大的影响。

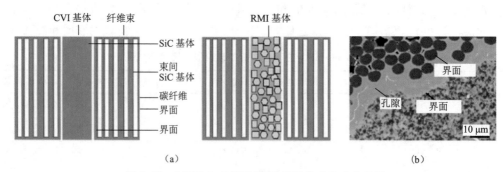

图 3.78　C/SiC 和 C/SiC-SiBC 经抛光后的成分分析

5. 溶胶—凝胶法

溶胶—凝胶法主要用于制备纤维增韧氧化物陶瓷基复合材料。首先,将纤维预制体置于有机前驱体制成的溶胶中,然后水解、缩聚,形成凝胶,凝胶经干燥和热解后形成 CMC[99]。所用的起始原料(前驱物)一般为金属醇盐,也可用某些盐类、氢氧化物、配合物等,其主要反应步骤都是前驱物溶于溶剂(水或有机溶剂)中形成均匀的溶液,溶质与溶剂产生水解或醇解反应,反应生成物聚集成 1 nm 左右的粒子并组成溶胶。具有流动性的溶胶通过进一步缩聚反应形成不能流动的凝胶体系。经缩聚反应形成的溶胶溶液在陈化时,聚合物进一步聚集长大成为小粒子簇,它们相互碰撞连接成大粒子簇,同时,液相被包于固相骨架中失去流动,形成凝胶。陈化形成凝胶过程中,会发生 Ostward 熟化,即大小粒子因溶解度的不同而造成平均粒径的增加。陈化时间过短,颗粒尺寸反而不均匀;时间过长,粒子长大、团聚,不易形成超细结构,由此可见,陈化时间的选择对产物的微观结构非常重要。

Sol-Gel 法的优点是:(1)热解温度不高于(1 400 ℃),对纤维的损伤小;(2)溶胶易润湿增强纤维,所制得的复合材料较完整,并且基体化学均匀性高;(3)在裂解前,经过溶胶和凝胶 2 种状态,容易对纤维及其编织物进行浸渗和赋形,因而便于制备连续纤维增强复合材料;(4)所制材料具有较高的纯度;(5)材料组成成分较好控制,尤其适合制备多组分材料;(6)具有流变特性,可用于不同用途产品的制备;(7)可以控制孔隙度。

该工艺的主要缺点在于:由于醇盐的转化率较低且收缩较大,因而复合材料的致密周期较长,并且制品经热处理后收缩大、气孔率高、强度低;同时,由于是利用醇盐水解而制得陶瓷基体,因此此工艺仅限于氧化物陶瓷基体材料的制备;有机溶剂对人体有一定的危害性。

3.3　最新研究进展评述及国内外研究对比分析

法国 Snecma 公司的 CMC-SiC 已发展了三代。其中,第一代 SHCMC 为牌号 A262 材料,从 1996 年开始已经应用在 M88-2 和 M53-2 发动机上,第二代和第三代皆为 CMC-MS。第二代为 CERASEP A400 材料[SiC(Nicalon)/Si-B-C]。第三代为 CERASEP A410 材料[100][SiC(Hi-Nicalon)/Si-B-C]和 CERASEP A500 材料[C(T300)/Si-B-C],如图 3.79 所示。国际预测 CMC-MS 构件在航空发动机上的全寿命(含高温阶段和低温阶段)为 1 200 ℃/150 MPa/4 000 h,未来预期全寿命为 1 500 ℃/200 MPa /30 000 h。CMC-MS 在航空发动机上应用的部位主要有:尾喷管[101]、燃烧室[102]和涡轮[24]等部件。

第二代自愈合材料在 1 100 ℃空气和 120 MPa 疲劳热力氧化条件下的断裂寿命大于 500 h,第三代以碳纤维为增强体的 A500 材料在 1 100 ℃空气和 160 MPa 疲劳热力氧化条件下的断裂寿命都大于 100 h。表 3.4 给出法国、美国以推重比 10 级航空发动机为演示验证平台,对 CMC-MS 尾喷管构件进行的演示验证和应用考核情况。第三代自愈合材料 CERASEPR A410 和 SEPCARBINOXR A500 基体相同,都是通过化学气相渗透工艺制备热解碳和按特定顺序排列的 Si、C、B 系统,通过在给定温度的氧化气氛下,Si 和 B 被氧化形成玻璃态,从而封填微裂纹;两种材料用的纤维有所不同,前者采用 Hi-Nicalon 纤维,后者采用碳纤维。通过实验考核,这两种材料的抗疲劳强度和寿命明显提高,如图 3.80 所示[103]。目前,在 M88-2E4 研制型发动机上,SNECMA 公司已经成功地完成了 CERASEPR A410 复合材料喷管内调节片试验。SNECMA 公司与 PW 公司正将 SEPCARBINOXR A500 CT 喷管调节片转移到外场进行评估,并准备在 F-15E 战斗机用 F100-PW-229 发动机和 F-16

战斗机用 F100-PW-229 发动机上进行飞行试验,PYBBN A500 CT 密封片准备在 F-15 一体化飞行器先进控制技术(ACTIVE)战斗机的验证机上进行飞行试验。图 3.81 为法国和美国研制的 CMC-MS 尾喷管构件及其考核情况。法国的 A373、A410 和美国的 S200 等牌号的 CMC-MS 喷管构件已获得应用。尤其值得指出的是,法国 Snecma 公司研制的 A373、A410 等牌号的 CMC-MS 喷管调节片和密封片已经在 M88-2 和 M53-2 发动机上使用 10 年以上[104]。结果表明,其抗热震疲劳性能优于高温合金,减重 50%。美国研制的 CMC-MS 燃烧室构件已经通过演示验证,最高考核温度为 1 200 ℃,累计工作时间达到 15 000 h,通过了全寿命 5 000 h、高温段 500 h 的测试,即将进入应用[105]。涡轮构件可以显著提高耐温能力、减少冷却空气 100%、减轻重量 50%以上,但寿命较短,尚在进一步研究之中[108]。

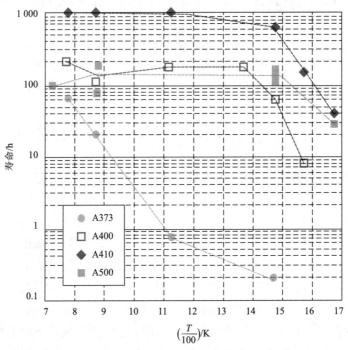

图 3.79　Snecma 公司研制的 CMC-MS 的断裂寿命(空气,120 MPa/0.25 Hz)

表 3.4　法国和美国研制的 CMC-MS 在航空发动机尾喷管的应用情况[108-111]

复合材料	商标	制造商	引擎/飞机	温度/℃
SiC/Si-B-C	Cerasep	France Snecma	M88-2/Rafale	1 200
	A410	Company	F100/F16/F15	1 200
C/Si-B-C	Cerasep	France Snecma	M53-2/	1 200
	A500	Company	Mirage 2000	1 200
SiC/SiNC	S200	USA COI Ceramics Company	F110/F16/F15	1 200

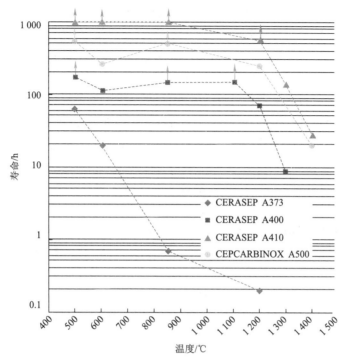

图 3.80 CMC-SiC 在 120 MPa 空气环境下拉-拉疲劳测试中的寿命曲线

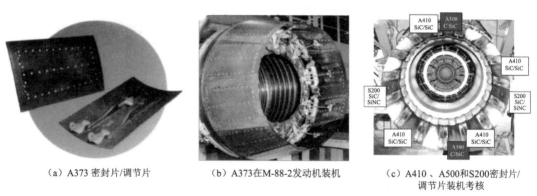

（a）A373 密封片/调节片 （b）A373在M-88-2发动机装机 （c）A410、A500和S200密封片/调节片装机考核

图 3.81 法国、美国研制的几种航空发动机 CMC-MS 密封片/调节片及其装机考核

SHCMC 在航空发动机和工业燃气轮机尾喷管和燃烧室中等载荷静止件上有广阔的应用前景,但温度和载荷水平更高的涡轮部件需要发展高基体开裂应力陶瓷基复合材料。美国发展的 SHCMC 更适合用于温度高而载荷低的燃烧室构件,而欧洲发展的 CMC-MS 更适合用于温度低而载荷高的尾喷管构件。在现有的自愈合改性碳化硅陶瓷基复合材料的相关研究中,存在以下几方面问题需要进一步解决:

（1）新型宽温域自愈合组元的设计。目前的自愈合单元,主要是硅基和硼基,但都主要针对某一特定温区作用,并且愈合温区范围较窄,实际应用中,复合材料需要全温区的防护,因此,还有待于进一步研究开发。

（2）全方位、长时效、多途径自愈合体系的设计。现阶段,自愈合单元的愈合抗氧化时长依然有限,涂层难以兼具高、中、低全温度段的防氧化性能要求,在材料表面、界面、基体等结构单元处,设置合适量的自愈合单元,达到在裂纹生成的瞬间就能达到及时地将其愈合的目的,从而将自愈合单元的保护作用发挥到最佳。

（3）自愈合复合材料未来需在成分设计和结构设计两部分同时着手。综合梯度自愈合复合涂层设计,结合计算机模拟,重点开发更高抗氧化温度,同时兼具良好中、低温抗氧化性能的涂层体系。将复合自愈合涂层设计成多层结构,实现层层设防,从而制备出全方位、长时效的宽温域自愈合涂层体系。

自愈合陶瓷基复合材料 SHCMC 是提高 CFCC 抗环境性能的必然选择,SHCMC 已在航空发动机和工业燃气轮机尾喷管和燃烧室中等载荷静止件获得应用。表面自愈合涂层和颗粒弥散自愈合基体的制备工艺简单,但自愈合温度和效果都很有限;多层基体自愈合陶瓷基复合材料 CMC-MS 愈合温度低而载荷高,更适合用于温度低而载荷高的尾喷管构件,但制备工艺复杂。

宽温域、全方位、长时效、多途径自愈合体系的设计还有待于进一步研究开发,自愈合复合材料未来需在成分设计和结构设计两部分同时着手,实现层层设防,从而将自愈合单元的保护作用发挥到最佳。

参考文献

［1］ 杨文彬,张立同,成来飞,等.CVD 法制备 B-C 体系材料[J].复合材料学报,2007(5):107-112.

［2］ 杨文彬,张立同,成来飞,等.低压化学气相沉积制备掺硼碳薄膜及其表征[J].硅酸盐学报,2007,35(5):541-545.

［3］ 张伟华,成来飞,张立同,等.C/SiC 复合材料表面 Si-C-B 自愈合涂层的制备与抗氧化行为[J].无机材料学报,2008,23(4):774-778.

［4］ 杨文彬.B_xC 改性 2D C/SiC 微结构/性能在热力氧化环境的演变[D].西安:西北工业大学,2009.

［5］ JACQUES S,GUETTE A,LANGLAIS F,et al. Preparation and Characterization of SiC/SiC Microcomposites with Composition Graded C(B)Interphases[J]. Key Engineering Materials,1997(127-131)543-550.

［6］ MAEDA M,NAKAMURA K,OHKUBO T. Oxidation of silicon carbide in a wet atmosphere[J]. Journal of Materials Science,1988,23(11):3933-3938.

［7］ OPILA E J. Oxidation Kinetics of Chemically Vapor-Deposited Silicon Carbide in Wet Oxygen[J]. Journal of the American Ceramic Society,1994,77(3):730-736.

［8］ OPILA E J. Variation of the Oxidation Rate of Silicon Carbide with Water-Vapor Pressure[J]. Journal of the American Ceramic Society,1999,82(3):625-636.

［9］ OPILA E J. Oxidation and Volatilization of Silica Formers in Water Vapor[J]. Journal of the American Ceramic Society,2003,86(8):1238-1248.

［10］ OPILA E J. SiC Recession Caused by SiO_2 Scale Volatility under Combustion Conditions:Ⅱ,Thermodynamics and Gaseous-Diffusion Model[J]. Journal of the American Ceramic Society,1999,82(7):1826-1834.

[11]　UENO K. Anomalous oxidation rate in 6H-SiC depending on the partial pressure of O_2 and H_2O[J]. Journal of electronic materials,1998,27(4):313-316.

[12]　HATTA H,SOHTOME T,SAWADA Y,et al. High temperature crack sealant based on SiO_2-B_2O_3 for SiC coating on carbon-carbon composites[J]. Advanced Composite Materials,2003,12(2-3):93-106.

[13]　ROCKETT T J,FOSTER W R. Phase Relations in System Boron Oxide-Silica[J]. Journal of the American Ceramic Society,2006,48(2):75-80.

[14]　FERGUS J W,WORRELL W J. Effect of Carbon and Boron on the High-Temperature Oxidation of Silicon Carbide[J]. Journal of the American Ceramic Society,1995,78(7):1961-1964.

[15]　GOUJARD S,VANDENBULCKE L,TAWIL H. The Oxidation Behaviour of Two- and Three-dimensional C/SiC Thermostructural Materials Protected by Chemical-vapour-deposition Polylayers Coatings[J]. Journal of Materials Sience,1994,29(23):6212-6220.

[16]　LABRUQUÈRE S,BLANCHARD H,PAILLER R,et al. Enhancement of the oxidation resistance of interfacial area in C/C composites. Part I:Oxidation resistance of B-C,Si-B-C and Si-C coated carbon fibres[J]. Journal of the European Ceramic Society,2002,22(7):1001-1009.

[17]　LABRUQUÈRE S,BLANCHARD H,PAILLER R,et al. Enhancement of the oxidation resistance of interfacial area in C/C composites. Part Ⅱ:oxidation resistance of B-C,Si-B-C and Si-C coated carbon preforms densified with carbon[J]. Journal of the European Ceramic Society,2002,22(7):1011-1021.

[18]　LABRUQUÈRE S,GUEGUEN J S,PAILLER R,et al. Enhancement of the oxidation resistance of the interfacial area in C/C composites. Part Ⅲ:the effect of oxidation in dry or wet air on mechanical properties of C/C composites with internal protections[J]. Journal of the European Ceramic Society,2002,22(7):1023-1030.

[19]　LABRUQUÈRE S,PAILLER R,GUETTE A,et al. Internal protection of C/C composites by boron-based compounds[J]. Journal of the European Ceramic Society,2002,22(7):987-999.

[20]　LIU Y,ZHANG L,CHENG L,et al. Preparation and oxidation protection of CVD SiC/a-BC/SiC coatings for 3D C/SiC composites[J]. Corrosion Science,2009,51(4):820-826.

[21]　时凤鸣. 原位自生 SiB_4 改性 C/SiC 复合材料的制备及性能研究[D]. 西安:西北工业大学,2010.

[22]　QUEMARD L,REBILLAT F,GUETTE A,et al. Self-healing mechanisms of a SiC fiber reinforced multi-layered ceramic matrix composite in high pressure steam environments[J]. Journal of the European Ceramic Society,2007,27(4):2085-2094.

[23]　NASLAIN R R,PAILLER R,BOURRAT X,et al. Synthesis of highly tailored ceramic matrix composites by pressure-pulsed CVI[J]. Solid State Ionics Diffusion & Reactions,2001,141-142(none):541-548.

[24]　MICHAEL V,ANTHONY C,ROBINSON R C. Characterization of ceramic matrix composite vane sub-elements subjected to rig testing in a gas turbine environment[C]. 5th International Conference on High-Temperature Ceramic Matrix Composites,2004:499-505.

[25]　RIEDEL R,KIENZLE A,DRESSLER W,et al. A Silicoboron Carbonitride Ceramic Stable to 2 000 ℃ [J]. Nature,1996,382(6594):796-798.

[26]　BALDUS P. Ceramic Fibers for Matrix Composites in High-Temperature Engine Applications[J]. Science,1999,285(5428):699-703.

[27]　WANG Z C,RIEDEL R. Novel Silicon-Boron-Carbon-Nitrogen materials thermally stable up to 2 200 ℃[J]. Journal of the American Ceramic Society,2001,84(10):2179-2183.

[28] RIEDEL R,HAUSER R. Silicon-based polymer-derived ceramics: Synthesis properties and applications-A review[J]. Journal of the Ceramic Society of Japan,2006,114(1330):425-444.

[29] VISHNYAKOV V M,EHIASARIAN A P,VISHNYAKOV V V,et al. Amorphous Boron containing silicon carbo-nitrides created by ion sputtering[J]. Surface & Coatings Technology, 2011, 206 (1): 149-154.

[30] YANG Z H,ZHOU Y,JIA D C,et al. Microstructures and properties of $SiB_{0.5}C_{1.5}N_{0.5}$ ceramics consolidated by mechanical alloying and hot pressing[J]. Materials Science & Engineering,2008,489(1/2):187-192.

[31] BERNARD S,WEINMANN M,CORNU D,et al. Preparation of high-temperature stable SiBCN fibers from tailored single source polyborosilazanes[J]. Journal of the European Ceramic Society,2005,25(2-3):251-256.

[32] LEE S H,WEINMANN M. C fiber/SiC filler/Si-B-C-N matrix composites with extremely high thermal stability[J]. Acta Materialia,2009,57(15):4374-4381.

[33] KERN F,GADOW R. Liquid phase coating process for protective ceramic layers on carbon fibers[J]. Surface & Coatings Technology,2002,151-152(mar.):418-423.

[34] Yan X B,GOTTARDO L,BERNARD S,et al. Ordered Mesoporous Silicoboron Carbonitride Materials via Preceramic Polymer Nanocasting[J]. Chemistry of Materials,2008,20(20):6325-6334.

[35] 于涛,李亚静,李松,等. 新型 SiC/SiBCN 复合陶瓷的析晶性能[J]. 人工晶体学报,2010,39(6):1601-1605.

[36] ZHANG P,JIA D,YANG Z,et al. Progress of a novel non-oxide Si-B-C-N ceramic and its matrix composites[J]. Journal of Advanced Ceramics,2012,1(3):157-178.

[37] 张立同,成来飞,徐永东. 新型碳化硅陶瓷基复合材料的研究进展[J]. 航空制造技术,2003(1):24-32.

[38] 卢翠英. MTS/H_2 体系 CVD SiC 过程机理研究[D]. 西安:西北工业大学,2009.

[39] 韩桂芳. CVI 法制备连续纤维增强氮化硅陶瓷基复合材料的工艺基础[D]. 西安:西北工业大学,2008.

[40] 刘永胜. CVD/CVI 法制备 B-C 陶瓷的工艺基础[D]. 西安:西北工业大学,2008.

[41] 程瑜. 化学气相沉积氮化硼的工艺基础与应用探索[D]. 西安:西北工业大学,2010.

[42] 左新章. CVI/CVD Si-B-C 陶瓷制备的热力学/动力学基础[D]. 西安:西北工业大学,2010.

[43] LIU X,ZHANG L,LIU Y,et al. Thermodynamic calculations on the chemical vapor deposition of Si-C-N from the $SiCl_4$-NH_3-C_3H_6-H_2-Ar system[J]. Ceramics International,2013,39(4):3971-3977.

[44] ZAN L I,LAIFEI C,YONGSHENG L,et al. Thermodynamic Analysis of Chemical Vapor Deposition of BCl_3-NH_3-$SiCl_4$-H_2-Ar System[J]. Journal of Wuhan University of Technology(Materials Science Edition),2015,30(5):951-958.

[45] LIU Y,LIU X. The Microstructure and Dielectric Properties of SiBCN Ceramics Fabricated Via LPCVD/CVI[J]. Journal of the American Ceramic Society,2015,98(9):2703-2706.

[46] 洪于喆. MASiBCN 陶瓷的高温氧化规律与机理[D]. 哈尔滨:哈尔滨工业大学,2013.

[47] LIANG B,YANG Z H,JIA D C,et al. Amorphous silicoboron carbonitride monoliths resistant to flowing air up to 1 800℃[J]. Corrosion Science,2016,109(aug.):162-173.

[48] LI D,YANG Z,JIA D,et al. Effects of boron addition on the high temperature oxidation resistance of denses SiBCN monoliths at 1 500 ℃[J]. Corrosion Science,2017,126(sep.):10-25.

[49] LI D,YANG Z,JIA D,et al. High-temperature oxidation behavior of dense SiBCN monoliths:Carbon-content dependent oxidation structure, kinetics and mechanisms[J]. Corrosion Science, 2017, 124 (aug.):103-120.

[50] FEI L,JIE K,CHUNJIA L,et al. High temperature self-healing SiBCN ceramics derived from hyperbranched polyborosilazanes[J]. Advanced Composites and Hybrid Materials,2018,1(3):506-517.

[51] 王秀军,张宗波,曾凡,等. 碳纤维增强 SiBCN 陶瓷基复合材料的制备及性能[J]. 宇航材料工艺, 2013,43(2):47-50.

[52] TAN X,LIU W,CAO L,et al. Oxidation behavior of a 2D-SiC_f/BN/SiBCN composite at 1 350~1 650 ℃ in air[J]. Materials & Corrosion,2018,69(9):1227-1236.

[53] 邹云. CVI 结合 PI-OP 工艺制备 PDC SiBCN 改性 CMC-SiCs 氧化行为的研究[D]. 西安:西北工业 大学,2018.

[54] VIRICELLE J P,GOURSAT P,BAHLOUL-HOURLIER D. Oxidation behaviour of a multi-layered ceramic-matrix composite(SiC)_f/C/(SiBC)m[J]. Composites Science & Technology,2001,61(4):607-614.

[55] NASLAIN R R,PAILLER R,BOURRAT X,et al. Non-Oxide Ceramic Composites with Multilayered Interphase and Matrix for Improved Oxidation Resistance[J]. Key Engineering Materials,2002,206-213:2189-2192.

[56] VANDENBULCKE L,FANTOZZI G,GOUJARD S,et al. Outstanding Ceramic Matrix Composites for High Temperature Applications[J]. 2005,7(3):137-142.

[57] LAMOUROUX F,BERTRAND S,PAILLER R,et al. Oxidation-resistant carbon-fiber-reinforced ceramic-matrix composites[J]. Composites Science & Technology,1999,59(7):1073-1085.

[58] LAMOUROUX F,BERTRAND S,PAILLER R. A Multilayer Ceramic Matrix for Oxidation Resistant Carbon Fibers-Reinforced CMCs[J]. Key Engineering Materials,1999(164-165):365-368.

[59] LUAN X G,ZOU Y,HAI X,et al. Degradation mechanisms of a self-healing SiC(f)/BN(i)/[SiC-B_4C](m) composite at high temperature under different oxidizing atmospheres[J]. Journal of the European Ceramic Society,2018:S0955221918302978.

[60] 杨文彬. BxC 改性 2D C/SiC 微结构/性能在热力氧化环境的演变[D]. 西安:西北工业大学,2009.

[61] UENO K. Anomalous oxidation rate in 6H-SiC depending on the partial pressure of O_2 and H_2O[J]. Journal of Electronic Materials,1998,27(4):313-316.

[62] OPILA ELIIABETH J. SiC Recession Caused by SiO_2 Scale Volatility under Combustion Conditions: II,Thermodynamics and Gaseous-Diffusion Model[J]. Journal of the American Ceramic Society,1999, 82(7):1826-1834.

[63] OPILA ELIZABETH J. Oxidation and Volatilizatin of Silica Formers in Water Vapor[J]. Journal of the American Ceramic Society,2003,86(8):1238-1248.

[64] CAPUTO A J,LACKEY W J. Fabrication of fiber-reinforced ceramic composites by chemical vapor infiltration[J]. 1984(5):654-667.

[65] FITZER E,FRITZ W,SCHOCH G. The chemical vapour impregnation of porous solids. modelling of the cvi-process[J]. Journal De Physique IV,1991,02(C2):C2-143-C2-150.

[66] BESMANN T M,SHELDON B W. Vapor-phase fabrication and properties of continuous-filament ceramic composites. [J]. Science,1991(253):1104-1109.

[67] GOLECKI I. Rapid vapor-phase densification of refractory composites[J]. Materials Science & Engineering

R Reports,1997,20(2):37-124.

[68] MORGEN P. Carbon fibres and their composites[M]. London:Taylor & Francis,2005:565.

[69] GOLECKI I,MORRIS R C,NARASIMHAN D. Method of rapid densifying a porous structure:US 5348774[P]. 1994-9-20.

[70] GOLECKI I. Industrial carbon chemical vapor infiltration(CVI)processes[M]//DELHAES P. Fibre and composites. London:Taylor & Francis,2003:112-138.

[71] TANG Z H,QU D N,XIONG J,et al. Effects of infiltration conditions on the densification behavior of carbon/carbon composites prepared by a directional-flow thermal gradient CVI process[J]. Carbon, 2003,41(14):2703-2710.

[72] SUGIYAMA K,NAKAMURA T. Pulse CVI of porous carbon[J]. Journal of Materials Science Letters, 1987,6(3):331-333.

[73] SUGIYAMA K,YAMAMOTO E. Reinforcement and antioxidizing of porous carbon by pulse CVI of SiC[J]. Journal of Materials Science,1989,24(10):3756-3762.

[74] NASLAIN R R,PAILLER R,BOURRAT X,et al. Synthesis of highly tailored ceramic matrix composites by pressure-pulsed CVI[J]. Solid State Ionics Diffusion & Reactions,2001,141-142(none):541-548.

[75] LAMOUROUX F,BERTRAND S,PAILLER R,et al. Oxidation-resistant carbon-fiber-reinforced ceramic-matrix composites[J]. Composites Science & Technology,1999,59(7):1073-1085.

[76] 孟广耀. 化学气相淀积与无机新材料[M]. 北京:科学出版社,1984:4-12.

[77] 刘永胜. CVD/CVI 法制备 B-C 陶瓷的工艺基础[D]. 西安:西北工业大学,2008.

[78] 杨文彬. B_xC 改性 2D C/SiC 微结构/性能在热力氧化环境的演变[D]. 西安:西北工业大学,2009.

[79] 左新章. CVI/CVD Si-B-C 陶瓷制备的热力学/动力学基础[D]. 西安:西北工业大学,2010.

[80] CERMIGNANI W,ONNEBY C. synthesis and characterization of boron-doped carbons[J]. Carbon, 1995,33(4):367-374.

[81] JACQUES S,GUETTE A,BOURRAT X,et al. lpcvd and characterization of boron-containing pyrocarbon materials[J]. Carbon,1996,34(9):1135-1143.

[82] VANDENBULCKE L G. Theoretical and experimental studies on the chemical vapor deposition of boron carbide[J]. Industrial & Engineering Chemistry Product Research and Development,2002,24 (4):568-575.

[83] VANDENBULCKE L,VUILLARD G. Composition and Structural Changes of Boron Carbides Deposited by Chemical Vapor Deposition Under Various Conditions of Temperature and Supersaturation[J]. Journal of the Less Common Metals,1981,82(11/12):49-56.

[84] VANDENBULCKE L,HERBIN R,BASUTCU M,et al. étude expérimentale du dépôt chimique du carbure de bore à partir de mélanges trichlorure de bore,méthane et hydrogène[J]. Journal of the Less Common Metals,1981,80(1):7-22.

[85] MOSS T S,LACKEY W J,FREEMAN G B. The Chemical Vapor Deposition of Dispersed Phase Composites in the B-Si-C-H-Cl-Ar System[J]. Mrs Proceedings,1994(363):239.

[86] MOSS T S,LACKEY W J,MORE K L. Chemical Vapor Deposition of $B_{13}C_2$ from BCl_3-CH_4-H_2-Argon Mixtures[J]. Journal of the American Ceramic Society,1998,81(12):3077-3086.

[87] NASLAIN R. Boron-bearing species in ceramic matrix composites for long-term aerospace applications[J]. optics communications,2004(177):449-456.

［88］ LAMOUROUX F,BERTRAND S,PAILLER R,et al. Oxidation-resistant carbon-fiber-reinforced ceramic-matrix composites[J]. Composites Science & Technology,1999,59(7):1073-1085.

［89］ JACQUES S,GUETTE A,LANGLAIS F,et al. C(B)materials as interphases in SiC/SiC model microcomposites[J]. Journal of Materials Science,1997,32(4):983-988.

［90］ JACQUES S,GUETTE A,LANGLAIS F,et al. Preparation and Characterization of SiC/SiC Microcomposites with Composition Graded C(B)Interphases[J]. Key Engineering Materials,1997(127-131):543-550.

［91］ TSOU H T,KOWBEL W. Design of multilayer plasma-assisted CVD coatings for the oxidation protection of composite materials[J]. Surface & Coatings Technology,1996,79(1-3):139-150.

［92］ QUEMARD L,REBILLAT F,GUETTE A,et al. Self-healing mechanisms of a SiC fiber reinforced multi-layered ceramic matrix composite in high pressure steam environments[J]. Journal of the European Ceramic Society,2007,27(4):2085-2094.

［93］ JULIN W,MATTHEW. In Situ Densification Behavior in the Pyrolysis Consolidation of Amorphous Si-N-C Bulk Ceramics from Polymer Precursors[J]. Journal of the American Ceramic Society,2004,84(10):2165-2169.

［94］ LI Q,YIN X,ZHANG L,et al. Effects of SiC fibers on microwave absorption and electromagnetic interference shielding properties of $SiC_f/SiCN$ composites[J]. Ceramics International,2016:S0272884216316236.

［95］ 周旺. 2D-SiC_f/SiC 耐高温结构吸波材料力学性能研究[D]. 长沙:国防科学技术大学,2008.

［96］ SEYFERTH D,BRYSON N,WORKMAN D P,et al. Preceramic Polymers as "Reagents" in the Preparation of Ceramics[J]. Journal of the American Ceramic Society,1991,74(10):2687-2689.

［97］ NASLAIN R R,NASCIMENTO F,ANTÓNIO P. Processing of Ceramic Matrix Composites[J]. Key Engineering Materials,1999(164-165):3-10.

［98］ XU Y,CHENG L,ZHANG L. Carbon/silicon carbide composites prepared by chemical vapor infiltration combined with silicon melt infiltration[J]. Carbon,1999,37(8):1179-1187.

［99］ 谢征芳,肖加余,陈朝辉,等. 溶胶-凝胶法制备复合材料用氧化铝基体及涂层研究[J]. 宇航材料工艺,1999(2):30-37.

［100］ MICHAEL V,ANTHONY C,ROBINSON R C. Characterization of ceramic matrix composite vane sub-elements subjected to rig testing in a gas turbine environment[C]. 5th International Conference on High-Temperature Ceramic Matrix Composites,2004:499-505.

［101］ CHOURY J J. Thermostructural composite materials in aeronautics and space applications[C]. Proceedings of GIFAS Aeronautical and Space Conference,Bangalore,Delhi,India,February 1-18,1989.

［102］ LARRY Z,GEORGE R,PATRICK S. Ceramic matrix composites for aerospace turbine engine exhaust nozzles[C]. 5th International Conference on High-Temperature Ceramic Matrix Composites,2004:491-498.

［103］ ALAIN L,PATRICK S,GEOGES H,et al. Ceramic Matrix Composites to Make Breakthroughs in Aircraft Engine Performance[J]. Aiaa Journal,2013:2009-2675.

［104］ CHRISTIN F A. A Global Approach to Fiber Architectures and Self-Sealing Matrices:From Research to Production[J]. International Journal of Applied Ceramic Technology,2005,2(2):97-104.

［105］ CAMERON G C,JAMES E. Oxidative and hydrolytic stability of boron nitride-a new approach to improving the oxidation resistance of carbonaceous structures[J]. Carbon,1995,33(4):389-395.

第4章 超高温陶瓷基复合材料

超高温陶瓷(ultra high temperature ceramics,UHTCs)最常见的定义是指熔点在3 000 ℃以上的陶瓷材料,其通常是由一种或更多种金属元素与非金属元素(C、N 等)组成的化合物。某些单质材料,如碳等,因为具有与陶瓷相近的性能特点,在分类上有时也被归为超高温陶瓷材料。超高温陶瓷基复合材料(ultra high temperature ceramic matrix composites,UHTCMCs)则主要是通过颗粒、晶须或连续纤维增韧而获得的复合材料。UHTCMCs 不仅具有超高温陶瓷的低密度、耐高温等优点,还克服了陶瓷的脆性大和可靠性低等缺点,表现出类似于金属的断裂行为,并且对裂纹不敏感、不易发生灾难性断裂。因此,UHTCMCs 在高温领域有着不可取代的地位,同时也是驱使人们对 UHTCs 进行改性的重要动力。

本章主要论述 UHTCMCs 的相关理论基础及核心技术、UHTCMCs 的国内外研究进展,并针对工程化应用存在的问题,指出未来 UHTCMCs 的发展方向。

4.1 理论基础

4.1.1 应用需求

高超声速飞行器的发展受到了越来越多国家的重视。近年来,美国相继试飞了 X-33、X-43A 和 X51-A 等多种型号的高超声速飞行器。尤其是 X-43A 更是达到了马赫数 9.68,成为世界上速度最快的吸气式动力飞行器。为减小飞行阻力,提高飞行速度和机动性,高超声速飞行器一般设计成为"乘波体"外形。"乘波体"具有尖锐扁平的气动外形,具有低阻力、高升力的特征。然而,当"乘波体"外形的高超声速飞行器服役时,头锥和翼前缘将会承受严重的气动加热进而影响飞行器的可靠性。热防护系统(thermal protection system,TPS)则可阻止外部热量进入飞行器内部,保护飞行器的有效载荷,成为决定高超声速飞行器安全的关键因素,因此,热防护材料成为高超声速飞行器发展的基础,备受各国重视。

目前,热防护系统材料主要有:高温合金及其复合材料;树脂基复合材料;C/C 复合材料;C/SiC 复合材料;UHTCs 及其复合材料等。其中,高温合金及其复合材料密度高、高温易氧化且易在高温蠕变,其耐热温度也逐渐被 UHTCs 超越。树脂基复合材料靠裂解产生气体带走热量,从而实现防热功能,但裂解后其强度急剧下降,热防护结构较为笨重,难以实现结构功能一体化,并且在服役过程中会有外形变化,给气动设计带来了困难。UHTCs 耐高温,烧蚀性能好,其中的难熔金属硼化物抗氧化性能好,但陶瓷的抗热震性较差,在服役过程中难以承受快速升温的服役环境。C/C 复合材料密度低,比强度高,比模量大,烧蚀性能好,但其抗氧化性较差,其在空气中高于 450 ℃时就开始氧化,并随温度升高氧化加剧。而 C/SiC 复合材料弥补了 C/C 复合材料抗氧化性能较差的不足,同时具有密度低、比强度高、比模量大、抗烧蚀和耐高温等优点,成为最有潜力的热防护系统材料之一。美国 X-38 上的许多关键部件如:热防护板、机翼前缘、头锥和襟翼等都应用了 C/SiC 复合材料。英国 Hotel 航天飞机和法国 Sanger 航天飞机的热防护系统等也采用了 C/SiC 复合材料。然而,高超声速飞行器的发展对热防护系统材料提出了更高的要求。实验表明,高超声速飞行器在大气中马赫数为 5 时,其鼻锥和机翼前缘部分的温度可达 2 000 ℃[1],但 SiC 在高于 1 700 ℃时会发生主动氧化而失去对碳纤维的保护,从而导致材料快速失效,影响了硅基材料在未来高超声速飞行器热防护材料领域的应用。

开展超高温陶瓷复合材料研究的需求和诱因就是其在高温下会形成耐高温烧蚀的固态氧化膜,可以在超过硅基材料如 SiC 发生主动氧化的温度下应用。同时,UHTCMCs 还具有低密度、高强度、抗烧蚀等优点,有望实现热防护系统的结构功能一体化,成为国内外热防护领域研究的热点。

4.1.2 超高温陶瓷结构特点

UHTCMCs 是以超高温陶瓷作为基体,基体的结构和性能在一定程度上决定着复合材料的性能。因而,了解 UHTCs 的结构和性能特点,对研究 UHTCMCs 具有重要意义。

UHTCs 主要包括难熔金属的硼化物、碳化物和氮化物等。组成 UHTCs 的难熔金属主要是第ⅣB 族和第ⅤB 族的过渡金属,常见的为 Zr、Hf、Ta 和 Nb 等。其组成的硼化物均为二硼化物(以下表示为 TB_2),都具有 AlB_2 型六方晶体结构;其组成的碳化物和氮化物会随原子比的不同而不同,由于一元碳化物和一元氮化物熔点较高,已成为国内外学者研究的热点。该一元碳化物和氮化物均为 NaCl 型面心立方晶体结构。需要说明的是,此处的一元碳化物和氮化物并不一定是严格的化学计量比的 1:1,而是在相图中存在一个较宽的同质区域[2]。方便起见,下文的一元碳化物和氮化物均按严格化学计量比的化学式表示。UHTCs 晶体中复杂的金属、共价和离子键的共同作用,造成 UHTCs 具有以下显著特点:

(1)超高熔点。UHTCs 的熔点都在 3 000 ℃以上,其中 HfC 熔点达到了 3 890 ℃,是目前熔点最高的二元化合物。需要注意的是,难熔金属氮化物的熔点与压力紧密相关。如 HfN 在 0.1 MPa 压力下熔点为 3 350 ℃,而在 8.0 MPa 时熔点为 3 810 ℃[3]。TiN 和 ZrN 也存在类似的特点[4,5]。火箭发动机燃烧室的压力非常高 (10～20 MPa),因此部分氮化物也可能成为燃烧室的候选材料[6,7]。图 4.1 给出了常见高温陶瓷及部分氧化

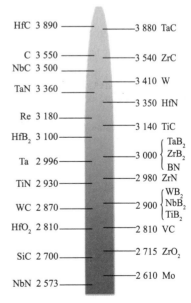

HfC 3 890	3 880 TaC
C 3 550	3 540 ZrC
NbC 3 500	
	3 410 W
TaN 3 360	
	3 350 HfN
Re 3 180	
	3 140 TiC
HfB₂ 3 100	TaB₂
Ta 2 996	3 000 ZrB₂
	BN
	2 980 ZrN
TiN 2 930	WB₂
WC 2 870	2 900 NbB₂
	TiB₂
HfO₂ 2 810	2 810 VC
SiC 2 700	2 715 ZrO₂
NbN 2 573	2 610 Mo

图 4.1 部分材料的熔点(单位:℃)

物的熔点(氮化物为 0.1 MPa 压力下)。可以看出,不仅难熔金属的碳化物、硼化物和氮化物的熔点较高,其氧化物的熔点也较高。UHTCs 一般在氧化环境下使用,其氧化物的熔点也是 UHTCs 应用时考虑的必要因素。高熔点的氧化物可以使 UHTCs 在氧化环境下具有更高的耐温容限。

(2)高硬度和高弹性模量。陶瓷的力学性能和其制备工艺及气孔率有关。在接近理论致密度的情况下,UHTCs 室温硬度都非常高(20～35 GPa)。随着温度的升高,硬度值会迅速下降;到 1 000 K 时,硬度降至约 5 GPa 量级。硼化物的数据显示:在 1 000～1 750 K,硬度下降速度减缓,此后会再次快速下降。这一趋势在碳化物中并不明显,氮化物研究较少,尚无相关数据。UHTCs 的弹性模量也较高,并且随着温度的升高不明显降低,每 100 K 降约 1%。其中硼化物的弹性模量(500～600 GPa)比碳化物和氮化物(300～500 GPa)高。高的弹性模量使材料在服役时仅发生少量变形,但急剧升降温时也会承受较大的热应力,甚至可能导致材料失效,即抗热震性能较差。

(3)高温强度高。UHTCs 在高温下具有较高的强度,并且将会有多种蠕变机制促进材料的塑性变形,材料的韧性获得提升。通常在温度高于 1 650 ℃ 时,强度均可高于 150 MPa。

(4)抗氧化性能和温度具有较强的相关性。UHTCs 抗氧化性能和温度密切相关,但不是简单的随温度的升高而降低。硼化物在氧化时会生成难熔金属的氧化物和 B_2O_3,其中 B_2O_3 熔点为 450 ℃,可在低温下有效保护硼化物不被进一步氧化。因而,硼化物的低温抗氧化性能较好。而碳化物和氮化物在氧化后会产生 CO 或 N_2 等气态相。这些气态相从结晶态的难熔金属氧化物膜的界面处向外扩散,导致形成的氧化物具有相互连通的多孔网络结构。因而,碳化物和氮化物的低温抗氧化性能较差。如 ZrC 在 600 ℃ 附近氧化时会发生快速线性氧化。这就说明每种超高温陶瓷都有一定的适用温度范围。研究者的主要目标就是优化陶瓷组分,使材料在相应温度下的氧化速率达到最低。

(5)制备和加工困难。由于 UHTCs 熔点较高,即原子间化学成键很强,导致扩散速率非常低,故其难以烧结致密。通常会引入烧结助剂提高其烧结性能,如常见的烧结助剂 $MoSi_2$。但引入烧结助剂后会不同程度降低 UHTCs 耐温性能。因而,有助于 UHTCs 致密化的不同方法成为持续研究的重点。由于 UHTCs 熔点硬度较高,因而加工困难,成本较高。UHTCs 的近净成型技术是解决这一问题的主要方向。

UHTCs 的上述特点会在 UHTCMCs 上有不同体现。此外,UHTCMCs 也有不同于 UHTCs 的特点。

4.1.3 超高温陶瓷基复合材料的特点

单相材料由于其较差的抗氧化烧蚀性及较低的损伤容限使得其不适合应用于高温热结构材料。复相陶瓷的加入成功地提高了材料的致密度、力学性能和氧化烧蚀性能,但材料本征特性,如低的断裂韧性、较差的抗热震性和较差的烧蚀性极大地限制了其应用。UHTCMCs 成功地弥补了 UHTCs 韧性差的缺点。连续纤维增韧陶瓷基复合材料具有优异的韧性,较高的抗热震,较高的损伤容限和高温力学性能,因此,本文的 UHTCMCs 主要是指连续纤维增强陶瓷基复合材料。UHTCMCs 具有不同于 UHTCs 的如下特点:

(1)各向异性。虽然 UHTCs 晶格内性能存在各向异性,但陶瓷块体包含许多随机取向的晶粒,因此,UHTCs 对弹性加载的响应是各向同性的。与此不同,UHTCMCs 中的连续纤维在宏观上表现出各向异性,导致其组成的复合材料表现出各向异性。UHTCMCs 的各向异性使其具有较强的可设计性。纤维可根据服役环境要求制成不同结构形式,如编制、绕纱及针刺,然后引入到 UHTCMCs 中,使其在受载较大的方向具有较高的纤维体积分数,可提高 UHTCMCs 服役性能。

(2)可设计性强。除上述纤维方向的可设计性外,还可通过优选纤维、基体和复合结构来调控 UHTCMCs 的力学性能和物理性能。由于具有较高的高温性能和可获得性,碳纤维和 SiC 纤维是两种较为常见的可选增强纤维。基体也有较强的可选择性,可以是两种或两种以上的 UHTCs 组合。这种设计使其在不同环境下具有较强的针对性,能充分发挥材料特有的优势。

(3)制备温度低、周期长。通常 UHTCMCs 制备工艺有前驱体浸渍裂解、化学气相渗透、反应熔体渗透和上述方法的组合(下文会进一步详细介绍)。不管是哪种方法,其制备温度都远低于烧结法。如前驱体浸渍裂解制备温度为 1 700 ℃,化学气相渗透温度为 1 000 ℃左右,而烧结制备 UHTCs 即使在加入烧结助剂的情况下,也需要 1 900 ℃的高温。低的制备温度预示着较低的设备成本,但 UHTCMCs 的制备周期较长,一般要经过预制体编制、界面制备和基体制备等过程。不管是哪种制备工艺,周期都要在一个月以上。较长的制备周期使 UHTCMCs 成本高于 UHTCs。

(4)不可避免存在气孔。UHTCMCs 具有陶瓷基复合材料的共性,即难以完全致密化,会存在一定的开气孔。这和现有的制备工艺有关。PIP 和 CVI 工艺的气孔率在10%左右,RMI 的气孔率可低于 5%。气孔的存在会影响 UHTCMCs 的力学性能和抗氧化性能。一般而言,同种制备工艺,气孔率越低,复合材料的力学性能和抗氧化烧蚀性能越好。

除上述特点外,UHTCMCs 在实际应用时还有材料的形成与制品的成型同时完成、难以制备较厚构件等特点。UHTCMCs 这些特点使得对其研究的主要目标是优化复合材料的结构、组分和低成本制备工艺。这些研究内容共同构成了 UHTCMCs 的核心技术。

4.2　核心技术

UHTCMCs 的最低使用温度应该高于其在空气中的使用温度(1 600 ℃),而实际应用中对高超声速飞行器使用温度的要求更高,所以 2 000 ℃已列为超高温材料的温度界限[8-10]。常用的材料为高熔点碳化物、硼化物、氮化物及其复合材料。目前,研究较为广泛的UHTCMCs 材料主要包含三大体系:碳化物陶瓷基复合材料、硼化物陶瓷基复合材料及连续纤维增韧陶瓷基复合材料。

4.2.1 体系及微观结构

1. 碳化物陶瓷基复合材料

超高温碳化物陶瓷主要包括碳化锆（ZrC）、碳化铪（HfC）、碳化钽（TaC）、碳化钛（TiC）等，具有熔点高、高温强度大、导电导热性能优异及抗热冲击性能良好等优势，但是，由于其脆性大，因此常加入碳化硅（SiC）、硼化锆（ZrB_2）、氧化锆（ZrO_2）、硅化钼（$MoSi_2$）、钼（Mo）金属、石墨（C）等颗粒增强其力学性能，改善其烧结性能。常见的碳化物陶瓷基复合材料有 ZrC-SiC、ZrC-ZrB_2、ZrC-ZrO_2、ZrC-$MoSi_2$、ZrC-Mo、ZrC-SiC-C_g、HfC-SiC、TaC-SiC、TiC-SiC 等[11-13]。将 SiC 引入碳化物陶瓷中可以改善材料烧结性能，还可以抑制晶粒的异常长大，显著提高碳化物陶瓷的强度与韧性。已经做过的有限研究探讨了在 2 000 ℃以上难熔碳化物的氧化行为，确定了各种难熔碳化物的抗氧化性。难熔碳化物的氧化过程是氧气向内扩散或金属离子向外扩散及气态或液态的（在相对低温下）副产物通过氧化物层向外扩散的综合过程[14]。因此，碳化物的抗氧化性主要受氧化过程中气态副产物的形成与逸散的影响，例如 CO 和 CO_2。

研究人员指出，HfC、ZrC 和 TaC 可轻易地将大量氧气吸收进晶格中，这表明 HfC、ZrC 和 TaC 的氧化过程包括非无效吸收和初步氧气扩散进晶格。在通常情况下，在高温下形成的氧化区至少包括两个特殊层，一个含极少空隙的内部氧化层，另一个为多孔的外部氧化层。为了改善难熔碳化物的抗氧化能力，人们尝试通过添加适当添加剂来提高难熔碳化物的抗氧化性[15]。研究表明在 1 200～2 200 ℃范围内，HfC-TaC 和 HfC-PrC_2 复合材料的高温抗氧化能力明显优于 HfC。HfC 和 HfC-TaC 所形成的氧化层在整个温度区间内都遵循抛物线型生长动力学，但在 1 600 ℃时动力学曲线有一间断[16]。在较低的温度下，HfC 的氧化速率由气体通过氧化层中的孔隙扩散速率控制，而在高于 1 800 ℃时，其氧化速率主要由氧的体积扩散和离子在氧化层中的迁移速率控制。碳化镨（PrC_2）的加入能与 HfO_2 生成稳定的焦绿石结构（$Hf_2Pr_2O_7$），焦绿石离子迁移率比萤石低一个数量级，其熔点大于 2 300 ℃，会比纯 HfO_2 层提供更好的氧化保护。而 HfC 的氧化物产物中缺少焦绿石结构，其结构中空位比例增加，不能通过产生的氧化物形成稳定的抗氧化层，因而随温度升高 HfC 将以较高的速率氧化。故需要大力研究添加元素或者化合物对难熔碳化物的高温烧结性和氧化行为的影响。图 4.2 给出了 ZrC 的微观形貌图。

2. 硼化物陶瓷基复合材料

超高温硼化物陶瓷主要包括硼化锆（ZrB_2）、硼化铪（HfB_2）、硼化钽（TaB_2）和硼化钛（TiB_2）等。超高温硼化物陶瓷中有较强的共价键，具有高熔点、高强度、热导率和电导率大、蒸发率小的优势，但共价键较强的特性使材料烧结致密化困难，材料高温抗氧化性能也

图 4.2 ZrC 陶瓷表面微观形貌

有待提高[17]。ZrB_2 和 HfB_2 是研究最为广泛的超高温硼化物陶瓷。硼化物的抗氧化性能与使用温度有很大关系,在 1 100 ℃ 以下氧化生成黏流态 B_2O_3 熔融保护层,抗氧化性能优异;在 1 100 ℃ 以上,B_2O_3 蒸气压变大,大幅降低阻挡效率,抗氧化性能有所下降;在 1 400 ℃ 以上,B_2O_3 蒸发速率进一步加快,与氧化生成 B_2O_3 的速率相近;当温度接近 B_2O_3 沸点(1 860 ℃)时,氧化物膜中出现大量的大孔隙,说明膜中内压较大,孔隙及缺陷成为氧进入材料内部的通道,材料抗氧化性能急剧下降,而副产物气体的排出又进一步加剧膜中的孔隙和缺陷[18],

因此,为了使难熔金属硼化物应用于 1 800 ℃以上环境,必须对其进行填料改性以提高其抗氧化性能。添加 SiC 可以提高 ZrB_2 和 HfB_2 的抗氧化性,生成的氧化物是富 SiO_2 玻璃和 MO_2(M 为 Zr、Hf)氧化物,提高了材料的抗氧化性,并且 ZrB_2-SiC 复合材料还具有高达 1 000 MPa 的强度和优异的抗氧化性能,在不到 30 s 短时间内从室温升至 2 200 ℃ 保持完整,表现出良好的抗热震性能[19]。图 4.3 给出了 ZrB_2-SiC 复合材料的微观形貌图。

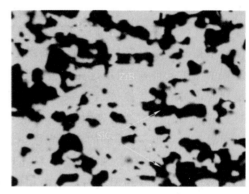

图 4.3　ZrB_2-SiC 复合材料的微观形貌图

研究表明,当温度低于 1 200 ℃ 时,ZrB_2 的氧化产物 B_2O_2 与部分 SiC 的氧化产物 SiO_2(s)在陶瓷表层形成玻璃相,抑制氧的渗透并促进材料表面裂纹愈合;当温度由 1 200 ℃ 升高到 1 600 ℃ 时,SiC 完全被氧化,形成大量的非晶相 SiO_2。当温度高于 1 600 ℃ 时,SiO_2 熔融,一部分保留在氧化层内,填补了内部孔隙;另一部分被其他挥发性氧化产物(CO、CO_2、SiO)等传输到表层,与 ZrO_2 反应形成锆石($ZrSiO_4$),抑制氧的深入。在材料内部开始形成 SiC 耗尽区。当温度继续升高,锆石分解为方石英(SiO_2)和 t-ZrO_2,两者在 1 700 ℃ 附近形成液相共晶(SiO_2)。更高温度下,第二共晶相(SiO_2)的形成使陶瓷材料表现出优异的耐高温、抗氧化性能[20]。

3. 连续纤维增韧陶瓷基复合材料

连续纤维增韧陶瓷基复合材料是指以超高温陶瓷或复相陶瓷为基体,如 ZrC、ZrB_2、HfC、HfB_2、TaC、ZrC-SiC、ZrB_2-SiC、HfB_2-SiC、ZrB_2-ZrC-SiC 等,以耐高温纤维为增强体,如碳纤维、碳化硅纤维等,形成的具有高强度、高韧性、密度小、耐高温等优异性能的超高温复合材料[21]。耐高温纤维密度小、强度高、高温性能较好,其中碳纤维用作增强体的研究较为广泛。目前,各种型号的碳纤维大多已商业化生产,主要生产厂家有以生产小丝束(1~24 K)为主的日本东丽公司等公司,以大丝束(≥48 K)为主的美国卓尔泰克公司等。此外还有生产中间相沥青碳纤维的日本石墨公司和美国苏泰克公司。技术最成熟且用得最多的是 PAN 类碳纤维。碳纤维的微观结构是影响其强度和断裂行为的重要因素,碳纤维物理和力学性能的差别与其微观结构的差别密切相关。目前公认碳纤维是由二维乱层石墨微晶组成,微晶沿纤维轴向择优取向,碳纤维具有两相结构,存在宏观和微观上的不均匀性。以 T300 为例,根据 TEM 观察结果,把其微结构概括为由外向内的四个同心环形区域,即表层多孔层、主体区、环形区和芯部区。大量实验观察证明碳纤维具有皮芯结构,由于在预氧化阶段氧在原丝中的扩散很慢,纤维内部只部分地稳定化,稳定化的外皮在碳化过程中微晶尺寸较大,择优取向程度高。纤维的强度主要来源于外皮,但是,碳纤维具有各向异性的热膨胀系数(CTE),其轴向 CTE 非常小甚至是负值,而径向 CTE 非常大且与碳化硅不同。这种力学特点使碳纤维增韧的陶瓷复合材料的基体在制造完成或者服役阶段会产生大量微裂纹,而氧气则通过这些微裂纹到达纤维表面。同时,碳纤维在不高的温度下就会与氧气发生反应导致性能下降甚至失效。而碳化硅纤维表现出更优异的抗氧化性能,更适合在高温有氧环境下使用,但它们比碳纤维更昂贵。在连续纤维增韧陶瓷基复合材料中,采用界面层来控制纤维与基体之间的界面结合。经过设计的界面层具备多种功能,包括在制造过程中保护纤维;在使用过程中传递载荷、偏折基体微裂纹和阻挡氧扩散。理想的界面层材料应该具有层状晶体结构(如 pyrocarbon、hexagonal-BN),界面层内部各层之间应该具有较弱的结合且与纤维表面平行,而最内层应该与纤维表面具有强结合。目前,最常用的界面层是厚度小于 1 μm 的各向异性热解碳层。从力学角度来看,热解碳是一种优秀的界面层材料,它可以使 C/SiC 复合材料表现出非线性力学行为,缺点是它极易氧化。另一种界面相材料是具有与层状石墨结构相似的六方 BN 材料,它在 850 ℃ 发生被动氧化,形成凝相 B_2O_3。第三种方法是设计自愈合多层界面相,即将纳米尺度上的柔性材料(如 PyC)

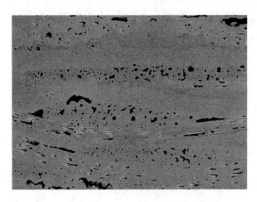

图 4.4　SiC_f/SiC 复合材料微观形貌

与刚性材料(如 SiC)复合,SiC 会在足够高的温度下氧化成 SiO_2 玻璃,从而削弱柔性材料的氧化。在陶瓷基复合材料的基体选择上,主要是结合材料的熔点、弹性模量、晶体结构、挥发性、抗蠕变性和抗氧化性等因素综合考虑。SiC 可以通过 CVI、PIP、RMI 及 SI 等方法制备。图 4.4 为采用 CVI 制备的 SiC_f/SiC 复合材料微观形貌。SiC 基体是陶瓷基复合材料中常见的一种基体材料,具有高熔点、高模量及在高温下仍能保持其优良机械

性能的特点。SiC 氧化后可以在表面形成 SiO_2 薄膜,在 1 500～1 600 ℃ 以下具有良好的抗氧化性能,但是大多数连续纤维增韧陶瓷基复合材料的基体失效应变小于纤维失效应变,在一定的应力水平下基体会首先开裂,氧通过基体微裂纹扩散并到达易于氧化的界面层和纤维。为了阻止或减缓氧的深度扩散,最常见的方法是在复合材料的外部制备防氧化涂层。另外一种更为有效的途径是在复合材料基体中加入硼元素等形成多元多层的自愈合基体。

4.2.2　制备工艺

1. UHTCMCs 的制备

制备碳化物、硼化物 UHTCMCs 的方法主要为烧结致密化工艺,包括热压烧结(HP)、

反应热压烧结(RHP)、无压烧结(PS)和放电等离子烧结(SPS)等。制备连续纤维增韧陶瓷基复合材料的方法主要有 PIP、RMI、SI 和 CVI 法等[22-25]。

热压烧结(HP)是将原料粉体填充进模具内,从单轴方向同时进行加压、加热的烧结方法,又可分为真空热压、气氛热压、热等静压、振动热压、均衡热压、超高压烧结等。热压时,粉体处于热塑性状态,形变阻力较小,易于塑性流动和致密化,所需成型压力较小。同时加热、加压有助于粉体颗粒的接触和扩散、流动等传质过程,降低烧结温度和缩短烧结时间,从而抑制了晶粒的长大。热压法能生产形状较复杂、尺寸较精确的产品,但是,热压烧结受粉体纯度影响较大,杂质会引起晶粒异常长大,容易出现微裂纹,并且生产率较低,成本较高。为了降低烧结温度,粉体粒度要尽量小,同时需要加入合适的烧结助剂。反应热压烧结(RHP)是利用原料之间的化学反应并结合热压烧结工艺形成的一种烧结工艺。RHP 的烧结温度较低,材料致密度高,无须进行粉体制备,成本相对较低。RHP 主要包含原位反应和烧结致密化两个过程。通常使用前驱体粉体 Zr、B_4C 和 Si 的原位反应来制备超高温陶瓷材料,反应式为

$$xZr + yB_4C + (3y-x)Si \longrightarrow 2yZrB_2 + (x-2y)ZrC + (3y-x)SiC \qquad (4.1)$$

无压烧结(PS)就是在常压下对原料进行加热成型,是一种最简单的烧结方法,适用于不同形状、尺寸构件的制备,温度便于控制,但是得到的材料致密度较低,原料粒度和烧结助剂对材料致密度的影响很大。放电等离子烧结(SPS)是将高能脉冲电流通入装有粉体的模具上,在粉体颗粒间产生等离子体放电进行加热烧结,是一种烧结温度低、速度快、致密化程度高的烧结工艺,缺点是制备的样品形状简单、体积较小。

2. 连续纤维增韧陶瓷基复合材料的制备

PIP 法的基本过程为将纤维预制件浸渍于前驱体溶液或熔液中,在一定条件下进行固化,然后进行高温裂解,最后重复进行浸渍裂解过程制得纤维复合材料。PIP 法具有的优点有:(1)裂解温度较低,对纤维的机械损伤和热损伤较小;(2)无须引入烧结助剂,制备的材料高温性能较好;(3)可对前驱体分子进行设计,从而对复合材料陶瓷基体的组成、结构和性能进行控制;(4)可制备形状较复杂的陶瓷基复合材料。

RMI 法是将金属或合金加热至熔融状态,依靠毛细管力作用使其渗入多孔预制体内,并与预制体中原有基体发生反应,生成新基体的一种制备方法,制备过程主要分为熔渗与反应两个部分。RMI 法制备周期短,成本较低,材料致密度高,基体组成可进行调节,但是,由于浸渍温度高,因此易损伤纤维。

SI 法是将陶瓷粉体制成泥浆加入纤维预制体中,然后进行高温烧结制成连续纤维增韧陶瓷基复合材料,可根据浆料的引入方式分为浆料浸渗法和浆料涂刷法。浆料浸渗法可以促进陶瓷粉体的分散,提高复合材料综合性能,但是泥浆中粉体分布很难均匀化,导致材料力学性能不均匀、抗氧化性能较差、易出现相分离等缺陷。

CVI 法是将纤维预制件放入特制炉中,气相前驱体随压力差扩散至预成型体周围,并通过孔隙扩散进入内部,在孔隙内反应生成产物沉积下来的方法。CVI 法具有的优点有:(1)可在较低温度下制备熔点较高的陶瓷基复合材料;(2)可用于制备尺寸较大、结构复杂的陶瓷基复

合材料构件;(3)制备过程中压力较低,对纤维的机械损伤较小;(4)可制备各类陶瓷基体,适用范围广。炉体内的温度和压力梯度、前驱体浓度和流量对 CVI 法制备工艺有较大影响,但是,CVI 法也存在一些不足,如生产周期长、工艺控制难度大、排放的尾气产物复杂并有污染性等。

4.2.3　考核方法和评价体系

1. 力学性能

UHTCMCs 的力学性能与材料致密度、晶粒尺寸、制备工艺、增强相的选择与含量等因素有密切关系。以 ZrB_2-SiC 复合材料为例,材料的弯曲强度与原料粒度、烧结制度、SiC 颗粒含量及增强相的分布均匀度、烧结助剂的种类与用量有关,主要表现在:烧结温度过低会造成材料致密度低,严重影响材料力学性能,烧结温度过高又会造成晶粒过大,导致力学性能降低;原料粒度减小有利于晶粒细化,有效提高复合材料弯曲强度;SiC 颗粒的加入会抑制晶粒生长,提高材料力学性能;增强相在提高材料的力学性能和降低烧结温度的同时,也会造成材料高温条件下力学性能的劣化。SPS 工艺可进行快速烧结以抑制晶粒生长,从而提升材料力学性能。UHTCMCs 的断裂韧性主要与增强相的增韧作用及材料微观结构有关。引入 SiC 可使材料断裂过程产生裂纹偏移和裂纹桥接作用,提高材料断裂韧性。另外,对 UHTCMCs 增韧的方法还有引入 SiC 晶须、碳纤维、延性金属、石墨颗粒等增强相,对材料进行微观结构的设计与控制,如制备层状复合材料等。碳纤维增韧陶瓷基复合材料的增韧机理由界面脱黏、纤维拔出、桥接和裂纹偏转共同作用。微裂纹偏转是碳纤维增韧的主要作用机理,可以有效地提高材料的断裂韧性。当裂纹扩展路径延伸至碳纤维时,裂纹会发生偏转,改变裂纹扩展路径,消耗断裂功,实现纤维增韧。纤维拔出时会消耗一定能量,对裂纹扩展起阻碍作用。材料受外应力断裂导致碳纤维拔出时,碳纤维与基体间产生界面脱黏作用,阻止拔出,起到增韧作用。碳纤维含量过多时,纤维排列无规则,出现纤维桥接,降低材料致密度,对碳纤维增韧效果有不利影响。

2. 抗氧化、烧蚀性能

"烧蚀"是指材料在高温、高压气流冲刷下,通过材料发生的热解、气化、融化、升华、辐射、氧化等物理和化学过程,将材料表面的质量迁移带走大量的热量,达到耐高温的目的。目前,大多数采用地面设备来对试样进行性能测试,主要有以下几种:

(1)氧乙炔烧蚀试验

该试验是利用氧乙炔焰炬垂直或多角度对试样进行灼烧,通过调节烧蚀距离、烧蚀角度、氧气与乙炔流量、烧蚀时间等条件来测试试样各项烧蚀参数。该实验方法设备简单,但燃流速度低,很难与实际状况吻合,可以作为基本测评使用。

(2)等离子烧蚀试验

等离子烧蚀试验就是以等离子射流为热源,对材料进行烧蚀的试验方法。实验要求等离子加热器喷嘴直径为 8 mm,试样的背面温度用镍铬-康铜热电偶测量,电极直径为 0.5 mm,热电偶座采用弹簧压紧的二孔胶木支撑杆,用以保持试样背面与热电偶之间有良好的接触。常用于固体火箭发动机用 C/C 复合材料、难熔金属及高温陶瓷等烧蚀材料的烧蚀试验。

（3）小型固体火箭发动机试验

小型固体火箭发动机试验就是将小型固体火箭发动机置于台架上点火试验,待测材料样品置于喷嘴后方一定距离处,进行烧蚀。数种烧蚀材料制成扇形或正方形试样后,可组合成一个大圆形或大正方形,中心点为喷嘴轴线通过点。如此数种烧蚀材料样品可一次测试,美国海军水面武器中心所做的烧蚀材料评估即为此类。此类测评的优点为喷焰内含高速氧化铝粒子,燃烧状况与真实接近;缺点为固体火箭发动机点火后无法控制其停止,测试材料需承受发动机全程燃烧,其工人安全作业、装备、人员等成本较大。

（4）小型液体发动机烧蚀实验

小型液体发动机烧蚀实验是利用实验室级的小型液体发动机,可控制燃烧时间、热通量等变量,进行大量材料的测评工作。若能配合热传模拟,可获得诸多抗烧蚀材料的基本性能。此类测评的优点为测试变量和可控制量较多,多次使用成本较低;缺点为液体发动机维护较不易,且不易模拟喷焰中的高速粒子撞击。

（5）电弧驻点烧蚀试验

电弧驻点烧蚀试验主要利用高压或大电流的电能将空气电离击穿,在两个电极（通常称为阴极和阳极）之间形成一个温度非常高（可高达上万摄氏度）的空气电离通道（通常称为电弧柱）,冷空气流经这个通道时被对流加热。通过改变流过电弧柱的电流参数,就可以改变试验气体的温度。

（6）风洞试验

以风洞吹风进行测评成本最大,需空气动力、热传、风洞实验等专业人员配合执行,还需要风洞设备、测试夹具的建立,因此风洞测试一般用于完成材料设计的组件烧蚀模拟测评。至于等离子体风洞更需要惊人的电源,目前只有少数几个国家,如中国、美国,有能力操作此项测试装备。

以上烧蚀实验各有利弊,综合来看,前三种实验方法虽然在对真实环境的模拟能力上存在不足,但设备简单、操作便利、经济实惠,适于实验室做基础理论研究用。而后三者的实验环境最为接近真实的烧蚀环境,但实验耗费大,适于用作最终评估。

在抗烧蚀性能试验中,常常采用线烧蚀率和质量烧蚀率来表征其抗烧蚀性能:①线烧蚀率,即根据烧蚀前后试样厚度的变化来表征材料的抗烧蚀性能。它是烧蚀前后试样厚度之差与烧蚀时间的比值。②质量烧蚀率,即根据烧蚀前后试样的质量变化来表征材料的抗烧蚀性能。它是烧蚀前后质量之差与烧蚀时间的比值。通过烧蚀前后的读数计算试样的线烧蚀率和质量烧蚀率,具体计算公式为

$$R_\mathrm{d} = \frac{d_1 - d_2}{t} \tag{4.2}$$

式中,R_d 为试样线烧蚀率;d_1 为试样原始厚度;d_2 为试样烧蚀厚度;t 为烧蚀时间。

$$R_\mathrm{m} = \frac{m_1 - m_2}{t} \tag{4.3}$$

式中,R_m 为试样质量烧蚀率;m_1 为试样原始质量;m_2 为试样烧蚀后质量;t 为烧蚀时间。

UHTCMCs 的抗氧化、抗烧蚀能力与温度、增强相的种类与含量有关。以碳化物、硼化物陶瓷基复合材料中的 ZrC-SiC 复合材料和 ZrB$_2$-SiC 复合材料为代表,研究其氧化烧蚀性能与机理。ZrC-SiC 复合材料氧化烧蚀层分三层,最外层为 SiO$_2$ 较多的熔融物质阻氧层,中间层为 SiO$_2$ 较少的 SiO$_2$ 和 ZrO$_2$ 层,内层为未完全氧化层。表面阻氧层与中间层提高了材料的抗氧化烧蚀性能,但是,随着温度的升高,材料抗烧蚀性能下降,烧蚀层变厚,氧原子进入使未完全氧化层变薄,在冷却过程中易剥脱。ZrB$_2$-SiC 复合材料的抗氧化烧蚀性能较强,烧蚀率达到 10^{-5} mm/s 数量级,烧蚀层厚度小于 150 μm。材料烧蚀层也有三层,最外层为熔融态物质组成的致密阻氧层,第二层为 SiO$_2$ 填充 ZrO$_2$ 层,内层为与基体结合的 SiC 耗竭层。随着温度的升高,Si 耗散增加,熔融态物质表面层下存在一层再结晶 ZrO$_2$ 层,耗竭层也变厚,烧蚀层的总体厚度增加,部分样品产生剥脱。高温下 SiC 含量对烧蚀层影响较大,烧蚀层厚度有较大差距。

4.3　最新研究进展评述及国内外研究对比分析

UHTCMCs 主要由增强体、基体材料、界面层和涂层等结构组成。通过在基体材料加入增强体,结合适当的弱界面实现对 UHTCMCs 的增韧。UHTCMCs 具有耐高温、耐腐蚀、耐磨损、高温强度高、高韧性、抗热震性和低密度等优点。基于以上优点,20 世纪 80 年代 UHTCMCs 取得了飞速进展,日本和美国对纤维工艺的改进做了大量研究,在碳纤维、碳化硅纤维及各类耐高温功能型纤维等方面取得重大突破。对于基体的研究国内西北工业大学和国防科技大学在改性方面有较多的研究。美国和意大利的有关公司,以及国内上海硅酸盐研究所、西北工业大学和国防科技大学在超高温涂层优化方面有较多贡献。

4.3.1　纤维的研究进展

为了满足先进复合材料高性能化、多功能化、小型化、轻量化,以及低成本化,对高性能纤维日益增长的需求,国内外发展了一系列纤维材料。碳纤维作为一种新型材料,具有高比强度、高比模量、耐高温、耐化学腐蚀、耐热冲击性、抗辐射、热膨胀系数低等优良性能,在航空、航天、体育用品、汽车工业、医疗器械等领域有较广泛的使用[26,27]。连续碳纤维是由前驱体经由各种纺丝工艺转变成纤维形态,然后将纤维进行交联,最后在 1 200 ℃乃至更高温度及惰性气氛中碳化,除去碳以外的元素形成的商用碳纤维。目前,工业上用的碳纤维前驱体种类主要为聚丙烯腈(PAN)、沥青、黏胶丝。日本是碳纤维的主要生产基地,其碳纤维专利数量在国际上居首位,最具代表性的为东丽公司[28]。在 20 世纪 60 年代,美国和日本最先研制成功 PAN 基碳纤维,20 世纪 90 年代发展迅速,到了 21 世纪,PAN 基纤维向高强度化、高模量化和大丝束发展[29]。目前,常用的纤维为日本 T300 碳纤维,其主要性能为拉伸强度 3.53 GPa、弹性模量 230 GPa、断裂伸长率 1.5%、密度 1.76 g/cm^3。其最新的 T1000 碳纤维拉伸强度几乎实现了翻倍,其余主要性能也有较大提升。另外东邦公司也完成了 PAN 基原丝的制备,该碳纤维一般用于隔热体和绝缘体上。日本的碳纤维发展一直处在世界的前沿,不仅在物理、化学性能方面有所突破,它们的 PAN 基碳纤维的产量位居世界第一,其相关产品几乎垄断了世界市场[30-33]。20 世纪 70 年代中期,中国的 PAN 基碳纤维开始出现,随着碳纤维制备的热处理设备及工艺的不断革新,国产的 T300 碳纤维已经达到国外指定标准,拉伸强度为 3.7 GPa、弹性模量为 260 GPa、断裂伸长率达 1.3%[34]。对于沥青基碳纤维,则主要以煤沥青、合成沥青等各种沥青为基体,经纺丝、预氧化等工艺,使其化学组成和结构满足碳化或石墨化要求。由于沥青纤维较高的碳含量,因此具有优异的力学性能和导热性能[35]。日本的 XN 系列纤维为低模量、低拉伸强度沥青基碳纤维,拉伸强度在 1.10~2.4 GPa、弹性模量为 55~155 GPa、断裂伸长率为 1.5%~2.0%,主要用于建筑材料和基础设施。YSH 系列纤维拉伸强度和模量有较大提高,断裂伸长率有所下降,因此主要用于导弹与运载火箭结构件。中国沥青基纤维虽然取得了一定进展,但迄今为止尚未实现工业化。黏胶基碳纤维则是由纤维素原料经烧碱、二硫化碳纯化处理后,溶解在 NaOH 溶液中,得到黏稠的纺丝原料,经湿法纺丝及一系列处理,最终 800 ℃惰性气氛碳化制得黏胶基碳纤维,若是 2 500 ℃以上氩气气氛热处理,可得到黏胶基石墨纤维[35,36]。黏胶基碳纤维比强度高、比模量高、密度低、润滑性好、比表面积大、易活化,主要用作飞机刹车片、固体燃料发动机喷管、火箭导弹的鼻锥及大面积烧蚀屏蔽材料,是一种当今不可替代的隔热防护的耐烧蚀材料。中国黏胶基碳纤维研究起步于 20 世纪 80 年代,迄今纤维的综合性能落后于美国与俄罗斯,产品的性能与性价比及价格无法与国外相比[37]。

碳化硅系列纤维应用较为广泛,主要包括碳化硅纤维和以硅为主要元素并掺杂各种异元素如 Ti、Zr、Al 等新型硅基陶瓷纤维。通常以有机硅聚合物为前驱体,经熔融纺丝或干法纺丝后再经高温转化,可制得连续 SiC 纤维。1975 年日本东北大学矢岛教授等人研发出前驱体转化法,包括前驱体合成、熔融纺丝、不熔化处理与高温烧结[38,39]。矢岛教授以二甲基二氯硅烷等为原料,通过脱氯聚合为聚二甲基硅烷,再经过 450~500 ℃分解处理转化为聚碳硅烷(PCS),在 250~350 ℃下采用熔融法将 PCS 纺成连续 PCS 纤维,然后在 200 ℃的空气中进行氧化交联得到不熔化 PCS,而后在 1 300 ℃高纯氮气下得到碳化硅纤维。前驱体转化 SiC 纤维的成功,引起材料科学界的广泛关注。1985 年日本开始利用前驱体转化法进行工业化生产。日本公司研制出 Nicalon 系列的第一代碳化硅纤维,但是在制备纤维的过程中引入了氧原子,影响了碳化硅纤维的高温强度和高温稳定性。为了解决纤维氧含量的问题,日本公司研制出第二代碳化硅纤维,通过无氧环境下的电子辐照来降低纤维的氧含量。第二代纤维虽然研制成功,却无法满足日益增长的军工需求,为此日本开发了第三代碳化硅纤维。该纤维中的氧含量相比于前两代碳化硅纤维有了进一步降低,纤维化学计量比接近碳化硅的理论值。前驱体转化法制备碳化硅纤维是目前比较常用一种方法,技术相对成熟、生产效率高、成本低,适合于工业化生产。国防科技大学在国内最早研发碳化硅纤维,制得了具有较好力学性能的连续碳化硅纤维。

为了降低交联工艺的成本,日本最早引入 Ti 元素来改善这种情况。在常压下,通过 PCS 与聚钛硅氧烷或四烷氧基钛反应制得新的前驱体——含钛聚碳硅烷,然后采用与 Nicalon 一样的工艺,经纺丝、氧化交联、烧结,最终制得 SiTiCO 纤维。虽然 Ti 元素有利于改善纤维的高温力学性能，但是氧元素的存在，严重影响了纤维热性能，主要是因为中间相分解，产生 CO 和 SiO 气体，引起 SiC 晶粒快速增大，造成纤维的性能严重下降[40-42]。为了进一步提高 SiC 纤维的耐热性能，日本 Ube 公司将 Zr 元素引入前驱体，其合成方法与 SiTiCO 纤维类似。在氮气与常压条件下，PCS 与乙酰丙酮锆在 300 ℃反应制得含锆聚碳硅烷（PZCS）前驱体，经纺丝及空气交联后，在 1 300 ℃下裂解制得耐温性较好的 SiZrCO 纤维[43,44]，但是 SiZrCO 纤维氧含量的问题依旧没有解决，因此日本 Ube 公司将 Al 元素加入 SiC 纤维中，其耐高温性能可达 2 200 ℃。此 SiC 纤维的前驱体为含铝聚碳硅烷（PACS），合成方法与前两个前驱体类似。Al 元素作为 SiC 烧结助剂引入，以促进烧结致密化。PACS 于 220 ℃下熔融纺丝后得到原丝，再于 160 ℃下空气氧化交联得到不熔化的 PACS 原丝，交联后的原丝经 1 300 ℃烧结制得 SiAlCO 无定型纤维，此无定型纤维含有过剩的游离碳和氧的质量分数高达 12%。无定型 SiAlCO 纤维再经 1 800 ℃烧结，最终制得抗张强度大于 2.8 GPa、模量高于 300 GPa、铝的质量分数小于 2%的多晶含铝 SiC 纤维。由于烧结助剂 Al 的存在，使它能经受 1 800 ℃的高温烧结还保持纤维的形态，而且纤维内部的氧和游离碳反应生成气体逸出，从而获得低氧的质量分数（0.3%）和近化学计量比（C/Si＝1.08/1）的含铝 SiC 纤维。由于该法不采用成本昂贵的无氧电子束交联，故与 Nicalon 相比，SiAlCO 纤维的生产工艺更简单、稳定，成本更低，为低氧含量和近化学计量比的高温、高性能 SiC 纤维的制备提供了一种技术途径[45,46]。国防科技大学也在实验室制备了含 Ti、Al 的低氧含量的 SiC 纤维，并利用电子束成功地制备了耐高温的 SiC 纤维。尽管如此，我国在放大工艺的研究步伐上还远远落后于日本和美国，纤维力学性能难以提高[34]。

目前，世界各国有许多研究单位开展耐高温且具有透波功能陶瓷纤维的制备技术研究，该纤维包括 Si$_3$N$_4$、BN、SiBN 和 SiBCN 纤维等[47]。Si$_3$N$_4$ 纤维由前驱体聚硅氮烷、聚碳硅氮烷经纺丝、不熔化处理和高温处理制得。美国 Dow Corning 公司最早制备了近化学计量比的 Si$_3$N$_4$ 纤维，直径为 10～15 μm、拉伸强度为 3.1 GPa、弹性模量为 260 GPa。日本东亚燃料公司以全氢聚硅氮烷作为前驱体，由于不含有其他杂质元素，可制备出高纯 Si$_3$N$_4$ 纤维。该纤维由于其高耐温性和抗氧化性，适用于高性能复合材料的增强纤维。中国以有机氯硅烷氨解，经电子束辐照，再在高温惰性气氛中处理，获得氧含量较低的 Si$_3$N$_4$ 纤维，但室温力学性能尚未得到较大提高[34,48]。BN 的密度低（2.26 g/cm^3），耐温性优异（惰性气氛下大于 3 000 ℃），介电性能优良，介电常数和介电损耗角正切分别为 4.5（10 GHz）和 0.000 3（10 GHz），是一种理想的耐高温透波材料[47]。德国马普研究所的科学家另辟蹊径，开创了无定型的 SiBN 系高温结构材料的新思路，采用新型的聚硼氮硅烷前驱体，制得了 SiBN 和 SiBN(C)新型高温结构材料[49]。如 SiBCN 纤维在 2 000 ℃仍能维持无定型态，其力学性能及耐热性俱佳，强度高达 4.0 GPa，模量 390 GPa，并且具有很好的高温强度保持率、高温抗氧化性和高温抗蠕变性。不含碳的 SiBN 陶瓷材料纤维和基体具有与 Si$_3$N$_4$ 材料相当的透波性能，同时又具有比 Si$_3$N$_4$ 材料优异的抗烧蚀性能、高温抗氧化性能、高温抗蠕变性能、高温抗冲击韧性、高温强度和模量保持率等，是至今为止发现的综合性能最好的结构功能一体化新型高温材料，已经成为国际上新一代高温透波结构材料。

4.3.2　基体的研究进展

西北工业大学刘雯[50]等人用浆料涂刷法制备了 2D C/SiC-ZrB$_2$ 复合材料,并用氧乙炔焰考核其烧蚀性能,测得其线烧蚀率为 0.066 mm/s。童长青[51]等用 SI 法和 PIP 法制备出 2D C/SiC-ZrB$_2$ 复合材料,并用甲烷风洞和氧乙炔焰考核其烧蚀性能,得到了类似的结果。国防科技大学王其坤[52]等人利用 SI 结合 PIP 法制备二维 C/SiC-ZrB$_2$ 复合材料,并研究了 ZrB$_2$ 的含量对材料烧蚀性能的影响。结果表明,C/SiC-ZrB$_2$ 的烧蚀率随 ZrB$_2$ 含量的升高而降低。Hu H F[53,54]等用 PIP 法制备出 C/SiC-ZrB$_2$ 复合材料,并研究了 ZrB$_2$ 含量对烧蚀性能的影响,得到了类似的结果。除 ZrB$_2$ 外,ZrC 也常用来改性 C/SiC 复合材料。西北工业大学朱晓娟[55]等用 RMI 法制备了 C/SiC-ZrC 复合材料,并用氧乙炔焰考核了其烧蚀性能,测得其线烧蚀率为 −0.004 mm/s,大大提高了 C/SiC 复合材料的抗烧蚀性能。Li Q G[56]等人用 PIP 法制备出 2D C/SiC-ZrC 复合材料,并用氧丙烷焰考核其烧蚀性能,测得其线烧蚀率为 −0.003 mm/s。Feng Q[57]等人分别用 SI 法和 PIP 法制备了 C/SiC-ZrC 复合材料,并在电弧风洞下考核了其烧蚀性能,取得了良好效果。王其坤[58]还研究了 ZrC 含量对材料烧蚀性能的影响。结果表明,随着 ZrC 含量的增加,C/SiC-ZrC 复合材料烧蚀率降低,ZrC 的体积分数最高(33.3%)的试样在氧乙炔焰烧蚀 60 s 后,测得其线烧蚀率和质量烧蚀率分别为 0.004 mm/s 和 0.006 g/s。这和 Chen S A[59]等人的研究结果相似。后者同样用 SI 结合 PIP 法制备了 2D C/SiC-TaC 复合材料,并研究了 TaC 含量对材料烧蚀性能的影响。结果表明,材料的烧蚀性能随着 TaC 含量的升高先上升,后降低。当 TaC 的体积分数为 30.5% 时,材料的烧蚀性能最好,在氧乙炔焰烧蚀 60 s 后,测得其线烧蚀率和质量烧蚀率分别为 0.013 mm/s 和 0.017 g/s。此外,严敏[60]等还用 PIP 方法制备出 C/SiC-HfC 复合材料,氧乙炔焰烧蚀 120 s 后,测得其线烧蚀率为 9.1×10^{-4} mm/s,质量烧蚀率为 1.3×10^{-3} g/s。这比 C/SiC 的抗烧蚀性能(线烧蚀率为 0.06 mm/s,质量烧蚀率为 0.01 g/s)有了较大提高。范晓孟等向 C/SiC 复合材料引入 MAX 相 Ti$_3$SiC$_2$,不仅改善了 C/SiC 复合材料的力学性能,也提高了其烧蚀性能。部分针对 C/SiC 复合材料的基体改性及测试结果见表 4.1。

表 4.1　几种改性复合材料的制备方法及烧蚀性能表征

材　料	制备方法	烧蚀考核	时间/s	线烧蚀率/(mm·s^{-1})	质量烧蚀率/(g·s^{-1})
C/SiC-TaC	SI+CVI	氧乙炔焰	20	6.8×10^{-2}	1.05×10^{-2}
C/C-HfC	TCVI	氧乙炔焰	20	1.04×10^{-2}	—
C/C-SiC-ZrC	RMI	氧乙炔焰	20	4×10^{-3}	4.8×10^{-3}
C/SiC-Ti$_3$SiC$_2$	RMI	氧乙炔焰	20	2.4×10^{-3}	6.3×10^{-3}
C/C-SiC-HfC	PIP	氧乙炔焰	120	9.1×10^{-4}	1.3×10^{-3}
C/SiC-ZrB$_2$	PIP	氧乙炔焰	10	1×10^{-2}	—

注:SI—浆料浸渗;CVI—化学气相渗透;TCVI—金属盐溶液浸渍;RMI—反应熔体浸渗;PIP—前驱体浸渍裂解。

不同超高温陶瓷改性提高 C/SiC 复合材料抗烧蚀性能的机理相似。以朱晓娟等用

RMI 法制备的 3D C/SiC-ZrC 复合材料为例[61]，该材料在氧乙炔焰烧蚀 20 s 后，烧蚀微观形貌如图 4.5 所示。烧蚀中心区[见图 4.5(a)]并未出现针状严重烧蚀形貌，这是因为虽然该区域温度较高，气流冲刷严重，SiC 快速升华，但 ZrC 氧化生成的 ZrO_2 为熔融态，不易被气流带走。熔融态的 ZrO_2 包覆在 ZrC 和纤维表面，阻止了其进一步氧化，提高了 C/SiC 复合材料的抗氧化性；而 ZrC 熔点较高，在该温度下仍为固态，对 ZrO_2 起到了"钉扎"作用，降低其流失速率，又提高 C/SiC 的抗机械剥蚀性能。这两方面的共同作用提高了 C/SiC 的抗烧蚀性能。烧蚀过渡区，出现典型的孔洞等烧蚀特征。这是由于 SiC 主动氧化生成的 SiO 气体逸出产生的。但相对于图 4.5(b)，材料没有出现明显的液体特征，这说明 ZrO_2 起到了固定熔融态 SiO_2，降低其流失速率的作用。在烧蚀边缘，温度较低，ZrC 氧化生成的 ZrO_2 为固态多孔结构，SiO_2 填充在 ZrO_2 骨架间隙，共同覆盖在基体表面，阻止材料进一步氧化和冲刷。

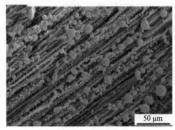 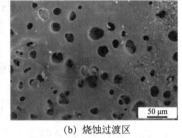 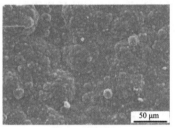

(a) 烧蚀中心区　　　　　　　　(b) 烧蚀过渡区　　　　　　　　(c) 烧蚀边缘

图 4.5　RMI 法制备的 C/SiC-ZrC 复合材料氧乙炔焰烧蚀形貌

单相超高温陶瓷改性提高了 C/SiC 复合材料的烧蚀性能，但仍存在一些不足。如难熔金属硼化物被氧化后生成的 B_2O_3 在高温下快速升华，在高温下形成难熔金属氧化物的疏松多孔结构，不能进一步阻挡基体氧化；难熔金属碳化物在低温下抗氧化性较差，这是因为难熔金属碳化物氧化温度较低（如 ZrC 氧化温度为 800 ℃，HfC 的氧化温度只有 500 ℃[62]），低温氧化后形成的氧化物为疏松多孔结构，不能进一步阻挡基体氧化，因此，为了进一步提高 C/SiC 复合材料的抗烧蚀性能，研究者开始用复相陶瓷改性 C/SiC 复合材料。复相陶瓷改性 C/SiC 的制备方法有 RMI、PIP、SI 及以上工艺的组合。

西北工业大学李璐璐[63]等用浆料涂刷结合 CVI 工艺制备出 2D C/SiC-ZrB_2-TaC 复合材料，并用氧乙炔焰考核了其烧蚀性能，其烧蚀中心区的微观形貌如图 4.6(a)所示，图 4.6(b)则为单纯 ZrB_2 改性 C/SiC 复合材料氧乙炔焰烧蚀中心区形貌[64]。单相 ZrB_2 改性的 C/SiC 复合材料烧烧蚀中心区纤维锐化，纤维间无基体填充，材料烧蚀较为严重。而 2D C/SiC-ZrB_2-TaC 复合材料烧蚀中心区虽有针状纤维露出，但数量较少，纤维间有固体氧化物填充，材料表现出较低的烧蚀程度。这是由于 TaC 氧化生成的 T_2O_5 在 2 000 ℃以上即为液态，在 ZrO_2 熔化前填充在 ZrO_2 和纤维间隙，提高材料的抗氧化性和抗烧蚀性能。

此外，皮慧龙[65]等用 SI 结合 RMI 制备出 2D C/SiC-ZrB_2-ZrC 复合材料，并用氧乙炔焰考核其烧蚀性能。最终测得其线烧蚀率为 0.002 mm/s。Li Q G[66]等则用 PIP 方法制备出 3D C/SiC-ZrB$_2$-ZrC 复合材料,并在等离子风洞下考核了其抗烧蚀性能。结果表明,ZrB$_2$-ZrC 复相陶瓷改性 C/SiC 复合材料具有优异的抗氧化和抗烧蚀性能。

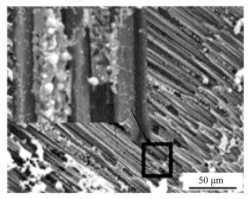 

(a) 2D C/SiC-ZrB$_2$-TaC　　　　　　　　(b) 2D C/SiC-ZrB$_2$

图 4.6　2D C/SiC-ZrB$_2$-TaC 和 2D C/SiC-ZrB$_2$ 复合材料氧乙炔焰烧蚀中心区形貌[39]

为了降低成本,高超音速飞行器希望热防护系统能够重复使用,因此,除提高复合材料抗烧蚀温度外,提高改性 C/SiC 复合材料的重复烧蚀性能也是研究的热点之一。以 ZrB$_2$ 和 ZrC 改性为例,高温生成的 ZrO$_2$ 具有支撑和保护基体的作用,但 ZrO$_2$ 存在三种晶型,在不同温度下可以相互转变。烧蚀时形成的 ZrO$_2$,在冷却过程中会由立方晶转变为四方晶,最后转变为单斜晶。在由四方晶转变为单斜晶的过程中,密度将由 6.10 g/cm^3 变为 5.65 g/cm^3。密度的变化将带来 3.25% 的体积变化。同时,在高温下试样表面熔融态的 SiO$_2$ 因冲刷而流失,不能固定表层的 ZrO$_2$。这最终导致试样表面的 ZrO$_2$ 冷却后为疏松多孔结构且力学性能较差[67]。该结构在低温下容易脱落,无法满足重复烧蚀的需求,因此,稳定 ZrO$_2$ 结构,抑制其晶型转变成为提高材料的可重复烧蚀性能的主要途径。

J. A. Labrincha 等[68]在研究超高温陶瓷时发现,加入稀土元素镧可以与 ZrO$_2$ 形成锆酸镧。锆酸镧熔点高且不存在相变,因此,可以起到抑制 ZrO$_2$ 的晶型转变的作用,提高材料的可重复烧蚀性[69,70]。据此,西北工业大学罗磊[71]等通过 RMI 方法制备了 3D C/SiC-ZrC-La 复合材料,并研究了其在氧乙炔焰条件下的可重复烧蚀性。测得三次线烧蚀率和质量烧蚀率见表 4.2。三次烧蚀后试样烧蚀中心区形貌依次如图 4.7(a)、图 4.7(b) 和图 4.7(c) 所示。

表 4.2　C/SiC-ZrC-La 复合材料三次氧乙炔焰烧蚀率

烧蚀率	1 次	2 次	3 次
线烧蚀率/(mm·s^{-1})	0.009 33	−0.002	0.01
质量烧蚀率/(g·s^{-1})	0.001 197	0.000 86	0.001 167

从图 4.7 可以看出,C/SiC-ZrC-La 复合材料经过第一次烧蚀后并没有纤维露出,第二次烧蚀开始有纤维露出,第三次烧蚀的烧蚀率仍优于未改性的 C/SiC 复合材料。经过三次烧蚀后,纤维表面仍有熔融态物质保护,试样保持了良好的完整性。该研究表明,La 元素的加入有效地提高了 C/SiC-ZrC 复合材料的可重复烧蚀性能。

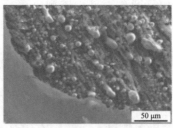

(a) 第一次烧蚀　　　　　　(b) 第二次烧蚀　　　　　　(c) 第三次烧蚀

图 4.7　C/SiC-ZrC-La 复合材料三次烧蚀中心区微观形貌

4.3.3　涂层的研究进展

意大利航空航天研究中心(CIRA)用等离子喷涂的方法在 C/SiC 表面制备出 ZrB_2 涂层,并用等离子风洞考核其烧蚀性能,取得了良好的效果[72]。美国 Ultramet 公司研究出 HfC、TaC 和 ZrC 等涂层,提高了 C/SiC 的抗氧化性[73]。在国内,西北工业大学刘巧沐[74]等用 CVD 方法在 C/SiC 表面制备出 ZrC 涂层,并用甲烷风洞考核了其烧蚀性能,在一定程度上提高了 C/SiC 的抗氧化和抗烧蚀性能。国防科技大学赵丹[75]等人用反应法制备出 ZrB_2 涂层,并用氧乙炔焰考核了其烧蚀性能。结果表明,涂层改性的 C/SiC 复合材料线烧蚀率基本为零,而未改性的 C/SiC 烧蚀率为 0.064 mm/s。然而,单一涂层对 C/SiC 的抗氧化和抗烧蚀性能提高有限。这是因为超高温陶瓷涂层提高 C/SiC 抗烧蚀性的主要机理是生成超高温陶瓷氧化物,如 ZrO_2、HfO_2 等,覆盖在基体表面,起到了隔热降温的作用,减少了基体 C/SiC 的烧蚀,但在低温氧化或烧蚀过程中,生成的 ZrO_2、HfO_2 等为疏松多孔结构,不能形成致密的抗氧化保护层。为此,M. Pavese[76]等人用浆料涂刷法在 2D C/SiC 表面制备出 HfB_2-SiC 混合涂层,并在 1 600 ℃下氧化 30 min 后测得其力学性能,其强度仍可达初始强度的 80% 以上,但其并未考核该涂层的抗烧蚀性能。西北工业大学李厚补[77]等分别用浆料涂刷制备出 ZrB_2-SiC 混合涂层,并用氧乙炔焰考核其抗烧蚀性能。结果表明,ZrB_2-SiC 混合涂层复合材料的抗烧蚀性能和纯 SiC 涂层复合材料的抗烧蚀性能相似。这主要是因为,ZrB_2-SiC 混合涂层在氧乙炔烧蚀条件下,由于烧蚀温度较高,与 ZrB_2 起结合作用的 SiC 快速升华,导致 ZrB_2 或其氧化物 ZrO_2 在失去 SiC 结合后,会迅速被高速气流冲出试样表面,从而失去对复合材料的保护,材料的烧蚀性能基本没有提高。

混合涂层虽然可以提高 C/SiC 复合材料的抗氧化性能,但对其抗烧蚀性能提高有限,因此,国内外学者还研究了在 C/SiC 复合材料表面制备多层涂层。Ultramet 公司用 CVD 法制备出 HfC/SiC 交替涂层,微观形貌如图 4.8 所示[48]。该涂层可在 1 799 ℃下长时间(数小时)、

图 4.8　Ultramet 公司用 CVD 法制备出 HfC/SiC 涂层截面 SEM 照片

2 093 ℃下短时间使用,在 595 W/m² 的热流密度下的线烧蚀率可降低到 5×10^{-3} mm/s,大大提高了 C/SiC 抗氧化和抗烧蚀性能。Blum Y[78] 等人用浆料涂刷结合 PIP 法制备出 ZrB_2/SiC 和 ZrB_2/ZrC/SiC 涂层,涂层厚度达 100 μm,有效地提高 C/SiC 的抗氧化性能。

在国内,西北工业大学刘巧沐[74,79]用 CVD 方法在 C/SiC 表面制备了 SiC/ZrC/SiC 交替涂层,考核了其抗氧化和抗烧蚀性能,并研究了 ZrC 涂层厚度对 C/SiC 复合材料抗烧蚀性能的影响。结果表明,在 SiC/ZrC/SiC 涂层体系中,ZrC 涂层越厚,其抗烧蚀性能提高就越不明显,甚至有可能降低材料的抗烧蚀性能。这是因为随着 ZrC 涂层厚度的增加,不同涂层的残余热应力增大,导致微裂纹宽度增加,使得材料更易烧蚀。国防科技大学 Xiang Y[80] 等人用浆料涂刷结合 CVD 的方法在 C/SiC 表面制备出 ZrC/SiC 涂层,并用氧乙炔焰考核其烧蚀性能。结果表明 ZrC/SiC 涂层可使 C/SiC 复合材料的线烧蚀率降低 59.5%、质量烧蚀率降低 50.3%。北京理工大学 Wen B[81] 等用等离子喷涂法制备了 W/ZrC 涂层(内层为 W,外层为 ZrC),使 C/SiC 复合材料的线烧蚀率和质量烧蚀分别降低 56.7% 和 38.2%。除 ZrC 外,含 ZrB_2 的涂层也是研究热点。上海硅酸盐研究所吴定星[82] 等用浆料涂刷和脉冲 CVD 法制备了 SiC/(ZrB_2-SiC/SiC)₄ 涂层,并研究了其在 1 500 ℃下的抗氧化性能。结果表明,涂层复合材料在 1 500 ℃氧化 25 h 后增重 2.5%,表现出优异的抗氧化性能。国防科技大学 Xiang Y[83] 等用 PIP、浆料涂刷结合 CVD 的方法在 C/SiC 表面制备出 (ZrB_2-SiC)/SiC 涂层,并用氧乙炔焰考核其烧蚀性能。结果表明,该涂层可使 C/SiC 复合材料线烧蚀率和质量烧蚀率分别降低 62.1% 和 46.1%,较大地提高了材料的抗烧蚀性能。

从上述内容可以看出,国内外对复合材料的改性包含了纤维改性、基体改性和涂层改性三种方式,但是,国内对热防护材料的烧蚀性能考核形式比较单一,大多采用氧乙炔焰等较为简单的考核方式,仅有少量研究采用电弧风洞和等离子体风洞等更贴近真实服役环境的考核方式,因此,针对复合材料的改性尚停留在实验室阶段,距离产业化应用还有一段距离。

4.4　产业应用与工程应用

高超声速飞行器的发展受到了越来越多国家的重视。近年来,美国相继试飞了 X-33、X-43A 和 X51-A 等多种型号的超高声速飞行器。尤其是 X-43A 更是达到了马赫数 9.68,成为世界上速度最快的动力飞行器。当飞行器以此速度在大气中飞行时,其将面临严重的气动加热问题[84,85]。进一步的实验表明也表明,超高声速飞行器在大气中以 5 Ma 速度飞行时,其鼻锥和机翼前缘部分的温度可达 2 000 ℃[86-88]。

可以看出,超高声速飞行器服役环境极其恶劣,尤其是在机翼前缘、鼻锥、控制面、发动机热端等部位温度极高。另外,高超声速飞行器的控制面在飞行过程中起到控制飞行的作用,在高温条件下必须承受一定的气动载荷。这就进一步要求结构材料具备良好的高温力学性能。为了保证高超声速飞行器飞行安全,热防护系统和结构一体化成为发展高超飞行器的一个关键。热防护系统和结构一体化材料能够保证高超飞行器承受极其恶劣的气动热环境和气动载荷,保护高超飞行器机体结构在气动热环境中免遭烧毁破坏,使飞行器内部保持在允许的温度和气压范围之内,以及保障完好的气动外形。随着高超声速飞行器飞行速度的不断提高,服役环境越来越恶劣,飞行器的结构与热防护成为飞行器发展的瓶颈,因此,迫切需要发展集轻质、高强韧、耐高温、长时间非烧蚀于一体的防热结构材料。

连续纤维增强陶瓷基复合材料(CMCs)具有密度小、比强度高、比模量高、高温力学性能稳定和抗热震冲击性能好的特点,并具有优异的抗烧蚀性能,是未来航空、航天科技发展的关键支撑材料之一,被成功应用于翼前缘、防热结构和推进系统。

4.4.1 热防护领域

航天陶瓷基热防护复合材料按使用功能分为:(1)耐烧蚀复合材料,基体材料包括 ZrC、HfC、TaC 等;(2)热结构复合材料;(3)绝热复合材料,基体材料包括 Al_2O_3、ZrO_2 等。这些陶瓷基体材料,采用高性能纤维编织物增韧后,不仅保持比强度高、比模量高、热稳定性好的

图 4.9　C/C 鼻锥和结构件(NASA)[89]

特点,而且克服了陶瓷的脆性弱点,抗热震冲击能力显著增强,用于航天热防护领域,可实现耐烧蚀、隔热和结构支撑等多功能的材料一体化设计,大幅度减轻系统重量,增加运载效率和使用寿命。碳纤维增韧的陶瓷基复合材料成功被应用于 NASA 航天飞机的翼前缘及鼻锥,其驻点温度可达 1 260 ℃。为了降低尖锐结构件再入引起的气动热,翼前缘和鼻锥都具有较小的曲率半径,如图 4.9 所示[89]。

高超声速飞行器 X-38 的舵体和鼻锥,甚至包括了相应的紧固零件完全采用了 CMCs 材料设计。X-38和X-43飞行器表面同时也存在低温金属(钛合金)和 CMCs 的混合设计,如图 4.10 所示[90,91]。

(a)

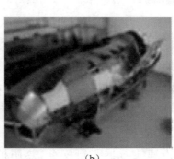

(b)

(c)

图 4.10　X-38[90,91]

　　IXV 高超声速飞行器上所应用的热防护系统拥有最先进的 CMCs 设计,迎风面包括鼻锥和转向舵都是由 CMCs 构成。IXV 已于 2015 年 2 月成功试飞,展示了最先进的 CMCs 热防护性能,如图 4.11 所示[92]。

　　与传统陶瓷相比,超高温陶瓷拥有优良的抗氧化和抗热震性能,具备应用于热防护和推进系统的潜力。通过层状设计,可以制备较小尺寸的块体材料,如图 4.12 所示[93]。

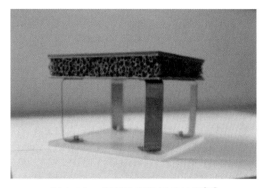

图 4.11　在有效载荷适配器上安装的 IXV 飞行器[92]　　　　图 4.12　超高温陶瓷层状材料[93]

　　针对超高温陶瓷的热应力集中问题,提出了超高温陶瓷基复合材料(UHTCMCs)的解决方案。UHTCMCs 兼具超高温陶瓷的耐高温性和复合材料的韧性,并具有良好的抗烧蚀性能。通过自愈合基体设计,可以进一步提高其氧化和热腐蚀的稳定性。UHTCMCs 拟应用于未来高超声速飞行器的鼻锥、翼前缘、进气系统和其他高热载荷区域。这种材料也有望应用于高温高速的再入环境中。同时,UHTCMCs 作为发动机部件的应用也在积极地探索中,包括使用于涡轮叶片和燃烧室热端部件[94]。

4.4.2　航空发动机领域

　　20 世纪 80 年代初,法国 SNECMA 公司率先开展陶瓷基复合材料在航空发动机喷管部位的应用研究,先后研制出了 Cerasepr A300 和 Sepcarbinoxr A262 碳化硅基复合材料。随后美国、日本等也不断加大对该领域的支持,特别是近几年美国在 F414 发动机上开展了 SiC_f/SiC 复合材料涡轮转子的验证工作,这代表陶瓷基复合材料应用范围已经拓展到了发动机的转动件,使用陶瓷基复合材料已成为新一代发动机的典型标志[95]。以下将从材料考核、模拟考核及发动机试车考核等三个不同层次介绍国外陶瓷基复合材料的应用发展概况。美国、法国等国家的陶瓷基复合材料研究较早,并已经将材料体系系列化。现阶段对材料的主要考核条件主要为气氛(空气、水氧)和温度(1 200～1 500 ℃),以考核寿命为判断标准。表 4.3 不完全统计了美国 NASA 和法国 SNECMA 公司生产的陶瓷基复合材料体系及其性能考核结果。研究表明,陶瓷基复合材料能够承受较高的热冲击和外部载荷冲击,至少是在中温中载条件下,能够保持优异的化学稳定性,可以应用于航空发动机热端部件[96]。

表 4.3　国外不同型号陶瓷基复合材料及其性能考核结果[96]

材料牌号	研制机构	材料体系	使用温度/℃	考核条件
N22	美国 NASA	SiC_f/SiC	1 204	1 204 ℃/空气/103 MPa 断裂寿命 500 h
N24-A	美国 NASA	SiC_f/SiC	1 315	1 315 ℃/空气/103 MPa 断裂寿命 500 h
N24-C	美国 NASA	SiC_f/SiC	1 315	1 315 ℃/空气/103 MPa 断裂寿命 1000 h
N26	美国 NASA	SiC_f/SiC	1 427	1 450 ℃/空气/69 MPa 断裂寿命大于 300 h
A410	法国 SNECMA	自愈合 $SiC_f/SiBC$	1 200	1 200 ℃/空气/120 MPa/0.25 Hz 拉-拉疲劳寿命大于 600 h
A416	法国 SNECMA	自愈合 $SiC_f/SiBC$	1 400	1 400 ℃/空气/120 MPa/0.25 Hz 拉-拉疲劳寿命大于 200 h
A500	法国 SNECMA	自愈合 $C_f/SiBC$	1 200	1 200 ℃/空气/120 MPa/0.25 Hz 拉-拉疲劳寿命约 100 h

随着材料性能逐渐提高及制备工艺的逐渐成熟,多国开展了陶瓷基复合材料典型件和模拟件的模拟考核。美国 NASA UEET 计划开展了 SiC_f/SiC 的涡轮叶片模拟件的制备及考核工作。模拟考核环境为:考核燃气流速为 0.5 kg/s、考核压力为 0.60 MPa,考核过程中最高温度为 1 320 ℃、时间为 50 h。考核后结果发现,SiC_f/SiC 复合材料叶片经高温燃气考核后,除部分部位由于高温合金分解沉积外,叶片本身未出现可视冲刷、氧化及剥落痕迹,而高温合金叶片已出现明显损坏。另一个典型的考核实例为美国 Solar Turbines Incorporated 以 3M 生产的 Nextel 720 纤维为增强相,以 A-N720 氧化铝基陶瓷为基体制备的氧化物燃烧室外衬最长经历了 109 次循环 25 404 h 考核。研究表明,采用氧化物陶瓷基复合材料制备的燃烧室内衬能够经历长时间的热载荷冲击,表现出优异的高温稳定性。经过多种类、多批次的模拟考核后,陶瓷基复合材料在多种型号发动机上进行了考核,并实现了应用。表 4.4 中不完全统计了陶瓷基复合材料在航空发动机上的应用部位及其效果[97]。

表 4.4　陶瓷基复合材料在航空发动机上的应用研究[97]

发动机型号	材料体系	应用部位	效　　果
M88-2	SPECARBINOX® A262 C_f/SiC 复合材料	外调节片	于 2002 年开始投入生产,在国际上首次实现了陶瓷基复合材料在航空发动机上的应用
F119	SiC 复合材料	矢量喷管内壁板和外壁	有效减重,从而解决飞机重心后移问题

续表

发动机型号	材料体系	应用部位	效 果
F414	SiC 复合材料	燃烧室	能够提供较大的温升、较长的寿命,需要的冷却空气较少
F100	SiC_f/SiC	密封片	累计工作时间 1 300 h,1 200 ℃/100 h,减重 60%。SiC_f/SiC 材料比金属密封片具有更好的抗热机械疲劳性能
F100-PW-229	SiC 基密封片	密封片	在 Pratt & Whitney(FL)和 Arnold(TN)空军基地进行了 600 h 以上的地面试车试验,并在 2005 年和 2006 年通过 F-16 和 F-15E 试飞试验
F110	SiC_f/SiC	调节片	累计工作时间 500 h,1 200 ℃/100 h,增加推力 35%。取样性能测试结果表明,SiC_f/SiC 无明显损伤
XTC76/3	SiC_f/SiC	燃烧室火焰筒	火焰筒壁可以承受 1 589 K 温度
XTC77/1	SiC 复合材料	燃烧室火焰筒,高压涡轮静子叶片	改进了热力和应力分析;质量减轻,冷却空气量减少
XTC97	SiC 复合材料	燃烧室	在目标油气比下获得了较小的分布因子
XTE76/1	SiC_f/SiC	低压涡轮静子叶片	提高了强度和耐久性,明显减少了冷却空气需要量
EJ200	SiC_f/SiC	燃烧室、火焰稳定器和尾喷管调节片	通过了军用发动机试验台、军用验证发动机的严格审定,在高温、高压燃气下未受损伤
Trent800	SiC 复合材料	扇形涡轮外环	可大幅度节省冷却气量、提高工作温度、降低结构重量并提高使用寿命
F136(装配 F35)	CMC	涡轮 3 级导向叶片	耐温能力可达 1 200 ℃,重量仅有镍合金的 1/3。可能是陶瓷基复合材料在喷气发动机热端部件上得到的首次商业应用
Trent	CMC	尾椎	截至 2013 年 1 月,运行 73 h,未有热或结构应力问题发生
Leap-X	CMC	低压涡轮导向叶片	质量仅为传统材料的 1/2,甚至更轻,但可以耐 1 200 ℃以上的高温,并且不需要冷却,易于加工

C/SiC 还被应用于超燃冲压发动机被动和主动热防护系统,可以简化结构,降低重量,显著提高发动机综合性能和飞行器有效载荷,降低整个系统的操作成本。C/SiC 复合材料在

超燃冲压发动机中的应用研究最早开始于 1984 年。法国 Snecma 公司基于自主研发的 C/SiC 复合材料在 Hermes 航天飞机和亚燃冲压发动机上的应用基础，与美国 united technologies corporation(UTC)合作，研究用于超燃冲压发动机被动热防护的可行性，启动了 joint composite scramjet(JCS)计划。该计划中研制了尖锐唇口（前缘半径分别为 0.75 mm、1 mm、1.25 mm）、吸气导流喷嘴(airbreathing pilot injector)、燃烧室被动防热面板，以考察材料的性能和耐久性。前缘半径为 0.75 mm 的唇口在马赫数 8/71.8 kPa 条件下进行了 150 s 试验，质量损失小于 1%，无明显线烧蚀。吸气导流喷嘴分为主体(body)和斗篷(cowl)两个部件，

经过马赫数 7/35.9 kPa 条件下的 3 次考核（单次25～30 s)后，斗篷前缘（计算温度为 2 250 K)半径没有变化，关键区域没有破坏和烧蚀，如图 4.13 所示。燃烧室被动防热面板安装于燃烧室出口处，因为表面温度只有 1 500 K，所以经 5 次考核后，没有任何变化。JCS 计划的研究认为，C/SiC 复合材料达到了预期目标，代替金属提高了燃烧效率，能够降低质量。被动热防护的研究表明，C/SiC 复合材料可用作马赫数 8 状态一次性使用(<20 min)的超燃冲压发动机被动防热材料，要想更长时间乃至重复使用或者在更高马赫数下服役，须发展主动冷却结构[98]。

图 4.13　试验后的前缘半径为 0.75 mm 的进气道唇口[98]

在 NASA 第三代火箭基组合循环动力飞行器计划中，美国 Refractory Composites 公司开发了如图 4.14 所示的再生冷却 C/SiC 复合材料燃烧室面板。C/SiC 复合材料热面板面向热气流，背面与 Ni 合金冷却管接触，冷却管背面是复合材料冷面板，三者通过机械紧固形成三明治结构。以水为冷却剂进行了测试，该结构表现出很好的热交换能力[99]。

（a）镶嵌结构　　　　　　　　　　（b）紧固形式

图 4.14　C/SiC 面板与 Ni 合金管镶嵌结构及紧固形式[99]

金属管与复合材料的组合结构具有不渗漏的优点，但重量大、接触热阻大。美国和法国联合发起 advanced composite combustion chamber(AC3)计划，发展带冷却通道的全C/SiC

复合材料结构，以取代金属冷却结构。技术方案为将两块 C/SiC 复合材料面板焊接在一起，面向热气流的面板上加工出沟槽，方便煤油流动，冷端面板的两头有集流道，如图 4.15 所示。这种结构灵活，可集成在腔壁上的喷嘴，可调节沟槽横截面和通道，以达到既满足燃料加热又满足局部热管理的要求，可以做成平板和环状结构[100]。

C/SiC 复合材料在超燃冲压发动机中的应用虽然还处于初始阶段，但在简化结构、减轻重量、提高综合性能、降低系统成本等方面已展现出明显优势，具有很好的应用前景。

图 4.15　全 C/SiC 复合材料
主动冷却结构[100]

4.5　未来预测和发展前景

UHTCMCs 虽有优异的抗高温氧化烧蚀和高温力学性能，但在应用时还存在一些问题，如前驱体陶瓷产率低、制备周期长、成本高、构件尺寸限制较大和对各种环境的适应性缺乏研究等。因而，UHTCMCs 未来研究的重点在材料优化设计、制备工艺改进及成分体系的环境适应性等方面。

4.5.1　材料设计

目前，UHTCMCs 普遍存在制备周期长、成本高和性能均匀性差等问题。未来则主要是针对上述问题给出高效、低成本的解决方案。材料结构和上述问题直接相关。因而 UHTCMCs 未来发展首先会从新材料设计入手。对于 UHTCMCs，材料设计包含两方面的内容：复合材料整体结构设计和制备工艺的原材料设计。通过复合材料结构设计，可提高力学性能、环境适应性能及性能均匀性；通过制备工艺的原材料设计，则可缩短制备周期、降低生产成本。下面分别予以介绍。

复合材料整体结构设计包括纤维设计、预制体结构设计、界面设计和基体设计。目前，UHTCMCs 主要的纤维是碳纤维和 SiC 纤维。由于现有 SiC 纤维的耐温性不足，而碳纤维可由超高温陶瓷相提供高温抗氧化保护而发挥高韧性的作用，因而 UHTCMCs 中的纤维一般为碳纤维。碳纤维增韧 UHTCs 时，主要的问题在于热膨胀系数匹配。一般的，UHTCMCs 制备温度和服役温度都有较大差别。制备温度下纤维和基体的热膨胀系数是匹配的，而服役状态下纤维和基体便会因热膨胀系数的不同而产生热失配，进而产生界面热应力。此外，通过 PIP 工艺制备复合材料，需要经过多次高低温循环，也可能产生界面热应力。若界面热应力较大，则可能严重降低复合材料强度，甚至造成其失效，因此，开发新的纤维有望解决热匹配的问题。目前新纤维的研究相对较少，仅有少量 HfC 纤维的生产报道。未来可能有新的纤维的开发生产。

预制体结构设计和界面设计直接影响复合材料的力学性能。目前预制体结构还较为简单,难以满足未来超高声速飞行器复杂的服役环境。开发新的预制体结构,可使UHTCMCs满足复杂的应力环境。目前,常用的界面层为热解碳界面层和氮化硼界面层。氮化硼界面耐温性能和力学性能不如热解碳界面,但热解碳界面层可能会在 RMI 过程中与熔体发生反应,造成界面损伤,降低复合材料力学性能。此外,通过 PIP 工艺制备硼化物时,也可能会损伤界面层。因而,未来可通过新的界面层设计来避免上述问题。

UHTCMCs 的基体直接关系到复合材料的环境服役性能。不同的基体材料环境服役性能差别很大。超高声速飞行器在服役过程中会面临速度和空气密度的变化,进而影响材料的服役性能,如氧分压对基体的抗氧化性能有直接影响;而空气密度和速度直接影响材料的抗烧蚀性能。单一基体材料难以满足复杂环境下的抗氧化烧蚀性能,因此,一般通过一种或两种以上的基体组合,以满足复杂环境下的服役要求。

除复合材料整体结构设计,还可以对制备工艺的原材料设计。对于 PIP 工艺,目前主要问题是前驱体陶瓷产率较低,进而造成制备周期较长。通过分子链结构设计,开发高陶瓷产率的前驱体是该工艺的重要发展方向。此外,现有陶瓷前驱体一般要溶于二甲苯等有机溶剂,这可能会对环境产生危害,也会提高生产成本。开发可溶于水或无水乙醇的前驱体可以有效解决上述问题,如可通过浸渍 $ZrOCl_2$ 水溶液来获得锆基陶瓷复合材料。对于 RMI 方法,可通过相图寻找低熔点合金。一些低熔点的金属间化合物能在较低温度下制备出超高温陶瓷相,如 Zr_2Cu 熔点为 1 025 ℃,质量分数分别为 35% 的 Hf 和 75% 的 Cu,熔点为 970 ℃。此种化合物可以浸渗到多孔含 B 或 C 的化合物中,能够在 1 100 ℃反应生成 ZrB_2、ZrC、HfB_2 和 HfC 等超高温陶瓷。低反应温度可降低生产成本,是未来 UHTCMCs 的发展方向。

4.5.2　制备工艺

现有制备 UHTCMCs 的工艺主要是 CVI、PIP 和 RMI 等。前两种工艺存在的问题主要是制备周期长,而后一种工艺则主要是得到的材料力学性能较差。未来则将会针对上述问题做出优化。CVI 的速率主要靠反应和扩散控制,而后者往往是最终沉积速率的决定因素。扩散机制又分为分子扩散和努森扩散。决定气体在试样内部以何种机制扩散的主要因素为孔径大小。因而在 CVI 不同阶段,沉积速率控制因素不同。在初始阶段,预制体内孔径都在数百微米,扩散主要靠分子扩散进行。在 CVI 后期,大孔都被致密化,孔的平均直径都降到 10 μm 以下,努森扩散成为主要扩散方式。由于努森扩散系数都远小于分子扩散系数,因而等温等压 CVI 后期沉积速率会非常缓慢。又因为努森扩散和压力无关,提高气源分压虽然可以加快反应速率,但又可能造成试样过早封孔结壳,因此,在制备 UHTCMCs 的具体操作过程中,为了制备致密的复合材料,需要在沉积多次后对试样表面进行加工,打开气孔再继续沉积工艺,经过若干次循环之后,可由近净尺寸成型得到致密的成品。这就造成了CVI 工艺周期过长。虽然目前依据现有 CVI 工艺又拓展出等温—等压 CVI(ICVI)、热梯度强迫流动 CVI(FCVI)、热梯度 CVI(TGCVI)、脉冲 CVI(PCVI)和液相渗入法(LICVI)

等,但仍未从根本上解决其制备周期长的问题,因此,改变传统 CVI 工艺,开发新的改进工艺是未来工艺改进的方向。西北工业大学王晶等通过激光打孔的方式,在沉积至某一阶段后,再在 C/SiC 复合材料加工出微孔,成为下一阶段 CVI 工艺中分子扩散的通道,这显著提高了 CVI 工艺效率。在厚度较大的构件应用时,该种方式更为有效,因此,微孔辅助 CVI 工艺同时解决了高成本和构件厚度的尺寸问题。这种工艺优化方式同样适用于 UHTCMCs。然而,孔径大小及分布等对 C/SiC 复合材料性能的影响还需进一步系统的研究。

PIP 的周期和前驱体的陶瓷产率密切相关。除上文提到的通过前驱体设计提高陶瓷产率外,还可在浸渍过程中添加固体颗粒,以提高致密化效率。RMI 所得到的试样力学性能和耐温性能差的主要原因是该工艺过程中可能会损伤纤维和界面,并且得到的材料中含有低熔点相。通过界面设计、孔径优化和后期热处理等工艺优化,可降低纤维的损伤和低熔点相的含量。

4.5.3　考核方法

UHTCMCs 应用时的主要性能有力学性能、抗氧化和抗烧蚀性能。因而,研究 UHTCMCs 的主要考核方法为氧化测试、力学测试和服役环境模拟考核。

抗氧化性能是 UHTCMCs 应用于高超声速热防护时最基本的性能,需要最先进行抗氧化性能考核。目前,抗氧化性能考核的主要方式为静态氧化,但现有的考核条件和 UHTCMCs 服役时的温度条件还有较大差距。不同温度下 UHTCMCs 的氧化机理会有较大差别。对于很多碳化物或氮化物,其低温抗氧化性能较差。而在高温下可以形成多层氧化膜来阻止氧气的扩散。对 $HfC_{0.5}$ 陶瓷的氧化研究表明,在 2 060 ℃长时间氧化时,抛物线型动力学过程会转化为线性过程,而在 1 400 ℃氧化时却未看到类似结果。因而,未来需要更能贴近服役温度的氧化考核,并研究其氧化机理。

氧化考核主要应用于材料组分的最初筛选及材料的氧化机制。一旦材料的抗氧化性能满足要求,就需要为设计提供力学性能数据。与纯超高温陶瓷需要较少的测试不同,UHTCMCs 由于其性能分散性较大而必须测试足够多的样品且样品尺寸足够大,才能代表整体材料的性能。为得到 UHTCMCs 服役环境下的力学性能,其力学测试必须要有足够高的温度。然而,目前高温(>1 800 ℃)下能够满足大尺寸试样强度测试的设备较少,尚不能满足 UHTCMCs 的高温测试要求。未来需发展高温力学性能测试设备,以得到 UHTCMCs 高温服役条件下的力学性能数据。

服役环境模拟测试则是在完成上述测试后进行的考核。由于大部分氧化实验仅将总温作为唯一的考虑因素而忽略了其他因素的影响,因而在服役前必须进行模拟环境测试。目前,有关 UHTCMCs 的应用研究均集中在高超声速飞行器尖锐前缘和超燃冲压发动机燃料注入管道两个方向。测试材料的环境响应方法也主要是风洞测试和超燃冲压发动机测试。复现真实环境的关键因素包括:热流密度;总温或驻点温度;总压或驻点压力;动态压力;材料表面气流速度;气体组分;气体的分解程度及在材料表面的催化作用;材料最大噪声及外力引起的振动和对热震的抵抗能力等。现有测试材料的环境响应根据应用方向主要是风洞和超燃冲压发动机测试等方法,但是目前所用的这些考核手段,没有一种能再现尖锐前缘在高超声速飞行中的真实环境。超然冲压发动机测试平台可以再现飞行器自由飞行过程中的多种气动热环境,但使用的气体和实际环境还是有些差别。此外,就现有模拟环境而言,环境本征参数和材料对环境的响应结果也缺少完整的测量手段。因此,发展更贴近实际服役环境的地面模拟考核及新的参数测量手段,是 UHTCMCs 未来发展的方向之一。

UHTCMCs 因其优异的耐高温、抗高温氧化、高温力学和抗烧蚀等性能而在高超声速热防护领域具有广阔的发展前景。然而目前的 UHTCMCs 除制备周期长、成本高等问题外,还存在以下问题:

(1)材料性能稳定性差,分散性较大。UHTCMCs 包括增强体纤维、界面层和基体多种结构单元,也存在内部微气孔等缺陷(CVI 制备的复合材料的开气孔率一般为 10%,很难进一步降低;RMI 制备的复合材料开气孔率可小于 5%,但也很难消除),因此其性能分散性是金属材料的几倍甚至几十倍。生产 UHTCMCs 的工艺复杂,任何一个环节都可能会对复合材料性能产生影响。因而,不同批次、甚至同一批次的不同构件的性能都有较大差别。这给热防护系统的结构设计造成了较大困难。由于纤维、界面和孔径分布等因素为材料本征特征,因而目前尚无有效办法降低 UHTCMCs 的性能分散性。

(2)环境适应性缺乏相关研究。UHTCMCs 作为热防护系统材料,一般均面临较长时间的存储期。材料在存储过程中的环境适应性及可靠性是整机装备系统环境适应性考核最基础也是最重要的一部分,作为关键材料,其环境适应性直接决定了整机的使用寿命。环境适应性是指装备(产品)在其寿命期预计可能遇到的各种环境作用下,能实现其所有预定功能与性能和(或)不被破坏的能力。材料的环境适应性研究是材料工程化应用所必须进行的重要工作,理论上应根据材料的具体应用系统地进行试验、研究和评价,从材料研发直到材料报废全部时间都要采集相关性能信息。环境适应性的研究,不但能增强对材料性能的进一步认识,从而对材料寿命进行预测,环境试验的结果也可作为参考,对材料的研究开发和选材设计进行指导,同时提高材料制备工艺、加工工艺和防护措施。然而,目前国内外缺少对 UHTCMCs 的环境适应性研究。

针对 UHTCMCs 存在的上述问题,国内外研究者未来将把解决上述问题作为重点发展方向。

4.5.4　中短期目标

在中短期(至 2035 年),应完善和改进 UHTCMCs 的制备工艺,建立不同编制方式、不同工艺的 UHTCMCs 许用值和性能数据库,重点发展 UHTCMCs 的环境适应性研究,建立各种环境对材料的评价标准和体系。

(1)进行 UHTCMCs 的许用值研究,并形成一定标准。对于分散性较大的材料,通常不能以某一确定的值作为许用值,需要假设材料性能为随机变量,经过分布假设检验后,根据具体分布情况,用基于统计计算的基准值作为许用值。美国军用标准首先使用 A 基准值和

B基准值来作为聚合物基复合材料的设计许用值,1985年美国军用标准手册MIL-HDBK-17系统、详细地介绍了A基准值和B基准值的计算方法,并且在后续使用经验的基础上和美国联邦航空管理局(FAA)对所采用的统计方法进行了修正,该标准中主要是针对材料静力学性能进行计算,规定需要根据不同的分布模型计算基准值。A基准值和B基准值的具体定义为,在具体的测试环境下,A基准值是95%的置信度下,99%的性能数值都比其高的值;B基准值是95%的置信度下,90%的性能数值都比其高的值。Scholz和Stephense等人研究了数据分别服从连续和离散分布情况下的分布拟合检验方法。Steven J Hallett在2004年也公布了空客公司使用的样本数据小于18的小样本计算方法。随着后续国内外研究者的进一步研究,目前已经形成了较为完整的针对大数据样本的计算方法,也探索了针对小数据样本的基准值计算方法。聚合物基复合材料通常采用B基准值作为设计许用值,而同样存在性能分散性的UHTCMCs,由于制备成本更高,难以满足大样本要求,相关研究较少,还未形成明确的基准值计算方法,需要在参考以往研究的基础上探索合适的方法,为UHTCMCs设计和选用提供相关参考。此外,因为UHTCMCs属于各相异性,所以在建立力学性能数据库和许用值时,需要测得材料的三个方向的力学性能。

(2)成分体系的环境适应性的研究。这主要包括两个方面:存储环境的适应性和应用环境的适应性。对于存储环境的适应性,目前国内的研究主要针对金属和聚合物基复合材料。由于UHTCMCs表面状态对其烧蚀性能影响较大,有必要对其进行系统性的环境适应性研究。而纯自然环境试验存在试验周期长,需要投入较大的人力和物力等缺点,不适合大范围开展。为了缩短试验周期且保证试验结果的可靠性,环境适应性试验主要采用加速试验方法。加速自然环境试验条件与自然环境相关性经过系统研究,极端气候条件下材料和装备可能发生的最大故障能够有效暴露,因此能在短时间内快速考察材料或装备的环境适应性。采用加速环境实验来验证材料的环境适应性,可以根据材料的特点和存储过程经历的环境条件,对环境严苛程度进行分级,调整某项环境因子(温度、湿度、盐雾等),对自然环境规定的条件进行剪裁。对于应用环境的适应性,不同的飞行环境需有与之相适应的热防护材料,需研究复合材料在不同环境下的烧蚀机理,为热防护材料的选择提供依据。目前,国内研究UHTCMCs的主要考核方式单一,缺少风洞等更贴近服役状态的考核研究。现在已有原位监测烧蚀率、烧蚀形貌变化、烧蚀温度等参数的风洞,更能进一步研究UHTCMCs的烧蚀机理。中短期研究主要在风洞中研究UHTCMCs不同服役状态下的烧蚀行为。

(3)建立物性参数数据库。UHTCMCs的物理性能参数直接影响其在热防护中的服役性能。常用的物性参数有:密度、热导率、热膨胀系数、热辐射系数和催化系数等。建立不同预制体结构、不同制备工艺及同种材料的不同方向的UHTCMCs物理性能数据库是针对不同服役环境进行选材的基础,也是复杂耦合环境下寿命预测的关键。

4.5.5　中长期目标

UHTCMCs在服役过程中,将承受热、力和氧环境的耦合作用。在实现中短期目标后,中长期的目标则要放在环境考核和寿命预测上。

（1）复杂耦合环境下的地面模拟。目前，对于 UHTCMCs 的研究一般是在通过烧蚀和力学的分开考核后，再装机进行耦合考核。这种考核成本较高且不能完全模拟材料的真实服役环境。为此，将 UHTCMCs 进一步应用的中长期目标首先要建立热、力和氧环境的耦合服役环境，并能更真实地测量材料在耦合环境中的响应参数，最终得到 UHTCMCs 在耦合环境下的烧蚀机制，为 UHTCMCs 服役寿命预测奠定基础。

（2）复杂耦合环境下的寿命预测。UHTCMCs 在服役过程中的环境较为复杂，这可能会造成材料快速失效。UHTCMCs 在复杂环境下的寿命预测则是应用中的难题。烧蚀过程中的高温、高速气流会使 UHTCMCs 的结构发生一定变化。对于 HfB_2-SiC 复相陶瓷，其在超燃冲压发动机下形成的氧化膜与静态氧化后得到的氧化膜在结构上存在较大的不同。出现这种差异的原因目前尚未明确，可能和高速气流及水蒸气的存在有关。又如 SiC/SiC 复合材料在有应力存在的情况下，其抗氧化性能会快速下降，造成材料提前失效。如何根据材料的本征物理性能和复杂耦合服役环境，对材料的表面温度响应和表面保护层消耗速率进行预测关系到材料寿命预测，是中长期要解决的难题。

参考文献

[1] GLASS D E. Ceramic Matrix Composite(CMC)Thermal Protection Systems(TPS)and Hot Structures for Hypersonic Vehicles. 28 April - 1 May,2008[C]. Dayton：American Institute of Aeronautics and Astronautics,2008.

[2] OKAMOTO H. The C-Hf(Carbon-Hafnium)System[J]. Bulletin of Alloy Phase Diagrams,1990,11(4)：396-403.

[3] OKAMOTO H. The Hf-N(Hafnium-Nitrogen)System[J]. Journal of Phase Equilibria,1990,11(2)：146-149.

[4]   WRIEDT H,MURRAY J. The N-Ti(Nitrogen-Titanium)System[J]. Bulletin of Alloy Phase Diagrams,1987,8(4)：378-388.

[5] ERON'YAN M,AVARBÉ R,NIKOL'SKAYA T. Determination of the Congruent Melting Point of Zirconium Nitride. Journal of Applied Chemistry USSR,1973,46(2)：440.

[6] FAHRENHOLTZ W G,WUCHINA E J,LEE W E,et al. Ultra-High Temperature Ceramics：Materials for Extreme Environment Applications[M]. Hoboken,New Jersey：John Wiley & Sons,Inc. ,2014.

[7] COURTRIGHT E,GRAHAM H,KATZ A,et al. Ultrahigh Temperature Assessment Study：Ceramic Matrix Composites[R]. battelle pacific northwest labs richland wa,1992.

[8] YANG F Y,ZHANG X H,HAN J C,et al. Characterization of hot-pressed short carbon fiber reinforced ZrB_2-SiC ultra-high tempera-ture ceramic composites[J]. Journal of Alloys and Compounds,2009,472(1/2)：395-399.

[9] 张磊磊,付前刚,李贺军. 超高温材料的研究现状与展望[J].中国材料展,2015,34(9)：675-683.

[10] LEVINE S R,OPILA E J,HALBIG M C,et al. Evaluation of ultra-high temperature ceramics for aeropropulsion use[J]. Journal of the European Ceramic Society,2002,22(14/15)：2757-2767.

[11] 杨路平,周长灵,王艳艳,等. 超高温材料的研究进展[J].佛山陶瓷,2017(10)：1-7.

[12] 杨文慧 . Zr、Hf 系超高温陶瓷抗氧化烧蚀性能研究[D].北京：北京理工大学,2016.

[13] DAS B P,PANNEERSELVAM M,RAO K. A novel microwave route for the preparation of ZrC-SiC composites[J]. Journal of Solid State Chemistry,2003,173(1):196-202.

[14] SHI X H,HUO J H,ZHU J L,et al. Ablation resistance of SiC-ZrC coating prepared by a simple two-step method on carbon fiber reinforced composites[J]. Corrosion Science,2014(88):49 -55.

[15] Courtright E L,Prater J T. Oxidation of hafnium carbide and hafnium carbide with additions of tantalum and praseodymium[J]. Oxidation of Metals,1991,36(5/6):423-437.

[16] 闫联生,李贺军,崔红,等 . 超高温抗氧化复合材料研究进展[J]. 材料导报,2004,18(12),41-43.

[17] 郭强强,冯志海,周延春 . 超高温陶瓷的研究进展[J]. 宇航材料工艺,2015,45(5):1-13.

[18] GUBERNAT A,STOBIERSKI L,LABAJ P. Microstructure and mechanical properties of silicon carbide pressureless sintered with oxide additives[J]. Journal of the European Ceramic Society,2007,27(2/3):781-789.

[19] BORRERO-L PEZ O,ORTIZ A L,GUIBERTEAU F,et al. Effect of the nature of the intergranular phase on sliding-wear resistance of liquid-phase-sintered α-SiC[J]. Scripta Materialia,2007,57(6):505-508.

[20] 田庭燕,张玉军,孙峰,等 . ZrB$_2$-SiC 复合材料抗氧化性能研究[J]. 陶瓷,2006(5):19-21.

[21] 齐方方,王子钦,李庆刚,等 . 超高温陶瓷基复合材料制备与性能的研究进展[J]. 济南大学学报,2019,33(1):8-14.

[22] KATOH Y,DONG S M,KOHYAMA A. Thermo-mechanical properties and microstructure of silicon carbide composites fabricated by nanoinfiltrated transient eutectoid process[J]. Fusion Engineering and Design,2002(61/62):723-731.

[23] NOVAK S,DRAZIC G,KONIG K,et al. Preparation of SiC$_f$/SiC composites by the slip infiltration and transient(SITE)process[J]. Journal of Nuclear Materials. 2010(399):167-174.

[24] PRICE R J,HOPKINS G R. Flexural strength of proof-tested and neutron-irradiated silicon carbide [J]. Journal of Nuclear Materials,1982(108):732-738.

[25] YOSHIDA K , YANO T . Room and high - temperature mechanical and thermal properties of SiC fiber-reinforced SiC composite sintered under pressure[J]. Journal of Nuclear Materials,2000(283):560-564.

[26] 沈曾民 . 新型炭材料[M]. 北京:化学工业出版社,2003:1-472.

[27] CHEN P W,CHUNG D L. Carbon fiber reinforced concrete for smart structures capable of non-destructive flaw detection[J]. Smart Materials and Structures,1993,2(1):22-30.

[28] PARK S J. Carbon fibers[M]. Springer Series in Materials Science,2015:20.

[29] 张旺玺,王艳芝 . 聚丙烯腈基碳纤维综述[J]. 合成技术及应用,1999(2):20-22.

[30] 薛敏敏译 . 碳纤维及无机纤维[J]. 化纤文摘,2005(34):1-4.

[31] BASOVA Y V,HATORI H,YAMADA Y,et al. Effect ofoxidation- reduction surface treatment on the electrochemical behavior of PAN-based carbon fibers[J]. Electrochemistry Communications,1999(1):540- 544.

[32] KUNIAKI H. Fracture toughness of PAN-based carbon fibers estimated from strength-mirror size relation[J]. Carbon,2003(41):979-984.

[33] 杨秀珍,李青山,卢东 . 聚丙烯腈基碳纤维研究进展[J]. 现代纺织技术,2007,15(1):45-47.

[34] 益小苏,杜善义,张立同 . 复合材料手册[M]. 北京:化学工业出版社,2009.

［35］ MORA E,BLANCO C,PRADA V,et al. A study of pitch-based precursors for general purpose carbon fibres[J]. Carbon,2002,40(14):2719-2725.

［36］ FRANK E,STEUDLE L M,INGILDEEV D,et al. Carbon fiber: Precursor Systems, Processing, Structure,and Properties[J]. Angewandte Chemie International Edition,2014,53(21):2-39.

［37］ 张晓阳. 粘胶基碳纤维及沥青基碳纤维技术进展及发展建议[J]. 化肥设计,2017(4):1-3.

［38］ YAJIMA S,HASEGAWA X,HAYASHI J,et al. Synthesis of continuous SiC fibers with high tensile strength and modulus[J]. Journal of Materials Science,1978(13):2569-2576.

［39］ YAJIMA S,HAYSHI J,OMORI M,et al. Development of a SiC fibre with high tensile strength[J]. Nature,1976(261):683-685.

［40］ YAMAMURA T,ISHIKAWA T,Shibuya M,et al. Development of a new continuous Si-Ti-C-O fibre using an organometallic polymer precursor[J]. Journal of Materials Science,1988,23(7):2589-2594.

［41］ SHIBUYA M,YAMAMURA T. Characteristics of a continuous Si-Ti-C-O fibre with low oxygen content using an organometallic polymer precursor[J]. Journal of Materials Science,1996,31(12): 3231-3235.

［42］ CHOLLON G,ALDACOURROU B,CAPES L,et al. Thermal behaviour of a polytitanocarbosilane-derived fibre with a low oxygen content: the Tyranno Lox-E fibre[J]. Journal of Materials Science, 1998,33(4):901-911.

［43］ YAMAMURA T,MASAKL S,ISHLKAWA T,et al. Improvement of Si-Ti(Zr)-C-O Fiber and a Precursor Polymer for High Temperature CMC[J]. Ceramic Engineering and Science Proceedings,1996,17(4): 184-191.

［44］ KUMAGAWA K,YAMAOKA H,SHIBUYA M,et al. Thermal Stability and Chemical Corrosion Resistance of Newly Developed Continuous Si-Zr-C-O Tyranno Fiber[J]. Ceramic Engineering and Science Proceedings,1997,18(3):113-118.

［45］ ISHIKAWA T,KOHTOKU Y,KUMAGAWA K,et al. High-strength alkali-resistant sintered SiC fibre stable to 2 200 ℃[J]. Nature,1998,391(6669):773-775.

［46］ KUMAGAWA K,YAMAOKA H,SHIBUYA M,et al. Fabrication and Mechanical Properties of New Improved Si-M-C-(O)Tyranno Fiber[J]. Ceramic Engineering and Science Proceedings,1998,19(3): 65-72.

［47］ 彭雨晴,韩克清,赵曦,等. 新型耐高温氮化物陶瓷纤维研究进展[J]. 合成纤维工业,2011,34(4): 39-43.

［48］ PAPAKONSTANTINOU C G,BALAGURU P,LYON R E. Comparative study of high temperature composites[J]. Composites Part B,2001,32(8):637-649.

［49］ GASTREICH M,MARIAN C M,JÜNGERMANN H,et al. [(Trichlorosilyl)dichloroboryl]ethane: Synthesis and Characterisation by Means of Experiment and Theory[J]. European Journal of Inorganic Chemistry,2010,1999(1):75-81.

［50］ WANG Y G,LIU W,CHENG L F,et al. Preparation and properties of 2D C/ZrB$_2$-SiC ultra high temperature ceramic composites[J]. Materials Science and Engineering:A,2009,524(1):129-133.

［51］ 童长青,成来飞,刘永胜,等. 2D C/SiC-ZrB$_2$ 复合材料的烧蚀性能[J]. 航空材料学报,2012,32(2):69-74.

［52］ 王其坤,胡海峰,陈朝辉,等. 先驱体转化法制备 2DC/SiC-ZrB$_2$ 复合材料及其性能[J]. 复合材料学报,2009(1):108-112.

[53]　HU H F,WANG Q K,CHEN Z F,et al. Preparation and characterization of C/SiC-ZrB$_2$ composites by precursor infiltration and pyrolysis process[J]. Ceramics International,2010,36(3):1011-1016.

[54]　CHEN S A,HU H F,ZHANG Y D,et al. Effects of high-temperature annealing on the microstructure and properties of C/SiC-ZrB$_2$ composites[J]. Materials & Design,2014(53):791-796.

[55]　WANG Y G,ZHU X J,ZHANG L T,et al. C/C-SiC-ZrC composites fabricated by reactive melt infiltration with Si$_{0.87}$Zr$_{0.13}$ alloy[J]. Ceramics International,2012,38(5):4337-4343.

[56]　LI Q G,DONG S M,HE P,et al. Mechanical properties and microstructures of 2D C$_f$/ZrC-SiC composites using ZrC precursor and polycarbosilane[J]. Ceramics International,2012,38(7):6041-6045.

[57]　FENG Q,WANG Z,ZHOU H J,et al. Microstructure analysis of C$_f$/SiC-ZrC composites in both fabrication and plasma wind tunnel testing processes[J]. Ceramics International,2014,40(1):1199-1204.

[58]　王其坤,胡海峰,陈朝辉. 先驱体转化法制备 2D C/SiC-ZrC 复合材料中 ZrC 含量对材料结构性能影响研究[J].航空材料学报,2009,29(4):72-76.

[59]　CHEN S A,HU H F,ZHANG Y D,et al. Effects of TaC amount on the properties of 2D C/SiC-TaC composites prepared via precursor infiltration and pyrolysis[J]. Materials & Design,2013(51):19-24.

[60]　YAN M,LI H J,FU Q G,et al. Ablative Property of C/C-SiC-HfC Composites Prepared via Precursor Infiltration and Pyrolysis under 3 000 ℃ Oxyacetylene Torch[J]. Acta Metallurgica Sinica,2014,27(6):981-987.

[61]　朱晓娟. 反应熔体渗透法制备超高温陶瓷基复合材料[D].西安:西北工业大学,2012.

[62]　SHEEHAN J E. Oxidation protection for carbon fiber composites[J]. Carbon,1989,27(5):709-715.

[63]　LI L L,WANG Y G,CHENG L F,et al. Preparation and properties of 2D C/SiC-ZrB$_2$-TaC composites[J]. Ceramics International,2011,37(3):891-896.

[64]　李璐璐. ZrB$_2$-TaC 改性 C/SiC 复合材料[D].西安:西北工业大学,2011.

[65]　PI H L,FAN S W,WANG Y G. C/SiC-ZrB$_2$-ZrC composites fabricated by reactive melt infiltration with ZrSi$_2$ alloy[J]. Ceramics International,2012,38(8):6541-6548.

[66]　LI Q G,DONG S M,WANG Z,et al. Fabrication and properties of 3D C$_f$/ZrB$_2$-ZrC-SiC composites via polymer infiltration and pyrolysis[J]. Ceramics International,2013,39(5):5937-5941.

[67]　刘军,熊翔,王建营,等. 耐超高温材料研究[J].宇航材料工艺,2005,35(1):6-9.

[68]　LABRINCHA J A,FRADE J R,MARQUES F M B. La$_2$Zr$_2$O$_7$ formed at ceramic electrode/YSZ contacts[J]. Journal of Materials Science,1993,28(14):3809-3815.

[69]　牟晓磊,胡丽杰,陈志,等. 氧化钇稳定二氧化锆的制备及表征[J].山东化工,2011,40(4):23-26.

[70]　赵文广,安胜利. 氧化钇稳定氧化锆超细粉末的制备和性能[J].兵器材料科学与工程,1998,21(5):40-43.

[71]　罗磊. 可重复烧蚀 C/SiC-ZrC-La/Y 复合材料的制备及其性能研究[D].西安:西北工业大学,2014.

[72]　TULUI M,MARINO G,VALENTE T. Plasma spray deposition of ultra high temperature ceramics[J]. Surface and Coatings Technology,2006,201(5):2103-2108.

[73]　http://www. ultramet. com/ceramic_protective_coatings. html

[74]　赵丹,张长瑞,张玉娣,等. 反应法制备硼化锆耐超高温涂层[J].无机材料学报,2011(9):902-906.

[75]　刘巧沐. 化学气相沉积碳化锆的制备与应用基础[D].西安:西北工业大学,2011.

[76]　PAVESE M,FINO P,BADINI C,et al. HfB$_2$/SiC as a protective coating for 2D C$_f$/SiC composites: Effect of high temperature oxidation on mechanical properties[J]. Surface and Coatings Technology,

2008,202(10):2059-2067.

[77] 李厚补. 液态超支化聚碳硅烷的应用基础研究[D]. 西安:西北工业大学,2009.

[78] BLUM Y,MARSCHALL J,KLEEBE H J. Low temperature,low pressure fabrication of ultra high temperature ceramics(UHTCs),2006.

[79] LIU Q M,ZHANG L T,LIU J,et al. The Oxidation Behavior of SiC-ZrC-SiC Coated C/SiC Minicomposites at Ultrahigh Temperatures[J]. Journal of the American Ceramic Society,2010,93(12):3990-3992.

[80] XIANG Y,LI W,WANG S,et al. Ablative property of ZrC/SiC multilayer coating for PIP-C/SiC composites under oxy-acetylene torch[J]. Ceramics International,2012(38):2893-2897.

[81] WEN B,MA Z,LIU Y B,et al. Supersonic flame ablation resistance of W/ZrC coating deposited on C/SiC composites by atmosphere plasma spraying[J]. Ceramics International,2014(40):11825-11830.

[82] 吴定星,董绍明,丁玉生,等. C_f/SiC 复合材料 SiC/(ZrB_2-SiC/SiC)$_4$ 涂层的制备及性能研究[J]. 无机材料学报,2009(4):836-840.

[83] XIANG Y,LI W,WANG S,et al. ZrB_2/SiC as a protective coating for C/SiC composites:Effect of high temperature oxidation on mechanical properties and anti-ablation property[J]. Composites Part B:Engineering,2013(45):1391-1396.

[84] LACOMBE A,ROUGES J. Ceramic matrix composites-Forerunners of technological breakthrough in space vehicle hot structures and thermal protection system,September 25-27[C]. Washington,D. C:1990.

[85] 马青松,刘海韬,潘余,等. C/SiC 复合材料在超燃冲压发动机中的应用研究进展[J]. 无机材料学报,2013,28(3):247-255.

[86] 李伟,陈朝辉,王松. 先进推进系统用主动冷却陶瓷基复合材料结构研究进展[J]. 材料工程,2012(11):92-96.

[87] 胡继东,左小彪,冯志海. 航天器热防护材料的发展概述[J]. 航天返回与遥感,2011,32(3):88-92.

[88] 焦健,陈明伟. 新一代发动机高温材料—陶瓷基复合材料的制备、性能及应用[J]. 航空制造技术,2014,451(7):62-69.

[89] BESMANN T M,SHELDON B W,LOWDEN R A,et,al. Vapor-phase fabrication and properties of continuous-filament ceramic composites[J]. Science,1991,253(5024):1104-1109.

[90] 李崇俊. 高导热 C/C 复合材料在 X-43A 高超音速飞行器上的应用概况[J]. 炭素,2015(2):8-13.

[91] VOLAND R T,HUEBNER L D,MCCLINTON C R. X-43A Hypersonic vehicle technology development[J]. Acta Astronaut,2005,59(1):181-191.

[92] PFEIFFER H,PEETZ K. All-Ceramic Body Flap Qualified for Space Flight on X38[R]. Iaf Abstracts,Cospar Scientific Assembly,2001.

[93] 陈思,康开华. 欧洲 IXV 飞行器进入最终测试阶段[J]. 导弹与航天运载技术,2014(4):86-86.

[94] 叶长收,孟凡涛,潘光慎. 仿生层状 ZrB_2-SiC 超高温陶瓷研究进展[J]. 陶瓷学报,2015(3):222-226.

[95] 段刘阳,罗磊,王一光. 超高温陶瓷基复合材料的改性和烧蚀行为[J]. 中国材料进展,2015,34(10):762-769.

[96] JACKSON T A,EKLUND D R,FINK A J. High speed propulsion:Performance advantage of advanced materials[J]. Journal of Materials Science,2004,39(19):5905-5913.

[97] 张勇,何新波,曲选辉,等. 超高温材料的研究进展及应用[J]. 材料导报,2007,21(12):60-64.

[98] BOUQUET C,FISCHER R,THEBAULT J,et al. Composite Technologies Development Status for Scramjet[J]. AIAA,2005:3431.

[99] BOUQUET C,LACOMBE A,HAUBER B,et al. Ceramic Matrix Composites Cooled Panel Development for Advanced Propulsion Systems,April 19 - 22,2004[C]. Palm Springs:AIAA,2004.

[100] BOUQUET C,FISCHER R,LUC-BOUHALI A,et,al. Fully Ceramic Composite Heat Exchanger Qualification for Advanced Combustion Chambers[J]. AIAA,2005:3433.

第5章 轻质结构热防护复合材料

5.1 高超声速飞行器热防护的挑战

5.1.1 高超声速飞行器

随着高超声速技术的快速发展和在航空、航天领域的广泛应用,高超声速飞行器在未来军事、政治和经济中的地位更加突出。高超声速飞行器是指以吸气式及其组合式发动机为动力,在大气层内或跨大气层内以马赫数 5 以上飞行的飞机、导弹、炮弹之类的有翼或无翼飞行器。与传统飞行器相比,高超声速飞行器具有飞行速度极高的优势,能够在 2~3 h 到达全球任何位置,有效减少防御响应时间,大大地提升飞行器的突防、反防御和生存能力。正是由于高超声速飞行器这种潜在的、巨大的军事价值和经济效益,使得高超声速技术已经成为航空、航天先进国家近年来发展的热门领域。

目前,虽然进行高超声速技术研究的国家有很多,如美国、俄罗斯、法国、德国、日本和印度等国家,但美国一直是高超声速飞行器及其相关技术研究的先驱者和引领者,并投入了大量资源进行高超声速飞行器及其相关技术的研究。1949 年 2 月,自美国研制成功首个马赫数超过 5 的高超速飞行器"WAC Coporal 火箭"以来,随后相继开展了 ASALU 计划、SCRAU 计划、HREP 计划等。进入 21 世纪后,美国为实现其全球到达、全球打击的战略目标,提出了全方位高超声速飞行器及其相关技术的研制计划,相继实施了 Hyper-X、HyFly、Falcon 等计划。

1997 年,NASA 正式启动 Hyper-X 计划,该计划的主要研究目的是验证用于高超声速飞行器和可重复使用的天地往返系统中最为关键的超燃冲压发动机技术及机体一体化技术。Hyper-X 计划的飞行器根据演示验证任务的不同,可分为 X-43、X-51 等多种型号。其中,X-43 飞行器成功实现了两次马赫数分别为 7 和 10 的高超声速飞行。HyFly 计划的目的是验证以亚燃/超燃冲压发动机为动力的高超声速导弹技术。而 Falcon 计划旨在发展一种以实现其全球快速打击为目的的高超声速武器系统及验证低成本响应型太空运输能力,它包括两大任务:一是开发小型高超声速试验飞行器及军事卫星助推器;二是研究确保能够实施全球打击战略的高超声速巡航飞行器(HCV)的关键技术。HTV(falcon hypersonic technology vehicle)的目的是发展一种能够在普通机场起降的可重复使用的类航空器外形的高超声速飞行器。其中 HTV-1 与 HTV-2 均是无动力飞行的高超声速技术验证样机,而 HCV 则是高超声速巡航飞行器。虽然高超声速飞行器发展非常迅速,但防热问题一直是其发展过程中必须解决的核心技术难题之一。

5.1.2　高超声速飞行器的防热需求

高超声速飞行器在工作时会面临很多气动问题,比较明显的就是热障与黑障问题,如图5.1所示。随着高超声速飞行速度的增加、马赫数的提高,激波强度逐步增大且伴随头部激波位置距离飞行器表面也越来越近,波后来流参数变化更为剧烈,激波层与飞行器表面之间的高温气体与飞行器表面存在很大的温差,使热能在边界层内以热对流和热辐射的形式对飞行器表面进行加热,导致热障问题出现,而高温也使得该区域内气体的化学性质发生明显变化,伴随电离、离解现象的发生导致黑障问题。

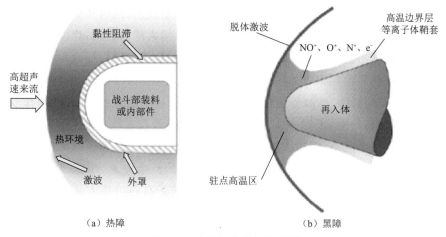

（a）热障　　　　　　　　　　　　　　　　　（b）黑障

图 5.1　热障和黑障的示意图

高超声速飞行器为了实现高速飞行,必须保持良好的气动外形,一般在机体头部鼻锥、翼前缘等驻点区域选用尖锐结构。根据气动力学原理,结构的气动热与其半径成反比,即此处的气动加热比其他位置更加剧烈,是高超声速飞行器防热的关键位置。

5.1.3　典型热防护方法

高超声速飞行器的热防护方式可分为被动热防护、半被动热防护和主动热防护三种类型,下面分别对它们的工作原理、特点和适用范围进行简单介绍。

1. 被动热防护

被动热防护是指利用耐热材料、隔热材料实现结构冷却与隔热的方法,其方法一般包括隔热、热沉、辐射散热、烧蚀和非烧蚀等。

隔热方法是在飞行器结构外层包覆隔热结构,使气动热流与飞行器表面相隔离,减少热流进入内部结构的同时,再通过隔热层表面辐射将一部分能量散发出去,从而起到对飞行器结构进行热防护的目的。隔热结构适用于在短时间内工作、中等热流条件下的飞行器。由于隔热结构不可能完全隔绝热量,因此还是会有一部分热量传递至飞行器结构内层,而所传热能的大小取决于隔热层的厚度、材料属性及飞行器运行工况。

热沉结构是利用飞行器结构材料自身的热容能力进行防热,其防热能力的大小与结构材料的热导系数、厚度及表面辐射系数有关。对于固定结构材料的飞行器,要想提高其热沉能力就只能加厚结构层,然而这样会使得飞行器结构重量增加,有效载荷量减少,因此,热沉结构不适用于长时间工作的高超声速飞行器,只能在中等热流短时间工作的工况。

辐射散热结构是指飞行器结构表面经过预处理之后大大提升了其表面的辐射系数,随后通过辐射散热将气动加热释放到外界空间,适用于中等热流长时间工作的情况。飞行器的结构材料一般为耐高温合金,其表面辐射系数很低。随着工业技术的发展,表面涂层技术变得成熟,在飞行器表面涂上高辐射率涂层,可以有效提升飞行器整体结构的辐射散热能力。

烧蚀防热利用烧蚀材料在热流的作用下,发生分解"熔化""蒸发""升华"等多种吸收热能的物理和化学变化,利用材料自身的质量消耗带走大量热能,同时从碳层逸出的热解气体阻止火焰直接接触热防护结构,以达到阻止热流传入结构内部的目的;烧蚀防热结构的特点是存在烧蚀材料且其质量随着工作时间的推移及气动加热量的增加而减少,因此,烧蚀结构只能在具有严重加热环境且相对加热时间较短的工况下使用。在烧蚀型材料中,使用较广泛的是以高硅氧玻璃钢、碳/酚醛等为代表的刚性材料及以丁腈橡胶、三元乙丙橡胶、硅橡胶等为代表的柔性材料,其中 DC93-104 为代表的耐烧蚀硅橡胶在欧美国家的冲压发动机燃烧室柔性热防护层得到了应用,例如法国空对地中程导弹 ASMP 的冲压发动机热防护材料为含有 SiC 纤维的硅橡胶,美国 ASALM/PTV 燃烧室热防护结构为整体浇铸于不锈钢网格内的 DC93-104 型强化硅橡胶,德法合作 ANS 燃烧室热防护材料为掺入碳纤维或陶瓷纤维的硅橡胶材料等。对于长时间工作的冲压发动机来说,如果热防护层的厚度过大,则可能造成整个热防护层的重量难以满足发动机总体要求。

非烧蚀热防护是区别于烧蚀式防热的一种新型热防护技术,与烧蚀热防护的主要区别是在长时间工作条件下,防热材料表面基本不发生烧蚀,从而保持外形不变。非烧蚀型材料以耐烧蚀、抗冲刷的 C/C 复合材料、SiC 基陶瓷基复合材料为代表[1]。

2. 半被动热防护

随着热流密度的提升,被动热防护结构的温度随之上升直至不能满足热防护的要求,这时就可选择费用、复杂性和重量都较高的半被动热防护结构,其典型代表就是内嵌热管防护结构及烧蚀结构。

内嵌高温热管热防护结构在使用过程中外形基本不变,因此可重用性好,并且最适用于存在局部加热程度严重而相邻区域加热程度较轻的情况。高热流密度区的热量通过高温复合材料传递至热管的高温端,热管高温端内部工质吸收热量并气化,形成的蒸气流经热管内部中空的蒸气通道向冷端移动并在冷凝段液化释放热量,释放的热量又通过热传导到达高温复合材料的外表面,并以辐射、对流等方式排放到外部环境,最后冷凝了的工质又通过热管管壁上附着的毛细结构,依靠毛细力返回严重受热区循环使用。例如,飞行器前缘驻点区域的热流密度最大,而随着与驻点距离的增加,热流密度又急剧下降,当处于机翼背风面时表面热流密度要更低,此时特别适合采用热管的冷却方式。

3. 主动热防护

由于热流密度的持续增长,半被动热防护方法也不能满足结构热防护的要求,于是需要采用费用、结构复杂性及重量都最高的主动冷却方法。主动冷却方法能够在不改变飞行器气动外形的条件下长时间工作,满足了高超声速飞行器高速巡航条件下的热防护要求,一般可分为对流冷却方法、膜冷却方法及发汗冷却方法。

对流冷却是在飞行器结构表面下布置冷却通道和管路,将燃料(或冷却液)作为冷却剂在其中循环流动,结构表面气动加热所产生的热量通过蒙皮直接或间接传给流过的冷却剂,以实现对飞行器的热防护。对流冷却结构复杂,需要控制冷却液流量及冷却液与高温壁面接触面积,从而达到要求的冷却效果,但冷却液不排放至外界可用于它处,因此效率较高,常用于高热流量长时间工作的系统。

膜冷却的目的是在飞行器表面附着一层以冷却液形成的低温隔热薄膜层,用以隔离高温气体与飞行器表面,进而对液膜表面以下的结构进行热防护,因此,冷却薄膜能否较好地覆盖整个壁面及能否较长时间贴附壁面流动是膜冷却技术的关键。膜冷却根据膜的状态可分为气膜冷却和液膜冷却。

发汗冷却是利用多孔介质等结构将冷却液以"出汗"的形式排放至结构表面,当冷却液流经结构层时会通过流道接触面吸收结构的热量,由于结构的大面积多孔特性使得接触面积很大,能有效地吸收结构热量,当冷却液流至飞行器表面蒸发时会带走大量的热,使表面区域满足防热要求,而冷却液的连续流出能够确保结构表面每时每刻都能"出汗"。

对于高超声速飞行器的前缘热防护,还包括激波针方法、头锥逆喷方法及人工钝前缘等方法,其机理均是通过改变高超声速飞行器前缘的外流场,使得激波位置远离飞行器前缘,进而达到减小飞行器阻力和降低壁面热流的目的[2]。

由以上分析可以看出:不同的热防护方式,它们的热放原理是不同的,因此它们的承热能力和适用范围也是不同的。对于处于同一工作热流条件下的同一飞行器结构,被动热防护方式的承热能力最高,主动热防护方式的承热能力最低,半被动热防护方式的承热能力处于两者之间。从适用范围来看,主动防热方式适合于很高的热流情况下飞行器结构的热防护,而被动防热方式只适用于较低的热流情况,半被动防热结构则在两者之间,并且飞行器防热结构的花费、复杂性和重量也随着被动—半被动—主动防热方式变化而增加。

对于高超声速飞行器而言,要提高其飞行速度,就需要飞行器的结构既要具有很高的耐热能力,又要尽可能地减少飞行器的重量。虽然主动防热方式能够解决高热流长时间飞行器的热防护问题,但由于需要设计专门的热防护结构而大大增加了飞行器的重量,这又会严重影响到飞行器的飞行性能。以复合材料为主的被动非烧蚀热防护方式虽然属于轻质结构,但它的防热温度比较低。由此看见,要想再进一步提高超声速飞行器的性能,最有效的方式就是研究发展耐高温材料,采用被动的热防护方式,在减少飞行器重量的同时,提高结构本身的耐高温性能,因此,国外不惜投入大量人力和物力开发超高温防护材料。

5.1.4　超高温防护材料

超高温材料(ultra-high temperature materials,UHTMs)是一类在超高温(如 1 600～3 000 ℃)和活性反应气氛(如氧气、原子氧和等离子氧等)等极端环境条件下,依然能够保持其物理和化学稳定性的材料体系[3]。目前用于热防护的超高温材料很多,概括起来主要可分为三类:难熔金属、碳/碳复合材料和超高温陶瓷及其复合材料等。

1. 难熔金属

在难熔金属、陶瓷和 C/C 复合材料中,难熔金属及其合金具有熔点高、耐高温和抗腐蚀等突出优点,是研究和应用最早的耐高温材料。通常作为耐高温材料的难熔金属有钨(W)、铌(Nb)、钼(Mo)、铼(Re)、铱(Ie)、钽(Ta)、铪(Hf)和锆(Zr)等。难熔金属一般易于成型,具有一系列突出性能,如钨的熔点(3 407 ℃)在所有金属中最高,具有较好的抗热震性、抗烧蚀和抗冲刷能力;铼的熔点(3 180 ℃)在金属中仅次于钨,耐磨损性能仅次于锇(Os),铼是高温强度、磨损和腐蚀应用环境中极有前途的候选材料;钽一般和铪共同使用,钽—铪有较高的强度和较好的抗氧化性;铌基合金在温度达 2 200 ℃时仍保持良好的性能,可用于火箭姿态调节器喷管等。虽然难熔金属具有很多的优点,但它也有一定的缺陷和不足,比如在氧化性环境下易氧化,在高温下抗蠕变性差,并且难熔金属中大多数是重金属,密度太大且难以加工,因此,很难将其作为高超声速飞行器热防护材料。

2. C/C 复合材料

碳/碳(C/C)复合材料是碳纤维增强碳基体的复合材料,由碳纤维和碳基体两部分组成。它不仅具有碳—石墨材料的固有本性,如低密度、高模量、高比强、低热膨胀、抗热震和抗烧蚀等一系列优异性能,还可在较宽温度范围内保持高强度和抗蠕变,从室温到 2 000 ℃以上比强度最高,在高达 2 204 ℃时强度仍不降低,这是其他材料无法比拟的。

C/C 复合材料作为优异的热结构/功能一体化工程材料,自 1958 年诞生以来,在航天、航空领域得到了长足的发展,其中最重要的用途是用于制造导弹的弹头部件、航天飞机防热结构部件(机翼前缘和鼻锥)及航空发动机的热端部件[4]。多年来,美国、法国、英国等国家研制开发了 2 向、3 向、4 向、7 向、13 向等多维 C/C 复合材料及正交细编、细编穿刺、抗氧化、混杂和多功能等许多种 C/C 复合材料。虽然 C/C 复合材料具有独特的性能,但由于具有强烈的氧化敏感性(在 350 ℃以上就开始氧化,500 ℃以上会燃烧),从而限制了它在高超声速飞行器热端部件中的应用。

3. 超高温陶瓷

超高温陶瓷(ultra high temperature ceramics,UHTCs)是指在高温环境中能够保持物理、化学稳定性的陶瓷材料,主要包括一些过渡金属族硼化物、碳化物和氮化物,例如 ZrB_2、ZrC、HfB_2、HfC、HfN 等。超高温陶瓷抗烧蚀、耐冲刷、熔点高、热膨胀系数小、高温环境强度高,能够承受极端热腐蚀和化学腐蚀,是超高温热防护候选材料之一[5]。高超声速飞行器关键热端部件在服役过程中面临的超高温、强氧化严酷环境,要求 UHTCs 在服役过程中具有优异的维形能力,即服役过程中材料外形结构基本保持完整,能够生成结构稳定的氧化层。在 UHTCs 热防护材料抗氧化性能选择中,要求生成的氧化层具有较低的氧渗透性、良好的高温强度、较高的使用温度和较宽的服役温度区间。单一的 UHTCs 组元难以满足氧化性能需要,通常 UHTCs 氧化层中至少需要两相:高温相,形成骨架结构维持服役温度下氧化层结构的稳定,常见的为 ZrO_2 和 HfO_2;氧隔绝相,填充骨架孔洞减低氧扩散,常用

SiO_2。UHTCs 在严酷环境中使用,对材料抗热冲击和可靠性能也提出了要求。然而,常用的 UHTCs 韧性低、脆性大、强度分散性大,组分之间热膨胀系数的差异又会导致材料在高温烧蚀后存在较大的残余热应力,进而影响材料的抗热冲击性能。

4. C/SiC 复合材料

陶瓷基复合材料(ceramic matrix composites,CMCs),尤其是连续碳纤维增韧陶瓷基复合材料(continuous fiber reinforced ceramic matrix composites,CFCC)继承了陶瓷本身的低密度、高强度、抗氧化等优异特性,又克服了陶瓷脆性大和可靠性差的弱点,表现出类似于金属的断裂行为,并且对裂纹不敏感、不易发生灾难性断裂,在航空、航天领域具有巨大的应用潜力。尤其是碳纤维增韧碳化硅陶瓷基复合材料(C/SiC),综合了 C/C 复合材料和 SiC 陶瓷的优点,可以满足在 1 650 ℃以下有氧环境中长时间使用,2 000 ℃以下有限寿命和 2 800 ℃以下瞬时寿命的使用要求。C/SiC 复合材料具有比强高、比模量高、抗烧蚀、耐高温、低密度等一系列优异性能,是目前最具潜力的热防护系统材料之一,因此,国内外大多数高超声速飞行器的防热段结构部件都采用 C/SiC 复合材料。美国 X-37 高超声速飞行器热防护系统中的组合襟翼、方向舵、机翼前缘等和 X-38 高超声速飞行器中的襟翼和头锥帽结构就采用 C/SiC 复合材料[6]。

随着高超声速飞行器飞行速度进一步增加,碳纤维增韧碳化硅陶瓷基复合材料(C/SiC)由于烧蚀问题已经难以满足热防护的需求。考核和试飞结果表明,C/SiC 防热结构件可以满足 1 650 ℃高载荷、较长寿命下使用的要求,但当使用温度高于 1 700 ℃,C/SiC 防热结构将会面临烧蚀问题,致使它无法在高于 1 700 ℃环境下长时间使用。为了进一步提高 C/SiC 防热结构的耐高温性能,就需要对 C/SiC 陶瓷基复合材料的烧蚀机理进行研究。

5.2 CMC 烧蚀机理

5.2.1 高温烧蚀条件

本节以二维叠层(2D)和三维针刺(3DN)C/SiC 复合材料激光烧蚀为例,介绍 CMC 复合材料在超高温环境下的烧蚀机理。

采用化学气相浸渗(CVI)法,分别制备出 2D C/SiC 复合材料和 3DN C/SiC 复合材料试片。采用激光烧蚀器在空气氛围下进行,分为两种不同的实验条件:一是固定激光能量密度(可达约 3 000 ℃)、固定时间(10 s,20 s);二是增加马赫数 5 空气侧吹进行对比试验,此条件更为接近材料的真实服役条件,对材料抗烧蚀性能的研究也更为严苛。试验过程中,试样置于夹具之上,将激光以 90°垂直烧蚀试样表面。图 5.2 即为高速摄影机常规静态条件和侧吹条件下拍摄的激光烧蚀实验照片。

5.2.2 烧蚀率性能

烧蚀实验前后,分别采用千分表和电子天平测量试样的线烧蚀率 R_l 和质量烧蚀率 R_m,计算公式分别为

$$R_1 = \frac{l_0 - l_t}{t} \tag{5.1}$$

$$R_m = \frac{m_0 - m_t}{t} \tag{5.2}$$

式中，R_1 和 R_m 分别为线烧蚀率(mm/s)和质量烧蚀率(g/s)；l_0 和 l_t 分别为烧蚀前后烧蚀中心厚度(mm)；m_0 和 m_t 分别为烧蚀前后试样质量(g)；t 为烧蚀时间(s)。

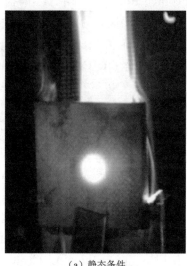

(a) 静态条件 　　　　　　　　　(b) 侧吹条件

图 5.2　高速摄影机常规静态条件和侧吹条件下拍摄的激光烧蚀试验

质量烧蚀率和线烧蚀率是用来度量材料烧蚀程度的度量指标。表 5.1 中列出了 2D C/SiC 和 3DN C/SiC 复合材料在激光烧蚀条件下所测得的烧蚀率。

表 5.1　2D C/SiC 和 3DN C/SiC 复合材料的质量烧蚀率和线烧蚀率

复合材料	质量烧蚀率/(mg·s⁻¹)	线烧蚀率/(mm·s⁻¹)
2D C/SiC	6.7	0.054
2D C/SiC	13.3	0.133
3DN C/SiC	8.3	0.087

从表 5.1 中可知：在静态条件下，2D C/SiC 复合材料的质量烧蚀率和线烧蚀率分别为 6.7 mg/s 和 0.054 mm/s；3DN C/SiC 复合材料的质量烧蚀率和线烧蚀率分别为 8.3 mg/s 和 0.087 mm/s。在加马赫数 2 空气侧吹 20 s 条件下，2D C/SiC 复合材料的质量烧蚀率和线烧蚀率分别为 13.3 mg/s 和 0.133 mm/s。

5.2.3　烧蚀形貌和烧蚀产物

对比二维叠层(2D)和三维针刺(3DN)这两种体系的烧蚀率结果可知：二维叠层材料展现出更好的抗激光烧蚀性能。这主要与制备出的两种材料的致密化程度有关，二维叠层材料由于其更为致密的结构展现出了更好的抗激光烧蚀性能。对比 2D C/SiC 复合材料分别在静态条件和空气侧吹条件下的烧蚀率结果可知：空气侧吹条件下 2D C/SiC 复合材料的烧蚀率比静态条件下的烧蚀率更高,这一结果表明在马赫数 5 空气侧吹这种条件下,烧蚀过程中材料的失效会更加显著。

3DN C/SiC 复合材料激光烧蚀后的宏观形貌如图 5.3 所示,各区域在 0.75X 倍物镜的连续变倍体视显微镜下观测到的形貌如图 5.4 所示。

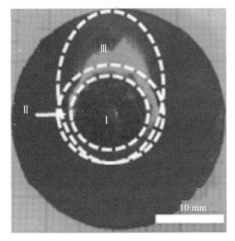 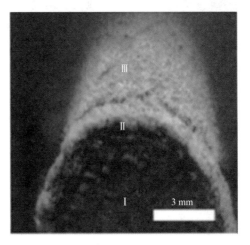

图 5.3　3DN C/SiC 烧蚀表面的宏观形貌　　　图 5.4　3DN C/SiC 烧蚀表面显微镜照片

根据烧蚀后表面形貌的不同,可以将烧蚀区域划分为三个区域:中心区(区域Ⅰ)、过渡区(区域Ⅱ)和边缘区(区域Ⅲ)。在本激光烧蚀实验中激光束光斑直径 10 mm,并且由于激光具有方向性好、发散性小的特点,激光束光斑会在四种材料上均形成一个直径约为 10 mm 的烧蚀极为严重的烧蚀坑,此区域为中心区(区域Ⅰ);在烧蚀坑周围可以观测到较窄的一圈块状颗粒物质,此区域即为过渡区(区域Ⅱ);在过渡区外围,可观测到白色氧化物保护膜辐射状覆盖于试样表面,并且覆盖区域基本为在烧蚀过程中火焰所烧蚀到的区域范围,此区域为边缘区(区域Ⅲ)。在这三个区域外,可以观察到材料几乎没有受到任何伤害,这主要与激光本身发散性小的特性相关。同时,中心区、过渡区和边缘区(区域Ⅲ)这三个区域在烧蚀过程中的温度依次降低,形成了明显的温度梯度。此外,在激光烧蚀试样中可以观测到材料虽然未被激光烧蚀穿透,但由于激光较为强烈的烧蚀作用及中心区较为集中的热量分布,在试样背面也产生了大小不一的烧蚀斑,甚至有部分氧化物的生成,生成的氧化物极易剥落。

在连续变倍体视显微镜下观测烧蚀中心区可以观察到,3DN C/SiC 生成的氧化物量较少,中心区几乎没有氧化物的残留,能够能清晰地观察到纤维裸露,如图 5.5 所示。

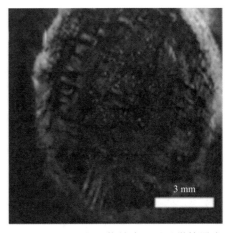

图 5.5　3DN C/SiC 烧蚀中心区显微镜照片

2D C/SiC 复合材料在静态条件及侧吹条件(马赫数 2 空气侧吹 20 s)下激光烧蚀后的宏观形貌如图 5.6 所示。

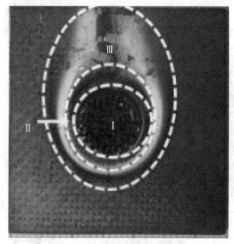
（a）2D C/SiC 静态条件

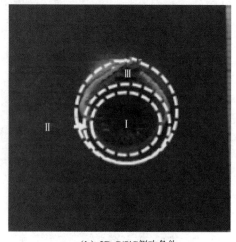
（b）2D C/SiC 侧吹条件

图 5.6　2D C/SiC 静态条件和侧吹条件下激光烧蚀表面的宏观形貌

根据烧蚀后不同的表面形貌,同样可以将烧蚀区域划分为三个区域:中心区(区域Ⅰ)、过渡区(区域Ⅱ)和边缘区(区域Ⅲ)。这三个区域在烧蚀过程中的温度依次降低,形成了明显的温度梯度。

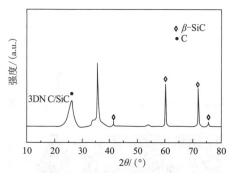

图 5.7　3DN C/SiC 激光烧蚀后的 XRD 图谱

图 5.7 为 3DN C/SiC 激光烧蚀后试样表面的 X 射线衍射(XRD)图谱。从图中能够看出,烧蚀后 3DN C/SiC 表面除了 SiC 和 C 以外,通过 XRD 不能发现明显的氧化物痕迹,这是因为烧蚀过程中其表面只有较少氧化物产生且氧化物 SiO_2 为非晶体,在 XRD 图谱中只有峰胞存在。与此同时,3DN C/SiC 试样在激光烧蚀后都观察到了强烈的 C 峰,这证明了试样在进行激光烧蚀时产生了 SiC 的分解及 C 纤维的升华。

由此可见,3DN C/SiC 复合材料在激光烧蚀过程中,中心区可以很快地被加热到很高的温度,根据其中心区域存在大量被烧蚀破坏的纤维,可以预估温度甚至可以高达 3 500 ℃。在此温度下,SiC 已经达到了其分解温度(约 2 400 ℃)及升华温度(约 2 700 ℃),从而会产生混合热蒸气及气体逸出。在此温度下,碳纤维也会达到升华温度而转变为碳蒸气,因此,可以认为在烧蚀过程中有如下的反应可能发生:

$$SiC(s) \longrightarrow Si(g) + C(g) \tag{5.3}$$

$$SiC(s) \longrightarrow SiC(g) \tag{5.4}$$

$$C(s) \longrightarrow C(g) \tag{5.5}$$

$$C(s) + \frac{1}{2}O_2(g) \longrightarrow CO(g) \tag{5.6}$$

$$SiC(s) + \frac{3}{2}O_2(g) \longrightarrow SiO_2(g) + CO(g) \qquad (5.7)$$

$$SiC(s) + O_2(g) \longrightarrow SiO(g) + CO(g) \qquad (5.8)$$

$$SiC(s) + 2SiO_2(l) \longrightarrow 3SiO(g) + CO(g) \qquad (5.9)$$

3DN C/SiC 试样激光烧蚀后的典型形貌如图 5.8 所示,烧蚀过程中主要发生了式(5.3)~式(5.9)的反应。由实验测试条件可知,试样在空气气氛中进行测试,根据上述反应可知:在烧蚀过程中 C 纤维和 SiC 基体会氧化生成 CO、SiO、SiO_2 等气体,这些气体逸出会在烧蚀试样表面形成正压气氛,使得烧蚀表面附近空气中的氧气会很快被耗尽。在热蒸气及生成气体产生的正压环境下,氧气不易继续与烧蚀表面发生接触以发生烧蚀反应。中心区温度高,燃烧产生的气流对其机械剥蚀作用比较严重,因而在试样烧蚀中心区会存在锥形头的针状裸露 C 纤维(见图 5.6),故此处烧蚀最为严重。从图 5.8(a)中能够发现在中心区裸露碳纤维上存在纳米层状碳,主要是由 SiC 基体在高温下分解及部分碳纤维升华产生,在降温过程中会重新沉积在烧蚀中心区域的碳纤维上。在过渡区,试样表面温度较中心区低,较边缘区高,可观察到颗粒状物质,结合能谱分析 EDS 结果可知,颗粒状物质为 SiO_2 颗粒,如图 5.8(b)所示。边缘区试样温度较低,热量几乎仅来源于中心区的热传导,在此区域的试样表面上覆盖了一层白色 SiO_2 氧化膜,但由于 SiO_2 含量较低且以非晶状态存在,因此通过 XRD 不能检测到 SiO_2 的存在。

(a) 中心区

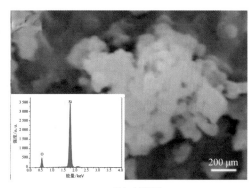

(b) 过渡区

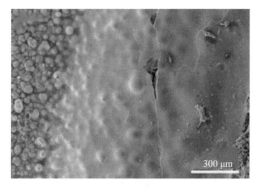

(c) 边缘区

图 5.8 激光烧蚀 3DN C/SiC 表面的 SEM 照片

5.2.4 烧蚀机理分析

烧蚀是通过热机械、热化学及热物理作用,利用高温、火焰的压力流速的条件来实现对材料的剥削侵蚀作用的现象。3DN C/SiC 复合材料的烧蚀机理如图 5.9 所示。在烧蚀过程中,当中心区 SiC 基体达到了其升华和分解的温度时,C 纤维也达到其升华温度,混合热蒸气及气体逸出,在中心区形成了正压气氛,使得中心区的烧蚀表面形成富碳气氛,因而在相对温度较低,SiC 基体分解而碳纤维未分解的烧蚀坑中的针状碳纤维附近重新沉积形成纳米碳层。随着激光烧蚀反应的继续进行,在温度相对较低的边缘区,3DN C/SiC 复合材料发生氧化反应,产生 CO、CO_2、SO、SiO_2,其中 CO、CO_2、SO 均为气态逸出表面,而 SiO_2 为液态,流过复合材料表面形成氧化膜,从而对材料形成了保护而不再发生氧化反应。

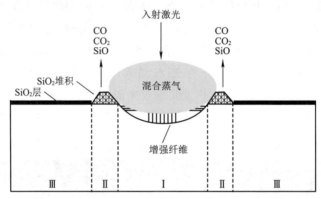

图 5.9 3DN C/SiC 复合材料的烧蚀机理示意图

通过以上分析可知,材料的抗烧蚀性与它的抗氧化性、抗冲刷性和耐高温性密切相关,是它们综合作用的结果。因此,要提高 C/SiC 复合材料的抗烧蚀性能,必须改善它的抗氧化性、抗冲刷性和耐高温性能,尤其改善 C/SiC 复合材料的高温环境下的抗氧化性。

5.3 CMC 超高温改性研究进展

为了满足新型航空航天器更苛刻的服役环境,需要在 C/SiC 复合材料的基础上,发展寿命更长、温度更高和结构功能一体化的超高温陶瓷基复合材料。由于超高温陶瓷复合材料组分中往往离不开 SiC,因此为了适应这些需求,可以从纤维、界面、基体和涂层等方面对 CMC-SiC 进行改性。如改善纤维自愈合能力或通过混编纤维减小纤维与基体的热膨胀系数失配、采用多元多层自愈合强韧化界面、选用多元多层或多元弥散自愈合基体或涂层、选用难熔金属碳化物或硼化物进行基体或涂层改性等,都可以在高温氧化环境中延长寿命或提高使用温度。在工程应用中,可同时对涂层、界面和基体进行自愈合改性,即在每个结构单元层层设防,在第一时间、第一现场实现对腐蚀性介质的自愈合防御,形成环环相扣的多级自愈合防御体系,进一步提高材料的自愈合能力,从而实现全方位、长时间自愈合。下面重点对 CMC-SiC 的涂层改性和基体改性进行介绍。

5.3.1 涂层改性

涂层改性主要通过利用涂层阻挡氧气与基体接触并向基体内部扩散而达到抗氧化的目的。抗氧化涂层必须与基体材料之间具有良好的物理、化学相容性和稳定性。并且,抗氧化涂层要具有较低的氧扩散系数和蒸气压,最好在高温下具备一定的自愈合能力,因此,合理的涂层组成和结构设计对复合材料抗氧化能力的提高至为关键。综合考虑各种因素,提高复合材料的抗氧化能力,抗氧化涂层应达到以下要求:

(1)涂层致密,并具有较低的氧扩散系数;

(2)涂层与基体之间有良好的物理、化学相容性和稳定性;

(3)涂层与基体之间结合好,热膨胀系数匹配;

(4)涂层有较低的蒸气压、良好的抗烧蚀性能;

(5)涂层最好具备一定的自修复愈合能力。

按照涂层的制备方式不同,抗氧化涂层可分为单层涂层和复合涂层两种类型。

1. 单层涂层改性

涂层常在较高温度下制备而成,涂层与基底材料热膨胀系数的失配会导致涂层产生微裂纹。当材料遭受热冲击时,涂层微裂纹会扩展,甚至引发涂层剥离或脱落。另外,材料在服役时还不可避免地产生其他损伤或微裂纹。这些损伤或微裂纹为服役环境中 O_2、H_2O、盐等腐蚀性介质进入提供了大量通道,加速材料损伤,大大缩短材料服役寿命,因此,材料损伤或微裂纹的修复,尤其是自修复(在不借助外界的条件下,材料对自身缺陷进行原位自修复)是一个迫切而重要的问题。自修复的核心是物质补给(由流体提供)和能量补给(由化学作用完成),与仿生愈合相似,使复合材料对自身损伤或微裂纹能够自修复,从而消除隐患延长材料使用寿命。从自愈合机理来看,单层涂层主要包括玻璃涂层和陶瓷涂层两类,它们借助热能在复合材料表面形成黏度合适的玻璃,进而封填材料内部或外部微裂纹,实现材料自修复。

(1)玻璃涂层

玻璃涂层主要借助玻璃在高温下的低黏度、低蒸气压、良好的润湿性和热稳定性来封填材料本身固有或材料在服役时产生的孔洞和微裂纹,从而阻碍氧化性气氛向材料内部扩散,借以提高材料的抗氧化性。玻璃涂层主要用于 C/C 复合材料的低温抗氧化,如 B_2O_3 玻璃、改性硼酸盐玻璃、硅酸盐玻璃,以及磷酸盐玻璃等。玻璃涂层虽然能修复材料的微裂纹,但是在高温下玻璃涂的黏度降低、蒸气压增高,甚至会与环境气氛发生反应而失去相应的自愈合功能。如硼酸玻璃对湿度很敏感,在湿度环境下会逐渐水解,生成硼酸和偏硼酸,最终导致玻璃膨胀或破碎。

(2)陶瓷涂层

目前,研究比较深入的抗氧化陶瓷涂层是含 B 和 Si 的陶瓷涂层,如:B_4C、BN、SiC、Si_3N_4 等涂层。在温度低于 1 200 ℃时,硼化物涂层氧化后在材料表面生成 B_2O_3 玻璃保护层。B_2O_3 玻璃具有较好的热稳定性、合适黏度和润湿性,能在较宽温度区明显改善 C/SiC

复合材料在中温段的抗氧化性能,但是,在高于 1 000~1 200 ℃时,B_2O_3 的黏度很低、蒸气压很大、挥发速度很快,硼化物涂层的抗氧化时间迅速降低。与硼化物涂层相比,硅化物陶瓷涂层在高温下的氧化速率较低。在 1 200~1 700 ℃,SiO_2 的氧扩散系数很低[在 1 200 ℃时为 10~13 g/(cm·s);在 2 200 ℃时为 10~11 g/(cm·s)],能有效阻挡氧向内部扩散或渗透,是比较理想的高温抗氧化涂层材料,但是,当温度高于 1 600 ℃时,SiO_2 会很快软化,其蒸气压会变得很高。此时,SiO_2 对基体材料的抗氧化保护作用被严重削弱。

HfC、ZrC 等难熔碳化物超高温陶瓷因具有极高熔点、对应的氧化物熔点高、蒸气压低等优异性能,可作为抗烧蚀涂层。难熔碳化物的氧化过程包括氧向内扩散、金属离子向外扩散,以及低温气相或液相副产物通过氧化层向外扩散三个过程。其氧化物多为多孔结构且存在微裂纹等缺陷,而且 ZrO_2 本身就是氧的快离子导体,由于这些原因降低了难熔碳化物的抗氧化性,因此,为了进一步提高难熔碳化物的抗氧化性,需要加入 TaC、SiC 等添加剂,如在 HfC 中添加 TaC 和稀土元素镨(Pu),可提高在 1 400~2 200 ℃温度范围的抗氧化性。当氧分压较低时,生成的 HfO_2 和 ZrO_2 中会存在大量氧点阵空位,使得氧可在其中迅速扩散。为了改善难熔碳化物在超高温贫氧环境中的抗氧化性能,需要添加难熔高价阳离子来降低氧化物中的氧点阵空位,如加入 Ta。由此可见,要充分利用难熔碳化物的高熔点,必须借助其他手段提高其抗氧化烧蚀能力。

2. 复合涂层

玻璃涂层和 Si、B 陶瓷涂层受其高温热稳定性和抗冲刷性限制,超高温陶瓷涂层受其抗氧化性能限制,皆不能在超高温氧化环境下实现对材料良好的抗氧化烧蚀保护。因此,人们研究了由两种以上组分组成的复合涂层体系,主要包括:多层涂层、共沉积涂层和梯度涂层等。

(1)多层复合涂层

多层复合涂层包括双相复合涂层和多相复合涂层。Fergus 等、Piquero 等、Buchanan 等和 Goujard 等研究了用于保护 C/C 或 C/SiC 复合材料的 SiC-B_4C 双相复合涂层[7]。Goujard 等研究的复合涂层体系包括最底层 SiC 黏接层、中间 B_4C 封填层和最外层 SiC 保护层,结果表明:涂层厚度会影响涂层之间的结合及涂层的服役温度范围。最后,Goujard 等给出了各涂层厚度和涂层总厚度的最佳范围。其中,SiC 黏接层的厚度在 120~140 μm 之间;B_4C 封填层的厚度在 10~15 μm 之间;SiC 保护层的厚度在 40~65 μm 之间;涂层总厚度在 160~200 μm 之间。Bentson 等研究了用于 C/C 复合材料的复合涂层体系,包括最内层和最外层的玻璃封填层和中间陶瓷涂层,该复合涂层可为热冲击环境中的 C/C 复合材料提供保护至 1 460 ℃。Wunder 等研究了用于 C/C 复合材料的 HfC-SiC 双相复合涂层,该复合涂层能保护 C/C 复合材料至 1 450 ℃。此外,Smeacetto 等研究了基于硼硅玻璃和改性钡铝硅酸盐玻璃的多层保护涂层,该复合涂层可用于 C/C 复合材料的高温抗氧化保护[8]。

超高温(>1 800 ℃)长时间抗氧化多层涂层,目前仍处于实验研究阶段。Strife 和 Sheehan 在总结前人研究工作的基础上,提出了应用于 C/C 复合材料的超高温长时间抗氧化涂层体系[9]。该复合涂层包含四层,即(最外层)难熔氧化物、SiO_2 玻璃、难熔氧化物、难熔碳化物(最内层),如图 5.10 所示。为了提高抗烧蚀能力,采用难熔氧化物作为最外层;次表层 SiO₂ 玻璃作为氧阻挡层,同时可以封填最外层难熔氧化物中的裂纹;次内层为难熔氧化物;最内层则采用难熔碳化物作为 C/C 复合材料和次内层难熔氧化物之间发生碳热还原反应的扩散阻挡层。目前,可用于此结构的难熔氧化物包括 ZrO_2、HfO_2 和 Ta_2O_5 等;可用于此结构的难熔碳化物则必须具有较低的碳扩散系数,如 ZrC、HfC 和 TaC 等。此外,在进行类似结构设计时,需要考察各种难熔氧化物和碳化物的性能,选取适合于各层涂层的材料,使得涂层之间的热膨胀系数相互匹配,并解决其力学、物理和化学相容性等问题。

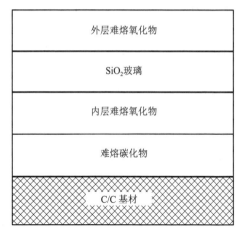

| 外层难熔氧化物 |
| SiO₂ 玻璃 |
| 内层难熔氧化物 |
| 难熔碳化物 |
| C/C 基材 |

图 5.10　Strife 和 Sheehan 提出的理想抗氧化涂层体系

(2)共沉积涂层

在功能材料中,常常通过共掺杂其他元素来改善和提高材料的某些性能,如向半导体中掺杂 N 元素、向 ZnO 半导体中掺杂 Al 或 N。在化学气相沉积(CVD)时,也可以通过类似的方式向材料中引入其他元素来提高材料的性能。通过这种方法制备的涂层称为共沉积涂层。Chen 等对磁场溅射制备 B-C-N 共沉积涂层进行了研究;Keunecke 等对磁场溅射制备 B-C-N 和 Ti-B-N 共沉积涂层进行了研究[10];Besmann 则从热力学和实验角度研究了 CVD 制备 B-C-N 共沉积涂层[11]。结果表明:B-C-N 体系在热力学上稳定,但沉积产物却是大量碳取代了氮的单相 BN。Maline 等研究了 CVD 制备 Ti-Si-C 共沉积涂层,结果表明:沉积温度对产物组成和 SiC 取向有很大影响[12]。此外,Lowe 等研究了 CVD 制备 Al-B-Si 共沉积涂层,结果表明:沉积时不能同时得到 Al-B 和 B-Si 化合物,也不能得到 Al-B-Si 的三元化合物[13]。Guiban 等研究了工艺参数对低压 CVD 制备 Ti-B-C 共沉积涂层的影响,结果表明:涂层由 Ti-B、B-C 和 Ti-B-C 三种化合物组成[14]。Piquero 等、Darzens 等和 Goujard 等研究了 CVD 制备 Si-B-C 共沉积涂层。Piquero 等通过研究发现,B_4C + SiC 共沉积涂层的抗氧化性比 B_4C-SiC 双相复合涂层体系更好[15]。而且,共沉积涂层中的 Si/B 原子比对涂层的抗氧化性有重要影响。当共沉积涂层中 Si/B 原子比较高时,涂层表面混合氧化物中的 SiO_2 的含量也较高,有利于高温抗氧化。Goujard 等通过研究发现,较高的气—固界面过饱和度有利于生成均匀的 Si-B-C 涂层;当沉积速度为 2~3 μm/h 时,涂层厚度和成分都能得到很好的控制;在 1 200 K 和 [MTS]/[BCl₃]≤1 时,得到富硼的共沉积涂层。Lattemann 等则对磁场溅射制备 Si-B-C 共沉积涂层进行了相关研究[16]。目前,对 ZrC + SiC 共沉积涂层化学共沉积热力学和动力学的研究还未见报道。

(3)梯度涂层

在某些特殊情况下,常常需要构成材料的要素(组成和结构)沿厚度方向由一侧向另一侧呈连续梯度变化,使其内部界面消失,以减小和克服结合部位的性能不匹配,从而得到性质和功能呈连续梯度变化的非均质材料,这种材料被称为功能梯度材料(functionally graded materials,FGM)。FGM 的研究包括材料设计、材料制备和材料评价三个部分。材料设计为 FGM 提供最佳的组成和结构梯度分布。FGM 的设计一般采用逆设计系统,即根据 FGM 的实际使用条件对其组成和结构梯度分布进行设计。材料制备是 FGM 研究的核心。FGM 制备的关键是控制材料的结构和组成,使材料的内部组成和显微结构根据材料的实际服役环境呈现梯度分布。FGM 的制备方法主要有粉末冶金法、CVD 法、物理气相沉积法和电沉积法等。CVD 工艺主要通过调节温度和反应气氛的流量来控制材料的组成和结构梯度。目前,用 CVD 法已成功制备出 SiC-B$_4$C、SiC-TiC-C 和 SiC-C 等耐热 FGM,但是,由于这些耐热 FGM 设计时,其温度分布解析和热应力解析不够精确,因而未能实现微观结构和宏观性能的统一。这也是目前耐热 FGM 理论研究的中心内容。

5.3.2 基体改性

自愈合基体改性多是利用自愈合组元主要是 B、BC$_x$、SiB$_x$、Si-B-C 等与环境中的腐蚀性介质迅速反应,生成 B$_2$O$_3$、SiO$_2$、B$_2$O$_3$＋SiO$_2$ 等液相玻璃或 Hf 和 Zr 的化合物,在超高温下氧化生成少量高黏度液相封填裂纹和孔洞,阻止腐蚀性介质进入材料内部。对于多元多层自愈合基体,由自愈合组元、SiC 及界面层或中间过渡层交替构成多元多层微结构。此外,多元多层自愈合基体还可通过层与层之间对裂纹的偏折,延长裂纹扩散路径和腐蚀性介质扩散输送通道,从而提高复合材料的氧化寿命。对于多元弥散自愈合,可由自愈合组元和 SiC 组元相互弥散作为基体,但是,自愈合组元在基体中难以均匀分布,因此单独使用时防护温度较低。目前,多元弥散自愈合尚处于探索研究阶段,多元多层自愈合研究已进入应用阶段。

难熔金属碳化物或硼化物基体改性主要指以 Hf、Zr、Ta 的硼化物和碳化物对 C/SiC 复合材料进行基体改性。研究表明:加入 UHTCs 后可显著提高 C/SiC 复合材料的抗氧化、抗机械剥蚀和抗升华的能力。此类改性 C/SiC 复合材料多采用简单可行的反应熔体渗透(RMI)法结合浆料浸渗(SI)法制备。目前,国内外的研究热点是 Hf、Zr 的硼化物改性 C/SiC 复合材料,ZrC 改性 C/SiC 复合材料的研究相对较少。而利用 CVI 工艺对 C/SiC 进行难熔化合物改性的研究却鲜有报道。

5.4 轻质结构热防护复合材料的产业与工程应用

5.4.1 C/SiC 复合材料的应用

碳纤维增强 SiC 陶瓷基复合材料(C/SiC)由高强度、高模量的 C 纤维、塑性变形能力强的 PyC 界面相和抗氧化性能优异的 SiC 基体组成。C/SiC 复合材料具有强度高、韧性好、耐磨性好高、抗热震、抗烧蚀和优异的高温稳定性等性能,能够满足 1 650 ℃以下长时间使用、2 000 ℃以下有限时间使用和 2 800 ℃以下瞬时使用的服役要求。迄今为止,C/SiC 已经成为研究最成熟的纤维增强编制体陶瓷基复合材料,被广泛应用在航空发动机、固体火箭发动机、超高声速冲压发动机、空天往返防热系统和巡航导弹发动机等武器装备领域上。在航空应用方面:美国采用 C/SiC 复合材料制备了工作温度较高的燃气涡轮发动机燃烧室,在 1 600 ℃以上温度梯度为 600 ℃的测评考核后,材料仍能显示出良好的力学性能;法国 SNECMA 公司将 C/SiC 复合材料用于 M88-Ⅲ 和 M53 发动机的喷嘴和尾气调节片的制造[17],如图 5.11 所示。

（a）　　　　　　　　　　　　　　　　　　（b）

图 5.11　M88 发动机尾喷管采用了 CMC-SiC 复合材料构件

在航天应用方面:欧洲 Ariane 已将 C/SiC 复合材料制备的火箭喷管用在卫星发射火箭的排气锥;C/SiC 复合材料被美国 NASA 马歇尔空间飞行中心和刘易斯研究中心等单位用于液体火箭发动机的研发和制备上,并且所有部件都采用近净尺寸成型技术。C/SiC 复合材料也被用在航天飞机的头部和机翼前缘部位,如欧洲 Hermes 将 C/SiC 复合材料应用在载人飞船的小翼、面板、升降副翼和机身舱门等热端部位。美国于 1995 年采用 C/SiC 复合材料成功地制造了 XTC 核心机的燃烧室浮壁。通过测评考核显示,C/SiC 的使用使涡轮进口温度提高了将近 160 ℃,冷却气量减少了 30％以上。英国 Hotel 航天飞机和法国 Sanger 航天飞机的热防护体系也都采用了 C/SiC 复合材料。此外,C/SiC 复合材料在民用方面也有着很大的应用潜力,例如:高速刹车系统、高性能光学器件、高温气体过滤装置、燃气轮机热端部件、切削刀具和热交换机等[18]。

国内对 C/SiC 复合材料的研发起步较晚。近几十年来,西北工业大学、厦门大学、国防科技大学和航天科技集团公司等 43 所单位陆续对 C/SiC 复合材料的应用开展了一些研究。其中,西北工业大学超高温结构复合材料重点实验室经过多年攻关努力,已经成功研制了上百种化学气相沉积方法制造的 C/SiC 构件,整体研究与应用水平已达到国际先进水平。其中多种航空、航天用 C/SiC 构件已成功通过了应用测评考核:C/SiC 燃烧室喷管已成功通过了液体火箭地面和高空试车考核,并且成功应用于卫星姿态控制发动机;经过低压风洞 1 300 ℃和 20 h 考核后,C/SiC 燃烧室浮壁瓦片模拟件的强度没有大幅度下降;C/SiC 燃烧室内衬板已通过高温、高速风洞测评。此外,C/SiC 复合材料在大型运载火箭扩张段、航天飞机的头部、各类导弹发动机部件和机翼前缘上的应用研究也逐渐达到成熟[19]。

5.4.2　SiC/SiC 复合材料的应用

SiC 纤维增强 SiC 陶瓷基复合材料（SiC/SiC）由高强度、高模量的 SiC 纤维、具有抗氧化性能的 BN 界面和 SiC 基体组成。纤维和基体的热膨胀系数差异小,并且 SiC 纤维和 BN 界面的长时抗氧化性能分别比 C 纤维和 PyC 界面的更好,这使得 SiC/SiC 复合材料表现出比 C/SiC 更优异的使用性能。目前,SiC/SiC 复合材料在高性能发动机的热结构部件和核领域有了广泛的应用。美国 Solar Turbines 公司采用 SiC/SiC 复合材料制造了型号为 Solar's Centaur 505 的发动机燃烧室内外衬,如图 5.12 所示。通过 35 000 h 的考核测试后发现,其 NO_x 和 CO 的尾气排出量比普通发动机低,说明了 SiC/SiC 复合材料的长时性能稳定性高。德国采用 CVI 方法制备的 C/SiC 和 SiC/SiC 两种纤维增韧陶瓷基复合材料分别制造了

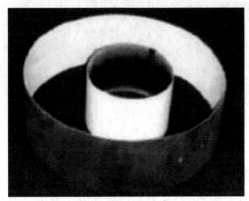

Klöckner Humboldt Deutz T216 型燃气发动机的燃烧室内衬,并做了性能对比。实验结果表明:在对材料进行 10 h 试验后发现,C/SiC 燃烧室内衬的基体和涂层之间发生分层剥落,而 SiC/SiC 燃烧室内衬,由于涂层和基体的良好匹配性,在经过 90 h 的试验后基本没有损坏,具有良好的抗氧化性能。在 1989 年的巴黎航展上,使用 SiC/SiC 作为燃烧室材料的幻影 2000 战机做了多次飞行表演,显示了其制造技术的成熟。

图 5.12　SiC/SiC 复合材料火焰筒内外衬

以上测评考核表明,SiC/SiC 复合材料比 C/SiC 复合材料更适用于长时使用的发动机热端部件[20]。

此外,SiC/SiC 复合材料被应用在燃气发电机、陶瓷燃气轮机和超声速运输推进系统等。日本在这方面进行了较多的试验和研究,并采用 SiC/SiC 复合材料制造了多种构件,如转子叶盘、燃烧室内衬、导向叶片(见图 5.13)、喷嘴挡板等,经过测评考核后其力学性能和热保护性能都达到了预期效果。

100 mm

(a)　　　　　　　　　　　　　　　(b)

图 5.13　SiC/SiC 涡轮导向叶片

国内西北工业大学超高温复合材料重点实验室采用 SiC/SiC 复合材料制备的燃烧室浮壁瓦片模拟件成功通过了高压风洞 1 400 ℃和 2.5 MPa 的真实发动机环境的短时间考核。此外,由于 SiC/SiC 具有低的化学溅蚀性能和低的中子活性,也被应用在核聚变反应堆第一壁等领域。综合上述应用研究结果,CMC-SiCs 能满足超高温瞬时(数十秒至数百秒)、高温

有限(数十分钟至数十小时)和中低温长时(数百小时至上千小时)等不同服役环境的需求,是一种适用于航空、航天科技的高温结构材料,并有潜力在核领域有更广泛的应用。

5.5 轻质结构复合材料存在问题及未来发展重点

高超声速飞行器热防护材料与结构是高超声速飞行器设计与制造的关键技术之一,它关系到飞行器的安全。随着飞行速度的不断提升,高超声速飞行器的服役环境变得更加复杂恶劣,这也对材料的热防护能力提出了更高的要求。经过几十年的不懈努力,虽然在制备方法、抗氧化、服役环境的模拟、力学和热物理性能表征等方面,高超声速飞行器的热防护材料与结构都取得了突破性进展,但随着飞行器马赫数的不断提高,现有的热防护材料与结构还难以满足要求,急需研究开发能够在高温长时间氧化条件下工作的热防护材料。国内外研究表明,高超声速飞行器热防护研制目前存在以下几方面亟须解决的问题与挑战:

(1)大尺寸异形部件制备/装配工艺亟待突破

目前的高超声速飞行器采用了大量的大尺寸异形部件,它们在制备和装配方面还有很多难题需要解决。高超声速飞行器大尺寸部件制备工艺复杂,制备过程的影响因素较多,当前制备工艺制备的复合材料结构表面粗糙度、尺寸精度控制难度较大,致使部件尺寸效应明显、工艺稳定性较差;大尺寸部件表面粗糙度及装配尺寸的超差产生的缝隙、台阶等在极端环境下对气动热环境、部件热防护性能都将产生不利影响,甚至导致部件结构或性能失效;另外,复合材料与不同材料部件的连接、密封、装配等也将对飞行器综合热防护系统产生极大的影响。大尺寸异形部件制备、装配工艺亟待突破。

(2)高温耐烧蚀复合材料结构可靠性检测手段亟待增强

由于高温耐烧蚀复合材料自身的结构特征和制备工艺特点,使得部件内部存在大量的孔洞、裂纹等缺陷,而目前可用于检测这些缺陷的方法和手段比较少,很难准确识别热防护外壳、机身前缘等高温耐烧蚀部件内部的缺陷位置、种类及尺寸。此外,高温耐烧蚀部件在极端环境下的可靠性涉及诸多因素,比较复杂,即使在完成部件质量检测后,也很难对部件的可靠性做出准确判断。高温耐烧蚀复合材料结构可靠性检测手段亟待增强。

(3)综合热防护系统评估亟须完善

目前,对于各向异性的高温耐烧蚀复合材料结构在真实飞行极端环境下的本构关系、材料性能、稳定性等数据比较缺乏,这可能导致地面仿真分析结果与部件在实际飞行中的性能存在较大差异;现有地面模拟设备很难模拟真实飞行气动热环境,即使可模拟某些参数,模拟精度也比较低,并且缺乏高温条件下进行温度、位移等相关参数的有效测量手段,这就导致对飞行器综合热防护系统进行准确评估存在很大的挑战。

(4)热防护材料结构一体化设计技术亟须加强研究

轻质结构复合材料的热防护是一项极富挑战性的前沿课题,亟须研究的课题方向主要包括:轻质结构复合材料气动热力学的理论模型与实质模拟方法、服役环境下热防护材料性能测试方法、超高温陶瓷材料氧化机理与微结构设计、超高温陶瓷材料强韧化与抗热震途径和热防护材料抗氧化/承载/抗热震/抗烧蚀一体化设计方法。

以 C/SiC 和 SiC/SiC 为典型代表的陶瓷基复合材料由于其优异的热稳定性、高强度、高温强度和低密度特点,主要的应用对象和发展前景如下:

(1)航空发动机热端部件,如燃烧室、导向叶片、涡轮外环、火焰稳定器、中心锥、隔热屏、密封片/调节片等。根据目前以美国 GE 为典型代表的应用研究进展,未来航空发动机大部分热端部件均可用陶瓷基复合材料代替。

(2)航天发动机热端部件,如进气道、隔离段、燃烧室、喷油支板、尾喷管等。以目前的研究趋势和工程应用需求,预计未来 5~10 年,有动力高超声速飞行器的发动机(主要是冲压发动机、固/液组合动力发动机等)的热端部件均须采用陶瓷基复合材料。

(3)高超声速飞行器防热部件,如前缘/头锥、防热承载一体化的翼/舵和舱体、大面积防热面板等。目前的应用对象主要集中在高超声速导弹领域,随着导弹飞行速度的提升、弹体轻量化指标和机动性能的提高,陶瓷基复合材料防热部件正在快速代替传统可烧蚀防热材料,成为新一代先进武器装备防热系统的首选材料。

综上所述,陶瓷基复合材料作为优异的轻质防热材料,在航空发动机、航天发动机和高超声速飞行器防热系统方面均有广阔的应用前景,在未来 5~10 年有巨大的应用需求和拓展潜力。

参考文献

[1] DAVID G, RAY D, HAROLD C, et al. Materials Development for Hypersonic Flight Vehicles[C]. 14th AIAA/AHI Space Planes and Hypersonic Systems and Technologies Conference, 2006.

[2] 孙健. 高超声速飞行器前缘疏导式热防护结构的工作机理研究[D]. 长沙:国防科学技术大学, 2013.

[3] 杨亚政,杨嘉陵,方岱宁. 高超声速飞行器热防护材料与结构的研究进展[J]. 应用数学和力学, 2008, 29(1):47-56.

[4] 苏君明,周绍建,李瑞珍,等. 工程应用 C/C 复合材料的性能分析与展望[J]. 新型炭材料, 2015, 30 (2):106-114.

[5] LUIGI S. UHTC-based hot structures for space re-entry: Lesson learned and future perspectives[C]. Engineering Conferences International, 2012.

[6] JEFF H, LANDON M, JAY E, et al. The X-38 V-201 flap actuator mechanism[C]. 37th Aerospace Mechanisms Symposium, 2004.

[7] GOUJARD S, VANDENBULCKE L, BERNARD C. On the chemical vapor deposition of Si/B/C-Based coatings in various conditions of supersaturation[J]. Journal of the European Ceramic Society, 1995, 15(6):551-561.

[8] FEDERICO S, MILENA S, MONICA F. Oxidation protective multilayer coatings for carbon-carbon composites[J]. Carbon, 2002, 40(4):583-587.

[9] STRIFE R, SHEEHAN J. Ceramic coatings for carbon-carbon composites[J]. American Ceramic Society Bulletin, 1988, 67(2):369-374.

[10] KEUNECKE M, WIEMANN E, WEIGEL K, et al. Thick c-BN coatings: Preparation, properties and application tests[J]. Thin Solid Films, 2006, 515(3):967-972.

[11]　THEODORE B. Chemical vapor deposition in the Boron-Carbon-Nitrogen system[J]. Journal of the American Ceramic Society,1990,73(8):2498-2501.

[12]　MALINE M,DUCARROIR M,TEYSSANDIER F,et al. Auger electron spectroscopy of compounds in the Si-Ti-C system: Characterization of Si-Ti-C multiphased materials obtained by CVD [J]. Surface Science,1993,286(1-2):82-91.

[13]　LOWE D,LAU K,SANJURJO A. CVD coatings from the Al-B-Si system on carbon[J]. Surface & Coatings Technology,1997:291-296.

[14]　GUIBAN M,MALE M. Experimental study of the Ti-B-C system using LPCVD[J]. Journal of The European Ceramic Society,1995,15(6):537-549.

[15]　PIQUERO T,BOUIX J,SCHARFF J,et al. Elaboration d'une double couche B₄C-SiC sur substrats de graphite par CVD réactive: prévisions thermodynamiques et résultats expérimentaux[J]. Journal of Alloys and Compounds,1992,185(1):121-144.

[16]　LATTEMANN M,ULRICH S. Investigation of structure and mechanical properties of magnetron sputtered monolayer and multilayer coatings in the ternary system Si-B-C[J]. Surface and Coatings Technology,2007,201(9-11):5564-5569.

[17]　刘巧沐,黄顺洲,何爱杰. CMC-SiC 复合材料在航空发动机上的需求及挑战[J]. 材料工程,2019,47(2):1-10.

[18]　苏纯兰,周长灵,徐鸿照,等. 碳纤维增韧陶瓷基复合材料的研究进展[J]. 佛山陶瓷,2020(2):10-21.

[19]　王恒,张帆,傅正义. 先进陶瓷及陶瓷基复合材料:从基础研究到工程应用——先进陶瓷及陶瓷基复合材料分论坛侧记[J]. 中国材料进展,2019(10):940-941.

[20]　左平,何爱杰,李万福,等. 连续纤维增韧陶瓷基复合材料的发展及在航空发动机上的应用[J]. 燃气涡轮试验与研究,2019(5):47-52.

第6章 结构型电磁功能陶瓷基复合材料

电磁功能材料主要是指应用于吸波、透波和屏蔽等电磁功能领域的一类特殊材料。电磁功能材料最早出现在第二次世界大战,主要是用于降低雷达的探测性,提高飞行器的战场生存能力。现代,随着电子信息技术的快速发展,电磁功能材料受到的关注也越来越多,并从军用市场逐渐转向军民两用。

陶瓷基电磁功能材料主要是面向航空、航天的高温需求而产生的。传统的电磁功能材料无论是金属还是树脂都无法满足航空、航天对高温电磁功能材料的需求。除此之外,陶瓷基复合材料还具有高比强度和高比模量的优点,适合于对质量敏感的航空、航天领域。而且通过调节陶瓷基复合材料的基体和增强体,其性能可以实现从吸波到屏蔽性能的全覆盖。陶瓷基复合材料中通常用 BN 和 Si_3N_4 等作为透波相,SiC 和 C 等作为吸波相或屏蔽相,以满足高温下的应用需求。

随着航空、航天技术的发展,对陶瓷基电磁功能复合材料的需求会越来越大。国内对于陶瓷基电磁功能材料的研究起步较晚,应用较少,与国外的差距较大,因此对陶瓷基电磁功能材料的研究就显得更加紧迫。

6.1　理论基础

陶瓷基电磁功能材料主要分为电磁透波型 CMC、电磁吸波型 CMC 和电磁屏蔽型 CMC。针对不同类型电磁功能 CMC,均具有不同的设计原则。

6.1.1　电磁透波型 CMC 的设计原则

透波材料要求电磁波在入射时,在材料表面的反射和内部的损耗都很小。这需要材料满足两个方面的要求:一是良好的阻抗匹配,即材料的阻抗要与自由空间的阻抗尽量接近,减少电磁波在材料表面的反射;二是材料的介电损耗要小,介电常数比较低,减少电磁波在材料内部的损耗。

透波材料的介电损耗比较低,通常要小于 0.003,因此,通常使用谐振腔法测量其介电常数。在高频下,由于趋肤深度的存在,电磁波只能入射到导电体近表面的区域。电场随着电磁波入射深度的增加会不断减小,当电场强度减小到入射值的 $1/e$ 时,电磁波达到了趋肤深度 δ,其计算公式为

$$\delta = 1/(\pi f \mu \sigma)^{1/2} \tag{6.1}$$

式中,f 为频率;μ 为磁导率;σ 为电导率。透波材料的电导率应该很小,这样其趋肤深度才

会足够达到超过材料厚度,以使电磁波透过。电导率和材料的介电常数 ε' 和 ε'' 息息相关,特别是介电常数的虚部 ε'',因此,为了降低 ε'',可以在复合材料中使用 ε'' 更小的相。Lichtenecker 和 Rother 曾经提出过一个对数模型,数学表达式为

$$\ln \varepsilon'_c = \sum_1^i \varphi_i \ln \varepsilon'_i \qquad (6.2)$$

式中,ε'_c 为复合材料的介电常数;φ_i 为 i 相的体积分数;ε'_i 为 i 相的介电常数。可以看到,i 相的介电常数越低,复合材料整体的介电常数也就越低。对于多孔陶瓷来说,可以改写为

$$\ln \varepsilon'_p = \sum_1^i \varphi_i \ln \varepsilon'_0 \qquad (6.3)$$

介电损耗可以分为本征损耗和外部损耗。本征损耗依赖于材料固有的晶体结构。外部损耗则主要依赖于材料的缺陷、杂质、晶界、微裂纹和孔隙等,因此,为了得到较低介电常数的复合材料,应尽量增加微孔或增加低介电相。图 6.1 为透波型材料几种常见的模型,分别是多晶陶瓷结构、非晶陶瓷结构、多孔陶瓷结构、复合陶瓷结构和纤维增强陶瓷结构。其中的孔、第二相、纤维都是低介电相,用来降低材料的损耗能力。

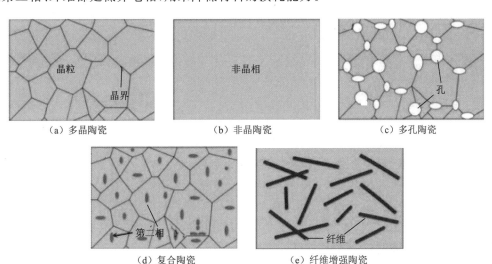

图 6.1　透波材料的典型微结构模型[1]

6.1.2　电磁吸波型 CMC 的设计原则

1. 本征电磁参数测试方法

材料的本征电磁参数主要包括材料的复介电常数、复磁导率,由于电磁吸波型 CMC 主要集中于介电特性的研究,有关材料磁特性的测量只占少数,因此主要讨论复介电常数的测量。除此之外,针对磁性材料,介绍了磁滞回线的测量方法。

复介电常数及复磁导率的测量都属于间接测量。它以某种函数关系式包含在可直接测量量内,因此复介电常数的测量原理是建立在传输线理论、特性阻抗和传输常数的基础之上,并与可直接测量量之间存在着函数关系。复介电常数的测量方法很多,常见的有传输线

法、谐振腔法和准光法等。这些方法各有特点与适用范围。传输线法简便易行,不需要特殊的仪表设备,但当材料的损耗角正切值很小时,不易准确测量。当采用高腔体时,谐振腔法可测量小损耗的介质材料,但需要对待测介质样品进行加工处理。准光法主要用在毫米波段。下面对各种方法做简要介绍。

(1)传输线法

传输线法包括波导法和开口同轴法。

①波导法

波导法是传输线法的一种,其实质是网络参数法,即通过介质样品对网络参数的反应来测定其复介电常数。如图 6.2(a)所示,将长度为 l_e 的介质样品装入直波导,设波导传输单一模式 H 模,介质填充波导时的特性阻抗设为 Z_ε,空气填充时,$\varepsilon_r = 1$,则有

$$\frac{Z_0}{Z_\varepsilon} = \frac{\sqrt{\varepsilon_r - \left(\frac{\lambda}{\lambda_c}\right)^2}}{\sqrt{1 - \left(\frac{\lambda}{\lambda_c}\right)^2}} \tag{6.4}$$

式中,Z_0 为空气介质的特性阻抗;λ 为电磁波在真空中的波长;λ_c 为截止波长。

令

$$R_\varepsilon = \left(\frac{Z_0}{Z_\varepsilon}\right)^2 \tag{6.5}$$

消去 λ,可求出:

$$\varepsilon_r = \left(\frac{\lambda_g}{\lambda_c}\right)^2 + R_\varepsilon \left[1 - \left(\frac{\lambda_g}{\lambda_c}\right)^2\right] \tag{6.6}$$

式中,λ_g 为导波波长,而复介电常数与 S 参数的关系为

$$\varepsilon_r = \frac{(1 - S_{11})^2 - S_{12}{}^2}{(1 + S_{11})^2 - S_{12}{}^2} \tag{6.7}$$

综上所述,通过 S 参数的测量,最终可求得复介电常数。在实际应用中,波导法常有终端短路法和终端开路法两种方式。

②开口同轴法

开口同轴法从本质上讲也是传输线法,是利用传输线的传输特性参数和阻抗特性来求解复介电常数。开口同轴法首先由 S. S. Stuchly 提出,后该技术被改进用来测量有限厚度材料。Ching 等用全波分析法分析了开口同轴口附近的表面波和径向导波对测量结果的影响,论述了在 4 GHz 以下该影响可以忽略,故该法在 S 波段测量材料时,仍可以采用开口同轴的准静态模型来计算材料的电磁参数。基于时域有限差分法建模的开口同轴测量技术,同时可适用于高低损耗材料的测量,而且测试频率不限于 4 GHz 以下。对于高损耗介质,由于表面波和径向导波传播不远,对测量影响不大,对于低损耗介质,运用 FDTD 法建模即使不外加法兰也能正确计算,因此对法兰没有限制。在实际测量时,所加激励使得同轴线工作于横电磁模(TEM 模,指电场、磁场方向都与传播方向垂直),考虑到同轴线传感器结构良好,故在开口处仅激励横磁模(TM 模,指磁场方向与传播方向垂直),从而利用有限差分法将计算空间的

场分量离散化得到二维圆柱坐标系下的 Yee 氏 FDTD 法迭代方程。通过与 z 轴垂直的截面内的轴向电场和磁场计算出开口处的反射系数，根据反射系数与复介电常数的函数关系，得到复介电常数。

（2）谐振腔法

将介质样品放入一个由理想导体构成的空腔谐振器，如 6.2(b) 所示，其体积为 V_c，当腔内充以空气时，其电场为 E_0 和 H_0、谐振频率为 f_0、固有品质因数为 Q_0。现将体积为 V_s 的介质引入腔中，腔内各变量为 E_1、H_1、f_1 和 Q_1，根据放入介质前后其谐振频率和 Q 值的变化来测量复介电常数。常用的谐振腔有：H_{01n} 模圆形腔适合于圆盘形介质样品；

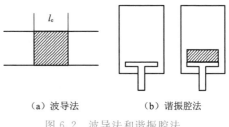

（a）波导法　　　（b）谐振腔法

图 6.2　波导法和谐振腔法

E_{010} 模圆形谐振腔适合于杆型样品；矩形谐振腔适合于小介质样品。

准光法和干涉仪法，主要用于毫米波段的介质测量。对于小介质样品，也可以用微扰法（基于谐振腔原理）测量。

2. 吸波性能测试方法

（1）金属背板模型

基于金属背板模型，吸波材料的反射系数来源于两方面的综合效果：材料本身对电磁波的吸收及吸波材料上下表面反射电磁波形成的干涉对消。基于金属背板模型的单层吸波材料对电磁波响应的示意图如图 6.3 所示。

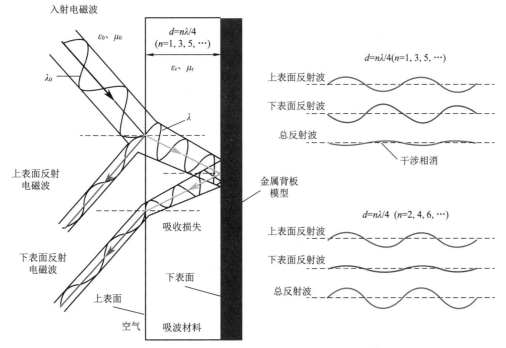

图 6.3　金属背板模型吸波材料干涉对消示意图[2]

对于入射电磁波,其能量一部分会被吸收,另一部分则会被反射。当上、下表面反射波的相位相反时,反射电磁波产生干涉对消。此模型忽略了材料的透射波。

$$1 = 2A + R \tag{6.8}$$

反射率 R 可以由以下公式表示:

$$R = R_{upper} + R_{bottom} = 1 - 2A \tag{6.9}$$

$$P_R = P_I - P_A = (1 - 2A) P_I \tag{6.10}$$

式中,R_{upper} 和 R_{bottom} 分别为上、下表面的电磁波反射率;A 为吸收系数,定义为吸收能量与入射能量的比值(P_A/P_I);$P_{R\text{-}upper}$ 和 $P_{R\text{-}bottom}$ 分别为上、下表面的反射电磁波能量,它们具有不同的相位角($\Delta\phi$)。$\Delta\phi$ 取决于吸波材料的厚度。当吸波材料厚度满足入射波波长 $1/4$ 的奇数倍即 $d = n\lambda/4(n = 1, 3, 5, 7, \cdots)$ 时,上、下表面反射波具有相反的相位角,产生干涉对消[3,4]。

当材料厚度足够厚时($d \geqslant d_c$,d_c 为临界厚度),进入材料内部的电磁波在经下表面反射出材料之前完全被吸收,下表面反射为零($P_{R\text{-}bottom} = 0$,$P_R = P_{R\text{-}upper}$)。材料上表面反射系数 RC_{upper}(reflection coefficient,RC)即为材料的反射系数,不受材料厚度的影响,反射系数趋近于一稳定值:

$$RC = RC_{upper} = 10 \lg \left(\frac{P_{R\text{-}upper}}{P_I} \right) \tag{6.11}$$

当材料厚度小于临界厚度($d < d_c$)时,入射电磁波不能被完全吸收,形成二次反射:

$$P_R = \sqrt{P_{R\text{-}upper}{}^2 + P_{R\text{-}bottom}{}^2 + 2P_{R\text{-}upper} \cdot \cos \Delta\phi} \tag{6.12}$$

$$RC = 10 \lg \frac{P_R}{P_I} = 10 \lg \frac{\sqrt{P_{R\text{-}upper}{}^2 + P_{R\text{-}bottom}{}^2 + 2P_{R\text{-}upper} \cdot P_{R\text{-}bottom} \cdot \cos \Delta\phi}}{P_I} \tag{6.13}$$

式中,λ 和 λ_0 分别为电磁波在吸波材料内及自由空间的波长;$|\varepsilon|$ 和 $|\mu|$ 分别为吸波材料复介电常数和复磁导率的模。$\Delta\phi = \cos \left(\frac{4\pi d}{\lambda} \right)$;$\lambda = \frac{\lambda_0}{\sqrt{|\varepsilon||\mu|}}$。

当 $\cos \left(\frac{4\pi d \sqrt{|\varepsilon||\mu|}}{\lambda_0} \right) = -1$ 时,反射系数 RC 获得最小值:

$$RC_{min} = 10 \lg \frac{P_{R\text{-}upper} - P_{R\text{-}bottom}}{P_I} \tag{6.14}$$

由式(6.13)和式(6.14)可得,降低材料反射系数的关键是增大材料对电磁波的吸收,同时尽量使上、下表面反射波满足能量大小相等,相位角相反。基于以上分析,对于单层吸波材料,在材料本身吸波性能的基础之上通过调节材料的厚度,利用干涉对消可以有效地减小吸波材料对电磁波的反射系数。

(2)自由空间法

为了能通过分析电磁波的反射得到材料的吸波性能,美国国家实验室在 1945 年设计了一种自由空间法来测量材料的反射系数。自由空间法是一种非接触和非破坏性的测试方法,利用天线将电磁波辐射到自由空间,再利用天线接收并测量材料对所发射电磁波的反射和透射信号,计算介质材料的电磁参数。自由空间法还具有很高的灵活性,可以随意改变入射电磁波的极化方向和入射角度,非常适宜于测量复合材料的电磁参数。此外,自由空间法适用范围广,既可用于高损耗的吸波复合材料电磁参数的测量,亦可用于天线罩等损耗较低的复合材料电磁参数的测量。该方法的测试带宽非常广,通常测试频率为 700 MHz～20 GHz。

自由空间法通常使用弓形架来进行测试,样品被放置于金属背板上,测试原理如图 6.4 所示。弓形设计可以让两个天线沿曲线移动到任何偏离法线的角度,同时保持与测试材料的恒定间距。垂直入射的标准测量是在最小偏离法线角度下进行的,在该角度下天线串扰不会改变测量值。测量的反射系数 RC 通常以 dB 为单位进行表示,计算方式为

$$RC = 10 \lg\left(\frac{P_1}{P_0}\right) \tag{6.15}$$

式中,P_1 为总能量;P_0 为透过的能量。

无论采用何种方法测量,最终材料的反射系数都是用 dB 表示,如图 6.5 所示。给出了反射系数(RC)和吸收效能的关系,通常认为吸收效能达到 90% 以上时,材料对电磁波是有效吸收。

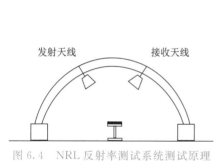

图 6.4　NRL 反射率测试系统测试原理

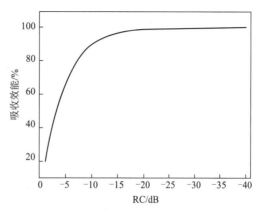

图 6.5　反射系数和吸收效能之间的关系

3. 介电常数优化

材料损耗电磁波的能力通常用吸收系数 A 来表示。A 是当电磁波透过材料时,被吸收的能量 P_A 和入射的能量 P_1 之间的比值:

$$A = P_A/P_1 = 1 - |S_{11}|^2 - |S_{21}|^2 \tag{6.16}$$

式中,$|S_{11}|^2$ 为反射系数 R;$|S_{21}|^2$ 为穿透系数 T。$A + R + T = 1$,A 的大小依赖于材料的介电常数和电导率。当使用波导腔测量时,A 和介电常数的关系为

$$A = 2\pi d(\varepsilon^{1/2} \tan \delta)/\lambda \tag{6.17}$$

式中,ε 为材料介电常数;λ 为电磁波的波长;d 为样品厚度;A/d 为每毫米的吸收系数。通常采用传输线法或自由空间法来测量材料的反射系数。对于吸波材料来说,应满足以下要求:首先,材料的本征阻抗应和自由空间阻抗尽可能接近,以使电磁波能尽可能多的进入材料内部。其次,进入到材料内部的电磁波能尽快地被消耗。

根据传输线理论和金属背板模型[5],RC 由相对复磁导率和复介电常数来确定:

$$Z_{in} = \sqrt{\frac{\mu}{\varepsilon}} \tanh\left(j\frac{2\pi}{c}\sqrt{\mu\varepsilon}fd\right) \tag{6.18}$$

$$RC = 20 \lg \left| \frac{Z_{in} - 1}{Z_{in} + 1} \right| \tag{6.19}$$

式中，Z_{in}、ε 和 μ 分别为材料的归一化输入阻抗、介电常数和磁导率；d 和 c 分别为样品厚度（m）和真空中的光速（3×10^8 m/s）。

当吸波材料的 RC 值小于 -10 dB 时，说明 10% 的电磁波被反射，有 90% 以上的电磁波被吸收。RC 小于 -10 dB 所对应的频率范围为有效吸收带宽（effective absorption bandwidth，EAB）。优异的吸波材料要求其 EAB 尽可能宽，本章以 X 波段 8.2～12.4 GHz 为例，探讨材料介电常数的优化，此时 EAB=4.2 GHz。当材料的复介电常数和样品厚度确定时，EAB 可以根据公式（6.18）和式（6.19）计算获得。因为公式（6.18）和式（6.19）中影响 RC 的变量较多，无法在二维图中直观获得 EAB 的数值，所以采用固定两个变量（ε' 和 d），解另外两个变量（ε'' 和 f）的方法计算。图 6.6 是采用该方法计算的 EAB，其中阴影部分代表 RC<-10 dB 的区域，不同颜色分别代表不同的 ε'，计算阴影部分纵坐标最高点和最低点的差值可获得该 ε' 下达到的最大 EAB 值。图 6.6(a) 中的黄色阴影代表当厚度为 2 mm，$\varepsilon'=8$ 时，RC<-10 dB 的区域。该区域横坐标对应的是 ε''，纵坐标对应的是 f，该条件下 ε'' 只有在 2.5～6.3 范围内达到 RC<-10 dB，f 只能覆盖 11.6～12.4 GHz，即最宽 EAB 为 0.8 GHz。同样可计算获得 ε' 为 12、15 和 20 时，相应的最宽 EAB 分别为 2.4 GHz、2.2 GHz 和 1.15 GHz，因此，当厚度为 2 mm 时，若 ε' 为定值，材料的 EAB 不可能达到 4.2 GHz，因此，为获得更宽的 EAB 值，需要利用材料的频散效应。例如，ε' 在 20～12 范围内且 ε'' 在 6～4 范围内变化，EAB 才可能达到 4.2 GHz。

同样地，当厚度为 3 mm 时，确定 ε' 时的最宽 EAB 可以根据图 6.6(b) 计算获得。当 $\varepsilon'=6.2$ 时，材料可获得最宽 EAB 值（EAB=3.75 GHz）。当 $d=3$ mm 时，实现 EAB=4.2 GHz 材料依旧需要频散效应。当厚度增大到 4 mm 和 4.5 mm 时，在 $\varepsilon'=3.8$ 和 $\varepsilon'=3.4$ 的条件下，EAB 均可达到 4.2 GHz，分别为图 6.6(c) 和图 6.6(d) 的红色阴影区域。根据上述分析可知，不同厚度下实现 RC<-10 dB 对应的 ε' 和 ε'' 的变化范围，及其在 X 波段内 EAB 的最大值及其相应的介电常数，见表 6.1。这可作为吸波材料的电磁参数目标值，为材料介电常数的设计提供依据。

表 6.1　不同厚度下材料实现 RC<-10 dB 所对应介电常数范围和实现最宽 EAB 时对应的介电常数范围

厚度/mm	实现 RC<-10 dB 时		实现最宽 EAB 时		
	ε'	ε''	ε'	ε''	EAB/GHz
2	7～20	2～10.8	12	5.6	2.7
3	2.7～12.4	1.4～7.5	6.2	3.6	3.75
4	1.4～7.5	1～5.5	3.8	2.65～3.15	4.2
4.5	1.1～6.2	0.9～4.8	3.4	1.85～2.35	4.2

4. 电磁波损耗机制

按照电磁波损耗机理，电磁波吸收材料通常分为介电损耗型、磁损耗型和电导损耗型三类,但是在追求轻质、宽频、强吸收和多功能复合吸波材料的趋势下,单一损耗类型的吸波材料已经不能满足需求,多重电磁波损耗机制复合的电磁波吸收材料日益增多。这里介绍吸波材料中主要的电磁波损耗机制。

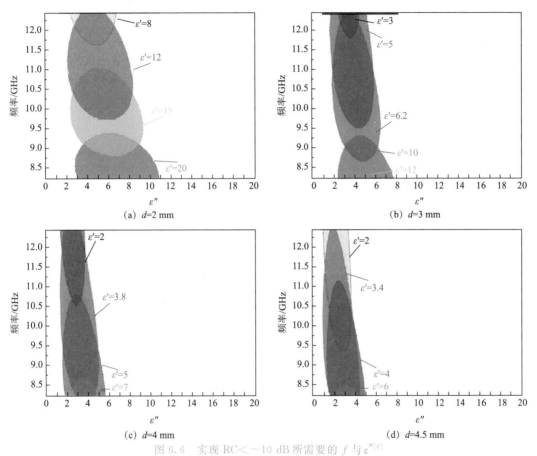

图 6.6 实现 RC<−10 dB 所需要的 f 与 ε″[6]

(1)极化损耗

当电磁波入射到介电材料时,首先遇到的微观机制是介质的极化。极化通常包括取向(偶极子)极化、空间电荷(界面)极化、原子极化和电子极化等,如图 6.7 所示。每一种极化机制都有"界限频率",不同的介电材料有不同的响应频率。原子极化和电子极化通常出现在高频范围,如红外和可见光区间,但是其响应幅度较小,对材料的介电常数实部和虚部影响较小。界面极化通常出现在低频区间(MHz),载流子在材料界面处的迁移受阻,成为束缚电荷,从而在界面处聚集。电荷聚集引起的场畸

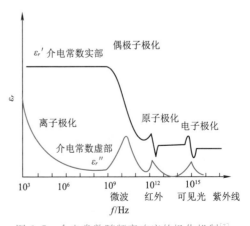

图 6.7 介电常数随频率响应的极化机制[7]

变将增大材料的介电常数实部。取向极化,又称偶极子极化,是微波波段(GHz)主要的极化机制,在未有电磁场的情况下,偶极子乱序分布,在施加电磁场后,偶极子将发生旋转,取向一致,并随电磁场的变化而变化。偶极子极化通常伴随着弛豫过程,这一过程对介电常数的实部和虚部均将产生影响。在频率低于弛豫频率时,偶极子的变化和交变电磁场的变化一致。随着频率的升高,偶极子的转动跟不上交变电磁场的变化,产生相位滞后,尽管介电常数虚部仍在提高,但是实部开始下降。在高于弛豫频率后,交变电磁场变化过快,不能影响偶极子的转动,从而实部和虚部均下降,因此,一个典型的取向极化是一个介电常数实部下降而虚部升高的过程,如图 6.7 所示。

(2)磁损耗

磁损耗主要通过涡流损耗、磁滞损耗和剩余损耗等机制衰减电磁波。涡流损耗是指磁性材料在交变高频电磁场中因电磁感应产生涡电流,引起磁感应强度和磁场强度的相位差,使得电磁波能量转变为热能耗散掉。磁滞损耗是由于磁性材料的畴壁位移和磁畴转动这一不可逆的磁化过程引起的,取决于材料的磁导率及瑞利常数等磁性质。剩余损耗是由不同机制的磁化弛豫过程导致的。磁化弛豫过程将导致磁导率的实部和虚部均随频率产生变化。在低频和弱磁场中,剩余损耗主要是一些离子和电子偏平衡位置的磁滞等磁后效损耗。在高频下,剩余损耗形式主要有畴壁共振、尺寸共振和自然共振等。铁氧体是典型的剩余损耗占优的材料。除此之外,常用的磁性吸波材料还有羰基金属(羰基铁、羰基钴和羰基镍)、磁性金属(Fe、Co 和 Ni)和其合金材料(FeNi、CoNi 等)[8-10]。

(3)电导损耗

电导损耗主要与材料的电导率相关,高导电材料的载流子迁移有利于更多的电磁波能量转变为热能,典型的材料如金属、碳材料(碳纳米管、碳纤维、炭黑和石墨烯等)和导电聚合物,但是,对于高导电的材料,入射电磁波将在材料表面产生高频振荡趋肤电流,电导率越高,趋肤深度越小,从而引起强反射,因此,尽管高导电材料具有极高的介电损耗,但是由于差的阻抗匹配特性,并不能单独作为吸波材料使用。通常会将高导电材料作为损耗相与透波材料复合,以优化材料的阻抗匹配,增加入射电磁波的比例,增大材料的有效吸收带宽。

5. 微结构优化设计

高效微波吸收材料需满足阻抗匹配特性来减少电磁波在表面的反射,入射的电磁波也应该迅速并尽可能被吸波剂全部衰减。介电材料的能量损失主要是由介电损耗($\tan\delta = \varepsilon''/\varepsilon'$)引起的。根据德拜理论[3,11],虚部($\varepsilon''$)可以由材料的弛豫时间及电导率确定,可用以下公式表征:

$$\varepsilon'' = \frac{\varepsilon_s - \varepsilon_\infty}{1 + \omega^2 \tau^2} \omega\tau + \frac{\sigma}{\omega\varepsilon_0} \tag{6.20}$$

式中,ε_s 为静态介电常数;ε_∞ 为高频极限下的相对介电常数;ω 为角频率;τ 为极化弛豫时间;σ 为电导率;ε_0 为真空介电常数。对于大多数介电材料来说,电导损耗是影响介电常数最重要的因素,故提高电导率有利于增加材料的介电损耗。同时,纳米尺度材料较大的比表面积产生的界面极化效应也能显著提高介电损耗。由此可知,由纳米孔、纳米尺度的导电/半导体第二相及透波基体组成的复合材料是电磁吸波材料的首要选择。

单一吸波剂组成的吸波材料通常由基体 A 相和损耗相 B 相组成(A/B 型吸波材料)。A 相为透波材料或气孔,其介电常数较低,对电磁波无损耗能力。B 相为导体或半导体材料,作为吸波剂均匀分散在 A 相中。A/B 型吸波材料既能满足阻抗匹配,使电磁波进入材料内部,又能在吸波材料内部将电磁波衰减。A/B 型吸波材料的微结构一般有两种类型:一种是纳米/微米颗粒的 B 相均匀分散在透波基体 A 相中,使复合材料具有一定的电导率和介电损耗能力;另一种是一维纳米线/纳米管均匀分散在透波 A 相中,形成导电网络结构。当电磁波进入材料中时,沿着纳米线/纳米管运动的微电流相互作用从而吸收电磁波,如图6.8 所示。

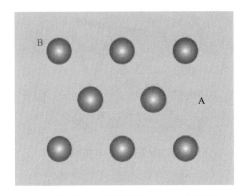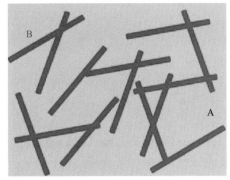

(a) 吸波型纳米/微米颗粒均匀分散在透波相中　　　(b) 吸波型一维纳米线/管均匀分散在透波相中

图 6.8　A/B 型吸波材料微结构设计

A/B 两相组成的吸波材料具有一定的电导率和介电损耗,但是其介电常数实部和虚部偏离宽频吸收的电磁参数目标值,因此,需在 A/B 型吸波材料中引入第三相(C 相),构成A/B/C 型吸波材料(C 相介电常数介于 A 相和 B 相之间),在不显著增大介电常数实部的情况下增强材料的介电损耗。A/B/C 型吸波材料的微结构一般有四种类型,前两种为 C 相纳米颗粒均匀分散在图 6.8 的 A/B 型吸波材料中,分别如图 6.9(a)和图 6.9(b)所示,纳米尺度的 C 相具有大量的界面,可提高吸波材料的界面极化能力,从而使材料的损耗能力显著提高。第三种为连续 C 相包裹颗粒状 B 相形成核壳结构或者颗粒状 C 相环绕颗粒状 B 相周围,如图 6.9(c)所示,特殊的核壳结构产生较多的多重界面,一方面可以提高吸波材料的界面极化能力,另一方面界面处产生的官能团、悬挂键和缺陷在电磁场中可以引起自由空间极化,从而提高 A/B/C 型材料的吸波性能。第四种为连续 C 相或者纳米颗粒状 C 相包裹住一维纳米结构 B 相,如图 6.9(d)所示,这种特殊的一维纳米结构有利于降低导电逾渗阈值,在较低的含量下可以形成局部导电网络,既能满足材料与空气的阻抗匹配能力,又能增强材料衰减电磁波的能力。

6.1.3　电磁屏蔽型 CMC 的设计原则

屏蔽材料通常具有较高的电导率和介电常数,其本征阻抗也比较高,以使电磁波在材料表面就能反射,无法透过材料。材料屏蔽电磁波的能力通常用电磁屏蔽效能(SE)来表示,代表有多少电磁波被屏蔽。根据 Schelkunoff 的理论，材料总的屏蔽效能 SE_T 是由电磁波在材料表面的反射 SE_R 和电磁波在材料内部的吸收 SE_A 及材料内部的多重反射损耗 SE_M 共同决定的，即 $SE_T = SE_R + SE_A + SE_M$。如果屏蔽体的厚度大于趋肤深度，材料内部的多重反射波会被材料自身吸收，因此可以忽略多重反射 SE_M。然而，如果屏蔽体的厚度小于趋肤深度，SE_M 对材料屏蔽效能的影响就会变大。对于一个远场平面波，SE_R、SE_A 和 SE_M 是频率 f 和电导率 σ 的函数。

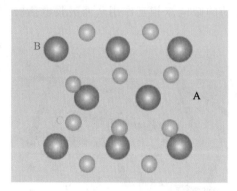

（a）C相均匀分散在A相（B相为纳/微米颗粒状）

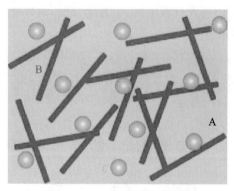

（b）C相均匀分散在A相（B相为纳米线）

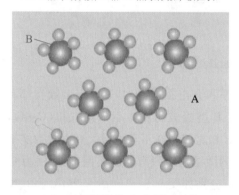

（c）C相包裹颗粒状B相形成核壳结构

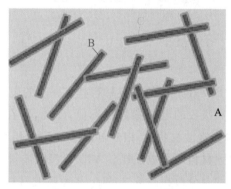

（d）C相附着在一维B相生长

图 6.9　A/B/C 型吸波材料微结构设计

$$SE_R = 39.5 + 10\ln\frac{\sigma}{2\pi f\mu} \tag{6.21}$$

$$SE_A = 8.7\frac{d}{\delta} = 8.7d\sqrt{\pi f\mu\sigma} \tag{6.22}$$

$$SE_M = 20\ln|1 - e^{-2d/\delta}| = 20\ln|1 - e^{-2d\sqrt{\pi f\mu\sigma}}| \tag{6.23}$$

式中，μ 为材料的磁导率；d 为样品的厚度；δ 为趋肤深度。

可以看出，SE_A 与屏蔽体的厚度成正比，与其趋肤深度成反比。趋肤深度与电导率、磁导率和电磁波频率成正比。多重反射指的是材料在不同表面或界面处的反射，因此需要材料具有大的比表面积，内部具有大量的界面。根据式（6.22），SE_M 的值为负值，因此会降低材料整体的屏蔽效能。当材料的屏蔽效能 $SE_T > 15$ dB 时，SE_T 简化为下面的形式：

$$SE_T = SE_R + SE_A \tag{6.24}$$

　　因此,复合材料要想具有好的屏蔽效能,必须具有高的电导率。材料的电导率与材料的介电常数虚部密切相关。

　　一般来说,SE_R 增大表示随着电磁波频率的变化,材料和自由空间的阻抗失配程度加剧,而 SE_A 的增加则意味着材料对电磁波能量衰减增强,因此,具有低 SE_R 和高 SE_A 的屏蔽材料可作为电磁吸收的候选材料。

　　图 6.10 是厚度为 2.86 mm 的一种非磁性复合材料($\mu=1$)在频率为 10 GHz 时,其 SE_A、SE_R 和 SE_T 与介电常数实部和虚部间的关系。如图 6.10(a)所示,当 ε'' 大于 15 时,SE_R 会随着 ε'' 的增大而增大。当不考虑多次反射时,半导体材料的 SE_A 总是远大于 SE_R,如图 6.10(b)所示。为了使总的屏蔽效能 SE_T 大于 20 dB,屏蔽材料的 ε'' 需要大于 30 如图 6.10(c)所示,这就暗示着材料必须具有高的电导率。

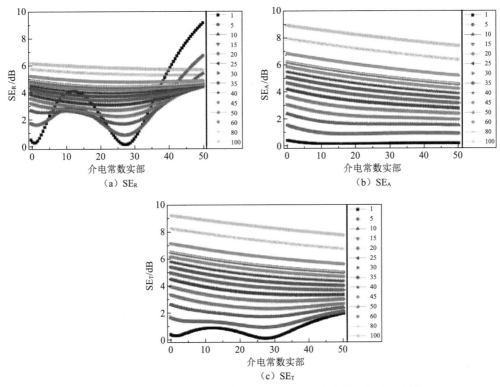

图 6.10　2.86 mm 厚、10 GHz 频率材料的 SE 与介电常数实部和虚部的关系

　　由于趋肤效应的存在,使用导电填料要比使用电导体更有效。对于导电填料来说,有一个临界体积分数,通常被称作逾渗现象,临界体积分数被称作逾渗阈值。直流电导与介电常数的关系遵从以下指数法则:

$$\sigma_m = \sigma_c \left[(\phi - \phi_c)/(1 - \phi_c) \right]^t \quad (\phi > \phi_c) \tag{6.25}$$

$$\varepsilon_m = \varepsilon_i (\phi_c - \phi)^{-s} \quad (\phi < \phi_c) \tag{6.26}$$

式中,σ_m 和 σ_c 分别为复合材料和导电填料的直流电导率;ε_m 和 ε_i 为复合材料和基体的介电常数;t 为电导率的指数;s 为临界指数,描述了电导率的发散效应;ϕ 和 ϕ_c 分别为导电填料的

体积分数和临界体积分数（逾渗阈值）。逾渗理论中，s 和 t 是对临界行为的统一描述，二者仅仅取决于几何尺寸，在二维逾渗网络中，通常认为 s 和 t 相等，即 $s=t=1.3$。对于在连续基体中导电相均匀分散的复合材料来说，Brosseau[12] 使用 TESPE 来拟合以聚合物为基体、以炭黑为填料的复合材料的微波介电响应，揭示了填料的表面积和两相之间的相对介电常数对复合材料的复合有效介电常数的影响。简单来说，当介电常数实部和虚部增加时，电磁屏蔽材料应该是导电的。对于含有小尺寸的导电相的复合材料来说，当其含量达到逾渗阈值时，整个材料通常会表现出优良的电磁屏蔽特性。

6.2　核心技术

6.2.1　电磁透波型 CMC 的材料体系、工艺与性能

早期电磁波透波材料以树脂基为主，但其耐热性能差，易老化，因此逐渐被陶瓷材料所替代。尽管陶瓷材料可以较好地满足高温需求，但是其脆性较大，限制了其在极端条件下的应用。而纤维增韧陶瓷基复合材料则很好地解决了陶瓷材料的脆性问题，成为极具发展前景的新一代电磁波透波材料。

图 6.1(d) 和图 6.1(e) 分别是陶瓷基复合材料常见的微结构模型，即多相复合结构。使用低介电相代替孔隙也是一种降低介电常数的有效方式，并且是目前适用最为广泛的一种方式。通过增加低介电相的含量，不仅可以优化介电参数，而且能降低对其力学性能的损伤。如温广武等用热压烧结法制备了 BN 增强 SiO_2 陶瓷基复合材料，不仅提高了 SiO_2 的强度，还改善了 BN 的烧结性能，其相对介电常数为 4.0 左右。国防科技大学采用反应烧结制备颗粒增韧氮化硅复相陶瓷材料，相对介电常数为 3.8，损耗角正切最小值为 0.002，但是相比颗粒增韧，纤维增韧可以更大幅度地提高材料的力学性能。纤维增韧主要有 SiO_2 纤维增韧 SiO_2 基体、BN_f 增强 BN 基体或 BN_f 增强 Si_3N_4 基体。BN 纤维兼备了 BN 材料和纤维各自的优点，惰性气氛下其使用温度可以达到 3 000 ℃，同时高温力学性能良好，介电性能优良。其主要难点在于如何避免纤维与基体的反应及增强纤维与基体之间的结合。图 6.11 为 $SiNO_f$ 增强的 BN 基透波复合材料[13]，其抗弯强度和弹性模量分别可以达到 148.2 MPa 和 26.2 GPa，介电损耗为 $(4.6 \sim 7.0) \times 10^{-3}$。近年来的高温透波材料通常采用 SiO_2/SiO_2 复合材料，用石英纤维做增强体，SiO_2 做基体。这种结构既保留了石英陶瓷的透波性，还提高了材料的强度、韧性和可靠性[14]。

6.2.2　电磁吸波型 CMC 的材料体系、工艺与性能

1. A/B 型复相陶瓷基复合材料

对于一个导体或半导体来说，孔可以被看作 A 相，其自身可以被看作 B 相。孔隙率、电导率和介电性能在同一元件中的耦合会带来功能多样化的复合材料，因此，SiC 泡沫和 SiC 织物会表现出优异的电磁波吸收特性。

通过在 Al 的基体上浸渍 SiC 聚合物前驱体制备了多孔 SiC/Al_2O_3 复合材料。多孔

SiC/Al$_2$O$_3$ 复合材料的介电常数在 0.001~18 GHz 的范围内表现出可控性。当 SiC 的质量分数达到 17% 时，ε′ 从 9 增加到 12，ε″ 从 2.5 增加到 6。

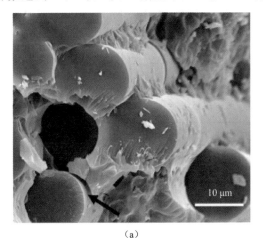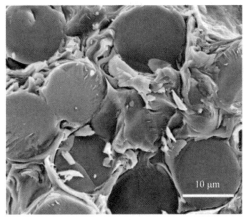

(a)   (b)

图 6.11 SiNO$_f$/BN 复合材料的 SEM 照片[13]

通过化学气相渗透（CVI）在多孔 Si$_3$N$_4$ 预制体上制备出多孔 Si$_3$N$_4$/SiC 复合材料。SiC 的晶粒尺寸为 25~30 nm。当 SiC 的体积分数达到 10% 时，与多孔 Si$_3$N$_4$ 预制体相比，Si$_3$N$_4$/SiC 复合材料的 ε′ 从 3.7 增加到 17.9，ε″ 从 0.017 增加到 13.4。当 SiC 的体积分数为 3% 时，多孔 Si$_3$N$_4$/SiC 复合材料的有效吸收带宽达到 2.8 GHz，最小反射系数为 −27.1 dB。优异的吸波性能来自 Si$_3$N$_4$ 和 SiC 之间及 SiC 晶粒之间的界面极化。通过 CVI 在多孔 Si$_3$N$_4$ 基体中沉积 SiBC，制备了 Si$_3$N$_4$/SiBCN 复合材料。该复合材料不仅表现出优异的吸波性能，而且具有优异的力学性能。

除此之外，通过前驱体催化裂解可以得到 A/B 型复相陶瓷，如图 6.12 所示。聚硅氧烷前驱体的裂解产物为 SiOC 陶瓷，通过在其中加入二茂铁，可以催化产生涡轮碳等吸波相[15]。所制备的复合材料最小反射系数可以达到 −46 dB，但是 EAB 仅有 3.5 GHz。聚硼硅氮烷

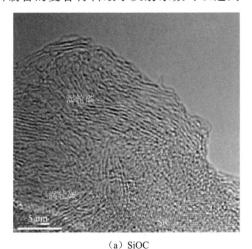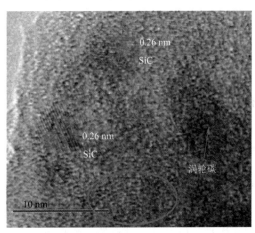

(a) SiOC   (b) SiBCN

图 6.12 复合材料中的 SiC 纳米晶和涡轮碳[15]

(PBSZ)前驱体裂解可得到 SiBCN 陶瓷。在裂解过程中加入二茂铁也可以产生涡轮碳等吸波相,材料的最小反射系数达到－12.62 dB,EAB 为 3.2 GHz。

表 6.2 总结了文献报道的 A/B 型吸波材料的成分、结构、介电常数、最低反射系数和有效吸收频带。常用的吸波剂为 SiC、C、ZnO 和 TiC 等。通过调整吸波剂的类型、微结构和含量均可以使 A/B 型吸波材料的反射系数小于－10 dB,但其 EAB 太小,因此,亟须发展具有新型结构的吸波材料。

表 6.2 A/B 型吸波材料的电磁吸波性能

相组成		ε'	ε''	d/mm	RC_{min}/dB	EAB/GHz	Ref
A	B						
Si_3N_4	SiBC	4.5~5	4.5~3	2.8	−28	2.2	[16]
ZrO_2	SiC	8.2	10.6	5	−27	0.4	[4]
SiO_2	ZnO	4.7	0.5	3	−10.7	0.8	[17]
Si_3N_4	SiC	9.71	4.22	2.5	−27.1	2.7	[18]
SiO_2	SiC	4~7	1~3.6	3	−37	4	[19]
PDCs-SiBCN	SiC	2.7~7.0	0.1~1.0	7	−23	—	[20]
SiO_2	C_f	19~25	10.4~12	5	−10.2	0.8	[3]
SiO_2	TiC_w	4~13	1.5~6.5	2.5	−25	2.2	[21]
$ZrAlO_4$	Al-ZnO	5.3~6	2.7	3.5	−32	3.6	[22]

2. A/B/C 型复相陶瓷基复合材料

因为 A/B 型吸波材料的有效吸收带宽都比较小,为了进一步优化其吸波性能,介电常数介于 A 相和 B 相之间的 C 相被引入,形成 A/B/C 型吸波结构。其中,A 相相当于阻抗匹配层,C 相进一步优化阻抗匹配,B 相是损耗层,这样的梯度损耗结构能够大大提高吸波材料的性能。B 相和 C 相之间能够形成大量的异质界面,增加界面极化,提高损耗能力。

(1)SiC 纤维增强的吸波复合材料

C/C、C/SiC 和 SiC/SiC 复合材料的高电导率和高介电常数限制了它们在电磁透过与吸收领域的应用。要获得最优的 ε' 和 ε'',电磁吸收材料应该由 A、B、C 三相组成。

为了获得 C 型纤维增强的电磁吸收复合材料,需要将基体的相组成设计成 A/B 型混杂结构,并且界面相为 A 相如图 6.13 所示。

由于表面存在碳层,KD-1 SiC 纤维具有高的电导率(200~300 S/cm),这会导致复合材料高的介电常数,从而使吸波性能变差并难以调节。Huang 等将 SiC 纤维与 SiO_2、Al_2O_3 和 Li_2CO_3 粉体进行混合,然后热压烧结制备了 SiC/LAS 玻璃陶瓷复合材料。SiC 纤维的含量和长度都对复合材料的介电和力学性能有很大影响。随着纤维的增加,复合材料在 8.2 GHz 处的 ε' 从 12 增加到 35,ε'' 从 18 增加到 120。ε' 和 ε'' 越高,材料的吸波性能越差。另外,SiC 纤维的增强增韧效应对复合材料的影响也很大。

Wan 等通过在 KD-1 SiC/磷酸铝复合材料中加入炭黑的方法设计并制备了单层雷达吸

收材料。组成为 $Al(H_2PO_4)$ 溶液、炭黑和 Al_2O_3 填料的浆料是基体前驱体。随着炭黑含量的增加,材料的介电常数实部和虚部都增加。这也就表明只通过添加炭黑是不可能获得优异吸波性能的,但是 Al_2O_3 的加入可以调整材料的介电常数实部和虚部。在厚度为 $2.8 \sim 3.2$ mm、炭黑的质量分数为 4%、Al_2O_3 的质量分数为 $5\% \sim 15\%$ 时,复合材料表现出优异的吸波性能如图 6.14 所示。

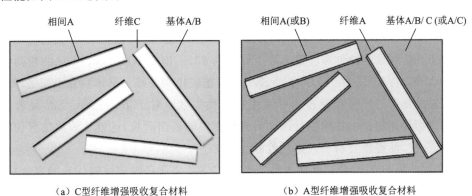

（a）C型纤维增强吸收复合材料　　　　　（b）A型纤维增强吸收复合材料

图 6.13　电磁屏蔽和吸收材料的微结构模型

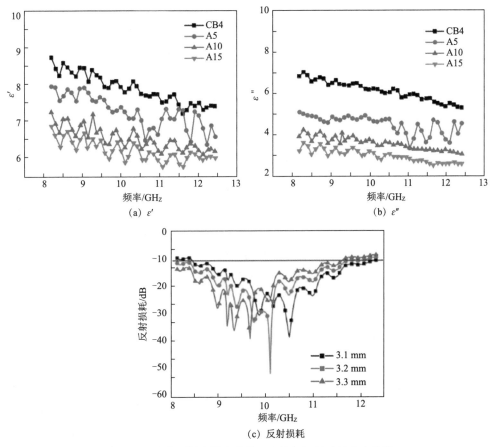

(a) ε'　　　　　(b) ε''

(c) 反射损耗

图 6.14　具有不同炭黑含量的 SiC/Al_2O_3 相对复介电常数

与 KD-1 SiC 纤维相比，A 型 KD-2 SiC 纤维作为电磁吸波复合材料的增强体展现出巨大潜力。KD-1 和 KD-2 纤维表面层的主要组成分别为 PyC 和硅基氧化物。Li 和 Yin 等采用 PIP 工艺制备了平纹编织 KD-2 SiC 纤维布增强的 SiC/SiC 复合材料。复合材料表现出低的 ε' 和 ε''，分别为 6.35 和 0.09。PIP 得到的 SiC 基体也具有较低的晶化程度。富碳 PCS 转化 SiC 陶瓷的开气孔率为 41%，其电导率为 1×10^{-2} S/m，以及 ε' 和 ε'' 均较低，分别为 4.5 和 0.8。根据混合法则可以知道，KD-2 SiC 纤维也具有低的复介电常数。

随着温度的升高，从 25 ℃ 到 700 ℃，KD-2 SiC/SiC 复合材料的介电常数实部和虚部都升高。KD-2 SiC 纤维的拉伸强度是 KD-1 纤维的 85%，但是 KD-2 SiC/SiC 的弯曲强度只有 KD-1 SiC/SiC 的 15%。在 KD-1 SiC/SiC 中，纤维拔出和纤维—基体脱黏很明显，而 KD-2 SiC/SiC 表现出典型的脆性断裂行为并发生灾难性失效。对于 KD-2 SiC/SiC 复合材料来说，硅基氧化物界面相是一种非层状结构且具有粗糙的表面形貌，这就导致强的界面结合和严重的纤维受损，使得复合材料发生脆性断裂。

人们期望使用 B 型和 C 型基体改性 A 型 SiC/SiC 来获得吸波性能优异的复合材料，如图 6.13(d) 所示，这值得进一步研究。

(2) Al_2O_3 纤维增强吸波复合材料

作为一种典型的 A 型纤维，Al_2O_3 纤维应该与高介电相复合来制备吸波复合材料。

Ding[23] 等通过 CVD 法在 Al_2O_3 纤维织物表面沉积了 PyC 涂层。随着 PyC 沉积时间的延长，材料电导率和复介电常数逐渐增加。电子弛豫极化和电导损耗可以引起介电常数的增加。这些结果表明，使用 PyC 涂层提高了 Al_2O_3 纤维织物的电磁吸波性能。最低反射损耗约为 -40.4 dB(9.5 GHz)，吸收频带宽度为 4 GHz。

直到现在，很少有研究者将注意力集中在 Al_2O_3 纤维增强吸波复合材料上，因此未来将会加强这方面的进一步研究。

$ZnO/ZnAl_2O_4/paraffin$[2] 复合材料体系有效地证明了 A/B/C 型吸波结构的潜力。如图 6.15 所示，亚微米尺寸的 ZnO 颗粒被分散在 $ZnAl_2O_4$ 纳米颗粒中。两种纳米颗粒之间形成了巨大的比表面积，增强了界面极化的能力，因此，复合材料具有优异的吸波性能，在 X 波段 (8.2～12.4 GHz) 实现了全频有效吸收，最小反射系数达到了 -25 dB。通过冷冻干燥和真空浸渍制备了 SiCnws/C/epoxy 复合材料，在厚度为 3.3 mm 的时候实现了 X 波段的全频有效吸收，并且最小反射系数达到 -31dB[24]。如图 6.16 所示，在 SiC 纤维外部包裹酚醛树脂，成功制备了 SiC@C 核壳结构纳米线[25]。将其于石蜡基体混合之后，所得复合材料的有效吸收带宽可以达到 8.0 GHz，最小反射系数达到 -50 dB。

表 6.3 总结了文献报道的 A/B/C 型吸波材料的成分、结构、介电常数、最低反射系数和有效吸收频带。其中，将颗粒状 ZnO 环绕空心碳球生长的吸波剂分散在石蜡中，当吸波剂的质量分数为 40% 时，最小反射系数可达 -45 dB，有效吸收带宽为 2.5 GHz[26]。将 ZnO 颗粒包裹一维 CNTs 生长的吸波剂分散在 SiO_2 中，当吸波剂的质量分数为 3% 时，反射系数可达 -70 dB[22]。由此可知，A/B/C 型吸波材料相比较 A/B 型吸波材料具有更低的反射吸收和更宽的吸收频带。

表 6.3 A/B/C 型吸波材料的电磁吸波性能

相组成			ε'	ε''	d/mm	RC$_{min}$/dB	EAB/GHz	Ref
A	B	C						
paraffin	ZnO	ZnAlO$_4$	6.7~7.8	3.5~4	2.86	−25	4.2	[2]
paraffin	C	N-SiC	~5	~3	3	~43	2.4	[27]
SiO$_2$	CNTs	ZnO	5.9~9.1	1.9~8.1	2.72	−70	3.4	[28]
silicon resin	RGO	CNTs	5.8~8.6	0.8~6	2.75	−55	3.5	[29]
paraffin	RGO	ZnO	3~14	1~7	2.2	−45	3.3	[30]
paraffin	C	ZnO	3~25	1~25	1.75	−52	2.5	[26]
PDCs-SiBCN	CNTs	SiC	2.7~15.6	0.1~15.6	2.5	−32	3.2	[31]
PDCs-SiCN	C	SiC	4.3~14.1	0.2~6.5		−53	3.35	[20]
PDCs-SiOC	C	SiC NWs	3.6~10.7	0.1~12.7		−17	2.5	[32]
PDCs-SiC	C	SiC	3.6~10.3	0.2~10.1	2.75	−10	—	[33]

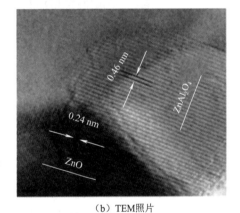

（a）SME

（b）TEM照片

图 6.15 ZnO/ZnAl$_2$O$_4$ 的形貌[2]

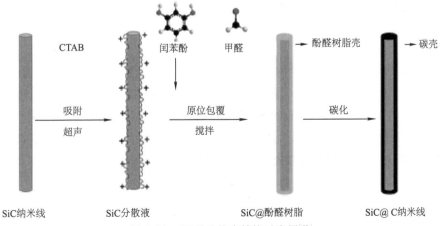

图 6.16 SiC@C 核壳结构示意图[25]

3. 电磁吸波结构的性能

通过设计相组成和微结构,特别是形成一种混杂结构,可以进一步优化材料的吸波性能。

层级结构包括金属蜂窝结构和 CNTs 填充的聚合物泡沫,它扩大了设计 A/B/C 型材料吸波性能的潜力。结合导电纳米复合泡沫的蜂窝结构降低了混杂结构有效介电常数的实部,导致 GHz 频率范围内很强的电磁吸收,性能优于目前已知的所有材料。

最近,出现了一些相似的由陶瓷和陶瓷基复合材料组成的混杂结构。

(1)C/Si_3N_4 复合材料夹层结构

为了降低 C 纤维增强复合材料的介电常数,Luo 等以 $\alpha-Si_3N_4$ 粉体、SiC 涂覆 C 纤维和烧结助剂为原料,通过凝胶注模成型工艺设计并制备了 C/Si_3N_4 夹层复合材料,其截面形貌和结构示意图如图 6.17 所示。三层结构中纤维含量比例为 1∶2∶4。

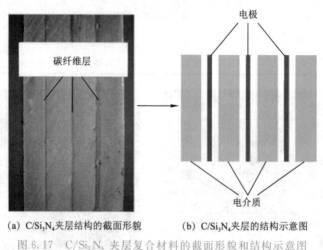

(a) C/Si_3N_4夹层结构的截面形貌　　(b) C/Si_3N_4夹层的结构示意图

图 6.17 C/Si_3N_4 夹层复合材料的截面形貌和结构示意图

在 1 700 ℃ 无压烧结制备的 C/Si_3N_4 复合材料中,SiC 中间相可以有效克服纤维和基体间的不相容性。与 Si_3N_4 陶瓷相比,C/Si_3N_4 夹层复合材料的电磁吸收能力提高了很多。如图 6.18 所示,复合材料的 ε' 和 ε'' 都趋向吸波材料在 X 波段的目标值。随着频率增加,材料的反射损耗逐渐下降,从 -3.5 dB 降到 -14.4 dB,而纯 Si_3N_4 陶瓷一直维持在 -0.1 dB,如图 6.18(b)所示。

(2)SiC/SiC 夹层结构

Tian[34] 等通过 PIP 工艺设计并制备了由介电层Ⅰ,介电层Ⅱ和损耗层组成的 SiC/SiC 夹层雷达吸收结构(SRAS),如图 6.19 所示。具有可调控的低电阻率 KD-1 SiC 纤维是损耗层,而具有高电阻率($>10^6$ $\Omega \cdot cm$)的 KD-2 SiC/SiC 复合材料是介电层。介电层Ⅰ和Ⅱ都由介电常数实部为 6.3、虚部为 0.1 的 SiC/SiC 复合材料构成。在室温条件下,SiC/SiC 夹层复合结构表现出了优异的吸波性能。当材料厚度为 5 mm 时,在 4~18 GHz 范围内的有效吸收带宽为 11.1 GHz(6.9~18 GHz),并且两个特征吸收峰分别位于 7.1 GHz 和 16.1 GHz。

在高温条件下,SiC/SiC 夹层结构也表现出了优异的吸波性能。当温度变化时,反射系

数的波动相对较小,因此材料在 25～700 ℃,8～18 GHz 的反射系数可以一直维持在－8 dB
以下。

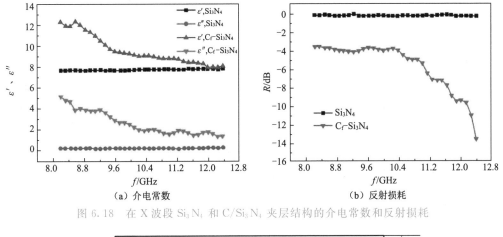

（a）介电常数　　　　　　　　　　（b）反射损耗

图 6.18　在 X 波段 Si_3N_4 和 C/Si_3N_4 夹层结构的介电常数和反射损耗

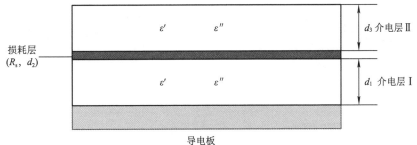

图 6.19　SRAS 结构示意图

（3）超材料

超材料指的是一类具有特殊性质的人造材料,可以具有负的介电常数和磁导率。2001 年,
D. R. Smith 在 Science 上发表了题为"Experimental Verification of a Negative Index of
Refraction"的文章,实验证实了负折射材料的存在[35]。超材料吸波体的吸波机理是:在谐振
和反谐振区域,标志材料损耗特性的复介电常数和复磁导率的虚部也达到一个峰值,这意味
着超材料会对电磁波表现出强烈的吸收特性,其按损耗机理可分为基于电磁谐振的超材料
吸波体和基于电路谐振的超材料吸波体。基于电磁谐振的超材料吸波体[36]依赖于金属结
构的电磁谐振来吸波,其基本结构包含电谐振器和磁谐振器,通过调节两个谐振器的结构参
数,使得复合结构的等效介电常数和等效磁导率在谐振频率处近似相等,此时超材料吸波体
与自由空间近似阻抗匹配、反射最小。要使吸收最大,还需要抑制传输,在谐振频率处能量
能够聚集在结构的某些区域,随后被基板的介质损耗或金属的电阻热消耗掉,因此,在谐振
频率处,该超材料吸波体具有最小的反射率和传输率及最大的吸收率。这种超材料吸波体
仅能在谐振频率处较窄的频带内实现与自由空间的近似阻抗匹配,因而吸波带较窄。

基于电路谐振的超材料吸波体通过在金属结构上加载集总元件可将电磁谐振转为电路
谐振。电路谐振相对于频率的变化更稳定,可用来实现宽频带吸收。加载的集总电容能够增强电路的储能能力或空间中电磁能转化为电路中电能的能力,同时增强电路消耗电能的能力,两者结合在一起能够增强超材料吸波体对空间电磁波的吸收。

通常通过在均质介质中填埋周期性的散射单元来制备电磁超材料。超材料的电磁参数与散射单元、基体的介电常数及散射单元的尺寸和排布方式都密切相关。通过调节这些参数可以使超材料满足不同的应用需求。超材料上的每一个散射单元都可以被看作一个谐振单元,如开口谐振环(SSR)和电子谐振环(ERR)。

超材料吸波体通常具有十分优异的吸波性能。周倩[37]等通过设计双层超材料吸波结构,实现了2.64～40 GHz的有效吸收。通常认为,仅依靠材料设计无法实现材料的宽频吸收,特别是在低频的吸收。而超材料结构设计则能很好地弥补这一缺陷,实现材料从低频到高频的宽频吸收。除此之外,通过对 SiC_f 和 Si_3N_4 的多尺度设计,可以大幅优化材料的吸波性能,其周期性结构及反射损耗如图 6.20 所示。

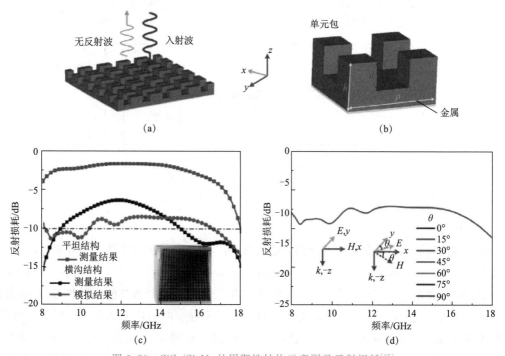

图 6.20　SiC_f/Si_3N_4 的周期性结构示意图及反射损耗[37]

6.2.3　电磁屏蔽型 CMC 的材料体系、工艺与性能

1. C/C 复合材料

对于实际和实用的电磁干涉屏蔽应用,尤其是飞行器、航空、航天、汽车和快速发展的下一代柔性电子(便携式电子产品和可穿戴式设备)领域,除了优异的屏蔽性能外,轻质是对屏蔽材料另一个很重要的工艺要求。在这些应用领域里,材料的屏蔽性能用比屏蔽效能(屏蔽效能除以密度)来评价,因此要求材料具有低的密度。

C/C 复合材料是无机非金属材料中密度最低的一种材料,是由 B 型纤维和 B 型基体组成的。除了低的密度和好的高温力学性能,C/C 复合材料还具有优异的电学性能,这些优点使 C/C 复合材料能够成为一种很有希望的高温屏蔽候选材料。

Luo 和 Chung 等对 C/C 复合材料电磁干涉屏蔽性能的早期研究表明,C/C 在 0.3 MHz~1.5 GHz 的 EMI SE_T 达到了 124 dB,并且以反射为主,这和 C/C 材料的高电导率相对应。对于非金属材料来说,反射是由小的趋肤深度导致的。由于 C/C 表现出了高的 SE,因此可以替代用作屏蔽的那部分金属材料。C/C 复合材料还兼具力学和热性能,也适合替代金属。

CNTs 是一种优异的轻质电磁吸波剂,广泛用于聚合物基电磁干涉屏蔽材料。为了提高 PIP C/C 复合材料的比屏蔽效能,在复合材料的孔隙和环状间隙中引入了 CNTs,结果证明这是一种有效的方法。最近,Liu[38] 等通过 PIP 法利用酚醛树脂形成的气态碳氢化合物在 C/C 复合材料中原位自生了 CNTs。材料内部的孔不仅为 CNTs 提供了生长空间,而且减小了密度,提高了材料的比屏蔽效能。随着酚醛树脂中催化剂 Ni 的质量分数的增加(0、0.50%、0.75% 和 1.25%),CNTs 的含量也增加。由于 CNTs 的存在,在 X 波段,材料的 EMI SE_T 从 28.3 dB 增加到 75.2 dB。孔珞等[39] 通过将 CCVD 的方式,将 CNT 和石墨烯相结合,制备了高导电的 C/C 复合屏蔽材料,其总的屏蔽效能可以达到 30 dB。除此之外,西北工业大学宋强课题组[40] 通过 CVD 和 PECVD 也成功制备出 CNT/RGO 复合材料,在厚度为 1.6 mm 时,其总的屏蔽性能可以达到 47.5 dB。这些结果充分证明新型碳材料组成的 C/C 复合材料是优异的屏蔽材料。

2. C/SiC 复合材料

C/SiC 复合材料是典型的由 B 型纤维和 C 型基体组成的电磁屏蔽材料。与 C/C 复合材料相比,C/SiC 能用于更高温度且具有更高的力学性能和好的抗氧化性能。

虽然 C/SiC 具有高的强度和韧性,但由于 C 纤维和 SiC 基体间的热膨胀系数失配,材料内部不仅存在大量微裂纹,而且发生界面脱黏,这些会导致 C/SiC 复合材料电导率和电磁屏蔽效能降低。

Dupuis 先通过催化化学气相沉积法在 C 纤维表面于相对低温条件下原位生长 CNTs,得到 CNTs-C 纤维混杂预制体,然后通过 CVI 的方法将 SiC 基体引入预制体。与没有 CNTs 的 C/SiC 复合材料相比,含有 CNTs 的复合材料(CNTs-C/SiC)的力学、热学和电性能都提高了,并且展现出了更好的电磁干涉屏蔽性能。弯曲强度、弯曲模量和断裂韧性分别提高了 36.3%、22.7% 和 20.9%,热扩散系数和电导率分别提高了 31% 和 137%。CNTs-C/SiC 的电磁干涉屏蔽效能也从 C/SiC 的 24.1 dB 增加到现在的 36.5 dB。

近几年,Ti_3SiC_2 陶瓷作为电磁屏蔽和吸收材料而受到了广泛的关注。Ti_3SiC_2 中有三种结合键,即金属键、共价键和离子键,可以产生大量的不成对缺陷(例如极化中心),有利于获得更高的介电常数。费米能级处高的电子态密度赋予了 Ti_3SiC_2 陶瓷金属般的导电性能。高浓度的自由电子和电子空穴都能提高 Ti_3SiC_2 陶瓷的电导率($\sigma=4.5\times10^6$ S/m),从而导致更高的介电常数,$\varepsilon'=396$,$\varepsilon''=585$(X-band)。

对于 Ti_3SiC_2 改性的 C/SiC 复合材料,SiC 基体中 Ti_3SiC_2 的存在不仅能够提高裂纹自愈合能力,而且丰富了增韧机制。Ti_3SiC_2 晶粒的各种微变形还可以阻止裂纹扩展,因此 C/SiC-

Ti_3SiC_2 复合材料表现出比 C/SiC 和 C/SiC-Si 高的弹性模量、层间剪切强度和热导率。由于 Ti_3SiC_2 高的介电常数和含量，C/SiC-Ti_3SiC_2 复合材料的 SE_T 高达 43 dB，其中 SE_A 达到 32 dB。

除此之外，高导电性的碳材料，如石墨烯和碳纳米管等也经常被用于屏蔽材料。刘兴民等[41]将 RGO 和 CNTs 引入 SiCN 基体中，成功提高了 SiCN 基体的电导率，所制备的材料总屏蔽性能可以达到 67.2 dB，其中 SE_A 高达 50 dB，表明其屏蔽机制以吸收为主。

3. SiC/SiC 复合材料

近年来，人们研究的大多数 SiC/SiC 电磁屏蔽复合材料都使用 C 型 SiC 纤维（KD-1）作为增强体。由于自由碳具有低的电阻率，约为 10^{-6} $\Omega \cdot cm$，因此表面覆盖有残留碳层的 KD-1 SiC 纤维也具有低的电阻率。

对于 C 型 SiC 纤维来说，中间相和基体的相组成对纤维的电磁屏蔽性能有很大影响。具有层状结构的热解碳（PyC）和 BN 是 SiC/SiC 复合材料中最常使用的有效界面相材料。PyC 的介电常数较高（B 型），而 BN 的介电常数较低（A 型），因此，以 PyC 为界面的 SiC/SiC 展现出比 BN 为界面的 SiC/SiC 更好的屏蔽性能。另一方面，与 PIP 制备的 SiC/SiC 相比，CVI 制备的 SiC/SiC 具有更好的屏蔽性能，这是因为前者 SiC 基体呈无定形态，而后者具有较好的晶化程度。

Tian 等[42]采用 PIP 的方法制备了 2D SiC/SiC 复合材料，其中增强体是表面覆盖原位 PyC 涂层的 KD-1 SiC 纤维。由于 PyC 是一种弱结合界面相，这种复合材料表现出优异的力学性能，弯曲强度和断裂韧性分别达到 268.8 MPa 和 12.9 MPa $\cdot$ m$^{1/2}$。材料的介电常数实部和虚部都很高，这对于电磁屏蔽应用来说是很有利的。

Mu 等[43]采用 CVI 结合 PIP 制备了能应用于电磁屏蔽领域的 2.5D K-1 SiC/SiC 复合材料，研究了 PyC 界面相和 Al_2O_3 填料对材料力学和屏蔽性能的影响规律。结果表明，PyC 能有效缓解纤维和基体间的热膨胀系数失配问题，而且 Al_2O_3 能补偿基体的收缩，并作为一种增强相提高材料的承载能力，因此，这种含有 PyC 界面相和 Al_2O_3 填料的 SiC/SiC 复合材料具有最大弯曲强度，达到了 313 MPa，断裂韧性达到了 12.7 MPa $\cdot$ m$^{1/2}$。由于 PyC 界面相和纤维表面残留碳的存在，复合材料也具有最高的 SE_T 和 SE_A，分别达到了 30 dB 和 20 dB，体现了作为结构和功能一体化材料的优势。优异的 SE_A 主要源于电磁波在 PIP-SiC 基体和 Al_2O_3 颗粒之间的多次反射和损耗。

Mu 等[44]采用 PIP 结合浸涂的方法成功制备了 BN/SiC 双层界面相 SiC/SiC 复合材料，其中 BN 来源于尿素—硼酸溶液，使用浸涂工艺；SiC 来源于 PCS/二甲苯溶液，使用 PIP 工艺。BN 和 SiC 子层都具有相对低的晶化程度，厚度大约为 0.42 μm。与没有界面相的 SiC/SiC 相比，这种复合材料的弯曲强度有了很大的提高，从 126 MPa 增加到 272 MPa。在 1 000 ℃ 以下，双层界面相 SiC/SiC 表现出比 BN 界面 SiC/SiC 更好的抗氧化能力。制备双层界面相后，复合材料的 ε' 从 30 增加到 45，ε'' 从 22 增加到 32，这主要是由纤维、基体和界面相的极化松弛和电导损耗导致的。

为了优化 SiC/SiC 的力学和介电性能，Mu 等[45]在 PIP 过程中将 Ti_3SiC_2 和基体一同引入复合材料。结果表明,在前驱体中加入适量的 Ti_3SiC_2 能有效提高浸渍效率,并降低复合材料的开气孔率。当 Ti_3SiC_2 的质量分数为 9% 时,材料的弯曲强度最大,达到了 273 MPa,与没有填料的材料(118 MPa)相比,提高了 131%。这主要是由于含有 Ti_3SiC_2 的复合材料具有较高的密度和合适的界面结合强度。随着 Ti_3SiC_2 的质量分数的增加(从 0 增加到 15%),复合材料介电常数实部和虚部表现出单调上升的趋势。当质量分数超过 9% 时,由于发生逾渗现象,材料的电导率和复介电常数展现出相对大的增幅。总之,在高温屏蔽领域,Ti_3SiC_2 改性 SiC/SiC 复合材料显示出了很大的潜力。表 6.4 总结了近几年发展的不同碳/陶复合材料的电磁屏蔽效能。

表 6.4 不同碳/陶复合材料的电磁屏蔽效能

材料	工艺	增强体含量	界面厚度	密度 ρ / (g·cm^{-3})	气孔率 P/%	表面电导率 σ /(S·m^{-1})	介电常数实部 ε'	介电常数虚部 ε''
C/C	PIP	2D 体积分数 40%~50% C fiber		1.40~1.45	20~25	4.6×10^4		
CNT-C/C	CVI/PIP	3DN 质量分数 61.3% C fiber		0.88	43.3	20		
	CVI/PIP	3DN 质量分数 57.7% C fiber, 5% CNTs		0.93	40.5	81		
SiC/SiC	PIP	2D 体积分数 45% KD-1 SiC fiber	In-situ PyC 15~20 nm	2.04	18.4		50~5	
SiC/SiC	PIP	2D 体积分数 42% KD-2 SiC fiber		2.02~2.06	17.6		6.35	0.09
SiC/SiC	CVI/ PIP	2.5D 体积分数 40% KD-1 SiC fiber	PyC 250 nm			89		

续表

材料	工艺	增强体含量	界面厚度	密度 ρ/(g·cm^{-3})	气孔率 P/%	表面电导率 σ/(S·m^{-1})	介电常数 实部 ε'	介电常数 虚部 ε''
C/SiC	CVI	2D 体积分数 40% C fiber	PyC 200 nm	2.15	11.0	160		
CNT-C/SiC	CVI	2D 体积分数 40% C fiber 3.0% CNT	PyC 200 nm	2.12	12.6	380		
C/SiC-Ti$_3$SiC$_2$	CVI/SI/LSI	2D 体积分数 40% C fiber 12% Ti$_3$SiC$_2$	PyC 200 nm	2.42	8	624	110~205	90~140

材料	厚度 D/mm	总屏蔽效能 SE$_T$/dB	吸收屏蔽效能 SE$_A$/dB	反射屏蔽效能 SE$_R$/dB	频率 f/GHz	弯曲强度 σ_b/MPa	拉伸强度 σ_T/MPa	断裂韧性 K_{1C}/(MPa·m$^{1/2}$)
C/C	2.4	124.7			0.3 MHz~1.5 GHz		382	
CNT-C/C	2.0	28.3	18.3	10				
	2.0	73	57	16	8.2~12.4			
SiC/SiC	3.0				8~18	268.8	—	12.9
SiC/SiC	3.5				8~18	30.5		
SiC/SiC	3.0	30	20	10	8.2~12.4	313		12.7
C/SiC		24.1	13.1	11	8.2~12.4	388.3	229	19.6
CNT-C/SiC		36.5	25.5	11	8.2~12.4	529.1		23.6
C/SiC-Ti$_3$SiC$_2$	3	13	32	11	8.2~12.4	447	174	16.1

6.3　最新研究进展评述及国内外研究对比分析

本章总结了近几年公开发表的电磁波吸收和屏蔽领域的相关研究成果。

6.3.1　国外研究进展

尽管国外的隐身技术比较先进,但是近年来其公开发表的相关研究成果极少,特别是已经实现工程应用的美国,几乎没有任何相关的文献发表。从文献上看,伊朗、印度等国进行了一定的探索[46]。比如印度莫蒂拉尔·尼赫鲁国家技术研究所有研究人员将 Zn 和 Cu 等分散在 SiC 基体中,来实现 SiC 基体的吸波性能,但是其有效吸收带宽较窄,无法满足使用需求[47]。

6.3.2　国内研究进展

国内虽然在电磁波吸收和屏蔽领域的研究起步较晚,但近年来发展飞快,相关的公开研究成果也比较多,对电磁波吸收和屏蔽研究较多的课题组主要集中在西北工业大学、哈尔滨工业大学、北京航空航天大学和南京航空航天大学等高校。

陶瓷基复合材料通常使用 SiC 和 C 作为导电填料,也就是电磁波吸收和屏蔽模型中的 B 相和 C 相。通过调节 SiC 和 C 的性质和含量,可以调节其电磁波吸收和屏蔽性质。西北工业大学超高温复合材料重点实验室在这方面做了大量的研究,主要以 PDC 和 CVI 作为研究的重点。常用的基体有 SiOC、SiCN、Si_3N_4 和 SiC 等超高温陶瓷。在 PDC 过程中,含有 Si 和 C 的聚合物前驱体通常会产生 SiC 纳米晶和自由碳,在基体中弥散分布,形成 A/B 型或 A/B/C 型吸波结构。通过调控工艺,增加 SiC 和 C 等损耗相的含量,可以实现材料由吸波到屏蔽的转变。薛继梅[48]等通过调控 SiC_f/SiCN 复合材料中 SiC_f 和 SiCN 的含量,成功实现了材料从吸波到屏蔽的转变。通过对他们的介电常数和吸波性能进行计算,得到了材料吸波和屏蔽分别所需的介电常数的范围,对吸波和屏蔽材料的设计给出了方向。西北工业大学刘永盛课题组[49]通过 CVI 的方式将 SiBCN 引入到三维石墨烯泡沫上,泡沫的多孔结构及石墨烯的三维导电网络使制备的复合材料成为以吸收为主的屏蔽材料,其总屏蔽效能可达 18.6 dB。与此同时,该课题组又通过 PDC 的方式[50],将石墨烯弥散在 SiBCN 的基体之中,降低了材料的电导率,增加了复合材料中的界面,使制备的复合材料成为性能优异的吸波材料,最小反射系数可达 -43 dB。除此之外,通过 PDC 的方式还可原位自生出 SiC 纳米晶和 C 弥散分布的复合材料,如 SiOC[15]、SiCN[51] 和 SiBCN 等[52]吸波复合材料。近年来,静电纺丝技术也开始用在吸波材料的制备中。王鹏[53]等通过静电纺丝技术制备了含碳的 SiC 纤维,结果表明所制备的纤维具有优良的吸波性能,有效吸收带宽最高可达 12 GHz,而厚度仅为 1.9 mm,证实静电纺丝技术也是一种极具潜力的吸波材料制备方式。

除了传统的高温陶瓷材料之外,新型碳材料因其更灵活的设计原则、更丰富的调控方式也越来越受到人们的重视。因碳材料的电导率通常较高,将其作为电磁吸波材料通常会与氧化物进行混合,或者进行一定的结构设计。许海龙等将碳设计成多孔中空[54]结构及红细胞状[55]的结构,成功得到了高性能的吸波剂,特别是红细胞状的碳球,通过平衡极化损耗和电导损耗,成功使材料在常温和高温下均具有优异的吸波性能。宋昶晴等[56]在三维 RGO 泡沫中原位自生 ZnO 纳米线,实现了 RGO 介电性能的有效调控,所制备的复合材料在整个 X 波段都实现了有效吸收。

6.3.3 国内外研究对比

通过对国内外研究的对比可以发现,国内的吸波材料的发展起步较晚,还处在探索的阶段。相关的研究文献也越来越多,主要的技术方向还是在高温陶瓷,以期满足新型战机对高温应用的需求。除此之外,各种新材料也被广泛尝试用于制备性能优异的吸波材料,而隐身技术较为先进的美国等国家则实行了技术封锁,几乎没有任何公开的文献。因此,隐身技术的研究只能依靠国内研究人员自己进行探索。

除了军用领域,电磁功能材料在民用领域也具有广泛的应用前景。美国 ARC 公司所制备的吸波产品覆盖 50 MHz~1 00 GHz,除了标准吸波产品外,ARC 还提供电介质材料、复合材料、罩体、雷达吸收材料等。而国内相关企业也在蓬勃发展,如深圳光启、大连东信微波吸收材料有限公司等。

总之,国内吸波材料的研究整体落后,但发展迅速,特别是在民用领域,已经具有一定的制备和研发能力,在市场上也具有一定的竞争力。

6.4 电磁功能复合材料的应用与展望

6.4.1 应用现状

透波材料主要用于雷达天线罩。随着高超声速飞行器的发展,对陶瓷基透波复合材料的需求越来越迫切。目前的陶瓷天线罩材料主要有氧化铝、微晶玻璃、石英陶瓷和氮化物陶瓷等。其中,氧化铝陶瓷是最早商品化的高温天线罩材料,被成功应用于响尾蛇导弹,但其抗热冲击性能差,仅适用于导弹小于马赫数 3 的天线罩。美国 Corning 公司研制出 M7 微晶玻璃,可用在马赫数 5 的飞行器上。石英陶瓷抗热冲击性能好,介电性能稳定,已在美国"爱国者"系列导弹得到了应用,但是其机械强度低、易吸潮。氮化物陶瓷由于其力学性能好、高温性能好,在 20 世纪 70 年代至 20 世纪 80 年代得到快速发展。20 世纪 90 年代后,美国研究出来以磷酸盐为黏结剂,无压烧结且烧结温度低于 900 ℃的氮化硅陶瓷材料,介电常数随温度变化小,可以满足多种战术导弹天线罩的需要。导弹天线罩如图 6.21 所示。

图 6.21　导弹天线罩

目前,陶瓷基吸波复合材料主要用于飞机发动机的尾喷管。这个部位温度可达 1 500 ℃,因此适合陶瓷基复合材料的应用。虽然国内外都在进行相关的研究,但是实际的应用还比较少。图 6.22 是应用了陶瓷基吸波材料的两款先进战斗机。

（a）美国F-35战斗机 　　　　　　　　　　（b）日本心神战斗机

图 6.22　应用了陶瓷基吸波材料的美国 F-35 和日本心神战斗机

6.4.2　发展趋势

随着航空、航天的快速发展,电磁功能复合材料的需求越来越大,特别是第五代战斗机明确提出应具有五种明确的性能,即垂直起降、短距起降、低可侦测性、超声速巡航、过失速机动,其中低可侦测性也就是指隐身技术。由于应用方向的需求,电磁功能型陶瓷基复合材料不仅需要满足传统的"宽、薄、轻、强"的要求,还要满足耐高温和抗氧化的要求,因此,SiC 和 C 作为主要吸波剂依然是主流。除此之外,超材料作为一种具有负磁导率和负介电常数的新型吸波材料,可以极大扩展材料的有效吸收带宽,因此也受到人们越来越多的重视。

中国制造 2025 中明确提出关键基础材料要重点支持特种陶瓷等材料,发展 SiC 陶瓷等先进陶瓷材料,因此,国内对电磁功能陶瓷基复合材料的研究必将受到越来越多的重视。

参考文献

［1］ YIN X,KONG L,ZHANG L,et al. Electromagnetic properties of Si-C-N based ceramics and composites［J］. International Materials Reviews,2014,59(6):326-355.

［2］ KONG L,YIN X,YE F,et al. Electromagnetic wave absorption properties of ZnO-based materials modified with ZnAl2O4 nanograins［J］. The Journal of Physical Chemistry C,2013,117(5):2135-2146.

［3］ CAO M S,SONG W L,HOU Z L,et al. The effects of temperature and frequency on the dielectric properties,electromagnetic interference shielding and microwave-absorption of short carbon fiber/silica composites［J］. Carbon,2010,48(3):788-796.

［4］ YIN X,XUE Y,ZHANG L,et al. Dielectric,electromagnetic absorption and interference shielding properties of porous yttria-stabilized zirconia/silicon carbide composites［J］. Ceramics International,2012,38(3):2421-2427.

［5］ MILES P A,WESTPHAL W B,VON H A. Dielectric spectroscopy of ferromagnetic semiconductors

[J]. Reviews of Modern Physics,1957,29(3):279.

[6] DUAN W,YIN X,LI Q,et al. A review of absorption properties in silicon-based polymer derived ceramics [J]. Journal of the European Ceramic Society,2016,36(15):3681-3689.

[7] JONSCHER A K. The 'universal'dielectric response[J]. Nature,1977,267(5613):673-679.

[8] LV H,GUO Y,WU G,et al. Interface polarization strategy to solve electromagnetic wave interference issue[J]. ACS Applied Materials & Interfaces,2017,9(6):5660-5668.

[9] WANG T,LIU Z,LU M,et al. Graphene-Fe3O4 nanohybrids:synthesis and excellent electromagnetic absorption properties[J]. Journal of Applied Physics,2013,113(2):024314.

[10] 王雷. 石墨烯三维复合材料的制备及其微波吸收性能研究[D]. 西安:西北工业大学,2014.

[11] LIU H,CHENG H,WANG J,et al. Dielectric properties of the SiC fiber-reinforced SiC matrix composites with the CVD SiC interphases[J]. Journal of Alloys and Compounds,2010,491(1-2):248-251.

[12] BROSSEAU C. Generalized effective medium theory and dielectric relaxation in particle-filled polymeric resins[J]. Journal of Applied Physics,2002,91(5):3197-3204.

[13] CAO F,FANG Z Y,CHEN F,et al. Preparation of SiNOf/BN high temperature wave-transparent composites by precursor infiltration and pyrolysis method[C]//Key Engineering Materials. Trans Tech Publications Ltd,2012(508):11-16.

[14] 林芳兵,蒋金华,陈南梁. 天线罩用透波材料的研究进展[J]. 纺织导报,2017(8):70-74.

[15] DUAN W, YIN X,LUO C, et al. Microwave-absorption properties of SiOC ceramics derived from novel hyperbranched ferrocene-containing polysiloxane[J]. Journal of the European Ceramic Society,2017, 37(5):2021-2030.

[16] YE F,ZHANG L,YIN X,et al. Fabrication of Si_3N_4-SiBC composite ceramic and its excellent electromagnetic properties[J]. Journal of the European Ceramic Society,2012,32(16):4025-4029.

[17] CAO M S,SHI X L,FANG X Y,et al. Microwave absorption properties and mechanism of cagelike ZnO/SiO_2 nanocomposites[J]. Applied Physics Letters,2007,91(20):203110.

[18] ZHENG G,YIN X,WANG J,et al. Complex permittivity and microwave absorbing property of Si_3N4-SiC composite ceramic[J]. Journal of Materials Science & Technology,2012,28(8):745-750.

[19] YUAN X,CHENG L,ZHANG L. Electromagnetic wave absorbing properties of SiC/SiO_2 composites with ordered inter-filled structure[J]. Journal of Alloys and Compounds,2016(68):604-611.

[20] YE F,ZHANG L,YIN X,et al. Dielectric and microwave-absorption properties of SiC nanoparticle/ SiBCN composite ceramics[J]. Journal of the European Ceramic Society,2014,34(2):205-215.

[21] YUAN X,CHENG L,ZHANG L. Influence of temperature on dielectric properties and microwave absorbing performances of TiC nanowires/SiO_2 composites[J]. Ceramics International,2014,40(10): 15391-15397.

[22] KONG L,YIN X,LI Q,et al. High-Temperature Electromagnetic Wave Absorption Properties of ZnO/ $ZrSiO_4$ Composite Ceramics[J]. Journal of the American Ceramic Society,2013,96(7):2211-2217.

[23] DING D,ZHOU W,FA L,et al. Influence of pyrolytic carbon coatings on complex permittivity and microwave absorbing properties of Al_2O_3 fiber woven fabrics[J]. Transactions of Nonferrous Metals Society of China,2012,22(2):354-359.

[24] XIAO S,MEI H,HAN D,et al. Ultralight lamellar amorphous carbon foam nanostructured by SiC nanowires for tunable electromagnetic wave absorption[J]. Carbon,2017,122:718-725.

[25]　LIANG C, WANG Z. Controllable fabricating dielectric-dielectric SiC@ C core-shell nanowires for high-performance electromagnetic wave attenuation[J]. ACS Applied Materials & Interfaces, 2017, 9 (46):40690-40696.

[26]　HAN M, YIN X, REN S, et al. Core/shell structured C/ZnO nanoparticles composites for effective electromagnetic wave absorption[J]. RSC Advances, 2016, 6(8):6467-6474.

[27]　ZHAO D L, LUO F, ZHOU W C. Microwave absorbing property and complex permittivity of nano SiC particles doped with nitrogen[J]. Journal of Alloys and Compounds, 2010, 490(1-2):190-194.

[28]　KONG L, YIN X, HAN M, et al. Carbon nanotubes modified with ZnO nanoparticles: high-efficiency electromagnetic wave absorption at high-temperatures[J]. Ceramics International, 2015, 41(3):4906-4915.

[29]　KONG L, YIN X, YUAN X, et al. Electromagnetic wave absorption properties of graphene modified with carbon nanotube/poly(dimethyl siloxane)composites[J]. Carbon, 2014(73):185-193.

[30]　HAN M, YIN X, KONG L, et al. Graphene-wrapped ZnO hollow spheres with enhanced electromagnetic wave absorption properties[J]. Journal of Materials Chemistry A, 2014, 2(39):16403-16409.

[31]　ZHANG Y, YIN X, YE F, et al. Effects of multi-walled carbon nanotubes on the crystallization behavior of PDCs-SiBCN and their improved dielectric and EM absorbing properties[J]. Journal of the European Ceramic Society, 2014, 34(5):1053-1061.

[32]　DUAN W, YIN X, LI Q, et al. Synthesis and microwave absorption properties of SiC nanowires reinforced SiOC ceramic[J]. Journal of the European Ceramic Society, 2014, 34(2):257-266.

[33]　LI Q, YIN X, DUAN W, et al. Electrical, dielectric and microwave-absorption properties of polymer derived SiC ceramics in X band[J]. Journal of Alloys and Compounds, 2013(565):66-72.

[34]　TIAN H, LIU H T, CHENG H F. A high-temperature radar absorbing structure: design, fabrication, and characterization[J]. Composites Science and Technology, 2014(90):202-208.

[35]　SHELBY R A, SMITH D R, SCHULTZ S. Experimental verification of a negative index of refraction [J]. Science, 2001, 292(5514):77-79.

[36]　屈绍波,王甲富,马华,等. 超材料设计及其在隐身技术中的应用[M]. 北京:科学出版社, 2013.

[37]　ZHOU Q, YIN X, YE F, et al. A novel two-layer periodic stepped structure for effective broadband radar electromagnetic absorption[J]. Materials & Design, 2017(123):46-53.

[38]　LIU X, YIN X, KONG L, et al. Fabrication and electromagnetic interference shielding effectiveness of carbon nanotube reinforced carbon fiber/pyrolytic carbon composites[J]. Carbon, 2014(68):501-510.

[39]　KONG L, YIN X, XU H, et al. Powerful absorbing and lightweight electromagnetic shielding CNTs/RGO composite[J]. Carbon, 2019(145):61-66.

[40]　SONG Q, YE F, YIN X, et al. Carbon nanotube-multilayered graphene edge plane core-shell hybrid foams for ultrahigh-performance electromagnetic-interference shielding[J]. Advanced Materials, 2017, 29(31):1701583.

[41]　LIU X, YU Z, ISHIKAWA R, et al. Single-source-precursor derived RGO/CNTs-SiCN ceramic nanocomposite with ultra-high electromagnetic shielding effectiveness[J]. Acta Materialia, 2017(130):83-93.

[42]　TIAN H, LIU H, CHENG H. Mechanical and microwave dielectric properties of KD-I SiCf/SiC composites fabricated through precursor infiltration and pyrolysis[J]. Ceramics International, 2014, 40(7):9009-9016.

[43]　MU Y, ZHOU W, WANG C, et al. Mechanical and electromagnetic shielding properties of SiCf/SiC

composites fabricated by combined CVI and PIP process[J]. Ceramics International,2014,40(7): 10037-10041.

[44] MU Y,ZHOU W,LUO F,et al. Effects of BN/SiC dual-layer interphase on mechanical and dielectric properties of SiCf/SiC composites[J]. Ceramics International,2014,40(2):3411-3418.

[45] MU Y,ZHOU W,HU Y,et al. Improvement of mechanical and dielectric properties of PIP-SiCf/SiC composites by using Ti3SiC2 as inert filler[J]. Ceramics International,2015,41(3):4199-4206.

[46] SAINI P,CHOUDHARY V,SINGH B P,et al. Enhanced microwave absorption behavior of polyaniline-CNT/polystyrene blend in 12. 4-18. 0 GHz range[J]. Synthetic Metals,2011,161(15-16):1522-1526.

[47] SINGH S,SINHA A,ZUNKE R H,et al. Double layer microwave absorber based on Cu dispersed SiC composites[J]. Advanced Powder Technology,2018,29(9):2019-2026.

[48] XUE J,YIN X,YE F,et al. Theoretical prediction and experimental verification on EMI shielding effectiveness of dielectric composites using complex permittivity[J]. Ceramics International,2017,43 (18):16736-16743.

[49] WANG C,LIU Y,ZHAO M,et al. Three-dimensional graphene/SiBCN composites for high-performance electromagnetic interference shielding[J]. Ceramics International,2018,44(18):22830-22839.

[50] SONG C,CHENG L,LIU Y,et al. Microstructure and electromagnetic wave absorption properties of RGO-SiBCN composites via PDC technology[J]. Ceramics International,2018,44(15):18759-18769.

[51] LI Q,YIN X,DUAN W,et al. Improved dielectric properties of PDCs-SiCN by in-situ fabricated nanostructured carbons[J]. Journal of the European Ceramic Society,2017,37(4):1243-1251.

[52] ZHANG W,HE X,DU Y. EMW absorption properties of in-situ growth seamless SiBCN-graphene hybrid material[J]. Ceramics International,2019,45(1):659-664.

[53] WANG P,CHENG L,ZHANG Y,et al. Synthesis of SiC nanofibers with superior electromagnetic wave absorption performance by electrospinning[J]. Journal of Alloys and Compounds,2017(716): 306-320.

[54] XU H,YIN X,ZHU M,et al. Carbon hollow microspheres with a designable mesoporous shell for high-performance electromagnetic wave absorption[J]. ACS Applied Materials & Interfaces,2017,9 (7):6332-6341.

[55] XU H,YIN X,LI M,et al. Mesoporous carbon hollow microspheres with red blood cell like morphology for efficient microwave absorption at elevated temperature[J]. Carbon,2018(132):343-351.

[56] SONG C,YIN X,HAN M,et al. Three-dimensional reduced graphene oxide foam modified with ZnO nanowires for enhanced microwave absorption properties[J]. Carbon,2017(116):50-58.

第7章 高性能摩擦陶瓷基复合材料

7.1 理论基础

交通运输工具和各种机械设备的正常运转常常需要依靠制动器、离合器及摩擦传动装置,制动或传动功能的实现依赖于摩擦材料,通过摩擦材料间的摩擦作用,将动力机械的动能转化为热能和其他形式的能量(声能、振动等)。目前,应用最广泛的摩擦材料为制动摩擦材料(又称刹车材料),如汽车制动摩擦材料、列车制动摩擦材料、飞机制动摩擦材料等。随着交通运输行业的飞速发展,交通运输工具和动力机械的速度、负荷和安全性要求越来越高,这对制动器关键部件的刹车材料提出了更高的综合性能要求。

7.1.1 刹车材料的技术要求

由于制动是一个及其复杂的机械作用过程,在制动过程中,刹车材料要反复承受制动压力、冲击力、离心力和摩擦剪切力等力的作用,同时刹车材料间的摩擦作用将动能转化为热能使材料温度升高,必然导致多种物理和化学变化的产生,因此,为保证制动系统的可靠性,刹车材料应满足以下要求:

(1)适宜且稳定的摩擦系数;

(2)良好的耐磨性;

(3)一定的机械强度和物理性能;

(4)对偶面磨损小;

(5)摩擦过程中不易产生火花、噪声和振动;

(6)原材料来源广泛,符合环保要求。

7.1.2 刹车材料的组元设计

单一材料难以完全满足刹车材料的综合性能要求,因此刹车材料实际上是一种复合材料,将多种宏观上不同的材料合理地进行复合以弥补单一材料所不能发挥的各种特性。一般来说,刹车材料应包含以下部分:

1. 基体组元或黏结剂

基体组元或黏结剂的主要作用是将刹车材料中其他各个组分连接在一起,并提供必要的力学性能和物理化学性能。黏结剂是有机刹车材料的主要组分之一,常采用酚醛树脂、合成橡胶等高分子材料。对于含有机黏结剂的刹车材料而言,黏结剂的耐热性是非常重要的性能指标,因为树脂和橡胶在 400 ℃左右就会开始分解,这对刹车材料的各项性能指标(摩擦系数、磨损率、机械强度等)都会产生不利的影响,如何设计黏结剂的种类和用量直接关系到刹车材料的性能好坏。对粉末冶金等金属基刹车材料而言,常采用铁、铜或铁—铜复合三类基体。金属基刹车材料的基体组元设计主要考虑如何进行合金化,以强化和提高基体的耐磨性、耐热性、抗氧化性等。对高性能陶瓷基刹车材料而言,基体组元为 SiC/Si 陶瓷相,其含量和分布形式受预制体结构控制,对刹车材料的力学性能和摩擦磨损性能有着重要影响。

2. 增强纤维

增强纤维构成刹车材料的主体,它赋予刹车制品一定的摩擦性能和足够的机械强度,使其能承受生产过程中的磨削作用和铆接加工的负荷力及使用过程中由于制动产生的冲击力、剪切力、压力、制动盘高速旋转的离心力等,避免发生破坏和破裂。用于刹车材料的增强纤维种类繁多,包括纤维海泡石、针状硅灰石等天然矿物纤维,玻璃纤维、复合矿物纤维等人造矿物纤维,芳纶纤维、英特纤维 ETF 等有机纤维,钢纤维、铜纤维等金属纤维及碳纤维。高性能陶瓷基复合材料刹车盘/片的增强纤维为碳纤维,其中以聚丙烯腈(PAN)基碳纤维的应用最为广泛。碳纤维的强度和断裂行为受其微观结构影响,不同牌号的碳纤维拥有不同的物理性能,同时纤维的长度及纤维预制体结构直接影响刹车盘/片制品的力学性能和摩擦磨损性能,应根据具体服役环境选取纤维牌号,设计纤维长度及纤维预制体结构。

3. 摩擦组元

为了使刹车材料的摩擦系数达到设计要求的水平,在粉末冶金及有机刹车材料中常常需要添加摩擦组元,其主要作用在于保证与对偶件表面的适当啮合,在不损害摩擦表面的前提下增加滑动阻力,以保持摩擦系数在一定的水平。一般来讲,摩擦组元应具有一定的硬度和剪切强度。在有机刹车材料中,使用量较大的摩擦组元的莫氏硬度为 $3\sim5$[1],如重晶石、碳酸钙、铁粉等,它们可以使刹车材料制品具有一定的摩擦系数且不会损伤对偶材料表面,也不会产生明显的制动噪声。在粉末冶金刹车材料中,常采用莫氏硬度更大的硬质填料,如二氧化硅、氧化铝、碳化硅和碳化硼等。

4. 润滑组元

润滑组元又称为减摩剂,主要起固体润滑作用,它可以提高刹车材料的工作稳定性和耐磨性,是使刹车副平稳工作的关键组元。润滑组元的含量对材料的摩擦磨损性能影响较大,其含量越多,材料的耐磨性越好,但摩擦系数也越小。通常使用的润滑组元有低熔点金属(如 Pb、Sn、Bi 等)、固体润滑剂(石墨、MoS_2、云母等),以及金属(Fe、Ni、Co)的磷化物、氮化物、某些氧化物等。在所有的润滑组元中,石墨和 MoS_2 是用量最大的材料,二者都是由许多层或片组成的,层内原子间结合力很强,而层与层之间的结合力则很弱,仅靠微弱的范德华力结合,因此抗压能力很强而抗剪能力很弱,适宜用作固体润滑剂。

7.1.3 刹车材料的发展

近代刹车材料的发展始于 20 世纪初,历经一个世纪的不断改进,目前工业应用的刹车材料可分为树脂基刹车材料(半金属刹车材料、无石棉有机刹车材料)、金属基刹车材料(铸钢、铸铁、粉末冶金刹车材料)和高性能复合材料(碳/碳刹车材料、碳陶刹车材料)三大类。其中,树脂基刹车材料主要用作汽车制动器刹车片和离合器片;铸钢、铸铁主要用作汽车、火车和高铁的刹车盘;粉末冶金刹车材料主要用作飞机刹车盘和高铁刹车片;碳/碳(C/C)刹车材料主要用作飞机刹车盘;碳陶(C/SiC)刹车材料为近年来发展起来的新一代高性能制动刹车材料,仅小批量用作军用飞机和高端车辆刹车盘。表 7.1 是不同类型刹车材料的性能对比。

表 7.1　不同类型刹车材料的性能对比[2]

	树脂基刹车材料	金属基刹车材料	碳/碳刹车材料	碳陶刹车材料
密度/(g·cm^{-3})	<3.0	>7.0	~1.8	2.0~2.2
最高使用温度/℃	400	900	1 300	1 650
摩擦系数	低	中	中	高
摩擦系数稳定性	良	良	优	优
耐磨性	一般	一般	好	好
机械强度	低	高	高	高
热导率	良	优	良	良
承载能力	低	中	高	高
成本	低	低	高	中

近年来,高速铁路、航空运输、公路运输、工程机械等领域的快速发展对刹车材料提出了更高的要求,不仅应具有优异的摩擦磨损性能,同时还应具备重量轻、高温稳定性好、对苛刻环境不敏感、舒适性优异等诸多特性。树脂基刹车材料和金属基刹车材料由于耐温性差、易锈蚀、重量大等缺陷,已难以完全满足动力机械对刹车材料的性能要求。用作刹车材料的复合材料为空天热结构材料的副产品,本身具有优异的高温稳定性,并且由于其组成可调可控,在实际使用中可根据不同的服役工况进行设计和制造,因此,高性能复合材料制动盘/片成了当前刹车材料领域的研究热点。

碳陶刹车材料是在 C/C 复合材料的基础上,向基体中引入了适量的 SiC 陶瓷,有效提高了材料的摩擦系数和抗氧化性,并且显著降低了摩擦性能对外界条件(温度、湿度)的敏感性[3-5],克服了 C/C 刹车材料静态摩擦系数低、湿态衰减严重等缺点。同时,由于其热膨胀率低、热导率高及模量中等,碳陶刹车材料具有优异的热稳定性,随温度升高,其强度仍然可以保持在正常水平,甚至优于室温强度[5]。碳陶刹车材料具有摩擦磨损性能优异(摩擦系数高且稳定,磨损小)、密度低、强度高、制动比大、耐高温等一系列优点,在保证动力机械高速度、大功率刹车安全性的同时,能够大幅度提高刹车效率和刹车使用寿命,因此被公认为是极具竞争力的新一代高性能刹车材料。

7.2 核心技术

7.2.1 碳陶刹车材料的分类

为满足高性能制动系统的需要,世界各国陆续开展了碳陶摩擦材料的相关研究,但不同国家的研究侧重有所不同。目前,根据结构进行分类,碳陶刹车材料主要有短纤维模压结构和三维针刺结构两种。前者由德国 Krenkel 等人 20 世纪 90 年代研发成功,主要应用于高档轿车刹车盘;后者是我国西北工业大学、中南大学等单位采用的主流结构设计,主要应用于飞机刹车盘。

1. 短纤维模压碳陶刹车材料

在碳陶摩擦材料开发的早期阶段,研究者采用 2D 碳布叠层结构,后来发现这种结构的碳陶摩擦材料其摩擦系数不稳定,主要原因是 2D 碳布叠层 C/C-SiC 复合材料的横向热导率差,刹车过程摩擦面局部温度可超过 1 000 ℃,热量无法及时从摩擦面传递出去导致摩擦系数波动。为了解决这一问题,研究者提出了三种思路,一是采用高热导率的碳纤维;二是增加纤维和摩擦面的角度;三是增加 C/C-SiC 复合材料中陶瓷相的含量。考虑到经济效益,最终决定改用短纤维增韧,以提高材料中的陶瓷相含量。短纤维模压碳陶刹车材料的典型微观结构如图 7.1 所示,可以看出,其由 C、Si、SiC 三种物相组成,短切碳纤维束之间及纤维束内部的亚结构单元之间被 SiC 和 Si 填充。当纤维与基体碳之间的界面结合较弱时,亚结构单元内部能够充分硅化,碳陶刹车材料表现出明显的脆性且强度很低。当碳纤维与基体碳之间的界面结合强度适中时,仅在亚结构外部出现硅化,而内部则是以 C/C 复合材料的形式存在,这种复合材料具有相对良好的韧性和强度。短纤维模压碳陶刹车材料的纤维长度一般介于 10~200 mm 之间[6],根据不同的性能需要进行设计。一般来讲,相比于编织布,采用短切纤维作增强体可以提高原料利用率,简化材料制备过程,控制成本。当纤维长度小于 10 mm 时有利于实现产品的快速制造,同时提高材料的横向热导率;当纤维长度大于 40 mm 时,可以使材料获得很优异的力学性能[7]。

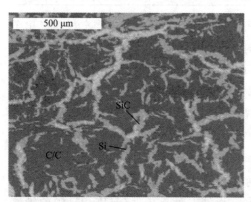

图 7.1 短纤维模压碳陶摩擦材料 SEM 图像[8]

2. 三维针刺碳陶刹车材料

三维针刺碳陶刹车材料的物相类别与短纤维模压碳陶刹车材料相同,包括 C、Si 及 β-SiC,其中 C 相包括 C 纤维和热解碳,主要区别在于材料结构不同。图 7.2 为三维针刺碳纤维预制体的示意图,可以看出其由 0°无纬布层、短纤维胎网层、90°无纬布层交替叠加而成。图 7.3 为三维针刺碳陶刹车材料的微结构形貌,可以看出,SiC 和残余 Si 主要分布在短纤维网层、针刺纤维束区域和无纬布层的纤维束间(见图 7.3 中白色区域)。形成这种结构,主要由 C/C 预制体的孔隙分布所决定,因熔融 Si 与 C 和 SiC 的润湿角分别为 0°和 30°～40°[9],高温下熔融 Si 能够通过毛细管力自发渗入 C/C 预制体内的开口孔隙中,与 C 反应生成 SiC。由于三维针刺多孔 C/C 预制体中无纬布层的纤维束间和针刺纤维附近疏松多孔,而无纬布层的纤维束内为较致密的 C/C 结构单元。熔融 Si 很容易依靠毛细管力填充这些孔隙并与 C 迅速反应生成一层较致密的 SiC 将熔融 Si 与 C 隔开。后续的 Si 与 C 的反应只能依靠扩散通过 SiC 层进行反应。由于扩散作用相对较慢,Si、C 反应相对较弱,因而在无纬布层,形成被 SiC 和残余 Si 分割成的局域 C/C 亚结构单元[见图 7.3(b)

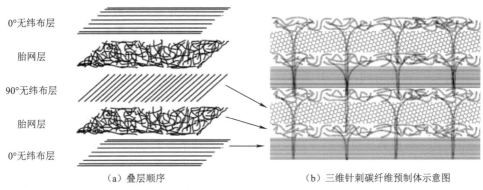

（a）叠层顺序　　　　　　　　　（b）三维针刺碳纤维预制体示意图

图 7.2　三维针刺碳纤维预制体结构示意图[10]

（a）三维结构　　　　　　　　　（b）横截面

（c）无布层　　　　　　　　　（d）胎网层

图 7.3　三维针刺碳陶摩擦材料的微结构[11]

中灰黑色区域]。这些区域的 C/C 亚结构单元保护了其内部的 C 纤维未被熔融 Si 侵蚀,保证了碳纤维的强韧作用,但是残余硅也保留下来。采用化学腐蚀方法对三维针刺碳陶刹车材料进行定量分析,结果表明材料中 C、Si、SiC 的质量分数分别为 40%~70%、20%~50%、10%[4,12]。

7.2.2　碳陶刹车材料的制备

　　C/C-SiC 复合材料的制备技术自 20 世纪 70 年代开始就有研究,经过国内外众多学者的共同努力,目前已经形成了气相法、固相法、液相法三大类制备体系。就碳陶刹车材料而言,成熟应用并实现了产业化的仅包括德国短纤维模压结合液硅渗透(LSI)工艺和我国的化学气相渗透(CVI)和结合反应熔体浸渗(RMI)工艺,下面对这两类技术作分别介绍。

　　1. 短纤维模压结合 LSI 技术

　　为克服 CVI 沉积时间长、PIP 需多次反复裂解的缺点,德国从 20 世纪 90 年代初开始致力于发展碳陶摩擦材料的低成本、高效率、致密化工艺,Krenkel 等人对短纤维增韧碳陶摩擦材料的制备技术和性能进行了报道。图 7.4 为短纤维模压结合 LSI 工艺制备碳陶摩擦材料的流程图。首先采用热压技术制备碳纤维素坯:将碳纤维短切至长为 10~200 mm,然后与富碳前驱体和酚醛树脂混合均匀并填充到冲压模具中,在最高 250 ℃ 的温度、5~10 MPa 的压力下压制成碳纤维增强塑料(CFRP)素坯,素坯中纤维体积分数为30%~60%。整个热压过程大概需要 2.5 h,包括液压机的加热、模具的加热和复合材料的加热,压制时间可以通过预热模具来缩短。随后,将素坯在惰性气氛下热解:热解温度约 900 ℃,使树脂基体转化为无定形碳,热解过程需耗时 90 h 左右。热解后,将相互对称的两个半盘对向放置,在真空炉中浸渗液硅,浸渗温度在 1 420 ℃ 以上,渗硅总过程需耗时 50 h 左右。

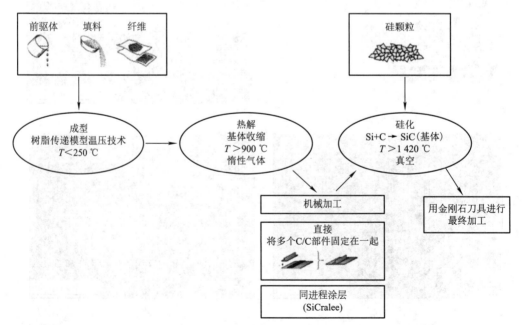

图 7.4　短纤维模压结合 LSI 工艺流程图[8]

2. CVI 结合 RMI 技术

CVI 结合 RMI 法制备碳陶摩擦材料的工艺流程如图 7.5 所示,具体过程为:首先将碳纤维制成短纤维胎网和无纬布层,然后将单层 0° 无纬布、胎网层、90° 无纬布、胎网层依次循环叠加,然后利用棱边上带下倒钩刺的针对无纬布和胎网进行针刺。当针刺入时,倒钩刺将胎网纤维带向垂直方向,使无纬布和胎网成为一体。根据需要的厚度,经反复叠层、针刺,得到三维针刺碳纤维预制体。预制体密度约为 0.55 g/cm³,胎网层密度约为 0.2 g/cm³,无纬布层密度约为 0.6 g/cm³,碳纤维的体积分数约为 40%,层密度约为 14 层/10 mm。以丙烯作为前驱体,氮气为载气,采用 CVI 法在三维针刺碳纤维上沉积热解碳,制备出密度约为 1.2~1.7 g/cm³ 的 C/C 预制体。将制备好的低密度多孔 C/C 预制体在 2 000~2 600 ℃ 进行 0.5~4 h 的热处理。CVI 过程中沉积温度为 800~1 000 ℃,沉积时间为 300~700 h。将低密度的多孔 C/C 预制体放置于装有硅粉的石墨坩埚中,在高温真空炉中进行熔硅浸渗,熔融状态的金属硅在毛细管力的作用下渗入到多孔 C/C 预制体的内部,并同时与基体碳发生化学反应生成 SiC 陶瓷基体,得到密度约为 2.0 g/cm³ 的 C/C-SiC 摩擦材料。RMI 的工艺为在极限真空条件下,以(10~20)℃/min 的升温速率升温至 1 500~1 700 ℃ 后保温 1~2 h。

图 7.5　CVI 结合 RMI 工艺流程[4]

7.2.3　碳陶刹车材料的性能

1. 短纤维模压碳陶刹车材料的性能

表 7.2 总结了国外多家公司的短纤维模压碳陶刹车材料的性能及其与碳/碳刹车材料和灰铸铁刹车盘的对比。由于陶瓷相含量和纤维体积分数的不同,不同碳陶刹车材料的性能在相对较大的范围内变动。碳/碳刹车材料的力学性能优于碳陶刹车材料,但是其制造过程复杂、成本高昂,限制了其在乘用车辆上的应用。相比于传统灰铸铁刹车材料,碳陶刹车材料具有明显的轻量化优势,应用于相同的制动系统,碳陶刹车盘可减重 50% 以上。簧下质量的大幅度减小使得汽车的可操控性明显提升,尤其是在高速驾驶或在起伏路面驾驶时可明显提升舒适性[7]。碳陶刹车材料的比热高于传统灰铸铁刹车材料,在相同制动条件下碳陶刹车材料的摩擦面温度将低于铸铁,而碳陶本身耐温性更好,因此在高能制动时摩擦磨损性能将更稳定,即不发生热衰退,从而保证车辆行驶的安全性。此外,碳陶刹车材料的热膨胀系数远低于铸铁,可以显著减轻制动过程中的热抖动现象,即使在超过 800 ℃ 的极端条件下制动时,也不会产生由制动热导致的刹车盘不可逆变形。

表 7.2　短纤维模压碳陶刹车材料与铸铁和碳/碳刹车材料的性能对比[7,13]

| 性能参数 | C/C-SiC（短纤维） | | | | | | C/C HITCO/SGL | GJL-250（传统灰铸铁） |
	Schunk FU2952	SGL carbon sigrasic	Daimler Chrysler C-brake	Brembo CCM	MS production sicom	DLR silica SF		
密度/(g·cm⁻³)	2.0	2.4	2.25	2.25	1.6~1.9	2.0~2.1	1.7~1.8	7.2
弯曲强度/MPa	65	80	67	—	320~370	90~140	140~170	340
杨氏模量/GPa	25	30	30~35	—	75	50~70	50	103~118
开气孔率/%	<5	<1	<2	—	—	<3	—	0
SiC含量/%	25	70	—	—	—	48	0	0
极限应变/%	0.25	0.3	—	—	—	—	—	<1
比热容/(J·kg⁻¹·K⁻¹)	1250	800~1200	800~1400	1200	600~2200	1300	—	500
比热容对应温度/℃	1000	RT-1200	—	—	RT-1200	1200	—	RT
热膨胀系数⊥/(10⁻⁶K⁻¹)	—	—	4.0~4.7	4	6.5	1.0~4.0	5~10	10.5~13
热膨胀系数∥/(10⁻⁶K⁻¹)	—	1.8~3.0	2.4~2.7	—	0.5	0.5~3.5	0.3~1.14	10.5~13
热膨胀系数∥对应温度/℃	—	RT-1200	—	20~400	—	100~1400	100~800	100~600
热导率⊥/(W·m⁻¹·K⁻¹)	14	40	24	20	7	25~30	4.6~7.5	42
热导率∥/(W·m⁻¹·K⁻¹)	25	—	30	—	27	—	—	42
热导率∥对应温度/℃	—	20	—	—	—	50	RT-500	100
制备工艺	LSI	LSI	LSI	LSI	LSI	LSI	CVI	铸造

　　通过增加材料中的陶瓷相含量可以提高材料的横向热导率，并进一步改善摩擦磨损性能，但同时材料的力学性能也变差。为了解决这一矛盾，Krenkel 等人提出了两种解决思路：一是在现有短纤维模压碳陶刹车材料的摩擦表面沉积一层 SiC 涂层；二是开发一种梯度 C/C-SiC 刹车材料，其中 SiC 含量从芯部向表面逐渐增多[14]。

　　采用化学气相沉积法（CVD）可以在摩擦面上获得均匀的 SiC 涂层，将材料的磨损率降低 90% 以上，但由于 CVD 过程昂贵且需要额外的制造步骤，从经济效益的角度出发，德国宇航研究院（DLR）并没有采用这种方案，而是发展了另一种陶瓷涂层的低成本快速制造技术。在传统制造技术的最后硅化阶段，向材料表面添加额外的 Si 粉和 C 粉，在 LSI 过程中硅粉和碳粉反应生成 SiC[5,8]。添加的 Si 粉和 C 粉的比例通常是大于 1:1 的，获得的陶瓷涂层中富含 Si 以保持涂层的强度和塑性，这种涂层被称为"SiCralee"，厚度通常为 0.2~2 mm。图 7.6 为这种涂层的形貌图，浅灰色区域代表 Si（质量分数约 70%），深灰色区域代表 SiC（质量分数约 30%）。从图 7.6 中还可以看出，表面陶瓷层中存在裂纹，裂纹贯穿了整个涂层截面而终止于 C/C-SiC 基底表面。这是因为陶瓷层的热膨胀系数为 $(3\sim4)\times10^{-6}$ K⁻¹，高于 C/C-SiC 基底的热膨胀系数，在冷却过程中陶瓷层受到拉应力从而导致开裂。一般来说，裂纹的宽度取决于涂层的厚度，涂层厚度越大裂纹越宽。尽管涂层中不可避免存在裂纹，但涂层与基底的结合仍然很强。图 7.7 为含有涂层和不含涂层的 C/C-SiC 刹车材料的摩擦系数和磨损率对比图,可以看出,SiCralee 涂层覆盖的 C/C-SiC 其磨损率虽然低于 CVD SiC 涂层,但磨损率也比无涂层防护的 C/C-SiC 提高了约 85%。与烧结金属刹车片做对偶时,SiCralee 包覆 C/C-SiC 刹车材料的磨损率仅为 2 mm³/MJ,对应的金属片磨损率为 21 mm³/MJ。从摩擦系数曲线可以看出,与烧结金属片做对偶时,SiCralee 包覆 C/C-SiC 刹车材料的摩擦系数很稳定,在整个制动过程中摩擦系数的波动范围为 0.4~0.55。

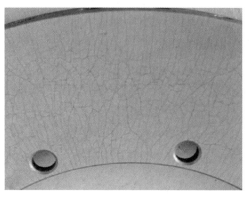

（a）宏观表面

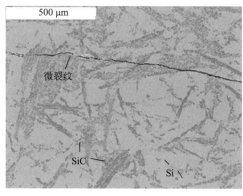

（b）微观表面

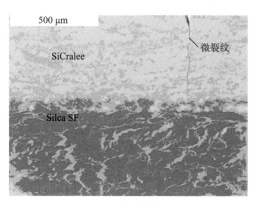

（c）截面形貌

图 7.6　SiCralee 涂层包覆碳陶刹车材料的宏观表面、微观表面和截面形貌[8,14]

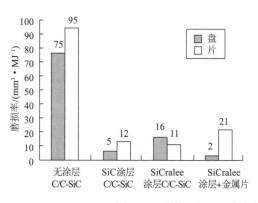

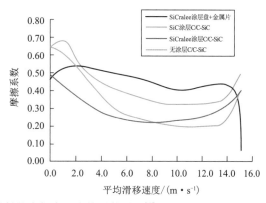

图 7.7　不同 C/C-SiC 刹车材料的磨损率和摩擦系数对比[5]

2. 三维针刺碳陶刹车材料的性能

刹车材料是一种结构/功能一体化材料,在刹车过程中,飞机刹车盘依靠键槽来传递动力,其主要受到拉伸、压缩、弯曲、层间剪切、面内剪切和冲击等载荷作用。同时,刹车过程实质是通过刹车盘间的摩擦力做功,将飞机的动能转换成刹车盘(热库)热能的过程。摩擦面温度是影响刹车材料摩擦性能的一个重要因素,而热库温度直接影响到刹车热库周边部件的使用寿命和可靠性。在刹车能量一定的条件下,刹车材料的热导系数和比热容直接影响到摩擦面温度和热库的温度,因此,碳陶刹车材料的力学性能和热学性能直接影响到飞机刹车系统的使用可靠性。三维针刺碳陶刹车材料的力学性能和热物理性能见表7.3。

表 7.3　三维针刺碳陶刹车材料的力学性能及热物理性能[4]

性　能		数　据
密度/(g·cm⁻³)		2.1±0.1
开气孔率/%		5±1
面内剪切强度/MPa		101±12
层间剪切强度/MPa		22±5
拉伸强度/MPa	∥	145±35
	⊥	128±19
压缩强度/MPa	∥	260±41
	⊥	118±18
冲击韧性/(kJ·m⁻²)	∥	>40
	⊥	≥27
热扩散系数/(mm²·s⁻¹)	∥	45~13(25~1 200 ℃)
	⊥	27~7(25~1 200 ℃)
热膨胀系数/(10⁻⁶K⁻¹)	∥	−1.6~2.9(25~1 200 ℃)
	⊥	2.3~5.7(25~1 200 ℃)

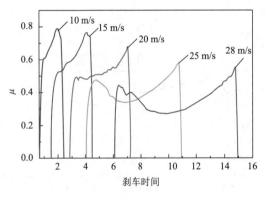

图 7.8　三维针刺碳陶刹车材料在 0.9 MPa
刹车压力下的典型刹车曲线[10]

刹车过程的实质是在摩擦力的作用下将动能转化为热能。刹车性能主要取决于刹车材料的高温热物理性能(导热性能、热容量)、室温和高温力学性能、高温抗氧化性足够而稳定的摩擦性能,以及良好的耐磨性、抗黏着性和磨合性能。图 7.8 为三维针刺碳陶刹车材料在刹车压力为 0.9 MPa 下的典型刹车曲线。由图可见,当刹车压力为 0.9 MPa 时,随着刹车速度的增加,刹车能量随之增加,刹车时间也随之增加,但在不同初始刹车速度下,摩擦系数曲线表现出不同的变化规律。当初始刹车速度小于 20 m/s 时,摩擦系数随刹车过程的进行而逐渐增大,在刹车过程即将结束时摩擦系数达到最大值。当刹车速度大于 25 m/s 时,摩擦系数曲线呈现"马鞍"状。在刹车初期,摩擦系数逐渐升高,出现"前峰"现象;当摩擦系数达到"前峰"后,缓慢降低并趋于平缓;刹车后期,摩擦系数开始缓缓升高,并出现"后翘"现象。在刹车初期出现摩擦系数"前峰"现象,是因为摩擦副表面存在大量的微凸体,在较大的法向载荷作用下,这些微凸体在刹车初期出现互相嵌入和啮合,尤其是 SiC 硬质点的存在会在摩擦表面产生"犁沟"效应,导致刹车初期摩擦系数增大。因刹车能量较大,作用在微凸体上的冲剪力较大,随着摩擦过程的进行,材料表面的微凸体被迅速剪断或磨平,微凸体的犁沟效应减弱,摩擦系数逐渐降低。当微凸体被磨平后,磨损的微凸体形成大量磨屑覆盖在摩擦副表面,在刹车压力作用下,磨屑在摩擦副间碾磨并形成摩擦膜,随着刹车过程的进行,摩擦膜中的磨屑在摩擦副间冲剪力作用下不断剥落,同时摩擦过程产生的新磨屑不断加入摩擦膜,使得摩擦表面粗糙度达到一种最佳的动态平衡,摩擦系数也随之趋于平稳。刹车后期,速度较低,摩擦过程产生的新磨屑不断减少,不足以补充摩擦膜中剥落的磨屑,使得摩擦膜不断剥落,不断暴露出新鲜的摩擦面。摩擦面上暴露的微凸体数量不断增加,后续刹车过程与初始刹车速度小于 20 m/s 状态相似,因此在刹车后期,会出现"翘尾"。

图 7.9 为 C/C-SiC 刹车材料的磨损率与刹车压力和速度的关系曲线。由图可见,在刹车压力相同时,材料的磨损率随着初始刹车速度的提高而增大。当初始刹车速度小于 20 m/s 时,磨损率较小;当初始刹车速度大于 20 m/s 时,磨损率随初始刹车速度的提高迅速增大。随着初始刹车速度的增大,作用在摩擦副表面微凸体间的冲剪作用力和微凸体在对偶表面的犁削作用力不断增大,导致磨损率随着初始刹车速度的增大而增大。当初始刹车速度大于 20 m/s 时,摩擦面温度高于 450 ℃,这就导致近摩擦面上的 C 基体和 C 纤维可能被氧化,近摩擦面层抗压强度和层间剪切强度降低,使磨损加剧,而且磨损随着压力的增大而增大。当初始刹车速度小于 20 m/s 时,刹车压力对磨损率的影响较小。这是因为初始刹车速度低时,摩擦面温度较低,氧化较小,此时刹车压力产生的压应力对微凸体破碎作用较小,因此刹车压力对磨损率影响较小。

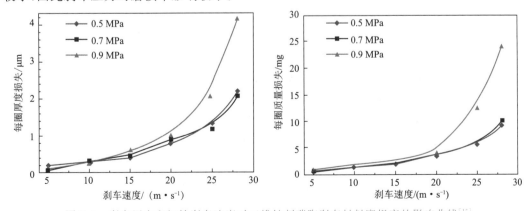

图 7.9 刹车压力和初始刹车速度对三维针刺碳陶刹车材料磨损率的影响曲线[15]

7.3 最新研究进展及国内外研究对比

20 世纪 90 年代中期,由德国宇航研究院(DLR)率先开展碳陶刹车材料的快速制备研究,于 2001 年率先研制出高档轿车用 C/SiC 刹车材料,并成功应用于保时捷(Porsche 911 Turbo)制动系统,其寿命是传统刹车材料的 4 倍多。紧随其后,法国、美国、韩国和中国等也相继开展了碳陶刹车材料的研究。SAB Wabco 公司于 1998 年在英国伯明翰举行的铁路技术博览会上展出了其开发的碳陶刹车材料制动盘,应用于法国 TGV 高速列车,可将使用寿命提高 3～5 倍,单个车厢减重近 1 t[16]。美国自 20 世纪 90 年代中期开展 C/SiC 刹车材料相关研究,以 Starfire 公司为代表的多家单位发展了碳陶刹车材料的 PIP 制造工艺,开发的刹车盘主要用于赛车和高性能摩托。韩国 DACC 于 2001 年开始开展高性能刹车盘设计和制造工艺方面的研究,开发的 C/SiC 刹车盘已用于 F-16 战机。我国对碳陶刹车材料的研究起步较晚,西北工业大学张立同院士科研团队以军用飞机为应用背景,在国内于 21 世纪初率先开展碳陶刹车材料的相关研究。此外,中南大学、国防科技大学、北京科技大学、山东大学等院校随后也开展了碳陶刹车材料的相关研究,并取得了大量成果。

经过 30 余年的发展,碳陶刹车材料目前在汽车和飞机制动领域已实现产业化。由于应用背景的差异,以德国为代表的欧洲国家近年来主要致力于碳陶刹车材料在高档轿车的全面应用推广,在这期间主要针对汽车不同的使用要求对碳陶刹车盘进行工艺流程改进、结构优化设计及与盘配套的刹车片设计。国内由于起步较晚,自 2008 年形成飞机碳陶刹车盘的批量生产能力至今,碳陶刹车材料在飞机制动领域的应用趋于成熟,现阶段国内多家研究单位主要从事碳陶刹车材料的预制体结构改性、基体改性等基础研究,为未来碳陶刹车材料在高速铁路、汽车、重型机械等领域的全面应用推广奠定理论基础。

7.3.1 德国碳陶刹车材料研究进展

德国自发展碳陶刹车材料之初就致力于低成本、高效率制造技术的开发,目前形成了短纤维模压结合 LSI 技术的自动化作业流程。如图 7.10 所示,碳陶刹车盘的制造过程包括三个步骤:素坯成型、热解和硅化。首先将特殊处理过的 PAN 基碳纤维、填料和酚醛树脂混合均匀,采用常规的热压技术制造碳纤维增强塑料(CFRP)生坯,根据不同车型的应用需求,所采用的纤维长度和含量可设计。通常,高性能制动盘需要有较好的散热性能,因此需要设计内部通风结构。在碳陶刹车盘开发的早期阶段,通过相互对称的两个半盘在热解过程中原位连接以获得通风结构。目前,由于熔模技术的应用,在 CFRP 制造阶段即可直接成型具有复杂通风结构的素坯而无须额外的加工,模芯可以通过后续的热解过程分解掉而不留下残余物。在第二步中,生坯在惰性气氛中进行 900 ℃以上的热处理,以使酚醛树脂碳化,同时伴随有体积收缩,获得多孔 C/C 预制体。最后,在高于 1 420 ℃的真空环境下将多孔 C/C 预制体进行液硅渗透,再进行简单的打磨即可获得刹车盘成品。

刹车盘的功效能否完全发挥,不仅取决于材料本身的特性,也与刹车盘的尺寸和结构有

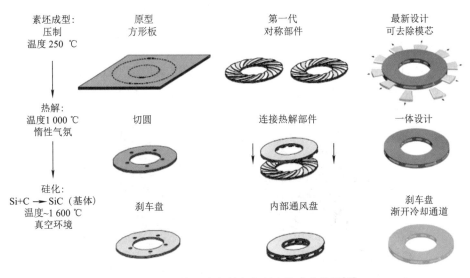

图 7.10　德国碳陶刹车盘制造技术的发展[17]

关。表 7.4 展示了保时捷不同车型的刹车盘尺寸数据，可以看出，在其他条件相同时，碳陶刹车盘的外径要大于铸铁刹车盘。这是因为 C/SiC 复合材料的体积比热容低于灰铸铁，所以采用 C/SiC 作刹车盘时，无法对铸铁盘进行 1∶1 的替换，碳陶刹车盘的外径通常要比铸铁盘大 1 英寸(25.4 mm)左右。此外，法兰材料对刹车盘的尺寸也有影响。刹车盘的冷却通道承担主要的散热功能，散热能力的大小与冷却通道的设计有关。初代碳陶刹车盘采用与传统铸铁盘类似的渐开线设计，后来针对高性能运动轿车的需求，对碳陶刹车盘的冷却通道进行了优化。如图 7.11 所示，冷却通道的数量增加了一倍，新的通风口形状更有利于空气的流动，与原始设计相比，通过刹车盘的冷却流量可以增加 20% 以上。

表 7.4　保时捷不同车型制动盘的典型尺寸[18]

参数		Carrera GT 碳陶盘	911 Carrera S 碳陶盘	911 Carrera S 金属盘
最高速度/(km·h⁻¹)		330	293	293
最大能量/MJ		6.9	6.0	6.0
前盘	尺寸/mm	$\phi380\times34$	$\phi350\times34$	$\phi330\times34$
	重量/kg	4.9	5.8	10.5
后盘	尺寸/mm	$\phi380\times34$	$\phi350\times28$	$\phi330\times28$
	重量/kg	4.9	5.7	9.0
法兰材料		铝合金	不锈钢	不锈钢

目前，与碳陶刹车盘配套的刹车片为传统有机刹车材料，性能最优的碳陶刹车套件其摩擦系数在 0.35～0.45 之间。在日常道路行驶条件下，有机刹车片可以同时满足摩擦磨损性能和制动舒适性的要求，但在极限制动条件(如竞赛、山路连续制动、动力机械紧急停车等)下，由于制动能量过高容易导致刹车片的热衰退，使制动效能下降。为了拓展碳陶刹车材料

在高能制动领域的应用，Krenkel 等人近年来开始探索与碳陶刹车盘配套的碳陶刹车片配方设计，即建立针对汽车制动器结构的"全陶瓷制动系统"[19]。Krenkel 等采用热压技术向传统短纤维碳陶刹车材料中引入 11% 的焦炭（即 C/SiC SF 11Coke），期望使其作为刹车片时具有"软化效应"，以获得更优异的摩擦磨损性能。图 7.12 为传统短纤维碳陶刹车盘与三种刹车片作对偶时的摩擦系数和磨损量对比，可以看出，两种 C/SiC 刹车片的摩擦系数均介于

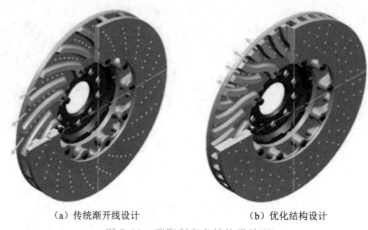

（a）传统渐开线设计 　　　　　（b）优化结构设计

图 7.11　碳陶刹车盘结构设计[7]

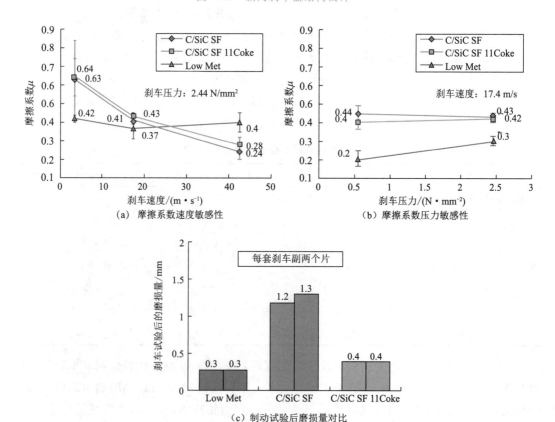

（a）摩擦系数速度敏感性　　　　　（b）摩擦系数压力敏感性

（c）制动试验后磨损量对比

图 7.12　不同刹车片的摩擦磨损性能对比[19]

$0.2\sim0.7$ 之间。在低速制动时,碳陶刹车片的摩擦系数波动范围为 $0.44\sim0.84$,而传统低金属刹车片的摩擦系数波动范围仅为 $0.40\sim0.44$。随着制动速度的增加,两种 C/SiC 刹车片的摩擦系数呈现出明显的衰减趋势,而传统刹车片的摩擦系数仅在小范围内变化。相比之下,碳陶刹车片的摩擦系数对制动压力不敏感。从磨损量来看,引入焦炭后可以明显提高材料的耐磨性,使刹车片磨损达到与传统低金属刹车片相当的水平。"全陶瓷制动系统"尚处于探索阶段,相关技术还不成熟,尤其是与碳陶刹车盘配套的碳陶刹车片配方设计与性能研究基本处于空白阶段。随着交通运输行业的不断发展,传统的有机刹车材料或金属基刹车材料将越来越难以满足高能制动的需要,"全陶瓷制动系统"是未来的发展趋势,将成为碳陶刹车材料领域的研究热点。

7.3.2　国内碳陶刹车材料研究进展

为进一步提升碳陶摩擦材料的整体性能,设计出满足不同系统使用的摩擦材料,国内以西北工业大学、中南大学等为代表的研究单位对当前的摩擦材料进行了一系列改性研究,包括对纤维预制体的改性,如采用三明治结构纤维预制体替代三维针刺纤维预制体,即在三维针刺预制体上、下表面添加短纤维结构层;界面改性,如采用碳纳米纤维改性 C_f 与 PyC 界面,以增强界面结合强度,以及基体改性,如 Ti_3SiC_2 改性、Fe 改性、Cu 改性等。

1. 基体改性

目前,碳陶摩擦材料的基体改性主要分为两个方面:(1)降低残余 Si 含量,采用 CVI 结合 RMI 制备的三维针刺碳陶摩擦材料中,不可避免地会有质量分数约 8% 的残余 Si,Si 会在刹车过程中造成高频震动及黏盘等现象,影响刹车性能[20,21],通过向材料中引入合金相取代残余 Si,同时引入合金相可提高材料韧性、导热和力学性能,起到降低磨损及维持摩擦界面稳定性的作用;(2)添加改性填料,通过向材料中引入石墨、B_4C 等能显著提高 C/C-SiC 的热力学性能,保证摩擦界面稳定性并控制磨损的填料来改善刹车性能。

西北工业大学范晓孟等[22]在三维针刺多孔 C/C 预制体的基础上,采用浆料浸渍(SI)工艺向预制体中引入 TiC,经多次浸渍、干燥之后将获得的 C/C-TiC 预制体放入真空炉中,快速升温至 1 500 ℃ 进行液硅渗透,从而得到了 Ti_3SiC_2 改性 C/C-SiC(C/C-SiC-Ti_3SiC_2)复合材料。这种复合材料的物相分布如图 7.13 所示,其中 Ti_3SiC_2 主要弥散分布于短纤维胎网层和纤维束间,这主要是由于浆料浸渗过程中引入的 TiC 颗粒弥散分布于多孔 C/C 孔隙的表面,熔融 Si 渗透进入预制体的孔隙中,先同 TiC 颗粒接触,然后沿着 TiC 颗粒间的微孔向内扩散,伴随着反应的进行,体积膨胀,逐渐填充 TiC 颗粒间的微孔,而后熔融 Si 继续扩散进入与碳反应。从断口形貌中能够看到纤维束间片层状 Ti_3SiC_2 的存在,同时可以看到基体内部 Ti_3SiC_2 晶粒的生长取向是不一致的。向 C/C-SiC 中引入 Ti_3SiC_2 取代残余 Si 有利于基体韧性的提高,弥散分布于 SiC 基体中的 Ti_3SiC_2 能够尽可能避免 SiC 基体的脆性断裂,有助于摩擦膜的形成,同时 Si 的消除有助于提高刹车过程的稳定性。Ti_3SiC_2 陶瓷具有高的热导率,也有助于刹车盘表面热量的迅速传导。另外,Ti_3SiC_2 的硬度介于 SiC 基体和碳基体之间,有助于缓冲 SiC 相和碳相之间的磨损,而其自身高温氧化时能够形成自润滑氧化物 TiO_2,这就有助于材料摩擦磨损性能的进一步提升。

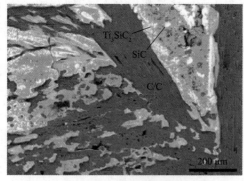 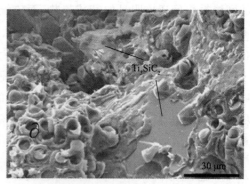

（a）C/C-SiC-Ti_3SiC_2的物相分布 　　　　　（b）30 μm时Ti_3SiC_2的存在形态

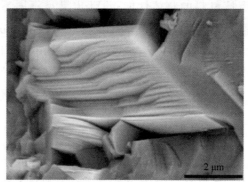

（c）2 μm时Ti_3SiC_2的存在形态

图 7.13　C/C-SiC-Ti_3SiC_2 的截面背散射照片和断口形貌[22]

在 C/C-SiC 复合材料中,C 纤维、PyC、SiC、Si 均为脆性相。在刹车过程中,这些脆性相容易在摩擦牵引力的作用下产生剥落,引起磨损。为解决这一问题,研究者提出向 C/C-SiC 复合材料中引入合金韧性相,降低材料的脆性剥落,改善摩擦界面稳定性。西北工业大学范尚武等[23]以 FeSi75 合金粉代替 Si 粉作为浸渗原料,采用 CVI 结合 RMI 法制备出了 FeSi75 改性三维针刺碳陶刹车材料。获得的 FeSi75 改性 C/C-SiC 复合材料由 C、Si、SiC、α-$FeSi_2$ 四种物相组成,材料的密度和开气孔率分别为 2.4 g/cm³ 和 4.0%。图 7.14 为材料的典型微结构,从背散射照片可以看出,衬度从深到浅的四种物相分别对应 C、SiC、Si 和 α-$FeSi_2$,其中 SiC 相紧邻着 C/C 区域分布,Si 和 α-$FeSi_2$ 则呈弥散分布于 SiC 圈内。此外,还可以发现 C/C-SiC-$FeSi_2$ 复合材料内部存在两种典型亚结构单元,分别为 C/C-SiC-$FeSi_2$ 微区和C/C-SiC-($FeSi_2$＋Si)微区,在图 7.14 中分别标记为 Ⅰ 区与 Ⅱ 区。α-$FeSi_2$ 的硬度介于 C 相和硬质 SiC 相、Si 相之间,在摩擦过程中,α-$FeSi_2$ 易于产生塑性变形而被压实在摩擦面之上,抑制材料表面的脆性剥落,尤其是硬质 SiC 颗粒的剥落。此外,α-$FeSi_2$ 容易氧化生成 Fe_2O_3,Fe_2O_3 为韧性相,它易于产生变形,在刹车压力的作用下会附着在摩擦面之上,形成氧化膜。Fe_2O_3 具有自润滑效果,形成的 Fe_2O_3 氧化膜能够降低摩擦面间的机械作用,降低磨粒磨损。通过上述机制,采用 $FeSi_2$ 对三维针刺碳陶刹车材料进行改性,可以显著降低材料在相同制动条件下的磨损率,但同时,改性后材料的摩擦系数容易产生衰退[23,24]。

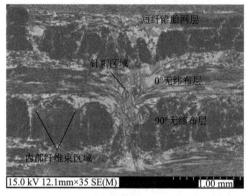

（a）整体形貌

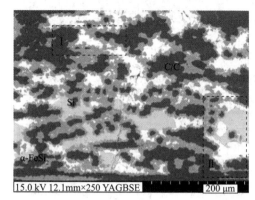

（b）短纤维胎网层

图 7.14 C/C-SiC-FeSi$_2$ 复合材料的物相分布与形貌[23]

由于摩擦面上存在很多坚硬而尖锐的微凸体,容易刮伤对偶面,C/C-SiC 复合材料通常在低速刹车时磨损率较大,并且存在高频振动和刹车啸叫等现象。研究表明,在接触面引入软质相有利于在刹车过程中获得润滑膜,改善摩擦性能。而加入合金组元等对基体改性能够提高材料的热导率,提高刹车盘的散热能力,从而降低摩擦面的温度,提高摩擦性能。中南大学肖鹏等[25-27]以 Cu、Si 混合粉为浸渗原料,采用 CVI 结合 RMI 工艺获得了 Cu 合金改性 C/C-SiC 摩擦材料。其中,Cu 粉与 Si 粉比例为 1∶1,浸渗温度为 1 550～1 750 ℃。所获得的 Cu 改性 C/C-SiC 摩擦材料的密度和开气孔率分别为（2.2±0.2）g/cm^3、[5.5×(1±0.02)]%。Cu 改性 C/C-SiC 摩擦材料由 C、SiC、Cu$_3$Si 和 Cu、Si 五种物相组成。通过半定量分析,各物相的质量分数约为:40.2% 的 C;34.0% 的 SiC;13.9% 的 Cu$_3$Si;6.8% 的 Si;5.1% 的 Cu。图 7.15 为 Cu 合金改性 C/C-SiC 复合材料的 SEM 图像,黑色区域代表 C 相,深灰色区域代表 SiC 相,浅灰色区域为 Si 相,亮白色为 Cu 合金。在浸渗过程中,Cu 粉和 Si 粉熔化后在毛细管力的作用下浸入 C/C 材料并填充在孔隙内。液 Si 与基体 C 的润湿角较小,而 Cu 与 C 则不润湿,二者的润湿角分别为 30°～45° 和 140°,因此,当温度超过 Si 的熔点后,Si 首先与多孔 C/C 材料浸润并与热解碳反应生成 SiC,随后 Cu 与 Si 反应生成 Cu$_3$Si。从 SEM 形貌来看,SiC 基体围绕着热解碳生长,其厚度为 2～20 μm。Si 相分布在 Cu$_3$Si 内部,呈现出共熔结构。据报道[28],Cu$_3$Si 在材料中存在两种形态:一种是微小不规则的小颗粒状,尺寸不到 1 μm;另一种为规则的球状颗粒,颗粒直径从 2 μm 到 40 μm 不等。Cu 改性 C/C-SiC 摩擦材料在不同刹车速度的典型刹车曲线如图 7.16 所示,可以看出,除 1 500 r/min 时,其余曲线均呈现为“马鞍形”。1 500 r/min 刹车时,曲线非常平坦,摩擦系数未出现明显波动,但摩擦系数较低（低于 0.2）,表明 Cu 改性 C/C-SiC 摩擦材料在低速刹车时能够明显改善制动平稳性,但同时会降低摩擦系数,延长刹车时间。研究者认为低速刹车时刹车曲线呈现出的平坦形貌主要是因为摩擦面间水蒸气的润滑作用,但具体原因,尤其是 Cu$_3$Si 和残余 Cu 在摩擦过程中所起的作用有待进一步研究。

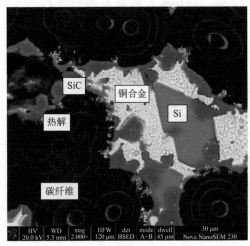 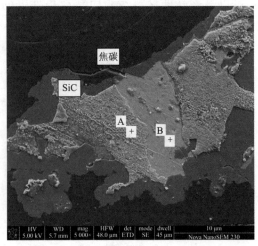

图 7.15　Cu 改性 C/C-SiC 复合材料的 SEM 形貌照片[27]

2. 预制体结构改性

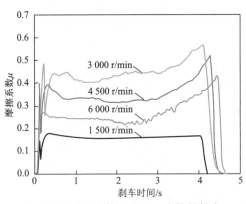

图 7.16　Cu 改性 C/C-SiC 摩擦材料在
不同速度刹车时的典型刹车曲线[27]

在高能载(高刹车压力、高刹车速度)刹车过程中,刹车材料摩擦表面的温度可能超过 1 000 ℃,此时刹车材料表面会出现局部"热点",其温度更高。CVI 结合 RMI 法制备的三维针刺碳陶摩擦材料中含有一定量的残余 Si,此时 Si 可能会发生熔融而出现黏着效应,导致摩擦性能的不稳定和出现"黏盘"现象而致使摩擦功能失效。导致上述情况出现的主要原因是 RMI 工艺所采用的多孔 C/C 预制体的胎网层、纤维束周围均存在大量孔隙,当熔融 Si 渗透 C/C 多孔复合材料时,未反

应完全的 Si 便聚集分布于这些孔隙中。此外,三维针刺碳陶摩擦材料由无纬布层和胎网层交替叠加而成,液硅浸渗后,硬质陶瓷相(Si 和 SiC)主要分布在胎网层,软质相(PyC 和碳纤维)主要分布在无纬布层。在实际成品中,摩擦面可能是无纬布层和胎网层的任意组合,如胎网层—胎网层、无纬布层—胎网层,以及无纬布层—无纬布层等,这种任意组合使得摩擦面的物相分布不均匀,在刹车过程中将导致摩擦性能不稳定。为解决这一问题,研究者尝试通过预制体结构改性来控制碳陶摩擦材料的物相分布。

为了改善摩擦面物相分布,同时保证材料具有一定的力学性能,研究者将碳陶刹车材料的摩擦和结构功能分开,设计了"三明治"结构碳陶刹车材料,其结构示意图和实物照片如图 7.17 所示。"三明治"结构由结构功能层和摩擦功能层组成,结构功能层位于材料的中间,为典型的三维针刺结构,主要起力学承载的作用;摩擦功能层为短纤维构成的纯胎网结构,其中的针刺纤维垂直于短纤维铺层方向,主要起摩擦功能。三维针刺和"三明治"碳陶刹车材料的摩擦磨损性能对比见表 7.5,"三明治"碳陶刹车材料的静摩擦系数高于三维针刺结构,并且摩擦性能

在湿态条件下没有衰退,由于三维针刺结构,但线磨损率略高。在湿态条件下,C 相的摩擦性能会产生衰减。SiC 为摩擦面上的硬质微凸体,容易产生犁沟作用,SiC 的犁沟作用受湿态环境影响小。相比于"三明治"结构,传统三维针刺碳陶摩擦材料的 C 含量较多、SiC 含量较少,因此"三明治"碳陶摩擦材料的湿态摩擦性能优于三维针刺碳陶摩擦材料。在刹车过程中,材料的磨损主要来自硬质微凸体的切削作用,"三明治"结构碳陶摩擦材料摩擦面的 SiC 含量高,因此摩擦过程中的犁削作用被加强,导致摩擦阻力增大,磨损率增大,因此,"三明治"碳陶刹车材料在飞机正常着陆状态下的静摩擦系数和磨损率均高于三维针刺碳陶刹车材料。

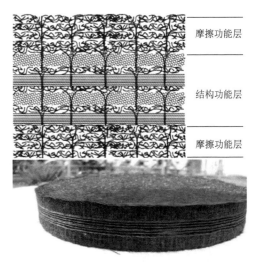

图 7.17 "三明治"碳纤维预制体结构示意图及实物图[29]

表 7.5 三维针刺和"三明治"碳陶刹车材料的摩擦性能[29]

碳陶刹车材料	摩擦系数		湿态衰减率/ %	静态摩擦系数	每次线磨损率/ μm
	干态	湿态			
"三明治"碳陶刹车材料	0.36	0.36	0	0.79~0.87	2.48
三维针刺碳陶刹车材料	0.38	0.34	10	0.45~0.68	2.16

"三明治"结构能够有效解决三维针刺碳陶摩擦材料物相分布不均匀和摩擦性能不稳定的问题,但由于摩擦功能层和结构功能层的微结构差异较大,液硅渗透后材料的热失配严重,导致摩擦功能层与结构功能层分层,使得实际工程生产中成品率低。为此,国内外研究者均提出了梯度结构碳陶刹车材料的设计思想[14,30],即通过改变预制体结构使材料芯部至表面的陶瓷相含量逐渐增加。图 7.18 为梯度结构三维针刺碳陶刹车材料的微结构图,材料由上至中分别为摩擦功能层、应力缓解层、力学性能层。在摩擦功能区域中含有大量的短切碳纤维,应力缓解层及力学性能层均由 0°无纬布、短纤维胎网、90°无纬布、短纤维胎网交替而成,但应力缓解层中短纤维胎网层的厚度大于力学性能层。这种梯度结构能够有效缓解力学性能层区域与摩擦功能层区域因无纬布长纤维含量差异大而引起的热失配现象。从物相分布图可以看出,黑色碳相的面积从芯部向表面逐渐降低,白色陶瓷相的面积由芯部往表面逐渐升高,物相含量呈梯度分布。摩擦功能层整体致密无缺陷,白色陶瓷相和黑色碳相在其中均匀弥散分布,有利于稳定摩擦性能。材料的大尺寸孔隙主要存在于应力缓解层和力学性能层中的针刺纤维束附近和胎网层与无纬布层间。在 20 次重复刹车试验中,如图 7.19 所示,三维针刺碳陶摩擦材料的摩擦系数波动范围大于 0.1,而梯度结构的波动范围小于 0.05,同样表明梯度结构碳陶刹车材料具有更加稳定的摩擦性能。对三维针刺碳陶摩擦材料而言,在摩擦的过程中,对磨区域可能有三种,分别为胎网层区域与无纬布层区域(硬-软)、胎网层区域与胎网层区域(硬-硬)、无纬布层

区域与无纬布层区域(软-软),对磨区域的多样性导致了其摩擦系数的不稳定;对于梯度结构碳陶摩擦材料而言,其物相分布均匀,C、SiC及Si相在摩擦面上呈弥散分布,对磨的区域单一,在摩擦过程中不会应用对磨区域的突变导致摩擦系数不稳定。

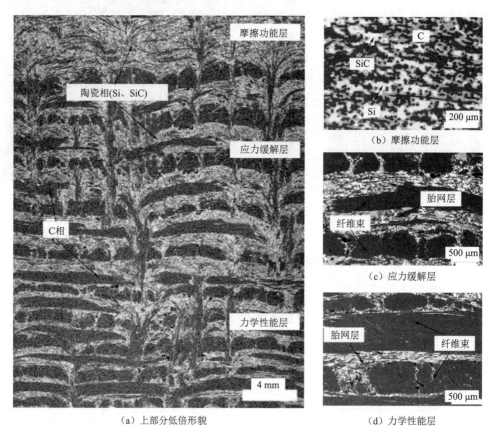

图 7.18　梯度 C/C-SiC 复合材料的背散射形貌[30]

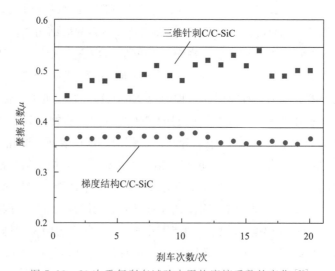

图 7.19　20 次重复刹车试验中平均摩擦系数的变化[30]

7.4　产业应用

碳陶复合材料作为新一代高性能摩擦材料吸引了国内外众多研究者的注意,目前,针对飞机、汽车、高速铁路、工程机械等不同应用背景,已有大量关于碳陶摩擦材料的研究报告,但真正实现产业化,在实际生活中批量生产的仅限于飞机和汽车行业。

7.4.1　飞机碳陶刹车材料

飞机机轮刹车系统摩擦材料主要应用于三种不同的操作过程:(1)在飞机起飞前和着陆后的滑行过程中,制动摩擦材料遭受 1/3 的磨损(指飞机运行中,制动摩擦材料总磨损量的1/3),此过程负荷高,但速度慢、滑行时间长;(2)在着陆刹车过程中,负荷与着陆后滑行负荷相同,但起始刹车速度高,滑行时间相对长;(3)在飞机即将起飞时,即中止起飞,要求制动摩擦材料在胜任这一职能的同时,不发生黏结,刹车后机轮能自由转动。根据飞机摩擦材料的服役工况,要求飞机摩擦材料一般应具有的特性有:在吸收远比其他部件多得多的动能、摩擦表面温度高达 1 000 ℃的情况下,要求材料保持稳定的或变化很小的摩擦系数;耐磨损能力强,即使在高温、高应力下反复使用,制动摩擦材料也不发生因断裂和热疲劳导致的结构破坏。

粉末冶金材料作为第一代飞机刹车材料,摩擦性能优良,但密度大,耐温低,潮湿环境易锈蚀,逐步被第二代刹车材料——碳/碳替代。实践表明,碳/碳刹车材料具有耐温高、密度低等优点,但是,碳/碳刹车盘存在两个问题:一是静态摩擦系数远低于动摩擦系数。为解决其静态摩擦系数低的问题,需要在飞机上加装静态刹车系统,这使刹车系统复杂,易出现飞行员动/静刹车误操作导致的刹车事故。二是碳/碳刹车材料湿态摩擦性能衰减严重,在潮湿环境和雨季多次发生冲出跑道事故,难以确保飞机在潮湿环境和海洋环境的刹车安全。特别对于舰载机而言,因为长期服役于海洋环境中,所以其刹车性能必须对湿度、盐雾和海水不敏感,并且舰载机着舰过载冲击是普通战斗机的 3 倍以上,要求刹车盘必须有高强度和韧性。

为克服碳/碳飞机摩擦材料的缺点,针对军用飞机对高性能刹车材料的迫切需求,西北工业大学张立同院士团队从 2001 年开始率先在国内进行碳陶刹车用功能复合材料的研究。2004年与西安航空制动科技有限公司开展产学研合作,由该公司按碳陶刹车盘制造的技术要求提供用碳/碳坯体,西北工业大学进行陶瓷化处理、后续机加工和防氧化涂层制造的研究,以实现碳陶刹车盘在军机上的创新应用。2008 年,突破了碳陶刹车盘的工程化批量制备技术,并在某型战斗机上成功实现首飞,使我国成为国际上首个将碳陶刹车盘成功用于飞机机轮刹车的国家。

目前,将碳陶摩擦材料批量应用于飞机刹车系统并形成产业化,我国尚属首例,国内相关单位已形成了适用于多种军用飞机刹车盘的批量生产能力。公司通过对 CVI 过程的实时质量检测,控制 CVI 炉气体流场和温度场的均匀性,保障了碳/碳坯体批量生产的质量稳定性,减少了 CVI 过程停炉检测次数,大幅提高生产效率,将原来 40 件/炉产量提高到 300～500 件/炉,年产碳/碳坯体能力达 5 000 盘/台。西安鑫垚陶瓷复合材料有限公司在原理型RMI 设备(有效均温区尺寸 $\phi 180 \times 500$ mm)的基础上,进行设备工程放大($\phi 850 \times 1 500$ mm),

突破了大型反应熔体浸渗炉的气氛可控、温度场均匀可控和熔融硅定向定量传输技术,确保了 RMI-SiC 过程质量的稳定性,为碳陶刹车盘批量生产提供保障,设备年生产能力达 1 500 盘/台,产品合格率达 99% 以上。碳陶刹车盘不仅性能全面优于碳/碳,并且生产周期降低 2/3,生产成本降低 1/3,能耗降低 2/3,寿命提高 1 倍以上,性价比提高 1~2 倍。目前已累计完成 400 多炉次批量生产考核,生产了 10 余机种共 10 000 余件碳陶飞机刹车盘,进行了 9 000 余次惯性台试车考核,试飞 10 000 余次。其中,某型舰载机、战斗机和巡逻机碳陶刹车盘经过 4 年多飞行试验,已定型并批量生产,目前共装备部队 120 余架。经过应用考核表明,碳陶刹车盘使用良好,飞机刹车系统的匹配性和适应性好,刹车平稳、效率高、安全可靠;耐海水、耐盐雾腐蚀性能强,有效解决了碳/碳刹车盘在海洋环境中性能衰减的问题,具有很好的环境适应性;还可进行浇水强制冷却,快速降低刹车盘温度,缩短飞机连续出动时间,更好地保证了飞机的使用安全。此外,将碳陶刹车盘应用于部分机型,可以实现与钢刹车机轮的原位替换。替换后,单个刹车装置可减重 37.5 kg,预期寿命是原钢刹车盘的 4 倍,静刹车能力明显优于钢刹车机轮,刹车性能湿态衰减小,可解决钢刹车盘高温变形大、龟裂掉块、寿命短的问题。据中航飞机有限公司的应用证明,2013 年至 2015 年间,累计交付碳陶刹车盘 4 036 盘,销售额达 1 亿元以上。随着成果向民用机型、高速列车、高档轿车、重型汽车和重型机械等民用领域的转化,未来将逐步形成年产值数十亿元的产业规模,推动交通运输等相关行业的技术进步和产业升级。

7.4.2 汽车碳陶刹车材料

高性能汽车需要强劲的制动系统,现代汽车制动系统的刹车盘不仅应满足在各种环境(如干态、湿态、盐雾、雪地、山地等)下的减速功能,同时应保证其磨损率适宜、制动平稳且重量轻。目前,绝大部分乘用车辆均使用铸铁作刹车盘材料,其耐腐蚀性能差且密度大(7.2 g/cm³),刹车盘属于簧下构件,当质量过大时,将显著影响汽车驾驶的灵活性和可操控性,因此刹车盘的质量应尽可能低。20 世纪 80 年代,为了获得更灵活的操控性能,Brabham 首次采用碳/碳复合材料用作方程式赛车的刹车盘。由于碳/碳摩擦材料的密度低(仅为 1.8 g/cm³ 左右),并且在高达 1 000 ℃ 的温度下仍然具有很好的制动性能,因此至今仍在方程式赛车上被广泛应用。尽管如此,碳/碳复合材料在 400 ℃ 以上的空气环境中极易氧化,使得其无防护状态下的高温磨损率很大,而且因为碳/碳复合材料的摩擦系数对湿度特别敏感,所以其不适合用作正常行驶条件下的摩擦材料。

在 1999 年法兰克福国际汽车交易会(IAA)上,汽车制动系统用碳陶刹车盘首次被公开展示。与传统的灰铸铁刹车盘相比,碳陶刹车盘的质量减轻了约 50%,簧下质量减轻了近 20 kg[7]。装配碳陶刹车盘的汽车其刹车反应速度提高且制动衰减降低、热稳定性好、无热振动、踏板感觉更为舒适、操控性能明显提升。自 2000 年应用于梅赛德斯 CL 55 AMG F1 限量版、2001 年应用于保时捷 911 GT2 以来[18],碳陶刹车盘越来越多地被应用于高端运动车型(包括保时捷、法拉利、兰博基尼、布加迪等)。2005 年,碳陶刹车盘应用于奥迪高端车型 A8-W12,随后于 2006 年用于奥迪中级轿车 RS4,开启了汽车用碳陶刹车盘从高端车型市场向中高档市场的渗透。

目前,国际上形成了产业规模的碳陶刹车盘厂商主要是意大利布雷博集团(Brembo,全球高性能汽车和摩托车制动系统设计和制造的领先品牌,其分布在世界 12 个国家的 24 个工厂每年可为 30 多家不同的 OEM 厂商提供超过 3 200 万套制动器)[31]和德国西格里碳素集团(SGL Group-the Carbon Company,全球领先的碳石墨制品生产商之一,在全球拥有47 个生产生底,负责碳陶摩擦材料生产的是其子公司 SGL Brakes)。2002 年,布雷博首次将适用于汽车的碳陶制动盘应用于 Ferrari Enzo 车型[32],此后便一直致力于制造这类部件。2004 年,布雷博碳陶制动系统获得了意大利工业设计协会(ADI)颁发的"黄金罗盘"奖。

2009 年 6 月,布雷博与西格里碳素集团进行业务合并,在意大利米兰成立了股份均分的合资企业"布雷博-西格里碳纤维陶瓷制动盘"企业(Brembo-SGL GROUP Carbon Ceramic Brakes,BSCCB),目标是专门针对乘用车和商用车的原装设备市场,开发碳纤维陶瓷制动系统,以及制造和销售碳纤维陶瓷制动盘[32],其碳陶制动盘的生产流程如图 7.20 所示,产品包括两种:表面覆盖有额外的陶瓷摩擦层(carbon ceramic brake,CCB)和表面不含陶瓷摩擦层的浮动盘(ceramic composite material,CCM)。目前,"布雷博-西格里碳纤维陶瓷制动盘"企业是汽车碳陶制动盘的领先生产商,为法拉利、保时捷、帕加尼、布加迪等多款高档轿车提供碳陶制动盘的标配或选装服务,其产品的应用车型见表 7.6。2012 年,该企业的销售额达近7 000 万欧元,当年产量达到 15 万盘。

表 7.6　"布雷博-西格里碳纤维陶瓷制动盘"企业产品及应用车型[33]

产品		应用车型	服务类型
CCB	布加迪	Veyron	标配
	奥迪	A8、Q7、R8、RS4、RS5、RS6、RS7、S6、S7、S8	选装
	宾利	Continental GT、Continental Supersport、Continental Flying Spur Speed	选装
	保时捷	Boxter、Caynne、Cayman、Panamera、911	选装
	兰博基尼	Aventador、Gallardo、Murcielago	选装
	梅赛德斯 AMG	CLS 63、E 63、SLS、SL 63	选装
CCM	捷豹	XKR-S GT	标配
	帕加尼	Zonda、Huayra	标配
	法拉利	California、FF、F12 Berlinetta、LaFerrari、Spyder、458、458 Italia	标配
	阿斯顿马丁	DB9、Vanquish、V12 Vantage	标配
	尼桑	GTR VSpec	选装
	雪佛兰	Camaro	选装
	迈凯伦	MP4-12C	选装
	科尔维特	ZR1、Z06、Z28	选装
	玛莎拉蒂	Granturismo、MC Stradale	选装
	雷克萨斯	LFA	选装

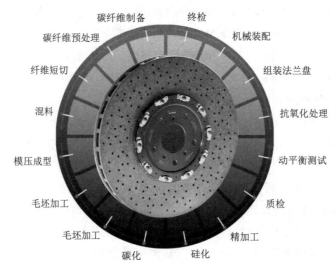

图 7.20　布雷博-西格里碳陶瓷制动盘公司碳陶制动盘生产流程[34]

　　英国 Surface Transforms(ST)公司从 2004 年开始从事碳陶瓷材料的商业推广,2006 年推出了 SystemST 汽车碳陶瓷制动盘。与布雷博-西格里公司不同的是,ST 公司采用 3D 编织碳纤维预制体,经 CVI 沉积碳基体后,再采用 RMI 工艺渗硅,经加工、制备抗氧化涂层后获得碳陶制动盘成品。该公司宣称其 3D 碳陶制动盘产品的热导率为短纤维模压碳陶盘的 3 倍,减重率可高达 70%,其碳陶制动盘产品可以以原尺寸替换铸铁盘而无须针对汽车结构进行改进[35],但相关材料的组成、微结构和性能详细数据未见报道。ST 公司的碳陶制动盘产品如图 7.21 所示,目前与其制动盘匹配的刹车片仅采用 Pagid RSC1 和 RS29 两种型号。据报道,ST 公司目前的汽车碳陶制动盘主要供应于保时捷、尼桑 GTR、法拉利和阿斯顿马丁四个品牌的部分车型,2018 年公司营业收入总计 136.3 万英镑,主要收入来自阿斯顿马丁的订单。目前,该公司正在开展产能提升计划,预计未来汽车产品的营业收入将达到 5 000 万英镑。此外该公司与美国国防部签订了合作意向书,未来有望将产品拓展到飞机应用领域[36]。

图 7.21　英国 ST 公司碳陶制动盘产品[37]

　　美国 Fusion Brakes 从 2013 年开始进行碳陶瓷制动器的市场推广,主要为奥迪、保时捷和兰博基尼的小部分车型提供碳陶瓷制动套件,以改装为主。该公司的碳陶制动盘采用短纤维增韧,主要目标客户为追求卓越制动性能的汽车发烧友,产品主打舒适性和长寿命,该公司宣称其产品解决了传统碳陶制动盘低温制动时舒适性差、制动效率低的问题,可以实现 0 ℃制动无噪声和抖动。

近年来,国内的碳陶生产技术日趋成熟,已经显现出了军品转民用的趋势,部分企业已经推出了汽车碳陶刹车盘产品,也有部分企业正处于研发阶段。深圳勒迈科技有限公司成立于 2011 年,历时四年的研发,推出了拥有自主知识产权的碳陶刹车盘产品。该公司的碳陶刹车盘采用长纤维增韧,碳纤维型号为 T700,首先将碳纤维编织针刺制成三维编织预制体,然后采用 CVD 技术沉积基体碳获得碳/碳预制体,加工后进行 RMI 熔融渗硅,产品经动平衡测试、惯性试验台测试、道路试车测试合格后交付客户验收。勒迈科技主要针对客户需求提供高性能碳陶刹车盘的定制生产服务,目前主流产品包括 GT 版本、街道版本和竞技版本三种类型。

7.5　发展前景

如今,由于其重量轻、摩擦磨损性能优异且对环境不敏感,碳陶摩擦材料正越来越多地被应用到各种制动系统中。现阶段实现碳陶摩擦材料产业化的仅限于飞机和汽车配件行业,但是碳陶摩擦材料的应用拓展从未停止,适应于高铁、工程机械、风力发电机组、重载卡车、特种车辆、高性能摩托车等动力机械的碳陶摩擦材料正在紧锣密鼓地研制当中。

就飞机刹车副而言,国内军机碳陶摩擦材料已实现牌号化,正在逐步扩大应用机型,未来的应用不仅限于军机市场,在民用客机、无人机、直升机等领域也具有很强的竞争力,尤其是对标波音 787 的远程宽体客机 C929 已进入正式研发阶段,其刹车副有望采用碳陶摩擦材料。

就国内汽车市场而言,由于尚未有国产车型标配碳陶刹车组件,因此国内的汽车碳陶刹车市场在未来几年内将首先从改装车市场活跃起来。汽车改装文化源于赛车运动,最早的汽车改装只针对提高赛车的性能,以便在比赛中取得好成绩。随着汽车工业的发展及赛车运动的深入人心,汽车改装也成为普通车迷生活中不可或缺的组成部分,并渐渐成为一种时尚潮流。在汽车的改装部件中,刹车系统为常见的改装部位之一。近年来,碳陶材料越来越多地为人们所熟知,国内也有相当多的车主选择改装碳陶刹车盘,特别是宝马 M3、奥迪 RS3 等车型越来越多的改装碳陶报道。碳陶摩擦材料未来在汽车改装市场上拥有相当可观的应用前景,国内将以汽车改装为切入点,未来有望实现碳陶摩擦材料对中高档轿车金属基刹车盘的原装替换。

碳陶摩擦材料在高速铁路上的应用已有相关的基础研究报道,国内西北工业大学、中南大学等单位针对高铁碳陶摩擦材料的研制工作正在进行中,尚未真正形成产业化。国内除了飞机和汽车应用市场外,高铁将成为碳陶摩擦材料的第三个大规模应用市场。"复兴号"列车已实现时速 350 km 运营,而对传统的铸钢/粉末冶金及铸铁/粉末冶金刹车副来说,当列车速度为 350 km/h 时,制动能量已达到刹车副的使用极限,不能满足更高速度下的紧急制动要求。随着我国高速铁路的发展,传统金属基摩擦材料将彻底不能满足紧急制动需求,400 km 以上时速的高速铁路只能采用碳陶刹车副。不仅如此,将碳陶刹车套件应用于"复兴号"列车,可实现减重 4~5 t/列,显著降低列车的能耗,同时提高路基和钢轨的使用寿命。将碳陶摩擦材料应用于高铁具有显著的性能优势和经济效益,未来 5~10 年内有望先于汽车应用形成规模化、产业化。

我国装备制造业(尤其是港口装卸机械、矿山和冶金机械等重大装备制造业)的快速发展和自主研发实力的快速提高,拉动了工业制动器这一重要部件技术的快速进步和市场需求。设备的大型化和超大型化使得其主要驱动机构的驱动功率也朝着大型化和超大型化方向发展,这对工业制动器用摩擦材料提出了如下要求:(1)摩擦材料应能承受较高的工作比压,在极短时间内完成紧急制动;(2)在高温状态下制动时摩擦性能不能出现明显衰减;(3)在高速状态下制动时摩擦磨损性能稳定。目前,工业制动器用摩擦材料主要是半金属摩擦材料和粉末冶金摩擦材料,均无法满足 800 ℃ 以上的制动要求,并且摩擦系数一般低于0.5,难以实现瞬时紧急制动。碳陶摩擦材料最高长时工作温度可达到 1 650 ℃,并且摩擦系数大、磨损率小,是未来大型和超大型工程机械用摩擦材料的首选。

我国现代风力发电事业起步于 20 世纪 70 年代,截至 2010 年底,我国的风能装机容量已突破 30 000 MW,成了全球最大的风电市场,也是全球最大的风力发电机组生产基地。风电机组的制动系统分为高速轴制动和偏航系统制动。前者主要是在风电机组发生故障或由于其他原因需要停机时,由制动钳夹紧制动盘,使叶片停止转动;后者主要是为了使风机的叶片工作始终朝向某个方向,由偏航制动系统将主机室固定在相应位置上,以减少风能损失,增加有效工作时间。风力发电机组由于惯量大,因此制动能量也大,要求摩擦材料必须具有高且稳定的摩擦系数、高温制动时性能不衰退,在风力发电机需要频繁刹车时还需要摩擦材料具有很低的磨损率。特别地,海上风力发电机组不仅要求摩擦材料必须具备高速高压制动的能力,还要求材料具有优异的抗盐雾腐蚀能力。碳陶摩擦材料不含有金属组元,具有优异的环境适应性,是风力发电机组制动系统的下一代理想摩擦材料。

尽管碳陶摩擦材料具有诸多优异的特性且应用前景广阔,但仍然存在以下不足使得其市场推广进展缓慢:(1)产品价格高,一般乘用车承受不了,欧洲市场碳陶刹车套件均价为1.2 万欧元/套(每套含 2 盘 4 片 2 卡钳),即使是国产碳陶盘,均价也在 2 万元/盘左右,同时普通车辆的运行速度一般不会超过 150 km/h,目前的金属摩擦材料能够满足日常制动需求;(2)碳陶摩擦材料的磨合性差,直接应用于汽车、高铁、风电等钳式制动结构时,低温刹车性能不理想(主要表现为磨损率大、制动舒适性差)。为了扩大碳陶摩擦材料在民用领域的应用范围,未来一方面要继续开发低成本高效制备工艺,尤其是工程化连续生产技术,采用目前的制造技术,产品成品的 70% 来自制造过程的能源消耗和机加工过程的刀具损耗、时间损耗,如能进一步缩短制备时间、减少加工量,将大幅度降低产品成本。另一方面要针对不同的制动系统,加快碳陶摩擦材料的对偶材料开发,以充分发挥碳陶摩擦材料的性能,满足多种服役环境的使用要求。此外,还需加强基础研究的系统性,建立碳陶摩擦材料的数据库,制定统一的碳陶摩擦材料国家标准或行业标准,以尽可能地缩短研发周期。

参考文献

［1］ 申荣林,何林. 摩擦材料及其制品生产技术［M］. 北京:北京大学出版社,2010:135.

［2］ 肖鹏. 碳陶摩擦材料的制备、性能与应用［M］. 北京:科学出版社,2016:12-13.

［3］ KRENKEL W. C/C-SiC composites for hot structures and advanced friction systems［J］. Ceramics Engineering and Science Proceddings,2003,24(4):583-592.

［4］ FAN S,ZHANG L,XU Y,et al. Microstructure and properties of 3D needle-punched carbon/silicon carbide brake materials［J］. Composites Science and Technology,2007,67(11-12):2390-2398.

［5］ KRENKEL W,HEIDENREICH B,Renz R. C/C-SiC Composites for advanced friction systems［J］. Advanced Engineering Materials,2002,4(7):427-436.

［6］ HEIDENREICH B,RENZ R,KRENKEL W. Short fibre reinforced CMC materials for high performance brakes［M］// KRENKEL W, NASLAIN R, SCHNEIDER H. High Temprature Ceramic Matrix Composites. Weinheim:Wiley-VCH Verlag GmbH & Co. KGaA,2006:809-815.

［7］ RENZ R,SEIFERT G,KRENKEL W. Integration of CMC Brake Disks in Automotive Brake Systems ［J］. International Journal of Applied Ceramic Technology,2012,9(4):712-724.

［8］ KRENKEL W. Carbon fiber reinforced CMC for high-performance structures［J］. International Journal of Applied Ceramic Technology,2004,1(2):188-200.

［9］ FITZER E,GADOW R. Fiber-reinforced silicon carbide［J］. American Ceramic Society Bulletin,1986, 65(2):326-335.

［10］ 范尚武. 三维针刺 C/SiC 飞机刹车材料的结构/性能及其试验验证［D］. 西安:西北工业大学,2009.

［11］ FAN S,ZHANG L,XU Y,et al. Microstructure and tribological properties of advanced carbon/silicon carbide aircraft brake materials［J］. Composites Science and Technology,2008,68(14):3002-3009.

［12］ NIE J,XU Y,ZHANG L,et al. Microstructure,Thermophysical,and Ablative Performances of a 3D Needled C/C-SiC Composite［J］. International Journal of Applied Ceramic Technology,2010,7(2): 197-206.

［13］ KRENKEL W,BERNDT F. C/C-SiC composites for space applications and advanced friction systems ［J］. Materials Science and Engineering a-Structural Materials Properties Microstructure and Processing, 2005,412(1-2):177-181.

［14］ KRENKEL W,GEORGES T J. Ceramic matrix composites for friction applications［M］// Bansal N P,Lamon J. Ceramic Matrix Composites:Materials,Modeling and Technology. Weinheim:Wiley-VCH Verlag GmbH & Co. KGaA,2014:647-671.

［15］ FAN S,ZHANG L,CHENG L,et al. Effect of braking pressure and braking speed on the tribological properties of C/SiC aircraft brake materials［J］. Composites Science and Technology,2010,70(6): 959-965.

［16］ 阎锋. 陶瓷制动盘［J］. 国外铁道车辆,2000,(01):40-41.

［17］ KRENKEL W. CMC braking materials:current status and perspectives［C］//. 8th Internaional Conference on High Temperature Ceramic Matrix Composites(HT-CMC 8).

［18］ KRENKEL W,RENZ R. CMCs for friction applications［M］// Krenkel W. Ceramic Matrix Composites. Weinheim:Wiley-VCH Verlag GmbH & Co. KGaA,2008:385-407.

[19] LANGHOF N,RABENSTEIN M,ROSENLÖCHER J,et al. Full-ceramic brake systems for high performance friction applications[J]. Journal of the European Ceramic Society,2016,36(15):3823-3832.

[20] FOUQUET S,ROLLIN M,PAILLER R,et al. Tribological behaviour of composites made of carbon fibres and ceramic matrix in the Si-C system[J]. Wear,2008,264(9):850-856.

[21] 肖鹏,熊翔,任芸芸. 制动速度对 C/C-SiC 复合材料摩擦磨损性能的影响[J]. 摩擦学学报,2006,26(1):12-17.

[22] FAN X,YIN X,HE S,et al. Friction and wear behaviors of C/C-SiC composites containing Ti_3SiC_2 [J]. Wear,2012(274):188-195.

[23] FAN S,DU Y,HE L,et al. Microstructure and properties of α-$FeSi_2$ modified C/C-SiC brake composites [J]. Tribology International,2016(102):10-18.

[24] DENG J,LI N,ZHENG B,et al. Tribological Behaviors of 3D Needled C/C-SiC and FeSi75 Modified C/C-SiC Brake Pair[J]. Tribology Letters,2017,65(2):1-11.

[25] 肖鹏,周伟,李专,等. CuxSiy 改性 C/C-SiC 复合材料的制备及其性能[J]. 中国有色金属学报,2010,20(12):2344-2350.

[26] 刘逸众,肖鹏,李专. Cu 改性 C/C-SiC 摩擦材料组织结构及摩擦磨损性能研究[J]. 摩擦学学报,2012,32(4):352-359.

[27] LI Z,LIU Y,ZHANG B,et al. Microstructure and tribological characteristics of needled C/C-SiC brake composites fabricated by simultaneous infiltration of molten Si and Cu[J]. Tribology International,2016,93(Part A):220-228.

[28] 刘逸众. Cu_3Si 改性 C/C-SiC 摩擦材料的摩擦磨损性能研究[D]. 长沙:中南大学,2012.

[29] FAN S,ZHANG L,CHENG L,et al. Microstructure and frictional properties of C/SiC brake materials with sandwich structure[J]. Ceramics International,2011,37(7):2829-2835.

[30] FAN S,SUN H,MA X,et al. Microstructure and properties of a new structure-function integrated C/C-SiC brake material[J]. Journal of Alloys and Compounds,2018(769):239-249.

[31] Brembo[EB/OL]. [2019-03-27]. https://baike. baidu. com/item/BRE-MBO/6766241? fr=aladdin.

[32] Brembo SGL Carbon Ceramic Brakes. The carbon ceramic brakes history[EB/OL]. [2019-3-27]. http://www. carbonceramicbrakes. com/en/company/Pages/history. aspx.

[33] Brembo SGL Carbon Ceramic Brakes. Application lists[EB/OL]. [2019-3-27]. http://www. carbonceramicbrakes. com/en/customers/Pag-es/App-List. aspx.

[34] Brembo SGL Carbon Ceramic Brakes. Production steps[EB/OL]. [2019-3-27]. http://www. carbonceramicbrakes. com/en/technology/Pages/pr-oduction-steps. aspx.

[35] Surface Transforms. Our tecnology[EB/OL]. [2019-3-27]. https://surfacetransforms. com/.

[36] Surface Transforms. Annual report and financial statements[EB/OL]. (2018-05-31)[2019-3-27]. https://static1. squa-respace. com/static/56a0917376d99c290ce472a0/t/5c18edc2c2241b769b1190cd/1545137605275/Surfa ce+new+AR2018. pdf.

[37] Surface Transforms. Surface transforms product images[EB/OL]. [2019-3-27]. https://surfacetransforms. com/photos.

第8章 先进核用陶瓷基复合材料

8.1 理论基础

目前,传统能源的日益短缺及污染性与全球日益增长的能源需求相矛盾,而核能作为一种清洁能源,具有燃料消耗少、运行稳定和经济性高等优点,因此,受到能源界的青睐。

自核电和平使用以来,全球曾发生过三起严重核事故。1979 年美国三哩岛核电站反应堆堆芯失水、熔毁;1986 年苏联切尔诺贝利核电站反应堆裂变反应失控;2011 年日本福岛核电站反应堆堆芯熔化、堆顶爆炸,放射物大量外泄,因此,核电站安全运行是世界各国迫切需要解决的关键问题。为进一步提高核能系统的安全性、经济竞争力,控制核废物量,有效防止核扩散,先进核能系统的研发工作已展开。

材料问题是制约先进核能系统发展的重要因素,决定着核能系统的安全性和经济竞争力。先进核能系统的工作环境极为苛刻和复杂——超高温、强中子辐照和强腐蚀,因此对服役材料的更高要求已成为材料学领域的新挑战。近年来,铁素体/马氏体钢(9%～12% Cr等)、镍基合金(Haynes 230、Inconel 617 等)、氧化物弥散强化铁素体/马氏体钢(ODS)及陶瓷(SiC,TiC 等)由于具有耐高温、耐腐蚀、抗辐照等优点,开始应用广泛。

8.1.1 核用结构材料工作环境

核反应堆根据其能量产生方式可分为裂变堆和聚变堆两种。核反应堆结构材料构成反应堆整体并保证其结构安全。对于裂变堆,其结构材料包括燃料包壳材料、堆内构件材料、反应堆压力容器材料、反应堆回路材料、蒸气发生器材料、屏蔽材料和安全壳材料等。对于聚变堆,其结构材料主要指第一壁材料。核反应堆结构材料中,裂变堆的包壳和聚变堆的第一壁材料是反应堆中工况最苛刻的重要部件[1-3]。

裂变堆包壳是装载燃料芯体的密封外壳,其作用是防止裂变产物逸散和避免燃料受冷却剂腐蚀并要有效导出热能,是核电站的第一道安全屏障。在温度和压力共同作用下,包壳会受到来自内部裂变产物和外部冷却剂腐蚀与冲刷、强烈中子辐照、振动及热应力、热循环应力和燃料肿胀等的共同作用。当燃耗增大和功率加剧时,上述危害随之增大。

对于聚变堆第一壁材料,第一壁直接面向等离子体并形成等离子体室,是聚变堆中离等离子体最近的部件,氘—氚反应产生的 14 MeV 中子、电磁辐射、中性或带电粒子等直接作用在第一壁材料表面,构成对第一壁材料的能量沉积、中子辐照损伤及其他等离子体与第一壁相互作用过程。与包壳材料类似,第一壁材料在使用中也需承受高温、高压、辐照肿胀等一系列严酷的考验。

8.1.2 对核用结构材料的要求

核反应堆的创始人费米曾经说过,堆内核用材料的优越性能是核技术成功的关键因素[1]。为了保证核电站的安全运行和设计寿命,核用材料必须满足以下的性能要求:(1)核性能,除了堆芯外控制材料,堆芯内所有材料必须满足中子吸收截面小、半衰期短、活化截面小等特性;(2)辐照性能,具有良好的抗各种粒子辐照的性能,即使辐照后产生缺陷也不至于性能降低太多;(3)化学性能,具有较强的抗腐蚀能力(包括抗冷却剂腐蚀和裂变产物腐蚀)和抗高温氧化的能力,对应力腐蚀不敏感,以及较好的不同材料之间的相容性;(4)力学性能,所选的材料必须具有足够的强度、韧性、塑性和耐热性,以保证结构的稳定性和完整性;(5)热导率较高,保证热量的快速传递;(6)材料易于加工,以满足各种工况的设计。

在金属材料体系中,适宜做核反应堆结构件的材料主要有铝及铝合金、镁合金、锆合金和奥氏体不锈钢等材料。其中最主要、最广泛使用的是锆合金材料系列。在非金属材料体系中,石墨材料是成功应用的最重要的一类。

1979 年美国的三里岛事故、1986 年苏联的切尔诺贝利事故和 2011 年的日本福岛核事故暴露了核能安全性问题,核能安全成为制约核能发展的重要因素。

福岛事故后,研制可代替锆包壳材料,正常运行时性能与锆合金相当或更安全、经济;事故时能在足够长时间内保持堆芯完整,确保核燃料、裂变产物和放射性气体不泄漏的新一代压水堆耐事故燃料包壳材料,就成为国际上安全发展核电迫切需要解决的关键问题。并且随着核能系统的不断升级和发展,特别是第四代裂变堆和聚变堆的发展,对核用材料的性能要求不断提高,堆芯材料的开发已经渐渐将目光转移到陶瓷材料身上。

8.1.3 核用陶瓷基复合材料

陶瓷材料相对于金属材料具备更高的熔点、硬度、抗高温蠕变和抗腐蚀性等,有良好的核用特点,其缺点就是较脆且不易加工。核用陶瓷材料的研发已经取得不少成果,其中以 SiC、TiN、TiC、ZrN、ZrC、MAX 相为代表的先进陶瓷已经逐渐被认为是核反应堆的可能候选材料,这些陶瓷不仅具备良好的力学和热物性能,而且还具备良好的抗辐照性能和低放射性活度[2-5]。

与金属材料的核用研究相比,陶瓷材料的研究还仅仅处于起步阶段,众多科学性和工程性的问题还有待挖掘和解决,这需要一代又一代的科研工作者致力于陶瓷材料核用研究,以期为未来核能系统提供支撑,为安全利用核能做出贡献,更为人类的发展保证能源供给。

1. SiC 基材料体系

SiC 陶瓷及其复合材料是目前研究最为广泛的核用陶瓷材料,是所有核用陶瓷材料体系中成熟度最高的一类。其中,连续碳化硅纤维增韧碳化硅复合材料(SiC/SiC)因具有低化学活性、低密度、低热膨胀系数、高能量转化率、极好的高温强度和抗腐蚀能力等优点,已成为一种极具潜力的第四代核裂变反应堆包壳材料。与锆合金相比,SiC/SiC 用作核燃料元件包壳有以下优势[6-10]：

（1）熔点高。高纯 SiC 熔点为 2 730 ℃，Zr 熔点为 1 852 ℃，因此 SiC/SiC 的工作极限温度可高达 2 000 ℃，即使遇到冷却剂丧失事故也无危险；

（2）SiC 与水蒸气反应活性很低，可避免福岛核电站事故中灼热蒸气与过热包壳接触产生大量氢气，并且避免放热反应；

（3）SiC/SiC 耐腐蚀性好，可大大延长包套管服役周期，甚至与燃料同寿命；

（4）SiC/SiC 中子吸收截面更低，与锆合金包壳相比，可节约 25% 燃料；

（5）SiC/SiC 具有更优异的高温强度和更低磨损率，可避免因磨损导致失效的概率；

（6）SiC/SiC 包壳安全使用温度高于锆合金包壳，因此反应堆可在更高温度下运行，从而提高约 30% 的功率；

（7）反应堆运行温度提高，核燃料燃烧更充分，废料放射性降低，从而降低废料处理难度。

福岛核事故暴露了锆合金的安全隐患，但也促成了事故容错型（ATF）包壳，即新一代堆芯材料的研究和开发。在典型商用压水堆系统中，SiC/SiC 复合材料被公认为严重事故中最具有突出被动安全特性的新一代耐事故燃料的包壳材料，是对压水堆燃料元件根本性、革命性的改进，其科学依据如下[6-10]：

（1）SiC/SiC 复合材料克服了单相 SiC 陶瓷的脆性，具有伪塑性断裂行为，避免了灾难性的力学破坏行为；

（2）熔点高。高纯 SiC 熔点为 2 730 ℃，SiC/SiC 工作温度可达 1 300 ℃以上，LOCA 情况也无重大险情；

（3）SiC 与水蒸气反应活性很低，可避免福岛核电站事故中高温蒸气与锆反应产生大量氢气而发生爆炸；

（4）SiC/SiC 抗中子辐照［接近 150 dpa（辐照剂量单位）］，耐腐蚀性好，可大幅延长包壳管服役周期，甚至可以与燃料同寿命；

（5）SiC/SiC 中子吸收截面更低，可提高反应堆经济性，其热中子吸收横截面较锆合金降低 15% 以上，采用同样的铀 235 燃料（浓缩度 5%）时，燃料燃耗可以由 60 000 MWd/tU 提高到 70 000 MWd/tU；

（6）SiC/SiC 可使反应堆高温运行，从而大幅提高堆功率；

（7）反应堆运行温度高，燃料燃烧更充分，废物放射性降低，从而大幅度降低废物后处理难度；

（8）SiC/SiC 硬度高，具有更优异的耐磨损率，可以有效减少由于冷却剂中碎片和格栅导致的磨损，可避免磨损导致的失效（66.7% 的 LWR 锆包壳燃料失效率）。因此，SiC/SiC 燃料包壳能够满足更高辐照温度和更高辐照剂量的设计需求，从而可在事故发生、包壳温度达到 1 200 ℃时仍保持较好的结构完整性和性能保持率，能有效延长核反应堆事故应急处理时间，避免灾难性事故的发生。使提高现有反应堆的安全性，发展小型化、全寿命核反应堆，提高反应堆运行温度，输出更大功率，增加燃耗，提高核燃料利用率，减少放射性废物成为可能。

此外，在 14 MeV 中子辐照下，SiC/SiC 复合材料具有低感生放射性、高尺寸稳定性（β-SiC

在 800～1 000 ℃中子辐照后其肿胀小于 0.2%)、低诱导放射性、低衰变热以及低氚渗透性，使得 SiC/SiC 也成为核聚变反应堆第一壁的优良候选材料。近年来 SiC/SiC 在很多聚变反应堆第一壁结构材料概念设计中颇受瞩目，如欧盟的 TAURO 设计，美国 ARIES 设计及日本 DREAM 设计等[11,12]。

2. ZrC 基材料体系

ZrC 可用作 TRISO 燃料包覆层的中间层[13]，英国、美国等发达国家已经对该类材料高度重视，近年来相继立项开展研究。英国工程与物理科学研究会(engineering and physical sciences research council,EPSRC)2015 年批准关于 ZrC 核用陶瓷研究项目 8 项，美国 Ma-RIE(matter-radiation interactions in extremes)也计划进行包括 SiC、ZrC 等核用陶瓷材料的辐照评价和模拟。相比 SiC,ZrC 有着更加优异的抗辐照性能。Snead[14,15]等对比了 ZrC 和 SiC 在不同辐照条件下的性能变化，发现 ZrC 在不同温度和不同辐照计量条件下，晶格参数和热导率的变化不明显，存在一定的稳定性，而 SiC 在不同温度和不同辐照计量条件下，发生明显肿胀且热导率变化较大。另外,Jiang[16]等对比不同辐照计量下 ZrC 和 SiC 结晶度的变化，其中 SiC 在 0.33 dpa 剂量下 Si 亚晶格就发生坍塌,ZrC 在 1 dpa 剂量下 Zr 亚晶格保持相对稳定。辐照下 ZrC 中 Zr 亚晶格稳定性好，在宽温范围内显示出优良的抗辐照肿胀性能，预示了在高温和高辐照极端条件下仍具有良好的稳定性。Snead[15]等利用中子对 ZrC0.87 进行辐照，在 1 023 ℃时观察到弗兰克位错环(frank loops),温度高于 1 023 ℃时棱柱形位错环形成。Gosset[16]等利用 4 MeV 的 Au 重离子辐照 ZrC,发现小的位错环产生。Yang 等[17]利用质子对非化学计量比的 ZrC 进行辐照，发现非化学计量比的 ZrC 具有更优越的抗辐照性能。Agarwal 等[18]利用 He 粒子对 ZrC 辐照，发现温度大于 1 100 ℃,氦泡会产生移动。此外,ZrC 中[137]Cs 的扩散系数在 1 600 ℃时为 $(1×10^{-18}～5×10^{-18})$ m^2/s,在 1 800 ℃时为 $(2×10^{-18}～1×10^{-17})$ m^2/s,比相同条件下 SiC 中[137]Cs 的扩散系数低 2 个数量级。

3. MAX 相基体系

三元层状化合物 MAX 相因具有金属和陶瓷共有的优异性质而得到广泛关注。与此同时,MAX 相也体现出良好的耐辐照损伤性能，如 E. N. Hoffman 等[19]对 MAX 碳化物材料用于未来核电厂的堆心应用和中子嬗变性能进行了分析。将商业纯度的 MAX 相材料分别置于快中子反应堆和热中子反应堆 10 年、30 年和 60 年，模拟计算它们的中子活度。模拟分析结果表明，不论是在快中子堆还是在热中子堆中，三种活化时间条件下,MAX 相材料的活度与 SiC 相似，而比 617 合金低三个数量级。近几年，通过一系列重离子辐照模拟研究也表明 MAX 相材料具有相当优异的耐损伤特性，获得了广泛的关注。

8.2　核心技术

陶瓷基复合材料是一类新型先进核用结构材料体系，也是陶瓷基复合材料在先进核能系统应用的拓展改进，但是总体来说，国内先进核用陶瓷基复合材料的技术成熟度仍然较低，仍需开展广泛而深入和前瞻性研究。SiC/SiC 复合材料是技术成熟度较高的候选材料体系。

8.2.1　材料体系

1. 核级 SiC 纤维

为了满足高温结构材料的要求，碳化硅纤维从最初的高氧含量、富游离碳和低结晶度（CG-Nicalon）发展到近化学计量比、低氧含量和高结晶度的第三代产品（hi-nicalon type s 与 tyranno SA3）。美国和日本的核能计划研究表明，使用第三代碳化硅纤维的 SiC/SiC 复合材料极大提高了中子辐照条件下的结构与性能稳定性。

目前，国际、国内针对连续碳化硅纤维的研究和生产都非常有限，该领域的高端应用，包括核能材料开发，基本被日本碳素公司和宇部兴产公司所垄断。当前可用于核反应堆的 SiC 纤维主要为 Hi-Nicalon S 型和 Tyranno-SA3 型纤维，见表 8.1。

表 8.1　三代 SiC 纤维[20]

纤维牌号	Hi-Nicalon S	Tyranno SA3
制造商	日本碳素	日本宇部兴产
纤维代次	Ⅲ代	Ⅲ代
C/Si	1.05	1.07
O 的质量分数/%	0.2	<1
其他添加剂	—	Al
SiC 晶粒尺寸/nm	~50	~200
杨氏模量/GPa	420	380
拉伸强度/GPa	2.6	2.8
密度/$(g \cdot cm^{-3})$	3.10	3.10
CTE/$(10^{-6} K^{-1})$	5.1	4.5
热导率/$[W \cdot m^{-1} \cdot K^{-1}]$	18.4	65

厦门大学[21]率先突破了 Hi-Nicalon S 级连续三代 SiC 纤维制备技术，并由福建立亚新材有限公司实施工程转化生产。国防科技大学采用两条技术路线研制出了 Hi-Nicalon S 级的 KD-S 型和 Tyranno SA 级的 KD-SA 型的两种第三代连续 SiC 纤维，并形成了年产百公斤级的小批量试制能力。

总体来说，针对核用的连续 SiC 纤维仍需进一步改进和发展，主要问题在于辐照环境下的稳定性。例如，美国橡树岭国家实验室研究表明，SiC 纤维中自由碳的微小结构变化及纤维界面间裂纹的产生是造成 SiC/SiC 复合材料强度下降的主要原因，因此，针对核用三代 SiC 纤维，特别要注意控制制造工艺确保实现准化学计量比、低含氧量、连续长度且细直径、高结晶度、高导热性能。

2. 界面相材料

界面层的成分和结构对复合材料的力学性能、热物理性能、抗氧化性能及耐辐照性能都有重要的影响。目前，最常用的界面层材料是热解碳（PyC）和六方氮化硼（h-BN），但由于 B 元素在中子辐照下会快速嬗变，不能用作核材料。

PyC 界面层具有层状晶结构，可有效使裂纹偏转，消耗大量断裂能而提高复合材料的韧性。一般来说，PyC 界面层的力学性能较好，但 PyC 界面层并不能完全满足核用 SiC/SiC 复合材料的终极性能需求，主要体现在导热性能和辐照稳定性。PyC 自身热导率较低，又与 SiC 晶格匹配较差，影响界面处的声子热传导，导致复合材料整体热导率较低。PyC 辐照后会发生缓慢但全面的收缩—肿胀及最终的无定型化转变，造成复合材料力学性能下降，甚至最终失效，因此，优化 PyC 界面相材料体系并发展其他抗辐照的新型界面相材料体系，使其具有高稳定、高导热、准韧性、抗辐照、抗氧化等优异性能。

（PyC/SiC）$_n$ 等多层界面和多孔 SiC 界面，可同时提高 SiC/SiC 复合材料的强度和韧性，使 SiC/SiC 复合材料具备良好的力学性能和抗氧化性能。此外，研究显示，（PyC/SiC）$_n$ 界面较多孔 SiC 界面具有更好辐照稳定性和辐照后断裂强度。

此外，以 Ti_3SiC_2 为代表的 MAX 相陶瓷优异的耐辐照性能、抗氧化性能和断裂能吸收能力正是先进核用 SiC/SiC 复合材料界面层所需要的，目前国内外有关注研究，但尚无有效的方法在纤维表面制备出 MAX 相涂层。

通过电泳沉积工艺（electrophoretic deposition，EPD）制备的 CNTs 界面也受研究人员关注。

3. SiC 基体材料

发展高纯度、高导热、高致密性、抗辐照的低成本长寿命超高温陶瓷基体制备技术成为目前的迫切需求。

总之，SiC/SiC 作为反应堆结构复合材料的研究是近 20 年来的研究热点，尤其是国际热核聚变实验堆（international thermonuclear experimental reactor，ITER）计划的推进，围绕 SiC/SiC 的热导率优化，在 SiC 基体材料的实验和计算模拟上都积累了丰富的经验。研究表明，通过对 SiC/SiC 复合材料纤维、界面和基体进行优化设计，可提高复合材料的热导率，但是，目前提高 SiC/SiC 热导率的方法都存在制备温度高和引入不利于辐照性能的杂质等缺点，并且对 SiC/SiC 热导率的影响因素缺乏系统研究，因此还需进一步研究。

4. 连接/封装材料

SiC 陶瓷连接主要方法包括：金属钎焊、固相扩散焊、过渡液相反应焊接、陶瓷—玻璃焊接、Si-C 反应焊及 MAX 相焊接等。兼具连接工艺性及核性能要求的主要有 SiC 体系、玻璃钎料体系和 MAX 相体系，其中玻璃钎料体系主要有 Y-Al-Si-O（YAS）和 Mg-Al-Si-O（MAS）玻璃体系，通过掺杂调控玻璃组成可获得热膨胀匹配、软化点较高、工艺温度黏度低、析晶可控的 MAS 及 YAS 材料体系。

此外，MAX 相材料如 Ti_3SiC_2、Ti_3AlC_2 和 Ti_2AlC，具有良好的可加工性，高强度和弹性模量，良好的导电性和导热性，热稳定性和抗高温氧化性、中子吸收截面较小、与 SiC 的晶格匹配较好，被认为是 SiC 连接层材料的候选之一。

5. 环境涂层材料

环境涂层材料体系以高纯度、大晶粒、取向优良的 SiC 涂层为主,兼顾 MAX 相等其他涂层材料。

8.2.2　制备工艺

1. 核级纤维预制体成型工艺

国产三代 SiC 纤维尚在成熟化阶段,本征脆性高模的 SiC 纤维对预制体成型工艺及设备非常敏感,极易在织造过程中产生不可避免的损伤,如何减少这种不可避免的损伤,实现纤维预制体结构设计需求和复合材料结构力学要求,是确保核用 SiC/SiC 复合材料,特别是包壳管等薄壁管材制备的极富挑战性的关键技术之一。

2. 界面相制备工艺

界面相制备工艺主要在于优化 PyC 界面相制备工艺,发展(PyC/SiC)$_n$ 多层界面及 Ti$_3$SiC$_2$ MAX 相等其他抗辐照的新型界面相材料制备工艺,使其具备高稳定、高导热、准韧性、抗辐照、抗氧化等优异性能。

3. 陶瓷基体致密化工艺

SiC 基体制备工艺主要包括:化学气相浸渗(CVI)、前驱体浸渍裂解(PIP)、反应熔渗(RS)和热压(HP)等,以及纳米粉浸渍复合瞬态共晶(nano-powder infiltration and transient eutectoid,NITE)等创新工艺,表 8.2 总结对比了目前几种制备 SiC 基体的常用工艺及其优缺点。

表 8.2　对比目前几种制备 SiC 基体的常用工艺及其优缺点

制备工艺	制备温度/℃	密度/(g·cm^{-3})	热导率/(W·m^{-1}·K^{-1})	添加剂	基体组成
CVI	~1 000	2.3~2.5	~15	—	β-SiC
PIP	>1 600	与 PIP 次数有关	~10	—	β-SiC、α-SiC、Si-C-O
CVI+PIP	>1 600	2.6~2.8	35~45	—	β-SiC、α-SiC、Si-C-O
RS	>1 800	2.8~3.0	65~130	烧结助剂	β-SiC、Si
NITE	~1 900	2.7~3.1	~70	烧结助剂	β-SiC、烧结助剂
SITE-A	~1 900	—	~70	烧结助剂	β-SiC、烧结助剂
SITE-P	>1 600	~2.7	40~60	—	β-SiC、α-SiC、Si-C-O

可以看出,CVI 工艺可在较低温度、无须添加烧结助剂的情况下制备出较为纯净的 β-SiC,但其密度和热导率有待进一步提高。CVI 法是制备 SiC/SiC 的先进基础工艺,所制备的 SiC 基体为较纯净、晶态,并且缺陷较少的 β-SiC,而 β-SiC 具有良好的抗辐照能力,因此 CVI 是制备 SiC/SiC 核结构复合材料的最佳工艺,但是产品热导率不够理想且孔隙率较高(10%~15%),成为该方法制备 SiC 基体面临的主要问题,因此,必须发展高纯度、高导热、高致密性、抗辐照的低成本长寿命陶瓷基体制备技术。

4. 连接/封装工艺

SiC 陶瓷连接主要方法包括：金属钎焊、固相扩散焊、过渡液相反应焊接、陶瓷—玻璃焊接、Si-C 反应焊及 MAX 相焊接等，但是，大部分均基于传统的热压烧结的方法，需要高温高压。这种方法在一定程度上会导致 SiC 纤维/SiC 基体的晶粒长大，造成复合材料力学性能降低。玻璃钎焊是一种比较可行的连接/封装工艺。在连接材料提供化学黏结连接外，针对包壳管等典型几何形式，可设计合适的机械连接形式，如螺纹连接、锥度配合、销钉连接及组合形式。针对核燃料元件/组件的现场应用，必须发展适用的连接/封装工艺，如局部激光钎焊。

5. 环境涂层工艺

环境涂层工艺就是以高温化学气相沉积工艺制备 SiC 涂层为主，兼顾 MAX 相等其他涂层材料工艺，发展与复合材料基底结合紧密、耐环境介质腐蚀、冲刷的环境涂层制备技术。

8.2.3 性能评价

针对 SiC/SiC 复合材料板材、管材、连接件进行物理性能（热、气密）、力学性能（拉伸、完全、蠕变）、环境性能（介质腐蚀、应力腐蚀、与燃料相互作用）、辐照性能（离子、中子）；分析材料失效行为，探究失效机理；建立失效预防和延缓措施；数据反馈给材料进一步优化设计和制备；在此过程中建立的数据库和测试标准，发展适用于陶瓷基复合材料的测试、分析、表征的评价考核方法、技术及体系。

1. 物理性能

以压水堆包壳管为例，包括高温热导率、热膨胀系数和比热容的和气密性。

2. 力学性能

以压水堆包壳管为例，包括内压疲劳、内压蠕变、高温内压爆破等力学性能数据及高温长时时效后性能稳定性等。

3. 环境效应

以压水堆包壳管为例，环境效应包括高温高压水腐蚀行为、应力腐蚀开裂行为，以及与燃料相互作用（包括 PCCI 和 PCMI）。

研究环境效应的意义是：开展 SiC/SiC 包壳管与不同种类热导率增强型 UO_2 ATF 燃料芯块相容性研究，获得包壳—燃料的化学相容性（pellet cladding chemical interaction，PCCI）、物理相容性（pellet cladding mechanical interaction，PCMI）和辐照相容性性能；掌握 SiC/SiC 包壳管与不同芯块的相互作用规律；筛选适合 SiC/SiC 包壳管的 ATF 燃料芯块；反馈指导 SiC/SiC 包壳管制备工艺/性能的进一步优化；为具有优良堆内服役性能的 SiC/SiC ATF 燃料小棒及燃料元件成功制备奠定基础。

4. 辐照效应

辐照效应就是通过 SiC/SiC 复合材料、复合材料连接件及封装管件的中子辐照考核，获取 SiC/SiC 复合材料及其封装连接管件样品经反应堆中子辐照后的中子辐照损伤规律、性能与结构变化。

此外,陶瓷基复合材料在不同反应堆类型的应用,由于所用核燃料类型不同,其相互作用也不同;热工介质不同,其环境腐蚀作用也不同;反应堆类型不同,辐照类型也不同,造成材料损伤的主要作用也有所差异,因此,发展不同堆型核动力系统环境,材料安全服役寿命的考核评价技术是安全发展核能系统的重要保障,系统全面考核评价陶瓷基复合材料在各种堆型应用是亟待开展的工作。

8.2.4 潜在应用

SiC 陶瓷及其复合材料是目前研究最为广泛的核用陶瓷材料,是所有核用陶瓷材料体系中成熟度最高的一类。其中,连续碳化硅纤维增韧碳化硅复合材料(SiC/SiC)因其低中子活性和耐中子辐照能力、抗高温蠕变、耐氟盐(FLi-Na-K)和铅铋(Pb-Bi)腐蚀、抗高温氧化、高导热等特性,被认为是下一代核燃料包壳、面向高辐照环境结构组件和散裂靶结构单元、核聚变堆流道插件等应用的最佳候选材料之一。SiC/SiC 复合材料在多种类型核反应堆结构材料的潜在应用,见表 8.3。

表 8.3 SiC/SiC 复合材料在多种类型核反应堆结构材料的潜在应用

反应堆类型	应用部位	工作条件	计划/设计实例	可能部署
聚变	包层结构 液态金属流道插件	He,Pb-Li 400~900 ℃ >50 dpa	ARIES-AT,ACT EU-PPCS C&D DREAM	长期
高温气冷堆、 超高温 气冷堆	反应控制系统 核心支撑	He 600~1 100 ℃ 高达 40 dpa	NGNP PBMR GT-HTR300C	近期
轻水堆	通道盒 定位格架 燃料包壳	水 300~500 ℃ 约 10 dpa	PWR(WHC) BWR(EPRI)	近中期
熔盐堆	核心结构 反应控制系统	熔盐 约 700 ℃ >10 dpa	AHTR DOE IRP SMRs	长期
钠冷快堆	核心结构 燃料包壳/支撑	液钠 500~700 ℃ >100 dpa	CEA	长期
气冷快堆	核心结构 燃料包壳/支撑	He 700~1 200 ℃ >100 dpa	CEA GA EM²	长期

1. 最新研究进展评述及国内外研究对比分析

发展安全、经济、高效和洁净的核能,对满足我国经济发展不断增长的能源需求,改善大气环境,调整能源结构,实现能源、经济和生态环境协调可持续发展,提升综合国力,具有重要意义,也是我国遵守《巴黎协议》,推动"一带一路"倡议的重要组成部分,而积极推进核电安全发展、推动核电出口,则是我国重要的能源经济战略。

从国际核能发展的趋势来看,为进一步提高核能系统的安全性、经济性、可持续发展性和防止核扩散等因素,新一代核能系统的研发已经展开,主要体系包括:(1)第四代核能裂变系统(Generation-Ⅳ),其主要有六种堆型,如超高温气冷堆(VHTR)、超临界水冷堆(SCWR)、钠冷快堆(SFR)、铅冷快堆(LFR)、气冷快堆(GFR)和熔盐堆(MSR);(2)加速器驱动次临界清洁核能系统(ADS);(3)聚变核能系统;(4)聚变—裂变混合能源系统。新一代的核能系统的发展对核用材料也提出了更高的要求,抗辐照、耐高温和耐不同冷却剂腐蚀性能更好及寿命更长的高性能核用材料的开发迫在眉睫。

核能产业在带来巨大的社会效益、经济效益和环境效益的同时,在公众心中又很敏感。日本福岛重大核事故对世界核能发展影响很大,直接导致本已蓬勃发展的世界核能市场跌入冰点,造成欧洲多国开始弃核,导致我国核电审批停滞长达 5 年之久,所以核安全永远是公众与政府的最大关切,是核能的生命线。任何增加核安全的技术都有利于树立公众信心,有利于政府坚定扩大核能应用的决心。

SiC/SiC 复合材料最初发展目标主要是高性能航空发动机热端部件应用,目前已经逐步实用化。而在核能方面,主要集中在聚变堆研究。2011 年日本福岛核事故后,现役锆合金包壳与水反应造成的安全隐患问题,使得 SiC/SiC 陶瓷基复合材料成为事故容错燃料与事故容错核心的候选材料,在国际上掀起了 SiC/SiC 复合材料应用于核燃料包壳的研究热潮。目前,主要研究机构见表 8.4。

表 8.4 研究 SiC/SiC 复合材料应用于核燃料包壳的主要机构

国别	主要研究机构
美国	INL、ORNL 等国家实验室和大学、西屋和通用 GA 等企业
日本	IEST、京都大学、室兰工业大学、东芝、揖斐电等
法国	原子能和替代能源委员会 CEA 和大学等
俄罗斯	无机材料高技术研究所、俄罗斯原子能公司
韩国	原子能研究院和大学等

其中,美国、法国、日本相关机构已在中国申请若干项专利。

目前,美国、日本及法国等发达国家均在大力研究发展核级 SiC/SiC 复合材料。以日本京都大学为代表,采用 NITE 工艺,成功制备了致密的 SiC/SiC 复合材料,抗渗透性能、热导率、高温下抗辐照性能及高温力学性能均基本满足要求,并发展了包壳管的制备工艺和相关的连接工艺,但是材料脆性相对比较高,而且成型工艺复杂,难以制备大尺寸构件。此外,美国也正在建立反应堆用陶瓷基复合材料制备规范(specifications)、测试标准(test standards)、设计方法(design approaches)、规则和条例(regulations and codes)。并已形成某些测试标准,如美国材料与试验协会(american society for testing and materials,ASTM)对核用 SiC/SiC 包壳管试件的室温力学性能测试已形成的标准见表 8.5。

表 8.5　对核用 SiC/SiC 包壳管试件的室温力学性能测试方式标准

序号	试件型号	室温力学性能测试标准
1	ASTM C1793-15	核用纤维增强 SiC/SiC 复合材料结构发展规范的标准指南
2	ASTM C1773-17	在环境温度下测定连续纤维增强先进陶瓷管状试件单调轴向拉伸行为的标准试验方法
3	ASTM C1863-18	用直接加压法在环境温度下测定连续纤维增强陶瓷复合材料管状试件环向拉伸强度的标准试验方法
4	ASTM C1819-15	使用弹性衬垫在环境温度下测定连续纤维增强型先进陶瓷复合材料陶瓷复合管试件的环向拉伸强度的标准试验方法
5	ASTM C1862-17	在环境温度和高温下测定先进陶瓷管端塞连接名义连接强度的标准试验方法

此外,在压水堆耐事故燃料包壳应用的热点研究之外,国外也渐次展开 SiC/SiC 复合材料在其他反应堆型的应用研究,包括沸水堆、气冷堆、熔盐堆等核裂变反应堆和核聚变系统。

在我国,SiC/SiC 复合材料研究具有较好基础。以厦门大学和西北工业大学为代表,分别突破了连续 SiC 纤维和 SiC/SiC 复合材料的制备关键技术,已初步开展了 SiC/SiC 复合材料力学性能评价和热化学环境行为研究,并开始用于高性能航空发动机应用验证,但在核能领域,核级近化学计量比 SiC 纤维刚开始工程化和产业化,核级 SiC/SiC 复合材料及包壳管研究也才刚起步,众多问题有待解决,如复合材料致密化、现场连接、核环境下材料行为和失效机理等。

以 SiC/SiC 复合材料在压水堆燃料包壳应用为例,先进核用陶瓷基复合材料目前主要存在的共性科学问题有:

(1)SiC/SiC 复合材料的辐照效应、失效行为、机理及延缓机制;

(2)CVD SiC/SiC 复合材料的腐蚀失效行为、机理及预防措施;

(3)SiC/SiC 复合材料的高温蒸气氧化行为及机理;

(4)SiC/SiC 复合材料的辐照、腐蚀/氧化耦合环境下的力学失效行为、微观机理、延缓机制及措施;

(5)SiC/SiC 复合材料的导热传热机理及提高导热性能机制。

由于核能系统应用领域的技术特殊性,以及研发周期超长的特点,在进一步加大投入的同时,更需要在国家层面加强顶层设计,统筹规划,充分发挥国内外各方面资源条件,促进相关核用陶瓷基复合材料健康快速成长,为早日投入使用及服务国家战略发挥其应有作用。

2. 产业应用与工程应用

以 SiC/SiC 复合材料为代表的陶瓷基复合材料具有极其优异的性质和非常广泛的应用前景,在航空、航天领域已经有成功应用案例,并且形成了一定规模的商品化产品,但在核能应用总体来说,核用陶瓷基复合材料技术成熟度仍较低,尚未实现工业化生产,国内外尚无核用陶瓷基复合材料产业化应用案例,也未建立完善的设计、制造、评价考核体系,距离智能制造尚有较大差距。

核能是安全、清洁、低碳、高能量密度的战略能源。发展核能对于我国突破资源环境的瓶颈制约,保障能源安全,实现绿色低碳发展具有不可替代的作用。我国核电发电量占比只有 3.94%,远低于 10.7% 的国际平均水平。核电必须安全、高效、规模化发展,才能成为解决我国能源问题的重要支柱之一。

核能发展仍面临可持续性(提高铀资源利用率,实现放射性废物最小化)、安全与可靠性、经济性、防扩散与实体保护等方面的挑战。国际上正在开发以快堆为代表的第四代核能系统,期待能更好地解决这些问题。

此外,需积极发展模块化小堆,开拓核能应用范围,如小型模块化压水堆、高温气冷堆、铅冷快堆等堆型,其固有安全性好,在热电联产、供热(城市区域供热、工业工艺供热、海水淡化)、浮动核电站等方面具有广泛潜在应用。

8.3　未来预测和发展前景

对于核级 SiC 纤维原材料和核用 SiC/SiC 复合材料而言,目前无法从国外获得核级 SiC 纤维,而国产 SiC 纤维缺乏辐照考核数据,尚不确定其性能是否满足堆内应用要求。由于核级材料研发周期漫长,辐照考核成本高昂,并涉及从纤维制备、燃料元件设计到安全当局评审的诸多环节,因此,需尽快推动自主研发 SiC 纤维及 SiC/SiC 复合材料的入堆辐照,同时提高纤维及复合材料的工艺稳定性、降低生产成本。

加快发展以 SiC/SiC 为代表的核用陶瓷基复合材料,实现我国先进压水堆耐事故燃料组件及关键核用 SiC/SiC 复合材料燃料包壳国产化、自主化,不仅对我国先进轻水堆耐事故燃料的研发意义重大,而且是我国核燃料技术领域的当务之急,可预防严重事故,有效缓解事故后果,从根本上提高轻水堆安全,从而避免福岛灾难在我国发生;实现我国核燃料技术的跨越式创新发展,实现完全自主知识产权的 SiC/SiC 核燃料元件中国制造,加快国产 SiC/SiC 耐事故燃料元件的工程应用;保障国内日益增建的反应堆安全运行,保驾“华龙一号”等国产型号顺利出海。此外,还可为我国未来先进核能系统反应堆和受控热核聚变堆用 SiC/SiC 复合材料研发奠定坚实基础。

我国现役核电站燃料包壳材料均为国外已经开发定型的锆合金,近年来虽然我国紧跟国外研究方向,不断进行具有自主知识产权的包壳合金的研发(如中核集团的 CF-N36、广核集团的 STEP-CZ),但无论从材料研发进展程度、性能,还是从规模生产、入堆评价周期来看,短时间内都难以满足实际应用的要求。即便研制出符合反应堆技术指标要求的高性能锆合金,但随着核电技术的日益发展,也必将在研究层次上落后于其他核电大国。目前,国外已在全力推进 SiC/SiC 耐事故燃料包壳的研发,但距离实际应用还有一定的差距。我国如果能够及时同步开展相关研究,迎头赶上耐事故燃料发展的趋势,那么就可以拥有自主化、完全知识产权的 SiC/SiC 耐事故燃料技术,未来就能够在该领域拥有一席之地。

当前我国已把核电技术出口摆在了国家战略的高度,急需拥有自主知识产权、技术先进、更加安全的核燃料打开国际核电市场,因此对核燃料的技术水平提出更高要求。基于全新设计理念的 SiC/SiC 耐事故燃料,将完成从关键技术攻关到集成产品全周期的研发,形成核心技术能力,对于实现国家能源战略,保障核电技术出口,打开国际核电市场具有重要的支撑作用。

我国核燃料研发方面的人才队伍和软硬件设施建设正处于快速增长期,亟待在最短时间内完成技术和设施的完善升级。SiC/SiC 耐事故燃料经过近五年的研究工作,已经建立起全国范围内跨行业的研发团队;试验与检测装置逐步完善;通过 SiC/SiC 耐事故燃料研发项目的牵引,建设高水平研发团队和先进的燃料与材料试验与检测平台及标准,为我国核燃料技术的长久发展,为我国拥有自主国产,形成研发—应用先进耐事故产业链奠定基础。

就目前来看,现实需求有以下四方面:

(1)国产第三代先进压水堆安全性的需求提高,需要发展更耐高温、抗辐照的 SiC/SiC 耐事故包壳管取代目前的锆包壳管。

(2)发展小型化、全寿命的核反应堆的需求。小型化、全寿命的核反应堆有助于提高核能利用率,但对包壳材料安全性提出更苛刻的要求,即运行温度高和抗辐照性能好,而 SiC/SiC ATF 包壳管有潜力满足上述需求。

(3)发展未来第四代先进反应堆(generation IV reactors)的需求。以超高温气冷堆(very high temperature reactor,VHTR)和气冷快堆(gas-cooled fast reactor,GFR)为代表的第四代反应堆设计温度达到 1 100 ℃,中子辐照剂量高,金属/合金材料无法满足安全要求,SiC/SiC 耐事故结构材料是理想的选择。

(4)发展中国聚变工程实验堆(china fusion engineering test reactor,CFETR)的需求。CFETR 作为世界聚变能发展的更关键一步,将验证等离子体稳态运行、氚自持、聚变堆材料、聚变堆部件、聚变堆发电等国际热核聚变实验堆(international thermonuclear experimental reactor,ITER)未涵盖的示范堆技术。目前,CFETR 已完成概念设计并进入工程设计阶段,所有涉核部件还没有定型可用的材料,而 SiC/SiC 复合材料被公认为最有应用前景的热端结构材料。

综上所述,SiC/SiC ATF 燃料的研发可以作为我国核燃料领域跨越式发展的突破口。顺应国际核电技术发展潮流,充分利用优先发展优势,全力推进燃料技术的快速、可持续发展,打破国外垄断,为我国核电的技术安全和核心利益提供保障,同时我国未来更先进核能系统奠定 SiC/SiC 结构材料基础。

根据多位核领域专家院士提出的核能技术方向研究及发展路线图[22],结合先进核用陶瓷基复合材料研究发展现状,可对我国先进核用陶瓷基复合材料发展前景归纳如下:

中短期(至 2035 年):完成耐事故核燃料元件开发和严重事故机理及严重事故缓解措施研究,预期核安全技术取得突破,在运行和新建的核电站全面应用,实现消除大规模放射性释放,提升核电竞争力;积极探索模块化小堆(含小型压水堆、高温气冷堆、铅冷快堆)应用。针对上述目标,首先需要加强材料基础研究。对于压水堆应用来说,SiC/SiC 复合材料燃料包壳能够满足更高辐照温度和更高辐照剂量的设计需求,从而可在事故发生、包壳温度达到

1 200 ℃时仍保持较好的结构完整性和性能保持率,能有效延长核反应堆事故应急处理时间,避免灾难性事故的发生。

开发以钠冷快堆为主的第四代核能系统,积极开发模块化小堆、开拓核能供热和核动力等利用领域;钠冷快堆等部分第四代反应堆成熟,突破核燃料增殖与高水平放射性废物嬗变关键技术。

探索发展小型化、全寿命核反应堆模块化小堆(含小型压水堆、高温气冷堆、铅冷快堆)多用途利用,提高反应堆运行温度,输出更大功率,增加燃耗,提高核燃料利用率,减少放射性废物成为可能。

中长期(至 2050 年):发展核聚变技术等颠覆性技术,实现快堆闭式燃料循环,压水堆与快堆匹配发展,力争建成核聚变示范工程。对于能用于示范堆或聚变电站的结构材料目前国际上尚无明确目标,需根据目前处于基础研究阶段的若干新型材料的研究进展来确定是否持续研发,即实行滚动规划发展,只有达到某个阶段目标后才能进入下一阶段的研发。鉴于国内外新材料的研究突飞猛进、日新月异,需要及时根据国际动态及研究状况,及时调整优选的先进结构材料。此外,不管是裂变中子或聚变中子的辐照测评,时间和经费的投入都比较大,都需要提前布局和预算。

陶瓷基复合材料是先进陶瓷材料发展应用的新蓝海,核用陶瓷基复合材料又对陶瓷基复合材料发展提出了更高的新要求,但总体来说,仍处在弱小的成长初期。尽管 SiC 最终在反应堆用元器件领域的实际应用仍需大量科研、工艺攻关,但随着核安全意识的逐渐提高,SiC 陶瓷基复合材料将在压水堆、沸水堆、熔盐堆及未来聚变堆的核心结构材料中表现出愈加广阔的应用前景。在国家力推"核电出海"和中国核电建设快速发展的背景下,在先进核能系统中,无论是民用核电、核动力舰船、核动力海上浮动平台,还是未来的核能推进飞行器和空间探测器等,积极探索开拓先进核用陶瓷基复合材料应用场景,推进先进核能系统在空、天、地、海装备的全方位应用。

参考文献

[1]　杨文斗. 反应堆材料学[M].北京:原子能出版社,2000.

[2]　LAKE J A. The fourth generation of nuclear power[J]. Progress in Nuclear Energy,2002,40(3-4):301-307.

[3]　YVON P,CARRÉ F. Structural materials challenges for advanced reactor systems. Journal of Nuclear Materials[J]. 2009,385(2):217-222.

[4]　薛佳祥. 核能系统用钛基非氧化物陶瓷的制备及性能研究[D].北京:中国科学院大学,2013.

[5]　鲍伟超. 锆基陶瓷辐照效应及包壳陶瓷涂层改性研究[D].北京:中国科学院大学,2018.

[6]　程亮,张鹏程. 典型事故容错轻水堆燃料包壳候选材料 SiCf/SiC 复合材料和 Mo 合金的研究进展[J].材料导报,2018,32(13):2161-2166.

[7]　KATOH Y,SNEAD L L,NOZAWA T,et al. Thermophysical and mechanical properties of near-stoichiometric fiber CVI SiC/SiC composites after neutron irradiation at elevated temperatures[J]. Journal of Nuclear Materials,2010,403(1-3):48-61.

[8] GRIFFITH G W. U. S. Department of Energy Accident Resistant SiC Clad Nuclear Fuel Development[R]. office of scientific & technical information technical reports,2011.

[9] SNEAD L L,NOZAWA T,KATOH Y,et al. Handbook of SiC properties for fuel performance modeling[J]. Journal of Nuclear Materials,2007,371(1-3):329-377.

[10] CORWIN W. SiC/SiC composites are potentially applicable to multiple advanced reactor concepts[R]. In Nuclear Energy University Programs(NEUP),Fiscal Year(FY)2017 Annual Planning Webinar Advanced Reactor Components(Subtopics RC-1 & 3),Office of Advanced Reactor Technologies U. S. Department of Energy,August 10,2016

[11] RICCARDI B,GIANCARLI L,HASEGAWA A,et al. Issues and advances in SiCf/SiC composites development for fusion reactors[J]. Journal of Nuclear Materials,2004,329(part-A):56-65.

[12] JONES,RUSSELL H,GIANCARLI,et al. Promise and Challenges of SiCf/SiC Composites for Fusion Energy Applications[J]. Journal of Nuclear Materials,2002,307(3):1057-1072.

[13] AIHARA,J,KATOH,et al. Microstructure and mechanical properties of heat-treated and neutron irradiated TRISO-ZrC coatings[J]. Journal of Nuclear Materials:Materials Aspects of Fission and Fusion,2015.

[14] SNEAD L L,KATOH Y,CONNERY S. Swelling of SiC at intermediate and high irradiation temperatures[J]. Journal of Nuclear Materials,2007,367(part-A):677-684.

[15] SNEAD L L,KATOH Y,KONDO S. Effects of fast neutron irradiation on zirconium carbide[J]. Journal of Nuclear Materials,2010,399(2-3):200-207.

[16] GOSSET D,DOLLE M,SIMEONE D,et al. Structural behaviour of nearly stoichiometric ZrC under ion irradiation[J]. Nuclear Instruments & Methods in Physics Research,2008,266(12-13):2801-2805.

[17] YANG Y,LO W Y,DICKERSON C,et al. Stoichiometry effect on the irradiation response in the microstructure of zirconium carbides[J]. Journal of Nuclear Materials,2014,454(1-3):130-135.

[18] TROCELLIER P,MIRO S,VAUBAILLON S,et al. Helium mobility in advanced nuclear ceramics[J]. Nuclear Instruments and Methods in Physics Research,Section B. Beam Interactions with Materials and Atoms,2014.

[19] HOFFMAN E N,VINSON D W,SINDELAR R L,et al. MAX phase carbides and nitrides:Properties for future nuclear power plant in-core applications and neutron transmutation analysis[J]. Nuclear Engineering and Design,2012,244(Mar.):17-24.

[20] KATOH Y,OZAWA K,SHIH C,et al. Continuous SiC fiber,CVI SiC matrix composites for nuclear applications:Properties and irradiation effects[J]. Journal of Nuclear Materials,2014,448(1-3):448-476.

[21] 陈代荣,韩伟健,李思维,等. 连续陶瓷纤维的制备、结构、性能和应用:研究现状及发展方向[J]. 现代技术陶瓷,2018(3).

[22] 杜祥琬,叶奇蓁,徐銤,等. 核能技术方向研究及发展路线图[J]. 中国工程科学,2018,20(3):1-140.

第9章 陶瓷复合材料环境屏障涂层

9.1 理论基础

发动机涡轮前进口所能达到的最高温度是一个国家两机动力水平的重要标志,温度越高,推重比越大、可飞行速度越快。低密度、耐高温的陶瓷基复合材料,尤其以 SiC/SiC 复合材料为代表的 Si 基 CMC 的逐步应用,大大提升了燃烧室的温度[1-5]。干燥环境中,Si 基 CMC 氧化所生成的 SiO_2 能够阻止氧的进一步扩散从而保证其高温稳定性。然而,在有水气的情况下,SiO_2 与水高温下反应生成气相的 $Si(OH)_4$,这使得 CMC 完全暴露在空气和水气环境中,性能急剧下降[6-10],因此,如何提高 Si 基 CMC 在发动机工作环境下的稳定性是决定其能否应用于航空发动机热端部件的关键。引入环境屏障涂层(environmental barrier coating,EBC)在氧化腐蚀性介质、高速气流冲刷等恶劣环境与 CMC 之间建立起一道坚实长久的屏障,已被证实为这一关键问题的有效解决方案。EBC 将使 CMC 更耐高温,能有效提高燃烧室的温度,同时降低结构重量,提高推重比和燃料利用效率,减少 NO_x、CO 等有害气体的排放量,延长工作寿命。

根据航空发动机的运行环境,EBC 的设计要求如图 9.1 所示。EBC 需耐环境因素腐蚀,如高温、水氧、$CaO-MgO-Al_2O_3-SiO_2$(CMAS)熔盐腐蚀、高速气流冲刷、火山灰固体颗粒剥蚀等。所能承受的最高温度是 EBC 的设计指标之一,温度越高,燃烧越充分,可以取消或减少冷却气流和装置,提高燃料利用率并减少 CO 和 NO_x 的排放,从而提高涡轮效率,在相同条件下发动机的推重比越大。在燃气发动机环境中,由于碳氢燃料燃烧,燃烧室气体中含有 5%~10% 的水蒸气[11],水蒸气的存在使得 SiC 的氧化大幅加剧,因此 EBC 材料要具有抗水氧氧化的能力,尽量降低材料中 Si 的活度而减少气相 $Si(OH)_4$ 的形成,降低氧化腐蚀率。CMAS 主要来源于灰尘、砂石、飞机跑道磨屑等,在航空发动机服役时 CMAS 会随着进气内涵道吸入发动机,经过压气机及燃烧室高温加热后变为熔融体吸附在陶瓷层表面并与涂层发生化学反应,进而使涂层提前失效[12,13]。发动机中高速运转的气流会冲刷、加剧涂层材料的腐蚀过程。火山爆发所飘浮在空气中的灰尘腐蚀也是一种威胁燃气涡轮机和发动机热端部件性能与寿命的因素之一,并且是不可逆腐蚀。火山灰沉积在燃烧室衬套、叶片表面等,腐蚀、剥蚀涂层表面,降低部件性能,甚至导致叶片变形、堵塞冷却通道等,最终导致发动机熄火[14]。在过去的二十年里,超过 100 架商用飞机因遭受火山灰影响,严重受损,甚至完全报废[15]。

在耐环境因素腐蚀的同时,EBC 体系的稳定性和可靠性是另一关键因素,即高温运行环境中,涂层体系力学性能、热物理性能、化学性能和微结构的稳定性。其中包括涂层在高温下硬度、断裂韧性的变化,抗疲劳和蠕变性能;能否在高温下保持低的热导率和良好的热膨胀系数匹配;高温下无相变,涂层体系与基底无化学反应发生;微结构在高温使用环境中稳定,无烧结发生,无大量裂纹和缺陷产生等。

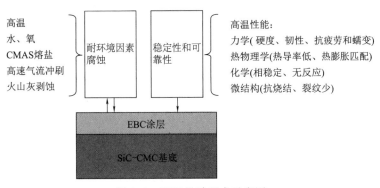

图 9.1　EBC 设计要求示意图

如此可见,EBC 涂层体系的运行环境非常苛刻,对材料的综合性能要求高,设计难度非常大。以下将分几部分对此进行阐述。

9.2　核心技术

如何设计和制备出优异的 EBC,尽可能阻止或减小环境对 CMC 性能的影响,从而提高其应用寿命与稳定性,是目前该研究的重点。EBC 的发展主要围绕三个核心问题展开:(1)材料设计;(2)制备工艺的实现;(3)可靠、有效的考核方法和评价体系的建立。

9.2.1　材料设计

针对 EBC 的使用环境及高稳定性和可靠性,对材料提出了相应的要求:(1)EBC 材料要能够耐高温、水、氧环境腐蚀的行为,因硅(Si)在高温、湿氧环境中易形成挥发性的 $Si(OH)_4$,因此在耐高温的同时,材料中 SiO_2 的活度要尽量低;(2)材料要具有优良的耐 CMAS 熔盐腐蚀性能,在高温使用环境下,与 CMAS 不发生化学反应,成分稳定;(3)EBC 涂层材料要具有一定的高温力学性能,如硬度、韧性,能抵抗高速气流冲刷及火山灰等固体粒子的剥蚀;(4)EBC 涂层应具有良好的抗疲劳和蠕变性能,在多次热循环或长期热载荷下具有良好的性能稳定性;(5)在使用过程中,涂层材料之间,以及涂层和 CMC 基底之间不发生化学反应和相变,具有良好的化学稳定性和相稳定性;(6)材料热导率低,能够有效地起到隔热作用而保护内部基底材料温度不至太高,并且涂层和基底材料之间热膨胀系数匹配,具有较小的热应力,从而保证使用过程中不会因热应力太大而产生涂层开裂或剥落现象;(7)在高温使用过程中,材料应具有抗烧结能力,烧结收缩易导致微结构粗化和裂纹萌生扩展,从而失去防护作用。

由此可见,EBC 对材料要求苛刻,通常的单一材料很难满足以上所有要求,故引入多组元体系,来综合各种材料的优势,从而达到 EBC 的设计要求,这无疑增加了 EBC 涂层的制备难度。

9.2.2 制备工艺

环境屏障涂层 EBC 不同于热障涂层（thermal barrier coatings，TBC），需要阻止环境气氛的侵蚀，故涂层必须致密，并且应与基材有较高的黏结强度，因此，对制备提出了更高的要求，即致密、黏结强度高、内应力小等。

EBC 的制备方法，大多数从 TBC 借鉴而来，如常用的大气等离子喷涂、电子束物理气相沉积等。前者所得涂层多为层状多孔结构，后者则为柱状晶结构，在垂直于涂层方向有较大的贯穿性气孔，因此，都不太适合直接用来制备 EBC 涂层。此外，制备工艺应考虑涂层与基底的黏结强度及涂层内的应力等因素，这些在多层涂层结构中尤为重要。因 CMC 模量大，硬度高，直接在 CMC 上制备高硬度陶瓷涂层难度大且结合力弱，因此，在 CMC 和 EBC 涂层之间引入模量适中、与上下层材料均能形成较强结合且化学和物理相容的黏结层。若黏结层与所设计的 EBC 面层材料热膨胀失配或化学不相容，则需制备中间层来缓冲，因此，通常的 EBC 为包含黏结层、中间层和面层的多层结构。在陶瓷上制备多层结构本来就是一个难题，加上致密度、结合强度和内应力的要求，使得制备技术的选择成为一个难题。由上节可知，EBC 材料向多组元复杂组分方向发展，如何制备涂层复杂成分均匀可控、黏结强度较高的 EBC 涂层体系，仍是目前 EBC 研究的一个核心问题。

9.2.3 考核方法和评价体系

对 EBC 涂层进行环境性能考核，研究其在服役环境下的微结构和性能演变规律，建立材料性能数据库，评价材料的服役性能，获得失效机制，并对材料进行寿命预测，建立相应判据，是指导材料设计、制备和工程应用的关键。

带 EBC 涂层构件的真实发动机环境考核能得到最真实的性能数据，对材料服役性能和失效机制的研究非常重要，然而试验成本很高且周期长，因此等效模拟实验平台应运而生。等效模拟实验平台将发动机环境分解为若干个可以单独控制的因素，逐个改变参量，能获得单个环境因素下材料性能和微结构的演变规律，对理解材料失效机制具有重要意义。然而，等效实验平台的设计非常重要，所得数据能否代表材料在使用环境中的真实性能是设计的关键。从环境模拟平台得到大量数据，并对其进行分析，从而建立材料服役性能演变规律和失效机制，建立材料评价体系，并能对 EBC 涂层体系进行寿命预测，建立相应的判据。这些均是庞大的科学、工程问题，需要大量的投入和长时间的积累。

9.3 最新研究热点、前沿和趋势

9.3.1 材料设计

在材料设计方面，主要以 NASA 为代表，对 EBC 面层、中间层和黏结层均进行了大量系统的研究。

NASA 第一代 EBC 采用 Si 作为黏结层，莫来石作为中间层，BSAS 作为面层。BSAS

具有较低的 SiO_2 活度,降低了在使用过程中的挥发,并且热膨胀系数和模量较低,与基底 CMC 具有较好的物理化学相容性,在热循环中裂纹较少,能有效防护基体不被氧化。该体系已通过外场考核,使 SiC-CMC 燃烧室衬套的服役寿命从 5 000 h 提高到 14 000 h,提高了近 3 倍。目前,美国的 BSAS 粉体工艺成熟,已实现工业化应用,但由于 BSAS 在高温下与 SiO_2 形成低熔点玻璃相,限制了其使用温度上限为 1 300 ℃。第二代 EBC 涂层采用更耐高温的稀土硅酸盐体系($RE_2Si_2O_7$ 或 RE_2SiO_5),目前公认 $RE_2Si_2O_7$ 具有更好的高温稳定性和低的热膨胀系数,成为国内研究的重点,但黏结层 Si 的熔点为 1 410 ℃,其在 1 350 ℃就开始软化,限制了 EBC 涂层的使用温度上限,因此在第三代 EBC 涂层体系中,NASA 将氧化物和 Si 的混合涂层作为黏结层,同时将面层材料设计为高熔点的 ZrO_2/HfO_2,并采用稀土掺杂来进一步提高其耐温性。第四代 EBC 在第三代的基础上,采用 HfO$_2$-Si-RE 作为黏结层,并在 1 427 ℃进行考核验证;黏结层采用梯度氧化物纳米复合材料;面层则为稀土掺杂的 HfO_2 的铝硅酸盐体系(RE-HfO$_2$-Alumino silicate),设计使用温度 1 480 ℃。目前的第五代 EBC 涂层,NASA 引入复杂氧化物纳米材料作为面层,其使用温度可高达 1 650 ℃。该面层材料成分复杂,是在耐高温的 HfO_2 的基础上,添加不同的稀土元素形成纳米共晶材料,进而来提高面层材料的综合性能,比如添加 Gd 可提高涂层的抗熔盐腐蚀行为[16,17],但具体成分不详。

可见,EBC 面层设计向多元化、纳米共晶方向发展,黏结层和中间层也向更耐高温、更复杂的多组分方向发展。与此同时,NASA 已经将视野从前期的单纯提高耐温性,转移到提高 EBC 的综合性能上,如高温抗蠕变和抗疲劳性能、断裂韧性等[18];在面层材料设计的同时,注重整个涂层的系统设计,从模量匹配、热失配应力和化学相容等方面来设计涂层体系,引入梯度涂层及 T/EBC 的设计理念,达到设计效能的同时,尽可能降低涂层厚度[19]。

我国在 EBC 材料体系方面的研究主要集中在 BSAS,以及稀土硅酸盐(RE_2SiO_5 和 $RE_2Si_2O_7$)上。多组元材料的研究也仅是这两种材料的简单复合[20],而在多层涂层设计方面更是匮乏,多数研究集中在面层材料,但组分较单一。

9.3.2 制备技术

EBC 的制备工艺是从借鉴 TBC 开始的。鉴于在 TBC 领域的成功应用,大气等离子喷涂(air plasma spray,APS)和电子束物理气相沉积(electron beam-physical vapor deposition,EB-PVD)首先被引入到 EBC 的制备中[21]。TBC 需要隔热,因此对涂层致密度要求不高,一定的孔隙率反倒可以起到降低热传导系数和缓解热应力的作用,但 EBC 是要防止水氧等环境因素的腐蚀,因此涂层必须致密,才能保证有效的隔离防护作用。为了得到微结构可控的涂层,在 APS 和 EB-PVD 的基础上,开发出等离子喷涂—物理气相沉积技术(plasma spray-physical vapor deposition,PS-PVD)、低压等离子喷涂薄涂层技术(low pressure plasma spray-thin film,LPPS-TF)、等离子喷涂—化学气相沉积技术(plasma spray-chemical vapor deposition,PS-CVD)、液体热喷涂技术等。此外,西北工业大学开发了适合 EBC 制备的溶胶—凝胶法、浆料浸渗涂刷法、激光熔覆法等,非常适合实验室小规模、低成本的涂层制备、材料筛选、环境性能考核与机理研究。下面逐一介绍以上各种工艺的特点及在 EBC 领域的应用潜力。

1. 大气等离子喷涂(APS)

APS 是在强直流电驱动下将气体电离形成的等离子电弧作为热源,通过高压气体将毫米或微米级的粉体注入高温等离子体羽流中,粉体瞬间被加热到熔融或半熔融状态,在高压气体的带动下高速喷向工件表面而形成涂层。因为等离子体内部温度非常高,可溶解金属、陶瓷等几乎所有高熔点化合物,所以适用面非常广,在 TBC 和 EBC 的制备中得到广泛应用。通过精确调节工艺气体与电极上施加的电流,能共同控制工艺产生的能量。同时,材料被射入羽流的地点和角度及喷枪到靶的距离也可被控制,从而能高度灵活地产生恰当的材料喷涂参数,扩大熔化的温度范围,涂层结果可以重复和预测。通过更换供料系统,同一设备可喷涂不同材料体系涂层,可实现全自动化喷涂。由于粉体历经融化和再固化过程,涂层与衬底黏结力强。APS 沉积速率快、粉体利用率高、可现场施工、工艺相对成熟,是一种可视化沉积工艺。由 APS 所得涂层具有独特的层状结构,热传导系数小且层间的空隙能进一步降低热传导系数,隔热性能好,但 APS 的工艺原理也决定了其局限性:(1)层状结构涂层的应变容限较低,在热震过程中容易脱落。(2)由于等离子体的温度很高,多数化合物液化甚至气化,不同组分蒸气压和挥发速率不同,使得 APS 工艺在制备复杂化合物或者熔点差别较大的体系时化学计量比难控制。如制备 Yb_2SiO_5 时,因 Si 的蒸发导致所得涂层富含 Yb_2O_3 相。(3)融化的粉体喷涂到基板上后快速降温中易形成非晶态,其在高温使用过程中晶化易形成裂纹,从而失去防护作用,因此,实际实验中,通常将基板置于炉子中预加热到粉体的玻璃转变温度以上,从而加速形核和晶核长大,提高涂层的结晶程度。(4)熔融液滴高速撞击基板后铺展扁平化,继而快速冷却凝固形成扁平粒子,扁平粒子经过重叠、堆积形成典型的层状结构,层与层之间存在大量层间空隙,并且快速冷却过程中易形成垂直于扁平粒子平面的网状裂纹[22],这些气孔和裂纹成为氧化通道而降低涂层的屏障特性。(5)APS 是一种可视化工艺,复杂形状构件、细长管构件及有阴影遮挡部位很难形成均匀涂层。(6)使用惰性气体保护,能一定程度上降低 APS 涂层和基板在沉积过程中的氧化行为,但对于某些对氧气较敏感的材料,在粉体加速过程中仍观察到还原反应的发生,导致杂质相的形成。(7)APS 涂层为长条状颗粒堆积,表面粗糙,易对涡轮叶片的气动特性造成影响,因此只能用于对气动外形要求不高的部件。

2. 电子束物理气相沉积(EB-PVD)

EB-PVD 是利用电子束作为热源的一种蒸镀方法,是在真空条件下,通过电场或磁场控制的高能量密度的电子束轰击材料表面,使其表面快速升温蒸发,进而在基板材料表面凝聚形成涂层的方法。沉积过程中,在高能电子束轰击下,靶材被气化,在衬底表面择优形核,沿横向或垂直于衬底方向生长,从而形成柱状晶结构,同时,在柱状晶间形成大量气孔。EB-PVD 具有以下优点:(1)因高速运动的电子束能量非常高,可使几乎所有的材料蒸发从而制得涂层,靶材选择范围大,为制备任意组分的涂层提供可能。(2)工艺参数,如电子束能量、束斑大小、位置等均可精密控制,所得涂层均匀性、重复性好。(3)真空条件下的蒸发材料,可避免制备出的材料被污染或氧化,纯度高。(4)与其他蒸镀方法相比,蒸发速率和沉积速率高,而且涂层与基体之间的结合力高。(5)所得涂层表面光滑,与基板的结合力比热喷涂的强。(6)可以采用多电子枪、多坩埚蒸镀,制备不同体系的多层复合结构或者梯度结构的涂层。(7)独特的柱状晶结构,使得 EB-PVD 涂层的应力容限增大,能缓解由于涂层与衬底间的热膨胀系数失配所造成的热应力[23]。

EB-PVD 也存在固有的缺点:(1)因蒸发速度快且气态原子的能量有限,原子在基底上的择优形核后扩散能力低,在某些位置择优形核并形成柱状晶后,会挡住靶材蒸气原子,使其无法到达工件中某些区域,在生长表面上被遮蔽的区域就会形成空位或者空隙而出现阴影效应现象,导致堆积密度低,涂层致密度较低、孔隙率较大。(2)柱状晶间的间隙垂直于热流方向,使得涂层的热导率较高,隔热性能差且贯穿涂层的孔隙成为快速氧化腐蚀通道而降低构件的使用寿命。(3)基板通常要加热,使其表面活化,从而提高涂层和基板之间的结合力。若基板温度低于$(2/3)T_m$(T_m 为涂层材料熔点温度,单位为 K),原子直接从气相凝聚成固相;若基板温度高于$(2/3)T_m$,原子从气态转变为液态液滴,长大、晶化成涂层。(4)为避免盛放原料的坩埚在高温下与原料反应而引入杂质,通常采用水冷却坩埚。(5)与 APS 一样,EB-PVD 也是可视化沉积,对于复杂结构很难制备均匀涂层。(6)成本高[24-28]。

对比 APS 和 EB-PVD 两种工艺,由于沉积机制不同,所得微结构不同,导致性能差异较大:APS 涂层为层状结构,其热传导系数小,隔热效果好,沉积速率快,成本相对 EB-PVD 较低。而 EB-PVD 涂层为柱状晶结构,具有较好的应变容限,涂层与基板结合力强,抗热震性能好,热循环寿命长;涂层表面光滑,对构件气动外形无影响;可制备多组元、复杂成分的复合涂层或梯度涂层,但孔隙率高,热导率高,贯穿柱状晶的空隙成为热和氧化腐蚀性气体通道,环境屏障效果差且制备成本高[29-31]。

鉴于 APS 和 EB-PVD 的优点和局限,以及高速发展的航空发动机/燃气轮机对陶瓷基复合材料 EBC 的迫切要求,研究者在此基础上,将两种工艺结合,开发出等离子喷涂—物理气相沉积技术。

3. 等离子喷涂—物理气相沉积技术(PS-PVD)

PS-PVD 是在低压等离子喷涂的基础上开发的,该工艺是综合了 APS 和 EB-PVD 的优点,以喷涂的方式进行的气相沉积,是极具潜力的 EBC 制备工艺之一。

与传统热喷涂不同的是,PS-PVD 采用更大功率的等离子喷枪(180 kW),在低压(0.1 kPa)环境下进行喷涂。在高能等离子枪和低压环境下,等离子体不但能够将陶瓷粉体液化,甚至蒸发成气相,并且其等离子体射流发生急剧膨胀,使其长度可达 2 000 mm,直径达 400 mm,气化物质被热的(6 000～10 000 K)、超音速(2 000～4 000 m/s)的气流带动到基板上,沉积效率高。这些特点使得 PS-PVD 能够在热喷涂条件下进行气相沉积,但沉积速率比 PVD 高一个数量级以上。通过控制工艺参数,PS-PVD 可实现气相、液相或两者混合物的沉积,因此可获得 APS 液相沉积占主导的层状结构、EB-PVD 气相沉积主导的柱状晶结构,或者两者的混合结构。缘于低压条件和大功率等离子体喷枪,PS-PVD 的等离子体射流急剧膨胀且速度很快,使其能够围绕复杂形状构件流动,可进入工件相互遮挡区域获得均匀涂层,实现非视线沉积,这对于航空发动机叶片的 EBC 是非常重要的,是 APS 和 EB-PVD 所无法实现的。PS-PVD 尤其适用于带冷却孔的涡轮叶片上涂层的制备,而 APS 沉积后通常会将冷却孔部分封闭,并且孔内很难沉积涂层。

对比 PS-PVD、APS 和 EB-PVD 三种工艺所制得涂层性能发现,PS-PVD 具有较大的孔隙率(高达 60%)。这是因为,PS-PVD 是以喷涂方式进行的物理沉积,粒子在等离子体射流中具有很高的动能,沉积速率快,纳米级的空隙来不及向外扩散,使得其孔隙率较高。高的孔隙率使得涂层具有很低的热导率(相当于 APS 涂层的 1/5),对防热是有利的,具有较高的热循环寿命(是 EB-PVD 涂层的 1.3～2.7 倍),但抗环境腐蚀性能差,需进一步调整工艺参数,以便获得更致密的涂层结构。由此可见,目前的 PS-PVD 工艺更适合 TBC 涂层的制备,而要应用于 EBC,仍需大量前期探索工作。

因等离子体焰流尺度大,PS-PVD 设备庞大,需要强大的真空设备,运行成本高;且热效率低,大功率等离子喷枪昂贵。为降低成本,可尽量提高每次沉积的构件数量,采用可旋转的多部件夹具等。

4. 等离子喷涂-化学气相沉积技术(PS-CVD)

PS-CVD 与 PS-PVD 相似,但原料不是粉体,而是液相或气相的前驱体。PS-CVD 是在高速、高温等离子体焰流作用下,发生氧化、热解等化学反应而沉积在基体表面形成涂层的方法[32]。相对于传统的 CVD,PS-CVD 是在喷涂条件下发生的化学气相沉积,其沉积速率更快,适合制备 10 μm 以下的致密涂层,亦可制备纳米/亚微米结构涂层。通过改变前驱体配比或沉积工艺参数,可形成成分梯度涂层或组分复杂的化合物。PS-CVD 沉积中,前驱体雾化后所形成的液滴,远远小于 APS 中粉体融化成的液滴,涂层结构更为精细,并且通过控制液体进入不同焰流位置,可获得纳米/亚微米致密涂层,亦可获得多孔结构涂层。

PS-CVD 在功能材料领域应用广泛,但在 EBC 领域应用的报道相对较少。基于 PS-CVD 的特点,适合制备复杂组分涂层或成分梯度涂层,能较准确地控制涂层材料的化学计量比。

5. 浆料浸渗/涂刷法

浆料浸渗法是采用粉体、黏结剂和黏溶剂混合制成浆料,将衬底材料放入浆料中,然后缓慢、匀速地从浆料池中拉出,在衬底表面形成一层润湿层,进而干燥、烧结获得涂层的方法[33,34]。粉体的粒度及级配、黏结剂种类和用量、浆料黏度和稳定性、热处理工艺等都会影响涂层质量。若提高浆料的黏度,可采用涂刷法来制备涂层。该工艺的特点是工艺过程简单、成本低、设备投入低,可在复杂、大型构件上制备涂层,但由于重力作用导致涂层厚度不均匀,并且烧结温度相对较高,涂层结合力不太高。

Guofeng Chen 等人利用浆料浸渍在 SiC 基片上制备了均匀的 GdSiO$_4$ + Mullite 涂层[35]。西北工业大学成来飞课题组采用浆料浸渗涂刷法制备了 BSAS、Sc$_2$Si$_2$O$_7$ 等稀土硅酸盐 EBC 涂层[36,37]。

6. 溶胶—凝胶法

溶胶—凝胶法是一种软化学方法,广泛应用于粉体、陶瓷、纤维等材料的合成,其基本原理为：将金属醇盐或无机盐作为原料前驱体，溶于溶剂（水或有机物），制得均匀澄清溶液，在一定环境下（热、时间等），溶质与溶剂发生水解或醇解反应，形成含有几纳米左右凝集粒子的溶胶，采用溶胶对基材进行涂膜工艺，然后溶胶膜经干燥后形成凝胶膜，进一步热处理得到陶瓷薄膜，反复以上步骤可提高膜的厚度和覆盖率[38]。溶胶—凝胶法具有以下优势：(1)凝胶具有高比面积、高活性，因此其烧结温度通常比粉体烧结工艺低数百度，这对于高温下易挥发涂层的制备非常有利。(2)工艺设备简单，成本低，无须真空等昂贵设备投入。(3)材料成分设计性强，可根据需要制备复杂组分涂层，亦可控制掺杂量。(4)可在大尺寸、大面积、复杂构件上制得均匀涂层，但也存在一些不足：(1)工艺周期长，为满足涂层厚度要求，常需循环重复多次。(2)在干燥过程中，由于大的体积收缩产生大量裂纹和应力。(3)涂层与衬底结合力弱。

西北工业大学成来飞课题组对溶胶—凝胶法进行了大量研究，开发了 BSAS、稀土硅化物等多种材料体系[39]。如前所述，该法制备周期长，涂层体积收缩大，后来该实验室利用溶胶—凝胶法复杂组分可控的优势，用来制备复合粉体，然后采用浆料涂刷或激光熔覆法制备 EBC 涂层。

7. 激光熔覆法

激光熔覆法也叫激光包覆法，通过不同添料方式将涂层粉体铺放在衬底表面，采用高能量密度的激光束辐照加热，使涂层材料和衬底表面融化并快速凝固，从而形成与衬底具有冶金结合的涂层，是远离平衡态的快速加热、快速冷却的复杂物理冶金过程。激光熔覆技术具有以下优点：(1)热输入小、基材热畸变小、熔覆层稀释率低、涂层与基体结合良好。(2)冷却速度快，涂层组织结构细密。(3)涂层材料选择范围大、厚度大。(4)可实现选区熔覆，适合复杂构件涂层制备。(5)可实现自动化、生产周期短、效率高、激光加工精度高，但也存在以下不足：(1)快速加热快速凝固过程中，易形成内部热应力，导致涂层出现裂纹或开裂。(2)快速冷却过程中，气孔来不及向外扩散而形成凝固空洞。(3)激光熔覆时温度高，易造成成分偏析。(4)涂层表面不平整。(5)投入成本高[40-42]。

西北工业大学成来飞课题组采用激光熔覆法制备了 BSAS 及稀土硅酸盐体系 EBC 涂层，并对其抗热、熔盐腐蚀行为进行了大量研究[43,44]。采用激光熔覆技术获得的 EBC 涂层具有较高的结合强度，但涂层表面粗糙，不适合应用在对气动外形要求较高的部位。

NASA 新一代 EBC 涂层向复杂组分方向发展，并且涂层性能对成分变化非常敏感；而涂层设计也向多层方向发展，如梯度涂层等。传统的 APS 和 EB-PVD 已经不能满足成分复杂可控、微结构可控可调的制备，因此 NASA 在此基础上，开发出 PS-PVD、电子束直接气相沉积(electron beam-directed vapor deposition)，低压等离子喷涂(LPPS)、PVD、CVD 等制备方法[19]。

我国科研院所也开始将上述工艺进行不同程度的融合，目前仍在研究阶段[45,46]，但由于材料设计方面还没有达到复杂组分和多层梯度设计的程度，故目前工艺方面的研究主要集中在沉积原理等基础研究方面。西北工业大学对溶胶—凝胶法、浆料浸渗涂刷法、激光熔覆法等进行了大量研究，这些方法成为低成本基础研究的重要制备手段[20,39]。

9.3.3 考核和评价方法

可靠、有效的考核方法是建立评价体系的关键。目前的考核方法主要是离线式的,即在一定环境下考核特定时间后,通过观察试样微结构、性能等的变化来推测性能演变规律。环境因素包括单因素的水、氧、熔盐、高温等及其耦合。台架式考核因接近实际服役环境而更加可靠,而全尺寸试车是在真实工作条件下的考核,数据可靠,但成本高昂,一般是通过前面两级测试和考核后,投入应用前的最终验证考核。

NASA 和欧盟等国家在等效环境模拟和考核方面做了系统研究,并积累了大量经验。美国 NASA 最先采用高压燃烧平台来模拟发动机工作环境,并在此基础上,发展了气体流速马赫数为 0.3～0.7 的燃烧环、激光加热水蒸气环等多台环境模拟性能测试平台。模拟平台可测试到 1 650 ℃以上,严格控制测试气氛,压力可达 2 026.5 kPa。与此同时,平台还配备了在线、实时数据监测和采集系统,能对涂层和材料的热导率等性能进行在线监测,从而评估 EBC 涂层材料在使用过程中的抗烧结性能等[47]。激光加热环技术能够测试小面积试样,并且能够实现快速升温—降温操作,能够实现带 EBC 涂层的 SiC-CMC 在梯度热载荷作用下的抗拉伸疲劳和蠕变性能。NASA 还建立了涂层高温断裂韧性等力学性能测试系统,结合其他分析测试平台,能够完成热学、力学和环境性能的测试。NASA 已采用高压燃烧平台成功考核了带有 EBC 内衬的燃烧室,测试压力为 1 621.2 kPa,平均温度为 1 371 ℃,热流 20～35 W/cm²,考核时间为 250 h。NASA 对早期的 BSAS 涂层体系还进行了全尺寸试车考核,总考核时间约 14 000 h,并对其氮化物、一氧化碳排放量进行了监测,发现在 1 300 ℃以下,BSAS 能有效保护 SiC-CMC 不受发动机燃烧气氛侵蚀。除此之外,美国加州理工学院建立了高温空气环境拉伸和压缩性能测试设备,利用高速相机采集图像,研究涂层裂纹的动态扩展过程。美国西南州立大学建立了高温、湿空气环境蠕变性能测试设备,而太平洋西北国家实验室建立了温度为 1 600 ℃的蠕变/疲劳性能测试设备。美国 NASA、通用公司、大学等科研机构利用所建立的测试平台,对不同体系 EBC 涂层进行了大量研究,建立了相应数据库,积累了大量经验,并建立了材料失效的有关模型,给 EBC 的科学设计、可靠测试及有效测试平台的建立提供了大量指导性意见。

在欧洲,Hambury-Harburg 技术大学结合快速摄像装置,实时观测材料在高温下的裂纹扩展情况,德国 Fraunhofer 陶瓷技术研究所(IKTS)建立了评价 EBC 涂层在高速、高温水蒸气冲刷、腐蚀行为的模拟装置。

我国近年来对 EBC 也进行了考核研究,但整体与国际先进水平还有较大的差距,其主要原因之一是缺乏环境性能考核测试体系,导致研究数据匮乏,对材料失效机制、环境性能演变等机理研究不能深入,从而限制了进一步优化材料设计和制备技术。西北工业大学率先在国内开展了 CMC 发动机环境性能演变机理,并在此基础上,建立起发动机环境的模拟测试平台,能同时对多个环境因素进行控制和考核。在其 CMC 材料和构件制备平台的支撑下,进行了大量模拟环境性能测试,积累了大量较可靠的环境性能数据,建立了相应的失效机制模型,为材料在发动机服役环境中的失效行为和机理的研究,以及建立材料科学设计、可控制备和工程应用打下了坚实的基础。有效测试平台的建立，能够大大降低实验测试成本，更好地分解各个因素对材料性能的影响机制，从而获得材料失效机制和模型，指导材料的科学设计。

比较可见，我国在性能考核和评价体系的建立上，与国外差距较大，尚没建立起完整的EBC性能测试平台，从小面积试样到台架和全尺寸试车等测试系统和平台，尤其在实时监测和监控方面更为匮乏。这些严重影响了对所设计材料进行快速、科学地评价，是制约EBC发展的一个关键问题。

9.4 工程应用与未来预测

9.4.1 工程应用

BSAS涂层是一个很成功的工程应用的例子[48,49]。NASA研究小组发现BSAS与SiC的热膨胀系数匹配，并且模量低，热循环后应力小，而被选为EBC的面层材料。但BSAS与SiC直接接触时，在高温下易发生化学反应且黏结强度不高，因此，涂层设计中引入Si作为黏结层来提高涂层的结合强度，采用BSAS+莫来石作为中间层来阻隔化学反应发生，从而形成Si/BSAS+莫来石/BSAS的多层结构。该涂层已在美国能源部陶瓷固定燃气涡轮机项目（CSGT）中被应用于Solar Turbines' Centaur 50S燃气涡轮机的燃烧室内衬。Texaco公司的发动机已成功完成约14 000 h的环境模拟测试（测试平均温度约为1 200 ℃，最高温度约为1 250 ℃），比无EBC防护构件的使用寿命5 000 h提高了将近3倍。但在1 300 ℃以上，BSAS与SiO_2形成低熔点玻璃相从而限制了其使用温度上限。

可见，设计合理的EBC涂层能够有效地提高CMC在燃气环境中的稳定性和可靠性。随着涡轮前进口温度的不断提升，更耐高温、更好综合性能的EBC涂层体系将是重中之重。

9.4.2 未来预测

随着EBC研究的深入，对其性能的要求也更加明朗化，在耐高温、耐水氧和耐熔盐腐蚀的基础上，涂层的断裂韧性、抗蠕变和抗疲劳性能、长时稳定性等被提上日程，其综合性能的提升是未来发展的必然趋势和方向。

1. 材料设计

为满足EBC的综合性能，材料设计由简单复合正向更深层次、更小尺度的复合方向发展，如添加某一特定元素提升某一方面的性能，而另一元素则提升另一性能；纳米共晶复合材料不仅能提高材料的耐温性，其抗烧结性能也大幅度提高；断裂韧性的提高可从材料的晶体结构及多层梯度膜结构设计来着手；抗蠕变和抗疲劳性能则需从材料设计本身出发。

目前，能用在EBC涂层体系的单一氧化物已有大量研究，在单一材料性能上有所突破，难度较大。国际上研究的重点是在高熔点难熔氧化物材料体系的基础上，引入稀土掺杂，从而提高其某一方面或整体性能，因此，急需开展稀土元素对这些氧化物体系性能影响的高通量筛选,借助材料基因组方法,缩小搜索范围,并结合试验对计算机模拟结果进行验证,给材料科学设计提供理论基础。其次,对所设计材料体系的模拟环境性能进行考核,建立数据库,分析其性能演变规律和失效机制,从而为材料设计提供试验依据。在材料成分设计的同时,对其微结构进行设计和复合,比如纳米共晶复合材料体系、微米/纳米复合等,从不同尺度上对材料成分和微结构单元进行复合,以提高其耐温性和抗烧结性能,保证其长时工作稳定性。

综上所述,EBC 材料设计可归纳为以下几个方面:首先,建立材料成分对其性能影响的数据库,从材料基因组计算到试验测试验证,建立起成分对性能影响机制的关系图,为材料科学设计奠定数据基础;其次,以提高 EBC 涂层综合性能为导向,加强不同材料体系的复合;第三,对涂层材料在微观、纳米甚至更小尺度上进行结构设计,使其微结构能够在高温下稳定,具有抗烧结能力和耐温性,从而进一步提高 EBC 整体性能。

2. EBC 系统化多层设计

EBC 涂层向系统化设计方向发展,多层、梯度涂层将是未来发展的重点。EBC 的发展趋势是面层能耐更高的温度,而内层的 CMC 温度则不变甚至更低,因此面层和 CMC 之间有很大的温度梯度,热膨胀和模量适配导致的热应力将会很大,需要多层结构甚至成分梯度设计来调整热应力。此外,各层之间的化学相容亦应考虑在内。真正做到各层之间"各司其职"而又相互补充和配合的局面,因此,在 EBC 涂层的设计中,应时刻具备系统化思维模式,针对所设计的更耐高温、更耐腐蚀面层材料体系和 CMC 基体衬底性能特点,系统设计能同时兼顾力学、热物理和化学相容等因素,包括模量匹配、热膨胀匹配和化学相容等。

3. 可控制备技术

由上可见,EBC 向材料组分复杂、结构多层甚至梯度方向发展,因此对制备工艺提出了更高的要求,复杂组分可控、微结构致密可调的高质量涂层将是未来制备方法的必由之路。在现有工艺基础上,开发混合工艺以综合多种工艺的优势;而气相沉积法由于其复杂组分可控、微结构可调等方面的优势,将成为未来制备工艺发展的重点。

目前 PS-PVD 技术还不成熟,其沉积机理还不清楚。低压下等离子体流的性能和物理基础还不清楚,将传统的常压下的等离子体行为的假设应用到低压条件下可能是不成立的,材料和等离子体之间的相互作用也不太清楚,其中的相变、传输路径、沉积机制等均会对涂层性能产生较大影响,在液相的 PS-CVD 中,若采用前驱体作为原料,则涉及更多化学反应,过程将更为复杂。虽然通过发射光谱等在线监测手段,确认在 PS-CVD 沉积过程中粉体原料先汽化后被激发,但具体机制仍需进一步研究。加强在线监测分析技术,深入研究其沉积机理,建立沉积工艺与所制得涂层质量和性能之间的关系,能为 EBC 的可控制备提供指导。

CVD 和 PVD 是发展较为成熟的工艺,但在 EBC 领域的应用较少,如何获得复杂成分可控、可调的涂层体系,是将来需要解决的首要问题。在此基础上,借鉴其他工艺的优点,来进一步提高沉积效率。

在工艺开发方面,首先,要深入研究目前 EBC 和 TBC 领域现有的工艺沉积机理,加强新型在线监测技术的应用,揭示涂层沉积过程和机制,为涂层制备提供参考;其次,广开思路,借鉴其他领域涂层制备技术,综合多个工艺优点,在同一 EBC 体系制备中采用多种工艺,或者对多个工艺进行复合,取长补短,从而开发出适合下一代 EBC 涂层制备的工艺技术。

4. 考核方法

可靠、有效的考核与评价方法是制约 EBC 发展的一个重要因素。全尺寸试车成本高且周期长,等效环境模拟实验平台是快速对材料进行评价的有效方法。在设计环境模拟平台时,需要注意以下几方面的问题:首先,在等效和简化过程中,如何确保所设计的环境模拟系统与真实服役环境是等效的;其次,如何保证所获得的数据是可靠真实的;第三,能够将多因素进行分解、复合和控制,以便更深入研究材料在环境因素作用下的性能演变规律;第四,发展在线监测技术,掌握材料在模拟环境下的动态演变过程信息,为材料失效机制的建立提供依据。在大型环境模拟测试平台建立的同时,设计和构建高温下力学、热物理等性能测试的实验平台,可作为大型平台的互补,在材料开发初期,获得大量实验数据,缩短从材料开发到应用的时间周期。测试平台的建立,投入大,建设周期长,是一个系统的科学和工程问题,需要多学科科研和工程人员通力合作。

综上所述,为促进我国 EBC 领域的发展,应以材料设计为基础,可控制备工艺为实现途径,有效测试为考核手段,三方合作、协调发展,缺一不可,其中测试平台的建设应先行一步,为材料设计和制备提供支撑。以目前欧美等国材料设计思路为基础,尽快走通材料设计、可控工艺制备技术和有效测试考核,建立材料—工艺—性能之间的关系,建立数据库,分析材料在使用环境下的性能演变规律,获得材料失效机制和模型,反过来指导材料的科学设计和可控制备,在此基础上,提出材料设计判据,建立评价体系,缩短材料开发到应用的周期。在材料失效机制研究的基础上,对构件进行寿命预测并建立模型,结合全尺寸实际服役环境考核或加速试验,来进一步验证寿命预测模型的有效性,建立起材料设计—可控制备—有效考核—寿命预测的关系网络,推动我国在 EBC 领域的技术成熟度和国际地位,提升我国在发动机和燃气轮机动力系统方面的技术实力和竞争力。

鉴于我国 EBC 发展较晚,与国外仍有较大差距,本学科发展的中短期(至 2035)目标为达到现阶段美国的发展水平;中长期目标(至 2050)为逐渐形成自己的特色,建立独立知识产权的 EBC 设计、制备和评价体系。

中短期目标主要发展任务为:(1)发展能在 1 400 ℃以上应用的黏结层材料,取代目前在国内占主流的 Si 黏结层。(2)开发多组分、纳米复合面层材料,目标使用温度 1 600 ℃以上。(3)根据面层和黏结层的性能,设计和开发更耐高温的中间层材料。(4)从系统思维出发,设计 EBC 的多层结构,以满足其热物理、力学和化学相容性的要求。(5)结合现有工艺,开发可控 EBC 多层制备技术,实现高致密度、高黏结强度、复杂组分可控的制备技术,研究其沉积机理。(6)研究材料和涂层体系的环境性能演变规律,建立相应的数据库。

中长期目标的主要任务为:(1)开发在线监测和无损检测技术。(2)搭建可靠、有效的EBC 环境性能测试考核平台。(3)获得 EBC 失效机制和模式,建立数据库,为评价体系和失效判据的建立奠定基础。

参考文献

[1] BANSAL N P,LAMON J. Ceramic matrix composites:materials,modeling and technology[M]. Hoboken, New Jersey:John Wiley & Sons,Inc. ,2015.

[2] DAVIM J P. Ceramic matrix composites:Materials,manufacturing and engineering[M]. Berlin:Walter de Gruyter GmbH & Co. ,2016.

[3] OHNABE H,MASAKI S,ONOZUKA M,et al. Potential application of ceramic matrix composites to aero-engine components[J]. Composites Part A-applied Science and Manufacturing,1999,30(4): 489-496.

[4] SCHMIDT S,BEYER S,IMMICH H,et al. Ceramic matrix composites:A challenge in space-propulsion technology applications[J]. International Journal of Applied Ceramic Technology,2005,2(2):85-96.

[5] 张立同. 纤维增韧碳化硅陶瓷复合材料:模拟,表征与设计[M]. 北京:化学工业出版社,2009.

[6] OPILA E J,HANN R E. Paralinear oxidation of CVD SiC in water vapor[J]. Journal of the American Ceramic Society,1997,80(1):197-205.

[7] OPILA E J. Oxidation and volatilization of silica formers in water vapor[J]. Journal of the American Ceramic Society,2003,86(8):1238-1248.

[8] SMIALEK J L,ROBINSON R C,OPILA E J,et al. SiC and Si_3N_4 recession due to SiO_2 scale volatility under combustor conditions[J]. Advanced Composite Materials,1999,8(1):33-45.

[9] OPILA E J. Variation of the oxidation rate of silicon carbide with water-vapor pressure[J]. Journal of the American Ceramic Society,2004,82(3):625-636.

[10] LEE K N. Current status of environmental barrier coatings for Si-based ceramics[J]. Surface & Coatings Technology,2000(133):1-7.

[11] JACOBSON N S. Corrosion of silicon-based ceramics in combustion environments[J]. Journal of the American Ceramic Society,1993,76(1):3-28.

[12] DREXLER J M,ORTIZ A L,PADTURE N P. Composition effects of thermal barrier coating ceramics on their interaction with molten Ca-Mg-Al-silicate(CMAS) glass[J]. Acta Materialia,2012,60(15): 5437-5447.

[13] 张小锋,周克崧,宋进兵,等. 等离子喷涂-物理气相沉积 7YSZ 热障涂层沉积机理及其 CMAS 腐蚀失效机制[J]. 无机材料学报,2015,30(3):287-293.

[14] CHEN W R,ZHAO L R. Review - volcanic ash and its influence on aircraft engine components[J]. Procedia Engineering,2015(99):795-803.

[15] DELAPASSE C J. Mitigating effects of volcanic ash on air force weapon systems[C]// TTCP Volcanic Ash Working Group Meeting,Fairbanks,Alaska,U. S. A. ,2011.

[16] ZHU D,MILLER R A. Low conductivity and sintering-resistant thermal barrier coatings:US6812176B1 [P]. 2001-07-12[2004-11-02].

[17] ZHU D,HARDER B,HURST J B,et al. Advanced environmental barrier coating development for SiC-SiC ceramic matrix composite components[C]// Proceedings of the 12th Pacific Rim Conference on Ceramic and Glass Technology(PACRIM 12),Waikoloa,U. S. A. ,2017. The American Ceramic Society and John Wiley & Sons,Inc.

[18] ZHU D. Development and performance evaluations of HfO₂-Si and rare earth-Si based environmental barrier bond coat systems for SiC/SiC ceramic matrix composites[C]// Proceedings of the 41st International Conference on Metallurgical Coatings and Thin Films, San Diego, California, U. S. A, 2014.

[19] ZHU D, FOX D S, GHOSN L, et al. Environmental barrier coatings for turbine engines: A design and performance perspective[C]// Proceedings of the The 33rd International Conference on Advanced Ceramics & Composites, Daytona Beach, Florida, U. S. A, 2009.

[20] 蒋凤瑞. B₁₋ₓSₓAS 及稀土硅酸盐环境障碍涂层热腐蚀性能研究[D]. 西安:西北工业大学,2017.

[21] XU Y, HU X, XU F, et al. Rare earth silicate environmental barrier coatings: Present status and prospective[J]. Ceramics International,2017,43(8):5847-5855.

[22] 陈林,杨冠军,李成新,等. 热喷涂陶瓷涂层的耐磨应用及涂层结构调控方法[J]. 现代技术陶瓷, 2016,37(1):3-21.

[23] 孙健,刘书彬,李伟,等. 电子束物理气相沉积制备热障涂层研究进展[J]. 装备环境工程,2019,16 (1):前插 1-前插 2,1-6.

[24] WADA K, YOSHIYA M, YAMAGUCHI N, et al. Texture and microstructure of ZrO₂-4mol% Y₂O₃ layers obliquely deposited by EB-PVD[J]. Surface & Coatings Technology,2006,200(8):2725-2730.

[25] GONG S, WU Q. Processing, microstructures and properties of thermal barrier coatings by electron beam physical vapor deposition(EB-PVD)[M]// XU H, GUO H. Thermal barrier coatings. London: Woodhead Publishing. 2011:115-131.

[26] 张传鑫,宋广平,孙跃,等. 电子束物理气相沉积技术研究进展[J]. 材料导报,2012,26(z1):124-126,146.

[27] 王英剑,李庆国,范正修. 电子束、离子辅助和离子束溅射三种工艺对光学薄膜性能的影响[J]. 强激光与粒子束,2003,15(9):841-844.

[28] WORTMAN D J, NAGARAJ B A, DUDERSTADT E C. Thermal barrier coatings for gas turbine use[J]. Materials Science and Engineering A-structural Materials Properties Microstructure and Processing,1989, A121:433-440.

[29] XU H, GUO H, GONG S. 16 - Thermal barrier coatings[M]// GAO W, LI Z. Developments in high temperature corrosion and protection of materials. London: Woodhead Publishing. 2008:476-491.

[30] STRANGMAN T E. Thermal barrier coatings for turbine airfoils[J]. Thin Solid Films,1985,127(1): 93-106.

[31] JONES R L. Thermal barrier coatings[M]// STERN K H. Metallurgical and ceramic protective coatings. Dordrecht: Springer Netherlands. 1996:194-235.

[32] GINDRAT M, HÖHLE H M, NIESSEN K V, et al. Plasma spray-CVD: A new thermal spray process to produce thin films from liquid or gaseous precursors[J]. Journal of Thermal Spray Technology, 2011,20(4):882-887.

[33] RAMASAMY S, TEWARI S N, LEE K N, et al. Slurry based multilayer environmental barrier coatings for silicon carbide and silicon nitride ceramics—I. Processing[J]. Surface and Coatings Technology,2010, 205(2):258-265.

[34] 张云龙,张宇民,赵晓静,等. 湿法成形陶瓷料浆研究进展[J]. 兵器材料科学与工程,2007,30(1): 66-71.

[35] CHEN G,LEE K N,TEWARI S. Slurry development for the deposition of a GdSiO₄ + Mullite environmental barrier coating on silicon carbide[J]. Journal of Ceramic Processing Research,2007,8 (2):142-144.

[36] HONG Z,CHENG L,ZHANG L,et al. Internal friction behavior of C/SiC composites with environmental barrier coatings in corrosive environment[J]. International Journal of Applied Ceramic Technology, 2011,8(2):342-350.

[37] 陆永洪. 陶瓷基复合材料环境屏障涂层的耐久性设计与优化[D]. 西安:西北工业大学,2018.

[38] WRIGHT J,SOMMERDIJK N,PHILLIPS D,et al. Sol-gel materials:chemistry and applications[M]. London:CRC Press,2000.

[39] 洪智亮. 硅酸盐系环境障碍涂层的制备与损伤表征[D]. 西安:西北工业大学,2011.

[40] ARNOLD J,VOLZ R. Laser powder technology for cladding and welding[J]. Journal of Thermal Spray Technology,1999,8(2):243-248.

[41] 吴王平,王晓杰,王智尧,等. 激光熔覆陶瓷涂层研究[J]. 陶瓷学报,2017,38(1):13-19.

[42] 蒋凤瑞. B₁₋ₓSₓAS 及稀土硅酸盐环境屏障涂层热腐蚀性能研究[D]. 西安:西北工业大学,2017.

[43] JIANG F,CHENG L,WANG Y,et al. Calcium-magnesium aluminosilicate corrosion of barium-strontium aluminosilicates with different strontium content[J]. Ceramics International,2017,43(1):212-221.

[44] JIANG F,CHENG L,WANG Y. Hot corrosion of RE₂SiO₅ with different cation substitution under calcium-magnesium-aluminosilicate attack[J]. Ceramics International,2017,43(12):9019-9023.

[45] 张小锋,周克崧,刘敏,等. 等离子喷涂-物理气相沉积 Si/莫来石/Yb₂SiO₅ 环境障涂层[J]. 无机材料学报,2018,33(3):325-330.

[46] 周克崧,刘敏,邓春明,等. 新型热喷涂及其复合技术的进展[J]. 中国材料进展,2009,28(9):1-8.

[47] ZHU D,LEE K N,MILLER R A. Cyclic failure mechanisms of thermal and environmental barrier coating systems under thermal gradient test conditions[M]. NASA report,TM-2002-211478. 2008: 505-516.

[48] EATON H E,LINSEY G D,SUN E,et al. EBC protection of SiC/SiC composites in the gas turbine combustion environment[C]// Proceedings of the ASME Turbo Expo 2001:Power for Land,Sea,and Air. Munich,Germany,2000.

[49] PRICE J,KIMMEL J,CHEN X. Advanced materials for mercury™ 50 gas turbine combustion system [C]// Asme Turbo Expo:Power for Land,Sea,and Air. Barcelona,Spain,2006.

第 10 章　光伏电子用热场陶瓷基复合材料

10.1　核心技术

随着中国新旧能源转换的推动,绿色、可再生太阳能的快速发展使得单晶或多晶硅(Si)的需求量猛增,形成一条硅颗粒原料、多晶硅、单晶硅的产业供应链。伴随着光伏行业的繁荣,我国硅行业经历了跨越式发展。我国是硅产品的生产和消费大国,但不是强国。如何提高硅产业的技术含量,进一步降低成本和提高产品品质,实现光伏发电平价上网是保障行业继续发展并提高国际竞争力的关键举措。2018 年 6 月 1 日,国家发展和改革委员会、财政部、国家能源局发布了《关于 2018 年光伏发电有关事项的通知》(发改能源〔2018〕823 号)(简称"531"新政),以加快光伏发电补贴退坡,降低补贴强度。这些举措使得硅行业降低成本,提高技术含量,降低对国外技术和设备的依赖度迫在眉睫。

单晶和多晶硅锭一般是通过加热硅块料至高温熔化,然后缓慢提拉籽晶并严格控制液体硅温度,形成沿籽晶方向生长的单晶或多晶硅锭,原料 Si 颗粒和拉制过程中的工艺条件决定了所得产品的纯度和尺寸,原料纯度越高,生产过程中污染越小,则所得制品品质越高。除了高纯度外,为了降低成本和适应现代化产业对硅产品需求,单晶/多晶硅也正向高完整性、高均匀性和大直径方向发展,这对设备提出了更高的要求。生产单晶硅所需热场的尺寸目前越来越大,这对热场用材料的强度、韧性、可加工性等提出了更高的要求。目前,光伏热场材料多采用石英坩埚＋石墨坩埚的复合结构,其中的石墨坩埚起着承重、加热的作用,而石英坩埚则是为了避免石墨与硅液接触发生反应生成 SiC 而降低产品品质。石墨坩埚大多采用等静压石墨材料,而大规格、特大规格等静压各向同性石墨是我国石墨制品的一项缺口,主要依靠进口。国外等静压石墨生产企业主要有德国西格里(SGL)、日本东海碳素、日本东洋碳素等。进口大规格等静压石墨总量应该在 1 000 t 以上,进口石墨价格昂贵,供货不及时,这将影响我国光伏及微电子工业的发展。

随着等静压石墨坩埚尺寸的增大,其制造成本大幅提高,因此,国内外对碳/碳复合材料(C/C)在热场中的应用进行了研究,并逐渐用其替代石墨,但 C/C 仍存在污染和降低产品纯度的可能。而高强度、高韧性的碳纤维或碳化硅纤维增强的碳化硅陶瓷基复合材料(SiC-CMC)由于其优良的耐高温性能、高强度、高韧性,并且与 Si 溶液不发生化学反应,是一种极具潜力的热场材料,国外对此仍鲜见报道,因此,本章将从颗粒硅原料、多晶硅锭、单晶硅锭、外延膜等产品生产过程中对热场材料的要求,以及碳化硅涂层及其复合材料在该光伏热场中的应用潜力进行详细阐述。

10.2 最新研究进展评述及国内外研究对比分析

10.2.1 多晶/单晶硅铸锭炉用热场材料

目前,生产硅铸锭的方法大多采用悬浮区熔法和直拉法。以直拉法为例,通常是将多晶硅块料和掺杂元素一起装入石英坩埚中,再将石英坩埚置于高纯石墨坩埚中并使其随轴旋转,在减压情况下通入惰性气体保护,并将坩埚加热到 1 500~1 600 ℃使块料充分融化,然后在提拉装置上固定籽晶并使其与熔融硅液面垂直接触,精确控制液面恒定在 1 420 ℃,并缓慢提拉籽晶,在沿籽晶方向上便生长出一定直径的单晶硅棒。由炉子尺寸决定,可生产不同直径的单晶硅。随着电子和光伏行业对单晶硅尺寸需求越来越大,热场材料和构件的尺寸也越来越大,制备难度和成本也大幅提高。

早期热场材料多用钨等难熔金属,随着石墨材料性能的提高和加工工艺的改进,逐渐被高强等静压石墨所取代,成本大幅下降,但石墨与液态硅接触时易发生反应生成 SiC,造成硅锭制品中碳的沉淀和富集,大大降低产品纯度和品质,因此,引入石英坩埚直接与液体硅接触,但在硅的熔点附近,石英坩埚发生软化,强度急剧下降,因此,在石英坩埚外配合石墨坩埚作为支撑,形成石英和石墨复合坩埚结构[1-4]。

在直拉单晶硅生长时,石英坩埚、石墨部件及惰性保护气体等,都会引入不同量的氧和碳等杂质。其中的氧主要来自石英坩埚,由于石英坩埚表面与硅熔体接触部位会缓慢溶解,发生式(10.1)的反应,导致大量的氧进入硅熔体内;与此同时,石英亦会与熔体硅发生反应生成 SiO(式 10.2)而引入氧杂质。在硅的熔点温度,SiO 的蒸气压约为 202.65 Pa,大部分 SiO 会随着炉内气流而排出,但对高纯度单晶硅来讲,仍是一个不可忽略的杂质。

石英坩埚发生熔融反应[5]:

$$SiO_2(s) \longrightarrow Si(l) + O_2(g) \tag{10.1}$$

石英坩埚与液态硅发生氧化还原反应:

$$SiO_2(s) + Si(l) \longrightarrow 2SiO(g) \tag{10.2}$$

炉内的这些氧化腐蚀气氛及硅蒸气均会在长期使用过程中对石墨热场材料产生影响,缓慢发生反应如下[5]:

$$C(s) + O_2(g) \longrightarrow CO_2(g) \tag{10.3}$$

$$C(s) + Si(g) \longrightarrow SiC(s) \tag{10.4}$$

$$C(s) + SiO(g) \longrightarrow SiC(s) + CO(g) \tag{10.5}$$

长期使用过程中,硅蒸气与石墨反应生产 SiC 发生体积膨胀,导致石墨坩埚表面出现裂纹,强度下降甚至损坏;而气态反应产物 CO 和 CO_2 的存在,会在单晶硅制品中引入杂质氧和碳。氧和碳是直拉法制备单晶硅的主要杂质元素,应尽量降低其含量[6-8]。

我国在等静压各向同性石墨生产方面已有极大改进,但目前主要是小型和中小型石墨构件,大规格和特大规格等静压石墨的生产能力还有待提升。

石墨作为热场材料,存在以下缺点:(1)易引入碳杂质。(2)石墨强度低、脆性大、易损坏。石英和石墨的热膨胀系数分别为 0.51×10^{-6} K^{-1} 和 4.6×10^{-6} K^{-1}[9]，差别较大，在开炉停炉的升温和降温过程中，由于热膨胀不同导致热应力较大，产生裂纹甚至破坏；其中脆性更大的石英坩埚，更是一次性消耗品，大大提高了单晶硅的制备成本。(3)大规格、超大规格石墨热场产品成型困难，成本昂贵，大直径石墨(特别是进口冷等静压石墨)的价格随直径增大而呈指数上升趋势，为了保证强度，通常需要增加壁厚，无疑减小了可拉单晶硅的直径。

具有更高强度的碳纤维增韧碳基复合材料(C/C)作为热场材料用于单晶硅炉中，早期在德国、美国、俄罗斯、日本已经开始研究和应用，但是由于其造价较高而未受到关注。近年来，由于大规格石墨热场产品成本的日益攀升，C/C 复合材料重新进入研究者的视野。C/C 具有质量轻、耐烧蚀性能好、抗热冲击性好、损伤容限高、高温强度高等突出优点。尤其是随着航空、航天领域中对 C/C 复合材料研究的深入和制备技术的日益成熟，其价格相对于日益升高的等静压石墨来讲，差距越来越小，先进国家竞相研发，用作单晶硅炉用热场材料。目前，C/C 复合材料热场产品已得到实际应用并实现商品化，其技术发展趋势为研制大直径、高强度、长使用寿命的 C/C 复合材料热场产品，以适应单晶硅逐渐向大型方向发展的需要。国内也有多家单位开展了这方面的研究。

采用 C/C 作为热场材料，较石墨具有以下优势：(1)由于 C/C 复合材料强度高，大幅度延长了热场部件的使用寿命，减少更换部件次数，提高设备利用率，降低成本。(2)C/C 具有优异的力学性能和高温结构稳定性，可制备成薄壁构件，这对石墨来说是非常困难的(C/C 单晶硅炉保温衬套，厚度只有 3～5 mm，而相应的石墨部件需要 10 mm)。(3)C/C 韧性好，对裂纹不如石墨那么敏感，因此无须开热膨胀槽，大大简化了坩埚的结构设计，提高了热场产品的可靠性。(4)C/C 保温毡的热导率约为 2 W/(m·K)，远低于石墨的 110～140 W/(m·K)，隔热保温效果好，降低能耗。(5)C/C 抗热震、耐烧蚀，综合性能优于石墨，但 C/C 复合材料也存在以下缺点：(1)C/C 复合材料孔隙率高，在高温下硅蒸气会通过孔隙进入材料内部，反应生成 SiC 而腐蚀热场部件，同时氧化性气氛，如 SiO，会与 C/C 反应生成 SiC 和 CO 从而消耗 C/C 热场材料。(2)和石墨一样，为了隔离 C/C 和液态硅，仍需采用石英坩埚，不可避免地会引入氧和碳等杂质元素[10-12]。针对这两个问题，国内外也进行了大量研究，来进一步改善 C/C 热场材料的性能。如采用化学气相沉积法在 C/C 表面制备热解碳或 SiC 来封闭气孔。前者虽然能有效填堵 C/C 表面的孔隙，但热解碳石墨化程度低，抗腐蚀性能较差。SiC 不仅能填补 C/C 表面孔隙，缓解 C/C 与硅之间热膨胀失配产生的龟裂裂纹。更重要的是，SiC 与硅在高温下不发生化学反应，从而能保证所拉制单晶硅的纯度。

因此，如何降低热场材料对晶体 Si 的污染，提升晶体硅的纯度和品质的同时，提高其尺寸，是目前该行业的关键问题之一。

针对石墨和 C/C 的缺点，考虑到 SiC 作为一种典型的耐高温陶瓷，与 Si 不发生反应，并且不含氧等杂质元素，是一种理想的制备晶体 Si 用热场材料。陶瓷基复合材料(C/SiC)结合了 C/C 和 SiC 的优势，具有很高的强度，能够制备成薄壁型构件，且因基体组元为 SiC，可很好地阻碳和防止腐蚀性气体侵入，其上沉积 SiC 涂层更可进一步提升阻碳效果和耐腐蚀性，能大大提高热场部件的使用寿命，提高晶体 Si 的纯度和品质，是一个极有应用潜力的热场材料,但目前国内外仍鲜见报道。

综上所述,耐高温、高强度、与熔体 Si 化学相容的 SiC 陶瓷基复合材料,是一种优异的热场材料,其制成的热场部件,是光伏领域进一步发展的关键技术。在 10.3 节的"产业应用与工程应用"中,将会以单晶/多晶 Si 生产过程中所用的典型热场部件为例,详细介绍 SiC 陶瓷基复合材料在其中的潜在应用价值。

10.2.2　多晶硅颗粒的硅烷流化床法用热场材料

多晶硅颗粒原料的生产方法目前主要有改良的西门子法和硅烷流化床法。改良西门子法,又称闭环式三氯氢硅还原法,是以低纯度工业冶金级硅粉为原料,在沸腾炉中与氯化氢反应生成三氯氢硅,然后经过粗馏、精馏等步骤提纯后,在还原炉中与氢气发生化学反应而沉积在硅棒表面,形成多晶硅,而副产物四氯化硅经氢气还原成三氯氢硅后再进入系统进行循环使用,形成闭环式反应。该方法制备的多晶硅纯度高,是目前生产多晶硅的主要工艺,经过多年的改进和努力,其污染排放量已降低,实现了原料的循环回收利用,但该工艺流程环节多且复杂,单程转化率低(5%~20%)、沉积温度较高(1 150 ℃)、能耗大。采用硅烷热解法制备多晶硅,其裂解温度低(约 800 ℃),转化效率高(可达 98%),因而日益引起人们的重视。硅烷热解与流化床工艺结合,大大提高了生产效率,具体工艺流程为:硅烷和氢气混合气体从炉子底部以一定速度通入,硅烷在高温下发生分解反应生成硅和氢气,在反应器中部通入流化状态的高纯细小多晶硅颗粒作为沉积载体,高温下硅烷发生裂解在多晶硅颗粒表面发生沉积而长大,多晶硅颗粒不断长大,在流化床底部沉降取出较大的多晶硅颗粒,硅烷和多晶硅籽晶源源不断地输入,可以实现连续生产。与改良西门子法相比,硅烷流化床法设备简单、副产物少、污染小、能耗低,但硅烷流化床法最大的问题是早期多晶硅纯度不及西门子法,西门子法制备的多晶硅纯度可高达 99.999 999 9%。近年来,伴随着光伏产业的飞速发展,硅烷流化床法重新得到人们的青睐,国际多晶硅生产巨头竞相投入到硅烷法的研究中,工艺方法和装备得到改进,所生产的多晶硅纯度已能够满足光伏产业的要求,并且可实现连续自动化生产,生产效率高。

采用硅烷流化床法生产多晶硅,其竞争优势非常明显:(1)反应主要副产物为氢气,环保无污染,并且副产物氢气和产品固体硅易分离,设备简单。(2)硅烷裂解温度低,转化效率高,能耗低,多晶硅的生产成本可从 40~60 (kW・h)/kg 降到 5~8 (kW・h)/kg。(3)沉积速率快,产品均匀性高,可实现连续化生产且所得颗粒状产品,有利于多晶或单晶硅铸锭的生产,因此,硅烷流化床法引起了世界各国研究学者的关注。根据报道,目前全球只有挪威 REC 公司和美国 MEMC 实现了硅烷流化床生产粒状多晶硅的工业化生产,国内还没有完全掌握此项技术[13]。

流化床法最大的问题是热壁沉积问题及热场材料对多晶硅制品的污染。针对热壁沉积问题,许多学者提出了改进的措施,如在反应器壁面处设置喷嘴并向反应器内通入低硅烷含量的混合气体,从而抑制热壁沉积[14]。有研究者从改变气体分布方式的角度出发,来设计不同结构的气体分布器,如蜂窝式气体分布器和套管式喷嘴等[15,16],将反应气体引入到反应器的中心部位,从而防止硅的壁面沉积。国外对硅烷流化床法的理论研究和工业级流化床的设计方面都已积累了大量经验,但对外严格技术封锁,多以专利形式存在。我国对该方法的研究仍处于初期阶段,但已经充分意识到该工艺的优势,国内多晶硅生产厂家也与科研院所合作,在大力推动该方面的研究走自主化道路。

硅烷硫化法所用的热场材料,如分布器、反应器等,是影响产品纯度的重要因素,也是流化床法的缺陷所在[17]。前期研究中采用金属材料作为热场材料,会因多晶硅颗粒在反应器内长时间磨损和腐蚀而带入大量金属污染。后来采用的石墨热场材料,亦存在碳污染的问题。采用包含碳化硅涂层的石墨作为热场材料,可有效降低污染物,提高产品纯度。SiC 硬度高、耐磨损且高温环境下与流化床内的气氛不发生反应,能够提高多晶硅的纯度。国外已开展大量研究,早在 2011 年已申请专利,采用高硬度、耐磨的无机材料,如碳化硅、氮化硅等来制备反应器,使其与硅颗粒直接接触而降低污染物的引入[18,19]。现已有商品出售。我国王铁峰等将石英、碳化硅或氮化硅等材料涂覆在反应器内壁或制成内衬放入反应器中来减少产品的金属污染。该方法能有效降低金属污染物的引入,但因硅与其他材料的膨胀系数不同而导致反应器壁或内衬易开裂,实用性欠佳,仍需进一步改进[20]。在本章的 10.3.3 和10.3.4 小节中将详细介绍碳化硅在流化床的分布器和反应器中的应用潜力。

10.2.3　光电外延膜 MOCVD 设备用热场材料

金属有机化合物化学气相沉积(metalorganic chemical vapor deposition,MOCVD)是1968 年美国洛克威尔公司提出的用来制备化合物半导体单晶薄片的技术,是以Ⅲ族、Ⅱ族元素的有机化合物和Ⅴ、Ⅵ族元素的氢化物等为原料,在高温下发生热分解反应而在衬底上形成气相外延生长,制备各种Ⅲ-Ⅴ和Ⅱ-Ⅵ族化合物半导体材料及它们的多元固溶体单晶薄膜材料的方法[21,22]。通过调节沉积工艺参数及原料种类和配比,可沉积出不同种类的薄膜,如 LED 晶片、太阳能电池薄膜等[23]。Ⅲ-Ⅴ族半导体材料,如 GaAs、GaN 等是高效薄膜太阳能电池和 LED 的重要材料,目前太阳能转换效率最高的仍然是Ⅲ-Ⅴ族外延膜,而其外延单晶材料更是 LED 的支柱,成为光伏和 LED 行业的重要原材料。LED 照明具有节能、环保的优势,已得到大量推广,我国更是积极推行"国家半导体照明工程"。MOCVD 设备是外延片产业化的关键,其水平制约着 LED 产业的发展,是知识和技术高度密集的、具有高附加值和强大产业链拉动的高端装备产品。目前我国 MOCVD 设备主要依靠进口,如德国的Aixtron、美国的 Veeco、日本的大阳日酸株式会社等三家公司,前两家公司基本上垄断了全球 MOCVD 设备的市场。MOCVD 设备价格昂贵,产业的大部分利润被这些设备厂商占有[24]。在国家政策布局和市场需求的双重牵动下,我国在 MOCVD 技术和产业方面也取得了积极进展,已初步形成以上海、北京、山东、广东四地区为主的竞争局面,已完成国产大型MOCVD 设备的技术研发及产业化[25],但国产设备的技术有待进一步提高,还没有实现批量化销售和验证,而国外主流商业机型已经研究非常成熟,并已经建立了严密的专利保护制度。我国在专利壁垒下发展国有化 MOCVD 设备技术,困难重重且必须走不同于欧美国家的技术路线。

MOCVD 运行时的气氛比单晶硅铸锭炉更复杂,除了多种不同的金属有机前驱体外,通常采用氨气(NH₃)作为氮源,因此对热场材料提出了更为苛刻的要求,但 MOCVD 热场材料的报道相对较少,大多以专利形式存在。

10.3　产业应用与工程应用

C/C-SiC、C/SiC-SiC 在热场领域具有广泛的产业和工程应用需求,详述如下。

10.3.1　单晶硅炉用 C/C-SiC、C/SiC-SiC 坩埚

单晶硅太阳能电池组件的光电转换效率是硅基产品中最高的,是目前除砷化镓等Ⅲ-Ⅴ族太阳能电池组件外,稳定效率最高的。如前所述,单晶硅铸锭的制备通常采用直拉法,其原料为高纯多晶硅料或制备电子级单晶硅产生的头尾料。单晶硅的生产对炉体坩埚的设计、温度场的分布等均有严格要求,能在精确控制温度的同时,将杂质含量降到最低。因目前所用的等静压石墨和 C/C 坩埚均存在碳污染的问题,采用 C/C 复合材料表面制备致密 SiC 涂层的办法,能有效阻隔碳与液态硅之间的反应,从而降低单晶硅中的碳杂质含量。同时,相对于石墨而言,C/C 复合材料的高强度、高韧性和低密度,能够制备复杂薄壁构件,能够满足单晶硅直径日益增大的需求,延长了使用寿命,减少了清理和更换部件时间,提高了生产效率,降低了成本,是一种极具应用潜力的单晶硅炉用坩埚材料。若采用 SiC 基体来取代碳基体,制得碳纤维增韧的 SiC 基复合材料(C/SiC),结合表面致密 SiC 涂层,能够进一步降低碳污染源,提高单晶硅纯度。

通过合理控制,单晶硅的缺陷相对多晶硅少,机械强度高,其光电转换效率高。早期单晶硅铸锭生产工艺相对复杂,单炉产量低,硅棒利用率低,成本高,近年来,因技术提升和突破,其市场占有率呈上升和爆发性趋势。

10.3.2　多晶硅铸锭炉用 C/C-SiC、C/SiC-SiC 盖板

多晶硅太阳能电池的光电转换效率不及单晶硅高,但多晶硅的生产成本低,对原料纯度要求相对较低,单炉产量高,硅锭利用率高,加之制备工艺技术成熟度相对较高且稳定,前些年在太阳能光伏电池行业中占有一半以上的市场份额[26]。

多晶硅锭的生产工艺一般是将硅料加热融化后,通过精确控制温度场分布及其梯度使得液态硅重新定向凝固为柱状的铸锭。工艺中可适当引入掺杂技术来调节硅锭的化学成分而控制其光电特性。铸锭的纯度和质量将决定最终太阳能光伏器件的转换效率。

目前,国外生产多晶硅铸锭炉的厂商主要有 GT Solar、ALD、ECM、REC、Schott Solar 等,其中前两个公司的产品占据较大市场份额。国内多晶硅铸锭炉也进行了大量研究,已有部分商品出售,但仍存在明显问题,部分关键零配件,如耐高温材料,仍多依赖进口。实现关键零部件国产化,不仅能摆脱受制于人的局面,还能节省大量外汇,形成新的高新技术产业链群,带动我国光伏行业的良性发展[27]。

多晶硅铸锭炉所用的热场材料及其结构设计,不但影响产品纯度,对其温度场的均匀性及其分布也有其决定性作用。目前,热场系统包括加热体、坩埚、盖板和碳毡保温层等。多晶硅铸锭炉所用的盖板最初为石墨,由于炉内硅蒸气易与石墨反应生产碳化硅或氧化性气氛与石墨反应,生产 CO_2 或 CO 而溶在液体硅中,不但造成石墨盖板的溶解腐蚀,还会引入碳杂质。在多次循环使用后,石墨盖板表面沉积碳化硅涂层,因体积膨胀而形成龟裂和剥落,掉入反应器中而带入杂质。随着多晶硅铸锭尺寸的增大,盖板直径也越来越大,对其强度提出了更高的要求,因此厚度较大。C/C 复合材料具有耐高温、高强和低密度的特点,相对于石墨,可以做成薄壁件,在其表面制备致密的 SiC 涂层(C/C-SiC)能阻止碳的腐蚀,提高多晶硅铸锭纯度的同时,延长盖板的使用寿命,降低成本。碳材料在硅蒸气中的腐蚀行为研究表明,石墨化程度越高,碳的抗腐蚀性能越好。碳纤维表面是非常致密的、石墨化程度很高的结构,因此碳纤维的抗腐蚀性能优于热解碳等其他碳材料。为进一步提高盖板的性能,可采用碳纤维增强的 SiC 复合材料,结合表面致密度 SiC 涂层处理,形成 C/SiC-SiC 的结构,不仅能够综合复合材料的高强度、高韧性的优点,同时还结合碳纤维和 SiC 优良的抗硅蒸气腐蚀性能,进一步提高盖板性能,减少杂质含量,提高盖板使用寿命。

我国在 C/C-SiC 和 C/SiC-SiC 复合材料方面已进行了大量研究,处于国际先进水平。目前已有构件成功通过台架式考核,在航空、航天领域中有非常重要的应用,因此,结合该研究成果,加强不同行业间的技术融合,将其应用在多晶硅铸锭炉盖板的开发中,能够站在国际前沿,改变在硅产业中模仿跟进的局面,开发出独立知识产权的设备系统,改变目前关键耐热部件必须依赖进口的局面。

10.3.3 流化床用 C/SiC 分布器

流化床法制备多晶硅颗粒由于其独特的优势而受到国内外学者的青睐。其中流场的控制及其均匀性是影响其产品稳定性的关键所在,因此,研究者进行了大量研究,通过设计气体分布器来改善硅烷和氢气的混合程度及其流动特性,进而控制其流场分布在反应器中部,减少和降低壁面沉积的发生。分布器多为多孔板状结构,硅烷和氢气流经多孔分布器后,能够更加均匀的混合、分散到反应器内部。同时底部的分布器也是大直径多晶硅颗粒的收集器,多晶硅颗粒生长到一定尺寸后在底部中心聚集并被收集。目前采用的石墨分布器,在长期使用过程中,与硅发生反应造成表面粗糙甚至孔隙被堵的现象,严重影响分布器的气体分散效果及多晶硅颗粒的有效收集,并且反应引入碳杂质会降低产品品质。石墨脆性大,在多次开关炉的热冲击下易发生碎裂破坏,使用寿命短,影响整个流化床反应器的运行。为降低金属杂质含量,分布器用石墨为高纯等静压石墨,而我国目前生产大尺寸、高纯等静压石墨构件的能力还较弱,因此,引入 C/SiC 复合材料,能够有效隔离碳和硅,阻止反应的发生。目前国内关于 C/SiC 的 CVI 制备工艺已相对成熟,能够制备形状复杂的薄壁型构件,确保分布器中喇叭型开口及边缘密封槽的精确制备。C/SiC 具有高温强度高、韧性大、在硅烷流化床气氛中性能稳定、抗热震性能好等优点,能有效降低多晶硅中的碳污染,并延长使用寿命,减少停炉更换部件的次数,提高生产效率。

目前,我国高品质的流化床用分布器仍大量依赖进口,C/SiC分布器的成功开发,将大大降低我国多晶硅料生产对国外零部件的依赖程度。

10.3.4　流化床用C/SiC反应器

目前,流化床用反应器的内衬多采用石墨,对于直径1 m以上、高10 m以上的石墨筒,价格昂贵。因使用过程中硅与石墨反应,体积膨胀导致石墨筒开裂,运行成本高,因此,引入强度更高,并且对裂纹不敏感的C/SiC复合材料,能大幅提高反应器的使用寿命。因SiC与硅和硅烷均不发生反应,无反应导致的反应器开裂情况,能保证多晶硅颗粒纯度。因C/SiC强度高、韧性大,抗热震性能优良,可制备成大型薄壁构件,在多次开关炉的升降温过程中不易形成裂纹,能提高反应器使用寿命,从而降低成本,具有很大的应用潜力,但特大直径的反应器需要大型化学沉积设备,并且复合材料表面的粗糙度也应根据流化床用反应器的要求设计,其中仍需大量前期小型坩埚的研究和探索。

10.3.5　MOCVD托盘

MOCVD设备一直都是生产LED外延芯片的关键设备。由于技术含量高,MOCVD设备站在了LED行业价值链的顶端,MOCVD设备是专利技术密集型产业,其核心技术大多掌握在美国Veeco和德国Aixtron等国外企业中。多年以来,这两家企业占领了全球90%以上的MOCVD设备市场,其技术水平、规模效应、品牌效应、客户资源等都达到了相当的高度。国产MOCVD设备一直以来艰难推进,2012年底研发成功,2016年开始完成批量验证,2016年在国内市场占有率合计达11%。2018年,中美贸易产生争端,MOCVD托盘作为国内尚不掌握的技术和原材料,完全进口,存在巨大风险。国内厂家对国产供应的需求极其迫切。

沉积有SiC涂层的石墨托盘是MOCVD设备最重要的消耗性部件,与设备腔体设计密切关联,使用寿命一般1~2个月,未来如无供应,将导致机台停产,极大影响产能。MOCVD托盘除加热外,主要用来盛放需要外延沉积的衬底基片,其表面SiC涂层的品质对于确保LED芯片的质量和一致性有着至关重要的作用。SiC涂层要和石墨具备均一的热导率和热膨胀系数,高温下才不会出现严重变形,同时需要高精密加工水平和涂层均匀性,以确保外延片载盘片坑表面的光滑度和平整度。这些都直接影响到外延片的晶体质量。由于托盘表面涂层工艺复杂,目前仅有德国SGL、日本东洋碳素和荷兰Xycarb(德国Schunk集团全资控股子公司)三家能够大量供货。还有日本东海授权给韩国TCK,可以供货。Veeco公司的MOCVD设备,是采用高速旋转的石墨托盘,并配合自动装卸装置,能够提升生产效率,在产能输出、自动化生产、使用维护等方面有突出优势,因而备受广大LED外延厂商的欢迎。

MOCVD托盘的开发技术难度高,对托盘表面加工要求高,需要长期的投入和大量的研究。除石墨和SiC外,也可考虑其他陶瓷材料,以拓宽可选材料范围。

10.4　未来预测和发展前景

随着光伏产业的飞速发展,离平价发电仅一步之遥,整个产业对大尺寸单晶和多晶Si

的需求日益增长,热场材料正向大尺寸、高强度、高可靠性方向快速发展。2018 年,国家取消光伏上网补贴,光伏产业尤其是晶体 Si 的生产成本亟须进一步降低,高可靠性、长寿命、低成本的新一代热场材料及部件成为实现降本增效目标的关键。

由于 C/C-SiC 和 C/SiC-SiC 独特的优异性能,有望取代等静压石墨而成为单晶、多晶硅及Ⅲ-Ⅴ族薄膜太阳能电池和 LED 器件生产中的热场材料,但在投入使用之前,需进行大量的试验研究,探明 C/C-SiC 和 C/SiC-SiC 在这些热场环境中的性能演变规律和失效机制,以及制备工艺条件对热场产品性能的影响机制,建立之间的联系。综合 C/C-SiC 和 C/SiC-SiC 复合材料在航空、航天应用中的研究成果和成功使用案例,结合多学科科技人员,对该复合材料热物理性能及表面状态对高温反应炉热场的影响,加快 C/C-SiC 和 C/SiC-SiC 在光伏绿色能源领域的验证考核和推广,以提升我国在硅产业链及光伏组件等领域的国际影响力。

目前,陶瓷基复合材料在热场领域的应用研究才刚刚起步,短期规划为实现大(小)板材类、坩埚类、导流筒、高温过滤器、阀门、进出料管等热场材料和部件的应用,通过研究材料和部件的失效机制,结合应用情况调整制备工艺,提升使用寿命。中短期目标为制备超大型、薄壁反应器或坩埚构件,并对其进行安装测试,实现关键部位的重大应用突破,进一步提升我国硅产品的品质和竞争力。中长期目标为掌握 MOCVD 托盘核心技术,实现国产化,自主可控。

参考文献

[1] BUKOWSKI A. Czochralski-grown silicon crystals for microelectronics[J]. Acta Physica Polonica A, 2013, 124(2):235-238.

[2] GAO B, CHEN X J, NAKANO S, et al. Crystal growth of high-purity multicrystalline silicon using a unidirectional solidification furnace for solar cells[J]. Journal of Crystal Growth, 2010, 312(9):1572-1576.

[3] HUANG L Y, LEE P C, HSIEH C K, et al. On the hot-zone design of Czochralski silicon growth for photovoltaic applications[J]. Journal of Crystal Growth, 2004, 261(4):433-443.

[4] 昌金铭.光伏电池多晶硅晶体生长技术及设备[J].新材料产业,2009(9):27-30.

[5] 赵伟.直拉单晶硅炉用炭素材料防护涂层的制备与性能研究[D].济南:山东大学,2012.

[6] SCHMID F, KHATTAK C P, DIGGES, et al. Origin of SiC impurities in silicon crystals grown from the melt in vacuums[J]. Journal of the Electrochemical Society, 1983, 126(6):935-938.

[7] LIU X, GAO B, NAKANO S, et al. Reduction of carbon contamination during the melting process of Czochralski silicon crystal growth[J]. Journal of Crystal Growth, 2017,474.

[8] NAGAI Y, NAKAGAWA S, KASHIMA K. Crystal growth of MCZ silicon with ultralow carbon concentration[J]. Journal of Crystal Growth, 2014, 401(sep. 1):737-739.

[9] 彭志刚,肖志超,苏君明,等.单晶硅拉制炉热场材料的发展概况[C]// 第20届炭-石墨材料学术会论文集.2006.

[10] ASADI NOGHABI O R, M HAMDI M, JOMAA M. Sensitivity analyses of furnace material properties in the Czochralski crystal growth method for silicon[J]. Measurement Science and Technology, 2013, 24(1): 015601.

[11] 施伟,谭毅,郝建洁,等.晶硅炉热场用碳材料在硅蒸汽中的腐蚀行为研究[J].无机材料学报,

2017,32(7)：744-750.

[12]　孙微，贺福.太阳能光伏产业的热场材料[J].高科技纤维与应用，2011，36(1)：44-48.

[13]　张月梅.硅烷流化床法生产粒状多晶硅的数值模拟[D].天津：天津大学，2017.

[14]　RAINER H，HARALD H. Method and device for producing granulated polycrystalline silicon in a fluidized bed reactor：US20080241046A1[P]. 2006-04-09[2011-04-12].

[15]　KULKARNI M S，GUPTA P，DEVULAPALLI B，et al. Fluidized bed reactor systems and methods for reducing the deposition of silicon on reactor walls：US20090324479A1[P]. 2009-06-29[2009-12-31].

[16]　WEIDHAUS D，HAUSWIRTH R，HERTLEIN H. Process for the continuous production of polycrystalline high-purity silicon granules：US8722141 B2[P]. 2008-04-29[2014-05-13].

[17]　吴锋，陈文龙，朱顺泉.用于多晶硅生产的流化床反应器设计进展[J].化学工程与装备，2014(5).

[18]　OSBORNE W E，SPANGLER M V，ALLEN L C et al. Fluid bed reactor：US8075692[P]. 2010-11-17[2011-12-13].

[19]　雅维耶？桑塞贡多桑切斯，乔斯？路易斯？蒙特西诺斯巴罗纳，埃瓦里斯托？阿尤索科内赫罗，等.用于生产高纯度硅的流化床反应器：CN200980149022.1[P]. 2009-11-20[2011-11-09].

[20]　王铁峰，魏飞，王金福，等.一种流化床制备高纯度多晶硅颗粒的方法及流化床反应器：CN101318654B[P]. 2008-07-04[2010-06-02].

[21]　MANASEVIT H M. Single crystal gallium arsenide on insulating substrates[J]. Applied Physics Letters，1968，12(4)：156-159.

[22]　NAKAMURA S，MUKAI T，SENOH M. Candela-class high-brightness InGaN/AlGaN double-heterostructure blue-light-emitting diodes[J]. Applied Physics Letters，1994，64(13)：1687-1689.

[23]　李志华.LED行业上游装备 MOCVD 的运行环境建设[J].城市建设理论研究(电子版)，2013(15)：1-6.

[24]　喻晓鹏，范广涵，丁彬彬，等.LED 产业 MOCVD 设备专利信息分析[J].照明工程学报，2013，24(5)：60-63.

[25]　王雪莹.MOCVD 装备技术及产业发展分析[J].中国高新技术企业，2013 (3)：1-3.

[26]　韩栋梁.多晶硅铸锭炉热场可视化分析及其关键技术研究[D].太原：太原理工大学，2016.

[27]　梁仁和，代红云，侯英新.多晶硅铸锭炉产业现状与发展前景[J].新材料产业，2011(3)：28-30.

第11章 3D打印陶瓷基复合材料

11.1 理论基础

新型陶瓷及其复合材料(简称"陶瓷复材")具有耐氧化、耐高温、耐腐蚀、轻质和强度高等优点,在航空、航天、能源信息、机械制造和生物医疗等领域有广泛应用。过去几十年时间内,陶瓷复材成型工艺得到了长足的发展,除了注浆成型、模压成型和轧模成型等传统成型工艺外,3D打印技术为陶瓷复材成型提供了一种新选择[1]。

3D打印技术,又称为"增材制造技术",是基于分层制造原理,根据计算机软件或逆向工程构造的CAD模型,通过逐渐给料方式制造出与各种复杂结构实物模型的成型方法。3D打印基本流程包括:(1)利用计算机软件或逆向工程绘制出物理实体的3D模型图,并将其切分为特定厚度的2D层片。(2)利用数字化控制结构驱动精密喷头或者激光热源,实现2D流程层片的物理成型固化,最后层层堆叠制造出3D模型的实体产品,3D打印流程如图11.1所示。与传统CNC铣削等减材制造工艺和铸造工艺相比,3D打印技术集软件建模、测量技术、接口软件技术、数控技术、精密机械技术、激光技术和材料技术于一身,集成了众多领域的先进技术,具有无模、无缝、快速、精确等优势,在尺寸小、精度要求高的复杂构件成型领域应用广泛。将3D打印技术应用于陶瓷复材领域,对于降低产品制造成本、提高生产效率和增强产品性能意义巨大。

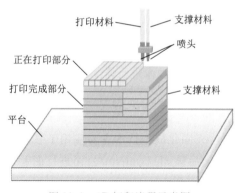

图11.1 3D打印流程示意图

打印材料是陶瓷复材3D打印的物质基础,同时也是打印产品性能的决定性因素之一。不同类型的陶瓷复材所用的3D打印技术不同,浆液类材料可以利用光固化成型技术(stereo lithography apparatus,SLA)、数字光刻成型技术(digital light processing,DLP)、双光子聚合成型技术(two-photon polymerisation,TPP)、喷墨打印成型技术(inkjet printing,IJP)和浆料直写成型技术(direct ink writing,DIW)成型;粉体类材料可以利用三维打印技术(3DP)、选区激光烧结技术(selective laser sintering,SLS)和选区激光熔融技术(SLM)成型;块体材料可以利用分层实体制造技术(laminated object mannfacturing technology,LOM)和熔融沉积技术(fused deposition modelling,FDM)成型,基于上述3D打印成型技术的各类陶瓷复材产品正在被广泛应用于各个领域,这些成型方式会在后续小节详细介绍。除此之外,本章第二小节还将特别介绍一种可用于陶瓷复材打印的潜在 3D 打印技术——连续液面生长技术(CLIP)。

陶瓷复材的 3D 打印研究起步较晚,主要是由于陶瓷复材相对于金属、塑料和聚合物等主流材料而言会受到其本身材料特性的约束[2],但同时也正是材料本身的多功能特性让其引起世界范围内的广泛研究,目前已利用陶瓷复材 3D 打印技术制造出硅酸盐建材、医用义齿和航空、航天部件等产品,在未来,也有望利用该技术建造太空建筑物。我国在陶瓷复材 3D 打印方面的研究主要集中在打印材料的开发和基于特定材料的复杂结构产品成型,目前,我国对于陶瓷复材 3D 打印微观机理和基础理论的研究不够深入,这不利于该领域在我国发展后期原创性创新技术和产品的研发,所以日后应该加强基础研究,优化制备技术,同时完善产品的缺陷检测标准,开发系列化的 3D 打印用的陶瓷复材,形成完整的产业链,推动陶瓷复材 3D 打印的产业化。

11.2　核心技术

通常将陶瓷复材 3D 打印技术(简称"打印技术")的打印材料按照所处状态可以分为三大类,分别是:浆液类、粉体类和块体类,对于不同状态的打印材料采用不同的打印技术。浆液类材料主要是通过将精细陶瓷复材颗粒分散在液态或半液态系统中形成"打印墨水",将"打印墨水"以喷出、挤压或光聚合的方式打印成型;粉体类材料是将松散陶瓷复材颗粒直接铺展在打印平台上,通过液体黏结剂黏接或者定向激光提供的热能使其融合成型;块体类材料的状态大多是丝状或片状,通过高温加热或机械加工等方式使原料打印成型。本章将对前面提到的 7 种打印技术进行详细解读,介绍各种打印技术的发展过程、基本原理、工作过程和特点。

11.2.1　光固化成型技术(SLA)

光固化成型技术主要应用于浆液类陶瓷复材的成型,它最早由赫尔(Hull)在 1986 年提出,随后被 3D Systems 公司进行商业化发展,目前已成为世界范围内最流行的打印技术。

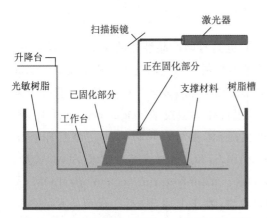

图 11.2　部分光固化成型技术工作过程示意图

光固化成型技术的基本原理就是利用特定波长的光照(通常是紫外光)使陶瓷复材浆料快速固化成型,在这个过程中通常向浆料中加入少量光聚合物添加剂以使浆料快速固化。具体工作过程包括:(1)配置打印浆料。(2)将陶瓷复材和树脂的混合浆料加入树脂槽中。(3)利用特定光照按照从点到线、从线到面、从面到体的顺序打印成型。(4)烧结强化。具体打印过程如图 11.2 所示,该系统主要包括升降台、激光器、扫描振镜、光敏树脂混合浆液、树脂槽、支撑材料和工作台七大部分,激光器发射激光后,由扫描振镜控制激光 $X-Y$ 轴上的扫描方向和速度,按 CAD 数字模型样式照射在光敏树脂混合浆液上使其快速固化,Z 轴方向打印速度由升降台控制,从而在树脂槽中形成实体模型。部分光固化成型产品如图 11.3 所示。

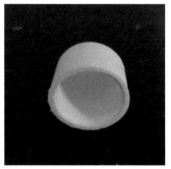

（a）SiO₂齿轮　　　　　　　（b）SiO₂压缩机叶盘　　　　　　　（c）SiO₂子弹头

图 11.3　SiO_2 陶瓷复材零件

光固化成型过程中机器参数、浆料收缩变形程度、激光光斑直径、设备扫描参数和扫描方式均会对打印产品性能产生影响。机器参数是机器本身存在的系统误差不可消除,但需要尽量减小,这是陶瓷复材光固化成型的硬件基础,需要不断优化。树脂收缩变形程度受材料组分、光敏性和聚合反应的速度影响,这种形变的机理比较复杂,要减小这种变形带来的误差,就需要不断优化陶瓷复材和光敏树脂混合而成的浆料。实验表明,高强度、低黏度和低收缩浆料有利于光固化成型产品精度和性能的提高。激光光斑并不只是以一个点作用在浆料的表面,而是一个具有直径的光斑,激光的能量分布在整个光斑范围内,最后成型的模型实际上是一系列光固化斑点组合而成的,如果不进行修正,则模型的外围会多出一个光斑半径的固化层,这就会使得模型出现正偏差,使激光在照射模型外围时向内缩进半个光斑直径的补偿距离可以消除激光直径带来的误差。扫描参数包括激光功率、扫描速度和扫描间距,这些参数会影响光固化深度,当固化层的厚度略小于理论层厚度时,固化层会自由收缩而不产生层间应力,会降低翘曲变形,但是层和层之间会产生错位,原因是层和层之间结合不够紧密;若固化层厚度略大于理论层厚度时,层和层之间会紧密结合,但是会加大翘曲变形。在实际生产过程中,需要固化层厚度略大于理论层厚度,因为这样才能使层和层之间的结合形成整体,同时控制扫描速度和扫描间距相匹配可以生产出强度和精度都比较好的产品。扫描方式是指激光光束在 X-Y 平面上扫描模型轮廓和内部的方式,不同扫描方式的区别在于扫描方向和扫描线之间的相对位置不同,不同扫描方式固化出的模型层间应力不同,宏观表现在会发生收缩和变形,所以针对不同模型选取合适的扫描方式对于控制误差是很重要的。

SiO_2、SiC、C_3N_4、Al_2O_3 和 ZrO_2 等陶瓷复材均可用作光固化成型原料,Brady 等对 Al_2O_3、SiO_2 和羟基磷灰石（HA）进行光固化成型,将陶瓷复材粉末与丙烯酸酯光敏树脂混合得到成型浆料,最后成型后产品固相体积分数达到 50% 以上。Michelle 等采用丙烯酰胺水和二丙烯酸盐非水溶液作为光聚合溶液进行 SiO_2、Si_3N_4 和 Al_2O_3 的光固化成型,Al_2O_3

和 SiO_2 水基体系浆料固化深度和流动性均适合成型,固化成型的 Al_2O_3 试件在 1 550 ℃烧结后均匀致密,平均晶粒尺寸仅为 1.5 μm,可达到理论密度且层间界面不明显。Badev 等研究了不同陶瓷颗粒(SiO_2、SiC、Al_2O_3 和 ZrO_2)和树脂混合后的固化情况,发现陶瓷颗粒和有机物的折射率比及浆料黏度是控制光固化速度的重要参数。

陶瓷复材光固化成型技术的优势有成熟度高、成型速度快、打印尺寸范围大、打印精度高、打印系统稳定和产品表面状态好。同时它也具有系统造价昂贵、对环境要求苛刻、产品含有机物、不易保存和预处理工作量大等缺陷。

11.2.2 数字光刻成型技术(DLP)

数字光刻成型技术是在光固化成型技术的基础上发展起来的,区别在于利用数字光源使陶瓷复材和树脂的混合浆料固化。该数字光源本质上是利用高分辨率的数字光处理器直接使照在浆料液面上的光呈现出一幅完整的切层图像,从而使得浆料快速成型,再一层层堆叠形成最终的产品,这是一种直接从面到体的打印技术。具体工作过程示意图如图 11.4 所示,该系统中主要包含升降台、树脂槽、光源、支撑材料、数字光处理器、打印浆料和透镜七部分,工作过程与光固化成型类似,只是照射在页面上的不再是一个光斑,而是一幅完整的图案,直接使整个切面层固化,再通过升降台的上下移动形成实体产品。

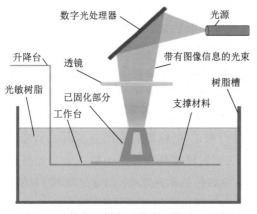

图 11.4 数字光刻成型技术工作过程示意图

数字光刻成型过程中的误差一方面来自光固化成型技术本身,另一方面取决于数字光处理器的性能。数字光处理器是数字光刻成型技术的关键,而数字光处理器中的核心部件为数字微镜。数字微镜是由很多个微米级镜片组成的,透镜和滤光板将自然光分解为三原色,三原色分别通过滤光板轮流照射在数字微镜芯片上,通过电路控制微镜片在一定角度内转动,从而控制各像素点光路的通断,将图像投射到显示器件上,所以高质量的数字微镜是制作出高质量打印产品的关键[3]。

可以用于光固化成型的陶瓷复材原料原则上均可用于数字光刻成型。维也纳理工大学的研究小组利用数字光刻成型技术,以氧化铝陶瓷和生物陶瓷为原料生产出具有优良特性的陶瓷复材结构,其最后成型后的相对体积分数达到 90%,并且其机械强度可与常规加工相媲美,产品如图 11.5 所示。Zanchetta 等人也利用数字光刻成型技术成功制备出具有微米级特征的致密无裂纹的复杂碳化硅三维结构。

数字光刻成型技术的优点在于成型精度高、质量好、成型物体表面光滑和成型速度快,但同时此种机型造价高、树脂材料造价贵、成型过程易造成浪费和微量毒性也是限制这种技术发展的因素。

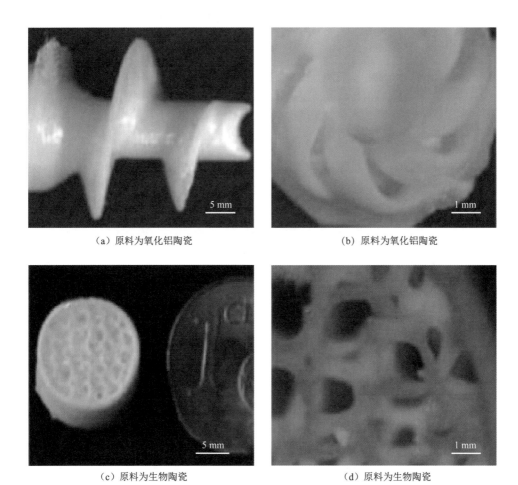

（a）原料为氧化铝陶瓷　　　　　　　　　　（b）原料为氧化铝陶瓷

（c）原料为生物陶瓷　　　　　　　　　　　（d）原料为生物陶瓷

图 11.5　利用数字光刻成型技术制造的陶瓷复材产品

11.2.3　双光子聚合成型技术(TPP)

　　双光子聚合技术是基于双光子聚合原理开发出来的一种新型打印技术,是目前实现微纳尺度陶瓷复材 3D 打印最有效的一种技术。该技术是 1997 年由 Maruo 等人首次提出,目前德国 NanoScribe 公司、维也纳理工大学等研究组相继开发了基于双光子聚合激光直写设备,该技术在微纳尺度陶瓷复材打印领域有巨大应用潜力。

　　双光子聚合是物质同时或在间隔很短的时间内吸收不同能量的两个光子后引发的聚合效应,是一种非线性光学效应。用高强度近红外光和绿光激光同时照射树脂材料时,相应部位双光子焦点内的树脂材料会发生聚合现象从而固化,上述过程便是双光子聚合成型技术的基本原理[4]。双光子聚合成型过程中的光源一般是飞秒激光器产生的高强度特定波长激光,双光子聚合区域远小于单光子聚合,这也是双光子聚合成型技术能够达到微纳尺度打印的一个重要原因,同时也是其与光固化成型技术最大的区别,具体工作过程如图 11.6 所示,飞秒激光器作为激发光源,在光路中放置快门和扩束镜调节爆光时间和光强,光束经扩束镜后由反射镜聚焦到待加工树脂,利用三维移动系统控制激光焦点在树脂中按照设计路径进行扫描。

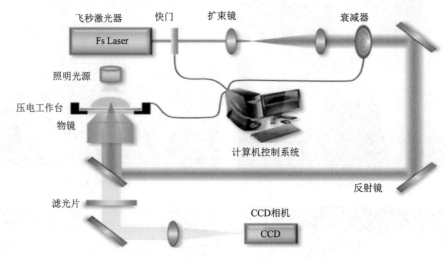

图 11.6 双光子聚合成型技术工作过程示意图

可用于双光子聚合成型技术的树脂种类并不多,大部分研究工作都是以高分子材料和树脂为原料完成的,但是将陶瓷复材与树脂混合制作出的产品在各方面性能都会更加优异。Pham 等人首次用双光子聚合技术打印出了微纳米结构的 SiCN 陶瓷桩,随后他们又利用此技术成功制备具有近零收缩的 SiC 陶瓷微结构。Colombo 等人利用双光子聚合成型技术以陶瓷聚合物为原料打印了微米级复杂高孔 SiOC 金刚石结构。双光子聚合成型技术还可用于三维 Zr-Si 生物陶瓷复材支架的制备,部分双光子聚合成型技术打印产品如图 11.7 所示。

双光子聚合成型技术是目前陶瓷复材微纳结构打印的主要技术,它具有处理高度复杂陶瓷构件的能力,它的分辨率高达亚微米级别,是高精度陶瓷复材 3D 打印的首选。用于成

(a) 具有U形螺旋微结构的块状产品

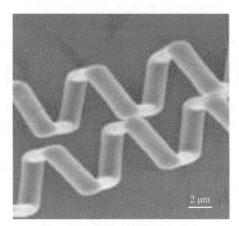

(b) 局部U形螺旋结构

图 11.7 双光子聚合成型技术打印产品

(c) 具有L形波导的U形螺旋微结构的块状产品　　　(d) 具有圆形螺旋微结构的块状产品

图 11.7　双光子聚合成型技术打印产品(续)

型的陶瓷复材和树脂材料对于近红外和绿光的"透明度"是影响打印精度的重要因素,打印速度低也是限制这种技术发展的因素之一,因此发展更高"透明度"树脂材料和提高打印速度是当前双光子聚合成型技术的发展关键。

11.2.4　喷墨打印技术(IJP)

喷墨打印技术最早属于 2D 打印技术,是将墨水从喷头中快速喷出在 2D 平面上绘写图像和文字,在 2000 年由以色列 Object 公司将其引入聚合物 3D 打印,是目前最为先进的 3D 打印技术之一。近年来,以陶瓷复材和聚合物的混合浆料为油墨进行 3D 打印越来越受到人们关注,将精细陶瓷复材颗粒均匀分散在液体中配成墨水,可以通过喷头直接喷射在基体上沉积。

陶瓷复材喷墨打印技术的基本原理是将陶瓷复材与有机聚合物混合制成陶瓷复材墨水,然后按照 CAD 模型用计算机控制喷头将墨水逐层打印在基体上沉积成型。等液滴喷射和连续喷射打印是喷墨打印技术的两种方式,等液滴喷射打印可以通过热学、压电、声学和静电方式实现,当前使用最多的是热力和压电式两种[5],在此不做详细讨论;连续喷射打印可分为二进制偏转、多边形偏转、微球模式和 Hertz 模式。图 11.8 为压电式喷墨打印成型技术的具体工作过程,该打印系统主要包含压电系统、带电检

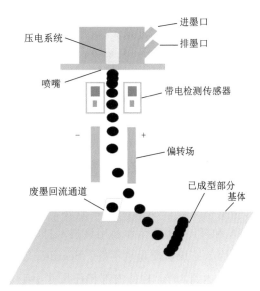

图 11.8　压电式喷墨打印成型技术的具体工作过程

测传感系统、偏转系统、成型系统和废墨回收系统。工作开始时,陶瓷复材和聚合物混合调制好的墨水通过控制器进入压电震动原件,进入的墨水受到压电系统振动的作用后带上负电荷喷出,带负电荷的墨滴经过带电检测传感系统以确认墨滴带电状态是否正常,随后再进入偏转场,偏转场由两块千伏级的偏转电极组成,经过偏转场的墨滴由于洛伦兹力的作用发生偏转,不同墨滴带电量不同导致最后偏转方向不同,最后再通过移动工件或打印头的方式最终成型,这个过程中未使用的墨滴通过回流通道回收利用。

陶瓷复材喷墨打印技术的关键是打印墨水的配制,良好的墨水应具有良好的分散性、黏度、稳定性、合适的表面张力。良好的分散性是喷墨打印的前提,墨水的分散性由陶瓷复材的颗粒尺寸决定,根据打印机的实际情况,均匀分布、尺寸小于喷嘴直径百分之一(微米级)的陶瓷复材颗粒不会造成喷头堵塞,纳米级陶瓷复材颗粒或许比较适合用于配制打印墨水,但是过小的颗粒之间会发生团聚,反而会尺寸变大堵塞喷头;黏度是影响墨水喷射性能的重要因素,黏度过大会导致射流不足,黏度过小会导致喷射速度过快,通常过多的陶瓷复材配制的墨水黏度比较低,会对墨水的表面张力等流变特性产生影响,但是过少的陶瓷复材配制的墨水打印的构件干燥时间长、干燥后收缩大且会对打印构件精度产生影响,所以在配置墨水过程中通常采取折中优化的方法。要定量描述墨水是否适合打印,需要引入"印刷适度(printability)"的概念,印刷适度是描述墨水与喷墨打印适应程度的物理量,用 Z 表示:

$$Z = \frac{1}{\text{Oh}} = \frac{Re}{\sqrt{We}} = \frac{(\gamma \rho \alpha)^{1/2}}{\eta} \tag{11.1}$$

式中,Oh 为一个无量纲参数;Re 为雷诺数(Reynolds number);We 为韦伯数(Weber number),$Re = \upsilon \rho \alpha / \eta$,$We = \upsilon^2 \rho \alpha / \gamma$。其中,$\upsilon$ 为喷速度;ρ 为墨水密度;α 为喷嘴半径;η 为黏度大小;γ 为表面张力。这些因素共同决定了墨水的印刷适度。印刷适度是一个无量纲数,数值越小说明墨水黏度越大,可用于喷墨打印的墨水该数值范围在 1~10 之间。研究表明,当墨水印刷适度小于 1 时,墨水的黏性耗散作用会让其喷射变得十分困难,当该数值大于 10 时,墨水又会形成多余的墨滴影响打印[6]。陶瓷复材喷墨打印存在的另一个问题是墨水中固相含量过低引起的咖啡环效应(the coffee stain effect),即打印墨水在干燥后边缘部分与中心部分固相含量不同引起的中心和边缘的分离,其主要是由于陶瓷复材颗粒外形的影响和墨滴内部颗粒流动方向的影响。

目前,用于陶瓷复材喷墨打印的墨水主要有相变型、水基型、有机型和紫外固化型四种类型,用于制备陶瓷复材墨水的方法有溶胶—凝胶法、水热法、多元醇法和反相微乳液法,同时墨水本身的性质也决定该技术无法打印高精度复杂产品。Blazdell 等人在 1995 年以 ZrO_2 和 TiO_2 陶瓷为原料用该技术打印了一些简单的层状结构,但是其固相含量只有 5%,其表面状态成型质量也不好。Seerden 等人也利用该技术制备了 Al_2O_3 陶瓷构件,其固相含量可以达到 40%,构件内部特征尺寸小于 100 μm。SiC 和 Si_3N_4 陶瓷颗粒也可用于喷墨打印成型,部分喷墨打印产品如图 11.9 所示。

喷墨打印技术工艺路线简单、成本低,可以同时打印多种材料,适合小型陶瓷零件的成型,种类多样的陶瓷复材喷墨打印在微电子和能源器件领域内有广泛的应用。打印墨滴的质量直接影响产品质量,也正是由于墨滴的影响,该技术无法打印复杂构件、高度恒定、悬臂和空心结构。喷墨打印产品的固相含量不高和强度低也是制约其发展的因素。

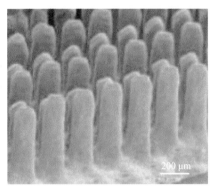

(a) 1 000层喷墨层打印的立方氧化锆支柱

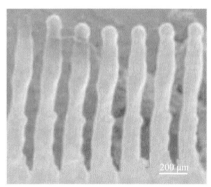

(b) 4 000层喷墨层打印的立方氧化锆支柱

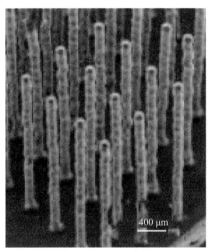

(c) 烧结后的二氧化钛支柱

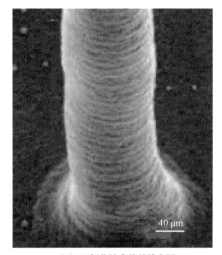

(d) 二氧化钛支柱的放大图

图 11.9 喷墨打印的支柱阵列微结构

11.2.5 浆料直写成型技术(DIW)

浆料直写成型技术最早由美国 Sandia 实验室的 CESARANO 等人提出[7],该技术是最符合广义 3D 打印原理的一种技术,该技术最初用于有机物含量较低的陶瓷复材浆料成型,目前被广泛应用于生物医疗和离子电池等领域。

陶瓷复材浆料直写(简称"直写")是指在常温常压下将陶瓷复材浆料通过打印机喷嘴直接在基片上进行准确沉积的技术,其打印原理与喷墨打印比较类似,成型过程有线性直写和墨滴型直写。直写与喷墨打印技术的区别在于:路径宽度范围涵盖亚微米到毫米级别;可用于直写的材料种类远多于喷墨打印;用于直写的陶瓷复材中有机物含量低;直写打印机的喷头直径远大于喷墨打印机;直写可用于多孔结构的打印。直写的具体过程是:首先将陶瓷复材配制成合适的直写浆料,然后将调整成型过程中的各项参数用 CAD 模型打印成型,过程与喷墨打印类似,再通过干燥和烧结工艺使打印胚体干燥强化形成最终产品[8]。

直写过程对浆料的性能要求比较高,浆料分为自固化浆料和外固化浆料,自固化浆料不需要外界作用就可在喷出时固化,要求陶瓷复材颗粒在溶剂中均匀分散、无团聚、无结块,该浆料需要满足高剪切作用下低黏度、无剪切作用下快速固化、固化后具有一定弹性和强度及固相含量高四个条件;外固化浆料需要外界作用帮助其固化,对浆料要求没有前者高,只要是稳定的悬浊液就可用于打印,该浆料需要满足高剪切作用下低黏度、外部作用下快速固化、固化后具有一定弹性和强度及固相含量高四个条件[9]。

两种浆料均需要具有可以调控的流变学特性,浆料的黏度可用牛顿黏度定律描述:

$$\tau = \eta \cdot \xi$$

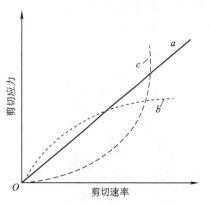

图 11.10　几种常见的流体曲线

a—牛顿流体;*b*—假塑性流体;*c*—胀流型流体

式中,τ 为剪切应力;η 为黏度;ξ 为剪切速率。也可用流动曲线描述剪切应力和剪切速率之间的关系,图 11.10 表示了几种常见的流动曲线。

当浆料剪切应力大于临界剪切应力时,浆料会出现"假塑性"现象从而变稀,这样会促进浆料的喷出。在线自固化成型过程中,浆料从喷头喷出后,内核还是流体时,外层已经固化,这种"内柔外刚"的结构有助于线形状的保持,有利于打印构件的成型,但是如果施加的剪切力超过浆料的压缩屈服应力,就会出现压力过滤现象从而堵塞喷嘴[10-12]。

Smay 等人为了研究浆料的流变性能对直写三维周期结构的影响,利用该技术制备出具有复杂 V 形结构锆钛酸铅(PZT)压电陶瓷产品,表明具有良好流变性能的陶瓷复材浆料获得的结构尺寸跨度范围可达 $100~\mu m \sim 1~mm$。Li 等人采用直写技术获得了改性锆钛酸铅(PLZT)—环氧树脂复合陶瓷压电材料,该陶瓷复合材料与改性锆钛酸铅固态磁盘相比较有更加良好的电器性能。部分直写成型产品如图 11.11 所示。

(a) 锆钛酸铅陶瓷的三维周期结构

(b) 该结构的微观结构

图 11.11　直写成型的产品

浆料直写成型技术的优点在于工艺比较成熟，能够常温制备，打印简单和打印尺寸范围广，但是其浆料设计困难和打印精度较低是制约其发展的两个重要因素。探寻浆液配制的系统解决方案、提高打印精度和扩展直写成型技术的应用范围是使直写更好发展的重要措施。

11.2.6　激光选区烧结技术(SLS)

激光选区烧结技术适用于粉体陶瓷复材原料的快速成型。最早是由美国德克萨斯大学的 C. R. Dechard 提出，于 1989 年研制成功，并由 DTM 公司进行了商业化，目前发展较好的几大公司有 3D Systems、Stratasys 和 EOS 公司。

陶瓷复材激光选区烧结技术的基本原理与三维打印技术类似，两者的区别在于前者是利用激光照射粉体材料使材料固化，而后者是用黏结剂进行黏结。该技术的核心是烧结，通过激光照射粉体，被照射部位温度快速升高达到其熔点以上，使得被照射部位与已成型部分实现黏结，然后通过升降系统层层烧结，最后成型。理论上任何可以被激光加热熔化让原子相互黏结的粉体均可以利用该技术成型，该技术使用范围极其广泛。图 11.12(a)是激光选区烧结技术原理的示意图，图 11.12(b)是具体打印过程。

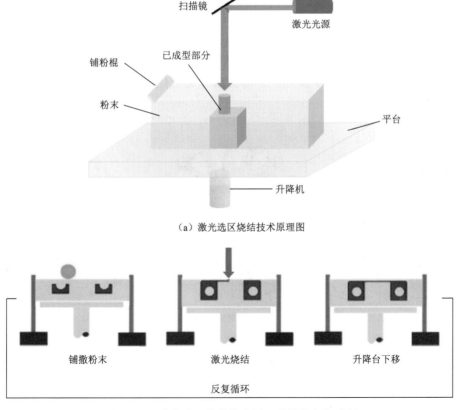

（a）激光选区烧结技术原理图

图 11.12　激光选区烧结技术原理及具体打印过程

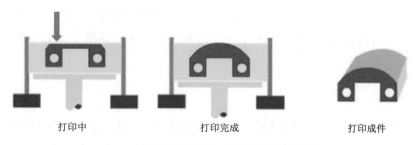

打印中　　　　　　　　打印完成　　　　　　　　打印成件

(b) 激光选区烧结技术具体工作过程示意图

图 11.12　激光选区烧结技术原理及具体打印过程(续)

　　激光选区烧结技术的核心在于烧结,可以直接烧结陶瓷复材粉末,也可以将黏结剂与陶瓷复材粉末混合铺展在平台上进行烧结。直接烧结陶瓷复材粉末由高熔点和低熔点两种粉末组成,激光照射后,低熔点粉末先熔化,高熔点粉末温度虽然升高但没有熔化,最终熔化的低熔点粉末在凝固的过程中将高熔点粉末黏结成型。黏结剂和陶瓷复材粉末在激光照射后,黏结剂熔化将陶瓷复材粉体黏结,后期再通过脱脂处理去除其中的黏结剂,再通过浸渗工艺向孔隙渗入填充物形成最终产品。激光功率、粉末特性、扫描速度、粉层厚度和后处理工艺等参数会影响产品的最终性能。Shahzad 等人将体积分数为 50% 的亚微米氧化铝陶瓷复材微球与熔点为 125 ℃ 的黏结剂混合粉体用激光烧结成型,但是因为微球间存在空隙较大,所以最终产品的烧结密度小于 50%[13]。Friedel 等人以体积分数为 50% 的 SiC 陶瓷和熔点约为 60 ℃ 的黏结剂为原料,用激光选区烧结技术得到涡轮部件,其烧结密度可达 50% ~ 60%,同时也具有比较大的抗弯强度[14]。部分激光选区烧结技术的产品即 SiOC/SiC 涡轮部件如图 11.13 所示。

(a) 激光选区烧结成型产品　　　　(b) 高温烧结脱脂产品　　　　(c) 用碳浸渗后的产品

图 11.13　SiOC/SiC 涡轮部件

　　激光选区烧结技术的优势在于使用材料种类广泛、成型机理简单、精度较高、无须支撑、成型效率高、材料利用率高(可回收利用)和应用面广泛,其不足之处有成型辅助工艺复杂、成本高和工件机械性能不高[15]。

11.2.7　熔融沉积技术(FDM)

　　熔融沉积技术适用于丝状原料的成型,它是由 Crump 等人在 1988 年首次发明的,并于 1989 年申请了专利,由 Crump 等人创建的 Stratasys 公司在 1990 年进行了商业化,目前是增材制造领域最受欢迎的技术之一。

　　陶瓷复材熔融沉积技术是将各种丝状陶瓷复材加热熔化,从喷头挤出进而堆积成型的方法,具体原理和过程如图 11.14 所示。在打印开始时,陶瓷复材线材被送入熔化装置内高温加热成熔化状态,接下来再由喷头挤出落在工作平台的特定位置,逐渐固化成型,通常是沉积在已成型部分,待本层全部沉积完成后,由升降机控制

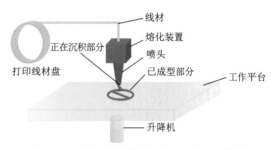

图 11.14　熔融沉积技术原理和过程示意图

工作平台在竖直方向下降再沉积下一层,如此层层堆叠形成最终产品[16]。

　　陶瓷复材熔融沉积包括模型前处理、成型和后处理三个主要过程,产品的成型质量直接取决于这三个过程。前处理过程主要是线材的制造和熔化,通常具有合适黏度、强度及黏结性能的陶瓷复材线材制备比较困难,同时线材融化后的流变特性同样是影响打印精度的重要因素。成型过程中的精度主要是由打印机的定位系统、打印方式和喷头精度共同决定的,合理设置参数有助于提高成型精度。打印完成的成型件一般都需要后处理以提高产品质量,一般包括物理法和化学法,物理法包括直接剥离、表面修补、打磨和抛光,化学法主要是利用有机溶剂和成型材料进行有机反应从而提高产品表面质量,物理法和化学法都会对产品质量产生影响。除此之外,打印温度、打印速度和层厚也是决定成型精度的关键因素,打印温度就是喷头的加热温度,这是决定喷头能否顺利将原料挤出的关键参数,喷头的温度要保持在比成型熔化温度稍高的温度,并配合出合适的打印速度才可以使材料均匀沉积而不至于堵塞喷头。一般来说,层厚越小,产品的质量就越好,但打印成本会升高,打印效率会下降[17]。

　　复合长丝是通过将陶瓷颗粒(体积分数高达 60%)密集加载到热塑性黏合剂中来制备的, Sriram Rangarajan 等人详细研究了陶瓷复材细丝的物理性质、流变特性和机械性能,获得了需要的参数性能。Danforth 等人在 1995 年以 Al_2O_3 和 Si_3N_4 陶瓷为原料用熔融沉积技术打印了陶瓷工件,其烧结密度最终可达 75%～90%。Yang 等人利用熔融沉积技术制造了空间分辨率小于 100 μm 的精密磷酸钙陶瓷的周期性微结构,该结构具备多层次的微尺寸结构图[18]。部分熔融沉积技术陶瓷传感器如图 11.15 所示。

　　陶瓷复材熔融沉积技术的优点在于:打印系统构造简单;运行维护费用低;可以用于复杂结构的成型并具有很高的灵活性;成型过程无化学变化;成型件的翘曲变形小和材料利用率高。它的缺点在于:表面质量比较差,有明显的条纹;垂直方向的强度较低;成型速度较慢;需要设计和制作支撑结构。

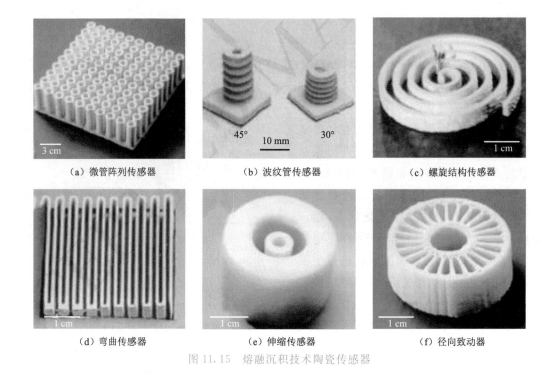

（a）微管阵列传感器　　　　　（b）波纹管传感器　　　　　（c）螺旋结构传感器

（d）弯曲传感器　　　　　　（e）伸缩传感器　　　　　　（f）径向致动器

图 11.15　熔融沉积技术陶瓷传感器

11.3　最新研究进展评述及国内外研究对比分析

3D 打印技术是在 20 世纪 80 年代发展起来的，可按需定制、环保、成型件自由度高和制造成本低等优点使得该技术快速发展，并成为制造工艺领域内的重要技术。在 Web of Science 网站上以"additive manufacturing or 3D printing""Ceramic additive manufacturing or Ceramic 3D printing"和"Ceramic composite additive manufacturing or Ceramic composite 3D printing"为主题词分别检索 1999 年到 2018 年间已发表的文献数量，可发现文献数量逐年递增。从 2013 年开始，不管是 3D 打印，还是陶瓷复材 3D 打印，出版物数量均出现了大幅度增长，由此可知该领域正在被持续性广泛关注。

陶瓷复材 3D 打印是 3D 打印技术中的重要分支，相反地，3D 打印也是陶瓷复材成型中的重要技术。从研究领域来说，目前陶瓷复材 3D 打印的重点研究方向集中在航空、航天、医疗生物、工程制造、光电信息和能源产品方面，本节将从这几个方面重点介绍陶瓷复材 3D 打印技术的国内外研究现状、研究重点热点和前沿进展趋势，并以此评估国内发展状况。

11.3.1　3D 打印生物陶瓷基复合材料

Wohlers Associates 公司发布的《2017 年全球 3D 打印和增材制造行业年度进展报告》中提到医疗生物 3D 打印占据了市场份额的 11%[19]，是 3D 打印的重要发展方向。医疗生物领域内可用于 3D 打印的材料有金属及合金、陶瓷复材和高分子复合材料，这些材料和人体生物组织细胞便可打印出人体骨骼、器官和组织。

陶瓷复材 3D 打印在医疗生物领域内的应用主要是人体骨骼的再生与修复领域,这类陶瓷被称为生物陶瓷,主要包含磷酸钙陶瓷、羟基磷灰石陶瓷、硫酸钙陶瓷、钙黄长石陶瓷、透辉石陶瓷、生物玻璃(陶瓷)、氧化铝陶瓷和氧化锆陶瓷等[20-22]。这类陶瓷与人体骨骼成分相近,具有良好的骨传导性,很适合于人造骨和骨修复方面的 3D 打印。目前,陶瓷复材 3D 打印在医疗生物领域内研究的重点也正是骨骼和牙齿等人体硬组织的再生和修复。单一成分的生物陶瓷应用效果往往不够理想,所以用两种或两种以上的生物陶瓷或高分子等其他原料对打印微结构的内部进行优化或者表面优化可以获得理想骨(或其他人体硬组织)植入物[23,24]。Fielding 等人以二氧化硅(SiO$_2$)、氧化锌(ZnO)和 β-磷酸钙陶瓷的复合材料为原料,用 3D 打印技术打印出了生物陶瓷支架,体内实验证明该支架比只用单一 β-磷酸钙陶瓷打印出来的支架具有更高的骨再生能力[25]。Chang 等人以碳酸钙陶瓷和二氧化硅(SiO$_2$)为原料,用 3D 打印技术打印出支架,该支架具有良好的机械属性和细胞亲和力。同时,在陶瓷复材 3D 打印成型的人造骨骼等人体组织中加载合适的药物也是当前研究的热点。

医疗生物领域内主要用到的陶瓷复材 3D 打印技术包括浆料直写成型技术、熔融沉积技术和光固化成型技术。刘春春等人以羟基磷灰石为主要原料,利用光固化成型技术打印了生物陶瓷胚体,烧结后具有良好的生物性能。Fiertz 等人以羟基磷灰石为原料,利用熔融沉积技术打印了互联孔隙率为 70% 的支架,并以骨原性的母细胞测试证明该支架具有潜在的临床应用价值[26]。Michna 以高度透明油酸为原料,用浆料直写技术打印出了具有周期性结构的骨组织支架[27]。

陶瓷复材 3D 打印主要在医疗生物领域内的骨骼、牙齿等硬组织再生和修复方面有很大的发展空间,陶瓷复材 3D 打印在该领域内迅速发展的主要原因有以下几点:

(1)可打印具有复杂结构的人体组织,生物组织具有高度复杂性和灵活性,3D 打印正好能够满足这些要求。比如新的生物医学植入物,工程组织、器官和药物输送系统均可用 3D 打印技术试验再生和修复,并且还会具有良好的生物相容性和生物柔性[28]。

(2)能满足医疗生物领域内多样化和按需定制的需求,因为生物医学是面对患者的学科,所以需要针对患者的个体差异进行个性化医疗和服务。例如 3D 打印针对个性化助听器产品制造、定制假肢和规划性手术领域具有巨大的潜力[29,30]。

(3)小批量制造的优势,无模成形的优点在此处发挥得淋漓尽致。在无模的优势下,3D 打印成型比传统铸造速度快很多,很适合小批量医疗器械、植入物等方面的成型应用。

(4)在资源共享方面有巨大优势,用于人体组织 3D 打印的 CAD 模型可以作为公共医疗资源进行共享,大大减小医疗资源的浪费。例如美国国家卫生研究院(National Institutes of Health)就发起了 3D 打印 AM 模型文件免费共享项目[31]。

医疗领域的发展是日新月异的,所以陶瓷复材 3D 打印技术除了发展上述优点外,还需要不断创新,以适应该领域的发展速度,满足该领域发展时的一些需求。

我国生物陶瓷及其复材 3D 打印的研究基本与国际同步,涉及的国家重点实验室有:清华大学的新型陶瓷与精细工艺国家重点实验室、中国科学院上海硅酸盐研究所的高性能陶瓷和超微结构国家重点实验室、吉林大学的无机合成与制备化学国家重点实验室、武汉理工大学的材料复合新技术国家重点实验室、北京化工大学的有机无机复合材料国家重点实验室等。除此之外，许多高校和研究所对生物陶瓷及其复合材料 3D 打印也在进行相关研究。国内的研究主要集中在羟基磷灰石和磷酸钙相关应用，钱超等人用 3D 打印成型技术制备了多孔羟基磷灰石硬组织结构，并对烧结体进行微观结构观察及抗压强度评价，烧结后 3D 打印成型制件无明显变形，抗压强度达 80 MPa，制备的 $100\sim200~\mu m$ 多孔结构植入体满足作为植入人体材料的孔径要求，并有利于细胞的黏附和生长[32]。张海峰等人以聚乳酸/羟基磷灰石复合材料为原料 3D 打印了人体骨组织结构，实验证明，以该复合材料为原料制作的骨组织结构力学性能会得到明显提高，有利于该技术在人体硬组织再生与修复领域内的应用。

生物陶瓷材料可分为生物惰性陶瓷和生物活性陶瓷。生物惰性陶瓷具有力学性能好、耐磨损能力强和化学稳定性高等特点。生物活性陶瓷与生物聚合物结合的复合支架也正被广泛应用于骨组织工程（bone tissue engineering，BTE）中。3D 打印技术运用到生物陶瓷加工，可加工出形体复杂的骨骼或生物支架，大大减少材料的浪费和后期的加工量。除此之外，利用医学的 CT 影像成型技术，通过反向 3D 建模，可实现患者的个性化需求，并且因形态拟合程度高，可减少手术创伤。在认识到生物陶瓷 3D 打印技术所具有的前景后，国内外不同领域的研究人员或企业团队对其进行了更加深入的探索，促进了 3D 打印技术对传统生物陶瓷加工工艺的改进，并在生物陶瓷的成型材料、工艺参数及后处理工艺和多孔结构骨模型的建模等方面都取得了较大的成果。

常用的生物陶瓷材料包括羟基磷灰石、磷酸三钙等。羟基磷灰石作为骨骼、牙齿的主要无机成分，并在各种组织和细胞之间表现出优异的生物相容性，使其成为应用广泛的人工骨替代材料，但羟基磷灰石强度大、脆性大、易碎，因而对羟基磷灰石制件抗压性、增韧性等力学性能的研究也从未间断。而磷酸三钙亦具有良好的生物相容性和可降解性，是目前应用比较多的人体硬组织修复材料和骨组织工程支架材料。

除了最为常见的 HA 及 TCP 生物陶瓷材料外，其他材料在现实领域中的应用也非常重要，如单晶氧化铝、氧化锆、碳素生物材料、生物玻璃陶瓷及各种复合材料。因为其中复合材料几乎综合了其组成材料所特有的优点，所以人们的研究热度一直不减。

图 11.16 为 Benum 等应用 SLS 技术制备个体化股骨假体和股骨髓腔导向器，成功为两例患有石骨症的患者施行人工全髋骨关节置换手术，与标准尺寸的骨科植入物相比，该技术制备的个体化植入物与患者骨骼匹配更精确，换肢功能恢复更快。Darsell 等研究了可以制备传统的骨科植入材料的新技术，首先，利用 CT 构造 CAD 模型，然后，使用 FDC 方法制造具有受控孔隙率的氧化铝替换材料。Castilho 等采用三斜磷灰石、透钙磷灰石和磷酸三钙为原料 3D 打印制作新型融合器、Wang 等使用羟基磷灰石和磷酸三钙 3D 打印支架。

Lin 等人采用低温 3D 打印方法，利用胶原—羟基磷灰石复合材料打印了用于股再生的仿生三维支架，该材料由于黏性过大，无法在低温下通过常规 3D 打印方法打印。研究结果表明，羟基磷灰石—胶原复合支架具有良好的三维结构，打印后保持了原材料的性能，与非打印支架相比，打印支架在体外促进骨髓基质细胞增殖，改善成骨效果。

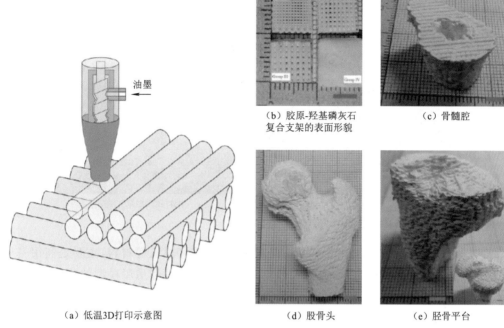

（b）胶原-羟基磷灰石　　　　　　（c）骨髓腔
复合支架的表面形貌

（a）低温3D打印示意图　　　　　　（d）股骨头　　　　　　（e）胫骨平台

图 11.16　应用 SLS 技术制备个体化股骨假体和股骨髓腔导向器

2018 年 2 月 2 日,世界首例 3D 打印可降解人工骨修复长段骨缺损手术在中国西安西京医院成功实施。由西安点云生物科技有限公司采用无丝 3D 打印技术为患者量身定制的大段多孔生物陶瓷人工骨被成功植入患者体内。经过术后 6 周的复查检测,手术宣告圆满成功,患者骨缺损再生修复效果良好,肢体功能正处于良性恢复中。3D 打印技术是以数字模型文件为基础,运用零维点材、一维线材或二维面材等材料单元,通过逐层增材叠加的方式构造的三维实体,具有个性化、高精度和节约材料等优点。对于骨缺损修复所需要的多孔生物支架植入物,西安点云生物科技有限公司通过独创的无丝 3D 打印技术从自由度很高的零维点状材料开始,精细调控植入物的材料成分比例、孔径、孔结构、连通性和孔隙率等多种对于骨再生具有重要意义的参数。另外,3D 打印技术能够根据患者骨缺损形状的三维数字影像学资料,定制出具有相同尺寸和形状、完全符合患者自身需求的可降解人工骨,实现了微观材料、微孔结构及宏观形状的多重调控性。可降解人工骨的优点在于:能够在诱导患者自身新骨生成的同时逐渐降解,最终被患者的新生骨组织完全替代;无须二次手术取出,降低植入物在体内长期存在的潜在风险。

11.3.2　3D 打印工程陶瓷基复合材料

陶瓷复材 3D 打印在工程制造领域内的应用主要集中在建筑和汽车制造领域,是因为陶瓷材料在这两个领域内有比较重要的应用。建筑行业用得最多的陶瓷是硅酸盐(混凝土)系列的陶瓷,主要用于房屋支架结构的成型,Wohlers Associates 公司发布的《2017 年全球 3D 打印和增材制造行业年度进展报告》中提到建筑架构 3D 打印占据了市场份额的 3%;汽车制造方面主要用的材料是多孔陶瓷,用于尾气处理装置中搭载催化剂的结构的打印。图 11.17(a)是 WinSun3D 打印现代房屋结构;图 11.17(b)是 3D 打印陶瓷基尾气处理结构。

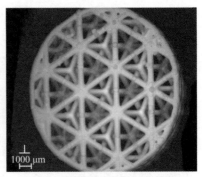

(a) 3D打印房屋支架结构 (b) 3D打印汽车尾气净化结构

图 11.17　3D 打印房屋支架结构和汽车尾气净化结构

建筑领域内的陶瓷 3D 打印原料可以是硅酸盐、纤维和煤灰等材料,主要是利用基于挤出的喷墨打印技术或者熔融沉积技术。目前适用于小型部件和房屋模型的制作,未来还有潜力在外太空打印建筑物。四轴龙门和六轴机械手臂是用于硅酸盐陶瓷建筑材料 3D 打印的两种主要打印机,四轴龙门打印机主要用于大型构件的打印,而六轴机械手臂则主要用于复杂结构的打印。

陶瓷复材 3D 打印应用于建筑行业的优势主要在于能够大大节约材料成本和提高精度,应用方面比较广泛。国内建筑行业的 3D 打印主要集中在模型和小型零部件的制造,3D 打印的速度决定了它不能够用于大规模、大批量产品的制造,未来建筑行业的陶瓷复材 3D 打印热点会集中在以下几个方面:

(1)多喷嘴模式的发展。单一材料定然不能满足复杂的建筑结构打印,所以同时利用多个喷嘴同时打印多种建筑材料可以极大程度地提高速度并且满足复杂建筑结构的要求。

(2)混合 3D 打印系统的开发。在打印建筑结构的时候,同时可以向其中嵌入传感器和执行器等必要部件,提高一次成型的效率,减少后期对打印结构多次破坏修改的现象。

(3)实现局部材料成分控制。建筑结构各部分都有不同的功能,就需要不同成分的材料配比进行实时调整,这样可以减少所需打印部件的数量,减小建筑物的自重。

(4)新型混凝土材料的研发。开发满足 3D 打印条件的高质量混凝土材料也是当前研究的重点。很多研究人员用混凝土、砂子、粉煤灰、硅灰和微纤维打印了很多建筑结构。为了实现保温、隔热、防噪和稳定等要求,越来越多的新型复合材料会用于建筑行业 3D 打印。

优化打印工艺参数以提高建筑物强度,打印路径、流量和方式都会影响打印质量。建立起 3D 打印建筑产品的检测和评估机制,对打印出的产品进行合理、恰当的评估,以更好地将其应用在建筑行业。

汽车尾气处理用的催化剂衬底结构也可用陶瓷复材 3D 打印制作,主要是利用数字光刻成型技术将陶瓷于树脂悬浮液成型,再将催化剂沉积到热处理后的陶瓷结构上,催化剂沉积到陶瓷衬底上,也能显示出比较优良的催化性能。例如 Oscar Santoliquido 等人将汽车尾气降解催化剂沉积到陶瓷复材打印的结构上,测试显示降解性能能够媲美传统蜂巢结构。

11.3.3　3D 打印光电陶瓷基复合材料

光电信息是当下涵盖领域最大、发展速度最快的学科,将 3D 打印技术应用在该领域既可以促进 3D 打印技术的发展,也可以促进该领域的发展,但是大多电子器件都是以金属为原材料打印出原件的,陶瓷复材在电子元件方面的制造应用并不广泛。陶瓷复材 3D 打印在该领域的应用主要有两方面,一方面是声子晶体的制造,另一方面是光子晶体的制造。声子晶体和光子晶体都具有微观周期性结构,在未来的光电信息领域有较大的利用空间,利用 3D 打印技术可以快捷、准确地打印出这种结构。

可用于光子晶体和声子晶体 3D 打印的陶瓷复材有:氧化铝(Al_2O_3)、碳化硅(SiC)和有机物树脂等,主要技术有喷墨打印技术和光固化成型技术。例如 Alena Kruisová 等人以碳化硅陶瓷为原料用喷墨打印技术打印了具有层状周期性结构的声子晶体结构,测试发现这种结构在 3.4~4.9 MHz 之间具有很规则的声子带隙。Xiali Li 等人以氧化铝和光敏树脂的混合浆料为原料,用光固化成型技术打印了具有手型对称周期结构的光子晶体结构,测试结果显示该结构具有 9.2~10.1 GHz 和 10.6~11.3 GHz 两个光子带隙,并且指出具有高介电常数的陶瓷材料打印出的结构更容易形成光子带隙,这种结构可以应用在吸波材料方面。我国在光电信息领域内的陶瓷复材 3D 打印技术的发展也是集中在光子晶体和声子晶体方面的打印,进一步开发这两种晶体在光电信息方面的应用可以更好地促进该技术和该领域的发展。

11.3.4　3D 打印储能陶瓷基复合材料

目前能源领域的发展除了能源种类的拓展,还包括储能器件的发展。储能器件性能的提升和应用不仅仅是新型材料的研发,还有一方面是结构的不断优化。陶瓷复材的 3D 打印在储能器件的结构优化方面有着重要的应用。通过调整器件内部的结构使其能够具有柔性、高比能量密度和可穿戴性。要满足这个要求,一方面是利用电化学活性物质和金属、陶瓷灯材料混合制成浆料,通过 3D 打印技术将其打印成立体结构,另一方面可以先将多孔陶瓷等陶瓷复材打印成设计好的结构,再将电化学活性物质沉积到该结构上,这两方面也是目前这个领域内研究的热点。图 11.18 为 3D 打印电池和电容器结构图。

将 3D 打印应用到电池和超级电容器电极的制作上来,有以下几个优势:

(1)3D 打印电极结构具有良好的灵活性和几何形状可控性。利用 3D 打印技术制作的电极结构的孔隙率,还可以打印高度复杂的周期性结构,这样可以提高电极内的离子迁移率。特定结构的孔隙可以提供高速离子通道,有利于充放电比容量的提高,从结构方面提高电池和电容器的电化学性能。

(2)3D 打印技术可以更好地控制电极的厚度。比较薄的厚度可以使电极具有柔性,能够为可穿戴柔性设备提供电能;比较厚的电极可以存储更多的活性物质,从而具有更高的充放电比容量,所以更好地控制电极厚度有利于电极性能的发挥。

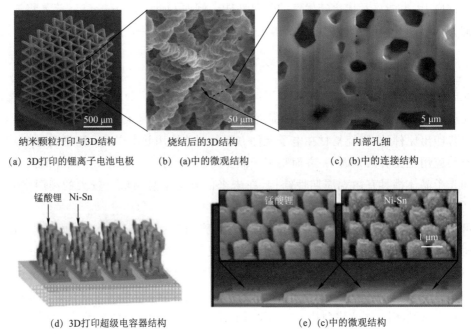

图 11.18 3D 打印电池和电容器结构图

(3)在相同体积大小内,3D 打印的电池和电容器通常都具有更好的电化学性能,这主要得益于 3D 打印对其结构的调控,3D 打印出的结构通常具有高速离子通道,可供离子高速迁移。据报道,利用 3D 打印的超级电容器层状石墨烯电极是同类碳基电极里面离子迁移率最高的。

3D 打印成本低、工艺简单且人为少,有利于快速制备组装电极。更重要的是,低成本且环保的过程可以大大减少材料的浪费,节约经费,提高效率。

陶瓷复材 3D 打印在电池和电容器电极中起到的作用是结构的调控,如何打印出强度、柔性和孔隙率兼优的结构是当前研究的重要方向,同时如何将电极材料与陶瓷复材结构完美融合也是当前要努力的方向。国际上通常将电极材料和活性炭等物质混合制成浆料,通过喷墨打印或者浆料直写技术将其打印成型并组装测试。这个方式无法打印出非常立体的结构,但是国际上对于先打印结构后沉积电极材料这方面研究较少。我国国内对于该领域的研究也较少。

11.3.5　3D 打印航空、航天陶瓷基复合材料

航空器和航天器的许多零部件都必须满足轻质、高精度、高强度和强抗弯强度等性能方面的要求,目前,陶瓷复材 3D 打印在航空、航天方面的应用主要集中在外形验证、直接产品制造和精密熔融铸造模型的原型制造上,利用的主要还是 3D 打印技术在复杂微结构方面的打印优势。

Wohlers Associates 公司发布的《2017 年全球 3D 打印和增材制造行业年度进展报告》中预测航空、航天 3D 打印将占据增材制造市场的 18.2% 的份额,进而成为增材制造中最有潜力的领域。航空、航天 3D 打印材料中包括金属和非金属,它们均可用来制作发动机涡轮

叶片、热交换器和其余部件等，其中非金属包括塑料、陶瓷及其复合材料，可用来制作具有复杂微结构的精密零件。

用于航空、航天领域内的陶瓷复材一般可以用喷墨打印、光固化成型和熔融沉积技术成型。Stratasys 公司曾和多家航天机构（Piper Aircraft、Bell Helicopter 和 NASA）合作，利用熔融沉积技术快速制造了多个航天器零件和模具，如美国国家航空航天局（NASA）使用Stratasys 熔融沉积技术打印了 70 个火星漫游者组件，组装获得了一个轻量且坚固的结构[20]。

目前，超高温陶瓷复材的 3D 打印在航空、航天领域内是一个重要的研究领域，例如NASA 正在试图利用熔融沉积技术以具有轻质和耐高温性的超高温复合材料为原料制作一款燃气涡轮发动机[21]，备选材料包括 ZrB_2、ZrC、TiC 和其他材料。超高强度陶瓷材料的 3D打印也在被应用于航空、航天领域，例如 Zak C. Eckel 等人利用光固化成型的方法以 SiOC为原料打印了可在高温环境应用的轻质、高强度承重陶瓷夹层板，这种结构将在高超声速飞行器和喷气式发动机方面加以应用。陶瓷—聚合物复合材料的 3D 打印同样也是航空、航天领域的重点，3Dynamic Systems 公司在 2016 年将陶瓷嵌入聚合物混合得到了具有理想结构和优良热性能的连续纤维，并称这种材料是一个为航空、航天部门制造零部件的绝佳选择。同样地，陶瓷—金属复合材料的 3D 打印也是航空、航天领域发展的重要方向，William. G. Gooley 在著作《功能梯度材料在飞机结构中的应用》中提到，金属和陶瓷的结合将降低飞行器在进入地球大气层时使用的陶瓷隔热板的脆性，提高其韧性，增加使用寿命和安全性，但是陶瓷和金属的复合需要考虑材料相变和相容性，这需要利用第一性原理进行计算，过程比较复杂。从材料方面来说，各种高性能陶瓷复材的研法是各项研究的基础；从成型方面来说，陶瓷复材 3D 打印在航空、航天领域内的研究重点集中在超高温陶瓷材料复材零件的成型、超高强度陶瓷零件的成型、陶瓷—聚合物零件成型和陶瓷—金属零件成型，航空发动机、多功能复杂结构零件和轻质耐高温耐高压结构的 3D 打印是该技术发展的重要途径；从应用层面来说，飞行器的机身、机翼和发动机是陶瓷复材 3D 打印技术应用的热点，但是尾翼、起落架等方面的应用还有待进一步研究，全部件 3D 打印是该技术在航空、航天领域应用的趋势。

陶瓷复材 3D 打印技术能够在航空、航天领域得到广泛应用得益于它的以下几个优点：

（1）对于复杂结构零件成型的独特优势，飞行器零件的复杂结构可以为其提供良好的散热性和流体力学性能。比如 GE 航空发动机的叶片边缘可以用 3D 打印的功能原件组合而成，组合出的叶片边缘具有良好的散热性和流体力学特性[22]。

（2）增材制造特性可以极大地节约材料。航空、航天材料大多是难加工、先进且价格昂贵的复合材料。比如钛合金、镍基耐高温合金、超高强度钢铁和超高温陶瓷及其复合材料，传统减材制造工艺最终造成的浪费比例高达 95%，使用增材制造可使得浪费比例降低到 $10\% \sim 20\%$[23]，极大地提高了原材料利用率，降低了生产成本。

（3）可用于少量多批航空、航天零件的制造。飞行器零件不同于普通工业机械零件，它的需求量很少，但种类要求很多，利用传统工艺制造模具显得既不高效，也不经济，所以增材制造很适合在这种情况下应用。

(4)可按需制造航空、航天零件。航空、航天产品的工作时间最高可达 30 年,在这期间,零件的老化和损坏是必不可少的,利用增材制造技术就可以快速的、按需的生产这些零件,以保障产品的正常运行。

(5)可以用于轻质、高强度的航天零件成型。该技术可以在保证强度的情况下极大地降低质量(重量),既能够降低制造成本,也能够降低发射成本(美国 SPACE 公司将 1 kg 的物体发射到近地 2 000 km 轨道的成本大约是 2 500 美元[24])。

正是由于该技术的优势与航空、航天领域内的需求有很高的匹配度,才最终使得该技术在航空、航天领域内能够强势发展。

我国在航空、航天领域内的 3D 打印发展起步较晚,与欧美国家还有不小的差距,特别是在打印技术研发方面。我国目前在该领域主要是应用已有的成型技术打印产品,在技术应用方面比较成熟,西安交通大学、北京航空航天大学、华中科技大学和清华大学等高校率先进入 3D 打印技术的研究,在航空、航天领域取得了比较显著的成果,其中北京航空航天大学参与研制的激光金属零件成型技术已达到世界先进水平。

11.4 陶瓷基复合材料 3D 打印产业与工程应用

3D 打印技术自产生之初便是向着工程应用这个目标靠近的,发展势头很迅猛,目前全球已有超过 20 家估值超过 1 亿元人民币的 3D 打印公司,其中德国 EOS、美国 3Dsystems、美国 Stratasys、美国 Carbon、瑞典 Arcam AB、美国 Desktop metal、美国 Formlabs 和德国 Concept Laser 估值超过 50 亿元人民币。

这些公司的打印材料研发主要集中在聚合物和金属,尤其是近年来金属 3D 打印方面的进展较大。相比较而言,陶瓷复材的 3D 打印显得比较小众,但实际上,陶瓷复材具有优异的综合性能,在某种程度上可以成为金属材料的替代品,在未来工业应用中有巨大潜力,但它目前发展的难点在于陶瓷复材本身的复杂性导致无法将成熟的聚合物和金属 3D 打印技术完美移植过来,所以陶瓷复材的开发和陶瓷复材 3D 打印机的研发是目前产业化道路上的难题[33],也有不少公司现在专注于陶瓷复材 3D 打印技术的研发和产业化,2014 年奥地利 LITHOZ 公司获得 EOS 公司创始人的投资,开始研发基于光固化技术的陶瓷 3D 打印技术,并随后推出了高精度陶瓷 3D 打印设备——CeraFab 8500,可用于陶瓷和树脂热混合浆料的光固化成型。2001 年成立的 3D Ceram 公司专注于陶瓷的 3D 打印技术,他们拥有陶瓷光固化成型技术的专利,可以利用该技术对氧化铝陶瓷、氧化锆陶瓷、羟基磷灰石和磷酸三钙生物陶瓷进程打印成型。2015 年该公司推出 CERAMAKER900 工业级陶瓷打印机,可实现专业级陶瓷产品打印,并于 2016 年在武汉东湖高新技术开发区设立了分公司——武汉三维陶瓷科技有限公司。2016 年荷兰 Admatec 公司推出了首款陶瓷 3D 打印机——ADMAFLEX 130,这款打印机基于双光子聚合成型技术,可用于二氧化锆、三氧化二铝、石英、氮化硅和羟基磷灰石的成型。2017 年以色列 Xjet 公司推出了 Carmel700 和 Carmel1400 两款 3D 打印机,打印原料包括金属和陶瓷,采用的是纳米喷墨打印技术。2017 年德国 Neotech AMT 公司宣布参与欧盟的 Manunet 项目,将利用陶瓷复材 3D 打印技术打印具有高耐热性能的陶瓷电子产品。2018 年 HAGE 公司推出的 HAGE 1750L 打印机可以用于金属—陶瓷复合材料零部件的打印,这是陶瓷复材 3D 打印工业化和产业化的重要一步。2019 年中国华融普瑞(北京)科技有限公司与奥地利 HAGE 公司合作研发成功了 HAGE 175X 金属及非金属 3D 打印机,该打印机的打印材料涵盖金属、陶瓷、聚合物等材料,使得陶瓷复材 3D 打印的发展更进一步。

我国的陶瓷复材 3D 打印产业化是从 2013 年开始,此后 3D 打印设备公司便相继成立,极大地开拓了陶瓷复材 3D 打印在各个领域的应用[34]。我国首款工业级陶瓷 3D 打印机是由北京十维科技有限责任公司推出的基于数字光刻技术(DLP)的陶瓷 3D 打印机,可用于氧化铝、氧化锆、生物陶瓷等多种陶瓷材料的成型。产业化发展必定要符合国家需求和社会需求,2015 年国家工业和信息化部、发展改革委员会和财政部共同印发了《国家增材制造产业发展推进计划(2015—2016 年)》,其中便以产业化取得重大进展为第一目标。2016 年浙江迅实科技有限公司推出了基于数字光刻技术(DLP)的陶瓷 3D 打印机,可用于氧化铝、ATZ、氧化锆和羟基磷灰石的成型,通过该技术打印的陶瓷部件最高可达 70% 固含量。2017 年深圳长朗三维科技有限公司推出了基于光固化成型技术(SLA)的陶瓷 3D 打印机——CeraForm100,可用于氧化铝、氧化硅、氧化锆和羟基磷灰石的成型,打印精度和性能与传统技术相当。2017 年 12 月苏州中瑞科技公司推出了工业级陶瓷 3D 打印机——AMC150,该技术能实现超薄涂层,并且打印致密度高,在医疗和航空、航天领域陶瓷复材部件成型方面有较大的应用。2017 年昆山博力迈三维打印科技有限公司推出了基于光固化成型技术(SLA)的陶瓷 3D 打印机,过程参数可调范围较大,可用于制作耐高温的航空、航天器件、汽车发动机器件、化学反应器、医用植入体和高档饰件。

陶瓷复材 3D 打印在 3D 打印产业中属于小众,但又是必不可少和潜力巨大的方向。不管是国内还是国外,陶瓷复材 3D 打印的产业链正在逐渐成形,上游提供打印材料,中游开发打印技术、制造 3D 打印设备,下游利用设备生产出市场所需的各种产品。但实际上,目前多数企业基本覆盖上中下游产业,即自身研发材料、研究技术、制造设备和生产产品。本节将从两个部分分别介绍陶瓷复材 3D 打印的产业化和工业应用,第一部分以法国 3D Ceram 公司和北京十维科技有限责任公司的发展为例,分析陶瓷复材 3D 打印的产业化过程;第二部分以 3D Ceram 公司和北京十维科技有限责任公司的陶瓷打印产品为例,介绍陶瓷复材 3D 打印的工程应用。

11.4.1　陶瓷及其复合材料 3D 打印产业化实例分析

陶瓷复材 3D 打印产业化的实质就是将实验室中的技术拓展到实际工业应用中去产生生产力,产业化的先决条件是拥有成熟的、可用于生产的技术,产业化的过程就是将这些技术转化为生产力的过程。纵观各 3D 打印公司的产业化道路,基本都遵循先发展技术申请专利,再以技术和专利为依托,制造设备生产产品。下面以三个实例详细分析陶瓷复材 3D 打印的产业化过程。

实例一　3D Ceram 公司的陶瓷复材 3D 打印产业化之路

3D Ceram 公司在 2001 年于法国利摩日成立,公司成立之初便是瞄准了陶瓷复材的 3D 打印,随后也是将大量的人力物力投入到技术研发和可用于打印的陶瓷复材研发。《光固化在陶瓷工艺中的应用技术》是该公司拥有的专利技术,该技术最先由法国 SPCTS(Science of Ceramic Process and Surface Treatment)实验室主任 Thierry Chartier 提出,并随后由法国 CTTC(Center of Technology Transfer for Ceramic)中心的研究人员进一步优化,该技术目前可以实现从 CAD 模型到产品的一步打印,并且打印的陶瓷产品相对密度可达 100%。

技术发展和成熟是产业化的基础,3D Ceram 公司利用他们独有的陶瓷光固化成型技术历经数十年的研发,研制出了陶瓷复材 3D 打印领域内的第一台陶瓷 3D 打印设备——CERAMAKER900陶瓷 3D 打印机于 2015 年面向市场推出,如图 11.19 所示。

（a）CERAMAKER900陶瓷3D打印机　　　　（b）以该打印机为基础的打印流程

图 11.19　CERAMAKER900 陶瓷 3D 打印机及打印流程图

CERAMAKER900 具有优异的打印性能。除了具有性能优异的打印设备,3D Ceram 公司还生产了多种陶瓷复材膏料以匹配该打印设备。这种发展模式为消费者提供了一站式服务,形成了上中游配套的产业链,营造了良好的行业生态。3D Ceram 公司凭借这款打印机成了领域内的专家级公司,作为该公司推出的首款陶瓷 3D 打印机,具有以下特点:

（1）拥有专业级大幅面光固化成型功能,打印速度比较快。

（2）可供打印的陶瓷材料种类比较多且全部由该公司提供,包括:氧化铝陶瓷(Al_2O_3)、ATZ、氧化锆陶瓷(ZrO)、羟基磷灰石(HAP)和磷酸钙陶瓷(TCP)。

（3）拥有较大的有效打印尺寸,可达 300 mm×300 mm×150 mm,并且该尺寸可根据消费者需求来调整。

（4）光固化光源为激光,可保证打印产品具有较高的打印精度和良好的表面质量,打印精度最高可达 200 μm。

（5）因为陶瓷复材原料是由该公司研发的,所以与该打印机具有高度匹配性,打印的产品烧结后的相对密度可达到 100%。

（6）打印出的产品经过烧结后的强度可与传统的压制和注射成型等技术打印出的产品相媲美。

除了材料和设备研发及销售,3D Ceram 公司也利用他们的技术打印出各种消费级和工业级产品,形成了真正的上中下游一体,材料、设备和产品同销的产业链,部分产品展示如图 11.20 所示。2016 年正式成立了中国分公司——武汉三维陶瓷科技有限公司,并在同年与中国深圳光韵达光电科技股份有限公司达成合作,从此开始了中国市场的开拓。除此之外,该公司还将市场拓展到了英国、乌克兰、俄罗斯、韩国和日本等国家。2017 年宣布将重点研发陶瓷复材 3D 打印机 CERAMAKERHybrid 和超大尺寸陶瓷打印机 CERAMAKER3600,在光固化的基础上增加了多种 3D 打印技术,这使得该打印机可打印的陶瓷复材种类更多,可用于能源和电子工业等领域。这将使得 3D Ceram 公司的发展更为强劲,陶瓷复材 3D 打印产业化进程也因此更进一步。

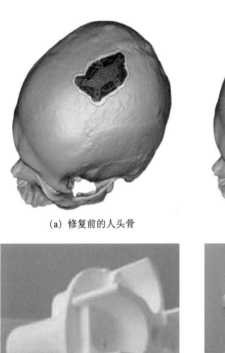
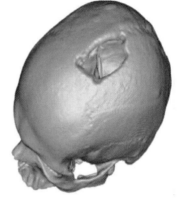

(a) 修复前的人头骨　　　　　　　　(b) 修复后的人头骨

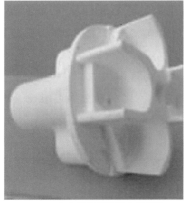

(c) 3D打印氧化铝陶瓷电子部件　　　　　　(d) 3D打印氧化锆陶瓷转子

图 11.20　3D Ceram 公司部分产品展示图

回顾 3D Ceram 公司的发展历程不难发现,目前陶瓷复材 3D 打印产业化发展的历程可分为三个阶段:

（1）技术研发阶段。投入大量的人力物力研发陶瓷复材 3D 打印技术,例如 3D Ceram

公司花费十年的时间研发了他们的专利技术——陶瓷光固化成型技术,这个阶段属于技术资本的积累。

(2)技术集成和产业化阶段。技术资本积累充足后,利用该技术制造出可用于产业化的产品,例如 3D Ceram 公司利用他们的专利技术,制造出了可用于陶瓷复材打印的工业级 3D 打印机,并开发出配套的打印材料,这些设备和材料就是符合产业化标准的产品。

(3)产品的市场应用。将产业化的产品应用到市场中的各个领域并取得收益,例如 3D Ceram 公司的产品可应用于生物医疗和工业制造等领域。

除了上述三个阶段,陶瓷复材 3D 打印产业化阶段还应该包括产品标准制定和产品质量评估机制的建立阶段,这是要衡量陶瓷复材 3D 打印产业化是否完全、是否符合市场要求。目前,3D 打印的陶瓷复材产品并没有行业内统一的产品标准和质量评估机制,这方面不能只依靠消费者的主观感受,应该有客观的评价机制,所以目前产业化的一个重要任务便是行业统一产品标准和产品质量评估机制的制定。

复杂化学反应仪器一般都具有复杂的几何结构和庞大的零件数量,特别是在这个基础上还需要达到高精度、高强度、高硬度和高稳定性等要求,传统加工方式制作的器件虽然能够满足性能要求,但是一般都会产生很大的材料浪费,并且少量定制的反应仪器用于批量生产的工业设备加工出来根本不划算,所以将陶瓷复材 3D 打印引入化学反应仪器的制作中来是非常划算且有发展潜力的。下面以 3D Ceram 公司的氧化锆反应器为例介绍陶瓷复材 3D 打印高质量化学反应器的具体实践过程。

(1)第一步:接受订单,用建模软件建立满足客户需求的模型。

(2)第二步:根据实际情况,选取合适的陶瓷复材原料,原料的选择有两方面的要求,一是易于加工的,表现在与打印技术和设备相匹配上;二是要满足功能性要求。本例中选用的是氧化锆陶瓷,因为氧化锆陶瓷在具有优异的机械性能和耐高温性的同时,它也是光固化成型技术的原料之一,所以本例所选原料既满足易于加工的要求,又满足功能性要求。如果是简单的加工器件,接下来就是加工,但是本例中的加工器件很复杂,所以还需要将其合理拆分为一些相对简单和规则的形状。

(3)在做好第一步和第二步后,接下来进行浆料的选取或配制,一般企业会生产配制好的浆料,但是企业生产的浆料往往只能满足一般用途。定制的器件往往需要按照特殊配方配制,陶瓷浆料通常包括陶瓷粉体、光敏树脂和分散剂,按照一定比例配制以满足黏度、固相含量等的要求。

(4)配置好浆料后,利用 3D 打印设备按照模型打印符合性能要求的零件陶瓷坯,再经过清洗、烧结处理,最终得到烧结好的零件。

(5)将打印出的零件进行质量检测,然后再将符合质量要求的零件按照顺序组装。

(6)组装完成后,该化学反应器制作完成,可以应用到相对应的化学实验中。至此,氧化锆陶瓷化学反应器打印完成。

总的来说,整个过程经历了需求分析、建模、陶瓷复材原料选择、分拆工件任务、打印成型、清洗、烧结和组装八个过程,但实际操作过程中的细节远多于此,比如打印过程中的参数设置、后处理时的烧结温度和烧结时间等因素都会影响,所以对于不同的工程应用需要不同的工艺过程设计和参数调节,才能满足最后产品的性能要求。

实例二 北京十维科技有限责任公司的陶瓷复材 3D 打印产业化之路

北京十维科技有限责任公司成立于 2014 年 3 月,以清华大学 3D 打印科研团队为技术背景,致力于光固化陶瓷打印的技术研发、设备制造和产品制造。他们的核心技术并不是光固化成型(SLA)而是数字光刻成型技术(DLP),这种技术在成型速度方面有巨大的优势。

依靠数字光刻成型技术(DLP),该公司于 2014 年制造并出厂了陶瓷 3D 打印初号机。经过两年的迭代优化,2016 年该公司将编号为 AUTOCERA-1-10002 的陶瓷 3D 打印初号机交付客户,截至 2018 已有 16 台量产型陶瓷 3D 打印机 AUTOCERA-M 正式出厂。与此同时,该公司也开发了适用于他们打印机机型的陶瓷原料,2016 年推出了氧化铝(Al_2O_3)、氧化锆(ZrO)和氧化硅(SiO_2),2017 年推出了羟基磷灰石、磷酸钙和硅酸钙等生物材料。打印产品的固相含量在 76% 以上,最高可达 86%,打印产品精度和速度均达到工业级应用程度,该公司 AUTO-CERA 系列打印机如图 11.21 所示。这标志着基于数字光刻成型技术(DLP)的陶瓷 3D 打印机正式进入市场,这也是我国陶瓷复材 3D 打印产业化从实验室阶段进入了市场营运阶段的缩影。

(a) 初号机AUTOCERA-1　　　　(b) 原型机　　　　(c) 量产机AUTOCERA-M

图 11.21 北京十维科技有限责任公司的 3D 打印机

北京十维科技有限责任公司推出的陶瓷 3D 打印机极大地满足了市场需求,材料和设备共同研发优势成为该公司的核心竞争力,对于陶瓷复材 3D 打印产业化具有推进作用。作为北京十维科技有限责任公司的核心产品,AUTOCERA-M 陶瓷 3D 打印机拥有辅料系统和离型膜系统两项独家专利,该型号的打印机具有以下特点:

(1)可打印具有超高精度的陶瓷制品。因为该公司采用的是数字光刻成型技术,所以可以通过曝光实现尺寸控制,通过与该公司专属的陶瓷配料配合,陶瓷产品的打印精度最高可以达到 35 μm,常规型号的打印机也可达到 50 μm 的精度。

(2)具有丰富的材料可拓展性,可适配的陶瓷粉末种类较多,包括氧化物、氮化物、碳化物、日用陶瓷和生物陶瓷,并且该打印机对陶瓷粉末的微观颗粒形貌没有特殊要求,可覆盖的陶瓷颗粒粒径具有相当宽的范围。

（3）工艺流程比较简单。该公司除了开发了材料和打印机之外，也开发了切片软件。建立好的模型经过该公司配套的软件切片，再经过打印参数设计、打印成型、后处理和烧结四个阶段便可成功制作出陶瓷产品。

固相含量比较高，陶瓷产品的固相含量最高可达 86%，固相含量的提高有利于陶瓷产品致密度和强度的提高。

节省原料，以实际打印 105 mL 样件所需原料的量为例，正立式 SLA 打印机所需原料为 6 000～10 000 mL，粉末烧结式打印机所需原料为 10 000 mL 以上，而该公司的 AUTOCERA-M 打印机仅需要 125 mL。这个优点极有利于在实验室研究陶瓷复材的 3D 打印，试错成本很低。

在产业化开始的阶段，技术研发和设备研制是技术积累的重要手段，技术和设备的研发需要以市场需求为目标，既能实现技术的进步，又能满足市场的需求。北京十维科技有限责任公司的 AUTOCERA-M 打印机符合国内市场的需求，具有优异性能的陶瓷复合材料在工业制造、生物医疗、航空、航天方面有着巨大的应用潜力，部分 AUTOCERA-M 打印产品如图 11.22 所示。陶瓷复材 3D 打印产业化正是在陶瓷复材原料与市场需求之间架起了桥梁，使得资源能够得到合理利用，市场需求得到了满足，并且产生相当可观的经济效益和社会效益，这也正是产业化的意义所在。

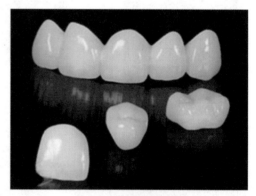

（a）氧化铝陶瓷工业部件　　　　　　　　　（b）氧化锆陶瓷牙

图 11.22　AUTOCERA-M 打印产品

北京十维科技有限责任公司陶瓷 3D 打印机研发和产业化的过程就是陶瓷复材 3D 打印在中国产业化的缩影。与国外产业化进程相比较，我国的陶瓷复材 3D 打印产业化之路拥有以下特点：

（1）起步晚、时间短和速度快。首先发展 3D 打印产业的是美国和德国，这得益于这些国家对 3D 打印技术的率先研发和应用。陶瓷复材 3D 打印也是如此，虽然我国相关研究起步较晚，但是从 2014 年后国内便有多家陶瓷复材 3D 打印公司成立，截至目前，我国部分企业可自主制造打印材料、打印设备和打印产品。

（2）打印设备的质量、精度和产品相对密度与国外还是有所差异。例如 3D Ceram 公司基于 SLA 技术的 CERAMAKER900 打印机打印精度最高可达 0.01 mm，固相含量最高可达90％以上,北京十维科技有限责任公司基于DLP技术的AUTOCERA-M打印机打印精度最高达到0.025 mm,固相含量最高可达86％。

(3)除了注重在打印技术、打印材料和打印设备方面的研发,国内企业还注重打印软件的开发。打印软件的自主开发有利于国内陶瓷复材3D打印从模型设计、材料制备、设备制造和产品打印这几方面全面发展,有利于在国内形成陶瓷复材3D打印的产业生态。

我国的陶瓷复材3D打印产业化之路复合我国社会市场规律,极大地满足了我国社会市场需求,取得了巨大的成果,但是在后续的产业化发展过程中,应该形成产学研一体的发展模式,从技术本身、设备制造和产业应用方面全面创新,提高陶瓷复材3D打印水平,让陶瓷复材3D打印的研究和发展真正地服务于我国发展。

实例三　北京十维科技有限责任公司3D打印航空发动机陶瓷零件

航空发动机是为飞机提供动力的设备,是飞机的重要组成部分。通常而言,飞机发动机需要具有耐高温、耐腐蚀和高强度等性能,以保证能在极端条件下工作。例如飞机发动机的单晶叶片,如图11.23所示,它的工作环境相当严苛,工作温度高达2 000 ℃左右,工作压强高达十几个大气压,转速最快可达到2 000 rad/s,单晶空心叶片要承受超过700 ℃的高温和离心拉伸应力,所以叶片需要依靠极其复杂的结构来满足这些性能要求,通过北京十维科技有限责任公司的AUTOCERA-M陶瓷3D打印机可实现陶瓷芯复杂结构的快速制造,有助于航空发动机"中国芯"的全面实现。作为"制造业皇冠上的明珠",航空发动机的单晶高温定子叶片和高温转子叶片的传统制作技术有以下难点:

(1)精度要求高。零件表面粗糙度要求不大于2.4 μm,尺寸精度要求不低于0.1 mm。

(2)要求材料要承受高温浇注环节的极端环境。

(3)陶瓷具有脆、硬等特点,不宜直接加工,采用模具热压成型的成本高,可加工的结构受限。

(4)叶片需要多层复杂的结构,加工过程中容易出现变形和断裂。

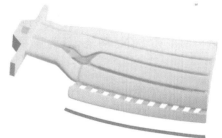

(a) 航空发动机图　　　　　　　　　　(b) 高温单晶叶片示意图

图11.23　航空发动机及其高温单晶叶片示意图

①—高温定子叶片;②—高温转子叶片

利用陶瓷复材3D打印可以针对上述工艺难点做出有效补充,打印精度可达微米级别,并且对复杂结构有得天独厚的优势,可将量产周期缩短至原来的三成,将研发周期缩短至原来的九成,大大提高我国航空发动机的研发和制造水平。通过陶瓷复材3D打印技术加工航空发动机叶片的工艺步骤,除了需求分析、建模、陶瓷复材原料选择、分拆工件任务、打印成型、清洗、烧结和组装过程外,还有后期渗碳等提高产品强度、韧度等性能的相关操作,通过这些工艺加工出的航空发动机零件性能可与传统工艺相媲美。总的来说,将陶瓷复材 3D 打印技术应用到航空发动机零件制造有以下优点:

(1)可大大缩短生产周期,节省原料,降低生产成本;

(2)制作过程中具有较高的设计灵活性,可以通过不同的设计满足不同的需求;

(3)生产产品具有的缺陷较少。

在实际加工过程中,要确保参数、温度、时间、角度和其他条件准确无误,严谨细致地操作仪器设备才能制作出质量优异的产品。

除了化学反应仪器和航空发动机之外,陶瓷复材 3D 打印还有生物医学、光电元件和能源产业方面的应用。对于生物医学而言,陶瓷复材 3D 打印成型的生物器械和人体组织具有良好的兼容性,操作过程比较简单,但是要得到广泛应用必须要开发出兼容性更加优良的材料,所以该技术在医疗领域的应用关键在于材料的开发;对于光电元件方面,陶瓷复材也没有得到广泛应用,但是随着压电陶瓷等新型陶瓷材料的开发,相信未来陶瓷复材 3D 打印会对该领域的发展起到重要作用;对于能源产业而言,柔性电极是当前发展的重要领域,通过陶瓷复材 3D 打印设计出具有优异可穿戴性能的储能设备是一方面应用,利用该技术打印出相对应的实验仪器又是另一方面应用[35]。陶瓷复材 3D 打印可应用的领域远远不止这些,更多更有意义的应用还需要不停地探索、实现。

11.4.2 陶瓷及其复合材料 3D 打印工程应用实例

多孔 Si_3N_4 陶瓷结合了多孔陶瓷和 Si_3N_4 陶瓷的一系列优良特性,不仅具有多孔陶瓷的密度小、比表面积大、热导率小的特点,同时还具有 Si_3N_4 陶瓷的耐高温、耐腐蚀、高的化学稳定性和良好的力学性能等优点。此外,Si_3N_4 还具有良好的生物相容性,对部分射线可透,在医学影像上可见,因此,多孔 Si_3N_4 作为一种新型的生物陶瓷材料具有广阔的应用前景,尤其是作为临床上应用的体内植入材料。如果通过合理设计,制备出具有梯度仿生结构的多孔 Si_3N_4 陶瓷,就为解决金属或高分子支架材料存在的许多问题提供了可能[36]。

Si_3N_4 陶瓷综合了机械、摩擦、化学和热等方面的特性,使它适合用于苛刻条件下包括轴承、刀具、耐磨件、阀门和发动机在内的高性能部件。许多研究者利用这些性能探索 Si_3N_4 陶瓷材料在生物领域的适用性,尤其自发现其具有生物相容性且对部分射线可透(不像金属材料)因而在医学影像上可见。这些性能的组合,使 Si_3N_4 陶瓷在骨骼修复和人工关节方面的应用吸引了人们的广泛兴趣。

研究表明,Si_3N_4 陶瓷具有良好的生物相容性和生物活性,因此可以用来作为临床应用领域的人工骨材料。毒性测试实验表明这种材料无细胞毒性。在体内试验中,Si_3N_4 陶瓷片植入兔股骨,表现出良好的骨/植入物链接,无免疫炎症反应,细胞无不良反应。这些试验表明,Si_3N_4 可能具有比 Al_2O_3 更好的生物相容性和骨整合性能。多孔 Si_3N_4 棒植入兔子体内,新骨质可在兔子胫骨的细胞周质区及 Si_3N_4 植入材料周围形成,促进了骨向内生长,表明这种材料能引导骨再生并促进骨骼的固定。据报道,体外实验中抛光的 Si_3N_4 陶瓷表面上生长的细胞,生存能力和生长形态等参数可与钛合金人工骨材料相当,抛光表面似乎有助于提高生物相容性和繁殖人类成骨细胞的能力。在营养液中培养后的 Si_3N_4(无论是块状还是颗粒状材料),都没有滤出亚硝酸盐,这表明 Si_3N_4 陶瓷不会诱导氮氧化物的产生,Si_3N_4 陶瓷在促进成骨细胞增殖的同时不会诱发炎症。所有实验数据表明,Si_3N_4 陶瓷是一种很好的可植入基质材料,能直接用于骨骼固定。通过合理设计,材料外侧可以有关节的光滑表面,内侧有多孔可向内生长的表面。这样,Si_3N_4 陶瓷作为一种骨科植入材料的应用是可行的。

当前,以 Si_3N_4 为原材料的一些外科植入物已经通过测试并投入使用。对于多孔 Si_3N_4 陶瓷,骨组织细胞可直接向多孔体内部生长。因此在生物医学领域所使用的全部陶瓷材料中,Si_3N_4 陶瓷是为数不多的可以整块放入体内的植入材料,如人工关节、人工脊椎骨、骨固定用板材和螺丝等。在美国,反应烧结多孔 Si_3N_4 陶瓷作为脊椎融合术植入材料已投入临床使用多年并实现商业化,期间没有出现负面报道。这种人工脊椎,光滑的外壳是由致密的 Si_3N_4 组成,具有非常高的强度,可承受身体自重和外来应力;内腔是经过合理设计的多孔 Si_3N_4,这种孔结构非常有利于骨组织和细胞的向内生长、增殖和分化,同时保证了营养物质的传输。

多孔陶瓷的结构和使用性能很大程度上取决于其制备工艺,因此,造孔技术在多孔陶瓷材料的制备过程中就显得非常重要。造孔技术可以分为原料加工工艺及配料中的造孔技术、成型工艺中的造孔技术、干燥工艺中的造孔技术、烧成工艺中的造孔技术及其他的造孔技术。目前,各种造孔技术的主要方法有:

(1)添加造孔剂法。通过向陶瓷粉体中加入造孔剂使其在陶瓷坯体中占据一定的空间,烧结后造孔剂分解或挥发离开基体留下孔洞,从而制得多孔陶瓷。

(2)发泡法。向陶瓷组分中加入有机或无机化学物质,通过加热处理或化学反应产生挥发性气体,从而产生泡沫,经干燥和烧成后制得多孔陶瓷。

(3)有机泡沫浸渍法。将制备好的浆料均匀地涂覆在具有三维开孔网状骨架结构的有机泡沫体上,干燥后烧掉有机泡沫体从而得到一种网眼多孔陶瓷。

(4)溶胶—凝胶(Sol-Gel)法。利用溶胶在凝胶化过程中胶体离子间相互连接形成空间网络结构,胶体网络中的溶液会在热处理过程中蒸发掉而留下小气孔,形成可控的多孔结构。

美国麻省理工学院的研究人员根据"层层打印,逐层叠加"的制作原理,首次提出了三维打印的成型方法。3DP 成形工艺采用粉末材料成形,如陶瓷粉末、金属粉末和聚合物粉末等。因为 3DP 是将粉体无规则堆积成型的,所以通过改变打印粉体的粒度和打印层的厚度,可调节制品的孔径大小、孔隙率和微观结构。

3DP 成型的制品不受尺寸和形状的限制,可使用任何材料(只要能制成粉末),黏结剂溶液(水或高分子,在后续烧结工艺中去除)不影响材料性能,所以将 3DP 技术应用到具有微细结构的人工骨方面,有着其他传统工艺无可比拟的优势;能较好地制备出骨骼内部的三维多孔结构,为修复人体病变或缺损的硬组织提供了一种非常快捷有效的手段,是目前组织工程领域的研究热点。3DP 技术在国外的家电、汽车、航空、航天、船舶、工业设计和生物医疗等领域已得到较为广泛的应用。目前,3DP 技术在组织工程中的应用也取得了初步的进展,但由于成形材料、后处理工艺,以及现有设备的功能等条件的制约,这种方法还未完善,需要更进一步的研究。

姜广鹏等以甲基纤维素作黏结剂配置氮化硅泥料,利用柱塞式挤压模具通过挤压成形法制备多孔氮化硅陶瓷。研究了挤压、干燥、排胶、烧结等各个阶段坯体的开气孔率、体积密度、弯曲强度、显微结构及相转变等的变化规律。最后,研究者利用蜂窝陶瓷模具,首次成功挤出具有广泛应用前景的氮化硅蜂窝陶瓷,在未来的汽车尾气处理领域,其有望取代当前广泛使用的董青石材质蜂窝陶瓷。

翁作海等人提出,目前由传统制造技术制备出来的支架大多是金属和高分子材料。金属材料会向体内释放出金属离子,长期使用对人体健康不利;高分子材料易老化且细胞在其表面的生长情况不太理想。此外,传统的制备工艺很难得到微观均匀性好且外形复杂的制品,因此,寻找一种比金属和高分子更理想的支架材料,并能根据需要制备出各种复杂形状的支架,是当前组织工程工作者迫切要解决的问题。

Si_3N_4 陶瓷的出现为解决这一问题提供了可能,它不仅满足生物支架材料应具备的所有要求,而且在医学影像上可见。大量的数据表明,Si_3N_4 陶瓷可以作为体内植入材料。如今,各种各样的 Si_3N_4 生物陶瓷产品已相继投入临床应用并实现商业化,应用过程中没有出现任何不良反应,因此,用多孔 Si_3N_4 陶瓷作为生物支架应该是可行的。

采用 3DP 成型结合反应烧结制备多孔 Si_3N_4 陶瓷,流程如图 11.24 所示,将陶瓷粉料通入氢气研制成打印浆料,接着将浆料放入球磨机球磨,球磨结束后进行冷冻干燥,然后将其研磨、过筛,所得到的浆料便可以用于 3D 打印。打印后的试样在氮气的气氛下烧结至 1 350~1 450 ℃,便形成了多孔 Si_3N_4 陶瓷。研究升温制度对多孔 Si_3N_4 相成分、微结构及力学性能的影响;研究了添加 Y-TZP 对 3DP 多孔 Si_3N_4 陶瓷相成分、微结构及力学性能的影响。采用 3DP 和冷冻干燥技术结合反应烧结法制备梯度多孔 Si_3N_4 陶瓷,研究了硅浆料固相含量对冷冻干燥后硅支架孔结构的影响,并通过三维重建研究支架内部不同区域的孔结构。

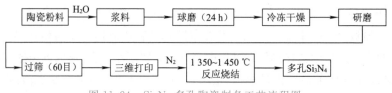

图 11.24　Si_3N_4 多孔陶瓷制备工艺流程图

多孔晶格材料通过计算机辅助设计模拟分子晶格结构,节点和连杆单元形成周期拓扑。由不同细胞结构组成的晶格材料具有较大的力学性能变化。常见的三维晶格构型有八面体结构、四面体结构、四边形金字塔结构、编织夹层结构、全三角形晶格结构、Kagome 结构等。关于晶格结构与力学性能的关系,已有许多研究。Dede 等人介绍了一种单层或多层周期晶格结构的设计方法,并进一步分析了单层晶格结构的力学性能。Tekoglu 等人通过对多孔晶格材料在压缩、弯曲和剪切条件下的理论和数值分析,研究了细胞尺寸对力学性能的影响。

曾庆丰等人提出了一种利用 MGI 设计制造晶格材料的可行方案。通过模型设计可以得到更加优化的模型。之后,可以快速地由 3D 打印机制造模型。将陶瓷粉末加入光固化树脂中,搅拌均匀。该混合物由 80% 比例的陶瓷粉末和 20% 比例的感光树脂组成。将混合物球磨 8 h 使其充分混合,制备出黏度较低、固体含量为 80% 的均匀陶瓷悬浮液。采用数字光处理(DLP)技术将陶瓷悬浮液倒进 3D 打印机的槽中。输入参数后,DLP 打印机开始形成陶瓷绿色体。将试样加热至 1 650 ℃,常压下保持 4 h,确保氧化铝陶瓷完全烧结。在 DLP打印技术的帮助下,最终实现了由不同晶格结构组成的复杂元件的精确快速制造。采用本方案成型的氧化铝陶瓷组件经充分烧结后具有良好的结构均匀性。氧化铝粒度可控制在1.1 m 左右。不同的晶格结构使元件具有不同的力学性能。顶点互连结构的抗弯强度远大于边缘结构。MGI 致力于先进零部件的数字化设计和智能制造。

I. Masker 等人研究了基于三重周期极小曲面的三种拓扑结构如图 11.25 所示,晶格类型包括回转型、金刚石型,并结合力学试验和有限元分析对其进行了检验。他们研究了这些结构在压缩载荷下的行为,并比较了它们各自的应力—应变曲线、弹性模量、破坏强度、变形过程和数值确定的应力分布。将三重周期最小曲面作为研究对象,是因为它们具有一系列潜在的优势。三重周期晶格结构的性质包括将比刚度和轴对称刚度很好地结合在一起,易于功能分级。

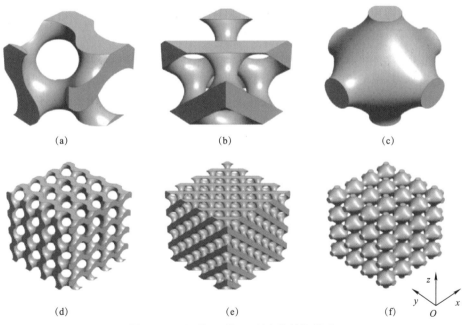

图 11.25　P 型、G 型、W 型点阵结构模型

H. Montazeria 等人则通过分级孔隙结构设计,通过局部调节生物力学性能来满足生物和机械的相互冲突的要求,开发出了相应的设计图件,并在此基础上选择具有极端性能的高孔隙结构进行实验评价。对支架进行了力学压缩实验,并与计算数据进行了比较。

11.5　未来预测和发展前景

11.5.1　未来预测

我国《"十三五"先进制造技术领域科技创新专项规划》中对世界制造业发展趋势的描述为:"进入 21 世纪以来,在经济全球化和社会信息化的背景下,国际制造业竞争日益激烈,对先进制造技术的需求更加迫切。云计算、大数据、移动互联网、物联网、人工智能等新兴信息技术与制造业的深度融合,正在引发对制造业研发设计、生产制造、产业形态和商业模式的深刻变革,科技创新已成为推动先进制造业发展的主要驱动力"。由此可以看出,当前的生产方式正在发生着深刻的转变,从批量化的"制造"到个性化的"智造",从生产型到服务型,从流水线生产到量身定制,各个行业都在发生着广泛的转变。3D 打印技术作为新兴制造技术,正是当前快速发展的重要制造技术,将对传统的工艺流程、生产线、生产模式和产业链组合产生深刻的影响,会极大地满足当前市场需求。陶瓷复材 3D 打印又是 3D 打印技术中重要的一部分,前面介绍了陶瓷复材 3D 打印技术的原理技术、发展现状和产业化情况。结合前文,本节将介绍陶瓷复材 3D 打印的发展趋势。

国际上目前对陶瓷复材 3D 打印的研究主要集中在材料和技术两方面。在未来,陶瓷复材 3D 打印技术的发展趋势为:

在基础层面,适用于 3D 打印技术的陶瓷及其复合材料的研发一直是该领域基础研究的重点,这是该领域发展的根本;适合于陶瓷复材的 3D 打印技术同样也是该领域基础研究的重点,只有材料和技术达到完美的匹配才能使陶瓷复材 3D 打印快速高效地发展。

在工艺方面,规范的、可重复的成型过程的建立是陶瓷复材 3D 打印成型的研究重点。通过建立材料知识的系统体系,形成范式转变,以控制过程参数来打印微观结构,实现一致的、可重复性的微观结构,从而通过精密的设计来控制打印件的功能,建立起过程参数到打印产品性能之间的对应关系。

在软件方面,目前各个打印软件都是随着打印设备出厂时编写的,这就意味着每购买一个新型号的打印机就要学习一种打印软件,学习成本会比较高,所以开发向下兼容的打印软件降低软件学习成本是当前研发的趋势。

在应用方面,航空、航天领域内的应用仍然是陶瓷复材 3D 打印最重要的应用方面,先进的创新性技术永远都是最先应用于高精尖行业。除此之外,在各个工业领域中的应用将成为主流方向,应用深度和广度将持续扩展。

在产业方面,高成型速度、高成型强度、高成型精度和低价格的陶瓷复材 3D 打印设备的研发既是发展的目标,也是发展的趋势,降低价格是当前 3D 打印机发展的重要趋势,哪个企业能够在保持质量的同时不断降低设备价格,便是能够在未来发展中引领潮流。

在产品方面,建立完整的打印产品质量检测和评估机制,完善陶瓷复材 3D 打印的市场生态,在不断扩展产品适用领域的同时,做好产品售后服务。

我国陶瓷复材 3D 打印的发展应该顺应世界发展潮流,除了在基础、工艺、软件、应用、产业和产品六个方面加大研发力度外,还需结合我国当前发展现状,顺应我国"中国制造 2025"发展战略及"3D 打印＋"示范应用,将互联网力量应用在陶瓷复材 3D 打印,这是我国陶瓷复材 3D 打印的研究趋势之一。

陶瓷复材 3D 打印在各个国家都是战略级的规划,具有很大的发展空间,陶瓷复材 3D 打印在各个领域内的应用如图 11.26 所示。

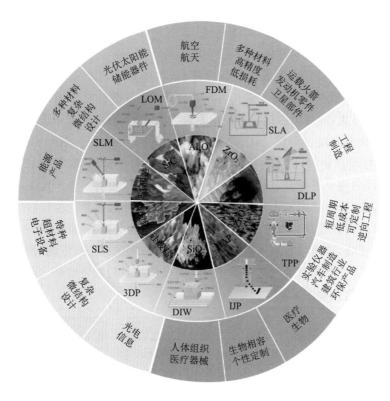

图 11.26　陶瓷复材 3D 打印在各个领域内的现状和前景

除了图 11.26 中的航空、航天、工程制造、医疗生物、光电信息和能源产品几大领域外,陶瓷复材 3D 打印同样在文化艺术、教育科研和人工智能产品等领域内有巨大的应用。在航空、航天领域,陶瓷复材 3D 打印的前景主要落在了航空、航天飞行器平台的制造、发动机等大型复杂结构件、复杂零件快速设计、原型制造和易损件直接制造和备品备件的直接制造及修复;工程制造领域范围非常广泛,包括船舶制造、核工业、汽车、轨道交通、电力设备和建筑几个小领域,陶瓷复材 3D 打印在这些领域内的前景主要落在了产品研发、结构优化、复杂零件成型、产品绿色化、轻量化和增材制造一体化成型等方面;在生物医疗领域,陶瓷复材 3D 打印的前景主要落在了生物相容性、新材料研发、结构优化和个性化定制等方面;在光电信息领域,陶瓷复材 3D 打印的前景主要落在特种微结构光电产品和电子电路等方面;在能源产品领域,陶瓷复材 3D 打印的前景主要落在柔性可穿戴电子产品、光伏太阳能装置和发电装置的直接制造和修复;在文化艺术领域,陶瓷复材 3D 打印的前景主要落在模具制造和产品直接成型两方面;在教育科研领域,陶瓷复材 3D 打印的前景落在基本原理普及、创新技术研发和产业应用技术开拓三个方面;在人工智能产品领域,陶瓷复材 3D 打印的前景主要落在智能产品快速原型制造、直接制造和修复,除此之外,陶瓷复材 3D 打印在其他领域内也有极其广阔的应用前景。

11.5.2 发展前景

我国要成为世界强国就必须大力发展制造业,尤其是先进制造业,特别是其中的高端装备制造业已成为国际竞争的制高点,陶瓷复材 3D 打印作为新型增材制造技术之一,自然也是当前急需大力发展的先进制造技术。

3D 打印在我国落地较晚,但是发展速度很快。《增材制造产业发展行动计划(2017—2020 年)》指出我国 3D 打印制造关键技术不断突破,装备性能显著提升,应用领域日益拓展,生态体系初步形成,涌现出一批具有一定竞争力的骨干企业,形成了若干产业集聚区,增材制造产业实现快速发展。陶瓷复材 3D 打印属于 3D 打印中不可或缺的一部分,它的发展稍慢于整个 3D 打印产业,目前国内研究相对较少,相比较于金属,塑料 3D 打印占有的市场份额较少,但是因为陶瓷复材具有优异的力学、电学、磁学、光学和热学性能,所以陶瓷复材 3D 打印是我国制造业中必须要大力发展的一个方面。复合材料是当前材料应用的趋势,3D 打印技术在高性能陶瓷及其复合物成型方面具有巨大的优势,陶瓷复材 3D 打印技术与高精尖领域契合度非常高,这非常有利于陶瓷复材 3D 打印初期的发展,但同时又会在后期的发展中"曲高和众"飞入"寻常百姓家",这也正是这类高新技术的发展趋势。陶瓷复材 3D 打印在我国发展的基本路线如图 11.27 所示。

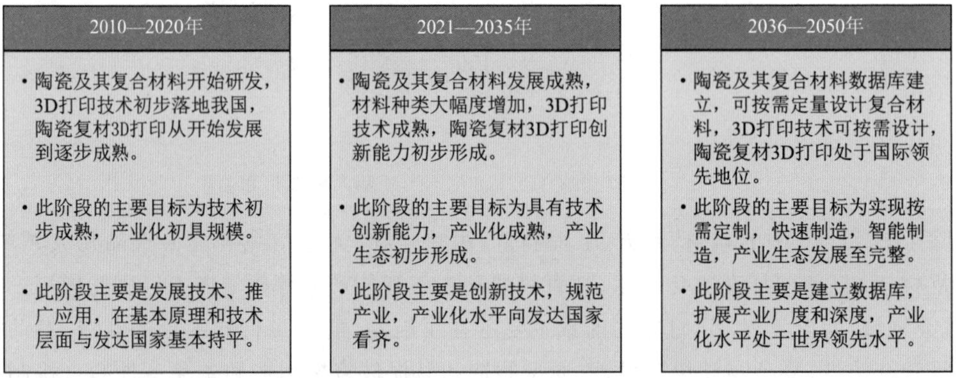

2010—2020年	2021—2035年	2036—2050年
• 陶瓷及其复合材料开始研发,3D 打印技术初步落地我国,陶瓷复材3D打印从开始发展到逐步成熟。	• 陶瓷及其复合材料发展成熟,材料种类大幅度增加,3D打印技术成熟,陶瓷复材3D打印创新能力初步形成。	• 陶瓷及其复合材料数据库建立,可按需定量设计复合材料,3D打印技术可按需设计,陶瓷复材3D打印处于国际领先地位。
• 此阶段的主要目标为技术初步成熟,产业化初具规模。	• 此阶段的主要目标为具有技术创新能力,产业化成熟,产业生态初步形成。	• 此阶段的主要目标为实现按需定制,快速制造,智能制造,产业生态发展至完整。
• 此阶段主要是发展技术、推广应用,在基本原理和技术层面与发达国家基本持平。	• 此阶段主要是创新技术,规范产业,产业化水平向发达国家看齐。	• 此阶段主要是建立数据库,扩展产业广度和深度,产业化水平处于世界领先水平。

图 11.27 我国陶瓷复材 3D 打印的发展基本路线图

在第一阶段(2010—2020 年),3D 打印技术和陶瓷复材均处于刚刚开始发展的阶段,此阶段国内研究主要是追随发达国家的脚步,一方面是从基本原理和技术上学习技术,另一方面是从国外购买设备打印产品。在此阶段后期,我国陶瓷复材 3D 打印逐渐形成了创新能力,但是在领先技术的研发方面并没有较为瞩目的成果,并且此阶段的大多产品用于高精尖行业,在日常民用领域并没有较大应用。此阶段国内的研究内容与发达国家重叠度非常高,从模仿到创新是高技术发展必经的阶段。该阶段陶瓷复材 3D 打印在我国各个应用领域开始生根发芽,绽放出其蓬勃的产业生命力。

该阶段主要面临的问题是创新能力不足,关键装备和核心器件主要依赖从发达国家进口,陶瓷复材原材料不管是种类还是质量都发展滞后,技术研究深度不够,产业规模化程度比较低,应用推广度不够。

应对该阶段问题应采取以下措施:

在政策层面,应该加大投入、鼓励创新,为技术创新提供拥有活力的土壤,使陶瓷复材3D打印的种子茁壮成长。不管是高校研究所还是企业都拥有极大的创新潜力,目前清华大学、西安交通大学等高校和深圳长朗三维科技有限公司、北京十维科技有限责任公司等企业都已在陶瓷复材3D打印方面取得了一些国际前沿的研究成果。在持续性投入下,我国陶瓷复材3D打印创新性将会不断提高,能够在未来得到更加广泛的应用。

在各个机构研究方面,应该加大基础原理和技术的创新,从基本原理和技术出发,研发出多种多样的陶瓷复材,提高3D打印的精度、速度和产品性能。

在产业应用方面,各高校研究机构和企业应在加大合作力度的同时各有侧重,产学研三位一体共同提高,探索陶瓷复材3D打印在各个领域内更广泛的应用。

在第二阶段(2021—2035年),我国3D打印技术和陶瓷复材将处在高速发展阶段,这个阶段的作用是承上启下。此阶段的任务主要是建立起成熟的技术创新体系,产业化水平与发达国家持平。此阶段我国将初步具备技术创新能力,陶瓷复材3D打印技术在各个行业内的应用也在持续深化且不断拓宽,我国具有部分国际领先技术,开展的研究与发达国家研究重叠度比较低,研究的自主性较强,应用方面不断从高精尖行业向军民融合日常生产生活方面过度,真正开始为我国工业制造和行业发展产生实质化的价值。该阶段陶瓷复材3D打印在我国茁壮成长。

在上一阶段持续性创新研发的影响下,此阶段我国陶瓷复材3D打印技术创新力足够,发展快速,部分技术国际领先,但是不同种类陶瓷复材的3D打印技术难度不一导致技术发展长短不一,陶瓷复材3D打印技术短板逐渐显现。技术与生产结合相较前一阶段相当紧密,该阶段产业化进程依旧处于初级阶段,陶瓷3D打印在各个领域内的产业应用深度依旧不够,应用范围依旧不够广阔。

应对该阶段问题,应采取以下措施:

在政策层面,应该鼓励研究机构与企业的合作,引导高校研究所的研究成果快速转化服务于生产生活,使技术研发和产业应用有机结合起来,在发展技术的同时,侧重于将技术应用于各个生产领域。

在技术研究层面,在加强先进创新技术研发的同时,也要加紧短板技术的研发。对于陶瓷复材3D打印来说,光固化、喷墨打印系列的技术发展时间较长,发展程度较成熟,但是激光系列的技术并没有前者发展时间长、速度快,所以在该阶段研究光固化和喷墨打印等先进创新技术的同时,也应该加大激光打印技术方面的研究,使得陶瓷复材3D打印技术补齐短板、齐头并进。

在产业化方面,该阶段产业化进程速度加快,并且将形成一定的产业规模。产业化深度和广度程度更进一步,在我国各个生产领域产生重要影响。这个阶段需要初步建立产业生态体系,焕发陶瓷复材3D打印的生命力,使其可以真正在我国蓬勃发展。

在第三阶段(2036—2050年),我国陶瓷复材3D打印将从高速发展阶段进入平稳发展阶段,此阶段陶瓷复材种类相当丰富,3D打印技术相当成熟,我国陶瓷复材3D打印不论从材料、技术方面,还是从应用方面均会达到世界领先水平。此阶段的主要任务是在前两阶段的基础上,建立起陶瓷及其复合材料的数据库,建立起材料评估体系,将前期探索性"摸着石头过河"的技术创新转变为"按需设计"的技术创新。陶瓷复材3D打印技术短板在前一阶段已经基本补齐,此阶段另一任务主要在于产业生态的建立,在我国制造业工业领域内将起到决定性作用。

此阶段的主要问题是,明晰陶瓷复材数据库和材料评估体系是什么,怎么建立,建立怎样的数据库和体系;另一方面是3D打印技术按需设计如何准确确定需求,通过何种方法将需求转化为创新性技术,产业生态包括哪些内容,如何建立。

应对这些问题应采取以下措施:

在政策层面,应鼓励原创性技术的研发,鼓励各研究机构在重点研发优势技术外,加强各研究机构之间的合作,这样有利于从基本原理层面上建立起统一评价体系,有利于数据库和评价体系的快速建立。

在技术研究层面,技术研究在上一阶段的全面发展下,都已达到相当成熟的程度,此时需要按照我国生产领域需求设计陶瓷复材3D打印技术,建立起过程参数与产品质量之间的对应关系,着重收集过程参数,材料数据库与过程参数数据库相辅相成,共同为技术按需设计打下坚实基础。

在产业化方面,此阶段产业化的重点在于生态的建立和发展,陶瓷复材3D打印生态包括打印材料、打印技术、打印设备和打印产品四个方面,将四个方面有机结合起来,再结合我国产业发展需求,将建立起可持续性发展的陶瓷复材3D打印生态。

参考文献

[1] 殷健. 3D打印技术在航天复合材料制造中的应用[J]. 航天标准化, 2018, 173(03): 27-30.

[2] 黄淼俊, 伍海东, 黄容基, 等. 陶瓷增材制造(3D打印)技术研究进展[J]. 现代技术陶瓷, 2017(04): 249-251.

[3] R. GMEINER, G. MITTERAMSKOGLER, J. STAMPFL, et al. Stereolithographic ceramic manufacturing of high strength bioactive glass[J]. International Journal of Applied Ceramic Technology, 2015, 12(1): 38-45.

[4] XING J F, LIU J H, ZHANG T B, et al. A Water Soluble Initiator Prepared through Host-Guest Chemical Interaction for Microfabrication of 3D Hydrogels via Two-Photon Polymerization[J]. Journal of Materials Chemistry B, 2014, 2(27): 4318-4324.

[5] PAN Z, WANG Y, HUANG H, et al. Recent development on preparation of ceramic inks in ink-jet printing[J]. Ceramics International, 2015, 41(10): 12515-12528.

[6] N. REIS, B. DERBY. Ink jet deposition of ceramic suspensions: Modeling and experiments of droplet formation[J]. MRS Online Proceedings Library Archive, 2000, 625.

[7] A. BHATTI, M. MOTT, J. Evans, et al. PZT pillars for 1-3 composites prepared by ink-jet printing[J]. Journal of materials science letters, 2001, 20(13): 1245-1248.

［8］　M. LEJEUNE,T. CHARTIER,C. DOSSOU-YOVO,et al. Ink-jet printing of ceramic micro-pillar arrays[J]. Advances in Science and Technology,2006,45(5):413-420.

［9］　J. A. LEWIS. Direct-write assembly of ceramics from colloidal inks[J]. Current Opinion in Solid State and Materials Science,2002,6(3):0-250.

［10］　J. MOON,J. E. GRAU,V. KNEZEVIC,et al. Ink-jet printing of binders for ceramic components[J]. Journal of the American Ceramic,2002,85(4).

［11］　G. A. FIELDING,A. BANDYOPADHYAY,S. BOSE. Effects of silica and zinc oxide doping on mechanical and biological properties of 3D printed tricalcium phosphate tissue engineering scaffolds［J］. Dental Materials,2012,28(2):113-122.

［12］　W. SUN,D. DCOSTA,F. LIN,et al. Freeform fabrication of Ti_3SiC_2 powder-based structures：Part I—Integrated fabrication process[J]. Journal of Materials Processing Technology,2002,127(3):343-351.

［13］　K. SHAHZAD,J. DECKERS,S. BOURY,et al. Preparation and indirect selective laser sintering of alumina/PA microspheres[J]. Ceramics International,2012,38(2):1241-1247.

［14］　T. FRIEDEL,N. TRAVITZKY,F. NIEBLING,et al. Fabrication of polymer derived ceramic parts by selective laser curing[J]. Journal of the European Ceramic Society,2005,25(2-3):193-197.

［15］　L. HAO,S. DADBAKHSH,M. O SEAMAN,et al. Selective laser melting of a stainless steel and hydroxyapatite composite for load-bearing implant development[J]. Journal of Materials Processing Technology,2009,209(17):5793-5801.

［16］　J. DECKERS,S. MEYERS,J. KRUTH,et al. Direct selective laser sintering/melting of high density alumina powder layers at elevated temperatures[J]. Physics Procedia,2014,56:117-124.

［17］　H. EXNER,M. HORN,A. STREEK,et al. Laser micro sintering：A new method to generate metal and ceramic parts of high resolution with sub-micrometer powder［J］. Virtual and physical prototyping,2008,3(1):3-11.

［18］　H. YANG,S. YANG,X. CHI,et al. Fine ceramic lattices prepared by extrusion free forming[J]. Journal of Biomedical Materials Research Part B:Applied Biomaterials,2006,79(1):116-121.

［19］　杨恩泉. 3D打印技术对航空制造业发展的影响[J]. 航空科学技术,2013(1):13-17.

［20］　ANDREA,ZOCCA,PAOLO,et al. Additive manufacturing of ceramics：issues,potentialities,and opportunities[J]. Journal of the American Ceramic Society,2001.

［21］　ECKEL ZC,ZHOU C,MARTIN JH,et al. Additive manufacturing of polymer-derived ceramics. Science,2016,351(6268):58-62.

［22］　KUMAR LJ,NAIR CK. Current trends of additive manufacturing in the aerospace industry[J]. Advances in 3D Printing & Additive Manufacturing Technologies:Springer:2017,39-54.

［23］　FIELDING G,BOSE S. SiO_2 and ZnO dopants in three-dimensionally printed tricalcium phosphate bone tissue engineering scaffolds enhance osteogenesis and angiogenesis in vivo[J]. Acta Biomater,2013,9:9137-9148.

［24］　CHANG CH. 3D printing bioceramic porous scaffolds with good mechanical property and cell affinity [J]. PloS One,2015,10:143713.

［25］　刘春春,张永志,晏恒峰,等. 3D打印羟基磷灰石陶瓷的工艺研究[J]. 应用激光,2017,37(03):430-433.

［26］　VENTOLA CL. Medical applications for 3D printing：current and projected uses[J]. Pharmacy and

Therapeutics:a peer-reviewed journal for formulary management,2014,39(10):704.

［27］ ACKLAND DC,ROBINSON D,REDHEAD M,et al. A personalized 3D-printed prosthetic joint replacement for the human temporomandibular joint:from implant design to implantation[J]. J Mech Behav Biomed Mater,2017,69:404-411.

［28］ CHEN RK,JIN Y-A,WENSMAN J,et al. Additive manufacturing of custom orthoses and prostheses—a review[J]. Additive Manufacture,2016,12:77-89.

［29］ JARDINI AL,LAROSA MA,MACIEL FILHO R,et al. Cranial reconstruction:3D biomodel and custom-built implant created using additive manufacturing[J]. J Cranio Maxillofacial Surg,2014,42(8):1877-84.

［30］ 钱超,樊英姿,孙健. 三维打印技术制备多孔羟基磷灰石植入体的实验研究[J]. 口腔材料器械杂志,2013,22(1):22-27.

［31］ 张海峰,杜子婧,姜闻博,等. 3D 打印 PLA-HA 复合材料与骨髓基质细胞的相容性研究[J]. 组织工程与重建外科,2015,11(6):349-353.

［32］ WU P,WANG J,WANG X. A critical review of the use of 3D printing in the construction industry[J]. Automation in Construction,2016,68:21-31.

［33］ NERELLA,V. N. KRAUSE M,NTHER M,et al. Studying printability of fresh concrete for formwork free concrete on-site 3D printing technology(CONPrint3D)[C]//25th conference on rheology of building materials,2016.

［34］ X. TIAN,D. LI,B. LU. Additive Manufacturing:Controllable Fabrication for Integrated Micro and Macro Structures[J]. Journal of ceramic Science and Technology,2014,05(04):261-268.

［35］ XIALI LI,YONG LI,LICHENG WU. An inverse chiral EBG manufactured by a 3D printing method[J]. Materials Letters,2018.

［36］ SADEQ S M,JIE L,JONGHYUN P,et al. 3D printed hierarchically-porous microlattice electrode materials for exceptionally high specific capacity and areal capacity lithium ion batteries[J]. Additive Manufacturing,2018,23:70-78.

第 12 章　陶瓷基复合材料计算和基因组

12.1　理论基础

12.1.1　复合材料设计的概念

长期以来,新材料的研究与开发基本上都是采用试验改进、再试验再改进的"炒菜"方式(trial and error)。这种方式具有很大的盲目性,耗费了大量的人力、物力和财力,经过多次反复,可能达到预期的目的,也可能失败,往往难以预测和把握。为了降低消耗,少做试验并达到预期目的,已成为许多材料研究工作者的迫切愿望。物理化学、固体物理、无机化学和有机化学等学科的发展,加深了研究者对材料本质的了解,并为冶金学、金属学、陶瓷学和高分子科学的建立奠定了理论基础,这些理论与计算数学及计算机科学相结合,诞生了一个新的交叉学科——计算机辅助材料设计(computer-aided materials design,CAMD)。CAMD对材料制备、微结构与性能演变的全过程进行详尽的研究,从而超越过去只能根据过程最终状态的测试结果进行推论的局限。更具吸引力的是,由于超高温、超低温、超高压、超真空、失重、腐蚀和辐射等极端服役环境对材料性能提出了特殊要求,借助计算机技术几乎可以不受地域、设备和实验次数的限制,模拟这些实验环境,从而开发适用于特殊环境的新材料。

计算机辅助材料设计在国际上还没有统一的通用术语,美国称之为材料的"计算机分析与模型化"(computer-based analysis and modeling)[1],欧洲称之为"计算材料学"(computational materials science)[2-3],日本称之为"材料设计"(materials design)[4]等。按照某种行业运用计算机技术的命名惯例,如计算机辅助几何设计(computer-aided geometry design,CAGD)、计算机辅助设计(computer-aided design,CAD)、计算机辅助制造(computer-aided manufacturing,CAM)、计算机辅助工程(computer-aided engineering,CAE)、计算机辅助测试(computer-aided test,CAT)、计算机辅助教学(computer-aided instruction,CAI)、计算机辅助逻辑电路设计(computer-aided logic design,CALD)等,本文将材料设计行业运用计算机技术称为"计算机辅助材料设计"(computer-aided materials design,CAMD),简称材料设计(materials design)。

12.1.2　复合材料设计的研究思想

在材料科学与工程学科里,材料设计已经成为与材料理论、材料实验并行发展的三个重要方向之一。一个学科的发展遵循从条理化、数学化、计算机化到智能化的路线,如图 12.1所示[5]。条理化标志着规律、理论的初步形成;数学化标志学科的概念和理论可以定量地用数学描述,学科开始成熟;计算机化标志学科难题(如数学模型等)可以借助计算机工具进行表述或求解,学科知识开始走向实用化;智能化标志学科的潜知识可以自动地通过计算机技术发掘出来,学科知识日趋丰富和成熟。

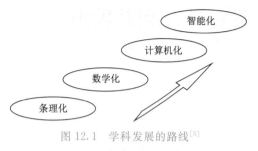

图 12.1　学科发展的路线[5]

由于材料系统的复杂性,材料设计跨越了从微观、介观、细观到宏观的纵向层次和无机非金属、聚合物、金属和复合材料的横向领域,建立包括物理、化学、数学、材料科学、力学、材料工程及系统工程等学科知识的"材料设计统一理论与方法"。

1. 协同论与系统论的思想[6]

葛庭燧提出可以将"协同论"或"系统科学"作为材料设计的理论框架。"协同论"研究一个系统内各个子系统之间的相互影响和协同作用,所以电子行为、原子和分子结构、晶体缺陷、显微组织和宏观裂纹等都可包括在内。进行某种具体材料的设计时,需要考虑控制材料性能的内部过程及外部条件对这些内部过程的影响,如量子效应、电子效应、原子和分子效应及显微组织结构效应或细观效应。这些不同层次的微观、细观和宏观过程属于不同层次的学科所研究的对象,所对应的学科层次是量子物理和化学、固体物理学、材料科学、力学、材料工程及系统工程,所对应的设计层次是量子元件设计、电子元件设计、原子和分子元件设计、工程设计及系统设计。

2. "模型化"思想与"广义态变量"方法

在 Rosenblueth A 与 Wiener N[7]、Koonin SE[8] 及 Bellomo N 与 Preziosi L[9] 等人的著述中阐述了"模型化"的基本概念及其本质特征。而"广义态变量"方法是 Argon AS 和 Kocks UF 等人在处理本构塑性模型化的过程中引入的[10-11]。

"模型化"是对现实世界的科学抽象,建立一个尽可能反映真实情况本质特性的模型,并进行公式化描述,而建立抽象化模型可以认为是提出理论的开始。"模型化"思想认为材料设计研究的重点就是建立微结构的状态与演化模型。广义态变量即模型中的因变量,它反映了系统的状态,并与系统的性质相关。实施"广义态变量"方法首先要定义一系列自变量和因变量,在超离散微结构模型中,自变量一般是指对空间和时间的量化;其次是建立数学模型,并进行公式化处理。所建模型分两部分:一是状态方程,用于描述由给定态变量定义的材料性质;二是演化方程,用于描述以态变量作为自变量的函数的变化情况。

无论是从头计算,还是唯象理论等,通过选择恰当的态变量,建立状态方程和演化方程,在计算资源许可的情况下,就可以用模拟方法或数值实验法求解所考虑的问题。

3. 微结构跨尺度模拟与模拟集成化思想

为了解决跨尺度材料模拟,Gottstein G 在 1996 年提出了模拟集成化概念,即通过计算机编码的耦合,运用同步或顺序集成方法把不同模拟层次联系起来[12-13]。同步集成是在一个计算机实验中同时考虑相应的不同模拟层次;而顺序集成是通过一个适当参数,以实现不同层次模拟之间的顺序转换。该方法在航空、航天材料的模拟中得到了初步应用。

De la Rubia TD 和 Bulatov VV 认为微结构的跨尺度模拟主要有两种实现方式[14]：

顺序处理法。每一微结构层次有其自身特征，当材料行为可解析到多个尺度时，将微结构模拟参数和效应传递到不同的尺度层次，可将一个层次的计算结果作为另一个层次计算的初始值。

协同处理法。不同的尺度层次用不同的计算手段，同时进行计算求解，用边界条件进行协调，如 Gumbsch P 于 1996 年提出的有限元-原子论方法（finite element aotomistic method），在模拟脆性断裂时，在裂纹尖端区域用单原子弛豫描述，在外围区域用有限元计算[15]。

顺序处理法是从低维到高维，从较小尺度到较大尺度的模拟过程，因为从微观到宏观都有各自成熟的计算方法，所以这种跨尺度模拟是合理的、可实现的。协同处理法是用宏观的边界条件联系不同尺度的区域，显得有些牵强，但是其分而治之的思想却值得借鉴。

此外，关于跨尺度模拟的研究也有很多，例如：Ashby MF 在 1992 年研究了结构演化、多种相互作用过程、链锁过程和空间变化等复杂问题的四个不同层次上的耦合模拟[16]；Bréchet YJM 和 Kubin LP 在 1996 年对模拟标定参数的微结构特征长度、时间标度及临界驱动力进行了详细阐述[17]；崔俊芝等人基于统计理论提出了从细观到宏观尺度的多尺度分析方法，并在筑坝材料的力学性能预测中得到应用[18-23]。

4. 统一设计与闭环设计思想[24-26]

为了满足超常服役环境下材料体系创新设计，西北工业大学、哈尔滨工业大学、北京理工大学和北京航空航天大学的材料学者在国家安全重大基础研究"特种材料模拟表征与优化设计"课题中，提出了"统一设计与闭环设计"的材料设计的思想。他们认为现有的材料设计理论是"分论式"思维，往往只注意局部理论的精确性而忽略了材料设计全局意义上的可行性，因此难以达到材料的预期设计的目的。有必要建立一个涵盖材料成分、有效层次的微结构和相结构、性质和环境性能、制造工艺等多因素彼此相关联的统一设计理论体系。如对于纤维增韧 SiC 陶瓷基复合材料，需要设计纤维编织结构、纤维与基体间的界面层结构与相组成、基体的结构与相组成、制造方法及环境性能评价体系等。

从控制论的观点出发，以材料的工艺过程为输入，性能为输出，成分与结构是联系工艺过程和性能的桥梁。通过建立这些要素之间的有机联系和数学物理模型，实现工艺-成分与结构-性能之间的闭环控制，达到虚拟优化设计材料的目的。

《欧洲白皮书——材料科学基础研究》中指出，合成—成分/结构—性能的关系构成了新材料设计的反馈系统。材料设计的目标是希望根据需要构造物质，并设计能制造出所需物质的技术路线[27]。这是解决材料统一设计的核心问题，但这两步都是很艰难的，因为材料的制造过程及服役考核往往涉及非线性的宏观与微观过程或现象[28]。这可归结为材料设计的两大难题：跨尺度设计和闭环设计。

上述的材料设计思想就是对求解这两大难题的有益探索。就目前的计算理论与方法而言，还很难建立普适且可行的材料设计理论与方法。而以"四要素"为框架，针对具体材料对象和具体应用，在一定程度上可以得到其跨尺度设计与闭环设计的满意解，如前文所述的有限元—原子论方法等。当这种具体材料设计对象的解集足够大时,就意味着大部分的材料设计问题可以得到解决,这种"分而治之"的材料设计思路体现了"从实践到理论"的发展规律,本文开展的 C/SiC 复合材料设计就是对这种思想的具体实践。

12.2　核心技术

材料设计以"四要素"为框架,从材料的成分/结构,与材料的性质/使用性能的关系入手,进而设计或模拟材料的合成/加工过程,实现预期设计的成分/结构。

针对不同的材料研究尺度,研究者们提出了各种研究手段。原子尺度模拟对发现新材料具有重要意义;物理化学原理适合于化学合成与性质模拟,对材料微观结构的改进具有指导意义;有限元或有限差分对工艺模拟、力学性能模拟及氧化与腐蚀模拟具有重要意义;软计算可以快速地建立非线性预测模型。但是,这些方法都有自身适用的尺度范围,如果要实现制备工艺优化、微结构模拟、环境性能分析的全面闭环模拟,必须将这些方法结合起来使用,当前还没有一种普适的办法能解决材料设计中所有尺度的问题。当不需要设计新材料,而只是对复合结构进行设计时(如纤维编织角、体积分数等),就不一定需要原子尺度的模拟了,但是,某些服役环境(如烧蚀、蠕变等)或制备环境(如气相沉积、热处理、等离子注入等)会导致新相的生成,从而对材料性能造成较大的影响,这就有必要进行原子尺度模拟。

从计算方法角度,当前计算机辅助材料设计原理大致可分为两大类:

(1)采用自下而上的"硬计算"。借助于超级计算机,依靠量子力学、量子化学、分子动力学、Monte-Carlo 和有限单元法等复杂的计算手段进行材料设计,这些主要侧重于理论计算,都是演绎的方法。它从最基本的理论和数据出发进行计算,以期得到所希望的材料结构、工艺参数和性能评价等设计结果。

(2)采用自上而下的"软计算"。从实验出发,以已知的事实、经验和知识为基础,总结出为获得符合要求的材料所采取的方法。即在建立数据库、知识库的基础上,利用计算机进行性能预报,并利用计算机模拟揭示材料的微观结构与性能,或者进行工艺优化。这是归纳的方法,模式识别、回归分析和知识库专家系统等都属于这一类。

材料设计方法比较见表 12.1。

表 12.1　材料设计方法比较[37]

研究层次	典型方法	应　用	优　点	缺　点	应用实例
微观(原子尺度)/nm	量子力学 分子力学 分子动力学	研究微观粒子(基本粒子、原子和分子等)的运动规律,研究物质的物理和化学性能及其变化规律;根据物质的"微观"组分的动力学行为来研究"大块"物质的物理性质;晶体形态研究等	适用于新材料探索的原创性研究,无须事先制备材料就能分析材料的性质或使用性能	研究的尺度有限,对计算设备、计算理论要求高	晶格缺陷的结构与动力学特性,材料的各种特性常数的计算(如力学常数、扩散系数、能带、振动频率等)[29-31]

续表

研究层次	典型方法	应　用	优　点	缺　点	应用实例
介观/μm	Monte-Carlo 模拟	物质输运模拟、晶体生长模拟等	能模拟晶粒的形貌	需要晶界能等实验参数	薄膜生长、相变、陶瓷烧结和物质凝固等[32-34]
	物理化学	化学反应热力学、动力学研究等	唯象地解释实验现象,计算量小	需要较多可靠的实验数据	相图计算、化学反应等[35-37]
细观/mm 与宏观/m	有限元边界元有限差分	材料的弹性和塑性模拟;应力分析;耦合物理场与材料响应的关系;材料细观结构的演变等	对工艺改进和微结构设计有指导意义,可用于构件设计	需要较多材料常数,难以进行材料创新,不能预测未知相的生成,很难对微观缺陷进行模拟分析	宏观物理场的求解(力场、电磁场、流场、温度场等),编织体复合材料的氧化与腐蚀行为模拟等[38-40]
	软计算	基于实验数据、经验知识和数理模型的人工智能建模	充分利用材料研究过程中得到的经验和数据建立模型,建模块、实用	黑箱模型,需要较多可靠的实验数据,难以得到物理意义上的微观解释	材料设计的模糊逻辑模型、神经网络模型和专家系统等[41-43]

随着计算理论的完善及计算机能力的提高,不同尺度的计算方法适用的时间和空间尺度也在扩大,例如分子动力学可以从纳米量级(10^{-9} m)计算到 0.1 μm(10^{-7} m)量级,从 ps(10^{-12} s)计算到 ns(10^{-9} s)[44]。而诸如模式识别、神经网络等软计算方法,不仅适用于宏观的工艺优化,也在化合物预报方面成效显著,因此,按照研究尺度划分材料设计方法的界限并不清晰,故本文更倾向于从计算方法的逻辑角度进行材料设计方法的划分,即"硬计算"与"软计算"。

在材料设计的"硬计算"方法中,代表性的方法有电子结构方法(包括从头计算、半经验方法和密度泛函理论)、分子力学、分子动力学、Monte-Carlo 和有限单元法。在材料设计的"软计算"方法中,代表性的方法有遗传算法、模式识别和模糊神经网络。

12.2.1　C/SiC 的计算机模拟研究

1. C/SiC 制备过程模拟

(1)基体与界面的 CVI 制备过程模拟[45]

在 CVI 过程中,构件表面的不同位置通常具有不同的气流速度边界层和气体浓度边界层,会导致气体渗透状态不一致、产物沉积不均匀。实践表明,将多种多个异型构件同时放入 CVI 炉中进行制造时,可利用其排布方式对气体流场和浓度场的影响,并通过适时多次改变构件排布方式,获得整体密度均匀的复合材料构件,但是,由于气体在反应器内的流动状态和浓度分布难以得到可视化实时监测,仅仅依靠经验很难得到最佳的构件排布方式,改变构件排布方式的时机也很难确切把握,因此,迫切需要开展 CVI 反应器内气体流场和浓度场的模拟与优化。

为了在纤维与基体间建立适当弱的界面结合,同时减小碳纤维与 SiC 基体之间的热膨胀差异,保护纤维不受有害气体(如沉积 SiC 基体时产生的 HCl 气体)的腐蚀,在碳纤维与 SiC 基体之间一般要制备热解碳等界面层;为了获得强度与韧性的合理匹配,同时有效保护复合材料在高温氧化与腐蚀性燃气环境中的安全服役,必须制备致密度适当的 SiC 基体[46-47]。

(2)表面涂层的 CVD 制备过程模拟

实验研究表面涂层的 CVD 制备过程具有直观的优点,但是实验过程的中间信息不易获得,因此,在实验研究的基础上,相继有诸多研究小组采用不同阶数的 MTS 分解反应对 SiC 沉积过程进行模拟。与实验研究类似,有的研究者只考虑了化学反应动力学的效应,而有的兼顾了气相传质过程。

2. C/SiC 的服役过程模拟

C/SiC 环境性能的分析就是要找到复合材料组元(纤维、界面层、基体和表面涂层)在服役过程中的相互作用关系及各组元在服役时空(如热物理化学环境的气氛、应力、服役时间、就位状态)中的演化规律。与材料的制造过程模拟一样,环境性能模拟也分为两类:实验模拟和计算机数值模拟。

实验模拟是建立一套地面模拟装置,利用该装置产生温度场、应力载荷和化学介质气氛等,模拟材料的服役环境,这将大大降低实验成本与风险。这类实验方式主要有两种:一种是采用全环境因素实验,直接获取材料的实验结果;第二种是从环境与材料相互作用的物理和化学本质出发,发展新型模拟理论与实验方法。西北工业大学的超高温复合材料实验室也先后建立了航空发动机等效环境实验模拟平台和风洞模拟平台,并针对 C/SiC 复合材料开展了系统的热物理化学与应力环境条件下的微结构与性能演变研究。各种科学简易的实验装置为材料服役考核提供了大量重要信息,为开展环境性能的计算机模拟,并为实现材料的闭环虚拟设计奠定了重要的实验基础。

12.2.2 基于第一性原理的晶体结构预测技术

1. 晶体结构预测技术概述

晶体结构是人们深入理解材料的最基本性质的基础,尤其对揭示材料微观结构与弹性、电子、声子和热力学等本征性质关系具有非常重要的作用。尽管,目前实验上可通过 X-光衍射技术等方法确定晶体微观结构,但实验测量往往会受样品纯度、杂质污染、衍射信号强弱及实验条件不足等的限制,特别是在超高温与超高压等极端条件下,通过实验手段测定材料晶体结构面临极大挑战,因此,不依赖实验数据,而通过理论计算预测特定条件下的晶体结构,对于发现新材料和探索材料物理化学性质,具有十分重要的科学意义与工程应用价值。

基于第一性原理的密度泛函理论,在材料晶体结构预测及性质计算方面正在发挥越来越大的作用。晶体结构是开展材料物性研究的基础,如何正确有效预测晶体结构是研究问题的出发点。目前,已知的晶体结构预测方法大致分为三类:(1)随机搜索方法,众所周知,仅几十个原子的空间排列构型几乎就是天文数字,因此随机搜索方法效率非常低,或需依赖晶体结构单元的经验知识;(2)极小值跳跃[48]和巨动力学[49]方法,该类方法基于分子动力学理论,但存在最终预测得到的结构,非常依赖于初始结构的缺点;(3)基于生物遗传机制的进化算法,该类算法的优点在于精度高、搜索范围大、收敛快,同时不依赖初始结构,只需给定最初化学组分即可。本节就是采用遗传进化算法来搜寻可能存在的晶体结构。

2. 晶体结构预测理论

模仿生物进化机制,基于从头算遗传演化算法,美国纽约州立大学石溪分校 Oganov 等人开发了晶体结构预测软件 USPEX(universal structure predictor:evolutionary xtal-loraphy)。USPEX 不依赖任何实验数据,所需只是材料组分,其模拟达尔文进化理论,引入遗传、变异和自然选择优胜劣汰的机制,可有效解决多维函数全局优化问题。针对晶体结构预测,USPEX 对遗传算法做了一定修正与改进,使用遗传(heredity)、晶格变异(lattice mutation)、软模变异(softmutation)和原子交换(permutation)等操作算符,搜寻满足目标函数(既可按照能量,也可按照材料性质进行搜索)的晶体结构。

(1)基本术语

种群:一系列在搜索域中个体的集合,即在优化过程中可能存在的晶体结构。

亲代:上一代中适度值较好,被选中作为生成下一代种群的个体。

子代:种群中由亲代通过遗传变异操作所得新结构的集合。

选择:遗传机制,决定不同结构是"存活"还是"淘汰"。

遗传:通过将上一代中两个被选择的结构各自贡献一块切片,进行重新组合生成下一代备选结构。

变异:新结构的产生通过人为改变上一代结构的晶格参数或原子位置。

交换:当结构中存在多种原子种类时,通过随机交换不同种类原子的位置生成下一代备选结构。

(2)USPEX 运行机制

USPEX 的工作过程为:首先随机产生第一代结构,然后将第一代结构进行结构优化,得到其适应度值并进行排序,利用这一代结构选出适应度最好的"父辈"结构,通过以下变换中的一种或几种操作,产生新的下一代候选结构,其中操作算符有遗传、变异和原子交换等。在上述预测过程中,产生任意一代候选结构都必须满足的三个条件有:①为保证原子之间不发生重叠,任意两个原子间的距离要大于一个合理的预定值;②为保证晶格的形状较为合理,任意两个基矢之间的夹角要在 $60°\sim120°$ 之间;③晶胞大小要合理,既不能太大,也不能太小。满足上述约束条件,可确保能量计算和局域结构优化的稳定性,去除多余非物理结构,保证下一代结构的优良性和合理性,图 12.2 为进化算法基本流程图。

USPEX 采用随机抽样方法生成初始种群,在没了解最优结构情况下,随机抽样法能更客观地搜寻整个解空间的晶体结构,同时随机抽样能保证种群的多样性,而初始种群的多样性是进化算法成功的关键。然而有些情况下,晶格参数或晶胞体积等晶胞信息是已知的,可将其作为约束来尽量保证初始代结构的合理性,如晶格参数是已知的,可以固定晶格参数,只改变原子在晶胞中的位置;也可采用"种子技术"在第一代中放入合理结构,剩余的用随机

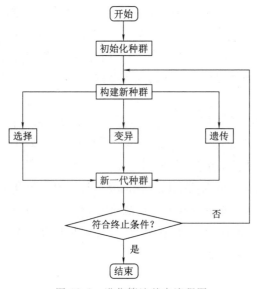

图 12.2 进化算法基本流程图

结构填充。尽管初始种群多样性是进化算法成功的关键，然而单纯随机抽样并不能保证晶体结构预测的高效性，USPEX 采用晶胞分裂来保证种群多样性和随机度。晶胞分裂指的是大晶胞分裂成小亚晶胞，然后通过复制组成整个晶胞，其高的平移对称性和有序性，保证了结构预测的高效性。对于不适于分裂成亚晶胞的结构，USPEX 会在晶胞中产生随机空位以保证晶胞中正确的原子数，这种方法不会引入额外对称性，当处理大体系时，该方法尤其能有效提高效率。

USPEX 进化算法使用的操作算子有：遗传、晶格变异、软模变异和原子交换。上述四种操作算符，在搜索空间中对不同的结构进行组合优化，通过每一代的遗传进化保留提炼其优势空间特征，最终获得最优晶体结构。USPEX 进化算法通过设置概率值来决定下一代中有多少个体会"存活"，在应用操作算子后，USPEX 会通过目标值函数（能量、硬度、密度等）计算不同个体的目标值，然后对这些个体目标值大小进行排序，通过设置概率值（如最差的 40% 被淘汰而最好的 60% 被选作亲代），保留到下一代。适应度函数决定了不同个体"存活"的概率，高适应度通常意味着被选为亲代的可能性很高，遗传到下一代的概率更大。

生成新一代之后，进化算法会对结构进行优化，优化完成后通过选择和变异操作创造下一代，重复此过程，直到满足终止条件。通常情况下，选择能量为目标值函数，原因为结构能量越低越稳定，更有利于实验合成。拥有最低能量（化学热力学熵）的一些个体被选作下一代结构，重复此过程，直到能量不再变化或达到设置最大遗传代数。显然，终止规则要经历一定数目的进化代数，当种群被最优结构充满或满足早先设置的遗传代数，这些标准都可作为终止进化算法的标准，这要视所求解结构的要求而定。

进化算法的最大缺点是早期收敛，即进化算法在执行过程中易陷入一些局域极小值而不是全局最小值，其原因是最优结构倾向在其附近产生后代，通过其本身结构复制和邻域结构填充，该机制会降低种群多样性。尤其当能量面存在很多局部最小点时，早期收敛现象就特别常见，因此，需要采用一种方法来区分与衡量不同结构的相似度。能否通过比较原子坐标来区分不同结构的相似度呢？答案是否定的。这主要是因为单胞的选择方式多种多样，以致于依赖于单胞的晶格矢量多种多样，进而导致用晶格矢量表示的原子坐标五花八门，故不能用原子坐标来区分不同结构的相似度。能否用自由能的差来区分不同结构的相似度？不能。因为在搜索空间中自由能是杂乱无章的。理想的方式是能区分同一位置因交换原子或小的数值差别所带来的不同。USPEX 使用指纹函数技术描述晶体结构，这是与径向分布函数和衍射图谱相类似的函数：

$$f(R) = \sum_i \sum_{j \neq i} \frac{Z_i Z_j}{4\pi R_{ij}^2} \frac{V}{N} \delta(R - R_{ij}) \qquad (12.1)$$

式中，Z_i 为原子 i 的数目；R_{ij} 为原子 i 和 j 的距离；V 为单位晶胞体积；N 为单位晶胞总原子数。

需要注意的是，R 是变量而非一个参数。为消除指纹对截断距离的依赖，将指纹函数归一化为式(12.2)：

$$f_n(R) = \frac{f(R)}{\sum_{i,j} Z_i Z_j N_i N_j} - 1 \qquad (12.2)$$

使用式(12.2)指纹函数来描述晶体结构具有上述所有期望性质。首先指纹函数不依赖原子坐标，而仅依赖原子间距，故单胞的选择不会影响指纹函数，原子位置小的扰动对指纹函数影响很小。同时使用原子数作为加权系数可考虑原子排列。同样可通过对指纹函数距离的计算，衡量两种结构的相似度。USPEX 使用的是余弦距离，还可使用笛卡儿距离或闵可夫斯基范数。为简化和加速计算，USPEX 将指纹函数离散化，将其表示为矢量 $\overrightarrow{FP}$，称之为指纹，如式(12.3)：

$$\overrightarrow{FP}_i(R) = \frac{1}{D} \int_{iD}^{(i+1)D} f_n(R) \, \mathrm{d}R \qquad (12.3)$$

结构 i 和 j 两个指纹函数之间的余弦距离 d_{ij} 被定义为式(12.4)，通过在指纹函数空间中定义距离，即可判断不同结构的相似度。

$$d_{ij} = 0.5 \left(1 - \frac{\overrightarrow{FP}_i \cdot \overrightarrow{FP}_j}{|\overrightarrow{FP}_i| \cdot |\overrightarrow{FP}_j|} \right) \qquad (12.4)$$

12.3 最新研究进展评述及国内外研究对比分析

12.3.1 基体与界面的 CVI 制备过程模拟研究进展

当前国内外 CVI 工艺模拟主要分为两大类：流动显示物理模拟和计算机数值模拟[50-51]。流动显示物理模拟具有直观的优点，但无论是全比例实验，还是缩小比例实验，都不能低成本、高效地适应多变的 CVI 构件制造过程，因而开展计算机数值模拟具有重要的研究价值。美国纽约州立大学化工系的 Gupte SM 博士于 1989 年首先采用有限差分方法对单个圆柱形碳纤维编织体的 CVI 过程进行数值模拟[52]。美国 Delaware 大学的 Tai NH 与 Chou TW、Los Alamos 国家实验室的 Robert P、橡树岭国家实验室的 Brian W 和 Besmann T、Notre Dame 大学的 McAllister P、Georgia 理工学院的 Starr TL 等对 CVI 反应器流场、温度场和气体在多孔介质中的输运等过程进行了数值模拟[53-57]。国内主要有西北工业大学的王军运用流动显示物理模拟和有限差分方法、李克智教授运用有限元方法及姜开宇博士运用有限差分方法对 CVI 过程的流场、温度和压力等参数进行了模拟研究[58-60]。

12.3.2 表面涂层的 CVD 制备过程模拟研究进展

当前国内外 CVD-SiC 的研究按照研究方式主要分为两大类：实验研究和计算机数值模

拟[61-69]。按照研究对象也可分为两大类：一类采用分别含 Si(如 SiH_4)和 C(如 C_xH_y)的混合有机气体进行共沉积，这需要控制两种气体的比例，才可能得到化学计量比的 SiC[69-71]；另一类采用同时含 Si 和 C 的可气化的有机前驱体(主要是 MTS)进行沉积[61-64,72-88]。因为 MTS 中的 Si:C 为 1，所以容易得到化学计量的 SiC 涂层[85]。分析发现，采用 SiH_4 和 C_xH_y 进行共沉积的薄膜主要用于功能信息材料领域；而采用 MTS 进行沉积的涂层主要用于结构材料领域。随着航空、航天和核工业对服役材料的特殊要求，对后者开展研究的需求也愈来愈多。

12.3.3　晶体结构的预测研究进展

晶体结构是人们深入理解材料的最基本性质的基础，尤其对揭示材料微观结构与弹性、电子、声子和热力学等本征性质关系具有非常重要的作用。目前国内外已有很多研究小组在开展材料晶体结构的预测研究。德国马普所的 Jansen 和 Schön 等人提出了化学体系的能量面概念[89]，并编写了晶体结构预测程序 G42。他们采用经验势和模拟退火算法相结合的能量全局优化算法，对材料体系中可能存在的相结构进行搜索，然后对势能面的局部最小位置进行优化，从而搜索出该材料体系中可能存在的相结构，这为新材料的结构预测提供了一种可行方法，并为这些化合物的合成工艺路线提供理论指导。美国北佛罗里达大学 Lufaso 和 Woodward 等人基于键价理论编写了一个专门用于预测钙钛矿结构的软件包 SPuDS(structure prediction diagnostic software)[90]。法国国立勒芒大学 Bail 采用蒙特卡洛方法，开发了预测无机晶体结构的程序 GRINSP(geometrically restrained inorganic structure prediction)[91]。该软件可搜索二元或三元无机化合物的三维空间排列拓扑结构。Mellot Draznieks 等人利用 Cerius2 和 GULP 软件交替使用模拟退火和能量最小化方法，发展了用于结构预测的 AASBU(automated assembly of secondary building units)软件包[92,93]。

美国纽约州立大学石溪分校的 Oganov 等人开发了 USPEX(universal structure predictor：evolutionary xtallography)晶体结构预测软件[52]。该软件仅需材料化学组分就可在任意压力条件下预测晶体结构。此外 USPEX 还具有许多其他特点，如可预测材料的稳定和亚稳态结构；可预测纳米颗粒的结构与表面重构；提供了与 VASP、GULP、DMACRYS、CP2k、quantum espresso、CASTEP 等软件的接口；采用了强大的可视化分析软件 STM4 来图形化显示计算结果；提供了许多种结构搜索算法，如 USPEX 算法、随机抽样法、矫正的粒子群算法、赝动力学算法和极小值跳跃算法等；除了以能量为目标函数之外，还可优化材料其他物理性质，如将硬度、密度和各种电子性质作为目标函数进行结构搜索。目前，全球已有 2 000 多名研究人员在使用 USPEX 软件进行科学研究，并成功预测了许多新物质和新性质，如 Zhu 等人预测得到几种比金刚石还致密的碳同素异形体[94]；Wen 等人成功预测了二维网状碳氢化合物 graphane 的结构[95]；Oganov 等人通过理论计算和实验，预测并合成了一种超硬离子高压相材料 $\Gamma\text{-B}_{28}$[96,97]。晶体结构预测的一个无偏见测试结果表明，USPEX 在计算效率和可靠性方面都优于其他方法[98]。

12.4　产业应用与工程应用

12.4.1　C/SiC 复合材料设计软件系统的建立

1. "两要素"材料设计原理与模型

美国 NRC 在《20 世纪 90 年代的材料科学与工程》报告中提出了材料科学与工程的四要素——"成分/结构－合成/加工－性质－使用性能"[99]，如图 12.3 所示，这已成为材料学界的共识。计算机辅助材料设计也应覆盖这四个要素才能保证材料设计的完整性，但是如何将"四要素"融入实际的材料设计研究中，对于运用计算机技术建立材料设计软件系统具有重要的指导意义。

材料研究的目的是应用材料，现代材料研究越来越关注材料的使用性能。在实际研究中，将性质和使用性能分离考虑并无实际意义，这里不妨将材料的性质和使用性能统一用"性能"来表述。成分/结构可用"微结构"来表征。合成/加工均为材料的制备方式，可用"制备"来表述。这样就把立体的四要素关系简化为平面上的三要素关系，如图 12.4 所示。

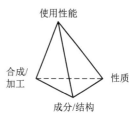

图 12.3　材料科学与工程的四要素

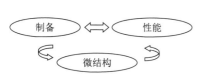

图 12.4　材料科学与工程的三要素

图 12.5　材料科学与工程的两要素及其内涵

由于微结构的生成和演变是在工艺制备和服役环境中形成和发展的，工艺制备环境和服役环境同是导致微结构发生变化的两个阶段，并没有实质上的区别。微结构对制备环境的响应就是微结构的生成过程；微结构对服役环境的响应就是材料性能的表征，其本质是微结构的演变过程。在此，可以将工艺制备环境和服役环境统一看作"环境"要素，材料的微结构就在"环境"中形成和演变。这样，三要素就进一步简化为两要素：环境和微结构，如图 12.5 所示。"环境"涵盖了"制备环境"和"服役环境"；"微结构"包括了"微结构生成"和"微结构演变"。在某种"环境"条件下，对应着一种微结构，即材料研究的空间模型；微结构随着"环境"的变化而变化，即材料研究的时间模型。材料模拟就是研究这种环境与微结构相互作用的时空模型，见式(12.5)。

$$\boldsymbol{R}_n = F_n(\boldsymbol{E}_n, \boldsymbol{M}_n) \tag{12.5}$$

式中，$\boldsymbol{E}$ 为环境变量，如温度、压力、电场和磁场表征量等；$\boldsymbol{M}$ 为微结构变量，如成分、化学键型、晶粒尺度、组元比例和各种缺陷表征量等；$\boldsymbol{R}$ 为微结构对环境的响应变量，如强度、模量、硬度、电阻和热导率等；下标 n 为当前讨论的第 n 类环境、微结构及其相应的响应。

若将式(12.5)中的变量 $\boldsymbol{E}_n$ 视为服役环境，将 $\boldsymbol{M}_n$ 视为处于服役状态的材料微结构，则

R_n 为环境性能。实际上,M_n 也可以被视为不同于 M_n 的另一种微结构 M_{n-1}(如原材料)对不同于 E_n 的另一种环境 E_{n-1}(如制备环境)的响应。于是,可得到式(12.6)的递推关系式:

$$R_n = F_n(E_n, M_n) = F_n(E_n, F_{n-1}(E_{n-1}, M_{n-1})) \tag{12.6}$$

在可能的材料研究尺度上,将 n 延续下去直到 $n=1$ 为止。于是,可得到式(12.7)所示的递推关系式:

$$\begin{aligned}
R_n &= F_n(E_n, M_n) \\
&= F_n(E_n, F_{n-1}(E_{n-1}, M_{n-1})) \\
&= \cdots\cdots \\
&= F_n(E_n, F_{n-1}(E_{n-1}, F_{n-2}(E_{n-2}, \cdots, F_2(E_2, F_1(\underbrace{E_1, M_1))\cdots)))}_{n}
\end{aligned} \tag{12.7}$$

如果以 R_n 和 E_n 为材料设计的逻辑起点,要求设计相应的 M_n,由式(12.7)可知,M_n 成为新的设计起点。这就要求利用环境 E_{n-1} 对 M_{n-1} 施加作用,并对所产生的响应进行评价,如此递推下去,直到最终的制造环境和所需的基本微结构要素被确定下来。基本微结构要素可能是用宏观尺度描述的块材,如铸锭等;也可能是可用细观或微观尺度描述的纤维或晶粒等;还可能是分子和原子等。在理想情况下,利用这种递推设计模型,可以从所要求的环境性能一直设计到原子、分子或更小的尺度上。这是一种自上而下的"环境性能→微结构→制备工艺"相关联的反向材料设计模式。材料使用者往往关注这种研究模式。

将式(12.7)表示为更一般的形式,见式(12.8):

$$M_{i+1} = F_i(E_i, F_{i-1}(E_{i-1}, M_{i-1}))$$
$$\text{s. t.} \begin{cases} M_{i+1} \big|_{i+1=n} = R_n \\ i = 2, 3, \cdots, n-1 \end{cases} \tag{12.8}$$

由式(12.8)可知,材料设计最基本的要素为环境 E 和微结构 M,这就是将材料设计归结为"两要素"设计原理的原因。并有如下定义:

定义 12.1:对于满足式(12.8)的 i 次连续的材料设计过程,称为 i 阶材料设计。

根据定义 12.1 及式(12.8)可知,需要进行材料的合成/加工和成分/结构设计的材料设计过程的阶数至少为 2。显然,"四要素"材料设计模式是 2 阶材料设计。

在式(12.8)式中,如果令 $i=1$,则

$$R_1 = F_1(E_1, M_1) \tag{12.9}$$

借助于式(12.9)进行材料设计时,只能获得材料微结构的设计结果,但是没有合成/加工的信息,这就不能为材料的实际应用提供一个彻底的解决方案,因此,完整的材料设计过程的阶数至少为 2。

在实际设计中,当 E_i 和 M_i 不能有效地进行设计时,也可能借助于传统的"炒菜式"(或称为"试错法",即 trial-and-error)材料设计达到目的,因此,由式(12.8)定义的材料设计模型涵盖了传统的"炒菜式"材料设计方法,体现了该模型的普适性。

显然,将式(12.7)等号两边的表达式换位,如式(12.10)所示,就可以将最底层的 E_1 对 M_1 的作用作为研究的逻辑起点,直到研究者感兴趣的环境 E_n、微结构 M_n 和相应的响应 R_n

所对应的尺度上。这是一种自下而上的"制备工艺→微结构→环境性能"相关联的正向材料预测模式。材料研究者更关注这种研究模式,因为正向模型往往是逆向模型的基础,材料设计往往通过对正向模型的反向搜索或寻优得以实现。

$$F_n(\boldsymbol{E}_n, F_{n-1}(\boldsymbol{E}_{n-1}, F_{n-2}(\boldsymbol{E}_{n-2}, \cdots, F_2(\boldsymbol{E}_2, \underbrace{F_1(\boldsymbol{E}_1, \boldsymbol{M}_1))) \cdots))}_{n}$$

$$= F_n(\boldsymbol{E}_n, F_{n-1}(\boldsymbol{E}_{n-1}, F_{n-2}(\boldsymbol{E}_{n-2}, \cdots, F_2(\boldsymbol{E}_2, \underbrace{\boldsymbol{R}_1))) \cdots))}_{n-1}$$

$$= \cdots\cdots \tag{12.10}$$

$$= F_n(\boldsymbol{E}_n, F_{n-1}(\boldsymbol{E}_{n-1}, \boldsymbol{R}_{n-2}))$$

$$= F_n(\boldsymbol{E}_n, \boldsymbol{R}_{n-1})$$

$$= F_n(\boldsymbol{E}_n, \boldsymbol{M}_n) = \boldsymbol{R}_n$$

同样地,将式(12.10)表达为更一般的形式,见式(12.11):

$$F_i(\boldsymbol{E}_i, \boldsymbol{M}_i) = \boldsymbol{M}_{i+1}$$

$$\text{s. t.} \begin{cases} \boldsymbol{M}_{i+1}\big|_{i+1=n} = \boldsymbol{R}_n \\ i = 1, 2, \cdots, n-1 \end{cases} \tag{12.11}$$

由定义12.1可知,自下而上的材料预测模型的最低阶数为1,比自上而下的材料设计模型的最低阶数少1,因此,材料设计往往比材料预测的难度大。

当 $\boldsymbol{M}_i$ 对 $\boldsymbol{E}_i$ 的响应关系不能有效地进行数学描述时,同样可能采用传统的"炒菜式"材料预测方法开展研究,因此,式(12.11)定义的材料预测模型同样具有普适性。

在实际研究中,通过分析响应变量对环境变量和微结构变量的敏感性,通常建立的是控制性环境变量 $\boldsymbol{E}^*$ 与控制性微结构变量 $\boldsymbol{M}^*$ 的响应关系 $\boldsymbol{R}^*$:

$$\boldsymbol{R}^* = F(\boldsymbol{E}^*, \boldsymbol{M}^*) \tag{12.12}$$

控制性环境变量和控制性微结构变量可分别通过式(12.13)和式(12.14)计算得到:

$$\boldsymbol{E}^* = \boldsymbol{E} \quad \text{if} \quad \left|\left(\frac{\partial \boldsymbol{R}}{\partial \boldsymbol{E}}\right)_M\right| \gg 0 \tag{12.13}$$

$$\boldsymbol{M}^* = \boldsymbol{M} \quad \text{if} \quad \left|\left(\frac{\partial \boldsymbol{R}}{\partial \boldsymbol{M}}\right)_E\right| \gg 0 \tag{12.14}$$

式(12.13)的物理意义是:对于具有某种微结构的材料,如果响应变量对环境变量的改变敏感,则该环境变量为控制性环境变量。同理,式(12.14)的物理意义是:对于某种服役环境,如果响应变量对微结构变量的改变敏感,则该微结构变量为控制性微结构变量。式(12.8)和式(12.11)推广到式(12.12)的情形时,只需要将变量 $\boldsymbol{E}$、$\boldsymbol{M}$ 和 $\boldsymbol{R}$ 添加上标"*"即可:

$$\boldsymbol{M}_{i+1}^* = F_i(\boldsymbol{E}_i^*, F_{i-1}(\boldsymbol{E}_{i-1}^*, \boldsymbol{M}_{i-1}^*))$$

$$\text{s. t.} \begin{cases} \boldsymbol{M}_{i+1}^*\big|_{i+1=n} = \boldsymbol{R}_n^* \\ i = 2, 3, \cdots, n-1 \end{cases} \tag{12.15}$$

$$F_i(\boldsymbol{E}_i^*, \boldsymbol{M}_i^*) = \boldsymbol{M}_{i+1}^*$$

$$\text{s. t.} \begin{cases} \boldsymbol{M}_{i+1}^*\big|_{i+1=n} = \boldsymbol{R}_n^* \\ i = 1, 2, \cdots, n-1 \end{cases} \tag{12.16}$$

式(12.15)以 M_{i+1}^* 和 E_i^* 为设计起点,以 E_{i-1}^* 和 M_{i-1}^* 为设计终点;式(12.16)以 M_i^* 为验证起点,以 M_{i+1}^* 和 E_i^* 为验证终点。式(12.15)和式(12.16)共同完成了闭环的材料设计,如图 12.6 所示。

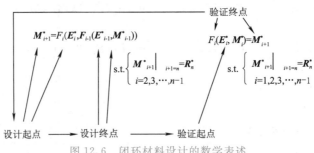

图 12.6　闭环材料设计的数学表述

至此,式(12.15)和式(12.16)为材料的闭环设计提供了公式化的数学描述,而材料设计的"阶"的概念为"跨尺度设计"的层次提供了定量表述,并且能推广到传统的"炒菜式"材料研究模式上。

2. C/SiC 复合材料的"两要素"材料设计原理

通过对大量实验数据的分析后发现,航空发动机用 C/SiC 复合材料的控制性环境变量是温度、时间、环境气氛控制参量(氧分压、水分压和熔盐分压)和应力控制参量(疲劳和蠕变)等,微结构控制参量是纤维编织方式、表面涂层层数和界面厚度[100-103]。

C/SiC 复合材料的计算机设计系统如图 12.7 所示。环境作用于微结构可划分为制造环境对微结构的作用及服役环境对微结构的作用两个阶段,即图 12.7 中的左斜向阴影区和右斜向阴影区。

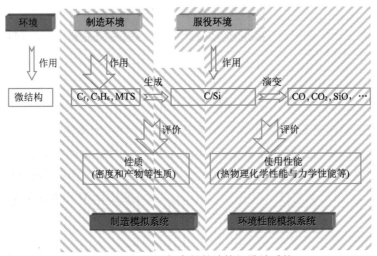

图 12.7　C/SiC 复合材料计算机设计系统

制造环境作用的微结构对象是 C 纤维预制体、C_3H_6 和 MTS 等,最终生成 C/SiC 复合材料。对微结构生成过程进行评价,可得到材料的密度和产物等性质。利用计算机技术对制造环境、微结构生成过程及性质评价进行建模,就可以建立制造模拟系统。

服役环境作用的微结构对象是 C/SiC 复合材料,最终生成各种服役产物,如 CO、CO_2、SiO 和 SiO_2 等。对微结构演变过程进行评价,可得到材料的使用性能,如热物理化学与力学性能等。利用计算机技术对服役环境、微结构演变过程及使用性能评价进行建模,就可以建立环境性能模拟系统。

制造模拟系统与环境性能模拟系统构成了 C/SiC 复合材料的计算机设计系统,借助于该系统可以实现从材料制造到服役全过程的模拟,通过对模拟结果的分析,就可以按照服役环境性能要求开展制造工艺设计。

3. 软件实现

图 12.8 为 C/SiC 设计系统的软件界面,图 12.9 为功能界面。采用 MATLAB 6.1 工程计算语言编写整个软件系统,使用了 MATLAB、优化、图像、神经网络、模糊逻辑、样条曲线、统计和偏微分方程等 8 个工具箱[104-111]。环境性能模拟系统包括环境性能模拟和服役产物计算等 2 个子系统,它们由热物理化学性能预测、失效机制分析、试件断裂行为模拟、失效过

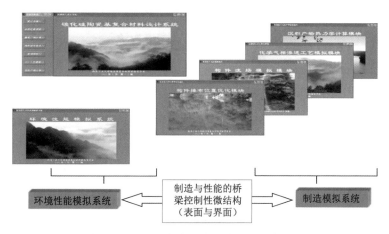

图 12.8　C/SiC 复合材料设计系统软件界面

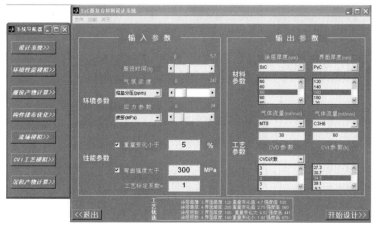

(a) C/SiC设计系统

图 12.9　C/SiC 复合材料设计系统软件功能界面

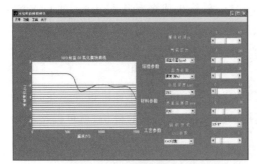

(b) 热物理化学性能预测模块

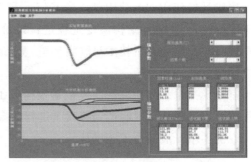

(c) 失效机制分析模块

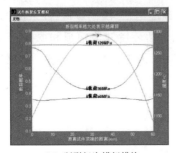

(d) 断裂行为模拟模块

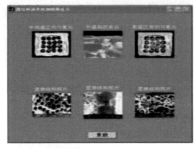

(e) 失效过程动态演示模块

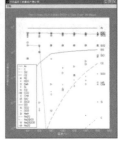

(f) 服役产物计算模块

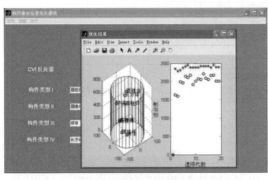

(g) 构件排布优化模块

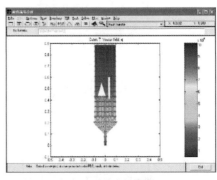

(h) 流场分析模块

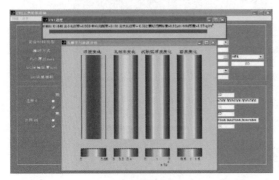

(i) CVI过程模拟模块

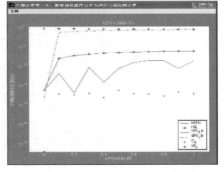

(j) 沉积产物计算模块

图 12.9　C/SiC 复合材料设计系统软件功能界面(续)

程动态演示和服役产物计算等 5 个模块构成。制造模拟系统主要由构件排布位置优化、构件流场模拟、化学气相渗透工艺模拟和沉积产物热力学计算等 4 个模块构成。

C/SiC 复合材料设计软件的跨尺度闭环设计过程如图 12.10 所示。该软件根据环境性能要求（相对重量变化和残余弯曲强度），首先优化设计复合材料的表面层数和界面厚度，完成第 1 阶的微结构参数设计；然后通过构件排布优化和流场模拟获得 CVI/CVD 工艺过程的边界条件，并进行复合材料表面、界面和基体的 CVI/CVD 工艺过程数值模拟，完成第 2 阶的微结构制造工艺参数设计；接着通过微观尺度的沉积产物量子化学与化学热力学计算，进行 SiC 基体与表面的成分分析，完成第 3 阶的微结构成分设计；利用第 2 阶和第 3 阶设计结果获得优选的 CVI/CVD 工艺参数，将优选的 CVI/CVD 工艺参数作为 CVI/CVD 工艺过程数值模拟的输入值，验证这些优选的工艺参数的合理性，并将新的表面层数和界面厚度作为环境性能模拟软件平台的输入值，计算出相对重量变化和残余弯曲强度，并验证计算值与设计是否在许可的误差范围内；如果需要深入研究服役过程的热物理化学与应力环境对材料性能的影响规律，还可以进行微观尺度的服役产物计算、失效机制分析及宏观尺度的试件断裂位置模拟。至此，该软件实现了 C/SiC 复合材料的跨尺度闭环设计，其设计过程属于 3 阶材料设计模式。

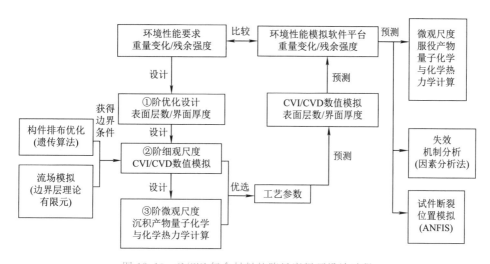

图 12.10　C/SiC 复合材料的跨尺度闭环设计过程

各个软件模块的建模思路、应用与实验验证在前面已有详细阐述，本章不再重复，仅举一例见表 12.2。服役环境参数为 Time＝8 h，p_{O_2}＝5 066.25 Pa，p_{H_2O}＝5 066.25 Pa，p_{salt}＝200×10^{-6} Pa，Stress＝40 MPa，性能参数为 $\Delta W < 5\%$，$\sigma_f > 300$ MPa。

为了保证复合材料的表面和基体获得化学计量比的 SiC，以及界面厚度的均匀性，表 12.2 中的制造工艺的气体流量、温度和压力采用 CVI/CVD 工艺过程模拟获得的优选值，但是，对于不同的表面层数和界面厚度，其制造时间是不同的。由表 12.2 可知，微结构的设计结果并不唯一，本章提供了一组筛选规则：

表 12.2　根据环境性能设计微结构与制造工艺

制 造 工 艺		设 计 微 结 构		对 应 性 能	
SiC 表面和基体	PyC 界面层	表面层数(20 μm/层)	界面层厚度/nm	$\Delta W/\%$	σ_f/MPa
MTS=60 mL/min H$_2$=300 mL/min Ar=200 mL/min T=1 223～1 273 K p=5 kPa	C$_3$H$_6$=60 mL/min Ar=200 mL/min T=1 223 K p=5 kPa	3	140	4.57	456
		4	40	4.47	505
		4	100	4.26	555
		4	120	3.24	604
		4	140	2.44	596
		4	160	2.97	543
		4	180	3.82	484
		4	200	4.76	427

(1)工艺最经济原则,即表面层数最少和界面最薄的工艺;

(2)工艺最昂贵原则,即表面层数最多和界面最厚的工艺;

(3)性能最低原则(最接近设计目标原则),即重量变化最大和强度最低的工艺;

(4)性能最优原则(最偏离设计目标原则),即重量变化最小和强度最高的工艺。

基于以上筛选原则,得到如下设计结果:

表面层数最少——3;界面最薄——140;重量变化值——4.57;强度值——456;

表面层数最多——4;界面最厚——200;重量变化值——4.76;强度值——427;

重量变化最大——4.76;强度最低——427;表面层数——4;界面厚度——200;

重量变化最小——3.24;强度最高——604;表面层数——4;界面厚度——120。

由最后筛选的设计结果可知,通过最经济的工艺制造的材料的性能并不是最低的,最昂贵的工艺制造的材料的性能也并不是最优的,这说明材料性能与微结构的关系是非线性的。因此,运用上述设计原则进行设计结果的筛选是合理的。如果用户需要按照自己的意愿选择工艺,软件也输出了全部设计结果供用户选择。

12.4.2　超高温陶瓷

超高温陶瓷材料(一般是指在 2 000 ℃ 以上的高温下使用的陶瓷材料,主要包括过渡金属的硼化物、碳化物和氮化物)具有高熔点、高硬度、高导热率、良好的抗氧化性和抗热震性、中等的热膨胀系数等优良性能,因此非常适合做超速航空、航天飞行器高温结构材料。当前常用的超高温陶瓷主要有陶瓷基复合材料、碳化物陶瓷、硼化物陶瓷和氮化物陶瓷。

被称为超高温陶瓷的铪碳化物由于其独特的特性而引起了越来越多的关注。这些包括极高的熔化温度和硬度、高导热性和导电性,以及化学稳定性,即使在极端的热和化学环境中也使它们成为有前途的先进材料。

我们使用 USPEX 代码中实施的可变组成进化算法,在环境压力下对 Hf-C 系统中可能稳定的化学计量化合物进行了系统搜索。除了众所周知的 HfC,我们还预测了另外两种化合物 Hf$_3$C$_2$ 和 Hf$_6$C$_5$。具有空间群 C2/m 的 Hf$_6$C$_5$ 的结构在原始细胞中包含 11 个原子,并且该预测证明了 A. I. Gusev 的早期提议。Hf_3C_2 的稳定结构也具有空间群 C2/m，比 A. I. Gusev提出的 Immm，P-3m1，P2 和 C2221 结构更稳定。

已知碳化铪在 NaCl 型结构（空间群 Fm-3m）中结晶并具有组成 HfC。这是一种相对充分研究的材料。通过实验研究了其声子谱，并利用第一性原理方法计算了其结构，根据 A. I. Gusev 的理论计算结果，有序化学计量相 Hf_3C_2 和 Hf_6C_5 应该存在，Hf_3C_2 可能存在空间群 Immm、P-3m1、P2 或 C2221，Hf_6C_5 可能存在 C2/m，P31 或 C2。由于缺乏直接方法，这些微妙有序状态的实验合成和结构确定遇到问题。Gusev 和 Zyryanova 通过测量磁化率来研究 Hf-C 系统的有序-无序转变，并证实了 Hf_3C_2 的存在和 Hf_6C_5 的可能存在。我们使用可变组成进化算法探索 Hf-C 系统中的稳定化合物及其在环境压力下的晶体结构。

12.4.3　超硬陶瓷

随着近年来钛基和锆基氮化物薄膜的广泛应用，铪基氮化物也受到越来越多的关注[112-115]。受限于铪是一种非常昂贵的金属及合成铪基化合物的高难度，国内外对于铪基氮化物的结构缺乏系统和详细的研究。尤其是在已有的研究中，对于非化学计量比的铪氮化合物，由于缺乏可靠的实验证明，目前还不能完全确定它们的结构和相关性质，因此，有必要对铪基氮化物体系可能存在的稳定化合物进行全面研究。

我们使用基于进化算法的晶体结构预测软件 USPEX[116-119]并结合第一性原理计算软件 VASP[120]，对 Hf-N 体系可能存在的稳定相结构进行结构搜索。并进一步计算了这些材料的力学性质，建立了这些力学性质随氮含量变化的关系图。

在一个标准大气压，接近 0 K 条件下，通过进化算法结构搜索，结合第一性原理，总能计算得到了 Hf-N 体系全局结构的能量凸包图，如图 12.11 所示。图中蓝色的圆圈代表在搜索过程中出现的结构，最终落在红色凸包线上的红色圆圈，代表得到的热力学稳定结构。研究发现的热力学稳定相有：Hf_6N

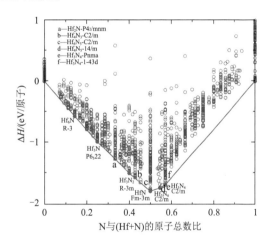

图 12.11　USPEX 在 0 K，一个标准大气压下搜索 Hf-N 体系稳定相示意图

（R-3）、Hf_3N（$P6_322$）、Hf_3N_2（R-3m）、HfN（Fm-3m）、Hf_5N_6（C2/m）和 Hf_3N_4（C2/m）。除此之外，还标出了一些生成焓接近凸包曲线且结构对称性较高的亚稳态相，如图 12.11 中绿色方框所示。这些亚稳态相有：Hf_2N（$P4_2/mnm$）、Hf_4N_3（C2/m）、Hf_6N_5（C2/m）、Hf_4N_5（I4/m）、Hf_3N_4（I-43d）和 Hf_3N_4（Pnma）。

使用基于准简谐近似原理的热力学性质计算软件 PHONOPY[121]计算，所得结构在不同温度条件下的吉布斯自由能，如图 12.12 所示。可以得出：（1）Hf_6N、Hf_3N、Hf_3N_2 和 HfN 这四种相在 0～2 000 K 的温度范围内都是稳定存在的；（2）Hf_5N_6 在 1 500 K 之后形成

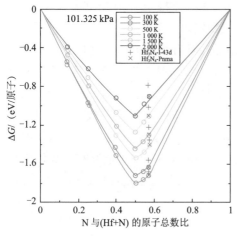

图 12.12　Hf-N 体系稳定结构在不同温度下
形成时的吉布斯自由能

能脱离能量凸包图,进入亚稳态;(3)C2/m 结构的 Hf_3N_4 在 1 500 K 以下是该组分最稳定的结构,其形成能要低于 Pnma 结构的 Hf_3N_4,但是在升温过程中,两者形成能的差距在缩小。至 2 000 K时,C2/m 结构的 Hf_3N_4 转变为亚稳态。

Hf-N 体系的六种稳定相的晶体结构示意图如图 12.13 所示,晶体学数据见表 12.3。这六种稳定相结构可以分为三类:(1)岩盐结构的 HfN,如图 12.13(d)所示。(2)六方结构的 R-3 Hf_6N,$P6_322$ Hf_3N 和 R-3m Hf_3N_2,如图 12.13(a)、(b)和(c)所示。(3)单斜结构的 C2/m Hf_5N_6,C2/m Hf_3N_4,如图 12.13(e)和图 12.13(f)所示。其中,蓝色原子为 Hf 原子,黄色原子为 N 原子。

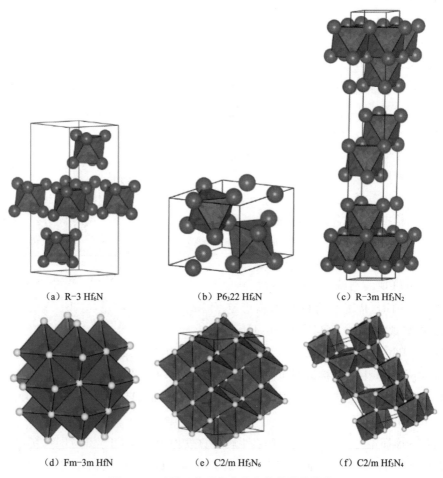

(a) R-3 Hf_6N　　　　　(b) $P6_322$ Hf_6N　　　　　(c) R-3m Hf_3N_2

(d) Fm-3m HfN　　　　　(e) C2/m Hf_5N_6　　　　　(f) C2/m Hf_3N_4

图 12.13　Hf-N 体系稳定化合物的晶体结构

表 12.3 Hf-N 化合物的晶体学数据[122-129]

| 化合物 | 空间群 | 晶格常数/($\times 10^{-10}$ m) | | 原子位置 | X | Y | Z |
		计算值	参考值				
HfN	Fm-3m	$a=4.533$	Exp:4.525,4.54 GGA:4.53,4.539 LDA:4.47,4.574	Hf1 4b N1 4a	0.000 0.000	0.500 0.500	0.000 0.500
Hf_3N_4	I-43d	$a=6.696$	Exp:6.701 0 GGA:6.714 9 LDA:6.589 0	Hf1 12a N1 16c	0.125 0.819	0.000 0.819	0.750 0.819
Hf_6N	R-3	$a=5.554$ $c=15.362$ $\gamma=120°$		Hf1 18f N1 3b	0.993 0.333	0.000 0.667	0.081 0.167
Hf_3N	P6₃22	$a=5.564$ $c=5.198$ $\gamma=120°$		Hf1 6g N1 2d	0.000 0.333	0.653 0.667	0.000 0.750
Hf_3N_2	R-3m	$a=3.214$ $c=23.315$ $\gamma=120°$		Hf1 6c Hf7 3b N1 6c	0.000 0.667 0.333	0.000 0.333 0.667	0.721 0.833 0.778
Hf_5N_6	C2/m	$a=5.528$ $b=9.540$ $c=5.501$ $\beta=70.627°$		Hf1 4h Hf5 4g Hf9 2d N1 8j N9 4i	0.000 0.000 0.500 0.261 0.738	0.840 0.667 0.000 0.826 0.000	0.500 0.000 0.500 0.741 0.746
Hf_3N_4	C2/m	$a=10.599$ $b=3.206$ $c=5.646$ $\beta=105°$		Hf1 2a Hf2 4i N1 4i	0.000 0.772 0.620	0.000 0.000 0.000	0.000 0.273 0.890

　　表 12.4 列出了所有稳定 Hf-N 化合物和亚稳态结构 Hf_3N_4(I-43d)的力学性质。作为对比,给出了面心立方结构 HfN 和 Th_3P_4 型结构的 Hf_3N_4 的实验值及其他理论计算值。可以看出,计算结果同实验结果相比是比较接近的,与其他理论计算值也很符合。

　　表 12.4 为 Hf-N 化合物的弹性常数 C_{ij}(GPa)、体模量 B(GPa)、剪切模量 G(GPa)、杨氏模量 E(GPa)、泊松比 ν 和维氏硬度 H_v(GPa)计算值(1 个标准大气压,即 101.325 kPa)。

　　为了进一步分析比较这些稳定结构的弹性性质,建立了材料的力学性质随氮含量变化的关系图,如图 12.14 所示。

表 12.4　稳定 Hf-N 化合物和亚稳态结构 Hf₃N₄(I-43d)的力学性质[112,125,129-132]

	HfN(Fm-3m)		Hf₃N₄(I-43d)		Hf₆N R-3	Hf₃N P6₃22	Hf₃N₂ R-3m	Hf₅N₆ C2/m	Hf₃N₄ C2/m
	计算值	参考值	计算值	参考值					
C_{11}	600	Exp:679 GGA:597	399	LDA:521	217	266	431	442	328
C_{12}	128	Exp:119 GGA:121	128	LDA:174	99	120	106	130	67
C_{13}	128		128		83	101	136	135	133
C_{16}					5			13	−9
C_{22}	600		399		217	266	431	454	441
C_{23}	128		128		83	101	136	138	79
C_{26}					−5			−21	−7
C_{33}	600		399		240	297	403	437	386
C_{36}								−4	1
C_{44}	115	Exp:150 GGA:118	120	LDA:163	59	73	163	156	90
C_{45}					−5			−20	20
C_{46}					4		−30		
C_{55}	115		120		74	83	138	163	116
C_{66}	115		120		74	83	138	175	123
B	286	Exp:306 GGA:280	218	GGA:215 LDA:283	134	164	225	238	190
G	154	Exp:174 GGA:155	126	LDA:167	68	81	144	160	120
E	392	Exp:411 GGA:390	317	LDA:420	174	210	356	391	297
ν	0.27	Exp:0.15	0.26	LDA:0.26	0.28	0.29	0.24	0.23	0.24
H_v	16	Exp:16 GGA:15	15	LDA:18	8	9	19	21	16

在这些 Hf-N 化合物中,HfN 的体模量明显高于其他结构,为 286 GPa。体模量的最小值出现在 Hf₆N 这点上,为 134 GPa。剪切模量表征材料对切应变的抵抗能力,并且它与硬度之间的关系也比体模量更紧密[132]。由图 12.14 可知,Hf₅N₆ 有最大的剪切模量,为 160 GPa,意味着 Hf₅N₆ 可能是这些结构中最硬的。杨氏模量用于衡量材料抵抗塑性变形能力的大小,计算结果显示,杨氏模量在 HfN 处取得最大值,为 392 GPa,但是 Hf₅N₆ 的杨氏模量与 HfN 非常接近,为 391 GPa。计算得到的材料硬度在 Hf₅N₆ 这一点达到最大值,为 21 GPa。剪切模量、杨氏模量和硬度都呈现出相似的双峰趋势[见图 12.14(b)、图 12.14(c)和图 12.14(d)],随着 N 比例的提高,各个力学量先增加,在化学计量比为 3∶2 这一点出现一

个峰值,随后在 4:3 这一点各物理量有一个明显的下降,然后随着 N 比例的提高,各物理量又开始增加,至 1:1 或者 5:6 时出现全局的峰值,之后各物理量开始下降。

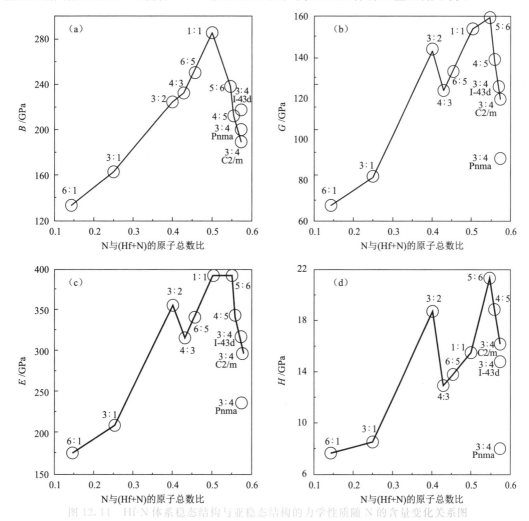

图 12.14　Hf-N 体系稳态结构与亚稳态结构的力学性质随 N 的含量变化关系图

从结构角度分析,对于存在 N 空位的岩盐结构,随着 N 比例的增加,N 原子逐渐填满 Hf 晶格八面体空位,由此造成 Hf 与 N 形成的共价键数目增加,而 Hf-Hf 之间的金属键数量减少,至化学计量比为 1:1 附近时,力学性能应是最好。

计算出的弹性常数 C_{ij} 与可获得的实验数据吻合得较好,由弹性常数推导出的其他力学性质如体模量、剪切模量、杨氏模量也与实验值较符合。力学性质计算结果表明,在 Hf-N 体系化合物中,Hf_5N_6 拥有比 HfN 更高的硬度,为 21 GPa,其次是 Hf_3N_2,为 19 GPa。

12.4.4　功能陶瓷

1. 富氢化合物的超导电性研究

本节研究了高压下几种新型氢化物的结构与性质,为寻找新型高温超导体或者储氢材料,提供有效途径和指导思想。

　　铍的富氢化合物。铍和氢原子质量都很轻,故其德拜温度会很高,这可能导致它们之间存在较强的电声耦合作用,进而具有较高超导转变温度。目前已知的铍氢化物只有二氢化铍(BeH$_2$),常温常压下 BeH$_2$ 拥有体心正交晶体结构,空间群为 Ibam[133]。常温常压下 BeH$_2$ 为半导体,带隙为 5.5 eV[134]。

　　Be-H 二元体系只存在一个化学计量比的化合物 BeH$_2$,是否还存在其他化学计量比仍不得而知;其次,铍的氢化物到底需要多大压强才会金属化,这些金属化的化合物是否具有超导电性也不可知;再者如果这些化合物具有超导电性,那么其超导作用机制如何? 是否因为出现金属化的氢原子才具有超导电性呢?

　　带着这些问题,利用 USPEX 进化晶体结构预测技术,对 Be-H 体系进行了变成分晶体结构预测。研究结果表明,在 0～400 GPa 范围内,只存在 BeH$_2$ 一个稳定化合物,其他的富氢相均不能形成。推测出现这种现象的原因在于铍的最外层只有两个价电子,压强作用下其次内层电子很难继续与氢发生反应。

　　铬的富氢化合物。过渡金属具有异常活泼的 3d、4d 或 5d 价电子壳层,因此易于与轻质元素原子,例如氢、硼、碳、氮及氧结合。铬的外层价电子壳层排布为 3d^{5}4s^1 共有 6 个价电子,如果与氢原子进行反应有可能形成 CrH$_6$ 的富氢化合物,因此,本节研究了过渡金属铬在高压下的氢化物。氢原子在这些过渡金属氢化物中的配位模式各式各样,可处于端点、桥接、顶端或者间隙位置等。而需注意的是,常温常压下氢原子在过渡金属中的溶解性并不很高,只有一些 d 电子比较活泼的过渡金属,才能形成稳定氢化物,大多数过渡金属形成的都是一些非化学计量比,或者接近化学计量比的化合物。在这些化合物中氢原子一般处于间隙位置[135]。

　　最常见的铬的氢化物为 CrH,CrH 具有反 NiAs 类型的晶体结构,空间群为 P6$_3$/mmc,作为它同族的钼和钨在常压下也采用这个结构。纯净的 CrH 晶体的实验合成十分困难,大多数样品均具有氢空位缺陷 CrH$_{1-x}$(x=0.01～0.03)[136]。氢空位还有其他杂质的引入,使得合成的 CrH$_{1-x}$ 样品具有磁性,但是,通过我们的计算及其他研究结果表明,纯净 CrH 晶体没有磁性[137],CrH$_{1-x}$ 的磁性源于空位或杂质所引发的磁畴。除了 CrH,文献报道的铬氢化物还有 CrH$_2$,其结构为立方萤石类型,并没给出具体晶格常数和原子位置。无独有偶,理论研究同样表明,CrH$_3$ 化合物能稳定存在,但是仍没有报道给出具体的晶体结构信息。作为与铬同族的钨,其富氢化合物 WH$_8$ 已被报告[138];理论研究表明,过渡金属铱的富氢化合物 IrH$_x$(x>1)也能在高压下稳定存在[135]。对于一些分子团簇形态的化合物,2003 年 Andrews 等实验合成了 CrH、CrH$_2$、(H$_2$)CrH、(H$_2$)CrH$_2$ 及 (H$_2$)$_2$CrH$_2$ 的团簇结构[139];Gagliardi 等人预测 CrH$_{12}$ 分子团簇能稳定存在[140]。

　　基于上述研究的基础与不足,本节进一步探索了 Cr-H 化合物在高压下的热力学稳定性。首先,使用 USPEX 进化晶体结构预测技术,以变成分模式搜索 Cr-H 体系在高压的稳定化合物;然后使用第一性原理计算得到基态能量,构建了这些化合物的压力与成分相图;最后分析了所得稳定化合物的结构、成键、电子及超导特性,并理论探索了其超导微观机制。

　　USPEX 变成分搜索 Be-H 和 Cr-H 体系晶体结构。采用 USPEX 变成分晶体结构预测方法[119]，以能量为目标函数，搜索 Be-H 和 Cr-H 体系，分别在 0～400 GPa 和 0～300 GPa 下的稳定晶体结构。本研究中，设置原胞中原子数目最大为 30，第一代随机产生 120 个结构，以后每代产生 100 个结构，遗传代数最大为 50 代。从第二代开始，每一代产生的结构中有 50%通过上一代遗传产生，15%通过原子变异产生，15%的结构通过软模变异产生，10%通过晶格突变产生，另有 10%结构随机产生，以保证种群的多样性。

结构优化和电子性质计算。几何结构优化及电子结构计算采用 VASP[141] 程序包计算。电子与电子间相互作用中的交换相关效应，采用广义梯度近似 GGA 的 Perdew-Burke-Emzerhof方法[142]进行处理。离子实与价电子之间的相互作用，采用投影缀加波 PAW 方法进行描述[143]。平面波截断能为 600 eV，系统总能和电荷密度在布里渊区的积分计算，使用以 Γ 为中心的方法选取布里渊区的网格点，选取精度为 $2\pi \times 0.3$ nm。能量计算过程中收敛精度为小于 0.001 eV/原子。

晶格动力学与超导电性计算。声子谱通过使用 PHONOPY 软件包[144]进行，通过声子谱的计算可判断新预测得到的化合物动力学稳定性。由于氢原子的零点振动能相对较大，我们考虑了零点振动能对化合物热力学稳定性的影响。计算结果表明，考虑零点振动能后，材料的相变压强会发生少许改变（<10%），除 Cr_2H_5 外，其他结构的热力学稳定性并没有发生变化，考虑零点振动能后 Cr_2H_5 由稳态结构转变为亚稳态结构。电声耦合相互作用采用基于密度泛函微扰理论的 Quantum Espresso 程序包计算[145]，计算过程同样选取 GGA-PBE 赝势，对波函数和电荷密度的截断能分别选用 816 eV 和 6 528 eV。布里渊区分别选取适当足够网格点（q 点数目为 20～30 个）来计算电声耦合常数。对于超导转变温度的估算，使用 Allen-Dynes 修正过的 Mc Millan 方程进行[146]。

本节研究了 Be-H 和 Cr-H 体系在高压下的热力学稳定性、电子与成键性质及超导电性，并得到压强对 Be-H 和 Cr-H 超导电性的影响规律，主要结果如下：

Be-H 体系在 0～400 GPa 范围内只有 BeH_2 能稳定存在。在压力作用下，BeH_2 会发生一系列相变，Ibam→P-3m1→R-3m→Cmcm→P4/nmm，相变压强分别为 24 GPa、139 GPa、204 GPa 和 349 GPa。

BeH_2 的低压相 P-3m1 和 R-3m 为半导体，而高压相 Cmcm 和 P4/nmm 有金属性。Cmcm 和 P4/nmm 相拥有超导电性，250 GPa 时 Cmcm 相的超导转变温度为 32.1～44.1 K，而 400 GPa 时 P4/nmm 相的超导转变温度为 46.1～62.4 K。

BeH_2 的超导转变温度随压强升高先增加后减小，Cmcm 结构在 275 GPa 时达最高值 45.1 K，P4/nmm 相在 365 GPa 时达最高值 97 K，它们的超导电性很大部分来自金属化氢。

Cr-H 体系在 0～300 GPa 范围内存在 8 个稳定的化合物 Cr_2H_n（$n=2\sim8,16$），当氢原子进入过渡金属铬晶格时，会首先进入八面体间隙，继而是四面体间隙。CrH_3 和 CrH_4 为主客结构，氢原子贴着内壁分布。

Cr_xH_y 会形成短而强的共价键且具有金属性（CrH_8 除外）。电声耦合计算表明，CrH 和 CrH_3 具有超导电性，含氢量越高，超导电性越优异，压强会削弱材料的金属性，进而降低超导电性，CrH 是首次发现在室温下具有超导电性的二元金属氢化物。

2. 高介电常数铪基氧化物

高介电常数材料是微电子器件中重要的栅极氧化物,也是电容器的潜在介质。为了使新型高介电常数材料的计算发现成为可能,本节提出了一种匹配度模型,它可以作为优化栅极氧化物的材料和电容器介质。该模型的表达式包含静态介电常数、带隙和本征击穿场。它与第一性原理全局进化算法的结合使用将导致新型介质的发现。该方法已在 USPEX 代码中实现,并应用于 HfO_2-SiO_2 体系的研究。在这些结构中,我们发现了可以作为高介电常数预测因子(基因)的基本特征,从而建立了清晰的结构性状关系。一般来说,较高的配位数对应较大的介电常数。HfO_2($P4_2/nmc$)的匹配度是 SiO_2(α-quartz)的 8 倍。在伪二元 HfO_2-SiO_2 化合物中,Hf_3SiO_6 和 $HfSiO_4$ 的匹配度(储能性能)几乎相同,是 SiO_2(α-quartz)的 3 倍。这种混合优化方法为发现固定和可变组分的新型高介电常数材料开辟了新的途径,并将加快材料基因组结构属性数据库的创新设计。

3. 一种压力下 $Li_{15}Si_4$ 产生的新相

硅作为锂离子电池的负极材料,其具有最高的理论容量、低放电电位(相对于 Li/Li+),并且在地球上含量丰富,所以 Li-Si 系统在储能应用方面受到广泛关注[147,148]。Li-Si 系统具有丰富的相图和许多中间化合物,例如:$Li_{12}Si_7$、Li_7Si_3、$Li_{13}Si_4$、$Li_{21}Si_5$,以及最新发现的 $Li_{16.42}Si_4$ 和 $Li_{17}Si_4$[149,150]。Si 作为阳极材料在 Li 插入期间会产生显著的内应力(GPa 的数量级),这导致严重的电极断裂和容量衰减[151-153]。在过去十年中,许多科学家一直致力于解决这个问题。目前,已经发现压力会显著改变 Li 和 Si 的性质和结构。对于 Li-Si 二元系统,在 1.0～2.5 GPa 和 500～700 ℃ 的条件下可以合成稳定的化合物 LiSi,但在环境条件下从未观察到该产物[154,155],所以压力对 $Li_{15}Si_4$ 的结构和性质的影响仍然难以捉摸。

通过原位高压同步加速器 XRD 和高压拉曼光谱与从头算进化的动力学计算方法,来研究 $Li_{15}Si_4$ 高压下(高达 18 GPa)的结构和性质变化。当压力达到 7 GPa 时,我们发现了新的正交相(β-$Li_{15}Si_4$),这种缓慢的相变在 18 GPa 时几乎完全完成。β-$Li_{15}Si_4$ 相的空间点群为 fdd2,单胞中有 152 个原子。与原始立方相相比,这种新的 β-$Li_{15}Si_4$ 相具有更大的弹性模量,并且可以在环境条件下回收,这为应用创造了机会。这些结果有助于我们对应力下 Li-Si 系统的理解,并为之后改进电极设计提供指导。

12.5 未来预测和发展前景

由于航天材料应用的特殊性,开展航天用材料的基因工程相关研究在未来材料预测设计中必不可少[156]。与地面使用材料不同,航天材料将要经受更多空间环境的挑战,如真空、极端温度(高低温循环)、带电(或不带电)粒子、太阳电磁辐射、空间碎片和微流星体、等离子体、尘埃、诱发污染等,这些空间环境往往是多种因素同时作用,从而对材料微观结构和宏观性能带来复杂的影响,进而造成航天器的在轨故障甚至失效。

未来航天材料的更高要求体现在:

(1)高性能,具有轻质、高强度、高模量、高韧性、耐高温、耐低温、抗氧化、耐腐蚀等性能;

（2）多功能，兼具声、光、电、磁、热、阻尼等功能或多功能一体化；

（3）复合化，实现先进复合材料技术自主保障，满足结构的轻量化发展要求；

（4）智能化，将复合材料技术与现代传感技术、信息处理技术和功能驱动技术集成于一体；

（5）整体化，在关键结构机构或器件制造中，尽可能地减少机械装配件数量；

（6）低维化，加大低维材料（维数小于3）的应用，以获其特殊的性能和功能；

（7）低成本化，发展材料的低成本制造技术，降低结构制造成本，提高生产效率。

"材料基因工程"的关键在于寻找和建立材料从微观/介观性能（原子排列、相的形成、显微组织）到材料宏观性能与使用寿命之间的相互关系，其核心是材料设计，即按照何种原子或配方、何种方式堆积或搭配，通过何种工艺制备，才具有何种特定的物理和化学性质，即材料结构（或配方、工艺）与性质（性能）的关系问题。从而由"尝试"材料变为"设计"材料，从"盲目"地挑选材料变为有"目的"地制备材料。这在将来会极大地降低材料的研发成本，提高材料的研发成功率，并且是按需设计，从本质上提高了材料制备的经济性和可靠性。"材料基因工程"概念和"将空间环境与效应纳入航天材料研制全流程"的理念将对复杂特殊环境下的航天材料研制带来颠覆性的革命，将把航空材料的发展推到更高的水准。

目前，材料基因组学发展的主要障碍是材料领域研究的多样性[157]，缺乏数据储存标准，以及缺乏对数据的分享激励机制。就目前情况，基于实验的材料数据库必须按照一定标准进行组织，这些标准可以通过对实验结果取平均值或根据实验条件组织数据来完成；基于计算模拟组织数据库相对容易，因大量的材料属性目前已可以较为可靠地计算出来，但基于第一性原理的计算仍然十分有限。另一方面，虽然数据库创建、数据库管理、统计学分析和机器学习是材料信息学的重要组成部分，但数据收集分享的平台在材料信息学中同样不可或缺。在一定的规范模式下，实现全世界同行业科学家的数据共享和深入分析是将来材料基因组学数据源整合的理想目标。将来我们可以利用互联网平台，在使用一种主要的编程语言将数据收集、标准化、分享和传播过程中，将其整合在一个平台中[158]。

材料基因组学是一门新型的交叉学科，其独特的研究模式及对高质量数据、理论背景和材料前沿的综合要求，促使理论和计算模拟工作者、信息科学和基于网络的大数据工作者与前沿的材料研究工作者必须深度合作。虽然利用材料基因组学研究材料综合性能平衡的上限、从失败案例中学习新的合成路线、显著地提升针对特定应用的关键材料指标等领域已取得令人瞩目的成功，材料基因组学的发展有巨大的机遇，但也存在巨大的挑战。目前，材料基因组学也逐步渗透到更多的组成和工艺方案中，能够极大地降低新材料研发成本，提高研究效率。对于理论和计算模拟工作者，无论是粒子还是场为基础的结构体系，拓展经典力场和模型，开发高通量的快速算法，并密切与面向应用的材料研究前沿结合，将有力推进材料基因组学的成熟和完善。在将来的研究工作当中对于材料的实验开发研究人员，在特定的材料技术研究领域，积极吸纳材料基因组学方法的知识和智慧，加强与理论和信息研究的合作，必能极大地提升新材料的研发效率，降低开发成本。

计算材料学的发展与计算机发展密不可分。以往即便使用大型的计算机也不一定可以解决一些大型的材料计算，不过随着科技和计算机技术的发展，现在小型的计算机就可以完成,大大提高了计算材料学的发展速度。另外,随着计算材料学的进步和成熟,材料的计算机模拟与设计已经成为研究人员的一个重要工具。因为算法与模型的成熟,促使应用软件的出现,这让材料计算的应用等到了广泛的实现。计算材料学涉及许多方面,因此具有许多的计算方法。目前主要有两种分类方法,首先是按照理论模型和方法的分类,其次是按照材料计算的特征尺寸分类,由此材料的性能很大程度上决定了材料的结构和用途,所以计算材料学中时间是一个重要的参量。对于具有不同的特征空间及时间尺度的研究对象,这些都有着相应的材料计算法[159]。

材料基因组技术基于计算材料科学、高通量实验表征与测试、数据库与数据挖掘技术等,是对传统新材料研发模提出的全新的变革,是材料科学研究与新材料研发在新时期的重要突破与创新,是解决民生与国防工业中关键技术材料瓶颈的重要途径。自材料基因组计划提出以来,即得到材料科学家的积极响应并取得一系列重要进展,但是,在当前条件下完全建成材料基因组技术所需要的软件与硬件基础,完全抛弃实验支撑而直接计算出新材料的成分与工艺,实现新材料的完全按需设计,仍然是不现实的。

通过建设与发展高通量计算模拟、高通量实验样品制备与表征、服役环境下材料力学行为的计算模拟及数据库等技术,并基于已有的海量实验数据结果,充分利用传统材料科学领域中材料成分、工艺、微结构与力学性能相互关联规律的认识,积极发挥材料基因组技术在新材料研发过程中的作用、切实推进材料基因组技术建设与发展,对充分认识并全面推进材料基因组技术在新材料研发中的变革与突破,具有极其重要的意义与价值[160]。

参考文献

[1]   Committee on Materials Science and Engineering. Materials science and engineering for the 1990s: maintaining competitiveness in the age of materials[M]. Washington, DC: National Academy Press, 1989:29-270.

[2]   NIEMINEN L R. Editorial[J]. Computational materials science,1992.

[3]   吴兴惠. 现代材料计算与设计教程[M]. 北京:电子工业出版社,2002.

[4]   三岛良绩. 新材料开发和材料设计学[M]. 东京:软科学出版社,1985.

[5]   何华灿. 人工智能原理讲义[M]. 西安:西北工业大学,2001.

[6]   葛庭燧. 发展新材料的一些物理力学问题:材料的力学性质和材料设计[J]. 力学进展,1995,25(2):243-244.

[7]   ROSENBLUETH A,WIENER N. The Role of Models in Science[J]. Philosophy of Science,1945,12(4):316-321.

[8]   STEVENE,KOONIN,PETER B,al. Computational physics[M]. Benjamin/Cummings Publishingco. 1986.

[9]   BELLOMO N,PREZIOSI L. Modeling Mathematical Methods and Scientific Computation[M]. Boca Raton:CRC Press,1995.

[10]   ARGON A S,HARTLEY C S. Constitutive Equations in Plasticity[J]. Journal of Applied Mechanics,1977,44(4):801.

[11]   KOCKS U F,ARGON A S,ASHBY M F. Thermodynamics and Kinetics of Slip[J]. Progress in Materials Science,1975(19):141-145.

[12] GOTTSTEIN G, Arbeits-und Ergebnisbericht. SFB 370 Workshop Integral Materials Modelling: Overview of Ongoing State-of-the-art Applied Research Providing Insight into Recent Developments in Integral Simulation[M]. Aachen, October 6th, 1999, Ed by SEBALD R and GOTTSTEIN G. Aachen: Shaker Verlag, 2000: 94-96.

[13] RAABE D. Microstructure Simulation in Materials Science[M]. Aachen: Shaker Verlag, 1997.

[14] DE-LA-RUBIA T D D L, BULATOV V V, EDITOS G. Materials Research by Means of Multiscale Computer Simulation[J]. MRS Bulletin, 2001, 26(3): 169-170.

[15] GUMBSCH P. Brittle Fracture Processes Modelled on the Atomic Scale[J]. Z Metallkd, 1996(87): 341-348.

[16] ASHBY M F. Physical Modelling of Materials Problems[J]. Materials Science and Technology, 1992, 8(2): 102-111.

[17] BRÉCHET Y J M, KUBIN L P. Space and Time Scales During the Development of Microstructures in the Solid State[J]. Computer Simulation in Materials Science, 1996.

[18] CUI J Z, YANG H Y. A Dual Coupled Method for Boundary Value Problems of PDE with Coefficients of Small Period[J]. Journal of Computational Mathematics, 1996, 14(2): 159-174.

[19] CUI J Z, SHIH T M, WANG Y L. The Two-scale Analysis Method for Bodies with Small Periodic Configurations[J]. Structural Engineering & Mechanics, 1999, 7(6): 601-614.

[20] CAO L Q, CUI J Z, LUO J L. Multiscale Asymptotic Expansion and a Post-processing Algorithm for Second-order Elliptic Problems with Highly Oscillatory Coefficients over General Convex Domains [J]. Journal of Computational and Applied Mathematics, 2003, 157(1): 1-29.

[21] CAO L Q, CUI J Z. Asymptotic Expansions and Numerical Algorithms of Eigenvalues and Eigenfunctions of the Dirichlet Problem for Second Orfer Elliptic Equations in Perforated Domains [J]. Numerische Mathematik, 2004, 96(3): 525-581.

[22] FENG Y P, CUI J Z. Multi-scale Analysis for the Structure of Composite Materials with Small Periodic Configuration under Condition of Coupled Thermoelasticity[J]. Acta Mechanica Sinica, 2003, 19(6): 585-592.

[23] FENG Y P, CUI J Z. Multi-scale FE Computation for the Structures of Composite Materials with Small Periodic Configuration under Condition of Coupled Thermoelasticity[J]. Acta Mechanica Sinica, 2004, 20(1): 54-63.

[24] 哈尔滨工业大学,北京理工大学,西北工业大学编写. 国防 973 申请报告[R]. 超常服役条件下特种材料的优化设计理论与方法研究, 1999.

[25] 曾庆丰,成来飞,张立同,等. 发动机环境虚拟材料设计软件平台的实现[J]. 哈尔滨工业大学学报, 2002, 34(12): 155-158.

[26] 曾庆丰,张立同,徐永东,等. 基于"微结构组装"和"场作用"的材料设计统一理论与方法框架[J]. 哈尔滨工业大学学报, 2002, 34(12): 159-164.

[27] ETOURNEAU J, FUERTES A, JANSEN M. European White Book on Fundamental Research in Materials Science: Synthesis and Processing of Inorganic Materials[M]. Ed by Max-Planck Institute, 2001: 201.

[28] RAABE D. European White Book on Fundamental Research in Materials Science: Metals and Composites: Basis for Growth, Safety, and Ecology[M]. Ed by Max-Planck Institute, 2001: 23.

[29]　中国科学院国际材料物理中心 2000 年秋季讲座,沈阳.

[30]　黎乐民,陈志达.材料设计:量子化学与材料设计[M].天津:天津大学出版社,2000:365-391.

[31]　杨小震.分子模拟与高分子材料[M].北京:科学出版社,2002:1-10.

[32]　ANDERSON M P,SROLOVITZ D J,GREST G S,et al. Computer Simulation of Grain Growth—I. Kinetics[J]. Acta Metallurgica,1984,32(5):783-791.

[33]　MATSUBARA H. Computational Modeling of Ceramic Microstructure by MC and MD Aspect in Dynamics[J]. Key Engineering Materials,1999,166:1-8.

[34]　HASSOLD G N,CHEN I W,SROLOVITZ D J. Computer Simulation of Final-stage Sintering:I,Model,Kinetics,and Microstructure[J]. Journal of the American Ceramic Society,1990,73(10):2857-2864.

[35]　KAUFMAN L,BERNSTEIN H. Computer Calculation of Phase Diagram[M]. NY,London:Academic Press,1970.

[36]　HILLERT M. Phase Transformation:Calculation of Phase Equilibria[M]. Ed by COHEN M,ASM Metals Park,Cleveland,Ohio,1969.

[37]　HILLERT M,SCHALIN M. How can calphad develop further as a science? [J]. Journal of Phase Equilibria,1998,19(3):206-212.

[38]　洪庆章,刘清吉.ANSYS 教学范例[M].北京:中国铁道出版社,2002.

[39]　HALBIG M C,CAWLEY J D. Modeling the Environmental Effects on Carbon Fibers in a Ceramic Matrix at Oxidizing Conditions[J]. NASA/TM/2000-209651.

[40]　方岱宁,周储伟.有限元计算细观力学对复合材料力学行为的数值分析[J].力学进展,1998,28(2):173-175.

[41]　ZENG Q F,CHENG L F,ZHANG L T,et al. Fracture Behavior Simulation of 3D-C/SiC Under Stress and in Oxidation Environment[J]. Key Engineering Materials,2003,249:339-342.

[42]　ZENG Q F,ZU J K,ZHANG L T,et al. Designing expert system with artificial neural networks for in situ toughened Si_3N_4[J]. Materials and Design,2002,23(3):287-290.

[43]　ZENG Q F,ZU J K,ZHANG L T,et al. Proc of Computational Modelling and Simulation of Materials II:Designing Expert System for In-situ Toughened Si3N4 with Soft Computing[M]. Ed by VincenziniP and Lami A,Florence,2002:287-294.

[44]　顾秉林.材料科学与工程国际前沿:计算材料科学的成就与展望[M].济南:山东科学技术出版社,2002:491-492.

[45]　STARR T L. Gas Transport Model for Chemical Vapor Infiltration[J]. Journal of Materials Research,1995,10(9):2360-2366.

[46]　NASLAIN R. European White Book on Fundamental Search in Materials Science:Ceramic Matrix Composites[M]. Ed by Max-Planck Institute,2001:213-214.

[47]　徐永东,张立同,成来飞,等.CVI 法制备三维碳纤维增韧碳化硅复合材料[J].硅酸盐学报,1996,24(5):485-489.

[48]　STEFAN G. Minima hopping:an efficient search method for the global minimum of the potential energy surface of complex molecular systems[J]. Journal of Chemical Physics,2004,120(21):9911-9917.

[49]　MARTONÁK R,LAIO A,PARRINELLO M. Predicting crystal structures:the Parrinello-Rahman method revisited[J]. Physical Review Letters,2003,90(7):075503.

[50]　DIMITRIOS I,ANTHONY M K,DONALD R M,et al. Complex Flow Phenomena in Vertical MOCVD

Reactors: Effect on Deposition Uniformity and Interface Abruptness[J]. Journal of Crystal Growth, 1987, 85(1-2):154.

[51] HITOSHI H, MASATAKE K, MANABU S, et al. Numerical Evaluation of Silicon-Thin Film Growth from SiHCl3-H2 Gas Mixture in a Horizontal Chemical Vapor Deposition Reactor[J]. Japanese Journal of Applied Physics, 1994, 33(4):1977-1985.

[52] GUPTE S M, TSAMOPOULOS J A. Densification of Porous Materials by Chemical Vapor Infiltration [J]. Journal of the Electrochemical Society, 1989, 136(2):555-561.

[53] TAI N H, CHOU T W. Modeling of an Improved Chemical vapor Infiltration Process for Ceramic Composites Fabrication[J]. Journal of the American Ceramic Society, 1990, 73(6):1489-1498.

[54] CURRIER R P, VALONE S M. Time-Dependent Solution to the Tai-Chou Chemical Vapor Infiltration Model[J]. Journal of the American Ceramic Society, 1990, 73(6):1758-1759.

[55] SHELDON B W, BESMANN T M. Reaction and Diffusion Kinetics During the Initial Stages of Isothermal Chemical Vapor Infiltration[J]. Journal of the American Ceramic Society, 1991, 74(12):3046-3053.

[56] MCALLISTER P, WOLF E. Simulation of a Multiple Substrate Reactor for Chemical Vapor Infiltration of Pyrolytic Carbon Within Carbon-Carbon Composites[J]. AIChE Journal, 1993, 39(7):1196-1198.

[57] STARR T L. Gas Transport Model for Chemical Vapor Infiltration[J]. Journal of Materials Research, 1995, 10(9):2360-2366.

[58] 王军. CVI 过程的实验模拟和数值计算[D]. 西安:西北工业大学, 1999.

[59] LI K Z, LI H J, JIANG K Y, et al. Numerical Simulation of Isothermal Chemical Vapor Infiltration Process in Fabrication of Carbon-Carbon Composites by Finite Element Method[J]. Science in China Series E: Technological Sciences, 2000, 43(1):77-85.

[60] 姜开宇,李贺军,侯向辉,等. 碳基及陶瓷基复合材料 CVI 工艺数值模拟的相关数学模型[J]. 宇航材料工艺, 1999, 29(3):42-45.

[61] 朱庆山,邱学良,马昌文. 化学气相沉积制备 SiC 涂层—I. 热力学研究[J]. 化工冶金, 1998, 19(3):193-198.

[62] 朱庆山,邱学良,马昌文. 化学气相沉积制备 SiC 涂层—II. 动力学研究[J]. 化工冶金, 1998, 19(4):289-292.

[63] 肖鹏,黄伯云,徐永东. 沉积条件对 CVD-SiC 沉积热力学与形貌的影响[J]. 无机材料学报, 2002, 17(4):877-881.

[64] 焦桓,周万城. CVD 法快速制备 SiC 过程分析[J]. 西北工业大学学报, 2001, 19(2):165-168.

[65] MINATO K, FUKUDA K. Structure of Chemically Vapor Deposited Silicon Carbide for Coated Fuel Particles[J]. Journal of Materials Science, 1988, 23(2):699.

[66] 陈卫武,邹宗树,王天明. CVD 法合成 SiC 晶须的实验研究[J]. 金属学报, 1997, 33(6):643-649.

[67] 徐志淮,李贺军,李克智. SiC-CVD 过程的人工神经网络建模[J]. 硅酸盐学报, 2000, 28(1):25-29.

[68] 徐志淮,李贺军. CVD 生长 SiC 涂层工艺过程的正交分析研究[J]. 兵器材料科学与工程, 2000, 23(5):35-40.

[69] YUN J, DANDY D S. Model of Morphology Evolution in the Growth of Polycristalline β -SiC Films [J]. Diamond and Related Materials, 2000, 9(3):439-445.

[70] 张洪涛,许辉,徐重阳,等. CVD 淀积 SiC 薄膜 SiH4、CH4 的分解反应的计算机模拟研究[J]. 计算机与现代化, 2000, (3):21-25.

［71］ 凯勒．半导体材料及其制备［M］．罗英浩，译．北京：冶金工业出版社，1986.

［72］ 宋麦丽，邹武，王涛，等．CVI 工艺对 CVI-SiC 基体及 CSiC 复合材料性能的影响［J］．宇航材料工艺，2001，(1)：24-28.

［73］ OH J H，CHOI D J. Fabrication of Multi-layer CVD-SiC Films with Different Microstructures by Manipulating the Input Gas Ratio［J］. Journal of Materials Science Letters，2000，19(22)：2043-2046.

［74］ SCHLICHTING J. Chemical Vapor Deposition of Silicon Carbide［J］. International Journal of Powder Metallurgy，1980，12(3)：141-147.

［75］ SCHLICHTING J. Chemical Vapor Deposition of Silicon Carbide［J］. International Journal of Powder Metallurgy，1980，12(4)：196-200.

［76］ LANGLAIS F，PREBENDE C，TARRIDE B，et al. On the Kinetics of the CVD of Si from SiH_2Cl_2/H_2 and SiC from CH3SiCl3/H2 in a Vertical Tubular Hot-Wall Reactor［J］. Journal de Physique Colloques，1989，C5(5)：93-103.

［77］ LANGLAIS F，PREBENDE C. Proceedings of the Eleventh International Conference on Chemical Vapor Deposition：On the Chemical Processes of CVD of SiC-based Ceramics from the Si-C-H-Cl System［C］. Ed By Spear KE and Cullen GW，Electrochemical Society，Manchester，NH，1990：686-695.

［78］ BESMANN T M，SHELDON B W，MOSS T S，et al. Depletion Effects of Silicon Carbide Deposition from Methyltrichlorosilane［J］. Journal of the American Ceramic Society，1992，75(10)：2899-2903.

［79］ MINATO K，FUKUDA K. Chemical Vapor Deposition of Silicon Carbide for Coated Fuel Particles［J］. Journal of Nuclear Materials，1987，149(2)：233-246.

［80］ LACKEY W J，VAIDYARAMAN S，BECKLOFF B N，et al. Mass Transfer and Kinetics of the Chemical Vapor Deposition of SiC onto Fibers［J］. Journal of Materials Research，1998，13(8)：2251-2261.

［81］ LOUMAGNE F，LANGLAIS F，NASLAIN R，et al. Physicochemical Properties of SiC-based Ceramics Deposited by Low Pressure Chemical Vapor Deposition from CH3SiCl3-H2［J］. Thin Solid Films，1995，254(1-2)：75-82.

［82］ OH J H，OH B J，CHOI D J，et al. The Effect of Input Gas Ratio on the Growth Behavior of Chemical Vapor Deposited SiC Films［J］. Journal of Materials Science，2001，36(7)：1695-1700.

［83］ PAPASOULIOTIS G D，SOTIRCHOS S V. Gas-Phase and Surface Chemistry in Electronic Materials Processing：Kinetic Modelling of the Deposition of Silicon Carbide Through MTS［M］. Ed by MOUNTZIARIS T J，PAZ-PUJALT G R，SMITH F T J，et al. Mater Res Soc，Pittsburgh，PA，1994：111-116.

［84］ TSAI C Y，DESU S B，CHIU C C. Kinetic Study of Silicon Carbide Deposited from Methyltrichlorosilane Presursor［J］. Journal of Materials Research，1994，9(1)：104-111.

［85］ ALAM M K，PUNEET V. Thin-Film Heat Transfer - Properties and Processing：Simulation of Fiber Coating CVD Reactor［M］. Ed by ALAM M K，FLIK M I，GRIGOROPOULOS G P，et al. ASME Heat Transfer Division，Atlanta，GA，1991：99-106.

［86］ CHU C H，HON M H. Growth Mechanism for CVD Beta-SiC Synthesis［J］. Scripta Metallurgica et Materialia，1993，28(2)：179-183.

［87］ LOUMAGNE F，LANGLAIS F，NASLAIN R. Experimental Kinetic Study of the Chemical Vapour Depositionof SiC-based Ceramics from CH_3SiCl_3/H_2 Gas Precursor［J］. Journal of Crystal Growth，1995，155(3-4)：198-204.

［88］ LOUMAGNE F,LANGLAIS F,NASLAIN R. Reactional Mechanisms of the Chemical Vapour Deposition of SiC-based Ceramics from CH_3SiCl_3/H_2 Gas Precursor[J]. Journal of Crystal Growth,1995,155(3-4)：205-213.

［89］ JANSEN M. A concept for synthesis planning in solid-state chemistry[J]. Angewandte Chemie International Edition,2002,41(20):3746-3766.

［90］ LUFASO M W,WOODWARD P M. Prediction of the crystal structures of perovskites using the software program SpuDS[J]. Acta Crystallographica Section B Structural Science,2001,57(6)：725-738.

［91］ BAIL A L. Inorganic structure prediction with GRINSP[J]. Journal of Applied Crystallography,2005,38(2):389-395.

［92］ CAROLINE M D,STÉPHANIE G,GÉRARD F,et al. Computational design and prediction of interesting not-yet-synthesized structures of inorganic materials by using building unit concepts[J]. Cheminform,2002,33(44):239-239.

［93］ DRAZNIEKS C M,NEWSAM J M,GORMAN A M,et al. De novo prediction of inorganic structures developed through automated assembly of secondary building units (AASBU Method)[J]. Angewandte Chemie International Edition,2000,39(13):2270-2275.

［94］ ZHU Q,OGANOV A R,SALVADÓ M A,et al. Denser than diamond：Ab initio search for superdense carbon allotropes[J]. Physical Review B,2011,83(19):1157-1166.

［95］ WEN X D,HAND L,LABET V,et al. Graphane sheets and crystals under pressure[J]. Proceedings of the National Academy of Sciences,2011,108(17):6833-6837.

［96］ SOLOZHENKO V L,KURAKEVYCH O O,OGANOV A R. On the hardness of a new boron phase, orthorhombic γ-B28[J]. Journal of Superhard Materials,2008,30(6):428-429.

［97］ OGANOV A R,CHEN J H,GATTI C,et al. Ionic high-pressure form of elemental boron[J]. Nature, 2009,457(7231):863-870.

［98］ OGANOV A R. Modern methods of crystal structure prediction[M]. Berlin：Wiley-VCH,2011.

［99］ Committee on Materials Science. Materials Science and Engineering for the 1990s—Maintaining competitiveness in the age of materials[M]. Washington,DC：National Academy Press,1989:29-270.

［100］ 殷小玮. 3DC/SiC 复合材料的环境氧化行为[D]. 西安：西北工业大学,2001.

［101］ CHENG L F,XU Y D,ZHANG L T,et al. Effect of Carbon Interlayer on Oxidation Behavior of C/SiC Composites with a Coating from Room Temperature to 1500C[J]. Materials Science and Engineering：A,2001,300(1-2):219-225.

［102］ CHENG L F,XU Y D,ZHANG L T,et al. Oxidation Behavior of Carbon-Carbon Composites with a Three-layer Coating from Room Temperature to 1 700 ℃[J]. Carbon,1999,37(6):977-981.

［103］ 栾新刚. 高温腐蚀环境 C/SiC 的性能演变规律与损伤机理[D]. 西安：西北工业大学,2002.

［104］ Using MATLAB[M]. Ed by MathWorks Inc,MA,2001.

［105］ Optimization Toolbox User's Guide. Ed. by MathWorks Inc,MA,2001.

［106］ Image Processing Toolbox User's Guide. Ed. by MathWorks Inc,MA,2001.

［107］ Neural Network Toolbox User's Guide. Ed. by MathWorks Inc,MA,2001.

［108］ Fuzzy Logic Toolbox User's Guide. Ed. by MathWorks Inc,MA,2001.

［109］ Spline Toolbox User's Guide. Ed. by MathWorks Inc,MA,2001.

[110] Statistics Toolbox User's Guide. Ed. by MathWorks Inc, MA, 2001.

[111] Partial Differential Equation Toolbox User's Guide. Ed. by MathWorks Inc, MA, 2001.

[112] CHEN X J, STRUZHKIN V V, WU Z G, et al. Hard superconducting nitrides[J]. Proceedings of the National Academy of Sciences, 2005, 102(9): 3198.

[113] ZHAO E J, WU Z J. Electronic and mechanical properties of 5d transition metal mononitrides via first principles[J]. Journal of Solid State Chemistry, 2008, 181(10): 2814.

[114] REZA M, LECH A T, MIAO X, et al. Proceedings of the National Academy of Sciences, 2011, 108 (27): 10958.

[115] YAMANAKA S, HOTEHAMA K I, KAWAJI H. Superconductivity at 25.5 K in electron-doped layered hafnium nitride[J]. Nature, 1998, 392(6676): 580-582.

[116] LYAKHOV A O, OGANOV A R, VALLE M. How to predict very large and complex crystal structures [J]. Computer Physics Communications, 2010, 181(9): 1623-1632.

[117] OGANOV A R, GLASS C W. Crystal structure prediction using ab initio evolutionary techniques: Principles and applications[J]. Journal of Chemical Physics, 2006, 124(24): 244-704.

[118] OGANOV A R, LYAKHOV A O, Valle M. How Evolutionary Crystal Structure Prediction Works—and Why[J]. Accounts of Chemical Research, 2011, 44(3): 227.

[119] OGANOV A R. Modern methods of crystal structure prediction[M]. Berlin: WILEY-VCH, 2011: 147.

[120] KRESSE G, FURTHMÜLLER J. Efficient Iterative Schemes for Ab Initio Total-Energy Calculations Using a Plane-Wave Basis Set[J]. Physical Review B Condensed Matter, 1996, 54(16): 11169.

[121] TOGO A, OBA F, TANAKA I. First-Principles Calculations of the Ferroelastic Transition Between Rutile-Type and $CaCl_2$-Type SiO_2 at High Pressures[J]. Physical Review B Condensed Matter, 2008, 78(13): 134106.

[122] CHRISTENSEN A N, ANDERSEN E K. A Neutron Diffraction Investigation on Single Crystals of Titanium Oxide, Zirconium Carbide, and Hafnium Nitride[J]. Acta Chemica Scandinavica, 1990, 44 (8): 851-852.

[123] SHANKAR A R, MUDALI U K, CHAWLA V, et al. Magnetron sputter deposition of hafnium nitride coating on high density graphite and niobium substrates[J]. Ceramics International, 2013, 39 (5): 5175-5184.

[124] ZAOUI A, BOUHAFS B, RUTERANA P. First-principles calculations on the electronic structure of TiC_xN_{1-x}, Zr_xNb_{1-x} C and HfC_xN_{1-x} alloys[J]. Materials Chemistry & Physics, 2005, 91(1): 108-115.

[125] NAGAO S, NORDLUND K, NOWAK R. Anisotropic elasticity of IVB transition-metal mononitrides by ab initio calculations[J]. Physical Review B, 2006, 73(14): 144113.

[126] PATIL S K R, MANGALE N S, KHARE S V, et al. Super hard cubic phases of period VI transition metal nitrides: First principles investigation[J]. Thin Solid Films, 2008, 517(2): 824-827.

[127] CHEN Z Q, WANG J, LI C M. Mechanical deformation modes and anisotropy of IVB transition metal nitrides[J]. Journal of Alloys and Compounds, 2013, 575: 137-144.

[128] ANDREAS Z, GERHARD M, RALF R. Synthesis of cubic zirconium and hafnium nitride having Th_3P_4 structure[J]. Nature Materials, 2003, 2(3): 185.

[129] KROLL P. Hafnium nitride with thorium phosphide structure: physical properties and an assessment

of the Hf-N,Zr-N,and Ti-N phase diagrams at high pressures and temperatures[J]. Physical Review Letters,2003,90(12):125501.

[130] YANG Q,LENGAUER W,KOCH T,et al. Hardness and elastic properties of $Ti(C_xN_{1-x})$,$Zr(C_xN_{1-x})$ and $Hf(C_xN_{1-x})$[J]. Journal of Alloys & Compounds,2000,309(1):L5-L9.

[131] GUDTA D C,CHAN J Y. BHAT IH. Direct measurement of impurity distribution in semiconducting materials[J]. Journal of Applied Physics,1972,43(2):515.

[132] CHUNG H Y,WEINBERGER M B,YANG J M,et al. Correlation between hardness and elastic moduli of the ultraincompressible transition metal diborides RuB_2, OsB_2, and ReB_2 [J]. Applied Physics Letters,2008,92(26):261904.

[133] SMITH G S,JOHNSON Q C,SMITH D K,et al. The crystal and molecular structure of beryllium hydride[J]. Solid State Communications,1988,67(5):491-494.

[134] WANG B T,ZHANG P,SHI H L,et al. Mechanical and chemical bonding properties of ground state BeH_2[J]. The European Physical Journal B:Condensed Matter and Complex Systems,2010,74(3):303-308.

[135] PATRYK Z E. High-pressure formation and stabilization of binary iridium hydrides[J]. Physical Chemistry Chemical Physics,2014,16(7):3220-3229.

[136] YAMANAKA S, MIYAKE M. Chromium, Molybdenum and Tungsten-Hydrogen[J]. Solid State Phenomena,2000,73-75(1):1-40.

[137] NOWAK B,TKACZ M. Magnetic properties of cubic and hexagonal chromium hydrides:a comparison of the magnetic susceptibility with the 53Cr NMR knight shift[J]. Journal of Alloys and Compounds,2001,322(1-2):82-88.

[138] PATRYK Z E, LABET V, STROBEL T A, et al. WH_n under pressure[J]. Journal of Physics:Condensed Matter,2012,24(15):155-701.

[139] WANG X F,ANDREWS L. Chromium hydrides and dihydrogen complexes in solid neon,argon,and hydrogen:matrix infrared spectra and quantum chemical calculations[J]. Journal of Physical Chemistry A,2003,107(4):570-578.

[140] GAGLIARDI L,PYYKKOE P. How many hydrogen atoms can be bound to a metal? predicted MH_{12} species[J]. Journal of the American Chemical Society,2004,126(46):15014-15015.

[141] KRESSE G,FURTHMüLLER J. Efficiency of ab-initio total energy calculations for metals and semiconductors using a plane-wave basis set[J]. Computational Materials Science,1996,6(1):15-50.

[142] PERDEW J P,BURKE K,ERNZERHOF M. Generalized gradient approximation made simple[J]. Physical Review Letters,1996,77(18):3865-3868.

[143] BLÖCHL P E. Projector augmented-wave method[J]. Physical Review B,1994,50(24):17953.

[144] TOGO A,OBA F,TANAKA I. First-principles calculations of the ferroelastic transition between rutile-type and $CaCl_2$-type SiO_2 at high pressures[J]. Physical Review B,2008,78(13):134106.

[145] GIANNOZZI P. Quantum ESPRESSO:a modular and open-source software project for quantum simulations of materials[J]. Journal of Physics:Condensed Matter,2009,21(39):395502-395520.

[146] ALLEN P B,DYNES R C. Transition temperature of strong-coupled superconductors reanalyzed[J]. Physical Review B,1975,12(3):905-922.

[147] BOUKAMP B A,LESH G C,HUGGINS R A. All-solid lithium electrodes with mixed conductor

matrix[J]. Journal of the Electrochemical Society,1981,128(4):725-729.

[148] CHAN C K,PENG H L,LIU G,et al. High-performance lithium battery anodes using silicon nanowires [J]. Nature Nanotechnology,2008,3(1):31-35.

[149] ZEILINGER M,BENSON D,HAUSSERMANN U,et al. Single Crystal Growth and Thermodynamic Stability of $Li_{17}Si_4$[J]. Chemistry of Materials,2013,25(9):1960-1967.

[150] ZEILINGER M,KURYLYSHYN I M,HAUSSERMANN U,et al. Revision of the Li-Si Phase Diagram:Discovery and Single-Crystal X-ray Structure Determination of the High-Temperature Phase $Li_{4.11}Si$[J]. Chemistry of Materials,2013,25(22):4623-4632.

[151] CHON M J,SETHURAMAN V A,MCCORMICK A,et al. Real-time measurement of stress and damage evolution during initial lithiation of crystalline silicon[J]. Physical review letters,2011,107 (4):045503.

[152] MUKHOPADHYAY A,SHELDON B W. Deformation and stress in electrode materials for Li-ion batteries[J]. Progress in Materials Science,2014,63:58-116.

[153] MCDOWELL M T,LEE S W,NIX W D,et al. 25th anniversary article:Understanding the lithiation of silicon and other alloying anodes for lithium-ion batteries[J]. Advanced materials,2013,25(36): 4966-4985.

[154] EVERS J,OEHLINGER G,SEXTL G. Angewandte Chemie-International Edition[M]. 1993, 32(10):1442.

[155] STEARNS L A,GRYKO J,DIEFENBACHER J,et al. Lithium monosilicide(LiSi),a low-dimensional silicon-based material prepared by high pressure synthesis:NMR and vibrational spectroscopy and electrical properties characterization[J]. Journal of Solid State Chemistry,2003,173(1):251-258.

[156] 沈自才,代巍,马子良. 航天材料基因工程及其若干关键技术[J]. 航天器环境工程,2017,34(3): 324-329.

[157] 李云琦,刘伦洋,陈文多,等. 材料基因组学的发展现状、研究思路与建议[J]. 中国科学:化学,2018 (3):243-255.

[158] TAKAHASHI K,TANAKA Y. Materials Informatics:A Journey Towards Material Design and Synthesis [J]. Dalton Trans,2016,45(26):10497-10499.

[159] 高富坤. 计算材料学与材料设计[J]. 中国科技投资,2018(33):247.

[160] 关永军,陈柳,王金三. 材料基因组技术内涵与发展趋势[J]. 航空材料学报,2016,36(3):71-78.

第13章 陶瓷基复合材料性能表征和测试

13.1 理论基础

13.1.1 陶瓷基复合材料性能特点

陶瓷基复合材料主要包括 C/SiC、SiC/SiC、C/UHTCMC 等复合材料。

C/SiC 既有高强度低成本的 C 纤维,又有高模量和抗氧化性能优良的 SiC 基体,是一种可广泛应用于航空发动机热端部件、核能反应堆热交换器及空天飞行器热防护系统(TPS)的结构材料。C/SiC 具有比强度高、比模量高、耐高温、抗热震、韧性高、硬度高、耐磨性高、化学稳定性高、设计容限高、导热性高、密度低和热膨胀系数低等一系列优异性能,是一种可在 1 650 ℃长时间、2 200 ℃有限时间和 2 800 ℃瞬时使用的新型超高温结构材料,在航空、航天等领域具有广阔的应用前景。

连续纤维增韧的碳化硅基复合材料是以碳化硅为基体,碳纤维为增强相的复合材料,通常界面层为厚度小于 1 μm 的各向异性热解碳层,如图 13.1 所示。由于这类复合材料具有耐高温、低密度、高温比强度高、抗氧化、抗烧蚀、抗冲刷、可重复使用等优异性能,而被各国从 20 世纪 80 年代初就开始研究[1]。研究结果表明,C/SiC 的性能主要取决于以下几方面:碳纤维的结构与性能及其在复合材料中的排列方式;碳纤维与基体间界面相的结构与性能;基体的结构与性能;复合材料表面涂层的性能;复合材料各组元的制备方法等[2-4]。

（a）TEM照片

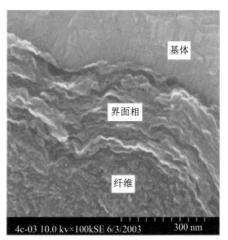

（b）VSEM照片

图 13.1 2D C/SiC 三大组元碳纤维、PyC 界面层和 SiC 基体 TEM 照片及 SEM 照片

连续碳化硅纤维增强碳化硅基体复合材料(简称 SiC/SiC)具有高的比强度和比刚度、良好的高温力学性能和抗氧化性能及优异的抗辐照性能和耐腐蚀性能,在航空、航天和核聚变领域都有着广泛的应用前景。应用于航空、航天发动机的结构部件,能在超高温度下使用且密度小、强度高,能显著提高发动机的推重比;用于原子能反应堆的堆壁材料则稳定性好、易维护、安全可靠性高,因此,许多国家开展了 SiC/SiC 材料应用于高温热结构部件的研究,并且取得了丰硕的成果。3D SiC/SiC 的微观形貌如图 13.2 所示。

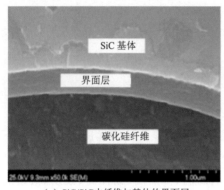

(a)SiC/SiC中纤维与基体的界面层　　　　　(b)SiC/SiC中的基体相

图 13.2　3D SiC/SiC 的微观形貌

SiC 纤维是发展 SiC/SiC 的关键。SiC_f 具有与碳纤维接近的力学性能、与氧化物纤维相似的良好高温抗氧化性能,同时它与陶瓷基体的相容性能比这两者都好。

超高温陶瓷基复合材料(简称 UHTCMC)是指采用连续纤维(如 C、SiC 纤维)为增强体,耐超高温陶瓷为基体制得的复合材料。该复合材料在 2 000 ℃ 以上有优异的物理性能,包括高熔点、高热导率、高弹性模量,并能在高温下保持很高的强度,同时还具有良好的抗热震性等高温性能,是未来超高温领域最有前途的材料。由于其优异的耐高温性能,该材料可适用于高超音速长时飞行、火箭推进系统等极端环境和飞行器鼻锥和发动机热端等关键部件。

耐高温陶瓷包括碳化物、硼化物等,所以超高温陶瓷基复合材料分为碳化物陶瓷基复合材料和硼化物陶瓷基复合材料。碳化铪(HfC)、碳化锆(ZrC)和碳化钽(TaC)具有较好的抗热震性,在高温下仍具有高强度,但是这类碳化物陶瓷的断裂韧性和抗氧化性非常低,所以采用纤维来增强增韧,并加入适当的添加剂以提高其抗氧化性能;ZrB_2 和 HfB_2 基陶瓷复合材料的脆性和室温强度可以通过合理选择原材料的组分、纯度和颗粒度来克服,它们的共价键很强的特性决定了它们很难烧结和致密化。为了改善其烧结性,提高致密度,可通过提高反应物的表面能、降低生成物的晶界能、提高材料的体扩散率、延迟材料的蒸发、加快物质的传输速率、促进颗粒的重排及提高传质动力学来解决。

制备工艺是影响陶瓷基复合材料性能的关键因素之一,决定了复合材料中纤维的强度保留率、纤维的分布情况、基体的致密度和均匀性及纤维与基体之间的界面结合状态。目前,陶瓷基复合材料的制备工艺主要包括以下几种:前驱体浸渍裂解法(PIP)、化学气相渗透法(CVI)、金属熔融浸渗法(RMI)、浆料法(slurry process)等。

目前,C/SiC 陶瓷基复合材料的高温蠕变研究基本在保护气氛或真空条件下进行,如

图 13.3(a)所示[5],但是,在服役环境中,复合材料的环境性能演变除了受应力影响外,还要受到各种复杂氧化腐蚀气氛的影响。对于 C/SiC 的最大问题是纤维和界面层的氧化,在高温恒定应力下,虽然 CFCC(continuous fiber ceramic composites)的各组分及其界面的蠕变的确存在,但是一旦遭受氧化性气氛的侵蚀,其中的碳相(如碳纤维或 PyC 界面层)会迅速发生氧化,致使材料失效。这种氧化试验条件下的蠕变,更接近热结构复合材料本身服役的真实环境,国际上通常称之为环境蠕变(oxidation-assisted stress-rupture[6]或 environmental creep-rupture[7]),如图 13.3(b)所示。由表 13.1 的 C/SiC 不同环境因素下的性能演变关系可知,陶瓷基复合材料性能演变与环境条件密切相关。需要指出的是,对于应力条件与热物理化学耦合的环境,尽管已经得到一些实验规律,但由于应力条件复杂,目前对陶瓷基复合材料的环境性能演变规律总体清楚,一些细节尚需进一步研究。

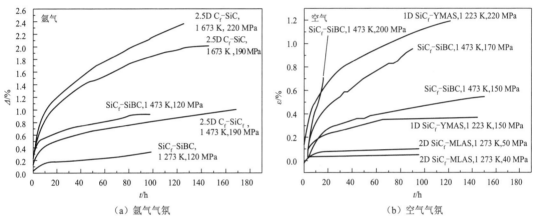

（a）氩气气氛　　　　　　　　　　　（b）空气气氛

图 13.3　不同温度和应力下不同 CMC 的蠕变应变时间曲线[7]

YMAS—钇铝硅酸镁;MLAS—锂镁铝硅酸盐

表 13.1　C/SiC 在各种模拟环境因素下的性能演变

环境因素		性能变化
热物理化学环境	氧	<900 ℃时,较显著下降
	水	>900 ℃时,轻微下降
	盐	>1 200 ℃时,轻微下降
	热循环	>700 ℃时,50 次前下降
	氧水	水减轻氧导致的下降
	水盐	盐加重水导致的轻微下降
	氧盐	盐加重氧导致的下降
	氧水盐	明显下降
热物理化学应力耦合环境	热物理化学蠕变耦合环境	强烈下降
	热物理化学疲劳耦合环境	较强烈下降
	热物理化学疲劳蠕变耦合环境	下降程度介于蠕变和疲劳之间
	静态气氛应力热循环耦合环境	临界热循环次数前后分别为热应力导致的物理损伤和环境气氛导致的化学损伤,应力加剧性能下降
动态燃气应力耦合环境	燃气流速	>900 ℃,随速度增加,加速系数增加,性能下降加速

13.1.2　陶瓷基复合材料应用环境特点

陶瓷基复合材料主要应用于航空、航天领域的高精尖装备,包括飞机、导弹、火箭、高超音速飞行器、航天飞机、太空船、人造卫星、空间站等。这些装备中涉及超高温复合材料的部位主要有航空发动机、冲压发动机、火箭发动机等动力推进系统,以及耐高温和(或)空间辐照的热结构系统。

航空发动机燃烧室、涡轮、加力燃烧室和尾喷管等均属热端环境,其中的热端构件承受的环境特点是高温燃气介质与各种应力的耦合。为了便于研究,将上述环境分为热物理化学环境和复杂应力环境。热物理化学环境不仅包含氧气、水蒸气、碳氧化合物、碳水化合物、硫化物和熔盐等化学成分,还包含高温、高压和高速气流等。复杂应力环境则包括弯曲、拉伸、剪切、压缩、冲击、热震疲劳、机械振动、持久蠕变等。航空发动机热端环境的主要环境参数范围见表13.2。对于军用涡喷/涡扇发动机,当推重比达到12～15时,发动机燃烧室冷却后的壁面温度超过1 100 ℃,高压涡轮进口温度预计在1 700 ℃以上;当推重比达到15～20时,发动机燃烧室冷却后的壁面温度将超过1 200 ℃,加力燃烧室中心温度超过2 000 ℃。为了保证燃烧性能,燃烧空气比例大幅增加,冷却空气比例减少。因而推重比分别为12～15、15～20的航空发动机的燃烧室、加力燃烧室及涡轮部位在冷却气量分配减少和冷却气品质下降的条件下,必须进一步保持甚至提高构件的耐久性,大幅度降低构件的结构重量。

表 13.2　航空发动机热端部位的环境因素参量

环境因素	燃烧室	涡轮	尾喷管
温度/℃	>1 649	>1 571～1 538	>1 538
压力/MPa	3～6	3～6	3～6
速度/(m·s^{-1})	30～120	700	>700
氧分压/MPa	0～0.02	0～0.02	0～0.02
水分压/MPa	0.05～0.15	0.05～0.15	0.05～0.15
Na_2SO_4含量	(10～50)×10^{-6}	(10～50)×10^{-6}	(10～50)×10^{-6}
振动频率/Hz	100 左右	100 左右	100 左右
工作循环/次	2 200	2 200	2 200
最大应力/MPa	气动载荷	1 000	气动载荷
时间/h	1 000	1 000	1 000

对航空发动机金属热端部件破坏的统计分析表明,80%的破坏属于高、低周疲劳导致的疲劳破坏。对于C纤维和SiC纤维增强的超高温陶瓷基复合材料来说,其中大部分组元都对氧气、水蒸气、碱金属熔盐和燃气流速敏感,因此燃气温度、燃气流速、氧分压、水分压和腐蚀介质浓度都可能是热物理化学环境的控制因素。而应力会降低陶瓷基体和涂层对纤维的防氧化保护作用,加速纤维的氧化退化而导致复合材料的破坏,因此持久蠕变、机械疲劳、热冲击和热循环都可能是应力环境的控制因素。

冲压发动机是一种无压气机和燃气涡轮的航空发动机,由进气道、燃烧室和尾喷管构成。进入燃烧室的空气利用高速飞行时的冲压作用增压。它的构造简单、推力大,特别适用于高速高空飞行。采用碳氢燃料时,冲压发动机的飞行马赫数在 8 以下;使用液氢燃料时,其飞行马赫数可达到 6～25。超音速或高超音速气流在进气道扩压到马赫数 4 的较低超声速,然后燃料从壁面和/或气流中的突出物喷入,在超声速燃烧室中与空气混合并燃烧,最后,燃烧后的气体经扩张型的喷管排出。当飞行马赫数大于 6 时,燃烧室内燃气温度可高达 2 727 ℃,并且随着马赫数的增加,其温度也随之升高,因而燃烧室壁面及部件常常承受着极高的温度。燃气主要通过对流换热和辐射换热向燃烧室壁面传热。对流换热是燃烧室内燃气向壁面传热的主要形式,辐射换热在高温高压的环境下也非常显著,并且燃烧室尺寸越大,气体的辐射作用越大。

冲压发动机[8]燃烧室的内流场条件较为复杂,不仅仅是超高温、超声速及富氧,而且在发动机工作过程中,发动机内部的复杂激波波系、燃烧脉动和振荡很容易使燃烧室局部壁面温度过高,并且过热的部位随着工况的变化可能遍及燃烧室的各个位置,只有部分结构才能使用冷却结构;发动机内部富氧燃烧,燃烧产物中有较高浓度的 $H_2O/CO_2/CO$。高速气流中还可能含有因激波而产生的原子氧;发动机流道材料要承受由于热流分布不均匀而产生的热应力、由于气流速度快而产生的冲刷和噪声载荷、由于发动机/机身一体化而导致的气动力载荷等复杂环境。火箭发动机是航天器的动力装置之一[1],采用化学推进剂的火箭发动机,按其使用推进剂的类型大致可分为液体火箭发动机(liquid rocket engine,LRE)和固体火箭发动机(solid rocket motor,SRM)。LRE 的优点是比冲高、能反复起动、能控制推力大小、工作时间较长等,主要用作航天器发射、姿态修正与控制、轨道转移等。SRM 则具有结构简单、机动、可靠、易于维护等一系列优点。缺点是比冲小、工作时间短、加速度大导致推力不易控制、重复起动困难,主要用作火箭弹、导弹和探空火箭的发动机,以及航天器发射和飞机起飞的助推发动机。

化学推进剂组合(通常包括一种燃料和一种氧化剂)在高压燃烧反应时产生的能量可以把反应气体产物加热到很高温度(2 500～4 100 ℃),这些气体随后在喷管中膨胀并加速到很高速度(1 800～4 300 m/s)。火箭发动机喷管部件正是通过控制排气的膨胀和加速,将燃烧室产生的燃气热能有效地转换为动能,从而为飞行器提供推力的,它是火箭发动机的主要组成部分之一。在这个动力实现过程中,喷管必须承受燃气高温、高压、高速和化学气氛等严酷而复杂的热物理化学作用。通常情况,推进剂燃烧产物对喷管发生作用的主要因素[9-11]包括内压力载荷、流动介质的对流热流和辐射热流对喷管产生可渗透表面的作用,最终导致喷管被加热。在这个过程中,燃气流中的化学活性组分作用会与喷管材料发生剧烈的化学反应,引起材料的热化学烧蚀。此外,迅速加热和冷却引起的热应力和收缩应力,以及燃气高速流动产生的摩擦剪切和冲击作用也会引起材料破坏。

除了液体火箭和部分不含固体添加物的固体推进剂,目前常用的大多数推进剂均是含有金属燃烧剂 Al 或 B 或 Mg 等的复合推进剂。这些金属粒子虽然增加了推进剂能量,消耗了部分氧,减弱了燃气的氧化和腐蚀性,但也在燃烧产物中带来了固态或液态的凝聚相产物,形成多相流燃气。一方面,颗粒的冲刷作用会增大对燃烧室和喷管的传热,加剧壁面的烧蚀;另一方面,会引起壁面粗糙度增大或者壁面的轻微剥蚀,增大摩擦,导致动量损失。这些因素不仅会对喷管材料造成额外的非均匀侵蚀,也会显著降低发动机的整体性能。

除了需要承受极高的温度(约 3 000 ℃)和高速燃气流的冲刷与侵蚀等复杂环境以外,由于升温速度太快,产生极大的温度梯度和热应力,材料会承受很大的热震。另外,由于火箭发动机工作时产生高温、高压和强振动,一些推进剂具有极低温和强腐蚀性能,因此,对制造火箭发动机的材料,还要求有极高的耐热、耐极低温、抗疲劳、抗腐蚀、高的比强度、比刚度和良好的加工性能。

高超声速飞行器结构与材料面临的挑战的最大根源在于其经受的严酷热环境。当飞行器进入大气层时,会和大气层发生摩擦,从而产生高温。尤其当飞行器以高超声速在大气中飞行时,气动加热更严重。当飞行速度达到马赫数 8 时,飞行器的头锥部位温度可达 1 800 ℃,其他部位的温度也将在 600 ℃以上。而可重复使用空天飞行器在大气层内和临近空间以高超声速(马赫数 6～25)长时间飞行时,因气动加热时间长(每次再入 1 200～1 800 s),机体表面温度甚至更高(1 260～1 900 ℃)。另外,高超声速飞行时热结构还要承受高噪声(约 160 dB)、强振动(过载约 30 g)和高速冲击(可达 10 km/s)等严酷载荷。在众多耦合条件下,热结构材料可能会产生数千微应变。而大气中的氧气和高速气流的冲刷,还会造成防热结构氧化,进而加速其损伤。

随着深空探测事业的发展和空天一体化战略的提出,越来越多的航天器,如空天飞机、卫星、空间站和深空探测器等,将进入太空。空间环境中包含的原子氧、各种高能射线粒子和微星体等会通过各种效应影响航天员的生命安全、航天器的正常运行。空间站、人造卫星等飞行器主要运行在高度范围为 200～600 km 的低地球轨道(LEO)环境中,此环境中含有多种气体组分,其中原子氧的含量最高。当飞行器以 7～8 km/s 的轨道速度运行时,大通量[原子 10^{14}～10^{15}个/(cm^2·s)]、高撞击动能(5 eV)、强氧化性的原子氧将作用在飞行器材料表面上,会发生复杂的物理、化学反应,导致材料的剥蚀和性能的退化,从而影响飞行器的使用寿命或使其彻底失效。

四十余年的航天实践经验证明,空间辐射环境是诱发航天器异常和故障的主要原因之一,而其中高能带电粒子的相关效应起着重要作用,必须给予极大关注。空间环境的主要辐射源是地球辐射带、太阳宇宙射线和银河宇宙射线。地球辐射带,又称为范阿仑辐射带,是在地球周围一定的空间范围内存在的大量被地磁场捕获的高能带电粒子带,其中的主要粒子为质子和电子,质子能量≤500 MeV,电子能量≤7 MeV。目前人类发射的航天器大多在此辐射带影响范围内(除了星际探测器)。太阳宇宙射线中 90%～95%的高能粒子是质子(氢核),故又称为太阳质子事件。另外含有电子、粒子及少数电荷数大于 3 的粒子 C、N、O,能量一般在 1 MeV～10 GeV,大多数为 1 MeV～数百兆电子伏。银河宇宙射线是宇宙背景辐射,来自宇宙形成初期超新星爆发。银河宇宙射线 88%是高能质子(H 核),10^8～10^{20} eV,但通量很低,3.6 个/(cm^2·s);9.8%是 α 粒子,通量为 0.4 个/(cm^2·s);1%是电子束核光子,通量为 0.4 个/(cm^2·s);0.75%是中等核(C、N、O、F),通量为 0.03 个/

$(cm^2 \cdot s)$；0.2%是轻核（Li、Be、B），通量 8×10^{-3} 个/$(cm^2 \cdot s)$；0.15%是重核（$10 \leqslant Z \leqslant 30$），通量为 6×10^{-3} 个/$(cm^2 \cdot s)$；0.01%是超重核（$Z \geqslant 31$），通量为 5×10^{-4} 个/$(cm^2 \cdot s)$。这些低能量带电粒子和重粒子与原子核弹性碰撞可使靶物质原子核在晶体里发生位移，形成辐射损伤。当入射带电粒子与核外电子发生非弹性碰撞，使轨道电子获得足够大的能量而成为自由电子时，可使其轨迹上的靶物质原子连续地电离、激发，从而在其轨道周围留下许多离子对，导致材料损伤。

对于人造空间载荷平台而言，宇宙空间是极度"寒冷"的"黑体"，其背景温度约为 3 K。在太阳系中，太阳向行星空间辐射热量。太阳和地球形成的恒星—行星几何结构中，地球周围空间环境会形成周期性的阴影区（umbra）和半影区（penumbra）。人造飞行器周期性地穿过缺少对流传热的半影区和阴影区高真空环境，会引起飞行器表面材料产生极端温度并伴随周期性变化。研究数据表明：飞行器表面材料温度会在 $-100 \sim 100$ ℃间周期性急剧变化。所以有必要对材料在大范围周期性急剧的温度变化环境中进行严格考核。

13.1.3　陶瓷基复合材料环境性能表征难点

航空、航天技术的发展促进了超高温复合材料的发展。长期以来，国内外基本上以空气、真空或保护性气氛下的高温性能代替真实环境性能，来研制高温热结构材料。由于性能测试条件与服役条件不一致，如果材料研制的性能评价指标不能代表其环境性能，则往往会误导材料研究。材料的环境性能通常是在该材料构件的台架试车和试飞后，进行系统剖析后才能有所发现或认识的。这种"构件制造—构件考核—材料改进"的多次迭代的材料研究传统模式，带来了一系列的问题：首先，材料的考核机会少且费用极高；第二，考核结果受到特定环境条件制约，缺乏普适性；第三，只能回答材料"行"还是"不行"，难以获得材料环境性能演变的过程信息，不能确定材料性能演变的环境控制因素和材料性能控制因素，不能为材料改进提供准确信息。以上问题最终导致材料研制周期长，研制成本高，因此，发展航空、航天热结构材料环境性能的科学、简易模拟测试方法，显得十分重要和迫切。

由于这些材料的服役环境往往十分复杂，对材料的要求也非常苛刻，如何了解新型高温热结构材料在服役环境中的性能及其演变规律显得十分迫切。发展材料的环境模拟测试技术，在材料研究领域受到越来越多的关注。

目前，材料服役环境性能的模拟测试方法主要有两种：第一种是采用全环境因素模拟测试，直接获取材料环境性能，但这种方法的缺点也显而易见，即模拟设备建设难度大、投资高、环境考核试验成本高；因此，这种试验方法只能与试车、试飞等手段结合，作为材料和构件最终验证的试验手段。第二种是采用控制因素模拟测试，建立材料环境性能演变物理模型。这种方法将全环境因素模拟测试简化为控制因素模拟测试，以材料损伤与破坏的环境控制因素和材料性能控制因素为依据，从环境与材料相互作用的物理和化学本质出发，建立环境性能演变模型。

由于对材料损伤与破坏的环境控制因素和材料性能控制因素认识不清，目前所建立的各种简易模拟方法均具有一定局限性。建立可靠有效的实验模拟测试手段，以及科学分析实验结果,涉及一些科学问题:例如,如何遵照"相似理论"原则建立模拟测试设备? 是否可用逐步逼近法建立模拟实验测试系统? 如何加速材料的损伤演变,以缩短实验周期? 如何在线获得材料损伤失效过程信息? 如何对耦合环境因素的实验测试结果解耦,以获得材料损伤失效机理及其控制性因素? 这些都是材料环境性能模拟测试中需要解决的理论与技术问题。

13.2 核心技术

高温结构复合材料表征和测试涉及模拟服役环境重现技术、环境性能测试方法和环境损伤在线表征方法等三方面技术,其中尚有众多核心技术急需解决。

高温结构复合材料服役环境重现不是单纯的再现全部环境参数,更重要的是要实现对每个环境参数的精确控制。高温结构复合材料的服役环境通常包括温度、应力、复杂气氛、气流冲刷、振动等多因素的耦合,因此,模拟服役环境重现的核心技术不仅包括单因素的高精度实现技术,更包括多因素干扰时每个环境因素的精度控制技术。例如,超高温的准确测量技术、高超声速风洞技术、超高温环境介质及其浓度控制技术、超高温振动实现技术、超高温高超声速风洞技术等,以及上述环境中的准确加载技术。

高温结构复合材料构件设计不仅需要拉、压、弯、剪、疲劳、蠕变等各项力学性能,还需要热膨胀系数、热导率等热物理性能。随着高温结构复合材料使用温度的提高,超高温条件下的力学性能和热物理性能测试方式将成为测试方法的核心技术。随着高温结构复合材料的多功能化,超高温条件下的电磁性能测试方法也成为急需的核心技术。由于高温结构复合材料的成分和微结构复杂性,长寿命构件设计不仅需要超高温保护性气氛下的性能,还需要复杂气氛中的性能指标,因此,超高温复杂气氛中的力学性能、热物理性能和电磁性能测试方法也是不可或缺的核心技术。

高温结构复合材料的健康监测系统是智能构件必不可少的组成部分,而损伤在线表征方法则是健康监测系统的基础。超高温环境、高超声速风洞、腐蚀气氛、振动条件,以及多因素耦合环境中复合材料的应力应变分布及演变、微结构与成分演变、电阻电磁性能演变等信息的准确获取方法,皆为损伤在线表征的核心技术,其中包括接触式传感器及其极端环境固定技术,非接触式检测抗干扰方法,等等。

13.3 最新研究进展评述及国内外研究对比分析

13.3.1 模拟服役环境重现技术现状

1. 超高温环境重现

温度是影响材料性能的重要因素,但由于超高温复合材料各组元的电阻不一致,不宜使用电加热方式对试样直接进行加温,因此辐射加热是目前最常用的加热方式。低于室温的环境,通常使用液氦、液氮或干冰作为降温介质;温度介于室温~1 000 ℃时,一般利用电阻丝作为加热源;温度介于1 000~1 600 ℃时,通常使用硅碳棒、硅钼棒或石英灯作为加热源;

温度介于 1 500～2 000 ℃时,加热源通常为石墨加热体;温度高于 2 000 ℃时,仅高能激光可满足加热需求。

以高能激光作为热源时,随着激光能量的沉积,待测试样表面经过局部区域受热升温、熔化和气化、气化物质高速喷出及等离子体产生等物理阶段,使得材料表面发生明显烧蚀,并以此作为研究材料抗烧蚀性能的手段。由于激光束的输出功率和光斑大小可精确控制,因此,激光烧蚀试验的温度可覆盖范围较广。此外,激光烧蚀过程可以在任意介质中进行,而不需要依赖于任何助燃剂,可用于研究不同气氛条件下材料的烧蚀性能。

图 13.4[12]为西北工业大学凝固技术国家重点实验室建设的 LSF-Ⅲ B 型激光成形系统,该系统主要由激光器、数控工作台、环境气氛密封箱组成,可用来模拟材料经受由室温激升到几千度的高温服役环境,在纯氩或空气气氛环境中,实现材料的烧蚀试验。LSF-Ⅲ B 型激光成形系统的部分性能参数见表 13.3[12]。

表 13.3　激光成形系统各部分性能参数[12]

CP4000 型 CO₂ 激光器	数控工作台	环境气氛密封箱
波长:10.6 μm	坐标数:X、Y、Z、A(旋转)	
功率范围:400～4 000 W	最大行程:X:1 200 mm	
激光功率稳定性:±2%	Y:1 000 mm	箱体尺寸:2.9 m×2.7 m×3.4 m
光束直径:14 mm	Z:1 000 mm	性能:可在 20 h 内将箱体内氧含量降至 10^{-7} 以下,可实现氩气环境下材料的激光实验或加工生产
焦点光斑直径:0.3 mm	最大线速度:30 m/min	
发射角:1.5 ×10^{-3} rad		
光点稳定度:±150×10^{-6} rad	最小可调量程:1 μm	

图 13.4　激光立体成型系统[12]

烧蚀研究中的一项重要内容就是确定材料烧蚀前后几何形貌和质量的变化情况。高能激光烧蚀实验主要是通过对比材料的烧蚀深度、烧蚀宽度及失重,研究不同种材料在相同实验条件或同种材料在不同实验条件下的抗烧蚀性能。

2. 氧化烧蚀环境重现

(1)氧乙炔烧蚀

氧乙炔烧蚀就是用氧乙炔焰流为热源(氧乙炔焰流的温度高达 3 500 ℃左右),控制该焰流以一定角度冲刷圆形试样表面,对材料进行烧蚀,达预定时间后,停止烧蚀。试验后测量烧蚀后的试样的厚度和质量变化,计算出试样的线烧蚀率和质量烧蚀率。试样的尺寸一般为 $\phi 30 \times 10$ mm。图 13.5 为氧乙炔烧蚀试验装置示意图。通过控制氧气与乙炔的比例,可以在一定范围内控制火焰温度。通过控制冲刷角度可以模拟不同条件下的气流冲刷,最常用的冲刷角度为 90°,用于模拟驻点烧蚀。

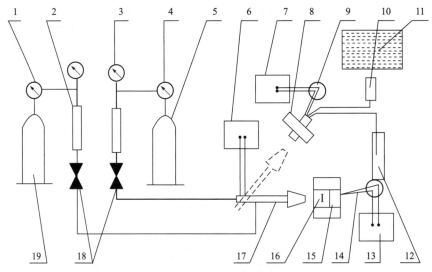

图 13.5 氧乙炔烧蚀试验装置示意图

Ⅰ—烧蚀位置;Ⅱ—测量热流位置;1—氧气减压阀;2—流量计;3—压力表;4—乙炔减压阀;5—乙炔瓶;
6—单片机;7—电位差计;8—水冷量热器;9—冷端补偿器;10—流量计;11—高位水箱;12—量筒;
13—电位差计;14—镍铬-康铜热电偶;15—水冷试样盒;16—试样;17—烧蚀枪;18—调节阀;19—氧气瓶

氧乙炔烧蚀试验法装置简单、成本低、操作方便,是对材料进行模拟烧蚀试验的一种十分便捷的方法[13],但是,该方法具有以下主要缺点:①火焰温度可调范围有限(1 800~3 500 ℃),不能覆盖防热材料的所有应用环境,与实际状况相差较大;②乙炔(C_2H_2)在氧气不足的情况下会发生分解,在试验过程中可能会对测试试样造成污染[14]。

(2)等离子电弧加热器烧蚀(平板试样、导流管、燃气舵)

等离子体发生器(plasma generator)[15]是用人工方法获得等离子体的装置。等离子体由自然产生的称为自然等离子体(如北极光和闪电),由人工产生的称为实验室等离子体。实验室等离子体是在有限容积的等离子体发生器中产生的。

如果环境温度较低,等离子体能够通过辐射和热传导等方式向壁面传递能量,因此,要在实验室内保持等离子体状态,发生器供给的能量必须大于等离子体损失的能量。不少人工产生等离子体的方法(如爆炸法、激波法等)产生的等离子体状态只能持续很短时间($10^{-5} \sim 10^{-1}$ s 左右),而有工业应用价值的等离子体状态则要维持较长时间(几分钟至几十小时)。能产生后一种等离子体的方法主要有:直流弧光放电法、交流工频放电法、高频感应放电法、低气压放电法(例如辉光放电法)和燃烧法。前四种放电都用电学手段获得,而燃烧则利用化学手段获得[16]。

等离子体发生器的放电原理:利用外加电场或高频感应电场使气体导电,称为气体放电。气体放电是产生等离子体的重要手段之一。被外加电场加速的部分电离气体中的电子与中性分子碰撞,把从电场得到的能量传给气体。电子与中性分子的弹性碰撞导致分子动能增加,表现为温度升高;而非弹性碰撞则导致激发(分子或原子中的电子由低能级跃迁到高能级)、离解(分子分解为原子)或电离(分子或原子的外层电子由束缚态变为自由电子)。高温气体通过传导、对流和辐射把能量传给周围环境,在定常条件下,给定容积中的输入能量和损失能量相等。电子和重粒子(离子、分子和原子)间能量传递的速率与碰撞频率(单位时间内碰撞的次数)成正比。在稠密气体中,碰撞频繁,两类粒子的平均动能(即温度)很容易达到平衡,因此电子温度和气体温度大致相等,这是气压在一个大气压以上时的通常情况,一般称为热等离子体或平衡等离子体。在低气压条件下,碰撞很少,电子从电场得到的能量不容易传给重粒子,此时电子温度高于气体温度,通常称为冷等离子体或非平衡等离子体。两类等离子体各有特点和用途。气体放电分为直流放电和交流放电。直流放电通常指低频放电,在气压和电流范围不同时,由于气体中电子数、碰撞频率、粒子扩散和热量传递速度不同,会出现暗电流区、辉光放电区和弧光放电区。

①暗电流区。电子在电场加速的情况下,获得足够能量,通过与中性分子碰撞,新产生的电子数迅速增加,电流增大到 $10^{-7} \sim 10^{-5}$ A 时,在阳极附近才出现很薄的发光层。

②辉光放电区。电流再增大($10^{-5} \sim 10^{-1}$ A)时,在较低的气压条件下,阴极受到快速离子的轰击而发射电子,这些电子在电场作用下向阳极方向加速运动。阴极附近有一个电位差很大的阴极位降区。电极之间的中间部分是电位梯度不是很大的正柱区,其中的介质是非平衡等离子体。正柱区的电子和离子以同一速度向壁面扩散,并在壁面复合,放出能量(这是没有气体对流时的情况)。经典理论中电子密度在横截面上的分布是贝塞耳函数的形式。在阳极附近有一个几毫米厚的阳极位降区,其中的电位差与气体电离电位的数值大致相等。

③弧光放电区。当电流超过 10^{-1} A 且气体压力也较高时,正柱区产生的焦耳热大于粒子扩散带到壁面的热量,使正柱区中心部分温度升高,气体电导率增加,以致电流向正柱区中心集中,形成不稳定的收缩现象。最后,导电正柱缩成一根温度很高、电流密度很大的电弧,这就是弧光放电。在阴极,电流密度达 $10^4 \sim 10^6$ A/cm^2,形成"阴极斑点",根据热电子发射(热阴极)或场致发射(冷阴极)的机理,发出电子。在阳极也有"阳极斑点"。由于电子带着本身的动能进入阳极,进入时又放出相当于逸出功的能量,再加上阳极位降区的发热量,使阳极加热比阴极大得多。弧光放电的阴极和阳极位降区电位降总共不过一二十伏,中间是正柱区。

弧柱中热量的散失主要依靠热传导、对流和辐射。在定常、轴对称、洛伦兹力和轴向热传导可忽略，以及气体压力和轴向电场在横截面上呈均匀分布的条件下，根据气体性质参数和管道的几何形状对磁流体力学基本方程组进行简化，可以算出管道中气流速度和温度分布及电弧各分量。

电弧中电流密度高，往往存在着磁流体力学效应。外加磁场或自身磁场较强时，电弧会受到洛伦兹力 $\boldsymbol{J} \times \boldsymbol{B}$（$\boldsymbol{J}$ 是电流密度；$\boldsymbol{B}$ 是磁感应强度）的作用。电弧在垂直磁场作用下所做的旋转运动，可使气体加热的更为均匀，并使弧根在电极上高速运动，从而减少电极烧损，还对电弧的稳定有明显影响。自身磁场对电弧有箍缩作用，产生的磁压 $[p_m = B/(2\mu_e)$，式中 μ_e 为磁导率] 梯度能导致气体的宏观流动。在阴极附近，由于电流密度很大，相应的磁加压较高。离开阴极后，电弧截面加大，磁压沿轴向降低，引起气体由阴极区向正柱区流动，形成阴极射流，其流速可达到 100 m/s 左右。在阳极斑点附近也存在着同样机理的阳极射流。

交流放电通常指工频和高频放电。工频放电时，阴、阳极以工频交替变化，其放电特性与直流放电有类似之处。高频放电时，电子仍是从电场取得能量的主要粒子。高频电场使电子往复运动，在此过程中，电子与分子碰撞并把能量传给分子，使气体温度升高或产生激发、离解与电离现象。碰撞后的电子运动变为无规律的，在电场作用下又按照电场力的方向加速，这样不断地把能量从电场传给气体。在高频放电中，每单位体积气体中输入功率 P 的平均值 $\overline{P}$ 为

$$\overline{P} = \frac{ne^2 E_0^2}{2m} \cdot \frac{v_0}{v_0^2 + \omega^2} \tag{13.1}$$

式中，n 为电子密度；e 为电子电荷；E_0 为高频电场强度的幅值；m 为电子质量；v_0 为碰撞频率；ω 为外加电场的频率。

在科学技术和工业领域应用较多的等离子体发生器有电弧等离子体发生器（又称等离子体喷枪、电弧加热器）、工频电弧等离子体发生器、高频感应等离子体发生器、低气压等离子体发生器、燃烧等离子体发生器五类。最典型的为电弧等离子体发生器、高频感应等离子体发生器、低气压等离子体发生器三类。它们的放电特性分别属于弧光放电、高频感应弧光放电和辉光放电等类型。

电弧等离子体发生器又称电弧等离子体炬，或称等离子体喷枪，有时也称电弧加热器。它是一种能够产生定向"低温"（2 000～20 000 K）等离子体射流的放电装置，已在等离子体化工、冶金、喷涂、喷焊、机械加工和气动热模拟实验等领域中得到广泛应用。通过阴、阳极之间的弧光放电，可产生自由燃烧、不受约束的电弧，称为自由电弧，它的温度较低（5 000～6 000 K），弧柱较粗。当电极间的电弧受到外界气流、发生器器壁、外磁场或水流的压缩，分别造成气稳定弧 [见图 13.6（a）]、壁稳定弧 [见图 13.6（b）]、磁稳定弧 [见图 13.6（c）] 或水稳定弧 [见图 13.6（d）]，这时弧柱变细，温度增高（约 10 000 K），这类电弧称为压缩电弧。无论哪种压缩方式，其物理本质都是设法冷却弧柱边界，使被冷却部分导电性降低，迫使电弧只能通过中心狭窄通道，形成压缩弧。

电弧等离子体炬主要由一个阴极(阳极用工件代替)或阴、阳两极,一个放电室及等离子体工作气供给系统三部分组成。等离子体炬按电弧等离子体的形式可分成非转移弧炬和转移弧炬。非转移弧炬如图13.7(a)所示,阳极兼作炬的喷嘴;而在转移弧炬[见图13.7(b)]中,阳极是指电弧离开炬转移到的被加工工件。当然也有兼备转移弧和非转移弧的联合式等离子体炬[见图13.7(c)]。

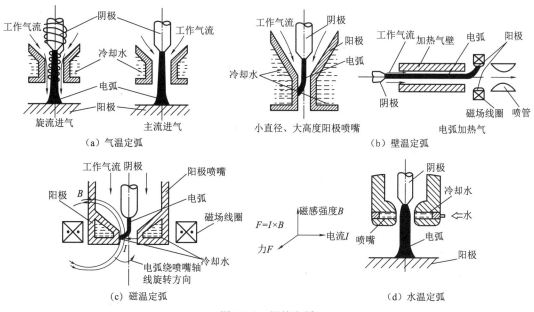

（a）气温定弧　　　　　　　　　　　（b）壁温定弧

（c）磁温定弧　　　　　　　　　　　（d）水温定弧

图 13.6　压缩电弧

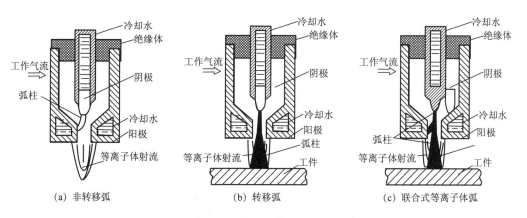

（a）非转移弧　　　　　（b）转移弧　　　　（c）联合式等离子体弧

图 13.7　等离子体弧的形式

电弧等离子体炬由于阴极损耗,必然使等离子体中混入阴极材料。根据不同的工程需要,可选用损耗程度不同的材料作阴极。如要阴极损耗尽可能小,一般采用难熔材料,但具体选择材料时应考虑到所使用的工作气种类,如工作气为氩、氮、氢—氮、氢—氩时,常用铈—钨或钍—钨作阴极;工作气为空气或纯氧时,可用锆或水冷铜作阴极。

工业上应用的电弧等离子体炬的主要技术指标是功率、效率和连续使用寿命。一般其输出功率范围为 $10^2 \sim 10^7$ W,效率较高(50%～90%),使用寿命受电极寿命限制。由于电极受活性工作气(氧、氯、空气)的侵蚀,炬的连续寿命一般不超过 200 h;备有补充电极的电弧等离子体炬,寿命可达数百小时。目前,制造新型的、可在高压强(≤1.01×10^7 Pa)和低压强(≤1.33 Pa)下工作的电弧等离子体炬及三相大功率电弧等离子体炬的条件已基本成熟。等离子体射流温度范围约在 3 700～25 000 K(取决于工作气种类和功率等因素),射流速度范围为 1～10^4 m/s。

高频感应等离子体发生器又称高频等离子体炬或称射频等离子体炬。它利用无电极的感应耦合,把高频电源的能量输入到连续的气流中进行高频放电。高频等离子体发生器及其应用工艺有以下新特点:

①只有线圈,没有电极,故无电极损耗问题。发生器能产生极纯净的等离子体,连续使用寿命取决于高频电源的电真空器件寿命,一般较长,多为 2 000～3 000 h。在等离子体高温下,由于参加反应的物质不存在被电极材料污染的问题,故可用来炼制高纯度难熔材料,如熔制蓝宝石、无水石英、拉制单晶、光导纤维、炼制铌、钽、海绵钛等。

②高频等离子体流速较低(0～10 m/s),弧柱直径较大。近年来,已广泛应用于实验室,便于作大量等离子体过程试验。工业上制备金属氧化物、氮化物、碳化物或冶炼金属时,反应物在高温区停留时间长,使气相反应很充分。

根据电源与等离子体耦合的方式不同,高频等离子体炬可分为:电感耦合型[见图 13.8(a)]、电容耦合型[见图 13.8(b)]、微波耦合型[见图 13.8(c)]和火焰型[见图 13.8(d)]。高频等离子体炬由三部分组成:高频电源、放电室、等离子体工作气供给系统。后者除了供轴向工作气外,还像电弧等离子体炬气稳弧一样,切向供入旋转气流,以冷却并保护放电室壁(通常用石英或耐热性较差的材料)。

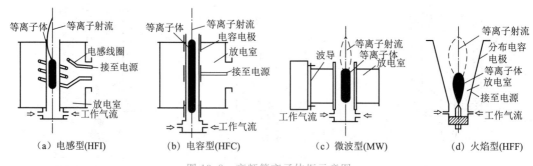

图 13.8　高频等离子体炬示意图

等离子电弧加热器烧蚀是以相对稳定的等离子射流为热源(等离子射流的温度高达 5 000 ℃以上),控制该射流以 90°角冲刷圆形试样表面,烧蚀一定时间后停止试验,测量试样厚度和质量的变化,计算出试样的线烧蚀率和质量烧蚀率。图 13.9 为等离子弧原理图,表 13.4 给出了等离子电弧加热器烧蚀的典型试验条件[16]。

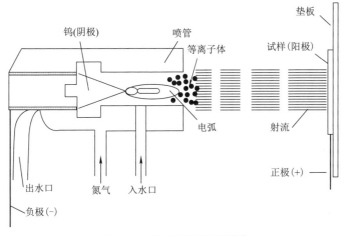

图 13.9 等离子弧原理图[16]

表 13.4 等离子电弧加热器烧蚀试验条件

名称	单位	数值	名称	单位	数值
电弧电压	V	185±5	喷嘴直径	mm	8
电弧电流	A	550±10	电极间距	mm	3.3～4.0
加热器功率	kW	约100	火焰热流密度	kW·m⁻²	25 120±2 512
氮气压力	MPa	0.5			
氮气流量	L·h⁻¹	13 596	试样表面到火焰喷嘴距离	mm	10±0.2
冷却水压力	MPa	1.5			

该方法实验成本相对较低,操作简单,但条件单一,只能作为参考,定性地判断材料的烧蚀性能。

3. 高速冲刷环境重现

(1)液氧酒精燃气烧蚀

液氧酒精燃气发生器是以酒精为燃烧介质,液氧为助燃剂,利用喷管将高温燃气加速导出,对材料或喷管进行冲蚀的设备,可模拟液体火箭燃气作用。燃气发生器及喷管装置原理如图 13.10 所示。实验时,通过调节氧气与酒精供给流量得到不同比例,即氧燃比(O/F 比)的混合物,经燃气发生器点火产生的燃烧产物的温度和平衡组分也因混合比的变化而改变。燃气经由连接管道通过复合材料喷管流出,模拟液体火箭工作过程中复合材料的烧蚀响应。设计燃烧室压强约 3 MPa,工作时间 6 s。

燃气发生器工作时,生成燃气的温度和摩尔分数随氧燃比(O/F)的变化规律如图 13.11 所示[17]。可见,随着氧燃比的增大,燃气温度升高,燃气中的氧化性组分 H_2O 的浓度迅速增大,CO_2 含量有显著提高。这意味着随着燃气氧化能力的提升,对于复合材料来说,工作环境愈加苛刻,因而氧化烧蚀量也将随之增大。表 13.5[17]以氧燃比 1.08 为例给出了该工况下燃气中各组分的摩尔分数及其热力学参数,其中燃烧室压强为 2.82 MPa、绝热火焰温度为 2 640 K。

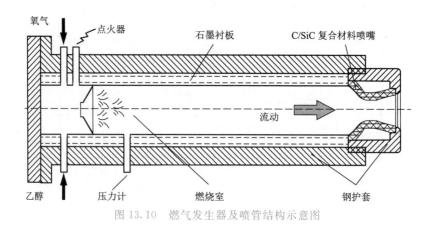

图 13.10　燃气发生器及喷管结构示意图

表 13.5　氧燃比(O/F 比)为 1.08 时氧气/酒精燃气发生器中燃烧产物摩尔分数及热力参数

种类	摩尔分数	热力参数	
CO	0.328 43	$p/(\text{kg} \cdot \text{m}^{-3})$	2.453 7
CO_2	0.070 39	$M_w/(\text{g} \cdot \text{mol}^{-1})$	19.099
H	0.004 23	$C_p/(\text{J} \cdot \text{g}^{-1} \cdot \text{K}^{-1})$	2.349 3
H_2	0.247 21	γ	1.206 4
H_2O	0.348 14	$\eta/(10^{-5} \text{ Pa} \cdot \text{s})$	0.852 23
O	0.000 02	$\lambda(\text{W} \cdot \text{m}^{-1} \cdot \text{K}^{-1})$	3.296 8
OH	0.001 57	p_r/Pa	0.607 3
O_2	0.000 01	$C/(\text{m} \cdot \text{s}^{-1})$	1 646.9

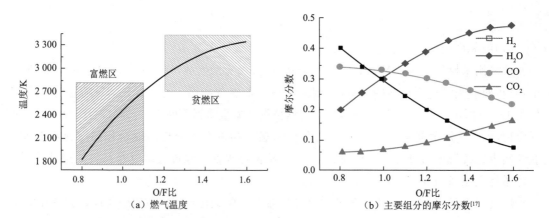

图 13.11　氧气/酒精燃气发生器模拟的 LRE 燃气温度和组分随氧燃比(O/F Ratio)的变化[17]

(2)固体推进剂烧蚀

固体火箭烧蚀试验就是以真实使用的固体推进剂为燃烧介质,利用固体火箭试验台,通过燃气烧蚀喷管。固体火箭烧蚀实验发动机及喷管配置原理如图 13.12 所示[17]。地面点火试验法是目前火箭发动机烧蚀最准确可信的测试手段,不但工作条件真实,而且可以测得烧蚀率沿喷管长度方向的分布。此外,利用火箭发动机燃气射流产生的高温、高压、高速热环境,可进行各种尺寸的导弹弹头模型和高超声速飞行器端头模型等烧蚀试验。固体火箭发动机燃气射流中含有粒子,可用来做烧蚀—侵蚀实验。在所有的测试方法中,火箭发动机地面点火试验法的周期最长,成本也最高昂。

固体燃料主要采用内蒙古航天 46 所生产的,分为高温型 H 和低温型 L(含质量分数为 13.5% 的 Al,燃烧温度 2 978 K)两种。设计燃烧室压强均为 5.5 MPa 左右,工作时间有 6 s、9 s、13 s 等,分别模拟了燃气化学组分、温度、金属粒子和烧蚀时间对复合材料的影响。

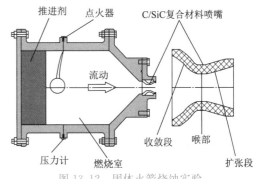

图 13.12　固体火箭烧蚀实验发动机及喷管配置原理图[17]

由于烧蚀实验条件为高温、高压和高速流动的火箭燃气环境,在线测量相关物理参数十分困难。为了对火箭燃气流场环境有深入了解,并为复合材料热结构部件的烧蚀分析提供环境条件佐证,可采用 FLUENT[18]公司成熟的前处理软件 GAMBIT 和通用计算流体动力学(CFD)软件 FLUENT,计算实验过程中火箭发动机燃气由燃烧室流出、经喷管排出到外界大气环境整个流场参数的分布情况。

图 13.13 和图 13.14 分别显示了使用含铝固体复合推进剂端羟基聚丁二烯/高氯酸铵(HTPB/AP)高温推进剂 H 型(含质量分数为 17% 的 Al,燃烧温度 3 327 K)的固体火箭燃气全部流场和喷管内流场的温度、压强和流速分布云图。考虑到多相流计算的复杂性,而凝聚相含量相对气相较少,这里将计算简化为纯气相流动,并假设燃气为可压缩理想气体,这样火箭燃气流场计算简化为纯气相理想气体的可压缩流动。此外,假定喷管壁面绝热且无烧蚀,按照稳态轴对称问题求解单纯气相流动问题[18,19]。

由图 13.13 可以看到,燃气经喷管排出后仍然形成长约为 1 m、直径约 50 mm 的高温、高速射流。在燃烧室内,燃气压强和温度都是最高的,而燃气流速是最低的。这是因为,推进剂以基本恒定的速率燃烧不断产生燃气注入燃烧室,这些高温燃烧产物逐渐膨胀加速,压强和温度也有所降低,但总的来说,在进入喷管以前,降幅不大。燃气在排出喷管后,其压强和温度迅速降低,流速则迅速增大,在喷管出口某个距离达到最大值,随后逐渐减小。这是因为燃气流出喷管后,急剧烈膨胀做功,使其能量骤降。纵观整个流场,同一横截面处,中心线上的燃气参数值都是最高的,这是由燃气密度分布决定的。

由图 13.14 可以看到,喷管内燃气压强[见图 13.14(a)]和温度[见图 13.14(b)]由入口截面开始迅速下降,这使材料所受燃气内压的机械作用有所减弱,烧蚀反应动力学速率减小,对喷管烧蚀有所缓和。与此同时,燃气流速[见图 13.14(c)]沿轴向迅速增大。根据传质理论可知,这将减薄燃气边界层厚度,增大氧化性组分向喷管材料的扩散通量,促进氧化性

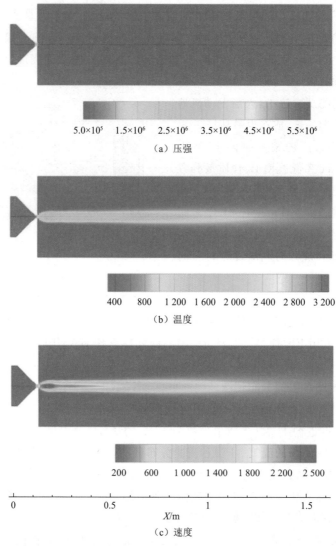

（a）压强

（b）温度

（c）速度

图 13.13　典型 SRM 燃气流场参数分布

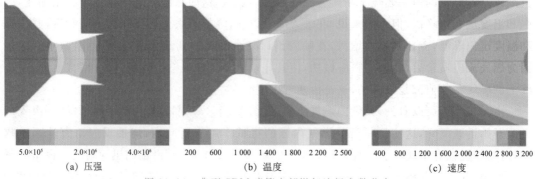

（a）压强　　　　　　　　（b）温度　　　　　　　　（c）速度

图 13.14　典型 SRM 喷管内部燃气流场参数分布

物质向喷管壁面扩散,为烧蚀反应的进行提供丰富的侵蚀物质。高温、高压、高速流动燃气的综合作用在喷管喉部及其上游附近区域最为强烈,这个部位燃气与喷管壁面对流换热和传质过程最为强烈。

本文的流场计算没有考虑喷管材料烧蚀,但实际火箭工作过程中,烧蚀引起的喷管壁面退移会改变喷管的气动几何和表面状态,进而影响到近壁面流场参数和热量、质量的传递过程。而燃气参数的变化又会强烈地反作用于喷管材料,对烧蚀产生影响,因此,在真实火箭燃气环境中,喷管烧蚀与燃气流动、传热和传质等过程互相耦合,是一个异常复杂的过程。本文计算结果为烧蚀机理分析提供了基础。

(3)等离子电弧风洞烧蚀

等离子电弧风洞烧蚀是在试验时将空气引入电弧加热器的旋气室并使其高速旋转,形成具有径向压力梯度的气流,利用等离子电弧加热气体,然后使气流通过喷管产生亚声速或超声速气流,模拟再入过程的气动加热,对材料表面进行烧蚀试验。图 13.15[16] 为 Linde 型电弧加热器示意图,表 13.6[16] 给出了该设备的运行参数。该方法可以模拟材料的真实烧蚀环境,根据需要添加各种冲刷粒子、系统可靠、可重复性好,是国内外普遍采用的再入过程烧蚀性能测试方法。

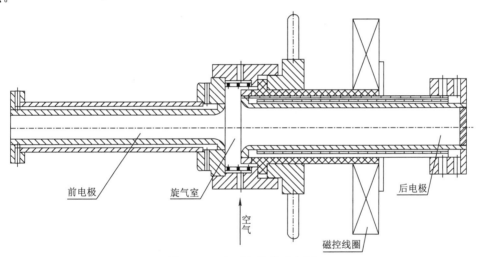

前电极　　　旋气室　　　空气　　　磁控线圈　　　后电极

图 13.15　电弧加热器示意[16]

表 13.6　等离子电弧加热器运行参数

名　称	单　位	数　值
电弧功率	MW	5～12.6
电弧电压	V	2 500～4 200
电弧电流	A	2 000～3 000
弧室压力	MPa	1.5～4.5
气流流量	g·s^{-1}	300～750
气流总焓	MJ·kg^{-1}	5～12

等离子体电弧风洞设备庞大,配套设施复杂,以德国 PWK 等离子风洞为例[20],需要等离子发生器产生高比焓等离子流,电力供应系统提供产生高气流速度所需的电流,供气系统模拟所需的气体环境,真空泵系统创造再入大气的低压环境,如图 13.16 所示。德国建造了 5 个不同的等离子风洞来模拟不同阶段的再入环境:PWK-1 和 PWK-2 采用磁等离子流体动力发生器(MPG),用于模拟高速低压的再入环境;PWK-3 用于模拟高比焓的再入环境;PWK-4 和 PWK-5 采用热电弧发生器(TPG),产生高冲击压力、高马赫数、高比焓的等离子流,常用于气动研究[20]。

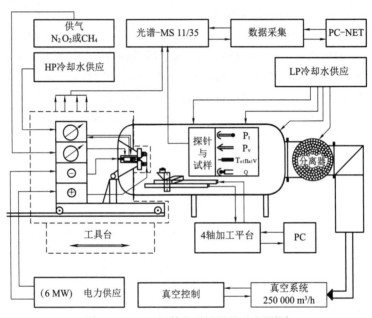

图 13.16　PWK 等离子风洞的示意图[20]

美国 NASA 的格林研究中心(glenn research center)的电弧风洞复合体设备(arc jet complex)有 7 个测试间,其中 4 个测试间包含有不同的电弧风洞配置,由共同的支持设备为其提供服务。测试间分别为气动加热设备(the aerodynamic heating facility)、湍流管(the turbulent flow duct)、测试设备仪表板(the panel test facility)、交互加热设备(the interaction heating facility)。支持设备为两个特区的电力供应、一个蒸气喷射真空系统、一个冷却水系统、高压气体系统、数据采集系统及其他的辅助设备。最大的电力供应可提供持续时间30 min/功率 75 MW 及持续时间 15 s/功率 150 MW 的烧蚀试验,这些电能配合大容量 5 阶段真空蒸气喷射排气系统,可以实现对相对大尺寸、高海拔飞行环境的模拟。

中国空气动力研究所第 701 所研制的 FD-04D/E 电弧等离子气动热设备是由直流电弧加热器、二元超声速气动喷管、超声速湍流导管组成。

等离子电弧风洞是一种较理想的再入环境模拟方法。优点是能够模拟较多的再入大气参数,如热流密度、气体总比焓、马赫数、剪力、压力和加热时间等,气体的环境和气流成分比较真实。表 13.7[21]列出了美国在空天飞行器研制中使用的主要电弧模拟设备,他们被广泛地用于材料筛选、性能评定及热结构鉴定试验。俄罗斯中央机械研究院热交换中心使用欧洲最大的电弧烧蚀风洞 U-15T-1,为俄罗斯载人飞船做了许多防热结构试验[22]。

表 13.7　美国的等离子电弧风洞[21]

研究机构	电弧风洞设备		
Ame	20 MW 电弧风洞		
Johnson	1.5 MW 电弧风洞	5 MW 再入结构试验	10 MW 再入材料与结构评定
Langley	5 MW 电弧加热设备	10 MW 再入结构试验设备	

等离子风洞受电弧室所能承受压力的限制,不能模拟压力大于 100 kPa 的大气环境。而且该设备庞大,配套设施复杂,每次运行都要消耗巨大能量,运行昂贵,显然不适用于新材料研究,但其成本较为昂贵,需空气动力、热传、风洞实验等专业人员配合执行,并且耗电量巨大。

13.3.2　环境性能测试方法现状

1. 航空发动机环境

对于真空和惰性气氛,静态气氛应力耦合性能测试设备基本都采用试样与夹头同处加热区的加热方式,而且加热体一般都暴露在静态气氛中。德国宇航研究院(DLR)的Indutherm 模拟设备就是采用辐射加热器的再入大气环境实验模拟设备[23,24],图 13.17 为其示意图。该设备通过电感应加热体对试验件辐射加热,最高温度可达 1 600 ℃;真空泵系统和供气系统模拟再入大气的气体环境,依靠材料力学试验机加载实现应力环境的模拟。此装置在 X-38 头锥与襟翼轴承的研制中成功应用,其中最重要的是进行襟翼 EMA 轴承的鉴定试验,还用于测试 X-38 的头锥连接和铰链连接。

辐射加热器的优点是试验件可以很大,模拟的热流密度可以按预定的热流—时间曲线进行变化,但是,辐射加热试验中缺少了热气流的流动条件,不能真实地模拟再入环境的氧化烧蚀作用,辐射加热方法还受实验箱壁所承受最高温度限制,一般的模拟温度不高于 1 700 ℃。

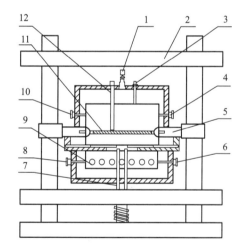

图 13.17　Indutherm 模拟装置示意图[23]

1—红外摄像机;2—机械试验机;3—温度指示口;4—上部出气口;5—测试样品位置;6—下部出气口;7—加载压力棒;8—下部进气口;9—加热装置;10—上部进气口;11—试样;12—柔性

这种试样与夹头同处加热区的加热方式有两个主要问题:一是高温辐射和气氛腐蚀不可避免地会引起夹头的损伤和破坏,对夹头材料的耐高温和抗氧化性能要求很高,降低了设备测试精度,提高设备维护成本;二是由于加热体直接与气氛接触,使用温度受到限制,在空气环境中仅能用于 1 000 ℃以下。

为了克服这类测试设备不能兼顾高温和氧水混合气氛、更不能兼顾高温和腐蚀介质的缺点,西北工业大学超高温结构复合材料重点实验室研制了一种新的静态气氛应力耦合环境性能测试设备(testing equipment with stress and static oxidizing atmosphere),该设备采用的是自主研发并获得国家发明专利的腐蚀介质高温长寿命致密加热技术制备高温环境箱。这种环境箱以石墨作为加热体,用刚玉管将加热体与腐蚀气氛隔离,以保护加热体,试样夹具的夹头处于环境箱外,并用陶瓷隔热塞隔热,使夹头温度始终保持在 100 ℃以下正常工作,静态气氛应为耦合环境性能测试设备示意如图 13.18 所示。试样夹具的夹头部分与力学性能试验机的加载部分相连,以实现静态气氛与应力条件的耦合。

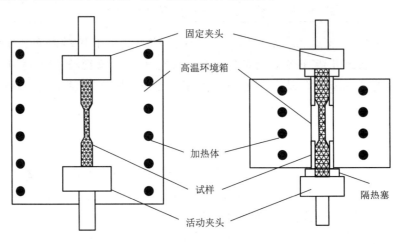

（a）传统夹头内置式环境箱　　　　　（b）夹头外置式抗腐蚀致密加热环境箱

图 13.18　静态气氛应力耦合环境性能测试设备示意图

该静态气氛应力耦合环境性能测试设备由加热装置、气氛模拟装置、加载装置(instron 8801 材料力学性能试验机)、环境性能演变过程信息采集装置及自动控制装置等五部分组成,设备实物照片如图 13.19 所示。

图 13.19　静态气氛应力耦合环境性能测试设备的实物照片

该系统可实现对温度、氧分压、水分压和熔盐浓度的精确控制，不仅可完成恒温复杂静态气氛中的拉、压、扭性能测试，还可在恒温条件下完成蠕变、疲劳、疲劳蠕变交互等性能的测试，并可以在线监测材料的应变、电阻、声发射等多种性能演变信息。通过将石墨加热体置换为高频感应加热线圈，将刚玉管置换为抗氧化石墨载热体，该系统还可实现热循环条件下的蠕变、疲劳、疲劳蠕变交互等性能的测试。主要技术参数见表 13.8。

表 13.8　静态气氛应力耦合材料环境性能测试系统的主要技术参数

技术指标	技术参数
最高温度	1 600 ℃
控温精度	±10 ℃
均温区尺寸	$\phi 20 \times 15$ mm^2
试样尺寸	185 mm×15 mm×3 mm
氧分压	0～0.1 MPa
水分压	0～0.05 MPa
腐蚀介质浓度	0～300×10^{-6}
介质流速	< 0.2 cm·min^{-1}
加载条件	最大载荷:100 kN 疲劳频率:1～20 Hz 各种波形
热循环条件	200～1 300 ℃,1 000 ℃·min^{-1}

2. 动态燃气及应力耦合环境材料性能模拟方法

此外，高速气流冲蚀是导致超高温复合材料性能加速退化的另一个重要因素。目前，主要使用动态燃气来模拟气流冲蚀对材料烧蚀性能的影响。根据超高温复合材料的具体服役环境，包括航空发动机、空天飞行器再入过程、液体火箭发动机、固体火箭发动机等，开发了多种动态燃气环境下材料性能的模拟方法及设备，主要包括航空煤油燃气风洞、甲烷燃气风洞、液氧酒精燃气烧蚀、固体推进剂烧蚀、氧乙炔焰烧蚀、等离子体烧蚀等。进一步，开发相应的设备并考察动态燃气和应力耦合环境下材料性能的模拟方法，能够掌握更接近真实服役环境下材料的性能。

(1)航空煤油燃气风洞

航空煤油燃气风洞是以航空煤油为燃烧介质，利用喷管将高温燃气加速推出，对材料进行冲蚀的设备，是燃气组分最接近航空发动机真实环境的模拟方法。航空煤油燃气风洞主要由气源、输气管道、预热燃烧室、高温燃烧室和测控系统等部分组成。

由气源来的常温空气流首先通过预热燃烧室喷油燃烧，将空气加热到高温燃烧室进口所要求的温度 200～300 ℃。事实上，为了保证预热燃烧室正常而高效地工作，其出口温度一般在 300～600 ℃ 之间。因此，系统还需配备了冷旁路和混合段，这样既能保证预热燃烧室正常工作，又可以满足高温燃烧室进气的要求。

高温燃烧室是高温复合材料环境模拟实验的核心部件之一，其主要功用就是将空气温度经过燃烧后加热到材料实验所要求的温度。通过控制航空煤油的供给量可以将出口燃气温度控制在 900～1 600 ℃ 之间，保证出口截面 80% 的面积上，相对温差不大于 10%。

由高温燃烧室出来的高温、高速气流直接冲击试样，完成冲蚀试验。

燃气主要由大量氮气、水蒸气、氧气和二氧化碳组成，燃气流速马赫数最高1，可通过气体流量控制。

以航空煤油为燃料的高温风洞是模拟航空发动机热端环境的最佳设备,与真实航空发动机热端环境气氛一致。西北工业大学超高温结构复合材料重点实验室将高温燃气风洞与力学性能试验机(instron 8872)相结合,研制了一套动态燃气应力耦合环境模拟测试设备(testing equipment with stress and dynamic gas atmosphere),并获得了国家发明专利。该设备实现了对燃气温度、燃气流速、氧分压、水分压和熔盐浓度等热物理化学环境因素及蠕变、疲劳和热循环等复杂应力耦合环境的模拟测试,并可在线采集材料应变、电阻、声发射等多种性能演变信息。图 13.20 是该设备的实物照片。

为了提高模拟测试的温度范围,该设备采用了自主研制的具有陶瓷内衬的燃烧室,如图 13.21 所示。由于油气比确定后,高温、高速燃气中的氧分压、水分压和熔盐浓度也为固定值,不能对模拟参数进行有效的调节。为了实现加速模拟试验,该设备利用多个环绕在燃烧室周围的水嘴向燃气中喷入水,以提高燃气的水分压;利用多个环绕在燃烧室周围的气嘴向燃气中通入氧气,以提高燃气的氧分压;利用水嘴向燃气中通入硫酸钠或氯化钠等盐类水溶液来提高燃气的熔盐浓度。依靠加速介质引入位置和压力的设计,可以使环境介质混合均匀,保证燃烧室出口处试样的气氛条件,同时不影响燃烧室的稳定燃烧。

图 13.20 动态燃气应力耦合环境
性能测试设备实物照片

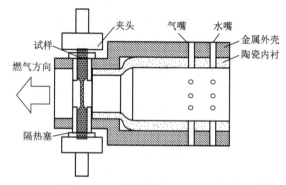

图 13.21 动态燃气应力耦合环境
性能测试设备的燃烧室结构示意图[25]

(2)大气层再入环境性能测试

甲烷燃气风洞以甲烷为燃烧介质,以燃烧后的火焰作为加热源加热气体,然后通过喷管将气体加速喷出,对材料进行冲蚀。图 13.22[25] 为甲烷燃气风洞工作原理图。

甲烷燃气风洞由 7 个分系统组成:

①气源,由高压氧气、氮气和甲烷组成。该系统的功能是为燃气发生器提供充足且符合标准的氧化剂(氧/氮混合物)和燃料(甲烷)。

②气体控制系统,由调节控制柜、过滤器、截止阀、单向阀、电磁阀、减压器、流量控制器、节流孔板和压力表组成。该系统的功能是完成氧气、氮气和甲烷的减压及流量调节,同时完成氧气和氮气的混合。氧气和氮气流量调节采用流量控制器技术,混合过程由混合器完成。

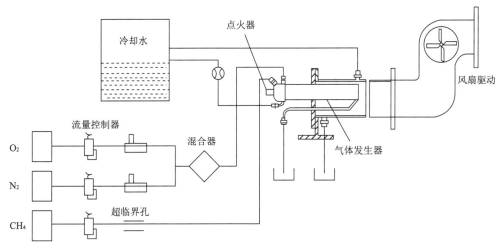

图 13.22　甲烷燃气风洞的原理示意图[25]

③燃气生成系统（见图 13.23）[25]，由燃气发生器和电点火器组成。在燃气发生器内，当甲烷和氧/氮混合气体均匀混合后，由点火器提供能量，发生化学反应，反应产生的高温燃气流从发生器喷出，进入试验段。为了防止高温对设备的损坏，发生器和试验段均通有循环冷却水。

④试验段，其功能是将试验件安装在合适的位置进行试验。

⑤燃气冷却及排放系统，由冷却段、排气通道

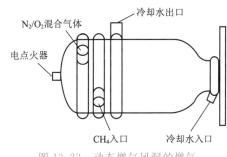

图 13.23　动态燃气风洞的燃气
发生器示意图[25]

和引风机组成。冷却段安装有 3 个喷嘴，试验过程中喷注雾化水对高温燃气进行冷却。排气通道内安装有轴流式引风机，能将燃气排出实验室。

⑥冷却水系统，由冷却水管路和涡轮流量计组成。需要冷却的部件包括燃气发生器、试验前段和试验后段。

⑦数据采集及控制系统，由信号检测、信号调理、数据采集和系统调节模块组成。数据采集及控制系统的软件部分采用 Labview 虚拟仪器系统，可实现试验的界面显示、参数记录和存储、流程控制和参数调节等功能。

甲烷风洞的最高温度可达 2 000 ℃。燃气组成及温度可通过调节不同气源物质组分的流量来控制，通过供给额外氧气可获得富氧燃气环境，能够实现氧分压在 17～30 kPa 可调，以及水分压在 20～55 kPa 可调的水/氧耦合高温氧化环境。通过热力学计算可得到不同条件下燃气的组成和分压，见表 13.9[25]，甲烷燃气主要由水蒸气、氧气、二氧化碳和少量氮气组成，燃气流速 20 m/s，氧气的质量分数一直控制在富氧 20%（氧分压约 17 kPa），水分压约在 35～55 kPa 范围内，不同温度下的水分压不同。

表 13.9　动态燃气环境的燃气组成与分压[25]

温度/℃	燃烧环境下气体的分压				总压强/kPa
	O_2	H_2O	CO_2	N_2	
1 300	17	35	17	31	100
1 500	17	45	22	16	100
1 800	16	55	29	0	100

西北工业大学超高温结构复合材料重点试验室通过对甲烷燃气风洞试验段的改造,实现了甲烷燃气风洞与力学性能试验机的整合,可实现动态燃气与应力耦合环境中的材料性能测试,图 13.24[25]和图 13.25[25]分别为动态燃气与应力耦合环境性能测试设备的原理示意图和实物照片,主要组成部分有常压亚音速动态燃气风洞、材料力学试验机和伺服传动装置。动态燃气风洞产生高温富氧燃气,使试验件承受与再入大气相近的热物理化学气氛;力学试验机施加拉伸载荷,使拉伸试验件承受与气动载荷和机械载荷等效的应力;伺服传动装置施加转动载荷,使铰链试验件在承受拉伸载荷的同时承受与转动摩擦等效的扭矩。

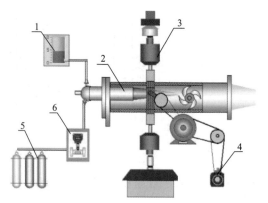

图 13.24　动态燃气与应力耦合环境
性能测试设备示意图[25]
1—水冷却系统;2—动态燃烧风洞;3—加载系统;
4—旋转系统;5—气体供压;6—气体流量控制器

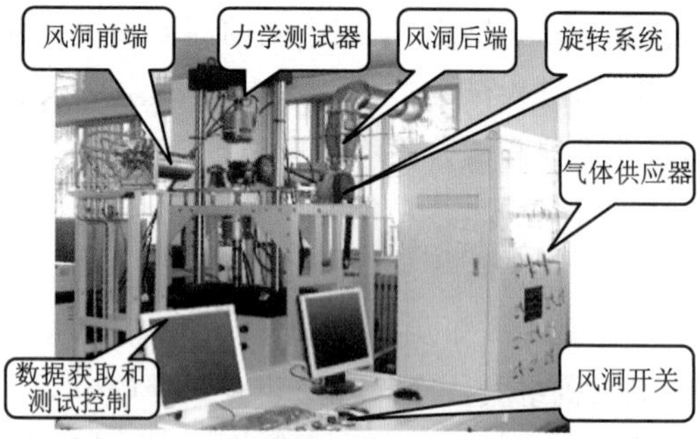

图 13.25　动态燃气与应力耦合环境
性能测试设备实物照片[25]

动态燃气应力耦合环境性能测试设备的功能参数如下:

①燃气流速。常压亚音速低速风洞,燃气流速度约为 20 m/s 以下。

②燃气温度。最高温度为 2 000 ℃。在 600～2 000 ℃范围内可调,该温度范围基本涵盖了目前空天飞行器再入过程的各个温度段。控温精度±5%,均温区最小截面尺寸 60 mm× 60 mm,长度 20 cm。

③燃气成分。氧气质量分数在 10%～30%可调,这是根据再入过程大气成分的最高氧含量 23%而定的,并考虑了功能的可扩展性。

④工作时间。稳定连续运行时间不低于 30 min,符合空天飞行器再入大气所经历的时间要求。

⑤载荷条件。可实现垂直加载和转动扭矩两种不同加载方式的耦合,垂直加载可实现最大约 100 kN,扭矩最大可达到约 150 N·m。

⑥控制精度。气体流量采用气体流量计控制,精度约为 0.01 g/s 和 0.01 MPa。

⑦数据采集。能够实现自动化采集数据和实验控制。自动化数据采集可提高数据采集精度,便于实验数据处理,实验控制程序化,可实现人机对话。

耦合应力条件可通过机械/气动单向加载和实现转动行为的转动加载来实现,不但能实现任意一种应力下的材料性能测试,而且可实现两种不同方式应力耦合的应力环境。

①单向加载

采用 Instron 8800 材料力学试验机对试样进行单向机械加载,最大加载能力达 100 kN,加载速率和加载形式可根据实验要求设定,同时还具有实验自动监控、数据采集与数据存储等功能。

②转动加载

通过伺服传动装置实现对材料构件的转动加载,可实现的最大转动扭矩为 150 N·m,最小转速为 32 r/min。图 13.26[25] 为伺服传动装置的示意图,主要由伺服电机、磁粉离合器、同步带传动、链传动及定位支座等组成。

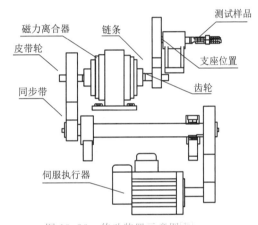

图 13.26　传动装置示意图[25]

伺服电机:规格 MGMA122,伺服驱动器 MGDA123。额定功率是 1.2 kW,额定转速 1 000 r/min,最高转速 2 000 r/min,额定转矩 11.5 N·m。该型号伺服电机进行内部速度设定后,可在伺服传动装置末级实现 0~128 r/min 及 0~150 N·m 扭矩。

磁粉离合器:选用 ZAJ-5 型机座式,激磁电流 2.5 A,滑差功率 300 W。

传动减速装置:采用三级传动减速装置,三级减速比均为 2.5,通过设置伺服电机的内部速度,可在传动装置末级实现多种转速。在选择传动方式时,由于安装空间的限制,最后一级则选择链传动。

试验件定位系统:为了保证高温、高载、低转速摩擦磨损试验件在甲烷燃气风洞中的定位,设计了试验件定位支座,如图 13.27 所示[25]。该支座由驱动轴、从动轴、驱动轴端头、从动轴端头、过渡连接件、弹簧和万向节等构件组成。为了使摩擦磨损试验件在转动过程中保持同轴转动,轴与端头间使用了万向节连接。为了试验件与定位支座的配合,还需要一个过渡连接件经受苛刻的高温环境,因此用 C/SiC 复合材料制造。

图 13.28[25] 为 C/SiC 铰链转动副系统在模拟再入环境的测试原理图。转动副由 C/SiC 静止环和 C/SiC 转动轴组成。静止环是一根带有键槽的圆管,镶嵌固定在加载板内,转动轴也是圆管形状,通过两端定位由传动装置带其转动。铰链臂由上、下加载板及左、右夹板连接组成。C/SiC 静止环与转动轴同时穿过左、上、右三个 C/SiC 夹板。下加载板与左右两个

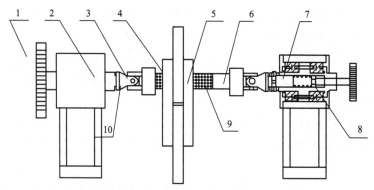

图 13.27　试验件定位系统示意图[25]

1—链条的齿轮；2—驱动轴；3—驱动轴末端；4—手柄；5—测试样品；6—从动轴末端；
7—弹簧；8—从动轴；9—样品；10—万向节

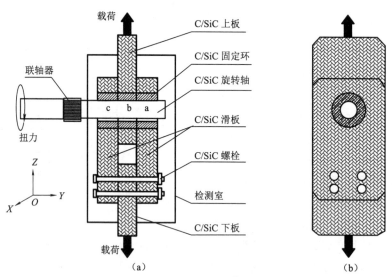

图 13.28　再入环境性能实验模拟系统中 C/SiC 转动副摩擦测试示意图[25]

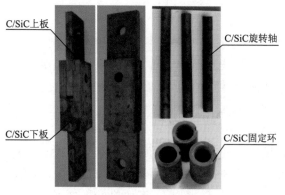

图 13.29　全陶瓷 C/SiC 复合材料铰链
转动副的试验件实物图[25]

夹板通过 C/SiC 螺栓连接。在试验过程中可同时实现单向加载与转动加载。试验时上下加载板以相同载荷进行拉伸，并通过 C/SiC 夹具将载荷传递到转动副上。这种配合方式可以通过更换静止环与转动轴来实现不同转动副的性能测试。铰链转动副作为一个整体的摩擦学系统，主要由 C/SiC 转动副、C/SiC 铰链臂、金属夹具三大部分连接而成。图 13.29 为全陶瓷 C/SiC 复合材料铰链转动副的试验件实物图。

　　试验中采用金属夹具来连接 C/SiC 铰链臂和材料力学试验机夹头，以实现对实验系统加载。该夹具在实验中处于高温实验段的外部，故用 1Cr18Ni9Ti 不锈钢制造，不锈钢夹具与 C/SiC 铰链臂配合的实物如图 13.30 所示[25]。

图 13.30　不锈钢夹具与 C/SiC 铰链臂配合的实物图[25]

13.3.3　环境损伤在线表征方法现状

1. 航空发动机环境

　　环境性能测试通常都是离线和不连续的，通过环境性能演变规律建立物理模型，不仅需要大量性能数据，而且不能准确跟踪环境性能演变过程。在环境性能测试过程中，实时和连续获取环境性能演变过程信息，不仅可以更有效地结合环境性能确定演变规律和损伤机理，而且可以与物理模型结合，对损伤过程进行监测，因此，过程信息的在线获取是环境性能模拟测试的关键技术。需要说明的是，对环境性能演变规律和损伤过程进行分析和监测只需要获取过程信息的变化规律，而不是绝对值。国内外发展了多种复合材料的损伤检测技术，例如超声、X 射线、激光全息、声发射、电阻、共振等，但是除声发射和电阻外，其他探测技术都难于实现实时监测，只有中断加载才能实施监测。声发射是国内外近年来发展最快的损伤实时监测手段。对于高温环境，国内外主要采用声发射的外延法来监测损伤实时演化信息，如图 13.38 所示。目前，可在线获取的过程信息主要是应变、声发射和电阻。

　　（1）应变测量技术

　　非接触式应变测量由于可以在环境箱外以非接触的方式测量试样的应变，因而适用于材料在高温、高压、有害介质等环境条件条件下的应变测试，是解决高温复杂耦合环境下应变测量的有效手段。国内外发展了激光引伸计、视频引伸计、数字图像相关技术（DIC）等非接触式应变测量技术，并将其应用于陶瓷基复合材料和高温合金等材料的复杂耦合环境应变测量。非接触应变测量系统中，德国 Zwick［见图 13.31（a）］、美国 Instron［见图 13.31（b）］、日本 Shimaduzu［见图 13.31（c）］和英国 Imetrum 已经形成了成熟的系列化的产品。国内济南时代试金试验机有限公司和长春科新试验仪器有限公司等在对国外产品的研究基础上，也形成了数款非接触应变测量系统［见图 13.31（d）］，但系统稳定和精度尚不及国外同类产品。

　　国外，Aude Hauert[26] 等人使用特殊设计的视频引伸计测试了颗粒增强金属基复合材料试样（见图 13.32）的横向变形。Y. Sakanashi[27] 等人设计开发了一种基于 DIC 的可用于高温长时（超过 2 000 h）蠕变变形测量的测试系统。这些均表明非接触式测量是高温条件下横向应变等难测应变和长时间变形测量的有效解决方法。

　　北京理工大学开发了一种集成的数字图像相关（I-DIC）测试系统，如图 13.33 所示，用于在高温复杂环境下的变形测量。结果表明，I-DIC 是高温复杂环境下多参数反演和热机械变形解耦的有效工具。

（a）德国Zwick视频引伸计

（b）美国Instron视频引伸计

（c）日本Shimadzu双视频引伸计

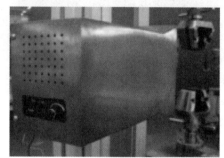

（d）中国济南时代试金视频引伸计

图 13.31　国内外的非接触测试系统

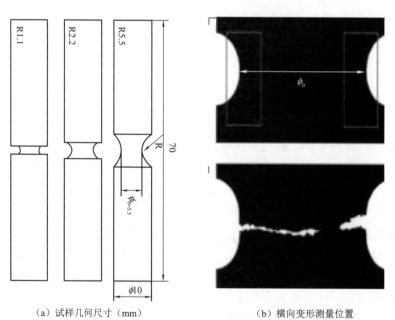

（a）试样几何尺寸（mm）

（b）横向变形测量位置

图 13.32　视频引伸计测试试验的横向变形

　　北京航空材料研究院将 DIC 应用于复合材料高温应变测量,中国飞机强度研究所在高温合金测试过程中(1 200 ℃)使用激光引伸计测量应变,均取得理想的测试效果,如图 13.34 和图 13.35 所示。

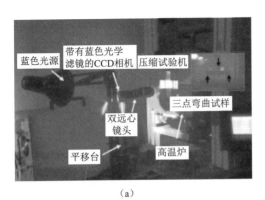

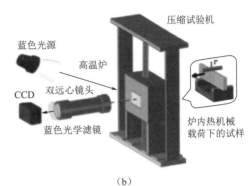

（a）　　　　　　　　　　　　　　（b）

图 13.33　高温测量热力学分析 I-DIC 系统

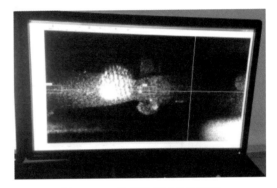

图 13.34　DIC 非接触测量高温　　　　　　图 13.35　使用视频引伸计测量
环境复合材料应变　　　　　　　　　　　高温合金应变（1 200 ℃）

目前,电子散斑干涉法(electrical speckle pattern interferometry,ESPI)[28]在高温环境变形测量中已有较为成功的尝试。Kim[29]利用 ESPI 技术在真空环境下测得了镍基高温合金(Inconel 601)在 1 200 ℃范围内的热膨胀系数,与材料参数符合较好。Kang[30,31]利用化学刻蚀及转印的方法,发明了可以应用于不同气氛的实验环境(如空气、氧气、惰性气体和真空环境等)的高温云纹干涉技术,可靠工作温度可达 1 300 ℃。利用该技术对镍基高温合金(Inconel 718)裂尖高温蠕变行为进行了研究,发现了氧气压力占比对蠕变裂纹扩展的主导作用。Wang[32]和 Xie[33]将纳米压印技术和高温转印技术应用到高温云纹光栅的制备中,利用有限元分析得到了最优光栅厚度,解决了光栅高温环境下的抗氧化性能和光栅薄膜界面稳定性之间的矛盾。

国内还发展了利用夹头位移获取试样工作段应变的"外延法"。采用外延法测量应变时,需要对所测定应变进行标定并修正。所选取的修正方法直接决定了外延法测量应变的精度,已经发展了多种修正方法,但目前夹头位移外延法的测量误差仍然较大。外延法测应变是通过测量夹头相对于某固定位置的位移来跟踪试样标距段应变的变化,如图 13.36 所示。

在移动夹头相对于某固定位置的位移中,实际包括夹头应变、试样非标距段应变和试样标距段应变三部分:

$$\varepsilon_{外延} = \varepsilon_{标注} + \varepsilon_{非标注} + \varepsilon_{夹头}$$

$$(13.2)$$

在环境性能测试过程中,试样的标距段温度最高、应力最大、环境损伤速度最快,$\varepsilon_{标注}$不仅与应力有关,而且与时间有关;夹头处于环境箱之外,基本不受气氛影响,$\varepsilon_{夹头}$只与应力有关而与时间无关;非标距段的应力远高于标距段的应力,环境损伤的速度远比标注段的损伤度缓慢,可以近似地认为$\varepsilon_{非标注}$只与应力有关而与时间无关,因此,采用外延法获取试样在氧化气氛与应力耦合环境中的应变规律是可行的。需要指出的是,非标距段内的温度梯度对应变等信息演变规律的获取有一定影响,需要通过信息分析来解决,这对信号分析提出了更高要求。

为了消除试样非标距段部分应变与夹头应变对标距段应变的影响,采用外延法检测试样标距段的应变时,必须对所测应变值进行标定。标定过程采用与环境性能测试相同的狗骨状试样,在室温下通过拉伸试验完成。拉伸过程中使用引伸计直接测量试样标距段的应变,同时利用外延法测定夹头相对某固定位置的应变,标定结果如图 13.37 所示。标定结果表明,直接测定和外延法测定试样在标距段的应力—应变曲线相比,虽然应变值不同,却具有相似的变化规律。两条曲线均出现了表征不发生损伤的线性段和表征损伤的非线性段,外延法测定的应力—应变曲线在非线性段出现的较大波动可以认为是试样与夹头间的滑动造成的,不影响对试样损伤的表征,因此,可以采用外延法获得的外延应变演变规律,来反映试样标距段的应变演变规律。

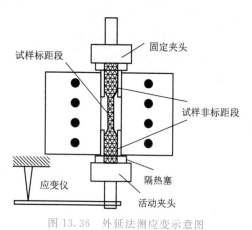

图 13.36 外延法测应变示意图

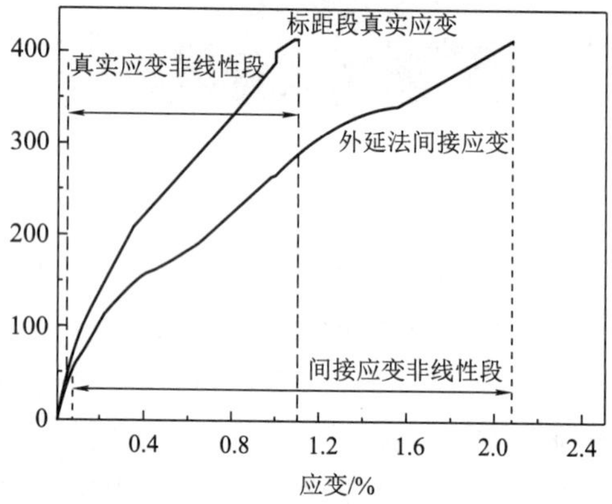

图 13.37 外延法与标距法测试的 3D C/SiC 室温应力/应变曲线比较

(2)声发射实时监测技术

复合材料内部结构单元发生改变时,如微裂纹生成、裂纹扩展、纤维拔出、纤维断裂等,都会因能量的耗散而发出一定频率和能量的声发射信号。根据声发射频率、能量和持续时间可以确定复合材料的损伤类型,根据声发射信号的累积能量变化规律,可以分析复合材料的损伤发生和发展过程,因此,在环境性能测试过程中,实时采集声发射信息可以有效监测复合材料的损伤行为,如纤维断裂、基体开裂及裂纹扩展等,从而确定材料环境性能的演变规律和损伤失效机制。

由于声发射信号传感器不能在高温腐蚀气氛中工作,不能直接对试样标距段内的声发射信号进行采集。采用外延法进行声发射信号采集时将传感器固定在处于室温的试样夹头上,如图 13.38 所示。标距段发出的声发射信号在通过试样与夹头的接触面传播时,会出现能量衰减、频率改变等问题,而非标注段的声发射信号也会对标注段声发射信号产生干扰,因此,利用外延法获取环境性能测试过程中的声发射信号,一方面需要对材料微结构单元声发射信号的频率、能量和持续时间等特征参数进行标定,更重要的是对信号进行时频分析。

声发射信号的标定可以通过室温单向拉伸试验来完成。在试样拉伸过程中,将两个传感器分别固定在试样标距段和试样夹头上,对比分析两个传感器采集的声发射信号可以确定非标注段的干扰信号特征。通过室温单向拉伸试验还可以确定不同微结构单元损伤类型的声发射频率特征,在环境性能测试过程中,可通过对声发射信号频段的选择来剔除干扰信号,有效采集试样环境性能测试过程中的声发射信息。

S. Momon 等人使用声发射研究了 C_f/SiC 在高温($700\sim1\,200$ ℃)环境中静力和疲劳损伤机理,图 13.39 是其发射检测的照片。研究表明,声发射可以清楚地识别出多个或单个纤维断裂、基体开裂、纤维/基体脱黏、织丝/织丝脱黏和纤维/基体界面滑移或者卸载后的基体裂纹闭合。S. Momon 等人还据此开发了一种在严酷环境下实时监测损伤机制的方法。

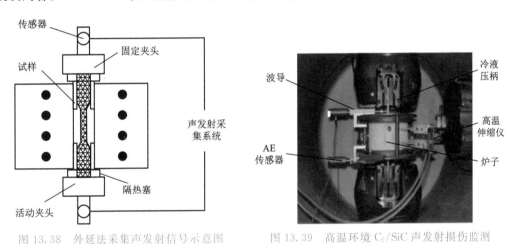

图 13.38　外延法采集声发射信号示意图　　图 13.39　高温环境 C_f/SiC 声发射损伤监测

Luo J J、Wooh SS、Daniel I M、Fougerses R 等众多学者也进行了高温环境下的声发射实时损伤监测研究,研究表明,在环境性能测试过程中实时采集声发射信号可以有效监测陶瓷基复合材料的各种损伤行为。国内,西北工业大学和北京航空航天大学等高校也进行了大量类似的研究。

（3）电阻变化的在线采集

对于具有一定导电性的材料,其结构单元的损伤和微结构改变都会导致其电阻变化,可以通过监测其电阻变化来跟踪材料损伤。试验中采用间接式电桥法监测试样的电阻变化,电阻测量示意图如图 13.40 所示。分别以试样、固定夹头、移动夹头和试验机作为电桥的四个电阻,分别用 R_0、R_1、R_2、R_3 表示,R 表示电桥的电阻,则简化电路如图 13.41 所示。高温腐蚀性气氛中,由于接触部位在氧化腐蚀过程的变化,对试样电阻进行直接测量不只精度而且稳定性都难以保证。

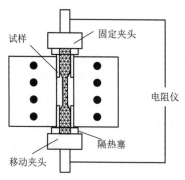

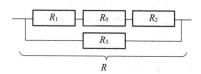

图 13.40　间接式电桥法测电阻示意图　图 13.41　材料电阻测量的简化电路图

电路中的电阻满足如下关系：

$$\frac{1}{R_0 + R_1 + R_2} + \frac{1}{R_3} = \frac{1}{R} \tag{13.3}$$

整理可得：

$$\Delta R_0 = \frac{R_3^2}{R_3 - \Delta R} - (R_1 + R_2 + R_3) \tag{13.4}$$

式中，ΔR_0 为试样电阻变化(Ω)；ΔR 为整体电阻变化(Ω)。

由于夹头和试验机处于常温无腐蚀环境中，试验过程中不发生损伤，故其电阻不变。直接影响整个电桥电阻变化的只是试样，因此，通过监测电桥电阻的变化，可直接反映试样电阻的变化，从而实现试样损伤电阻信息的采集。

电阻法已经被证实是聚合物基复合材料和陶瓷基复合材料的有效损伤状态监测手段。国外众多学者建立了陶瓷基复合材料的损伤电学特性模型和表征研究。目前，先进的微电阻测试技术已能精确到 10^{-6} Ω，从而保证了测量的精确性。

Coraline Simon 等人对 SiC_f/SiC 进行电阻监测和声发射损伤监测研究，使用串联和并联电阻网络对作为应变函数的电阻演变进行建模，如图 13.42 所示[34]，其中局部较高的电阻表示由于基体微裂纹导致的材料潜在不连续，研究发现电阻为应变和卸载过程中残余行为的函数，且实测电阻与模型预测的电阻具有很好的相关性。Coraline Simon 等人据此确定了试样电阻与导致力学性能变化的基体裂纹密度之间的关系。C. E. Smith、G. N. Morscher、Z. Xia、T. Sujidkul 等学者也使用电阻法进行了大量的 SiC_f/SiC 损伤演化研究，表明使用电阻法对 SiC_f/SiC 进行损伤监测是适当而有效的。

国内西北工业大学采用电阻法测试了高温环境下 C_f/SiC 微电阻变化，研究表明电阻变化率可以反映 C_f/SiC 中 C 纤维的损伤程度和失效形式，可作为表征纤维损伤的有效参量。

2. 火箭发动机环境

在 MURI 计划的支持下，B. Evans 和 K. K. Kuo 等人研制了一套利用甲烷和乙烷作为燃料，氧气作为氧化剂来模拟固体火箭发动机燃气气氛的模拟试验装置，并使用该装置开展了一系列不同燃气组分、不同压力条件下的喉衬烧蚀，为烧蚀模型的参数分析提供了必要的试验数据。为了观察喉径随时间的变化过程，还在该装置上添加了 X 射线实时荧屏诊断装置，拍摄并处理了喉径在发动机工作过程中的变化过程，如图 13.43 所示[35]。

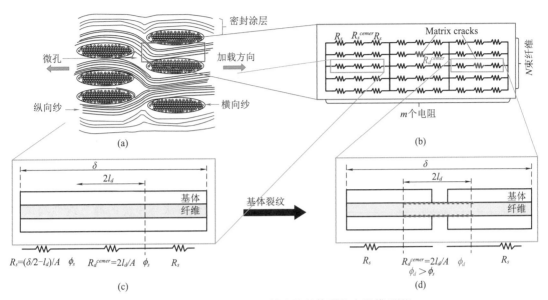

图 13.42 Coraline Simon 等人的基体裂纹电阻模型[31]

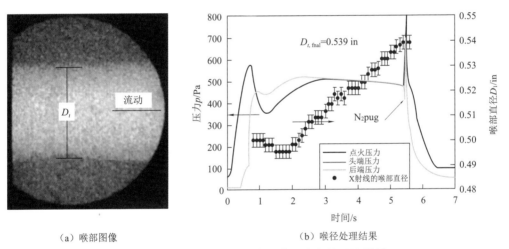

（a）喉部图像　　　　　　　　　　（b）喉径处理结果

图 13.43 X 射线拍摄的喉部图像和喉径处理结果[35]

利用试验过程中燃烧室的压强变化,可以初步判断喷管的烧蚀和沉积情况。实验测得 G2 的燃烧室压强和外壁测温点 T_g 温度如图 13.44 所示。

由图 13.44 可以看到,实验开始约 2 s 内燃烧室压强有缓慢上升,说明喉部还是有沉积。随着实验时间延长,喷管温度逐渐升高,沉积层逐渐消融,燃烧室压强下降。

3. 高超声速环境烧蚀率测试方法[36]

国际在高超声速飞行器发展上的竞争对于热防护结构的设计理念和热防护系统选材相较以前提出了更为严格的要求,尤其是对于烧蚀防热材料的烧蚀情况控制要求苛刻。在地面模拟烧蚀材料服役环境的实验中精确地识别并表征烧蚀材料的线烧蚀率,是评价热防护系统中防热材料响应的重要技术。传统的烧蚀材料地面模拟烧蚀实验烧蚀量测量的方法是将一对激光发射和接收装置安装在垂直试件烧蚀端面与热源方向。试件被热源加热,端面正好阻断光路,接收器这时不能接收到激光发射器发射出的激光,当试件因加热而产生烧蚀,轴线方向长度减小,端面后退以至于不能阻断光路,这时激光发射器发射的激光信号就可以被激光接收器接收到。激光信号反馈给电脑,电脑控制激光进给系统将试件向前送进,直到再一次阻断了激光光路,停止送进,通过精确的进给量实时记录材料的烧蚀量,从而得到材料的烧蚀率曲线。

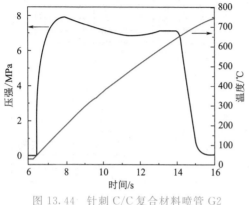

图 13.44　针刺 C/C 复合材料喷管 G2 燃烧室压强和测温点 T_g 温度曲线

这种测试方法与传统的静态线性测试方法相比,有了本质上的突破,可以测得材料的实时烧蚀量,而且其另一个优势在于被测试件距离热源的距离保持稳定,不会因为烧蚀后退而改变被测试件的热环境,对试件的烧蚀环境表征相对准确。然而其不足之处也显而易见,激光发射器的发射光斑尺寸直接影响了测试方法的精度和分辨率。而对于烧蚀率的测试实际上测得的是多时间段的平均烧蚀速率,而不是每一时刻的动态烧蚀率,并不能准确地表征材料线烧蚀速率随时间变化的实时性。同时在烧蚀环境下,材料会发射出强光干扰激光接收器对激光发射器信号的接收。整个装置的台架稳定性和送进装置的进给精度都有很高的要求,所以该方法有一定的应用局限。

对于防热材料动态烧蚀率的测量还有一种内设传感器的方法,其本质就是在材料内部安装传感器,并设计安装方式保证传感器的烧蚀与其周围的被测试材料烧蚀进度同步,通过烧蚀后传感器里面的电性能变化过程推算被测试件材料的烧蚀过程。本打算通过虽不连续但排列密集的断路信号来描述其烧蚀的过程,但后来的研究发现不仅导线熔断,而且碳化层导电会造成电流信号不稳定。

在上述的设计理念基础之上,NASA 更进一步发展了通过烧蚀产物电性能来描述烧蚀过程的类型传感器,研制出一种新型烧蚀量传感器,约 2 mm 直径,通过可变层数的聚酰亚胺绝缘纸包裹碳酚醛细棒、铂-钨线、更多聚酰亚胺绝缘纸和镍带。铂-钨线的电阻远大于镍,其工作机理是碳酚醛和聚酰亚胺烧蚀过程中所产生焦炭的导电性,通过电源提供恒定电流加载于铂-钨线、焦炭和酚醛构成的回路当中,同时测试镍带和铂-钨线之间的电压。当酚醛发生烧蚀后导致铂-钨线变短,同时其电阻将下降。电弧试验表明这种测试方法精度在 0.9~1 mm 间。通过改变绝缘层、导线层、芯层的材料设计,该新型烧蚀传感器可应用于不同材料与任务环境。伽利略火星探测器的烧蚀防热层就使用了该类型传感器进行飞行试验,获得了较好的实验结果。

这种材料烧蚀量测试方法的最大优势在于实时监测同步性好,可用于飞行试验,但其本身也存在很大的技术局限性,首先这种测试方法仅适用于烧蚀后产物为焦炭等导电产物的防热材料;其次这种方式对地面设备要求较高,交流电加设备由于流场带电将首先被排除,直流电加设备虽然流场带电问题能够通过接地的方法解决,但是否能够满足测试传感器对流场无电荷的要求仍不能保证。在材料中埋设传感器破坏了材料本身的完整性,传感器对被测试件的结构影响不能忽略不计。其本身的测试精度也不是很高,不能满足低微烧蚀材料烧蚀过程中的测试精度和分辨率的要求。

NASA Ames 研究中心初步研究提出了一种基于光学 CCD 传感,利用图像三维还原技术还原试件真实轮廓的烧蚀量动态测试方法。在传感测试平台上安装两个 CCD 摄像机,其图像还原的原理就如同人体双目视觉对空间的感知,该方法对圆柱形烧蚀试验件的表面烧蚀后退量在线测试精度高达 $0.1\sim0.3$ mm。基于光学 CCD 的材料表面烧蚀率在线测试方法从原理的科学性和测试精度上都较传统方法有了质的飞跃,但同样也存在一定的技术局限性,主要体现在对试件台架在实验过程中的稳定性要求较高,同时对 CCD 滤光等辅助技术也有着苛刻的要求,该方法理论精度很高但实际试验评价过程中实现难度较大。目前,欧美等发达国家针对地面试验过程中材料烧蚀率在线测试的技术研发始终是一个热点问题,国内 CCD 在变形测量中也得到了广泛应用,研究人员一直迫切地寻求一种更为稳定可靠的烧蚀率在线测试方法。清华大学克服了高温极端环境中变形量和烧蚀形貌等参数光学测量时的高温强光辐射、空气扰动、散斑退化等问题,发展了 SIFT-BSI 方法,该方法对于模拟图像测量精度可达 50 $\mu\varepsilon$[37]。

目前光学测试方法仍然存在诸多问题需要解决,如测量设备的耐高温性、测量光路的可行性及高温下测量方法的精确性等,高温环境下测量技术和方法仍需继续探索和发展,因为极端环境下的变形测量仍然是接下来几十年内测量领域的一大挑战[38]。

13.4　产业应用与工程应用

13.4.1　航空发动机应用考核

在陶瓷基复合材料(CMC)构件验证测试方面,由于 CMC 与现行使用的金属材料的特点呈现出如下不同,因此在测试设备方面也逐渐发展出了一系列专用化的试验系统,以开展 CMC 构件的考核验证。

(1)CMC 的使用温度进一步提升,对各类试验器的试验能力提出了更高的要求,包括加温能力、热应变测试能力等。此外,还需进一步提升综合多场的加载与测试能力。

(2)CMC 特性有别于金属(传统热端部件用),因此随着使用温度的不同,CMC 会呈现出不同的类陶瓷特性或类金属特性,尤其是在承受上游部件脱落等造成的二次损伤时更需要进行考核与验证。

(3)由于 CMC 的特性造成其构件的特殊工艺也必须加以验证,例如 TBC(隔热涂层)的 C/Si 基黏结等性能,都必须进行刮擦等相关考核。

正是基于以上原因,美国在相关研究计划进行的同时,也进行了专用试验系统的研发。美国在连续纤维陶瓷复合材料 CFCC(continuous fiber ceramic composites)计划中构建的小型 CMC 涡轮外环高温燃烧考核试验系统及 CMC 涡轮外环剐蹭抗磨试验系统分别如图 13.45 和图 13.46 所示[39]。

图 13.45　小型 CMC 涡轮外环高温燃烧考核试验系统[39]

图 13.46　CMC 涡轮外环刷蹭抗磨试验系统[39]

此外,为了验证 CMC 在燃烧室和涡轮中应用的可靠性,美国等国家已经利用多种高温燃烧试验平台,进行了高温环境长时间和高低温循环试验考核。相关试验设施比较著名的有美国 NASA 刘易斯研究中心马赫数 0.3 的常压燃气加热器(atmospheric pressure burner rig, APBR)[见图 13.47(a)][40]、格伦研究中心的高压燃气加热器(high pressure burner rig, HPBR)[见图 13.47(b)][40]、富油—淬熄—贫油燃烧试验器(rich-quench-lean, RQL)[见图 13.47(c)][41],

以及美国橡树林国家试验室的 Keiser Rig[见图 13.47(d)][42]。从公开的文献报道看,目前尚没有一套能够真正模拟燃烧室环境的试验系统。总结对比美国上述高温燃气试验系统可以发现,美国 NASA 格伦研究中心的高压燃气加热器除了不能机械加载以外,综合性能指标都较为先进。各高温燃烧试验器性能比较见表 13.10[40-42]。

NASA GRC Mach 0.3 Burner Rig

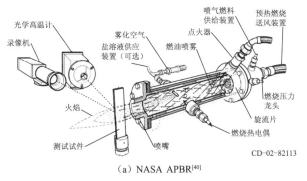

（a）NASA APBR[40]

（b）NASA HPBR[40]

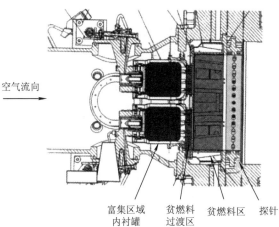

（c）NASA RQL Sector Rig

（d）ORNL's Keiser Rig[42]

图 13.47 美国高温燃气环境模拟试验器[40-42]

表 13.10 各高温燃烧试验器性能比较[40-42]

关键指标	NASA APBR	NASA HPBR	RQL Sector Rig	Keiser Rig (Furnace)
高温	1 350 ℃	1 650 ℃	1 100 ℃	1 550 ℃
高压	常压	√	√	√
高速	马赫数 0.3	200 m/s	—	—
富油燃烧可调	×	√	√	—
贫油燃烧可调	0.5	√	√	—
机械载荷	静载	×	×	×
成本	低	适中	高	低

以美国为代表的发达国家在 CMC 应用于航空发动机相关构件方面已经积累了近 30 年的经验，国外航空发动机上应用的 CMC 正在从低温向高温、外部冷端向内部热端、军用发动机尾喷系统向商用发动机涡轮、燃烧室方向推进，显示出相当大的应用潜能[43]。

考虑航空发动机尾喷结构服役温度在 800～900 ℃，结构相对简单，国外最先将 CMC 材料应用于军用发动机尾喷结构。法国 SNECMA 公司于 1996 年将 C/SiC 成功地应用在 M88-2 发动机喷管外调节片[见图 13.48(a)][43]上，大大减轻了质量。2002 年，SNECMA 公司已经验证了其寿命目标，并开始投入批量化生产。20 世纪 90 年代中期，SNECMA 公司与 PW 公司合作，在 PW 公司西棕榈滩海平面试验台和阿诺德工程发展中心的海平面与高空试验舱中，于 F100-PW-229 和 F100-PW-22020 发动机[见图 13.48(b)][43]上进行了地面加速任务试验。试验表明，SiC/SiBC 和 C/SiBC 密封片都满足了其所替代的金属密封片的 4 600 个总加速循环寿命的要求，并且没有出现分层问题(见表 13.11[43])。此后，C/SiBC 密封片于 2005 年和 2006 年分别通过了 F-16 和 F-15E 的飞行试验，目前已经成功应用到 F119 和 F414 军用发动机上。2015 年 6 月 16 日，法国赛峰集团设计的 CMC 尾喷口搭载在 CFM56-5B 发动机上完成了首次商业飞行[44]。

(a) M88-2发动机喷管外调节片　　　　(b) F100-PW-229挂机试验件

图 13.48　已装机的 CMC 构件[43]

表 13.11　陶瓷基复合材料定剖面密封片/调节片在 F100 发动机上试验时数总结[43]

密封片	材料种类	试验种类	总累计循环数	发动机时数/h	加力工作时数/h
A410 调节片	SiC(体积分数 34%)/SiBC	全寿命	4 851	1 294.9	97.6
A500 调节片	C(体积分数 44%)/SiBC	全寿命	4 609	1 307.2	94.4
A410 调节片	SiC(体积分数 34%)/SiBC	延长寿命	6 582	1 750.3	117.4
A500 调节片	C(体积分数 44%)/SiBC	延长寿命	5 611	1 485.3	102

美国除了利用 F110 发动机试验验证了 COI 陶瓷公司的 SiC/SiNC 密封片可行性之外，还利用联合技术验证发动机(JTDE)XTE76/1 验证了 GEAE/Allison 公司的 CMC 低压涡轮静子叶片(见图 13.49[43])；利用先进涡轮发动机燃气发生器(ATEGG)验证机 XTC 76/3 验证了 GEAE/Allison 公司的 SiC/SiC 燃烧室火焰筒；利用 ATEGG 验证机 XTC 77/1

验证了 GEAE/Allison 开发的 CMC 燃烧室 3D 模型和高压涡轮静子叶片;利用联合涡轮先进燃气发生器(JTAGG)验证机 XTC97 验证了霍尼韦尔(honeywell)/GEAE 公司的 CMC 的高温主燃烧室;利用联合一次性使用的涡轮发动机概念(JETEC)验证机 XTL86 验证了威廉姆斯国际公司开发的 C/SiC 涡轮导向器、C/SiC 涡轮转子、C/C 的喷管和 Allison 公司 C/SiC 排气喷管。通过超高效发动机技术计划,CMC 燃烧室火焰筒(见图 13.50[43])的试验室试件已经被证实其在 1 478 K、大于 9 000 h 的热态寿命下,具有13.78 MPa 的应力能力,燃烧室扇段具有 200 h 的寿命[43]。

图 13.49　GEAE/Allison 公司验证的陶瓷基复合材料低压涡轮静子叶片[43]

美国 GE 公司利用 GEnx 发动机先后进行了CMC 燃烧室内外衬、高压涡轮一级涡轮罩和二级喷管试验验证,最终将 CMC 部件用到了 LEAP发动机上。2010 年,美国 GE 公司利用 F414 发动机测试了 CMC 涡轮导向叶片,并利用F136 发动机测试了其他热部件,累计进行了超过 15 000 h 的地面气体涡轮测试。2015 年2 月,美国 GE 公司进一步利用 F414 发动机成功进行了 500 次 CMC 低压涡轮转子叶片的验证试验,证实了 CMC 在高温转动部件上的可行性。基于大量的考核数据,美国 GE 公司认为 CMC 已经可以满足装机飞行。

图 13.50　GEAE/Allison 公司研制的陶瓷基复合材料燃烧室火焰筒和由其组成的柔性燃烧室[43]

综上所述,目前已制备或通过试验的部件主要有:尾喷管、燃烧室内衬、燃烧室火焰筒、喷口导流叶片、涡轮外环、涡轮叶片、涡轮导向叶片及相关配件。CMC 材料在发动机的应用如图 13.51 所示[45]。

13.4.2　冲压发动机应用考核

19 世纪 80 年代,法国 Snecma 公司利用亚燃冲压发动机考核了其研制的 C/SiC,证明C/SiC 在喷射气流和 2 250 K、1 000 s 条件下无明显烧蚀和失重。基于此,1984 年,法国Snecma 公司与美国 UTC 合作,启动了 Joint Composite Scramjet(JCS)计划[46],研制了超燃冲压发动机被动热防护用 C/SiC 尖锐唇口、C/SiC 吸气导流喷嘴（airbreathing pilot injector）、C/SiC 燃烧室被动防热面板。利用联合技术研究中心（united technologies research center）的超燃冲压发动机小尺度唇口实验器（见图 13.52[45]），对前缘半径 1.25 mm 和 1 mm 的尖锐唇口各进行了 7 次马赫数 7/90 s 考核；利用通用应用科学实验室（general applied sciences laboratory）的超燃冲压发动机实验，对前缘半径为 0.75 mm 的唇口进行了马赫数 8/150 s 考核；质量损失都小于 1%，无明显线烧蚀。吸气导流喷嘴（包含主体与斗篷两个部件）和燃烧室被动防热面板在联合技术研究中心的燃冲压发动机实验器上经过马赫数 7/35.9 kPa 条件 3 次考核（单次 25～30 s）后，斗篷前缘（计算温度为 2 250 K）半径没有变化，关键区域没有破坏和烧蚀（见图 13.53[48]）；防热面板没有任何变化。

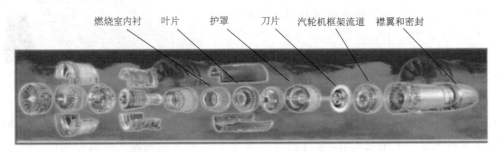

图 13.51　CMC 材料在发动机的应用[45]

图 13.52　UTRC 小尺度唇口实验器[47]

图 13.53　进气道唇口电弧加热风洞测试模型[48]

　　1996 年，美国空军研究实验室在 HyTech 计划中利用阿诺德工程发展中心（arnold engineering development center）的 HEAT-H2 型电弧加热风洞，在马赫数 8/600 s 条件下进行了气道唇口和侧壁用被动防热材料的筛选，所测试的材料包括多种涂层 C/C、涂层 C/SiC 和难熔陶瓷。它们被制成前缘半径 0.75 mm 的楔形来模拟进气道唇口（见图 13.53[48]）。结果表明，涂层 C/SiC 在前 7 min 无任何变化，10 min 后仅有有限的氧化和涂层损失，其表现优于带涂层 C/C 和热压烧结 ZrB_2/SiC 复相陶瓷。它们被制成 1.5 英寸的平板来模拟进气道侧壁板，在实测温度 1 700～1 810 K 高温气流中考核 10 min 后无明显烧蚀。美国空军研究实验室还利用嵌板氧化与冲蚀试验风洞（POET Ⅱ型）考核了上述材料作为燃烧器/喷管的可行性。该风洞通过燃烧乙炔来模拟含 $H_2O/CO_2/CO$ 的超燃冲压发动机燃烧室气氛,模拟考核巡航状态（马赫数 1.4/1 650 ℃）和加速状态（马赫数 1.4/1 910 ℃）下燃烧室壁板的烧蚀情况,结果表明:涂层 C/C 会在 1 min 内失效,而涂层 C/SiC 和涂层 SiC/SiC 考核 10 min 无明显冲蚀。

1996 年后期,美国空军研究实验室启动 Hy-SET 计划,利用嵌板氧化与冲蚀试验风洞（POET Ⅱ型）开展了被动防热 C/SiC 进气道整流罩前缘考核（见图 13.54[49]）。带有抗氧化涂层的 C/SiC 前缘通过了马赫数 6/10 min＋马赫数 8/3 min 的考核（前缘滞止温度 1 920 K）,材料退化程度很小。

德国宇航研究院（DLR）则利用美国 NASA 兰利研究中心的高焓直连超燃试验设备（见图 13.55[50]）模拟超高冲压发动机马赫数 5 和马赫数 6 飞行状态,对 C/SiC 进气道斜面进行了几分钟的考核。通过模拟飞行条件下的热/力环境考核,验证了 C/SiC 作为超燃冲压发动机进气道的

图 13.54　进气道整流罩前缘燃气风洞冲蚀试验[49]

可行性,计划将于 HIFiRE 8 飞行中进行马赫数 7/30 s 的飞行试验。

图 13.55　NASA 兰利研究中心的高焓直连超燃试验设备[50]

13.4.3 火箭发动机应用考核

超高温复合材料在火箭发动机上的应用部位主要包括燃烧室、喷管喉衬、喷管扩张段。每种新设计都需要经历缩比件地面测试、全尺寸件地面测试、发动机整机地面试车、发动机发展飞行试验、发动机考核/定型飞行试验和发动机定型飞行试验等过程。火箭发动机部件考核流程如图 13.56 所示[51]。

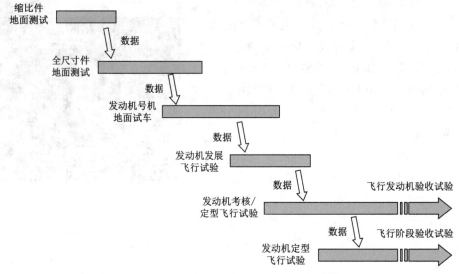

图 13.56　火箭发动机部件考核流程图[51]

C/C 是最早应用于火箭发动机的超高温复合材料。法国 Snecma Propulsion Solide 公司从 1969 年开始实施 C/C 喉衬材料的发展计划,20 世纪 80 年代末开发了一种称为 Novoltex® 结构的超细三向预制件编织技术,成功制备了 Ariane 5 固体火箭发动机用的喷管喉衬。该喉衬内径 900 mm、厚度 100 mm,经过数年的测试与优化,于 1993 年通过首次全尺寸件地面试车,并装备 Ariane 5 投入应用。1995 年,法国 Snecma Propulsion Solid 公司使用相同材料为美国 Pratt & Whitney Rocketdyne 公司的 RL10 B-2 型低温发动机制备了 C/C 喷管扩张段,先后应用于 Delta Ⅲ 和 Delta Ⅳ 上级火箭[52]。

为了降低成本和提高 C/C 的抗烧蚀能力,法国 Snecma(propulsion solid)公司新发展了 Naxeco® 预制体,采用商用碳纤维代替预氧丝制作成类似 Novoltex® 结构的预制体。2006 年 11 月,用于 P80 火箭发动机的 Naxeco® Sepcarb® C/C 喷管喉衬(见图 13.57)[53]通过发展点火试车。

图 13.57　试验后的 Naxeco® Sepcarb®
C/C 复合材料喷管喉衬[51]

为了满足液体火箭发动机的耐氧化要求,C/SiC 逐渐受到关注。1989 年,用于液氧—液氢火箭发动机的 Novoltex® Sepcarb® C/SiC 喷管扩张段装备于 HM7 型发动机上,经受住了 2 000 K、累积 1 650 s,2 次点火的试车考核。2006 年 2 月,用于 Vinci 液体火箭发动机的 Naxeco® Sepcarb® C/SiC 喷管固定扩张段在德国宇航局的 P4.1 高空试验台通过了 350 s 的试车考核(见图 13.58[53]);2008 年 5 月,该喷管固定扩张段又通过了两次(累计 700 s)的试车考核,证明其可满足 Vinci 液体火箭发动机的性能要求。

(a) 稳态时的锥体 　　　　　　　　 (b) 测试后的锥体

图 13.58　Vinci 液体火箭发动机用 C/SiC 固定喷管在 P4.1 高空试验台的点火试车[53]

德国宇航研究院(DLR)于 1998 年利用 P8 高压燃烧室试验台的 B 型燃烧室对德国宇航公司(Dasa)的多种 C/SiC 扩张喷管缩比件进行了筛选考核(见图 13.59[54])。2000 年,德国 Astrium 公司(前身是德国宇航公司 Dasa)用于 Ariane 5 主发动机 Vulcain 的 C/SiC 喷管缩比件(1∶5)先后在德国宇航局的 F3 吸气式试验台(见图 13.60[55])和 P8 试验台成功通过点火考核(见图 13.61[55])。其中,F3 试验台考核时燃烧室压力为 4×10^6 Pa,壁面最高温度达

 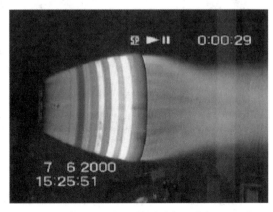

图 13.59　DLR B 型燃烧室在 P8 测试台　　　图 13.60　在 Ottobrunn 的测试台上进行 4×10^6 Pa

上带有 Dasa C/SiC 膨胀喷嘴[52]　　　　　　热三环测试(F3)期间的 Vulcain 刻度喷嘴[52]

到 2 300 K,温度梯度高达 650 K;P8 试验台考核时燃烧室压力高达 80×10^6 Pa,喷管未出现结构破坏。同年,德国 Astrium 公司(前身是德国宇航公司 Dasa)用于 AESTUS 上级发动机的 C/SiC 扩张喷管在德国宇航局的 P4.1 高空试车台和 P4.2 真空试验台(见图 13.62[55])成功通过考核。其中,P4.2 试验台考核是在真空中进行,燃烧室压力 11×10^3 Pa,氧燃比 2.05,叠加正弦振动,累计试验 150 s。

图 13.61 DLR 测试台上的
Vulcain 刻度尺喷嘴[55]

为了研究纤维增韧陶瓷复合材料在小型推进器上的应用,德国宇航局于 1998 年利用 P1.5 姿控/远地点发动机试验台开展了多种 C/SiC 燃烧室的考核,考核压力 1×10^6 Pa,最高温度 1 700 ℃,累积测试时间 3 200 s[见图 13.63(a)[55]]。基于测试结果,对 C/SiC 燃烧室的构型和涂层系统进行了优化。同年,为了考核优化后 C/SiC 燃烧室的长时工作能力(约 1 h)和最大许用温度,又利用 P1.5 试验台进行 11×10^5 Pa、累积 5 700 s

的点火测试[见图 13.63(b)[55]]。

（a）陶瓷喷嘴

（b）真空热燃烧测试

图 13.62 测试台上的陶瓷喷嘴(左侧)及在真空热燃烧测试中[55]

法国在 LEA 项目中将 C/SiC 用于主动冷却燃烧室热结构,其中空气冷却 C/SiC 平板通过了 12 次马赫数 7.5 超燃状态下的 10 s 模拟考核试验,燃料冷却 C/SiC 平板则通过 AFRL 辐射加热试验器和超然冲压发动机的高热流密度考核。

（a）　　　　　　　　　　　　　　　（b）

图 13.63　C/SiC 燃烧室[55]

13.5　未来预测和发展前景

为了适应航空、航天及其他领域对高温结构复合材料需求和性能要求的不断提高,加快新材料研发的效率和可靠性,复合材料的全寿命计算机设计已成为未来发展的必然方向,但是,复合材料的计算机设计需要大量的基础数据,因此,除了不断发展材料级和构件级的环境性能测试方法与技术外,还需要大力发展模拟服役环境微纳米力学性能表征方法与技术,以获取计算机设计所需的大量基础数据和原位数据。而高温结构复合材料构件的全寿命设计还有赖于对复合材料损伤机理的透彻理解及损伤行为的准确分析,因此,需要大力发展服役环境中复合材料损伤行为的在线监测与损伤机理的实时分析技术。

13.5.1　模拟服役环境微纳米力学性能表征

当前最新的高温原位加载 X 射线显微镜已经可以实现 2 000 ℃以下真空环境或惰性气氛中蠕变损伤机理的三维在线分析,因此,未来的发展方向是高温环境原位加载 X 射线显微镜,即(1)将水蒸气和氧气等燃气成分引入高温原位加载 X 射线显微镜,以确定模拟航空发动机服役环境中复合材料在几十纳米尺度上的损伤演变行为;(2)将高超声速气流引入高温原位加载 X 射线显微镜,以确定模拟高超声速飞行器服役环境中复合材料在几十纳米尺度上的损伤演变行为;(3)将激光加热技术与含水蒸气高速气流引入高温原位加载 X 射线显微镜,以确定模拟火箭发动机服役环境中复合材料在几十纳米尺度上的损伤演变行为。

13.5.2 模拟服役环境复合材料损伤机理在线分析

复合材料损伤机理在线分析研究应包括微观和宏观两个层次。微观上,应基于高温环境原位加载 X 射线显微镜,即(1)将全局应变测试技术与高温原位加载 X 射线显微镜耦合,以确定模拟服役环境中复合材料不同组元间的协同与制约情况;(2)将成分分析技术和元素跟踪技术与高温原位加载 X 射线显微镜耦合,以确定模拟服役环境中复合材料不同组元的微观氧化进程;(3)将透射电镜技术与高温原位加载 X 射线显微镜耦合,以确定模拟服役环境中不同组元的原子尺度环境损伤机理。宏观上,应发展复合材料服役环境损伤检测技术,包括耐高温、耐腐蚀接触式检测技术和抗高温环境干扰非接触式检测方法,通过建立宏观损伤行为与微观损伤机理的联系,为复合材料构件服役过程中的损伤全寿命监测奠定基础。

13.5.3 中短期目标

1. 模拟服役环境复合材料性能数据库

高温结构复合材料是一类发展中的战略新材料,目前既存在材料已定型,需要构件设计准则以促进应用的情况;又存在材料仍需完善,需要计算机辅助设计以加速定型的情况,因此,针对复合材料所处不同情况,模拟服役环境复合材料性能数据库的收录重点应有所区别,数据库还应具备数据比对和分析能力。

对于第一种情况,应该重点收录:(1)复合材料在 $-250\sim2\ 000\ ℃$ 不同气氛中的拉伸、压缩、弯曲、剪切等静力学强度、模量和泊松比;(2)复合材料在 $-250\sim3\ 000\ ℃$ 不同气氛中的热导率和热膨胀系数;(3)复合材料在 $-250\sim2\ 000\ ℃$ 不同气氛、不同声速中的疲劳 S—N 曲线、蠕变寿命和疲劳蠕变交互寿命;(4)$2\ 000\sim3\ 000\ ℃$ 不同气氛、不同流速中的烧蚀速率。其中,不同气氛至少应包括真空、氩气、不同氧分压、不同水氧比例、CMAS 等;疲劳和蠕变载荷类型应至少包括拉伸载荷和剪切载荷;疲劳频率应涵盖低周疲劳、高周疲劳和噪声疲劳。

对于第二种情况,应该重点收录:(1)不同工艺参数下,复合材料的宏—细—微观微结构特征,以及其在典型温度下的静力学强度、模量和泊松比;(2)不同工艺参数下,复合材料在典型温度、典型气氛中的热导率和热膨胀系数;(3)不同工艺参数下,复合材料在典型温度、典型气氛中的疲劳或蠕变寿命。

2. 模拟服役环境性能表征方法研究

高温结构复合材料模拟服役环境的性能表征目前所面临的主要问题是:(1)缺乏测试标准;(2)缺乏测试方法。虽然欧美国家已建立了一批陶瓷基复合材料热物理性能、静力学、疲劳和蠕变测试标准,可借鉴用于 $2\ 000\ ℃$ 以下真空和 $1\ 500\ ℃$ 以下空气中高温结构复合材料的性能测试,但仍缺乏模拟服役环境中的测试标准。$2\ 000\ ℃$ 以下的性能测试标准尚可通过大量测试数据的对比与分析来建立,但是复合材料在 $2\ 000\sim3\ 000\ ℃$ 的性能测试甚至没有现成的或统一的测试方法。测试方法的研究内容不仅应包括加热方式、介质引入方式、夹持方式等,还需要包括超高温应变测试技术、超高温原位观察技术、超高温损伤过程感知技术、超高温成分在线分析技术等。模拟服役环境性能表征方法的建立,尤其是高温环境原位加载 X 射线显微镜的建立,是获得准确性能数据、实现复合材料及其构件设计与应用的基础。

13.5.4　中长期目标

1. 模拟服役环境微纳米力学性能数据库

基于高温环境原位加载 X 射线显微镜的发展,获得不同工艺参数复合材料的晶格、组元、结构单元等微结构特征;获得 $-250 \sim 2\,000$ ℃不同气氛中的拉伸、压缩、弯曲、剪切等静力学强度、模量和泊松比;获得 $-250 \sim 2\,000$ ℃不同气氛、不同声速中的疲劳 S—N 曲线、蠕变寿命和疲劳蠕变交互寿命,并形成微纳米力学性能数据库,结合性能数据库,通过人工智能分析,根据新的应用需求快速设计新型复合材料。

2. 模拟服役环境复合材料在线损伤信息数据库

基于超高温应变测试技术、超高温原位观察技术、超高温损伤过程感知技术、超高温成分在线分析技术等的发展,获得不同工艺参数复合材料在 $-250 \sim 2\,000$ ℃不同气氛中进行拉伸、压缩、弯曲、剪切等静力学测试时的在线损伤信息;获得 $-250 \sim 2\,000$ ℃不同气氛、不同声速中进行的疲劳、蠕变寿命和疲劳蠕变交互测试在线损伤信息,形成模拟服役环境复合材料在线损伤信息数据库。通过将超高温应变测试技术、超高温原位观察技术、超高温损伤过程感知技术、超高温成分在线分析技术应用于复合材料构件,实现构件的全寿命健康监测。

参考文献

［1］　梅辉. 2D C/SiC 在复杂耦合环境中的损伤演变和失效机制［D］. 西安:西北工业大学,2007.

［2］　BECHER P F. Microstructural design of toughened ceramics［J］. Journal of the American Ceramic Society,1991,74(2):255-269.

［3］　BECHER P F. Advances in the design of toughened ceramics［J］. Journal of the Ceramic Society of Japan,1991,99(10):962-969.

［4］　MAH T I,Mendiratta M G,Katz A P,et al. Recent developments in fiber-reinforced high temperature ceramic composites［J］. American Ceramic Society Bulletin,1987,66(2):304-308.

［5］　CHERMANT J L,BOITIER G,DARZENS S,et al. The creep mechanism of ceramic matrix compositesat low temperature and stress,by a material science approach［J］. Journal of the European Ceramic Society,2002(22):2443-2460.

［6］　LARA-CURZIO E. Analysis of oxidation-assisted stress-rupture of continuous fiber-reinforced ceramic matrix composites at intermediate temperatures ［J］. Composites part A:applied science and manufacturing,1999,30(4):549-554.

［7］　VERRILLI M J,OPILA E J,CALOMINO A,et al. Effect of Environment on the Stress-Rupture Behavior of a Carbon-Fiber-Reinforced Silicon Carbide Ceramic Matrix Composite［J］. Journal of the American Ceramic Society,2004,87(8):1536-1542.

［8］　NELSON H F. Radiative heating in scramjet combustors［J］. Journal of Thermophysics and Heat Transfer,1997(11):59-64.

[9] (俄)A. A. 希什科夫,c. л. 帕宁,B. B. 鲁缅采夫. 固体火箭发动机工作过程[M]. 关正西,赵克熙,译. 北京:中国宇航出版社,2006:220-223.

[10] LIGGETT N D,MENON S. Simulation of Nozzle Erosion Process in a Solid Propellant Rocket Motor [A]. 45th AIAA Aerospace Sciences Meeting and Exhibit,January 8-11,2007[C]. Reston,VA: AIAA,2012.

[11] 郑亚,陈军,鞠玉涛,等. 固体火箭发动机传热学[M]. 北京:北京航空航天大学出版社,2006: 111-204.

[12] 宿孟. 碳/碳化硅复合材料激光烧蚀性能研究[D]. 西安:西北工业大学,2013.

[13] 宋桂明,武英. TiC 颗粒增强钨基复合材料的烧蚀性能[J]. 中国有色金属学报,2000,10(3): 313-317.

[14] CHEN Z,FANG D,MIAO Y,et al. Comparison of morphology and microstructure of ablation centre of C/SiC composites by oxy-acetylene torch at 2900 and 3550 ℃[J]. Corrosion Science,2008(50): 3378-3381.

[15] 格罗斯(B. Gross)等著. 等离子体技术[M]. 过增元,傅维标,译. 北京:科学出版社,1980.

[16] 潘育松. 碳/碳化硅复合材料的环境烧蚀性能[D]. 西安:西北工业大学,2004.

[17] 陈博. 火箭燃气中 C/C 和 C/SiC 的烧蚀行为及机理[D]. 西安:西北工业大学,2010.

[18] FLUENT Inc. FLUENT 6. 1 User's Guid[EB/OL]. (2003-02-25)[2020-6-24]. http://jullio. pe. kr/ fluent6. 1/help/html/ug/main_pre. htm.

[19] 韩占忠,王敬,兰小平. FLUENT 流体工程仿真计算实例与应用[M]. 北京:北京理工大学出版社. 2004:1-35.

[20] AUWETER-KURTZ M. Plasma source development for the qualification of thermal protection materials for atmospheric entry vehicles at IRS[J],Vacuum,2002,65(3-4):247-261.

[21] SCHAEFER W T. Characteristics of Major Active Wind Tunnels at Langley Research Center[R/ OL],(1965-07)[2020-06-24]. https://ntrs. nasa. gov/archive/nasa/casi. ntrs. nasa. gov/19650019357. pdf.

[22] FADWWV V A. Testing of Side—Viewing Windows in the High Temperature Flow of the Large Wind Tunnel U-15T-1[Z],Contract N 94 PM409-5,TsNIIMash Russia,1995.

[23] NASLAIN R,GUETTE A,REBILLAT F,et al. Oxidation mechanisms and kinetics of SiC-matrix composites and their constituents[J]. Journal of Materials Science,2004,39(24):7303-7316.

[24] LAMOUROUX F,BERTRAND S,PAILLER R,et al. Oxidation-resistant carbon-fiber-reinforced ceramic-matrix composites[J]. Composites Science and Technology,1999,59(7):1073-1085.

[25] 张亚妮. 模拟再入大气环境中 C/SiC 复合材料的行为研究[D]. 西安:西北工业大学,2008.

[26] AUDE HAUERT,ANDREAS ROSSOLL,ANDREAS MORTENSEN. Frouture of high volume fraction ceramic particle reinforced aluminium under multi axial stress[J]. Acta Materialia,2010, 58:3895-3907.

[27] SAKANASH. Y,GONGOR. S,FORSEY. N. A. et al. Measurement of creep deformation acress weld in 316H stainless steel using digital image correlation[J]. Experimental Mechanics,2017,57:231-244.

[28] BUTTERS J,LEENDERTZ J. Speckle pattern and holographic techniques in engineering metrology [J]. Optics and Laser Technology,1971,3(1):26-30.

[29] KIM K S,KIM J H,LEE J K. Measurement of thermal expansion coefficients by electronic speckle pattern interferometry at high temperature[J]. Journal of Materials Science Letters,1997,16(21):

pattern interferometry at high temperature[J]. Journal of Materials Science Letters,1997,16(21): 1753-1756.

[30]　KANG B,LIU X B,CISLOIU C. High temperature moiré interferometry investigation of creep crack growth of inconel 783:environment and β-phase effects[J]. Materials Science and Engineering:A, 2003,347(1):205-213.

[31]　LIU X B,KANG B,CARPENTER W,et al. Investigation of the crack growth behavior of Inconel 718 by high temperature Moire interferometry[J]. Journal of Materials Science,2004,39(6):1967-1973.

[32]　WANG H,XIE H,LI Y,et al. Fabrication of high temperature moiré grating and its application[J]. Optics and Lasers in Engineering,2014(54):255-262.

[33]　XIE H,PETER D,DAI F,et al. Fabrication of high frequency gratings for high temperature[J]. Experimental Techniques,1995,19(5):28-29.

[34]　SIMON C,REBILLAT F,HERB V,et al. Monitoring damage evolution of SiC_f/[Si-B-C]$_m$ composites using electrical resistivity:Crack density-based electromechanical modeling[J]. Acta Materialia,2017 (124):579-587.

[35]　彭丽娜. C/C 喉衬热化学烧蚀机理与多尺度模型[D]. 西安:西北工业大学,2013.

[36]　矫利闯,防热材料动态烧蚀率测试方法研究[D]. 哈尔滨:哈尔滨工业大学,2013.

[37]　屈哲,基于图像特征检测的高温在线测量方法及其应用[D]. 北京:清华大学,2018.

[38]　PATTERSON E. Challenges in experimental strain analysis:Interfaces and temperature extremes[J]. The Journal of Strain Analysis for Engineering Design,2015,50(5):282-283.

[39]　LUTHRA K L. Melt Infiltrated(MI)SiC/SiC Composites for Gas Turbine Applications[R/OL]. (2002-05-14)[2020-06-24]. https://p2infohouse. org/ref/20/19293. pdf.

[40]　FOX D S,MILLER R A,ZHU D M,et al. Mach 0. 3 Burner Rig Facility at the NASA GlennMaterials Research Laboratory[R]. Hanover:NASA/TM,2011.

[41]　VERRILLI M J,MARTIN L C,BREWER D N. RQL Sector Rig Testing of SiC/SiC Combustor Liners[R]. Hanover:NASA/TM,2002.

[42]　LEE K N,FOX D S,ELDRIDGE J I,et al. Upper temperature limit of environmental barrier coatings based on mullite and BSAS[J]. Journal of the American Ceramic Society,2003,86(8):1299-1306.

[43]　梁春华. 纤维增强陶瓷基复合材料在国外航空发动机上的应用[J]. 航空制造技术,2006(3):40-45.

[44]　陶瓷基复合材料尾喷口完成首次商业飞行[J]. 玻璃钢/中国复合材料,2015(8):122.

[45]　HURST J B. Advanced Ceramic Matrix Composites:Science and Technology of Materials,Design, Applications,Performance and Integration[J]. ECI Digital Archives,2017.

[46]　BOUQUET C,FISCHER R,THEBAULT J,et al. Composite technologies development status for scramjet [A]. AIAA/CIRA 13th International Space Planes and Hypersonics Systems and Technologies Conference[C]. Reston,VA:AIAA,2012.

[47]　KAZMAR R R. Airbreathing hypersonic propulsion at Pratt & Whitney-overview[A]. AIAA/CIR 13th International Space Planes and Hypersonics Systems and Technologies Conference[C]. Reston,VA: AIAA,2012.

[48]　DIRLING J R. Progress in materials and structures evaluation for the HyTech program[A]. 8th AIAA International Space Planes and Hypersonic Systems and Technologies Conference[C]. Reston,VA:AIAA, 2012.

［49］ SILLENCE M A. Hydrocarbon scramjet engine technology flowpath component development［J］. AIAA Paper,2002(17):5158.

［50］ GLASS D E,CAPRIOTTI D,REIMER T,et al. Testing of DLR C/C-SiC and C/C for HIFiRE 8 scramjet combustor［A］. 19th AIAA International Space Planes and Hypersonic Systems and Technologies Conference［C］. Reston,VA:AIAA,2015.

［51］ RAHMAN S A, HEBERT B J. Large Liquid Rocket Testing-Strategies and Challenges［A］. Joint Propulsion Conference &. Exhibit Tuscon,July 10-13［C］. Reston,VA:AIAA,2005.

［52］ SCHMIDT S,BEYER S,KNABE H,et al. Advanced ceramic matrix composite materials for current and future propulsion technology applications［J］. Acta Astronautica,2004,55(3-9):409-420.

［53］ LACOMBE A. 3D Novoltex and Naxeco Caron-Carbon Nozzle Extensions:matured,industrial and available technologies to reduce programmatic and technical risks and to increase performance of launcher upper stage engines［A］. 44th AIAA/ASME/SAE/ASEE Joint Propulsion Conference and Exhibit,July 21-23,2008［C］. Reston,VA:AIAA,2012.

［54］ BEYER S,STROBE1 F,KNABE H. Development and Testing of C/SiC Components for Liquid Rocket Propulsion Applications［A］. 35th AIAA/ASME/SAM/ASEE Joint Propulsion Conference and Exhibit,June 21-23,1999［C］. Reston,VA:AIAA,2012.

［55］ SCHMIDT S,BEYER S,KNABE H,et al. Advanced ceramic matrix composite materials for current and future propulsion technology applications［J］. Acta Astronautica,2004(55):409- 420.

第14章 陶瓷基复合材料的加工技术

14.1　核心技术

陶瓷基复合材料因其优异的性能被广泛应用于具有苛刻工况的工程项目中,其中,连续纤维增韧陶瓷基复合材料已经成为航空、航天、能源等领域中不可缺少的热结构材料[1],陶瓷基复合材料的应用范围愈发广泛[2]。随着航空发动机领域的发展,新一代航空发动机推重比大于 12,热端部件需要承受更高的温度(大于 2 000 K),构件的形式趋于整体化、精密化、紧凑型,陶瓷基复合材料的加工技术成为了推动整个产业发展的关键环节之一,陶瓷基复合材料的制备及加工技术面临新的机遇与挑战[3]。

陶瓷基复合材料的制备工艺有化学气相沉积(CVI)、聚合物浸渍裂解(PIP)等,均可以实现净成型,但对于实际应用来说,二次加工为制备过程中仍然必不可少的环节,尤其对于发动机燃烧室、涡轮叶片的气膜冷却孔及涡轮净子件等,陶瓷基复合材料的二次加工的质量直接决定了产品的可靠性和使用寿命[3]。

综上所述,高质量和高精度成了陶瓷基复合材料加工技术研究和发展中亟待解决的难题和热点。目前,陶瓷基复合材料的加工技术主要有传统机械加工和特种加工。对于陶瓷基复合材料而言,传统机械加工主要为磨削加工,其应用最为广泛;特种加工主要为激光加工、超声波加工和高压水射流加工[4,5]。

14.1.1　陶瓷基复合材料的磨削加工技术

陶瓷基复合材料的机械加工是目前应用最广泛的加工方式,具体指使用切削工具(通常是金刚石、立方氮化硼、硬质合金钢等超硬刀具)把坯料或工件上多余的材料切去,使工件获得目标几何形状、尺寸的加工方法。机械加工根据工具和工件的相对运动形式主要分为切削、磨削和钻削等。迄今为止,磨削加工是陶瓷基复合材料应用最为广泛的加工方法,多用于平面、曲面或复杂形状工件的加工。采用金刚石砂轮等磨具高速旋转,同时沿加工方向强制进给以去除材料。

1. 刀具作用机理

磨削是一个复杂的机械加工工艺过程,加工刀具是砂轮,砂轮表面黏结着无数磨粒,在加工过程中,尺寸各异的磨粒共同参与到材料的磨削过程中,由于磨粒几何状态的随机性,以及磨粒会产生较大的负前角,导致磨削加工中产生的磨削力较大,影响工件的加工质量。磨削力是描述刀具作用机理最常用的指标,也是评价刀具和工件相互作用最常用的参数[6]。

以 2D C/SiC 复合材料为例,目前 C/SiC 复合材料的磨削加工多采用树脂结合剂金刚石砂轮进行,以进给速度、磨削速度、损伤深度为主要参数。假设:(1)磨粒尺寸形状趋于一致;(2)磨粒在砂轮表面上分布均匀;(3)只考虑磨削 2D C/SiC 表面摩擦层,图 14.1 为刀具作用材料表面时,材料的压痕损伤模型及其简化形式。当磨粒造成一定损伤深度时,材料内部产生脆性裂纹区、塑性变形区,并伴随产生横向裂纹。

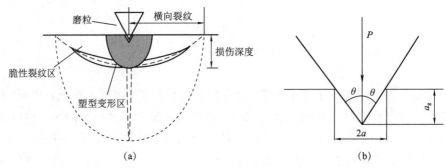

图 14.1　磨粒压痕损伤模型及其简化形式

图 14.1 中,P、θ、a_g、$2a$ 分别为外载荷、压头半角、切削厚度和特征尺寸,临界切削厚度和最大切削厚度分别为 a_{gc}、a_{gm}。其中,a_{gc} 与系数 λ_0(取值 13 500～20 000)、材料断裂韧性 K_{IC}、压头半角 θ、压头几何因子 ξ 及材料的硬度 H 有如下关系:

$$a_{gc} = \left(\frac{\lambda_0}{\xi \cdot \tan^2\theta}\right)^{\frac{1}{2}} \cdot \left(\frac{K_{IC}}{H}\right)^2 \tag{14.1}$$

通过理论分析建立 2D C/SiC 表面摩擦层的磨削理论计算公式,其中显微塑性变形磨削过程理论公式如下:

切向磨削力 F_t 为

$$F_{t1} \propto K_1 a_p^{1-\frac{a}{2}} v_s^{a-1} v_w^{1-a} \tag{14.2}$$

法向磨削力 F_1 为

$$F_{n1} \propto K_2 a_p^{1-\frac{a}{2}} v_s^{a-1} v_w^{1-a} \tag{14.3}$$

磨削力比 C_f 为

$$C_{f1} = \frac{F_{n1}}{F_{t1}} = \frac{K_2}{K_1} = \frac{1}{\mu' + 0.75\sqrt{2a_p/r_s}} \tag{14.4}$$

脆性断裂磨削过程理论公式如下:

切向磨削力为

$$F_{t2} \propto K_3 a_p^{a+\frac{1}{4}} v_s^{\frac{1}{2}-2a} v_w^{2a-\frac{1}{2}} \tag{14.5}$$

法向磨削力为

$$F_{n2} \propto K_4 a_p^{a+\frac{1}{4}} v_s^{\frac{1}{2}-2a} v_w^{2a-\frac{1}{2}} \tag{14.6}$$

磨削力比为

$$C_{f2} = \frac{F_{n2}}{F_{t2}} = \frac{K_4}{K_3} = \frac{1}{\mu' + 0.75\dfrac{a_{gc}}{a_{gm}}\sqrt{2a_p/r_s}} \tag{14.7}$$

式中,K_1、K_2、K_3、K_4、μ'、α 均为比例系数,与磨粒形状及材料性能等有关。α 与磨粒磨损状态及砂轮切入加工表面的深度有关,磨削一般硬脆材料时,α 的取值范围为 $0\sim2/3$,C/SiC 复合材料的 α 一般取值为 0.5,所以,化简式(14.5)和式(14.6)得到:

切向磨削力为

$$F_t \propto K a_p^{0.75} v_s^{-0.5} v_w^{0.5} \tag{14.8}$$

法向磨削力为

$$F_n \propto K' a_p^{0.75} v_s^{-0.5} v_w^{0.5} \tag{14.9}$$

式中,a_p 为磨削深度;v_s 为砂轮线速度;v_w 为工件速度。

由以上推导过程可知,磨削力主要的影响因素是磨削深度 a_p,仅考虑磨削 2D C/SiC 复合材料表面摩擦层的情况下,磨削力随磨削深度和工件速度的增加而增加,随砂轮线速度的增加而减小。磨削深度对磨削力的影响最大,砂轮线速度和工件速度对磨削力的影响大致相同,但作用相反。

2. 材料去除机理

早在 20 世纪 80 年代,Frank 和 Lawn 创立了尖锐压痕器、钝压痕器和接触滑动三种理论模型,指出陶瓷材料脆性断裂和微裂纹扩展为陶瓷材料去除机理,而当材料硬度降低,压痕半径小,摩擦剧烈,并且载荷小时,就会出现塑性变形。1996 年,Malkin 和 T. Hwang 综述了陶瓷材料的磨削机理,他们指出,之前对于磨削机理的研究主要借助压痕断裂力学方法描述材料去除机理及去除机理和强度退化的关系,这种方法理论上为磨具与工件之间相互作用关系提供了有力的解释,如图 14.2 所示,磨粒与工件材料接触作用超过材料允许的临界载荷时,其径向裂纹开始拓展。其中,F_t 和 F_n 分别为切向磨削力和法向磨削力;v_s 为砂轮线速度;h_m 和 h_r 分别为最大未变形磨削厚度和磨削深度。在此过程中,径向裂纹将导致材料强度降低。当载荷停止加载时,径向裂纹将进一步向下拓展。而载荷卸载时,横向裂纹开始拓展,主要去除材料,并产生表面脆性裂纹。陶瓷基复合材料去除机理一般可以分为脆性断裂去除和塑性变形去除两种方式[7,8]。

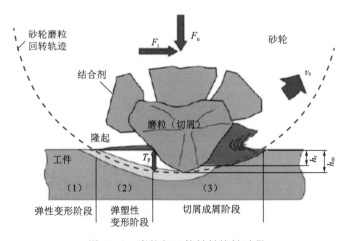

图 14.2　磨粒与工件材料接触过程

14.1.2 陶瓷基复合材料的激光加工技术

1. 激光加工概述

自 20 世纪 60 年代以来,随着激光技术的发展,利用激光的高能量、强方向性等特点,对材料或零件进行高效率、高精度加工(切割、打孔、焊接、刻画及表面硬化等)的应用已十分广泛。激光加工属于非接触式加工,与其他加工技术相比,有对加工区域的热影响较小,激光束易于聚焦、发散和导向,并且激光加工不受电磁干扰,可以在大气环境中进行加工等优点。因而激光加工对于陶瓷基复合材料的加工具有如下优势[5,9-11]:(1)无接触加工使得激光加工大大减少了因接触应力而对陶瓷基复合材料带来的损伤;同时,聚焦的高能激光束作用于陶瓷基复合材料局部区域的能量较高,可快速实现对陶瓷基复合材料的加工。(2)由于陶瓷材料对长波长激光的吸收率高,如氧化物陶瓷对 $10.6~\mu m$ 波长的激光吸收率可达 80% 以上,瞬间就可使材料熔化蒸发,实现高效率加工。(3)激光聚焦光斑小,热影响区小,因此可以满足陶瓷基复合材料精密加工的要求,如发动机面片异形冷却孔加工。(4)利用激光的低电磁干扰及易于导向聚焦的特点,可实现对陶瓷基复合材料的三维及特殊面的激光加工。

2. 激光与材料相互作用的理论基础

当一束激光照射一个均匀各向同性的材料时,材料表面周围的空气、微粒会造成入射激光一部分散射,激光入射到材料表面也会发生反射,照射到材料中的激光能量一部分会被材料吸收,其余的能量会穿透材料而接着传播。如果激光与物质发生作用的环境是在真空中,那么入射激光的总能量等于反射的能量、吸收的能量和透射的能量这三部分之和。激光与材料相互作用的热效应是宏观现象,可以认为材料是拥有一些特殊物理特征的连续介质,激光与靶材的相互作用过程就是当激光束辐照材料时,材料吸收入射的部分激光热能量,材料吸收热量后再从照射区域向其他周围区域扩散,直至材料被去除。其微观过程是:入射激光束被认为是高频电磁场,而材料中有许多自由移动的电子或束缚电子,激光与材料的相互作用过程就是高频电磁场对这些电子的作用[11-14]。

(1)材料对激光的反射和吸收

材料对激光的吸收利用能量守恒定律来分析激光辐照材料时出现的反射和吸收问题,即:当入射激光照射在材料表面上时,材料对入射激光能量会发生吸收、反射和透射,这三部分能量可以分别表示为 E_a、E_r、E_t,如果用 E_0 表示激光辐照材料表面上时的能量,则有

$$E_0 = E_a + E_b + E_t \tag{14.10}$$

对上式进行变形可得

$$1 = \frac{E_a}{E_0} + \frac{E_r}{E_0} + \frac{E_t}{E_0} = \rho + R + T \tag{14.11}$$

式中,ρ、R 和 T 分别为吸收率、反射率和透射率。当激光辐照陶瓷基复合材料时,只有反射和吸收能量,即 $E_t = 0$,则式(14.11)可变形为

$$1 = \rho + R \tag{14.12}$$

当入射激光垂直照射到材料表面上时,反射系数可以由菲涅耳公式得到:

$$R = \frac{(n-1)^2 + k^2}{(n+1)^2 + k^2} \tag{14.13}$$

式中，n、k 分别为材料的折射率和光能衰减的参数，即消光系数。

从麦克斯韦方程组可以推导得到光波在电场中传播时的电场和磁场分布如下：

$$E_y = E_0 \exp\left(-\frac{\omega k x}{c}\right) \exp\left[i\omega\left(t - \frac{nx}{c}\right)\right] \tag{14.14}$$

$$H_z = H_0 \exp\left(-\frac{\omega k x}{c}\right) \exp\left[i\omega\left(t - \frac{nx}{c}\right)\right] \tag{14.15}$$

式中，ω 为激光角频率。

从上面两个公式中我们可以得到光波的传播方向是沿 x 方向的，传播速度是 c/n。它的振幅是下降的，按指数形式衰减。同时，光波的电场矢量和磁场矢量均以指数形式下降，但能流密度与电场矢量、磁场矢量的乘积成正比，也就是坡印廷矢量。从上述两公式的实数部分还可以看出，光强度 I 与传播距离 x 的变化关系。这样我们就可以得到光强随光传播距离的表达式：

$$I = I_0 \exp\left(-\frac{2\omega k x}{c}\right) \tag{14.16}$$

引入比例系数 α，$\dfrac{\mathrm{d}I}{\mathrm{d}x} = -\alpha I$，积分得到：

$$I = I_0 e^{-\alpha x} \tag{14.17}$$

式中，I_0 为入射光的强度；x 为光垂直照射介质时通过介质的厚度。式（14.17）被称为布朗-朗伯定律，表示介质对入射光波的吸收程度。α 为介质对光的吸收系数，表示的含义是光在介质中传播时，当光传播了距离 $\dfrac{1}{\alpha}$ 时，光的能量衰减为原来的 $\dfrac{1}{e}$。

（2）热传导方程和边界条件

在连续介质中，材料内部的热传导过程服从傅里叶定律，其微分形式是

$$q = -\kappa\, \mathbf{grad}(T) \tag{14.18}$$

式中，q 为热流密度，单位是 W/m^2；κ 为热导率，单位是 $W \cdot m^{-1} \cdot K^{-1}$；$T$ 为材料内部的温度场。

利用能量守恒原理和高斯定律，对导热方程的微分式处理就可以得到如下的热传导方程：

$$\mathrm{div}\left[\kappa\, \mathbf{grad}(t)\right] + q = \frac{\partial}{\partial t}(\rho c T) \tag{14.19}$$

根据材料的形状为长方体陶瓷基复合材料，因此选用笛卡儿直角坐标系研究它们的相互热作用过程，故在直角坐标系中偏微分方程形式为

$$\frac{\partial}{\partial x}\left(\kappa \frac{\partial T}{\partial x}\right) + \frac{\partial}{\partial y}\left(\kappa \frac{\partial T}{\partial y}\right) + \frac{\partial}{\partial z}\left(\kappa \frac{\partial T}{\partial z}\right) = \frac{\partial}{\partial t}(\rho c T) \tag{14.20}$$

式中，x、y、z 为直角坐标系中的三个方向；Q 为激光热源函数；ρ 为材料的密度，c 为材料的比热容；T 为激光与材料相互作用过程中的温度。

热传导问题的初始条件，即物体内部的温度分布可以写成 $T(x, y, z, 0) = f(x, y, z)$。该值一般取常数，也就是外界环境的温度。描述材料边界状况的热传导方程边界条件主要

包括以下三类:第一类边界条件是狄里克利边界条件,已知材料在边界上的温度分布 $T|_\Sigma = g(x,y,z,t)$,其中Σ为边界,$g(x,y,z,t)$为材料的温度函数;第二类边界条件为诺依曼边界条件,已知材料边界上的热流密度分布 $\kappa\frac{\partial T}{\partial t}=h(x,y,z,t)$,其中 $h(x,y,z,t)$ 为热流密度函数;第三类边界条件是狄里克利边界条件和诺依曼边界条件的线性组合。

初始条件可设定为:$t=0$ 时,$T=T_0$,其中 T_0 为环境温度。根据能量守恒定律,在某一区域里达到热平衡的时候要满足:在任何时候,在某一区域,向材料内部传输的热量、与外界空气对流换热消耗的热量及材料表面向外面辐射损失的热量这三部分热量之和必须等于该区域从激光束中吸收的热量之和,即

$$\kappa\frac{\partial T}{\partial n}+h\big[T(x,y,0,t)-T_0\big]+\sigma\varepsilon\big[T(x,y,0,t)^4-T_0^4\big]=\rho_0(T)\times\psi(r,t) \quad (14.21)$$

式中,等式左边第二项为对流传热定律,等式左边第三项为辐射传热定律,其中$\frac{\partial T}{\partial n}$为材料温度沿表面外法线方向的偏导数;$h$ 为材料表面与外界空气的对流换热系数;$T(x,y,0,t)$为材料表面温度;T_0 为环境温度;σ 为斯特藩玻尔兹曼常量;ε 为材料表面与环境之间的热辐射系数;ρ_0 为材料表面对激光光能的吸收系数(通常是温度 T 的函数);$\psi(r,t)$为激光光能流密度。

考虑到辐照激光的时间和空间分布,时间分布包含如连续激光和脉冲激光,空间分布包含如均匀光斑、高斯、非高斯光斑等,这样我们取如下的激光热源函数:

$$Q(x,y,z,t)=(1-R)\alpha I_0\exp(-\alpha z)g(t)f(x,y) \quad (14.22)$$

式中,R 为材料对激光的反射系数;α 为材料对激光光束的吸收系数;z 为与激光传输方向相同(轴向);I_0 为辐照激光的中心功率密度大小;$f(x,y)$ 为入射激光的空间分布,如均匀光斑,在激光半径内有 $f(x,y)=1$,大于半径则 $f(x,y)=0$;$g(t)$ 为入射激光光强的时间分布,若入射激光为连续激光则 $g(t)=1$,若为脉冲激光则 $g(t)$ 的表达式为

$$g(t)=\begin{cases}1,\dfrac{n}{v}\leqslant t\leqslant\dfrac{n}{v}+\tau_0 \\ 0,\dfrac{n}{v}+\tau_0\leqslant t\leqslant\dfrac{n+1}{v}\end{cases} \quad (14.23)$$

其中,v 为脉冲重复频率,τ_0 为脉冲宽度,n 为脉冲次数。

(3)材料的去除机制

陶瓷基复合材料在受到激光辐照作用时有两个物理过程,一方面涉及激光能量作用时的非线性吸收与热传导过程;另一方面涉及材料的去除过程。非线性吸收过程通过多光子电离与雪崩电离得以实现,使得在复合材料内部产生的离子体浓度高于一定临界值时,材料会大量的吸收飞秒激光能量,热传导过程与材料的热物理性能(密度辐射率、热导率、比热、热扩散率)、试件尺寸(厚度)和激光加工参数(能量光束直径)有关,最后残渣通过库伦爆炸的形式得以去除。对加工过程中的主要作用分析如下:

①非线性吸收

当激光辐照到材料表面时,激光与物质相互作用会形成较高场强的光电场,其中被束缚

的价电子为了成为自由电子,需要吸收足够多的光子能量,如果吸收的光子能量与材料的带隙能能量需满足如下关系式:

$$nh\nu \geqslant U_1 \tag{14.24}$$

式中,m 为吸收光子的数目;$h\nu$ 为光子能量;U_1 为带隙能能量。

从式(14.24)可以发现,所吸收的能量大于与材料的带隙能的条件下,价带电子能够实现向导带的跃迁,该过程被称为多光子电离过程。当长脉冲激光作用时,其光功率密度较低,多光子效应较弱,可以忽略。而当超短脉冲激光作用时,多光子效应起到很重要的作用,并能够决定超短脉冲激光作用时去除物质的极限阈值。由于现阶段该条件极难达到单光子吸收效应,在通常情况下不考虑;因此,双光子或多光子吸收成为主导效应,即一个电子必须通过同时吸收两个或多个光子以获得足够大的能量,激发电子价带跃迁,成为自由电子。

②等离子体吸收激光能量

当雪崩电离和多光子电离两个物理过程产生的等离子体密度足够高时,可以强烈吸收激光能量,直至加工材料被加工去除。等离子体的出现表明材料已发生不可逆变化。等离子体会吸收后续激光能量,使大量能量聚集于加工表面,从而造成材料局部区域温度的急剧上升,出现高温过热状态。所形成的高温、高密度等离子体会对外热辐射,通过向外喷溅方式去除部分气化物质。当超短脉冲激光与固体表面发生作用时,会通过非线性吸收产生等离子体。这些等离子体正是通过上述过程从固体材料表面向外喷出,从而完成材料的去除过程。

③库伦爆炸

材料吸收激光能量后的损伤和去除作用可以用库仑爆炸模型来解释。该模型认为,由于激光脉冲的照射,激光电场会使团簇内的原子发生电离,所产生的自由电子在激光驱动下会迅速脱离团簇。随着内部电场的进一步作用,团簇内部自由电子会全部脱离,此时团簇成为一个仅带有大量正离子的离子球。在正离子之间存在有强大的库仑斥力,当库仑斥力大于瑞利不稳定极限值时,会产生爆炸,并造成材料损伤和去除。

对超短脉冲激光加工半导体材料而言,由于内部含有较大数量电子,激光脉冲照射所产生的正电离子球会迅速被半导体中的电子中和,因而在同等条件下,半导体中的库仑爆炸现象较电介质中有所减弱,需要高的激光能量来达到预期损伤效果。由于超短脉冲激光与材料之间极短的作用时间和极小的热扩散效应,仅会有少量正电离子球被中和,并且激光能量损失较小,从而使超短脉冲激光的损伤阈值远小于长脉冲损伤阈值,因此,库仑爆破在半导体材料损伤过程中仍旧起主导作用。

14.1.3　陶瓷基复合材料的超声波加工技术

1. 超声加工技术背景

超声加工(USM)是 20 世纪 60 年代逐步发展起来的一种特种加工技术,在难加工材料的精密加工领域,具有普通机械加工无法比拟的优势,逐渐成为仅次于普通磨削的最常用的硬脆材料加工方法。与常规机械加工相比,USM 具有可快速加工复杂的三维轮廓,加工精度高,加工过程不会或较少产生有害的热影响区域,加工表面质量好,不引起工件表面的化学变化等优点。然而,使用 USM 加工存在一些缺点,如需要不断地向工件和刀具间加入磨粒悬浮液,在悬浮液回流过程中会持续磨蚀已加工表面,导致加工精度低;并且悬浮液还会磨蚀刀具本身,引起刀具磨损,进一步影响加工精度和刀具使用寿命。此外,采用 USM 加工时,尤其是深小孔加工,材料去除率低[15,16]。

旋转超声加工是由传统超声加工发展而来的一种新型复合加工技术,并以其优异的加工效果引起了国内外众多学者广泛的关注。由于旋转超声加工把金刚石刀具的优良切削性能与刀具的超声振动结合在一起,因此,除了具有传统超声加工固有的特点外,还具有如下特点:使用固着的金刚石刀具替代磨料悬浮液,从而使得排屑顺畅,避免了磨粒对已加工表面的磨蚀,提高了工件的加工效率、加工精度和表面质量。另外,超声振动通过减小刀具与加工表面之间的摩擦系数降低了切削力,抑制了刀具磨损,延长了刀具的使用寿命,提高了加工精度。

2. 超声加工技术原理[16-19]

传统超声加工,又称悬浮磨料超声冲击加工,其加工原理如图 14.3 所示。高频电能通过转能器转化为机械振动,并通过变幅杆将机械振动进行放大,最终导致工具以高频(通常大于 2×10^4 Hz)、振幅为 $5 \sim 50$ μm 的轴向方向的振动,传统超声加工是磨粒在超声振动作用下,发生机械锤击和抛磨作用及超声空化作

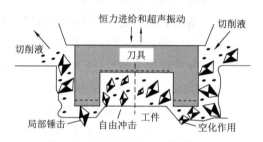

图 14.3 传统超声加工原理

用的综合结果,工具的振动导致工具和工件之间的磨料浆中的磨料以微碎片的形式实现材料去除。由于传统加工局部锤击占主导作用,因此越是硬脆材料,受撞击作用遭到的破坏越大,越易加工。反之,对于韧性材料,由于它具有缓冲作用而难以加工。此外,选择工具材料时,应选择既能锤击磨粒,又不致使自身受到很大破坏的材料。

旋转超声加工装置整体示意图如图 14.4 所示,主要包括机床本体、超声振动系统、电控系统、切削液供给收集系统等。其中超声振动系统由超声波发生器、换能器、变幅杆、刀具等

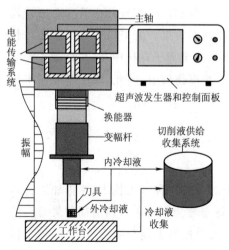

图 14.4 旋转超声加工装置整体示意图

组成,是旋转超声加工装备的核心部件。超声波发生器将 220 V 或 380 V 交流电转换为超声频电信号,通过电能传输系统将其传输给换能器,再通过换能器将其转化为机械振动,最后通过变幅杆和刀具进行放大,从而在刀具端部输出一定振幅的超声振动。与传统超声加工相比,它是在超声加工的同时还附加了旋转运动,是一种将超声加工与传统机械加工相结合的加工方法。它采用固着磨粒的旋转超声波加工或悬浮磨粒的旋转超声加工,由于旋转作用,冷却液或者磨粒能较轻松地进入加工区域,实现材料的加工与冷却。

旋转超声加工机床可以实现三种具体加工形式,如图 14.5 所示,分别是制孔加工、端面铣削加工和侧面铣削加工。其中,在旋转超声制孔加工和旋转超声端面铣削加工中,刀具端面的磨粒主导材料的去除,此时旋转超声加工可以看作是一种复合加工方式,它复合了传统超声加工和普通磨削的材料去除机理。由于超声振动的作用,刀具的端面磨粒与材料周期性的接触和分离,而产生锤击效应,这是旋转超声加工的典型材料去除特性。而在旋转超声侧面铣削加工中,只有刀具的侧面磨粒参与材料的去除,这种加工形式与轴向超声振动辅助磨削加工相同。

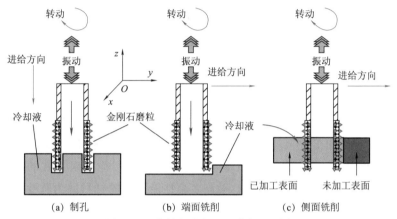

图 14.5 旋转超声加工机床加工形式

14.1.4 陶瓷基复合材料的磨料水射流加工技术

1. 磨料水射流加工技术

磨料水射流技术(abrasive water jet,AWJ)是近年来发展起来的一种新型加工技术,目前已在航空、航天、汽车制造、机械加工、兵器工业等领域得到了比较广泛的应用。水射流技术是目前唯一的一种冷加工技术,它具有其他加工方法所没有的工件上无热影响区、加工力小、加工范围广和可加工复杂形状等优点,其发展为难加工材料提供了切实可行的新思路,在加工陶瓷及其复合材料等硬脆材料方面显示出巨大的潜力。按照所采用的介质不同,高压水射流技术可以分为纯水射流和磨料射流两种基本类型。

纯水射流切割形式因介质为洁净水,所以仅能切割一些薄、软等的低强度材料。纯水射流技术设备相对简单,设备磨损和辅材损耗少,使用成本低廉。磨料射流是将纯水与磨料混合,以此来提高水射流的冲击、破坏作用。磨料射流分为两种类型,磨料浆体射流和磨料水射流,磨料浆体射流是将磨料、各种添加剂和水调预先配成浆料,利用高压泵增压,通过喷嘴形成磨料浆体射流,这种射流属于非牛顿流体,具有比牛顿流体射流更好的动力特性,但磨料对高压泵等机械设备的磨损非常严重。

磨料水射流是磨料与高速流动的水互相混合而形成的液固两相介质射流,这种两相液体射流属于牛顿流体。在水射流形成后,加入磨料的称为后混合磨料水射流,两相混合效果稍差,所需的压力高,喷嘴磨损小。后混合磨料水射流的理论研究和应用技术都比较成熟,目前在工业许多领域得到了广泛的应用。磨料水射流加工的原理如图 14.6 所示，主要包括供水系统、增压系统、高压水路系统、磨料供给系统、加割头装置、接收装置、执行机构和控制系统等。

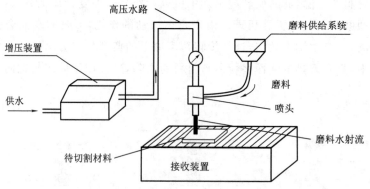

图 14.6　磨料水射流原理的示意图

　　磨料水射流技术具有加工范围广、可控性好、切割可以从工件上任意点开始、在任意方向上进行等优点，可以加工常规工艺难以加工的零件，特别适于切割复杂形状的工件。该技术具有很强的切割力，切口质量高，切口窄，能减少材料损耗，而且对工件的热影响小，不会造成材料结构变化或热变形等不利影响，对许多高性能或热敏材料尤为重要，是其他加工方法（如火焰、激光、等离子、锯切等）无可比拟的[20-22]。

2. 高速磨料水射流加工机理[20]

　　以经过增压器增压后的高速纯水射流为载体，混入磨料颗粒形成高速混合射流，相当于液体砂轮，具有很高的磨料水射流动能，其动能可表示为

$$E_a = \frac{1}{2} K_1 W_a v_c^2 \tag{14.25}$$

式中，K_1 为流量系数；W_a 为磨料供给量；v_c 为磨料的速度。

　　磨料混入前，纯水流的速度 v_w 为

$$v_w = \sqrt{\frac{2gp}{\rho_w}} \tag{14.26}$$

　　假设混合射流中，磨粒和水射流速度相同，则混合射流的速度 v_c 为

$$v_c = \frac{v_w}{1 + \dfrac{W_a}{\rho_w Q}} \tag{14.27}$$

式中，ρ_w 为水的密度；Q 为磨料水射流流量。

　　将式（14.26）、式（14.27）代入式（14.25）后，整理可得

$$E_a = \frac{K_1 \dfrac{W_a}{\rho_w} p}{\left(1 + \dfrac{W_a}{\rho_w Q}\right)^2} \tag{14.28}$$

　　由式（14.28）可以看出，当系统压力 p 和磨料水射流流量 Q 一定时，磨粒动能是磨料供给量 W_a 的函数。

陶瓷材料体积能分析,陶瓷体积能为 E_c 可表示为

$$E_c = A\varepsilon\Delta V = \frac{Ay^2}{E}h_c v_0 d_0 \tag{14.29}$$

式中,A 为常数;ε 为陶瓷材料单位体积能;ΔV 为去除体积;y 为陶瓷材料负荷强度;E 为陶瓷材料弹性模量;h_c 为切割深度;v_0 为喷嘴横向移动速度;d_0 为喷嘴直径。

磨料颗粒冲击陶瓷材料表面时,陶瓷表面处于压缩状态,内部处于拉伸状态。当 $E_a > E_c$ 时,陶瓷表面产生微裂纹,材料去除形式为微裂纹去除。随着表面微裂纹的产生,磨料水充满微裂纹,磨料颗粒会对微裂纹产生微切削作用,裂纹的尖端处拉应力集中,同时由于水楔作用,裂纹不断扩展,材料以不同几何形态剥落,材料的主要去除形式为在水楔作用下基于裂纹扩展的裂纹破碎去除。

14.2　最新研究进展评述及国内外研究对比分析

14.2.1　陶瓷基复合材料的磨削加工技术

目前,国内外关于陶瓷基复合材料的磨削加工的研究主要集中在通过研究磨削加工的形貌特征来分析材料的去除机理、表面完整性等。

德国富特旺根大学的 Tawakoli 和 Azarhoushang[23,24]开展了 C/SiC 复合材料的磨削研究,他们对比 C/SiC 复合材料的传统磨削和超声辅助磨削、断续磨削,发现传统磨削的表面粗糙度值为断续磨削的 1/4~1/2,但因为断续磨削中的持续摩擦阶段较少,磨削温度较低,所以相比于传统磨削,其能产生更小的残余应力。由于加工过程中磨粒不间断地冲击陶瓷材料及产生不连续的磨削力,使得超声辅助磨削的表面粗糙度明显优于传统工艺,并且超声辅助磨削的切屑更细小、均匀,如图 14.7 所示。

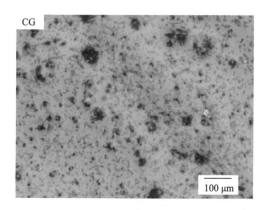
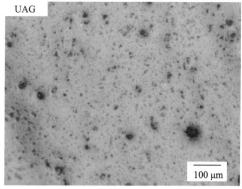

图 14.7　传统磨削和超声辅助磨削的切屑微观形貌

天津大学[7,8]对氧化物和非氧化物陶瓷基复合材料,如 SiO₂/SiO₂、C/SiC 等复合材料的磨削机理、磨削形态、磨削表面质等进行了深入研究,结合陶瓷基复合材料的制备过程,分析了材料力学特征和失效机制,发现不同于一般脆性材料,纤维增强的复合材料的表面质量测

量在与纤维方向角有密切相关特性。当纤维方向角是 90°时其磨削表面质量最优,但纤维方向角是 0°时其磨削表面质量较差。并且在典型方向刻画试验中材料去除难易程度符合规律:法向<纵向<横向。南京航空航天大学[25]对 C/SiC 复合材料与 SiC 陶瓷材料进行的平面磨削加工,表明与 SiC 陶瓷材料的磨削表面相比,C/SiC 复合材料磨削时由于碳纤维断裂、拔出及其与 SiC 非同步去除现象导致其加工表面粗糙度值较高;C/SiC 复合材料磨削力较小,是相同工艺参数下 SiC 陶瓷材料磨削力的 35%～76%。不同磨削深度时复合材料的表面形貌如图 14.8 所示。

综合国内外陶瓷基复合材料的传统磨削加工的研究现状可以发现,陶瓷基复合材料磨削机理的研究范围比较广,涉及整个复合材料磨削加工机理的各个方面,但还存在着一些有待进一步研究、完善的问题:

(1)陶瓷基复合材料磨削过程中的压痕应力场分析等有待进一步探明。磨削机理可揭示磨削加工过程中材料以何种方式、规模被去除,探明 C/SiC 材料磨削机理,对分析磨削力、磨削温度、裂纹扩展、切屑形态、工件残余应力、工件表面完整性等的变化规律,优化磨削工艺和工艺参数,具有重要的指导作用。

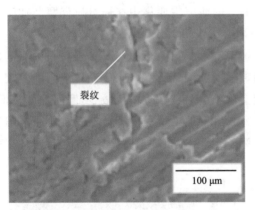

（a）交界区域裂纹(a_p=10 μm)

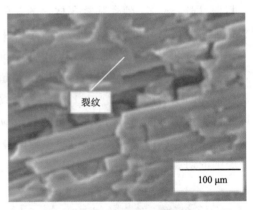

（b）交界区域裂纹(a_p=20 μm)

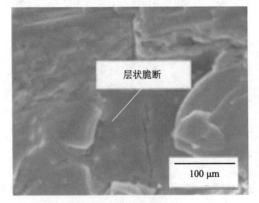

（c）碳纤维层状脆断(a_p=10 μm)

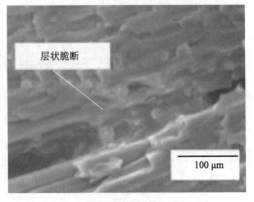

（d）碳纤维层状脆断(a_p=20 μm)

图 14.8　不同磨削深度时的 C/SiC 复合材料的表面形貌

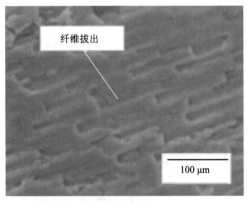

（e）碳纤维拔出($a_p=10\ \mu m$)　　　　　　　　　　　（f）碳纤维拔出($a_p=20\ \mu m$)

图 14.8　不同磨削深度时的 C/SiC 复合材料的表面形貌(续)

（2）在传统压痕力学及硬脆材料本构模型中，没有考虑到磨削热的影响。这主要是由于陶瓷为主的硬脆材料具有极高的耐热性，其材料力学性能在高温状态下极其稳定。然而，磨削过程所带来的磨削热的产生是典型的瞬态冲击热。这需要进一步研究陶瓷材料受冲击热作用的变化机制。

14.2.2　陶瓷基复合材料的激光加工技术

激光加工作为非接触式加工技术，具有比传统加工技术更广泛的应用领域，尤其是对于像陶瓷及陶瓷基复合材料类质地硬脆的材料。近年来，国内外对于激光加工的研究较多，主要集中在脉冲激光加工材料方面，如飞秒、皮秒激光钻孔、切削和型腔加工等，并采用烧蚀、多光子吸收等机制解释了相关实验现象。

在激光打孔方面，德国斯图加特大学[26]研究了超短脉冲激光打孔受加工过程中气体压力的影响。结果表明，低气压环境对焦点附近的圆锥辐射现象有明显抑制作用，能够有效提高微孔加工的质量和效率。西班牙萨拉曼卡大学[27]研究了飞秒激光对碳材料增强聚合物材料的微加工实验，结果表明，碳纤维增强聚合物能够获得较好的加工效果，填充物的尺寸和形状对加工质量的影响较大。美国密歇根大学[28]研究了150飞秒激光对具有热障涂层的高温合金的微孔加工实验，表明加工后样品无分层，重铸和裂纹等严重损伤且具有较高的内壁光洁度，但加工效率较低。此外，在材料去除机理方面也初步形成了一些理论，如美国密歇根大学超快光学科学中心[29]提出了多光子吸收效应，用以解释飞秒激光作用于电介质材料时所引起的能量吸收过程，并在理论上证明了烧蚀电介质材料时也存在着很强的阈值效应。美国纽约州立大学机械工程系将饱和吸收与多光子吸收效应相结合，提出了新的热吸收模型，并进行了试验验证。

中航复合材料公司[30]分别采用机械钻削制孔与激光制孔两种工艺对 SiC$_f$/SiC 陶瓷基复合材料进行制孔，对其质量及工艺特点进行评价分析。结果表明，机械钻削制孔孔径精度较好，但刀具磨损严重且会出现毛刺崩边等问题；激光制孔效率较高，加工质量好，但孔存在锥度且因热影响区的存在会导致孔的内壁表面出现分层裂纹等缺陷,如图 14.9 所示。西北工业大学超高温结构复合材料重点实验室[31-32]开展了使用皮秒激光对 C/SiC 复合材料的微加工工艺和机理研究,其结果表明皮秒激光参数,如加工功率、加工步进、扫描速度等对 C/SiC 复合材料微孔加工质量和效率有较大影响。哈尔滨工业大学可调谐激光技术国家级重点实验室[33]分析了飞秒激光加工 SiC 烧蚀阈值及去除机理,研究了脉冲个数、重复频率和入射激光功率等对微孔加工的影响。结果表明,SiC 与飞秒激光作用是典型的多光子和非线性吸收过程,材料去除以气化和爆炸机制为主。

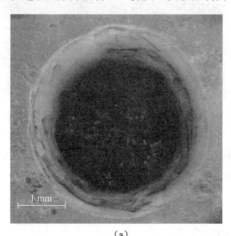 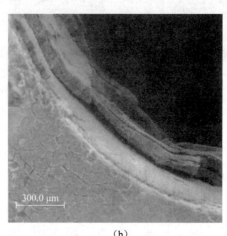

(a)   (b)

图 14.9   激光制孔的孔壁热影响区形貌

中国科学院西安光学精密机械研究所[34]采用皮秒激光对 SiC/SiC 复合材料进行辐照,详细讨论了加工方式和激光功率等不同工艺参数对加工的影响。结果表明,与采用单环线扫描加工相比,在螺旋线扫描加工方式下,激光加工可以获得圆度较高的高质量传输通道,而单环线扫描只呈现出环形和凹槽的形状,如图 14.10 所示。此外,激光加工功率过高或过低均会影响钻孔质量,而在合适的能量下可以加工出质量较高的孔通道。

目前,激光加工方面的研究主要集中于合金、金属、聚合物基复合材料等方面,对陶瓷基复合材料的研究相对较少,并且主要集中在皮秒激光加工方向,因此,未来在对陶瓷加工方面将会是研究的方向,尤其是飞秒激光加工及连续激光加工等。

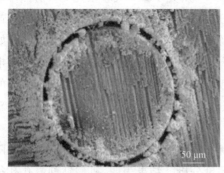 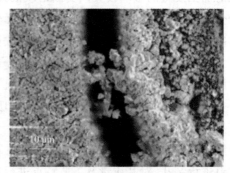

(a) 单环线扫描加工(50 μm)   (b) 单环线扫描加工(10 μm)

图 14.10   在不同的加工模式下,材料表面形貌 SEM 照片

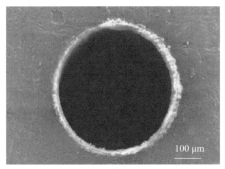

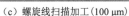

（c）螺旋线扫描加工（100 μm）　　　　　　　（d）螺旋线扫描加工（10 μm）

图 14.10　在不同的加工模式下，材料表面形貌 SEM 照片（续）

14.2.3　陶瓷基复合材料的超声波加工技术

超声加工技术研究较早，而旋转超声加工技术始于 20 世纪 60 年代。国外对该项技术的研究时间较长，到目前为止已有较深厚的基础，并且也获得了较好的成果。如英国国家原子能管理局[15]早在 1964 年就已经开始了研究和应用超声加工技术，在当时本已难以加工特殊陶瓷而再加工 $\phi 1.016 \sim 25.4$ mm 孔的情况下，改进了传统的超声加工设备，让工件在加工过程中旋转，并首次采用固着的金刚石工具代替磨粒进行加工，发明了世界上第一台旋转超声加工设备。美国堪萨斯州立大学[18]对工程陶瓷材料旋转超声磨削材料去除机理进行研究时，发现旋转超声磨削加工过程中存在着材料的塑性流动。据此，他们建立了旋转超声加工过程的塑性去除模型，并对模型进行了较为详细地推导和实验验证，发现塑性去除方式有利于提高工程陶瓷材料最终加工面的表面质量。德国柏林科技大学[17]采用超声波辅助磨削与无超声振动的磨削过程的对比实验，研究了工艺参数对氮化硅和氧化铝陶瓷材料去除率的影响，发现超声辅助磨削的材料去除率比无振动的磨削过程的材料去除率大。美国伊利诺斯州立大学[19]比较了恒压加工条件下的旋转超声钻削与普通钻削陶瓷材料去除率的差别时，同样发现旋转超声钻削比普通钻削的材料去除率大，前者是后者的 6～10 倍。美国内布拉斯加州林肯大学[16]在其研究报告中指出，旋转超声加工可用于氧化铝、氧化铍、复合材料、铁、玻璃、多晶金刚石、碳化硅、氮化硅、氧化锆、钛合金、不锈钢等多种材料的加工。

与国外相比[15,35]，我国对超声加工研究稍晚，并且由于基础及设备技术的限制，目前还有许多工作只停留在实验室，尚未得到产业化应用，因此总体情况与国外相比还有一定的差距。我国的超声加工技术研究始于 20 世纪 50 年代，于 20 年代 60 年代末开始了超声振动车削研究。2002 年，大连理工大学运用传感器技术和数控技术，开发出两台半联动超声分层加工机床；清华大学于 2010 年开发出了完全的数控化的旋转超声加工机床，以工控 PC 机为硬件基础，其数控系统有 Z 轴进给控制、旋转电机控制、自动频率模块跟踪控制等功能模块。天津大学也在旋转超声加工方面做了很多研究，如前期对机床进行了模块化设计研究，有利于产品更新换代，减低成本，性能稳定可靠；2002 年开发了配置气浮工作台的超声旋转加工机;2004 年研发了可在多种普通机床上使用的超声旋转加工头,实现了超声旋转加工头的机床的附件化;2008 年研制成功 QF-200 气浮工作台,实现了 60 g 负载力的控制等。

虽然国内外众多学者对硬脆材料的旋转超声加工技术进行了大量的研究,证明旋转超声加工是硬脆材料制孔加工的有效方法,特别是在减小切削力、提高加工效率方面具有显著的工艺优势,但是在硬脆材料的制孔损伤研究方面,旋转超声制孔加工中仍然存在严重的出孔损伤问题,这些损伤严重影响着硬脆材料零件的服役特性。导致旋转超声制孔损伤问题迟迟未能得到有效解决的主要原因有:

(1)在工艺特性的研究中,一直忽略材料去除过程对超声系统振幅稳定性的影响,导致对超声机床的工艺能力认识不足,因而缺乏制定超声工艺的边界条件。这一方面可能导致工艺参数的制定超过了机床的极限工艺能力,因而不能保障超声加工的有效性;另一方面会使超声工艺过于保守,不能充分发挥超声加工的工艺潜能。

(2)对超声制孔损伤形成机理认识不足,缺乏旋转超声加工工艺优化的理论基础,因而没有形成系统有效的制孔损伤抑制策略。

14.2.4　陶瓷基复合材料的高速磨料水射流加工技术

磨料水射流加工技术可应用于陶瓷基复合材料的切割、钻削、铣削、车削等多种工艺中。国外已经开展了磨料水射流加工连续纤维增强陶瓷基复合材料的相关研究,例如 Al_2O_3/Al_2O_3 复合材料、SiC/SiC 复合材料等。华盛顿大学的 Ramulu[36] 等使用磨料水射流技术切割,以水流速 228 mm/min,磨料流速 5.6~9.1 g/s,600 MPa 压力切割 5 mm 厚的 SiC/SiC 复合材料试样,图 14.11(a)为材料上表面的切口形貌;图 14.11(b)为截面切口形貌;,图 14.11(c)为材料下表面切口形貌。SiC 纤维无明显破坏,并且切屑的尺寸与切割速度和磨粒尺寸大小密切相关。Hashish 等[36] 还利用磨料水射流加工技术对 Al_2O_3/Al_2O_3 复合材料进行了钻孔研究,如图 14.12 所示。他们发现磨料水射流加工技术易出现锥度孔,材料上表面的加工质量主要取决于喷射压力,下表面的加工质量主要取决于磨料属性,因此,初始压力、升压速率、孔深度等工艺参数对钻孔质量至关重要。

国内,主要针对工程陶瓷如 SiC 陶瓷、Al_2O_3 陶瓷、Si_3N_4 陶瓷的磨料水射流加工工艺可行性、工艺参数、加工机理等方面进行了深入研究[21,37,38]。山东大学、西化大学等高校开展了磨料水射流加工技术车削、铣削、钻削 Al_2O_3、Si_3N_4、SiC 等陶瓷材料的研究。结果表明,随着水射流压力、靶距和磨料流量的增加,材料的体积去除率增加;随着喷嘴横移速度、横向进给量和材料硬度的增加,材料去除率减小。提高水射流压力、靶距和磨料流量,减小横向进给量和喷嘴横移速度,可以得到高的材料去除率。在铣削加工参数优化研究中,研究人员发现随着水射流压力、靶距和磨料流量的增加,铣削深度增加;随着喷嘴横移速度和横向进给量的增加,铣削深度减小,因此,提高的水射流压力、磨料流量、靶距并减小的横向进给量和喷嘴横移速度,可获得较大的铣削深度。在磨料水射流冲击初期,材料因塑性变形而产生垂直于冲击面的径向裂纹,径向裂纹向下扩展,材料强度降低在冲击后期,产生近似平行于材料表面的横向裂纹,横向裂纹扩展,导致材料的去除。

（a）材料上表面的切口形貌

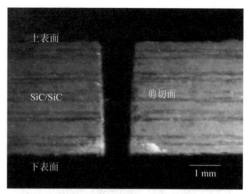

（b）截面切口形貌

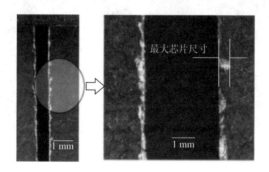

（c）材料下表面切口形貌

图 14.11　磨料水射流技术切割 SiC/SiC 复合材料

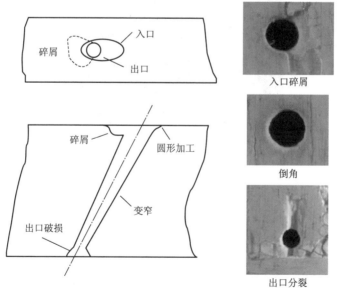

图 14.12　磨料水射流制孔及其破坏机制

陆军装甲兵学院[20]对 C/SiC 复合材料进行磨料水射切槽加工，结果表明，由于磨料水射流在切割方向的"滞后现象"，导致切槽入口和出口形貌存在差异，切割内壁形成"波纹区"，这对切割质量和切割精度造成了很大影响。由于射流能量衰减和射流发散，切割面从上至下分为三个区，分别为"光滑区""波纹区""破碎区"。

不同区域的材料去除形式不同，"光滑区"的形成是磨料颗粒以小角度冲击材料，其材料去除形式为切割磨损；随着切割深度的增加，射流能量衰减，射流发生"偏转后滞"，磨料以大角度冲击材料，形成"波纹区"，其材料去除形式为变形磨损；当切割深度继续增加，射流能量衰减和射流发散加剧，造成材料去除不充分，出现切割"犁沟"和凹坑，形成"破碎区"。切槽不同位置形貌如图14.13所示。

（a）切割槽入口形貌

（b）切割槽出口形貌

（c）切槽形貌

图14.13　切槽不同位置形貌

对比国内外磨料水射流加工陶瓷及其复合材料的研究现状，可以发现该工艺得到了广泛应用，但仍存在如下问题：

（1）三维形态（如轴类、孔类零件）的加工理论尚未完善，加工工艺不够成熟，仍处在探讨阶段，特别是表面粗糙度的控制和尺寸的精确加工都限制了其应用。

（2）未建立钻磨料水射流加工削加工孔壁表面粗糙的理论模型，对孔壁锥度及盲孔底部缺陷的形成机理研究并不完善。

14.3　产业应用与工程应用

国际上,美国 GE 公司在陶瓷基复合材料加工领域处于领先地位,该公司利用激光微喷单元进行精密孔加工,水冷却零件并带走切屑,维持孔结构的高精度。综合对比国内外航空发动机用陶瓷基复合材料构件的研究进展,虽然国内在制备技术方面取得了很大的进展,部分工艺达到了国际先进水平,但是在构件的精密加工方面尚处于起步阶段,与国外工程化应用存在巨大差距。

14.3.1　陶瓷基复合材料的磨削加工技术

目前,陶瓷基复合材料的磨削加工技术已经产业化。在已研发并投入考核的中温中等载荷静止件[如密封片、调节片(见图 14.4 和图 14.5)、内锥体等]、高温中等载荷静止件(如火焰筒、火焰稳定器、涡轮外环、导向叶片等)、高温高载荷转动件(如涡轮转子、涡轮叶片等)航空发动机构件中[38],磨削工艺是运用最成熟的机械加工方法。

图 14.14　M88-2 用 CMC-SiC 复合材料外调节片

图 14.15　F414-GE-400 用 CMC-SiC
复合材料调节片及密封片

14.3.2　陶瓷基复合材料的激光加工技术

激光加工可以分为一维加工、二维加工、三维加工,如图 14.16 所示。一维加工常用于激光钻孔,此时激光束通常与工件都保持静止;二维加工时陶瓷工件或激光束在一个方向上运动,如陶瓷切割应用[见图 14.16(b)];三维加工时激光束和陶瓷在多个方向上运动,可用于加工复杂的工件或形状,如发动机叶片的异形冷却孔。

美国 GE 公司从 20 世纪 70 年代就开始使用各种异型冷却孔,发动机的整体冷却效率从 20 世纪 50 年代的 0.1 发展到 2012 年的 0.6 以上,提高了 6 倍之多。这主要是因为美国 GE 公司结合短脉冲激光的精细加工与长脉冲激光的快速穿透能力,解决了短脉冲激光的速度和深度能力问题,实现了 3D 单部异型孔加工。此外,国外公司已经应用异型超深冷却孔制造技术,如图 14.17 所示,图 14.17(a)为某型号发动机叶片示意图。使用非接触式的激光加工非圆超深孔[见图 14.17(b)]可以有效利用叶片的空间,既保证叶片强度(要求孔周边有足够多的材料),又尽可能争取大的气体通量(要求大的截面积)。这样,随着叶片位置的不同,变换孔形状的冷却孔就能够在不改动叶片外形的情况下获得 10% 以上的额外冷却效果。

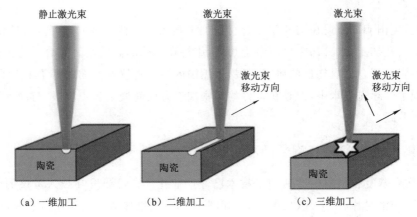

图 14.16　激光加工过程示意图

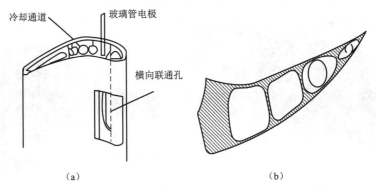

图 14.17　发动机叶片超深异型孔加工

我国自 2012 年 8 月起,启动了高速皮秒/纳秒微细加工项目,如图 14.18 所示,采用自主研发的 5 轴联动精密定位结合 2 轴扫描振镜快速扫描的大布局,并通过自主研发的针对

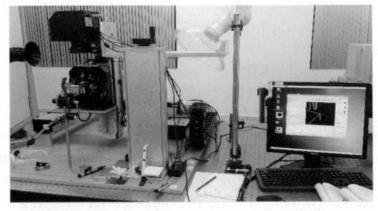

图 14.18　中科院自主开发的 5+2 轴异型孔短脉冲激光加工系统

异型孔分层 CAM 的软件系统,成功地在单晶高温合金、铝合金、CMC、石墨等多种材料上成功加工出高质量的三维异型孔,孔倾斜度在 $30°\sim12°$ 之间。

中科院宁波材料所采用固体光导为特色的水助激光加工技术突破了传统激光加工深度极限,该技术通过压力腔将水从一种特殊的中空光纤中喷射出来,激光从光纤入射端耦合进入,通过全反射传输到加工端。水流保持了加工端的持续透明度,可以把加工粉尘带走,又可以快速冷却激光加工带来的不必要的热效应。此外,水助激光加工技术彻底消除了表面堆积溅射现象,孔壁还呈现出激光冲击强化的痕迹,目前该技术可应用在加工异型气膜孔领域。

水助激光加工的另一个应用案例是欧洲 SYNOVA 公司的 MICROJET 技术,该技术以空气中的层流水柱为光导,相对于传统加工有一些优势,但对突破激光加工的深度极限贡献有限。因为一旦激光深入材料,则光导效应消失,本质上,该技术属于宏观光学体外加工类型,与传统加工区别不大,但是能深入材料的液核光纤激光加工技术则不一样,具备大大突破激光加工深度极限的潜力。该技术已经在美国 GE 公司获得应用,比如用于水下加工有毒的晶体材料 CZT 等。目前,该技术已经实现了钻入材料 3 mm。

14.3.3　陶瓷基复合材料的超声波加工技术

旋转超声加工是集传统超声加工与磨料磨削加工为一体的复合加工,是硬脆性材料加工的一种有效方法,具有良好的应用前景,但是超声加工在陶瓷基复合材料中的应用较少,工艺尚不成熟,在工程应用中实践较少,是将来的一个重要发展方向。目前这方面的研究仍停留在实验室阶段,虽然取得了一些成果,但尚需进一步研究,加速成果转化。比如,针对工程陶瓷三维复杂型面难以加工的现状,大连理工大学提出了基于分层去除技术的旋转超声铣削加工方法,研制了旋转超声数控铣削机床,开辟了利用旋转超声加工技术数控加工工程陶瓷零件的途径。基于分层去除思想的旋转超声铣削加工技术,解决了传统超声加工中工具损耗严重且不能在线补偿的难题,使加工带有尖角和锐边的三维复杂型面工程陶瓷零件成为可能,为工程陶瓷的广泛应用提供了有力的技术支持。

中北大学设计了一套旋转超声内圆磨削的工艺设备,该装置由超声振动系统、冷却循环系统、磨床连接系统和超声波发生器等组成,其超声换能器采用纵向复合式换能器结构,通过旋转超声内圆磨削的工艺试验研究发现,相对于普通内圆磨削,旋转超声内圆磨削能改善工件加工表面质量,提高生产率。

14.3.4　陶瓷基复合材料的磨料水射流加工技术

以美国福禄公司为代表的国外公司拥有较为先进的高压磨料水切割加工技术[39]。例如福禄公司具有目前最先进的 87 000 psi(599 865 MPa)极高压泵系统及含有效公差控制技术的动态水刀(dynamic waterjet)等。与传统的 60 000 psi(413 700 MPa)相比,极高压泵系统的压力增高了 45%,切割速度增加 20%～30%;动态水刀比传统水刀以更快的速度生产出更精密的工件,能有效减少或去除水箭滞后及切口斜边现象造成的公差误差。在汽车工业中[40],高压磨料水射流加工技术可以完成对车身外部板件的切割和修边,切割车身内部装潢板、门框、塑料仪表板、石棉制动衬垫、橡胶制动板衬垫、玻璃、玻璃增强塑料板和塑料燃气箱挡板等,极大地适应了现代汽车生产换型快、省模具、多品种、小批量的要求。美国 ASI 机器人公司的大型水切割机,工作台面积约为 11 mm²,切割大型客车和其他车辆的大型纤维增强复合材料覆盖件的精度可达±0.127 mm,具有极高的加工精度和机动柔性。据报道,日本丰田汽车公司和美国福特汽车公司等均有近百台水射流切割机用于生产,美国福禄公司的 Mach 300 型水切割系统如图 14.19 所示。

图 14.19　美国福禄公司的 Mach 300 型水切割系统

14.4　发展前景

目前,陶瓷基复合材料的加工技术研究主要针对各种加工工艺的理论基础。例如加工机理、表面完整性、材料去除机理、刀具磨损、工艺参数优化等。基于此,本书对于陶瓷基复合材料的加工技术的发展提出如下建议,以供科研单位、企业参考:

重视超精密磨削及超精密抛光加工[41]。目前我国某些精密机电产品虽已能生产,但大部分超精密加工核心关键零部件仍需进口,如飞机发动机、高档数控机床等,总体缺乏竞争力。与国际先进水平相比我国超精密磨削在设备的完备性、可靠性与精度保持性上还有较大的差距,具体应主要提高如下方面:(1)超精密磨削、抛光基本理论和工艺;(2)超精密机床的关键技术、精度、动特性和热稳定性;(3)超精密加工的精度检测、在线检测和误差补偿;(4)超精密加工的材料研发。

激光加工技术发展较早,目前如皮秒激光加工、飞秒激光加工技术亦能够较成功的应用在金属基、聚合物复合材料上,但是在陶瓷基复合材料领域目前研究成果较少,加工理论和特性尚需完善。在加工技术发展上,应进一步大力发展如多轴超快激光加工技术、新型水助激光加工技术、新一代激光冲击强化(laser shocking peening,LSP)技术等,突破传统激光加工极限。在发动机冷却孔加工领域,激光加工具有优势,但是仍存在以下需要解决的难题:

(1)如何实现可靠穿越陶瓷层的单步异型孔加工。用短脉冲激光实现 3D 异型并能够实现大厚度穿越,速度必须能够为工业界接受,另外需要妥善解决加工损伤问题。此外,进一步突破加工倾角限制,实现 $10°\sim20°$ 倾角的无背伤加工。

(2)如何实现超深异型孔加工。突破激光加工的深度极限。目前,国外已经用混合工艺实现了超深异型孔加工,国内尚处于空白。理想地,应该实现激光为主的任意形状的超深异型孔加工。这需要激光工艺突破 100 mm 加工深度并保持足够的加工分辨率。

(3)如何针对陶瓷基复合材料、单晶金属等下一代叶片材料加工出气膜孔和超深孔。这些新材料是下一代飞机发动机性能提升的关键。我国 CMC 发动机叶片正在研发中,美国已经量产。我国必须对此领域加大研发,以免技术差距拉大。

对于超声加工技术,综观国内外旋转超声加工技术的研究现状,国外部分国家相继开发了性能优良的数控旋转超声加工机床,其应用也日趋工业化。国内的旋转超声加工技术的发展较为缓慢,与先进国家相比存在较大的差距,特别是先进超声加工机床的研制十分落后,至今仍然较难找到市场化的数控旋转超声加工机床,但有关超声加工机床中超声电源的智能化、频率跟踪功能的实现、功率的自动调节等方面以及超声振动系统中大功率超声换能器、多频率工作点的换能器,以及纵扭和纵弯等复合换能器等功能模块的研究等方面取得了较大的发展。如何转化这些研究成果,推动旋转超声加工机床的研制,完善机床性能,是仍需努力的方向:

(1)在旋转超声加工中,如何实现工具与超声振动系统之间的有效连接,平稳传递超声能量,是伴随超声加工机床研究的热点问题;其工艺过程对超声振动稳定性的影响规律尚不明确,因此要实现对工艺过程中超声振幅稳定性的有效控制,须对此进一步深入研究。

(2)旋转超声加工在实验研究方面主要集中于工艺参数,包括超声频率、超声功率(振幅)、旋转转速、进给速度、工具磨料类型、磨料浓度、磨粒粒度与材料去除率、表面粗糙度等工件加工效果和工具寿命之间的对应关系,但对于表面及亚表面损伤研究较少,因而,目前很少出现旋转超声在功能陶瓷类材料加工方面的研究成果,比如光学晶体材料、表面及亚表面力学性能直接关系到零件的能量阈值高低。

(3)基于超磁致伸缩材料换能器的集成刀柄设计技术,研制高振幅稳定性的大功率旋转超声加工装备,以实现更高的材料去除效率,也是一个重要的研究方向。

(4)切削液对旋转超声加工工艺过程的影响研究还是一个鲜被涉及的领域,值得进一步深入研究。

(5)旋转超声微细加工是旋转超声加工在微细尺度上的应用,由于尺度效应的存在,微细加工的材料去除以塑性形式为主,同时存在刀具容易磨损等问题,为了更好地将旋转超声技术推广到微细加工领域,需要对旋转超声微细加工技术进行系统深入的研究。

目前,国内外对磨料水射流的应用主要集中在矿山开采、钻井、管道清洗等领域,主要研究集中在高压下磨料水射流切割性能及对韧性金属材料和合金材料切割等,对于陶瓷及其复合材料领域的研究相对较少[21,42]。该工艺主要应用于构件的粗加工或半精加工过程,较少用于精密或超精密加工,因此,基于磨料水射加工技术的磨削、车削、铣削、钻削等加工机理和工艺参数的优化需要进一步完善。不仅如此,在加工系统方面[43],由于前混合磨料水射流加工系统管路和喷嘴容易磨损,系统制造复杂,因此目前磨料水射流加工主要采用后混合式,但后混合磨料水射流加工能量损失大,导致加工能力、加工精度降低,同样限制了磨料水射流加工在高效、精密加工中的应用,因此,丰富磨料水射技术的加工系统的研究和开发,也是拓展其应用领域的重要环节。

参考文献

[1] 张立同,成来飞,徐永东. 新型碳化硅陶瓷基复合材料的研究进展[J]. 航空制造技术,2003(1): 24-32.

[2] 张立同,成来飞. 连续纤维增韧陶瓷基复合材料可持续发展战略探讨[J]. 复合材料学报,2007,24 (2):1-6.

[3] 张文武,张天润,焦健. Comment on Ceramic Matrix Composites Machining Processes‰陶瓷基复合材料加工工艺简评[J]. 航空制造技术,2014(6):45-49.

[4] 王超,李凯娜,陈虎,等. 纤维增强陶瓷基复合材料加工技术研究进展[J]. 航空制造技术,2016,59 (3):55-60.

[5] 王晶,成来飞,刘永胜,等. 碳化硅陶瓷基复合材料加工技术研究进展[J]. 航空制造技术,2016,59 (15):50-56.

[6] 刘杰,李海滨,张小彦,等. 2D-C/SiC 高速深磨磨削特性及去除机制[J]. 复合材料学报,2012(4):113-118.

[7] 张立峰. 陶瓷基复合材料界面强度与磨削过程材料去除机理研究[D]. 天津:天津大学,2016.

[8] 曹晓燕. 2.5D SiO_2/SiO_2 陶瓷基复合材料的磨削力与表面评价技术研究[D]. 天津:天津大学,2016.

[9] 张保国,田欣利,余安英,等. Research progress on principle and application of laser machining for engineering ceramics‰工程陶瓷材料激光加工原理及应用研究进展[J]. 现代制造工程,2012(10):5-10.

[10] B,S,Yilbas,等. Study into the Effect of Beam Waist Position on Hole Formation in the Laser Drilling Process[J]. Proceedings of the Institution of Mechanical Engineers,Part B:Journal of Engineering Manufacture,1996.

[11] 崔园园. 激光加工陶瓷坯体的工艺研究[D]. 北京:清华大学,2010.

[12] 冷建功. 连续激光辐照金属铝的温度场研究[D]. 长春:长春理工大学,2014.

[13] 严会文. 激光加工石英微通道过程中热应力的研究[D]. 贵阳:贵州大学.

[14] 张若衡. SiC/SiC 复合材料的超快激光加工工艺与特性研究[J]. 2016.

[15] 田欣利,徐西鹏,袁巨龙. 工程陶瓷先进加工与质量控制技术[M]. 北京:国防工业出版社,2014.

[16] 王健健. 陶瓷基复合/硬脆材料旋转超声制孔损伤机理与抑制策略[D]. 北京:清华大学.

[17] 吕东喜. 硬脆材料旋转超声加工高频振动效应的研究[D]. 哈尔滨:哈尔滨工业大学,2014.

[18] 饶小双. 工程陶瓷旋转超声磨削边缘破损机理及实验研究[D]. 哈尔滨:哈尔滨工程大学.

[19] 曾伟民. 旋转超声钻削先进陶瓷的基础研究[D]. 厦门:华侨大学,2006.

[20] 刘谦,孟凡卓,田欣利,等. 磨料水射流加工陶瓷的研究进展[J]. 工具技术,2018,52,536(4):20-23.

[21] 冯衍霞. 磨料水射流铣削陶瓷材料加工技术研究[D]. 济南:山东大学,2007.

[22] 任云明. 磨料水射流加工结构陶瓷及陶瓷基复合材料的研究[J]. 内燃机与配件,2018,(15):116-118.

[23] AZARHOUSHANG B,TAWAKOLI T. Development of a novel ultrasonic unit for grinding of ceramic matrix composites[J]. The International Journal of Advanced Manufacturing Technology,2011,57(9-12):945-955.

[24] TAWAKOLI T,AZARHOUSHANG B. Intermittent grinding of ceramic matrix composites(CMCs) utilizing a developed segmented wheel[J]. International Journal of Machine Tools & Manufacture, 2011,51(2):112-119.

[25] 丁凯,傅玉灿,苏宏华,等 . C/SiC 复合材料组织对磨削力与加工表面质量的影响[J].中国机械工程, 2013(14):44-48.

[26] YALUKOVA O,SARADY I. Investigation of interaction mechanisms in laser drilling of thermoplastic and thermoset polymers using different wavelengths[J]. Composites Science and Technology,2006,66 (10):1289-1296.

[27] MORENO P,MENDEZ C,GARCIA A,et al. Femtosecond laser ablation of carbon reinforced polymers[J]. Applied Surface ence,2006,252(12):4110-4119.

[28] DAS D K,POLLOCK T M. Femtosecond laser machining of cooling holes in thermal barrier coated CMSX4 superalloy[J]. Journal of Materials Processing Technology,2009,209(15-16):5661-5668.

[29] MODEST M F. Effects of Multiple Reflections on Hole Formation During Short-Pulsed Laser Drilling [J]. Journal of Heat Transfer,2006,128(7).

[30] 谢巍杰,邱海鹏,陈明伟 . Drilling Process For SiCf/SiC Ceramic Matrix Composites% SiCf/SiC 陶瓷 基复合材料制孔工艺[J].宇航材料工艺,2016,46(5):50-53.

[31] LIU Y,WANG C,LI W,et al. Effect of energy density on the machining character of C/SiC composites by picosecond laser[J]. Applied Physics,2014,A116(3):1221-1228.

[32] Effect of energy density and feeding speed on micro-holes drilling in SiC/SiC composites by picosecond laser[J]. The International Journal of Advanced Manufacturing Technology,2016,84(9):1917-1925.

[33] 赵清亮,姜涛,董志伟,等 . 飞秒激光加工 SiC 的烧蚀阈值及材料去除机理[J].机械工程学报,2010, 46(21):172-177.

[34] Effect of different parameters on machining of SiC/SiC composites via pico-second laser[J]. Applied Surface Ence,2016,364:378-387.

[35] 郑书友,冯平法,徐西鹏 . 旋转超声加工技术研究进展[J].清华大学学报(自然科学版),2009(11): 65-70.

[36] DIAZ O G,LUNA G G,LIAO Z,et al. The new challenges of machining Ceramic Matrix Composites (CMCs):review of surface integrity[J]. International Journal of Machine Tools & Manufacture,2019.

[37] 任云明 . 磨料水射流加工结构陶瓷及陶瓷基复合材料的研究[J].内燃机与配件,2018(15): 116-118.

[38] 刘巧沐,黄顺洲,何爱杰 . 碳化硅陶瓷基复合材料在航空发动机上的应用需求及挑战[J].材料工程, 2019,47(2):1-10.

[39] 美国福禄国际股份有限公司,Flow International Co. 福禄超高压水刀的技术优势[J].航空制造技 术,(19):102-102.

[40] 刘丽萍,王祝炜 . 高压水射流切割技术及在汽车工业中的应用[J].汽车技术,2000(5):18-19.

[41] 袁巨龙,张飞虎,戴一帆,等 . 超精密加工领域科学技术发展研究[J].机械工程学报,2010,46(15): 161-177.

[42] 冯晓春 . 高压磨料水射流切割硬脆材料理论及试验研究[D].哈尔滨:哈尔滨理工大学,2012.

[43] 刘增文 . 硬脆材料冲蚀机理及前混合微细磨料水射流抛光技术研究[D].济南:山东大学,2011.

第15章 陶瓷基复合材料的连接技术

连续纤维增韧碳化硅复合材料(CMC-SiC,包括 SiC/SiC 和 C/SiC)具有低密度、耐高温、高比强度、高比模量和缺口不敏感等优异性能,是新一代航空发动机、空天飞行器等热结构件和核反应堆包壳管的首选材料之一。CMC-SiC 复合材料已应用于严苛环境下的热结构构件,如燃烧室内外衬、涡轮外环、涡轮导向叶片、排气喷嘴、辐射燃烧器、热交换器等,具有耐高温、轻量化、高强韧性和长寿命等优点。基于 CMC-SiC 服役性能需求和工艺特点,研究并开发出上述 CMC-SiC 构件的制备技术,是当前各应用领域关注的重点。

CMC-SiC 复合材料的制备技术主要包括化学气相渗透(CVI)、聚合物浸渍裂解(PIP)和反应熔体渗透(RMI)等。其中,CVI 技术是最成熟和最广泛使用的,其主要缺点是难以实现密度均匀和大型复杂结构集成。PIP 技术需要多次渗透和重复裂解。RMI 需要基体组元具有低熔点且容易润湿纤维预制体。然而,上述制造方法都对 CMC-SiC 构件的大小和形状有一定限制,不利于 CMC-SiC 复合材料在各工业领域的广泛应用。为了克服大型复杂结构外形 CMC-SiC 构件的制造挑战,将其分割成几何形状更简单和尺寸更小的 CMC-SiC 零件,利用连接或集成技术成为制造最终 CMC-SiC 构件的可行途径,因此,CMC-SiC 连接或集成技术是 CMC-SiC 复合材料成功应用的关键。

本章针对 CMC-SiC 连接或集成的核心技术展开论述,并评述国内外最新研究进展,探讨相应的产业应用和工程应用,评估和预测本学科在国际上未来的发展方向与重点,明确本学科国内发展的分析与规划路线图。

15.1 核心技术

当前 CMC-SiC 连接或集成技术可分为机械连接、焊接和混合连接三类。CMC-SiC 机械连接有一定的优点,如易于质量控制,安全可靠,强度分散性小,抗剥离能力强,便于装卸,但机械连接孔势必降低构件结构强度与稳定性,需要增加整个构件的尺寸,使构件增重。在机械连接的制孔和安装过程中,易产生分层、掉渣、各向异性显著、应力集中高等缺陷。CMC-SiC 焊接技术主要包含钎焊、扩散焊、瞬间液相连接、自蔓延高温合成焊、摩擦焊、玻璃封接和反应形成/结合等,其焊接界面具有可定制的微观结构和可控性,尤其是可定制成类似于 SiC 陶瓷的中间层。获得高性能 CMC-SiC 焊接界面的关键因素是:焊料与 CMC-SiC 复合材料之间的润湿性和热物理化学相容性。CMC-SiC 混合连接是结合机械连接和焊接二者优点,正在发展的一类新型连接方法。西北工业大学超高温结构复合材料重点实验室发展的 CMC-SiC 在线铆焊连接就是一种典型的混合连接(铆接/焊接)方法,其特点是在材料致密过程中逐渐实现焊接,形成由焊接界面和 CMC-SiC 铆钉组成的在线铆焊连接界面。下面分别描述发展这三类连接技术所涉及的关键核心技术。

15.1.1　机械连接和组装集成技术

CMC-SiC 机械连接和组装集成技术可分为两种:CMC-SiC 复合材料之间的机械连接技术;CMC-SiC 复合材料与高温合金之间的组装集成技术。由于机械连接必须制备连接孔,并且将服役于高温环境,加之 CMC-SiC 复合材料的剪切强度显著低于其拉伸/压缩强度,故其核心技术在于:

(1)CMC-SiC 复合材料连接孔的挤压行为与强韧化;

(2)高性能 CMC-SiC 紧固件的设计与制备及其标准化;

(3)CMC-SiC 机械连接或组装区域的热失配分析与结构优化。

15.1.2　焊接技术

现有用于 CMC-SiC 复合材料与金属之间的连接方法主要是焊接法,包括扩散焊、钎焊和直接铸造焊等。需要考虑的因素包括:润湿性、表面粗糙度、热失配和连接结构设计。

润湿性控制了扩散和毛细流动过程,已经对各种中间层材料(金属、合金、玻璃)在单片陶瓷上的接触角进行了广泛测量。然而,与块体陶瓷相比,CMC-SiC 复合材料的多相特征及化学和结构不均匀的表面,需要从各成分的润湿性出发,预测其可钎焊性。

表面粗糙度可以增加接触(黏合)面积和化学相互作用,影响连接的润湿性和应力集中。然而,粗糙度的影响难以表征,因为研磨、抛光和加工不仅会降低粗糙度,还会引起表面和亚表面损伤(颗粒或纤维拉出和空隙形成)。另外,机械加工会引入残余应力。由于不同类型的纤维结构,CMC-SiC 复合材料本质上是"粗糙的",这可能对连接响应产生不利影响。

当 CMC-SiC 复合材料必须集成到金属结构时,必须考虑二者热膨胀系数(CTE)的差异,已提出使热失配应力最小化的多种方法,如金属夹层、分级结构和表面机械结构化等。通常,形成热力学稳定和均匀的焊接界面是保障高焊接强度的关键,故需要对焊接界面进行优化设计,并预测其热应力分布。

CMC-SiC 复合材料与金属焊接当前的主要问题是热膨胀失配导致连接应力失效,并且连接面越大应力越大,因此,其核心技术在于:

(1)发展与 CMC-SiC 具有热物理化学相容性高且润湿性好的焊料;

(2)连接构型的优化设计,以降低焊接界面的热失配应力。

15.1.3　混合连接技术

理论研究表明,焊接界面与铆钉共同承载取决于模量匹配和载荷分配机制。模量匹配决定载荷传递,即焊接界面与铆钉的模量相当时,外载荷能通过焊接界面传递到铆钉,双方均匀承载。载荷分配机制决定连接强韧性,即焊接界面开裂所不能承担的载荷将分配给铆钉承载,最后二者同时失效,使铆焊连接强度等于甚至高于铆接与焊接强度之和。

针对 CMC-SiC 在线铆焊连接,铆钉性能与 CMC-SiC 复合材料相同,基体裂纹偏转、界面脱黏滑移、纤维桥联和拔出等机制会使铆钉损伤时具有应力重分配机制。然而,焊接界面通常脆性开裂失效,其承担的载荷不能分配给铆钉,从而使焊接界面和铆钉非同时失效,不能提高 CMC-SiC 连接性能,因此,如何使 CMC-SiC 铆钉和焊接界面共同承载是获得高性能 CMC-SiC 在线铆焊连接方法的关键。

现阶段,CMC-SiC 在线铆焊连接的关键问题是:焊接界面不易致密,存在孔隙和微裂纹,模量和强度低;界面相为陶瓷相,脆性大,内部增韧机制匮乏;铆钉和焊接界面之间缺乏载荷分配机制。故其核心技术在于:

(1)对焊接界面进行微结构设计,使焊接界面性能与铆接连接性能匹配;

(2)优化设计连接界面,使焊接界面与紧固件协同作用,共同承载。

15.2 最新研究进展评述及国内外研究对比分析

15.2.1 机械连接技术

耐高温复杂薄壁构件制备技术是航空、航天发动机和空天飞行器内外热防护系统等领域的重要发展方向[1]。连续纤维增韧碳化硅陶瓷基复合材料(CMC-SiC,包括 C/SiC 和 SiC/SiC)具有优异的力学特性,如高比强、高比模、高韧性、对缺口不敏感和对裂纹不敏感等[2-10],并且可满足 1 650 ℃以下长寿命、2 000 ℃以下有限寿命和 2 800 ℃以下瞬时寿命的使用要求[11-15],成为当前耐高温复杂薄壁构件的首选材料[16-24]。因此,发展 CMC-SiC 复杂薄壁构件制备技术势在必行。

制备 CMC-SiC 复杂薄壁构件主要有两种成型工艺:纤维整体编织成型和组合装配成型。图 15.1 为用纤维整体编织成型技术制备的卫星推进器喷管模型和液体火箭发动机燃烧室模型[25]。由图 15.1 可见,纤维整体编织成型技术适用于制造轴对称壳结构。图 15.2 为德国 MAN 公司用组合装配成型技术制备的 X38 飞行器用碳纤维增韧碳化硅陶瓷基复合

(a)卫星推进器喷管   (b)发动机燃烧室[25]

图 15.1 纤维整体编织成型技术的应用

材料(C/SiC)襟翼[18,25]。由图 15.2 可见,组合装配成型技术适用于制造外形不规则薄壁结构。由于 CMC-SiC 薄壁构件通常具有不规则外形,故当前研究主要致力于发展组合装配成型技术[16-19,21-23,26-36]。

图 15.2　X38 飞行器的 C/SiC 襟翼[18,25]

经过近30年的发展,国际上对 CMC-SiC 材料级的基础研究已有大量报道[4-6,9,10,38-41],而对单元级及以上的研究较少[36,37,42-44]。研究表明,CMC-SiC 具有非线性力学行为、较大的力学性能分散性和较低的剪切强度,导致用积木式设计原理制造 CMC-SiC 复杂薄壁构件存在很多技术问题[16]。其中,CMC-SiC 机械连接问题首当其冲,Dogigli et al.[16] 指出 CMC-SiC 紧固件制备技术为关键技术,Singh 等人[45,46] 指出需建立 CMC-SiC 机械连接结构设计准则。

图 15.3 为目前主要的 CMC-SiC 机械连接方法。由图 15.3 可见,该机械连接方法主要有 Miller 连接[47-49]、CMC-SiC 螺栓连接[50-52]、陶瓷螺纹连接、CMC-SiC 沉头螺纹连接[35] 等。显然,螺栓连接为 CMC-SiC 机械连接的主要方式。

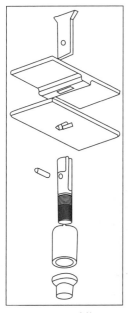

（a）Miller连接

（b）CMC-SiC螺栓连接

（c）陶瓷螺纹连接

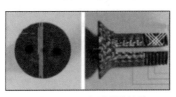

（d）CMC-SiC沉头螺纹连接

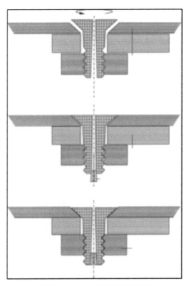

（e）CMC-SiC沉头螺纹连接

图 15.3　CMC-SiC 机械连接方法

图 15.4 为 C/SiC 螺栓连接的螺柱断裂和螺纹牙断齿失效模式。由图 15.4 可见,螺纹牙断齿失效未造成螺柱拉断,表明螺栓连接强度取决于螺纹牙强度[51-54],故如何避免螺纹牙断齿失效是 CMC-SiC 螺栓连接设计的关键。当前发展无须螺纹连接的 CMC-SiC 铆接方法成为解决该问题的方法之一。

(a) 螺柱断裂   (b) 螺纹牙断齿

图 15.4   C/SiC 螺栓连接的两种失效模式

采用金属紧固件也可以进行 CMC 之间及其与金属的机械连接。对于碳纤维复合材料,为防止电偶腐蚀,一般选用与之电位接近的钛、钛合金、耐蚀不锈钢、蒙乃尔合金等金属紧固件。采用金属紧固件进行 CMC 之间的连接也使构件的使用温度受到很大限制。因此,CMC 很少采用金属紧固件进行机械连接。

15.2.2   焊接技术

1. 反应连接

C 与 Si 反应生成 SiC 可进行 SiC/SiC 复合材料的连接,还可利用 Ti 与 C 的放热燃烧反应进行 SiC/SiC 复合材料与 SiC 的连接。自蔓延放热燃烧反应可在相对较低的温度下开始,在合成中间层的同时进行连接,如图 15.5 所示。为了不损伤 SiC 纤维的性能,连接过程需在 1

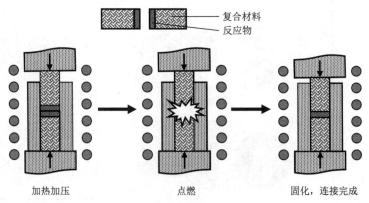

加热加压   点燃   固化,连接完成

图 15.5   自蔓延燃烧反应连接过程示意图

200 ℃以下进行,但 Ti 与 C 自蔓延反应进行的温度为 1 600 ℃,如此高温势必显著降低 SiC/SiC 的性能。在 Ti、C 体系中加质量分数 10% 的 Ni 可以使自蔓延反应温度降到约 1 125 ℃,这是由于 Ti-Ni 可以在 942 ℃形成低共熔物。液相的形成加快体系的扩散速率,促进连接反应的进行。连接反应描述如下:

$$Ti + C + xNi \longrightarrow TiC + xNi \tag{15.1}$$

采用浆料浇注的方法将连接反应物引入待连接的 SiC/SiC 与 SiC 之间,在氩气气氛下进行自蔓延反应,同时施加 5～20 MPa 的压力,反应时间仅为几秒钟。显微结构及强度性能测试表明,连接前的连接产物注入过程、反应物中的 Ni 含量及连接条件对接头性能均有影响。连接前的注入过程易在接头中形成孔洞等缺陷,降低接头的性能,所得强度仅为 20 MPa。

2. 扩散连接

(1)石墨中间层连接

这种方法就是采用一些能与碳生成碳化物的金属作中间层填充材料,然后利用加热过程中金属中间层与复合材料反应和分解进行连接。首先,填充材料通过固态扩散或液相渗透直接与复合材料反应生成碳化物接头;然后,在更高的温度下碳化物分解为石墨和金属;最后,金属完全挥发消失,连接层中只剩下石墨。从最后形成接头的成分来看,这种方法比较适用于连接碳纤维增韧碳基和陶瓷基复合材料,但是由于接头最后主要依靠石墨连接,因而连接强度不高。以 Mn 粉作为填充材料,可用这种方法对 C/C 复合材料进行连接。连接完成后测量了接头在高温下的双缺口抗剪强度,在 1 200 ℃时为 0.16～1.16 MPa,1 400 ℃时为 0.15～0.65 MPa,所得接头性能不佳。实验过程可描述为

$$7Mn + (3+x)C \rightarrow Mn_7C_3 + xC \rightarrow 石墨 + MnC(液) \rightarrow Mn(蒸气) + 石墨 \tag{15.2}$$

采用这种石墨中间层连接复合材料的方法时,虽然在连接过程中使用了金属作为中间层,但是起连接作用的却是石墨。金属与复合材料形成的碳化物只是连接过程中的中间产物。不过,碳化物的形成也很关键。可用 Mg 粉作中间层填充剂,因为 Mg 能形成碳化物且在较低温度下(＜660 ℃)就可以挥发,但在实验中,用 Mg 作为中间层并不能形成复合材料的连接,原因是 Mg 极易氧化,Mg 表面形成的氧化层阻碍了固态镁碳化物的形成。石墨中间层连接性能还取决于形成的碳化物在高温下能否充分分解,分解后的金属又能否彻底蒸发掉。例如用 Al 作填充剂不能进行石墨中间层连接,因为 Al 在生成碳化物后不可能完全分解而蒸发。

(2)无中间层固相连接

在不使用中间层的情况下可进行碳纤维增韧陶瓷基复合材料与金属 Ni 的连接。研究表明,当连接面与碳纤维轴向垂直时,接头强度较高。

(3)硼化物和碳化物中间层连接

由于一般硼化物和碳化物为难熔化合物,因而以这些化合物作为中间层来连接复合材料有可能提高接头的高温强度。硼化物和碳化物在固态下扩散连接复合材料的研究表明,用 $B_4C + Ti + Si$ 混合粉末作为中间层填充材料连接的 C/C 复合材料具有较高的高温强度,

采用理想配比(摩尔比为 $1:2:1$)的 $B_4C+Ti+Si$ 混合粉末作为中间层填充材料所得连接的平均抗剪强度为 14.6 MPa。

在用难熔相连接复合材料时,选择中间层是关键。选择时不仅要考虑到连接过程中所生成相的高温性能,而且还必须考虑到它们的烧结性能。

(4)B 中间层连接

这种方法实质上是通过高温下 B 与 C 反应生成硼的碳化物连接复合材料的中间层,反应如下:

$$4B+C \longrightarrow B_4C \tag{15.3}$$

这种方法可连接 C/C 复合材料,作为对比,还采用了 B+C 混合粉末作为中间层。结果表明,在 1 995 ℃ 以下温度所得的连接中,B 作中间层的接头抗剪强度要高于 B+C 的中间层的接头强度,但其抗剪强度一般都在 10 MPa 以下。

(5)Mo 中间层连接

采用这种方法可进行 C/C 之间及其与 Cu 连接件的连接,所用中间层为 1 mm 厚的 Mo 片,为缓和 Mo 与复合材料间热膨胀系数的失配,有时在 Mo 的基础上还加入 Cu、Fe、Ag 等薄片作为中间层。

接头显微分析可知中间层已渗入复合材料,在界面上还存在一些由于热膨胀失配而导致的裂纹,但所得接头性能较差,强度性能未经测试。

(6)Ti 中间层连接

分别用 Ti 粉及 Ti 箔作为中间层均可连接 C/C 复合材料。结果表明,在中间层为 Ti 箔时,由于连接温度在 Ti 的熔点以下,而且连接是在无压下进行的,Ti 箔与母材不能充分接触发生充分反应形成连接,连接失败。在用 Ti 粉对复合材料进行连接时,接触面大为增加,反应也随之加剧,整个接头部分都已形成 TiC,但是接头上还是存在有许多孔洞,如图 15.6 所示。因为接头连接情况不佳,所以并没有对接头进行强度测试。由此可见,在无压条件下,要得到良好的扩散连接是比较困难的。

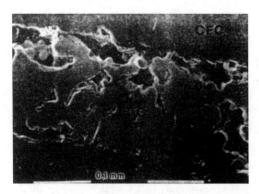

图 15.6 C/C 复合材料在以 Ti 粉为中间层条件下所得接头的显微结构

3. 钎焊

钎焊可以用活性钎料进行直接焊接,或先对陶瓷表面进行金属化后再用一般钎料进行焊接,或用玻璃钎料进行焊接。其中,对陶瓷表面进行金属化,主要是指制备金属涂层,尤其是钛和镍涂层。

碳纤维增韧陶瓷基复合材料可由传统的 Ag-Cu-Ti 钎料与 Cu 进行连接,也可以用银焊与 Cu 进行连接。此外,还可由以下中间层进行钎焊连接。

可用 Si 片作为中间层连接 C/C 复合材料,Si 片的厚度为 750 μm。连接在无压、Ar 气保护气氛中进行,连接温度为 1 700 ℃,保温时间为 90 min。分析测试结果表明,复合材料与中间层 Si 的界面处生成 SiC 反应层,接头抗剪强度为 22 MPa。分别用 Si-16Ti、Si-18Cr、Si-44Cr 对 SiC_f/SiC 复合材料进行连接,接头的剪切强度可达 70 MPa,图 15.7 即为其中一个连接界面。

用 Al 片作为中间层连接 C/C 复合材料,Al 片的厚度为 250 μm。连接后界面上有一个深色的反应层,EDS 分析表明它由 Al 和 C 组成,摩尔比类似于 Al_3C_4。接头剪切破坏时直接沿着接头界面发生,强度约为 10 MPa。

也研究了用 Mg_2Si 粉末进行 C/C 复合材料的连接,所得接头的抗剪强度为 5 MPa。连接后经分析接头处并没有 Mg_2Si 的存在,这是由于 Mg_2Si 在 1 000 ℃ 即发生分解,并与 C/C 复合材料中的碳发生如下反应:

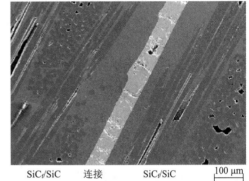

图 15.7　Si-44Cr 作为钎料的 SiC_f/SiC 接头显微照片

$$2Mg_2Si(液)+C(固)\longrightarrow Si(固)+4Mg(气)+SiC(固) \tag{15.4}$$

用玻璃相作中间层对 C/C 复合材料进行连接,采用的玻璃相有 SB 玻璃和 ZBM 玻璃,以 SB 作为中间层是因为它有较低的热膨胀系数,与碳表面的润湿性也较好,但在 1 020 ℃ 钎焊的试验结果并不好,它与复合材料界面处存在有一定量的孔洞。把连接温度提高到 1 200 ℃ 也不能得到良好连接,这可能与界面反应生成气体产物有关。以 ZBM 为中间层在 1 200 ℃、保温时间 45 min 条件下进行连接时,由于 ZBM 与复合材料的润湿性不佳,因此形成的连接层不连续,但连接层有一个良好的结合面。

以 70Ti-15Cu-15Ni 进行 3D C/C 复合材料与 Cu 的连接,连接过程在 Ar 气中进行,连接温度为 950~1 000 ℃,保温时间为 1~15 min,连接后连接件进行 1 000 ℃ 保温10 min 的后处理。所用中间层与复合材料之间有良好的润湿性,其显微结构如图 15.8 所示,在连接温度为 1 000 ℃ 时所得接头性能最佳,剪切强度达 24 MPa。强度测试破坏后断面显示断裂位置都在界面中间,可知中间层与母材结合良好。

除了这些中间层外,还尝试用 TiCuSi、Cu-ABA 作为中间层进行 C/C 复合材料的连接,结果表明连接良好。Cu 与复合材料可得到良好的接头,但接头强度有待提高。也用 $CrSi_2$ 作为中间层对 SiC_f/SiC 复合材料进行连接,所得接头剪切强度为 64 MPa。

在用钎焊方法连接陶瓷基复合材料时,残余应力的降低与钎料的选择是必须要考虑的。陶瓷基复合材料用钎焊方法进行高温连接时存在三种界面:纤维/钎料、基体/钎料及纤维/基体,界面附近将出现复杂的残余应力,

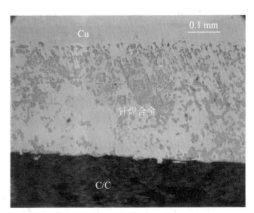

图 15.8　70Ti-15Cu-15Ni 连接 C/C-Cu 所得接头的显微结构

不仅容易引起陶瓷基体的力学性能降低,而且还可能降低纤维和陶瓷基体之间的结合,使纤维与基体之间的界面发生破坏。由于纤维增强的陶瓷基复合材料会表现出各向异性,钎焊面与纤维排布面之间的关系也会影响接头的强度。已有的研究表明,纤维与钎焊面垂直时,接头的强度一般比较高,这与残余应力的影响有关。

4. 直接铸造法

直接铸造法一般只适于复合材料与金属之间的连接。用此方法可实现 C/C 复合材料与 Cu 的连接。C/C 复合材料先经表面预处理,把一种过渡金属浆料涂覆在复合材料表面,在 1 300 ℃氩气气氛下进行 60 min 的热处理后,复合材料表面形成一层碳化物层,使 Cu 与复合材料连接面间有了良好的润湿性。连接时,把 Cu 液以铸造的方式在复合材料表面完成连接,接头剪切强度约为 30 MPa。分析结果表明,连接界面没有裂纹或气孔等缺陷,接头附近无 Cu 与 Si 脆性金属间化合物的生成,但接头处还存在部分未反应的金属。

5. 聚合物热解法

该方法采用一种聚合物作为陶瓷前驱体连接剂,可以混合有一些溶剂或陶瓷颗粒等填充物。连接时首先将连接剂置于复合材料被连接面,然后进行整体加热。在一定温度下,聚合物发生热解生成陶瓷中间层,从而实现连接。生成的陶瓷材料改善了接头与复合材料的相容性,而且热解温度一般较低,对设备要求不高,因此,用这种方法对复合材料进行连接已进行了广泛的研究。

SiC 陶瓷已由这种方法得到了良好接头,但是用连接 SiC 陶瓷的聚合物中间层连接 SiC/SiC 复合材料时得到的接头性能不佳,因此,CMC-SiC 复合材料的连接需研究新的聚合物中间层,近期研究的中间层主要有以下几种:

(1)聚合物高温热解产物中间层

用 hydridopolycarbosilane(简称 HPCS)对 SiC/SiC 复合材料进行连接。首先把聚合物涂于连接表面,然后在氮气(99.99%)下加热到 1 200 ℃保温 60 min,使聚合物发生热解,在连接面间生成 SiC 陶瓷,形成连接。剪切强度测试后对断面进行表面处理,以同样方式再次进行连接,再进行强度测试,如此循环进行,所测粗糙度与连接后抗剪强度如图 15.9 所示。可见,连接强度性能不高,不能满足实用需求。

由于聚合物前驱体热解时有气体溢出,而且要发生很大的收缩,接头不可避免地存在有孔洞等缺陷及较大的应力,但连接次数越多,连接面的孔洞被越来越多地填充,连接面也就越平整了。同时,表面处理增加了连接时的接触面,减小了连接时产生的应力,这都使得接头的强度有所增加。

用 methyl-hydroxyl-siloxane(SR350 树脂)对 SiC/SiC 复合材料进行了连接。采用添加其他填料的方法可以提高接头的性能,如加入颗粒可减少聚合物中间层在热解过程中的收缩率,加入纤维或纤维布可抑制脆性接头的形成等。

图 15.10(a)为 SiC/SiC 复合材料以纯聚合物为中间层所得接头的剪切强度与连接温度的关系,连接在氩气气氛下进行,保温时间为 2 h。可以看出,随着连接温度的上

升,接头强度也随之增大。虽然 2D SiC/SiC 复合材料与 3D SiC/SiC 复合材料连接面进行相同的表面处理,但前者的连接强度比后者高。这说明连接面表面状态对连接所得接头性能有重要影响,也是以同样聚合物连接 SiC 陶瓷所得强度比连接 SiC/SiC 要高很多的原因。

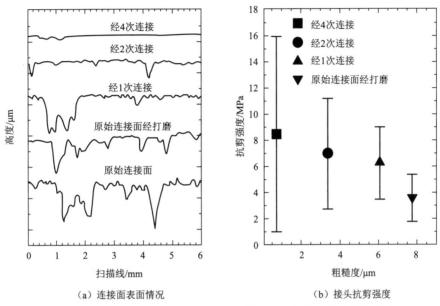

（a）连接面表面情况　　　　　　　（b）接头抗剪强度

图 15.9　SiC/SiC 由 HPCS 连接前的连接面表面情况及接头抗剪强度

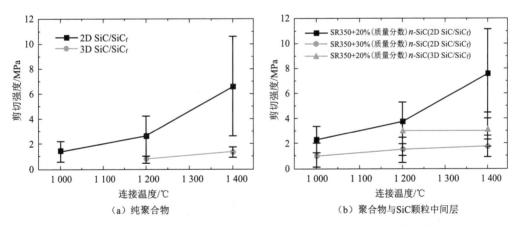

（a）纯聚合物　　　　　　　　　　（b）聚合物与 SiC 颗粒中间层

图 15.10　SiC/SiC 在纯聚合物和聚合物与 SiC 颗粒中间层的连接强度

（2）聚合物与惰性颗粒混合物中间层

加入惰性或活性颗粒是为了减少聚合物热解后在接头的气孔率,但是两者的机理不同。惰性颗粒的加入是通过颗粒的分散来减少气孔率的,而活性颗粒是通过它的反应产物在接头中的均匀分布来实现这一目的的。图 15.10(b)为用混合中间层连接 SiC/SiC 复合材料所得接头的强度与连接温度的关系。从图中可以得到与用纯聚合物作为中间层所得接头相同的结论:复合材料接头强度随连接温度升高而增大;连接中间层相同条件下,2D SiC/SiC 复合材料接头强度比 3D SiC/SiC 复合材料接头强度高。

用 SR350 聚合物分别与 SiC 纤维、C 纤维、SiC 纤维布、C 纤维布、C 短纤维进行混合,然后用混合中间层对 SiC/SiC 复合材料进行连接,所得接头强度见表 15.1。连接过程在氩气下进行,连接温度为 1 200 ℃,保温时间为 1 h,经测量聚合物热解前接头的厚度为 150～300 μm。强度测量时应力-应变曲线表明接头没有发生脆性断裂,但接头的强度不高,而且改变连接条件及纤维的走向与含量并没有提高接头的强度,原因是接头含有太多的孔洞等缺陷。

表 15.1 经 SR350 与陶瓷纤维连接后 2D SiC/SiC 复合材料的平均强度与最大强度

聚合物中间层	SR350+SiC 纤维	SR350+C 纤维	SR350+SiC 纤维布	SR350+C 纤维布	SR350+C 短纤维
平均强度/MPa	1.0±0.7	0.6±0.4	0.8±0.2	0.3±0.1	1.0±0.8
最高强度/MPa	2.7	1.4	1	0.4	3.4

由于聚合物热解法可以在接头生成陶瓷,保证了接头与母材的相容性,但这种方法应用于陶瓷基复合材料的连接还没得到满意的实验结果,进一步抑制聚合物热解时的气体溢出与体积收缩形成的气孔是提高接头强度的关键。

6. 液相硅渗入法

这种方法是原位或自蔓延高温合成连接方法中的一种,通过在复合材料连接面渗硅进行原位反应生成 SiC 的方式实现连接,但单纯的熔融渗硅是无法实现连接的,需加入一些含碳的材料作为反应物。用该方法对 C/C 复合材料进行了成功连接,进行硅化连接前在 135 ℃空气中热处理 90 min,所用连接剂成分见表 15.2。在连接面上加连接剂有三种方式:第一种是直接将膏状物涂覆在连接面上;第二种是将膏状物渗入一层 0.25 mm 厚的碳纤维编织布后置于连接面上;第三种是把膏状物与短纤维混合后涂覆在连接面上。连接后接头的典型显微结构如图 15.11 所示。其中,黑色区域为碳纤维与基体,白色区域为 Si 化后生成的 SiC。可以看出,Si 渗入复合材料内部后反应生成的 SiC 填补了复合材料表面的孔隙。接头抗剪强度测试表明,用渗有连接膏状物的编织布进行连接的接头所得抗剪强度最高,约为 25 MPa;随着测试温度的提高,连接强度也随之提高,在 1 500 ℃时连接强度为 50 MPa。这是由于测试温度升高时,热膨胀不匹配产生的残余应力得到缓解,使得连接强度得到大幅度的提高。

表 15.2 连接剂成分

材料	树脂	固相填充物
	苯酚前驱体	石墨粉(平均粒度 4 μm)
C 的质量分数/%	50	100
在膏状物中的质量分数/%	885	215

7. ARCJoinT

ARCJoinT(affordable robust ceramic joining technique)是 NASA 提出的一种针对陶瓷

连接的方法,后来也应用于陶瓷基复合材料。这种方法首先把碳质混合物放入连接区域,并在 100~120 ℃温度下预处理 10~20 min;然后将硅或硅化合金以胶或黏合剂的形式涂覆在连接面上,根据浸渗剂的类型升温至 1 250~1 425 ℃并保温 10~15 min;最后融熔硅或硅-难熔金属合金与碳反应,形成具有可控硅含量的碳化硅连接层。

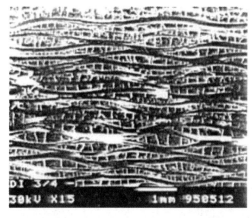 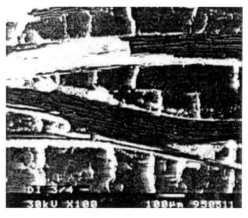

(a) C/C复合材料连接后接头显微结构　　　　　　　　　(b) 接头放大图

图 15.11　C/C 复合材料连接后接头显微结构图和接头放大图

用此方法对 SiC/SiC 复合材料进行了连接,所得接头的四点弯曲强度在 15～78 MPa 之间。

同样的方法对 2D SiC/SiC 复合材料进行连接,连接后所得接头厚度约为 125~130 μm,接头显微结构如图 15.12(a)所示。可以看出,复合材料基体中存在许多孔隙,进一步观察发现接头处也存在一些残余孔隙。连接过程完成后,对整个连接件进行切割加工,用加工后试样进行四点弯曲强度测试,测试温度分别为 25 ℃、800 ℃与 1 200 ℃,所得强度分别为(65±5) MPa、(66±9) MPa、(59±7) MPa,如图 15.12(b)所示。接头强度受接头微观结构的均匀程度的影响,接头微结构越均匀,其强度就越高。同时,接头强度与 SiC/SiC 复合材料内纤维与基体间结合较弱而产生的分层或失效有关。

由于 ARCJoinT 方法用于连接陶瓷基复合材料时强度较高,在 1 200 ℃温度下强度也没有明显降低,而且还可以连接较大且较为复杂的构件,这种连接方法具有较大的应用前景。

15.2.3　混合连接技术

西北工业大学超高温结构复合材料重点实验室发展了一种基于化学气相渗透(CVI)工艺的 C/SiC 在线气相铆接方法。图 15.13 为用该 CVI-C/SiC 铆接法制备的 2D C/SiC 铆接结构典型单元(简称"2D C/SiC 铆接单元")的 Micro-CT 图。由图 15.13 可见,该铆接法利用 CVI 工艺渗入的 SiC 基体将 2D C/SiC 铆钉与 2D C/SiC 铆接板焊在一起,其铆钉直径最小可为 3 mm,故该铆接法特别适于制备大型复杂薄壁构件。图 15.14 为用该铆接法制备的 2D C/SiC 机翼前缘和镜筒。

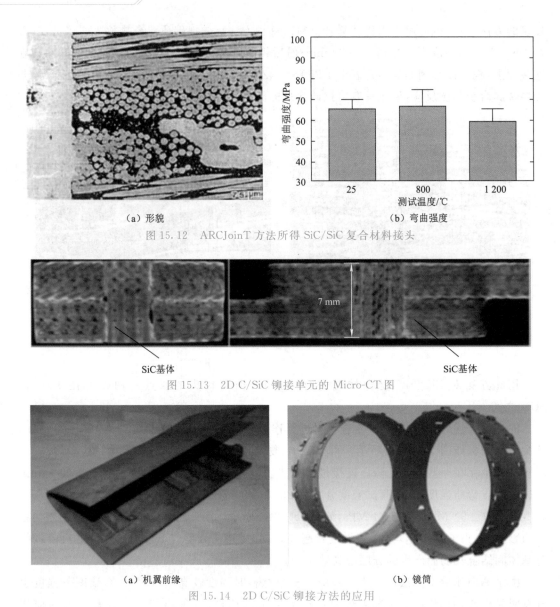

（a）形貌 　　　　　　　　　　　　　　　　　（b）弯曲强度

图 15.12　ARCJoinT 方法所得 SiC/SiC 复合材料接头

SiC基体　　　　　　　　　　　　　　　　　　　SiC基体

图 15.13　2D C/SiC 铆接单元的 Micro-CT 图

（a）机翼前缘 　　　　　　　　　　　　　　（b）镜筒

图 15.14　2D C/SiC 铆接方法的应用

15.3　产业应用与工程应用

15.3.1　机械连接和组装集成技术

德国宇航研究院采用 C/C-SiC 制备了新型的螺纹紧固件。该复合材料由碳纤维和碳、碳化硅基体组成，即 C/C-SiC。采用这种材料制作热防护系统（thermal protection system，TPS）保护板和紧固件。当温度上升到 1 840 K 时，材料的弹性模量、强度和拉伸应变基本不变，具有稳定的性能。而且，这种材料具有很大的损伤容限，能够抵御热冲击。这种 CMC 由三步制成：第一步，制备碳纤维增强树脂基复合材料；第二步，在纯氮气气氛下进行热解

（1 920 K），此时基体碳化成为 C/C 且有微裂纹在基体中形成；第三步，在 1 920 K，C/C 块体材料进行硅渗透处理。在相界面处，碳和硅发生反应生成 SiC 直至基体完全转化为 SiC 而纤维不受损伤。这种带螺纹的铆钉和螺丝形状类似，有铆钉头部和杆，如图 15.15 所示。沿着杆长度方向中部有一宽为 2 mm 的开口。图 15.15 显示了铆钉的铺层方向。纤维的方向与铆钉中轴线呈 45°。远离螺纹区域，纤维是连续的且纤维体积分数为 55%～60%。

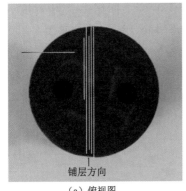

（a）俯视图

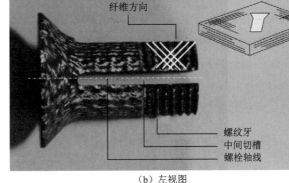

（b）左视图

图 15.15　CMC 紧固件俯视图和左视图

　　该螺纹紧固件已应用于 SHEFEX Ⅱ 载入系统的热防护系统，具体结构如图 15.16 所示，铝板与肋板进行防松连接，一个纵梁结构与 CMC 支架连接。支架托起 C/C-SiC 热保护平板。在平板和铝结构之间有绝热垫圈。设计的关键因素是在高温循环载荷作用的区域由紧固件连接平板和支架。这些紧固件必须方便平板连接和松懈，并与 TPS 仅有外部接触。由此，发展了一种铆钉类型的紧固螺栓（混合了螺纹和铆钉的功能），并对此进行了测试和优化。目前对 CMC 紧固件的研究已经应用于再入大气层飞行器中，将 TPS 实验装置 KERAMIK 与 FOTON-M2 太空舱子结构连接在一起。经过再入大气层飞行后，发现 CMC 紧固件松懈，而这对飞行至关重要；飞行后的图片如图 15.17 所示。为了解决这个问题，必须理解紧固件松懈的可能机制，因此，在高温循环载荷作用下，研究了紧固件的拧紧力矩的减少现象。

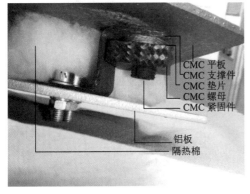

图 15.16　SHEFEX Ⅱ 热防护系统

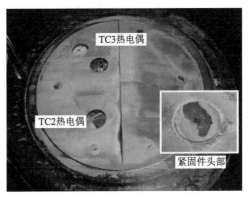

图 15.17　FOTONM2 的 KERAMIK 陶瓷 TPS 在飞行后的图片

15.3.2 焊接技术

格伦研究中心开发了一种经济实惠、坚固耐用的陶瓷连接技术（ARCJoinT），用于 SiC 基陶瓷和纤维增强复合材料（如 C/SiC、SiC/SiC 等）。这种连接技术允许通过将几何上更简单的形状连接在一起来形成复杂的形状。基本方法涉及在加入之前清洁和干燥机加工的 CMC 表面。将碳质混合物施加到接合表面上，然后在 110～120 ℃下固化 10～20 min。在接合区域中施加胶带、糊剂或浆料形式的硅或 Si 合金（例如 Si-Mo、Si-Ti）并加热至 1 250～1 450 ℃持续 5～10 min。Si 或 Si 合金与碳反应形成具有受控量的 Si 和 Si 的 SiC 其他阶段（例如 $TiSi_2$）。通过这种反应—黏合方法，已经为各种应用生产了具有良好高温强度的接头。在使用 ARCJoinT 技术制造的 C/SiC 复合材料接头中，剪切强度超过了在高达 1 350 ℃的高温下接收的 C/SiC 的剪切强度。

15.3.3 混合连接技术

西北工业大学、中国航发商用航空发动机有限公司等通过与相关单位合作，解决了 CVI 工艺制备 SiC_f/SiC 高压涡轮导向器的连接与安装问题，如图 15.18 所示。具体地说，由于 CMC 高压涡轮导向装置的形状复杂，使得难以编织成一个整件。有一种解决办法是先制备较简单的组件，再进行连接组装。连接已经渗透的高压涡轮导向装置组件则是先通过已经渗透的 CMC 螺栓连接复合组件，再采用 CVI 工艺对整个 CMC 部件进行二次渗透。此外，通过调整沉头螺钉锥度及孔栓间隙，解决 CMC 下缘板和金属盖板间的热失配问题。

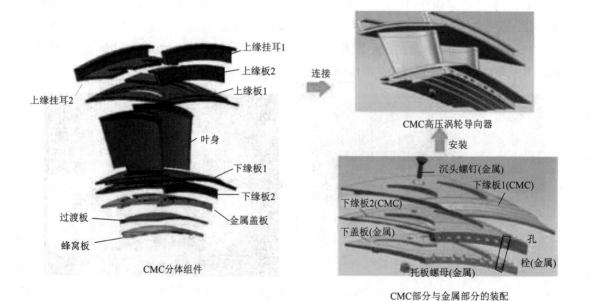

图 15.18 CMC 高压涡轮导向装置的连接和组装

15.4 未来预测和发展前景

上述 CMC-SiC 连接或集成技术均可用于制造大型复杂结构外形 CMC-SiC 构件,简化相应的制造过程,但这些构件的结构设计和分析将变得更为复杂,需要评估连接区域的可靠性。图 15.19 为 CMC-SiC 复合材料三类连接技术的连接性能对比图。由图可见,CMC-SiC 焊接强度不高于 CMC-SiC 层间剪切强度;CMC-SiC 机械连接(螺栓/铆钉)强度不高于 CMC-SiC 面内剪切强度;CMC-SiC 混合连接强度不高于 CMC-SiC 拉伸强度。总体而言,焊接强度和断裂能最低,机械连接次之,混合连接最高,这与 CMC-SiC 连接结构开裂时的应变能释放率相关。

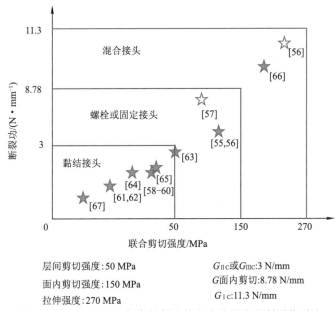

图 15.19 CMC-SiC 复合材料连接方法的强度和断裂能对比

当前 CMC-SiC 连接需要解决许多关键问题,列举如下:

(1)焊料与 CMC-SiC 复合材料的热物理化学相容性、润湿性、热失配问题;

(2)高性能 CMC-SiC 紧固件的设计与制造,以及与 CMC-SiC 工特点相匹配的紧固系统研究设计;

(3)新型 CMC-SiC 混合连接技术的设计与优化;

(4)在各种测试条件下,包括多轴外应力、时间对接头性能的影响;

(5)氧化损伤、疲劳蠕变和热冲击对 CMC-SiC 连接强度和完整性的影响;

(6)热疲劳和腐蚀性环境对 CMC-SiC 连接耐久性的影响;

(7)实验室试样与真实部件连接结构的性能一致性问题;

(8)CMC-SiC 连接结构设计和测试方法的标准化,以及 CMC 部件制造中的寿命预测模型的开发和集成。

CMC-SiC 复合材料连接技术发展前景见表 15.3。

表 15.3 CMC-SiC 复合材料连接技术发展前景

	2035 年	2050 年
发展目标	发展新型高性能 CMC-SiC 混合连接技术的设计与优化	发展高性能 CMC-SiC 紧固件,以及与 CMC-SiC 工艺特点相匹配的紧固系统
发展任务	重点解决机械连接和焊接技术中的应力分布、润湿性和热物理化学稳定性问题,为发展新型高性能 CMC-SiC 混合连接技术奠定基础	设计新型高性能 CMC-SiC 紧固件,与 CMC-SiC 热结构件的结构/工艺相适应,发展新型 CMC-SiC 紧固系统
关键问题	新型 CMC-SiC 混合连接技术的设计与优化	CMC-SiC 紧固件显微结构设计
难点	如何实现 CMC-SiC 紧固件与焊接界面的均匀共同承载	CMC-SiC 紧固件显微结构设计
解决方案	焊接界面的强韧化设计	优化 CMC-SiC 预制体和致密度

参考文献

[1] KRENKEL W, NASLAIN R, SCHNEIDER H. High temperature ceramic matrix composites[M]. Berlin: WILEY-VCH, 2006.

[2] MARSHALL D B, COX B N, EVANS A G. The mechanics of matrix cracking in brittle-matrix fiber composites[J]. Acta Metallurgica. 1985, 33(11): 2013-2021.

[3] MARSHALL D B, EVANS A G. Failure mechanisms in ceramic-fiber/ceramic-matrix composites[J]. Journal of the American Ceramic Society. 1985, 68(5): 225-231.

[4] RICE R W. Ceramic matrix composite toughening mechanisms: An update. In: Proceedings of Proceedings of the 9th Annual Conference on Composites and Advanced Ceramic Materials: Ceramic Engineering and Science Proceedings. Conference, Conference 1985. p. 589-607.

[5] EVANS A G., MARSHALL D B. Overview no. 85 The mechanical behavior of ceramic matrix composites [J]. Acta Metallurgica. 1989, 37(10): 2567-2583.

[6] EVANS A G. Perspective on the development of high-toughness ceramics[J]. Journal of the American Ceramic Society. 1990, 73(2): 187-206.

[7] SPEARING S M., EVANS A G. The role of fiber bridging in the delamination resistance of fiber-reinforced composites[J]. Acta Metallurgica et Materialia. 1992, 40(9): 2191-2199.

[8] CURTIN W A. Multiple matrix cracking in brittle matrix composites[J]. Acta Metallurgica et Materialia. 1993, 41(5): 1369-1377.

[9] EVANS A G., ZOK F W. The physics and mechanics of fibre-reinforced brittle matrix composites[J]. Journal of Materials Science. 1994, 29(15): 3857-3896.

[10] EVANS A G. Overview no. 125 Design and life prediction issues for high-temperature engineering ceramics and their composites[J]. Acta Materialia. 1997, 45(1): 23-40.

[11] LAMOUROUX F, CAMUS G. Oxidation effects on the mechanical properties of 2D woven C/SiC composites[J]. Journal of the European Ceramic Society. 1994, 14(2): 177-188.

[12] CHENG L,XU Y,ZHANG L,et al. Oxidation behavior of carbon-carbon composites with a three-layer coating from room temperature to 1700°c[J]. Carbon. 1999,37(6):977-981.

[13] CHENG L,XU Y,ZHANG L,et al. Oxidation behavior of three dimensional C/SiC composites in air and combustion gas environments. Carbon. 2000,38(15):2103-2108.

[14] CHENG L,XU Y,ZHANG L,et al. Effect of carbon interlayer on oxidation behavior of C/SiC composites with a coating from room temperature to 1 500 ℃[J]. Materials Science and Engineering: A. 2001,300(1-2):219-225.

[15] CHENG L,XU Y,ZHANG Q,et al. Thermal diffusivity of 3D C/SiC composites from room temperature to 1400 ℃. Carbon. 2003;41(4):707-711.

[16] DOGIGLI M,HANDRICK K,BICKEL M,et al. CMC key technologies - background,status,present and future applications[C]. Proceedings of 4th European Workshop on Hot Structures and Thermal Protection Systems for Space Vehicles. Conference,Conference 2003. 79-90.

[17] DOGIGLI M,KEMPER J P. CMC components for reusable space vehicles-improvement of lifetime and reliability[M]. 2003:1.

[18] DOGIGLI M,SABATH D,KEMPER J P. CMC components for future RLVs[C]. Proceedings of Hot Structures and Thermal Protection Systems for Space Vehicles. Conference,Conference 2003. 91-97.

[19] AMUNDSEN R M. ,LEONARD C P,BRUCE I E. Hyper-X hot structures comparison of thermal analysis and flight data[C]. Proceedings of 15 thThermal and Fluids Analysis Workshop,Pasadena, CA Aug. Conference,Conference 2004. 1-24.

[20] KRENKEL W. Carbon fiber reinforced CMC for high-performance structures[J]. International Journal of Applied Ceramic Technology. 2004,1(2):188-200.

[21] REIMER T,LAUX T. Thermal and mechanical design of the expert C/C-SiC nose[C]. Proceedings of Thermal Protection Systems and Hot Structures. Conference,Conference 2006. 10-12.

[22] VOLAND R T,HUEBNER L D. ,MCCLINTON C R. X-43A hypersonic vehicle technology development [J]. Acta Astronautica. 2006,59(1-5):181-191.

[23] MÜHLRATZER A,PFEIFFER H. CMC body flaps for the X-38 experimental space vehicle[C]. Proceedings of 26th Annual Conference on Composites,Advanced Ceramics,Materials,and Structures:A: Ceramic Engineering and Science Proceedings. Conference,Conference 2008. 331-338.

[24] PAPENBURG U,BEYER S,LAUBE H,et al. Advanced ceramic matrix composites(CMC's)for space propulsion systems〔C〕. Proceedings of 33rd Joint Propulsion Conference. Conference, Conference 1997. 1-9.

[25] NAROTTAM P,BANSAL J L. Ceramic matrix composites:Materials,modeling and technology[M]. Canada:John Wiley & Sons,Inc. 2014.

[26] INNOCENTI L,DUJARRIC C,RAMUSAT G. An overview of the flpp and the technology developments in rlv stage structures for elevated temperature applications〔C〕. Proceedings of Hot Structures and Thermal Protection Systems for Space Vehicles. Conference,Conference 2003. 57-63.

[27] SALMON T,LELEU F,MOULIN J,et al. Experimentation plan for thermal protections and hot structures on Pre-X:Current status〔C〕. Proceedings of Hot Structures and Thermal Protection Systems for Space Vehicles. Conference,Conference 2003. 45-53.

[28] TUMINO G. European development and qualification status and challenges in hot structures and thermal

protection systems for space transportation concepts[C]. Proceedings of Hot Structures and Thermal Protection Systems for Space Vehicles. Conference,Conference 2003. 39-44.

[29] LANGE H,STEINACHER A,HANDRICK K,et al. Status of CMC open flap development for Expert[C]. Proceedings of Thermal Protection Systems and Hot Structures. Conference,Conference 2006. 41-51.

[30] LANGE H,STEINACHER A,HANDRICK K,et al. Status of flap development for future re-entry vehicles(Pre-X)[C]. Proceedings of Thermal Protection Systems and Hot Structures. Conference,Conference 2006. 21-30.

[31] PICHON T,SOYRIS P,FOUCAULT A,et al. C/SiC based rigid external thermal protection system for future reusable launch vehicles:Generic shingle,Pre-X/FLPP anticipated development test studies [C]. Proceedings of Thermal Protection Systems and Hot Structures. Conference,Conference 2006. 1-10.

[32] ULLMANN T,REIMER T,HALD H,et al. Reentry flight testing of a C/C-SiC structure with yttrium silicate oxidation protection[C]. Proceedings of 14th AIAA/AHI Space Planes and Hypersonic Systems and Technologies Conference. Conference,Conference 2006. 1-12.

[33] GLASS D E. Ceramic matrix composite(CMC)thermal protection systems(TPS)and hot structures for hypersonic vehicles[C]. Proceedings of 15th AIAA Space Planes and Hypersonic Systems and Technologies Conference,Dayton. Conference,Conference 2008. 1-36.

[34] ZHANG Q. ,LI G. A review of the application of C/SiC composite in thermal protection system[J]. Multidiscipline Modeling in Materials and Structures. 2009,5(2):199-203.

[35] BÖHRK H,BEYERMANN U. Secure tightening of a CMC fastener for the heat shield of re-entry vehicles[J]. Composite Structures. 2010,92(1):107-112.

[36] HE Z,ZHANG L,CHEN B,et al. Failure behavior of 2D C/SiC I-beam under bending load[J]. Composite Structures. 2015(132):321-330.

[37] 美国 CMH-17 协调委员会. 复合材料手册第 5 卷:陶瓷基复合材料. 上海:上海交通大学出版社, 2016.

[38] CURTIN W A. Theory of mechanical properties of ceramic-matrix composites. Journal of the American Ceramic Society. 1991,74(11):2837-2845.

[39] HEREDIA F E,SPEARING S M,EVANS A G,et al. Mechanical properties of continuous-fiber-reinforced carbon matrix composites and relationships to constituent properties[J]. Journal of the American Ceramic Society. 1992,75(11):3017-3025.

[40] HE M Y,EVANS A G. ,CURTIN W A. The ultimate tensile strength of metal and ceramic-matrix composites[J]. Acta Metallurgica et Materialia. 1993,41(3):871-878.

[41] CURTIN W A. In-situ fiber strengths in ceramic-matrix composites from fracture mirrors[J]. Journal of the American Ceramic Society. 1994,77(4):1075-1078.

[42] HE Z,ZHANG L,CHEN B,et al. Static response and failure behavior of 2D C/SiC cantilever channel beam[J]. Applied Composite Materials. 2014,22(5):525-541.

[43] HE Z,ZHANG L,ZHANG Y,et al. Microstructural characterization and failure analysis of 2D C/SiC two-layer beam with pin-bonded hybrid joints[J]. International Journal of Adhesion and Adhesives. 2015,(57):70-78.

[44] HE Z,ZHANG L,CHEN B,et al. Microstructure and mechanical properties of SiC bonded joints prepared by CVI[J]. International Journal of Adhesion and Adhesives. 2016,(64):15-22.

［45］　SINGH M,ASTHANA R. Advanced joining and integration technologies for ceramic matrix composite systems ［M］. 2008:303-325.

［46］　SINGH M,MATSUNAGA T,LIN H T,et al. Microstructure and mechanical properties of joints in sintered SiC fiber-bonded ceramics brazed with Ag-Cu-Ti alloy［J］. Materials Science and Engineering: A. 2012,(557):69-76.

［47］　MILLER R,MOREE J,JARMON D. Design and validation of high temperature composite fasteners［C］. Proceedings of the proceedings of the 39th AIAA/ASME/ASCE/AHS/ASC Structures,Structural Dynamics, and Materials Conference. Long Beach,CA,Conference,Conference 1998. 2444-2451.

［48］　VERRILLI M J,BREWER D. Characterization of ceramic matrix composite fasteners exposed in a combustor linear rig test［J］. Journal of engineering for gas turbines and power. 2004,126(1):45-49.

［49］　VERRILLI M J,BARNETT T R,SUN J,et al. Evaluation of post-exposure properties of sic/sic combustor liners tested in the rql sector rig［C］. In:Proceedings of 26th Annual Conference on Composites,Advanced Ceramics,Materials,and Structures:A:Ceramic Engineering and Science Proceedings. Conference, Conference 2008. 550-562.

［50］　LI G,ZHANG C,HU H,et al. Preparation and properties of C/SiC bolts via precursor infiltration and pyrolysis process［J］. Rare Metals. 2011,(30):572-575.

［51］　LI G,ZHANG C,HU H,et al. Preparation and mechanical properties of C/SiC nuts and bolts［J］. Materials Science and Engineering:A. 2012,(547):1-5.

［52］　LI G,WU X,ZHANG C,et al. Theoretical simulation and experimental verification of C/SiC joints with pins or bolts［J］. Materials & Design. 2014(53):1071-1076.

［53］　成来飞,张立同,徐永东,等. 陶瓷基复合材料的连接方法. 2005:1-10.

［54］　柯晴青,成来飞,童巧英,等. 二维 C/SiC 复合材料的铆接显微结构与性能研究［J］. 稀有金属材料与工程. 2006,35(9):1497-1500.

［55］　ZHOU W,ZHANG R,Fang D. Design and analysis of the porous Zro2/(Zro2＋Ni)ceramic joint with load bearing-heat insulation integration［J］. Ceramics International. 2015,42(1):1416-24.

［56］　ZHANG Y,ZHANG L,ZHANG J,et al. Effects of z-pin's porosity on shear properties of 2D C/SiC z-pinned joint［J］. Composite Structures. 2017(173):106-114.

［57］　LI G,ZHANG Y,Zhang C,et al. Design,preparation and properties of online-joints of C/SiC-C/SiC with pins［J］. Composites Part B:Engineering. 2013(48):134-139.

［58］　Tatarko P,Casalegno V,Hu C,et al. Joining of CVD-SiC coated and uncoated fibre reinforced ceramic matrix composites with pre-sintered Ti3SiC2 Max phase using spark plasma sintering［J］. Journal of the European Ceramic Society 2016,36(16):3957-3967.

［59］　PIPPEL E,WOLTERSDORF J,COLOMBO P,et al. Structure and composition of interlayers in joints between sic bodies［J］. Journal of the European Ceramic Society,1997,17(10):1259-1265.

［60］　COLOMBO P,RICCARDI B,DONATO A,et al. Joining of SiC/SiCf ceramic matrix composites for fusion reactor blanket applications［J］. Journal of Nuclear Materials. 2000,278(2-3):127-135.

［61］　FERRARIS M,SALVO M,CASALEGNO V,et al. Joining of machined SiC/SiC composites for thermonuclear fusion reactors［J］. Journal of Nuclear Materials. 2008,375(3):410-415.

［62］　KRENKEL W,HENKE T,MASON N. In-situ joined CMC components［J］. Key Engineering Materials. 1996(127):313-320.

［63］ HENAGER-JR C H,SHIN Y,BLUM Y,et al. Coatings and joining for SiC and SiC-composites for nuclear energy systems［J］. Journal of Nuclear Materials. 2007,367-370,Part B:1139-1143.

［64］ ZHOU X,YANG H,CHEN F,et al. Joining of carbon fiber reinforced carbon composites with Ti_3SiC_2 tape film by electric field assisted sintering technique［J］. Carbon. 2016(102):106-115.

［65］ TANG B,WANG M,LIU R,et al. A heat-resistant preceramic polymer with broad working temperature range for silicon carbide joining［J］. Journal of the European Ceramic Society 2018,38(1):67-74.

［66］ MEI H,CHENG L,KE Q,et al. High-temperature tensile properties and oxidation behavior of carbon fiber reinforced silicon carbide bolts in a simulated re-entry environment. Carbon. 2010; 48 (11): 3007-3013.

［67］ RIZZO S,GRASSO S,SALVO M,et al. Joining of C/SiC composites by spark plasma sintering technique ［J］. Journal of the European Ceramic Society 2014,34(4):903-913.